课书房 新/形/态/教/材

高等学校土木工程本科指导性⋯⋯

土木工程制图 (第3版)

TUMU
GONGCHENG ZHITU

主　编　何培斌　李　珂

副主编　操金鑫　颜　强
　　　　杜廷娜

参　编　杨远龙　张小月
　　　　郑　旭　王宣鼎
　　　　刘　敏　李　江
　　　　陈永庆　余　渝
　　　　徐骁青

主　审　邵立康

重庆大学出版社

内容提要

本书以高等学校土木工程专业指导委员会制定的《高等学校土木工程本科指导性专业规范》为依据,按照《房屋建筑制图统一标准》(GB/T 50001—2017)等最新国家标准,结合计算机应用技术的发展,总结近年来本课程教学改革的实践经验和教学经验编写而成。

本书内容覆盖课程要求的核心知识,满足培养方案和教学计划的要求,主要内容包括:制图基本知识和基本技能,投影的基本概念,点、直线、平面的投影,直线与平面、平面与平面的相对位置,投影变换,平面立体的投影,规则曲线、曲面及曲面立体,轴测投影,组合体,图样画法,透视投影,建筑施工图,结构施工图,建筑给水排水施工图,附属设施施工图,计算机绘制建筑施工图。与本教材配套出版的还有《土木工程制图习题集》。

本书可作为高等学校本科土建类各专业的教材,也可供高等职业学院、开放大学等其他类型学校师生参考使用,还可供有关土建工程技术人员学习使用。

图书在版编目(CIP)数据

土木工程制图 / 何培斌,李珂主编. —— 3 版.
重庆:重庆大学出版社,2025.2. ——(高等学校土木工程本科指导性专业规范配套系列教材). —— ISBN 978-7-5689-5178-4

Ⅰ.TU204.2

中国国家版本馆 CIP 数据核字第 2025CY8586 号

高等学校土木工程本科指导性专业规范配套系列教材
土木工程制图(第 3 版)
主 编 何培斌 李 珂
主 审 邵立康
责任编辑:王 婷 版式设计:王 婷
责任校对:刘志刚 责任印制:赵 晟

*

重庆大学出版社出版发行
出版人:陈晓阳
社址:重庆市沙坪坝区大学城西路 21 号
邮编:401331
电话:(023)88617190 88617185(中小学)
传真:(023)88617186 88617166
网址:http://www.cqup.com.cn
邮箱:fxk@cqup.com.cn(营销中心)
全国新华书店经销
重庆华林天美印务有限公司印刷

*

开本:787mm×1092mm 1/16 印张:28 字数:718 千
2020 年 9 月第 1 版 2025 年 2 月第 3 版 2025 年 2 月第 7 次印刷
印数:18 001—23 000
ISBN 978-7-5689-5178-4 定价:59.00 元

总　序

进入 21 世纪的第二个十年,土木工程专业教育的背景发生了很大的变化。《国家中长期教育改革和发展规划纲要(2010—2020 年)》正式启动,中国工程院和国家教育部倡导的"卓越工程师教育培养计划"开始实施,这些都为高等工程教育的改革指明了方向。截至 2010 年底,我国已有 300 多所大学开设土木工程专业,在校生达 30 多万人,这无疑是世界上该专业在校大学生最多的国家。如何培养面向产业、面向世界、面向未来的合格工程师,是土木工程界一直在思考的问题。

由住房和城乡建设部土建学科教学指导委员会下达的重点课题"高等学校土木工程本科指导性专业规范"的研制,是落实国家工程教育改革战略的一次尝试。"专业规范"为土木工程本科教育提供了一个重要的指导性文件。

由"高等学校土木工程本科指导性专业规范"研制项目负责人何若全教授担任总主编,重庆大学出版社出版的《高等学校土木工程本科指导性专业规范配套系列教材》力求体现"专业规范"的原则和主要精神,按照土木工程专业本科期间有关知识、能力、素质的要求设计了各教材的内容,同时对大学生增强工程意识、提高实践能力和培养创新精神做了许多有意义的尝试。这套教材的主要特色体现在以下方面:

(1)系列教材的内容覆盖了"专业规范"要求的所有核心知识点,并且教材之间尽量避免了知识的重复;

(2)系列教材更加贴近工程实际,满足培养应用型人才对知识和动手能力的要求,符合工程教育改革的方向;

(3)教材主编们大多具有较为丰富的工程实践能力,他们力图通过教材这个重要手段实现"基于问题、基于项目、基于案例"的研究型学习方式。

据悉,本系列教材编委会的部分成员参加了"专业规范"的研究工作,而大部分成员曾为"专业规范"的研制提供了丰富的背景资料。我相信,这套教材的出版将为"专业规范"的推广实施,为土木工程教育事业的健康发展起到积极的作用!

中国工程院院士　哈尔滨工业大学教授

沈世钊

第3版前言

《土木工程制图》紧密结合工程实际应用,突出实用性,适合作为本科特别是应用型本科土木类专业和职业教育本科土木建筑大类的专业基础课程教材使用。本次修编是在深入领会党的二十大精神,以为党育人、为国育才,加快建设中国特色社会主义职业教育体系,培养高素质技术技能型人才为指导思想,在《土木工程制图》第2版的基础上,根据各使用本教材院校的反馈意见及编者自己的使用情况进行修订。本次修订除保持了第2版的特色外,修订了第1版中的某些疏漏与谬误,还按行业要求以及最新的国家标准重点对第1章、第6章、第12章、第13章、第14章、第15章等进行了部分修改与补充,使之能适应现阶段高职教育的课程要求。其主要特点是:

1. 突出应用性,紧扣高职教育建筑施工专业教学标准的要求,坚持知识传授与技术技能培养并重,强化学生职业素养养成和专业技术积累。在内容的选择和组织上强调知识的实践和应用,增加实践性教学内容。主要章节后都有相应的实训项目供学生作课程设计以及构造设计,加强学生动手能力,培养适应建筑施工一线岗位需求的高素质技术技能型人才。

2. 根据《高等学校课程思政建设指导纲要》的要求,通过建筑工程施工图的实例,来学习建筑制图与识图的基本技能,将专业精神、职业精神和工匠精神融入教材案例,使学生在学习过程中,体会到在中国共产党的领导下我国建筑业的蓬勃发展,增强中国特色社会主义道路自信和专业自信,培养学生谦虚谨慎的职业素养,以及知难而进、迎难而上的创新意识和挑战精神,做到学以致用,解决实际工程中遇到的问题,引导学生爱党报国、敬业奉献、服务人民。

3. 注重高职教育规律,坚持产教融合,强化行业指导、企业参与。编写人员包括双师型教师、注册建筑师、高级工程师等,共同开发本课程的教学资源,是典型的校企合作教材。教材内容紧密结合建筑施工行业的最新发展趋势,反映典型岗位(群)职业能力要求,以真实建筑工程项目、典型工作任务等为载体,强化学生的实践能力和职业适应性。

4. 紧跟产业发展趋势和行业人才需求,及时将产业发展的新技术、新工艺、新规范纳入教材内容。例如,增加了"全国大学生先进成图技术与产品信息建模创新大赛"的赛事项目为实训手段,达到"以赛促学""以赛促教"的实践教学目的,体现了"岗课赛证"的融合,帮助学生更好地适应未来职业发展需求。

5.本教材配有完整的教学资源,包括教学大纲、教学周历、教案、教学 PPT、习题集、习题集答案、模拟试题,以及多套建筑施工图实例的 DWG 文件等,方便教师与学生的教与学,助力学生高效掌握建筑施工制图的核心技能。

本书由重庆大学何培斌、李珂担任主编;同济大学操金鑫、重庆大学建筑设计规划研究总院有限责任公司副总工程师颜强、重庆交通大学杜廷娜担任副主编;教育部高等学校工程图学课程教学指导分委员会顾问,中国图学学会制图技术专业委员会名誉主任,炮兵防空兵学院教授邵立康教授担任主审。参加编写的有:重庆大学杨远龙(第 1 章)、张小月(第 2 章)、郑旭(第 3 章)、王宣鼎(第 4 章)、操金鑫(第 5 章)、李江(第 6 章)、李珂(第 7、8 章)、同济大学徐骁青(第 9 章)、重庆大学刘敏(第 10 章)、重庆大学何培斌(第 11、12 章)、陈永庆(第 13 章)、重庆大学建筑设计规划研究总院有限责任公司颜强(第 14 章)、重庆交通大学杜廷娜(第 15 章)、重庆大学余渝(第 16 章)。重庆大学何培斌负责对本书进行统稿。限于编者水平,本书的再版仍难免有不妥之处,敬请读者批评指正。

本书在编写过程中,参考了有关书籍,谨向编者表示衷心的感谢,参考文献列于书末。

编　者

2024 年 7 月

第 1 版前言

"土木工程制图"是全国高等学校土木工程学科专业指导委员会编制的《高等学校土木工程本科指导性专业规范》中"专业技术相关基础知识领域"的推荐课程之一,是土木工程专业的必修课程。该课程和土木工程材料、土木工程概论、工程地质、土木工程测量、土木工程试验等形成土木工程专业的系列课程。

重庆大学的土木工程制图课程是重庆大学优质课程,也是住房和城乡建设部优秀课程、重庆市精品课程。为课程编写的教材最初版本可以追溯至 1987 年 8 月由原重庆建筑工程学院制图教研室编写的《画法几何及建筑制图》(杜少岚、廖远明主编,四川科学技术出版社出版)。之后,为了适应高等学校土木工程专业培养体系变化的要求,在 2011 年将《画法几何及建筑制图》分成了《画法几何》和《工程制图与计算机绘图》两本教材;2015 年,为适应土建类专业卓越工程师培养方案,重庆大学建筑制图及 CAD 教研室重新编写了《画法几何》和《工程制图与计算机绘图》教材。

本次为适应我国高等学校土木工程专业认证,再次根据全国高等学校土木工程学科专业指导委员会编制的《高等学校土木工程本科指导性专业规范》要求重新编写,内容将覆盖本课程要求的所有核心知识,满足培养方案和教学计划的要求。在该书的编写过程中,坚持以学生为主体,抓住目前土木工程专业本科毕业生主要是从事施工、监理、管理等工作的特点,以培养应用型人才为主线,并结合现行执业资格考试的要求(注册建造师、注册结构工程师等),坚持突出科学性、时代性、工程实践性的编写原则,注重吸取工程技术界的最新成果。同时,在书中插入工程案例或在习题集中给出工程案例等,有利于学习者增强创新意识,培养实践能力,使之学以致用,解决实际工程中遇到的问题。在内容的选择和组织上,尽量做到了主次分明、深浅恰当、详略适度、由浅入深、循序渐进;并注重图文并茂、言简意赅,方便有关土建类各专业的教师教学和学生自学。另外,为适应新媒体、新技术在教学中的应用,本书还增加了与教材配套的教学 PPT 课件、教学录频、习题集、习题集答案、每章复习思考题及答案、模拟试题等全方位的数字化辅助教学资源,是一本全新的新形态教材。本书主要作为本科院校土木工程类专业系统学习土木工程制图原理和绘制建筑施工图的教材选用,也可作为有关土建工程技术人员学习怎样识读和绘制土木工程图的参考用书,还可供高等院校本、专科相近专业选用。

本书由重庆大学何培斌担任主编,重庆大学姚纪、重庆大学建筑设计规划研究总院有限责任公司副总工程师颜强、重庆交通大学杜廷娜担任副主编。主编负责全书的总体设计、协调及最终定稿。参加编写的有:重庆大学杨远龙(第 1 章)、蔡樱(第 2、7 章)、郑旭(第 3、4 章)、姚纪(第 5、11 章)、李晶晶(第 6、8 章)、中国人民解放军陆军勤务学院田宽(第 9 章)、重庆大学何培斌(第 12 章)、刘敏(第 10 章)、陈永庆(第 13 章)、余渝(第 16 章)、重庆大学建筑设计规划研究总院有限责任公司颜强(第 14 章)、重庆交通大学杜廷娜(第 15 章)。限于编者水平,本书难免有不妥之处,敬请读者批评指正。

在本书编写过程中,重庆大学田泽远、邓北方,中国人民解放军陆军勤务学院张蕾参与了部分的数字资源制作工作,谨再次表示衷心的感谢。同时还参考了有关书籍,谨向编者表示衷心的感谢,参考文献列于书末。

编　者

2020 年 4 月

目　录

1

制图基本知识和基本技能

本章导读：

　　本章主要介绍制图工具及使用方法、中华人民共和国国家标准《房屋建筑制图统一标准》(GB/T 50001—2017)规定的绘制建筑施工图的图幅、图框、线型、字体及尺寸标注的基本要求。重点应掌握线型、字体及尺寸标注的基本要求。

1.1　制图工具及使用方法

　　建筑图样是建筑设计人员用来表达设计意图、交流设计思想的技术文件,是建筑物施工的重要依据。所有的建筑图,都是运用建筑制图的基本理论和基本方法绘制的,都必须符合国家统一的建筑制图标准。传统的尺规作图是现代计算机绘图及 BIM 设计的基础。本章将介绍传统的尺规制图工具的使用、常用的几何作图方法、建筑制图国家标准的一些基本规定,以及建筑制图的一般步骤等。

1.1.1　图板

　　图板是用作画图时的垫板。要求板面平坦、光洁。左边是导边,必须保持平整(图 1.1)。图板的大小有各种不同规格,可根据需要而选定。0 号图板适用于画 A0 号图纸,1 号图板适用于画 A1 号图纸,四周还略有宽余。图板放在桌面上,板身宜与水平桌面成 10°～15°倾斜。

　　图板不可用水刷洗和在日光下暴晒。

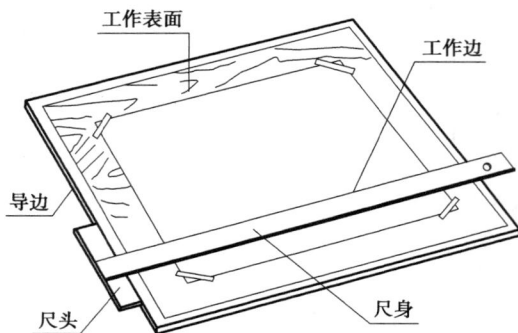

图 1.1　图板和丁字尺

1.1.2　丁字尺

丁字尺由相互垂直的尺头和尺身组成(图 1.1)。尺身要牢固地连接在尺头上,尺头内侧面必须平直,用时应紧靠图板的左侧——导边。在画同一张图纸时,尺头不可以在图板的其他边滑动,以避免图板各边不成直角时,画出的线不准确。丁字尺的尺身工作边必须平直光滑,不可用丁字尺击物和用刀片沿尺身工作边裁纸。丁字尺用完后,宜竖直挂起来,以避免尺身弯曲变形或折断。

丁字尺主要用来画水平线,并且只能沿尺身上侧画线。作图时,左手把住尺头,使其始终紧靠图板左侧,然后上下移动丁字尺,直至工作边对准要画线的地方,再从左向右画水平线。画较长的水平线时,可把左手滑过来按住尺身,以防止尺尾翘起和尺身摆动(图 1.2)。

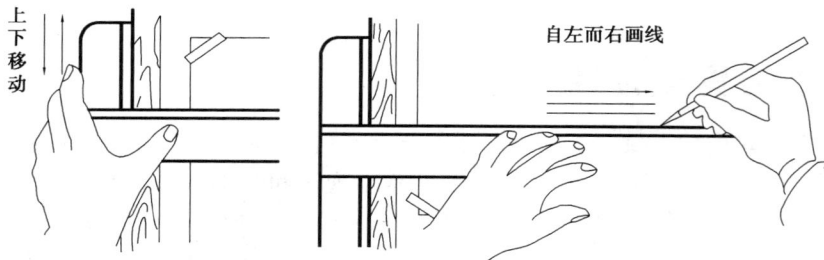

丁字尺与三角尺的用法

图 1.2　上下移动丁字尺及画水平线的手势

1.1.3　三角尺

一副三角尺有 30°、60°、90° 和 45°、45°、90° 两块,且后者的斜边等于前者的长直角边。三角尺除了直接用来画直线外,还可以配合丁字尺画铅垂线和画 30°、45°、60° 及 $15° \times n$ 的各种斜线(图 1.3)。

画铅垂线时,先将丁字尺移动到所绘图线的下方,把三角尺放在应画线的右方,并使一直角边紧靠丁字尺的工作边,然后移动三角尺,直到另一直角边对准要画线的地方,再用左手按住丁字尺和三角尺,自下而上画线,如图 1.3(a)所示。

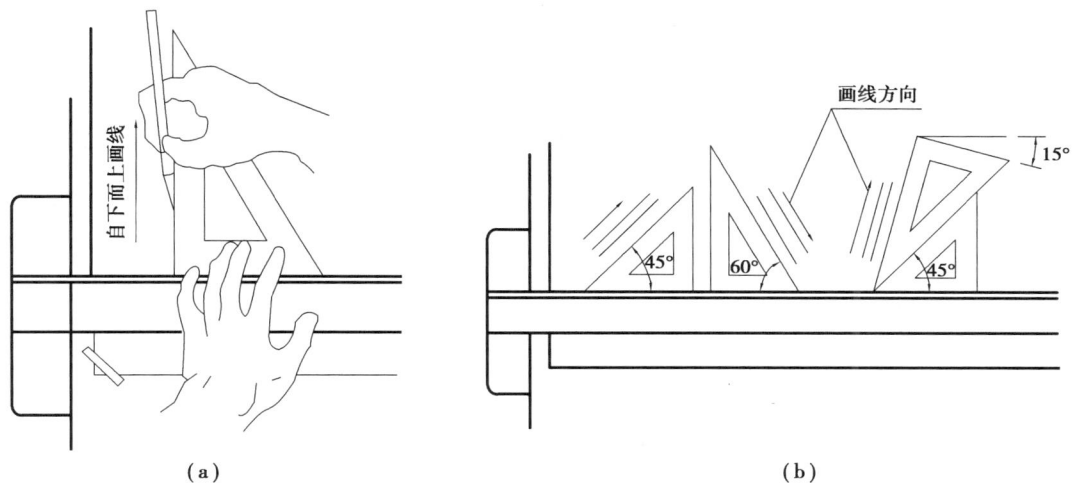

（a）　　　　　　　　　　　　（b）

图 1.3　用三角尺和丁字尺配合画垂直线和各种斜线

丁字尺与三角尺配合画斜线及两块三角尺配合画各种斜度的相互平行或垂直的直线时,其运笔方向如图 1.3(b)和图 1.4 所示。

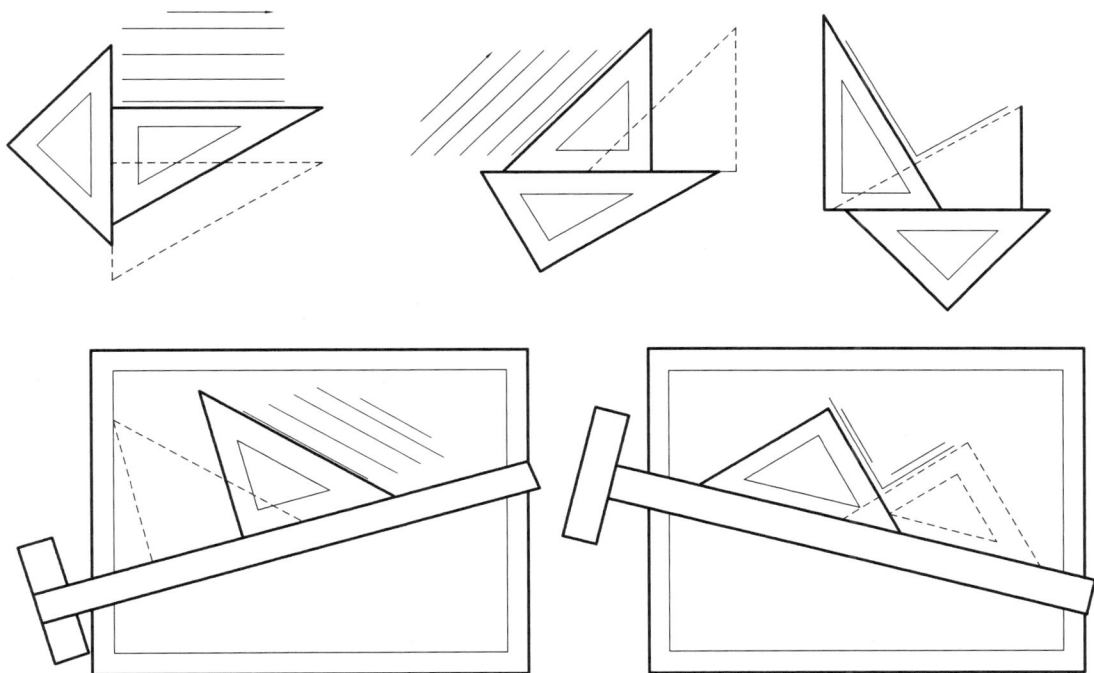

图 1.4　用三角尺画平行线及垂直线

1.1.4　铅笔

绘图铅笔有各种不同的硬度。标号 B,2B,…,6B 表示软铅芯,数字越大,表示铅芯越软;标号 H,2H,…,6H 表示硬铅芯,数字越大,表示铅芯越硬;标号 HB 表示中软。画底稿宜用 H 或 2H,徒手作图可用 HB 或 B,加重直线用 H、HB(细线)、HB(中粗线)、B 或 2B(粗线)。

铅笔尖应削成锥形,芯露出 6~8 mm。削铅笔时要注意保留有标号的一端,以便始终能识别其软硬度(图1.5)。使用铅笔绘图时,用力要均匀,用力过大会划破图纸或在纸上留下凹痕,甚至折断铅芯。画长线时,要边画边转动铅笔,使线条粗细一致。画线时,从正面看笔身应倾斜约 60°,从侧面看笔身应铅直(图1.5)。持笔的姿势要自然,笔尖与尺边距离始终保持一致,线条才能画得平直、准确。

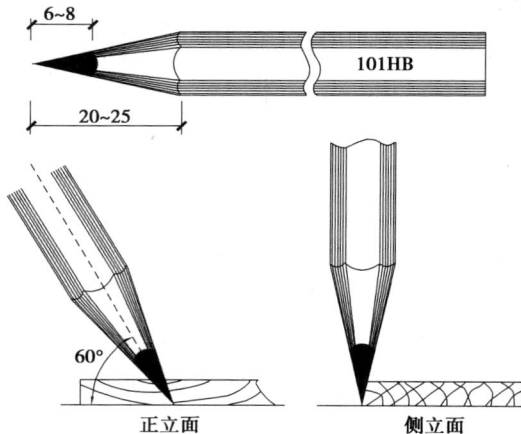

铅笔的削法

图 1.5　铅笔及其应用

1.1.5　圆规、分规

1)圆规

圆规是用来画圆及圆弧的工具(图1.6)。圆规的一腿为可固定紧的活动钢针,其中有台阶状的一端多用来加深图线时;另一腿上附有插脚,根据不同用途可换上铅芯插脚、鸭嘴笔插脚、针管笔插脚、接笔杆(供画大圆用)。画图时应先检查两脚是否等长,当针尖插入图板后,留在外面的部分应与铅芯尖端平(画墨线时,应与鸭嘴笔脚平),如图1.6(a)所示。铅芯可磨成约 65°的斜截圆柱状,斜面向外,也可磨成圆锥状。

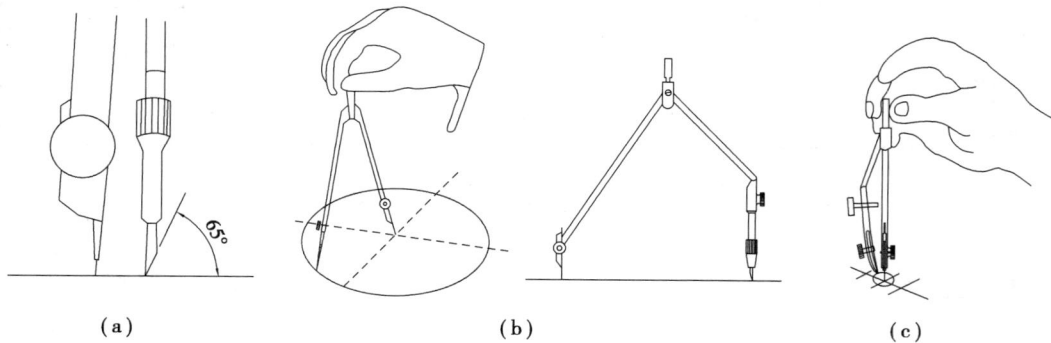

(a) (b) (c)

图 1.6　圆规的针尖和画圆的姿势

画圆时,首先调整铅芯与针尖的距离等于所画圆的半径,再用左手食指将针尖送到圆心上轻轻插住,尽量不使圆心扩大,并使笔尖与纸面的角度接近垂直;然后右手转动圆规手柄。转动时,圆规应向画线方向略为倾斜,速度要均匀,沿顺时针方向画圆,整个圆一笔画完。在绘制较大的圆时,可将圆规两插杆弯曲,使它们仍然保持与纸面垂直,如图 1.6(b)所示。直径在 10 mm 以下的圆,一般用点圆规来画。使用时,右手食指按顶部,大拇指和中指按顺时针方向迅速地旋动套管,画出小圆,如图 1.6(c)所示。需要注意的是,画圆时必须保持针尖垂直于纸面,圆画出后,要先提起套管,再拿开点圆规。

2)分规

分规是截量长度和等分线段的工具,它的两只腿必须等长,两针尖合拢时应会合成一点,如图 1.7(a)所示。

用分规等分线段的方法如图 1.7(b)所示。例如,将线段 AB 四等分,先凭目测估计,将分规两脚张开,使两针尖的距离大致等于 $\frac{1}{4}AB$,然后交替两针尖划弧,在该线段上截取 1、2、3、4 等分点;假设点 4 落在 B 点以内,距差为 e,这时可将分规再开 $\frac{1}{4}e$,再行试分,若仍有差额(也可能超出 AB 线外),则照样再调整两针尖距离(或加或减),直到恰好等分为止。

用分规截取长度的方法如图 1.7(c)所示。将分规的一个针尖对准刻度尺上所要的刻度,再张开两脚使另一个针尖对准刻度"0",即可截取想要的长度。

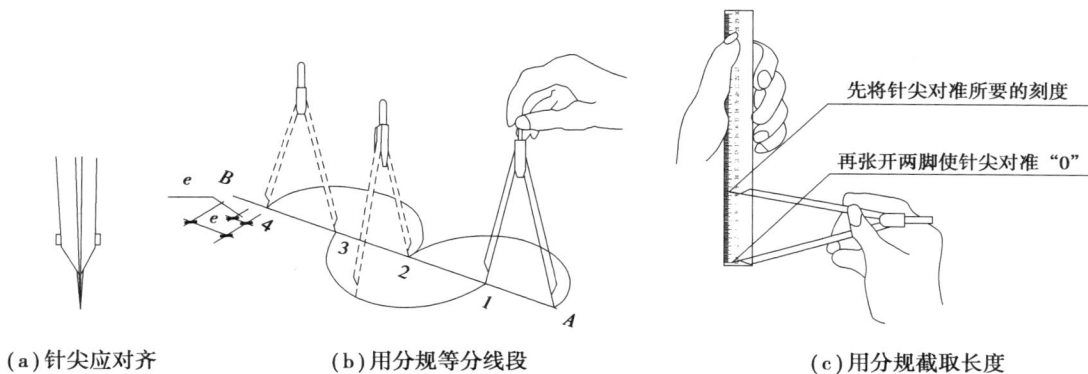

先将针尖对准所要的刻度

再张开两脚使针尖对准"0"

| (a)针尖应对齐 | (b)用分规等分线段 | (c)用分规截取长度 |

图 1.7 分规的用法

1.1.6 比例尺

比例尺是用来放大或缩小线段长度的尺子。有的比例尺做成三棱柱状,称为三棱尺。三棱尺上刻有 6 种刻度,通常分别表示为 1:100、1:200、1:300、1:400、1:500、1:600 这 6 种比例。有的做成直尺形状(图 1.8),称为比例直尺,它只有一行刻度和三行数字,表示 3 种比例,即 1:100、1:200、1:500。比例尺上的数字是以"米(m)"为单位的。现以比例直尺为例,说明它的用法。

1)用比例尺量取图上线段长度

已知图的比例为 1:200,要知道图上线段 AB 的实长,就可以用比例尺上 1:200 的刻度去量度,如图 1.8(a)所示。将刻度上的零点对准 A 点,而 B 点恰好在刻度 4.2 m 处,则线段 AB 的长度可直接读为 4.2 m,即 4 200 mm。

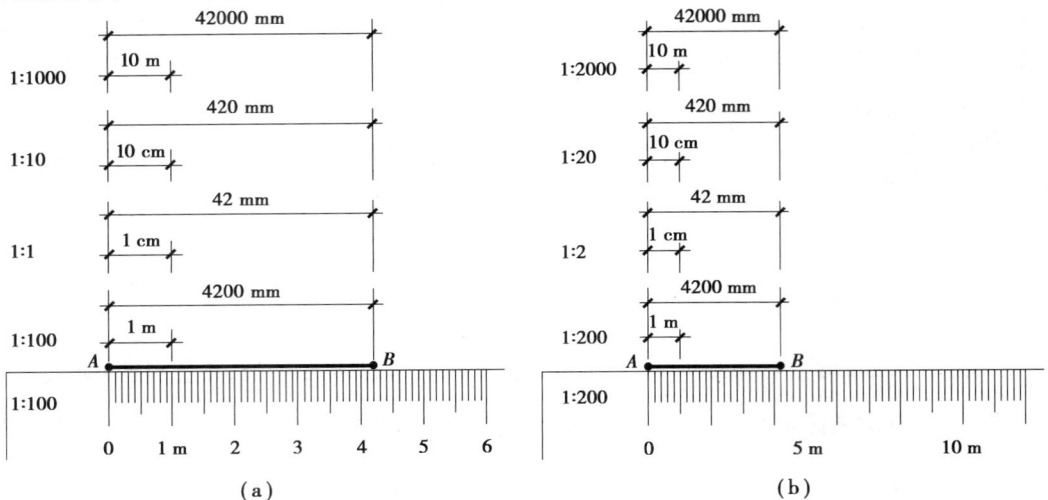

图 1.8 比例尺及其用法

2)用比例尺上的 1:200 的刻度量读线段长度

用比例尺上的 1:200 的刻度量读比例是 1:2、1:20 和 1:2 000 的线段长度。例如,在图 1.8(b)中,AB 线段的比例如果改为 1:2,由于比例尺 1:200 刻度的单位长度比 1:2 缩小了 100 倍,则 AB 线段的长度应读为 $4.2\ m \times \frac{1}{100} = 0.042\ m$。同样,比例改为 1:2 000,则应读为 $4.2\ m \times 10 = 42\ m$。

上述量读方法可归结为表 1.1。

表 1.1 比例尺量读方法

比例		读数
比例尺刻度	1:200	4.2 m
图中线段比例	1:2(分母后少两位零)	0.042 m(小数点前移两位)
	1:20(分母后少一位零)	0.42 m(小数点前移一位)
	1:2 000(分母后多一位零)	42 m(小数点后移一位)

3)用比例尺上的 1:500 的刻度量读线段长度

例如用 1:500 的刻度量读 1:250 的线段长度,由于 1:500 刻度的单位长度比 1:250 缩小 2 倍,所以把 1:500 的刻度作为 1:250 用时,应把刻度上的单位长度放大 2 倍,即 1:500 刻度上的 10 m 在 1:250 的图中为 5 m。

比例尺是用来量取尺寸的,不可用来画线。

1.1.7 绘图墨水笔

绘图墨水笔的笔尖是一支细针管,又名针管笔,它是过去用来描图的主要工具,现在用计算机绘图后已基本不用,但仍有学校用来让学生练习描图,故在此作简单介绍(图1.9)。绘图墨水笔能像普通钢笔一样吸取墨水。笔尖的管径为 0.1～1.2 mm,有多种规格,可视线型粗细来选用。使用时应注意保持笔尖清洁。

图1.9   绘图墨水笔

1.1.8   建筑模板

建筑模板主要用来画各种建筑标准图例和常用符号,如柱、墙、门开启线、大便器、污水盆、详图索引符号、轴线圆圈等。模板上刻有可以画出各种不同图例或符号的孔(图1.10),其大小已符合一定的比例,只要用笔沿孔内画一周,图例就画出来了。

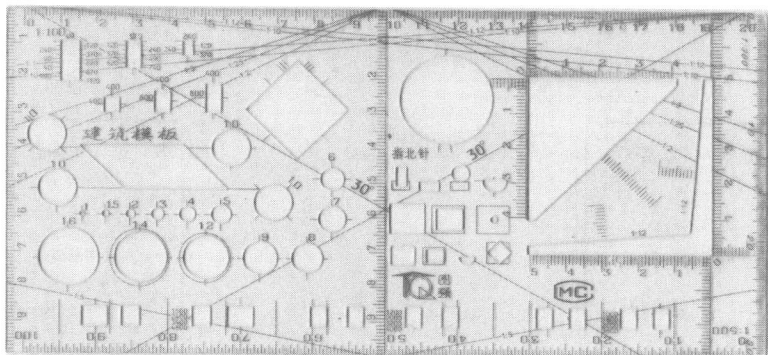

图1.10   建筑模板

1.2   图幅、线型、字体及尺寸标注

1.2.1   图幅、图标及会签栏

图幅即图纸幅面,指图纸的大小规格。为了便于图纸的装订、查阅和保存,满足图纸现代化管理要求,图纸的大小规格应力求统一。建筑工程图纸的幅面及图框尺寸应符合中华人民共和国国家标准《房屋建筑制图统一标准》(GB/T 50001—2017)规定(以下简称《房屋建筑制图统一标准》),如表1.2所示。表中数字是裁边以后的尺寸,尺寸代号的意义如图1.11所示。

表1.2   幅面及图框尺寸(摘自 GB/T 50001—2017)

尺寸代号	幅面代号				
	A0	A1	A2	A3	A4
$b/mm \times l/mm$	$841 \times 1\,189$	594×841	420×594	297×420	210×297
c/mm	10			5	
a/mm	25				

图幅分横式和立式两种。从表1.2中可以看出,A1号图幅是A0号图幅的对折,A2号图幅是A1号图幅的对折,以此类推,上一号图幅的短边即是下一号图幅的长边。

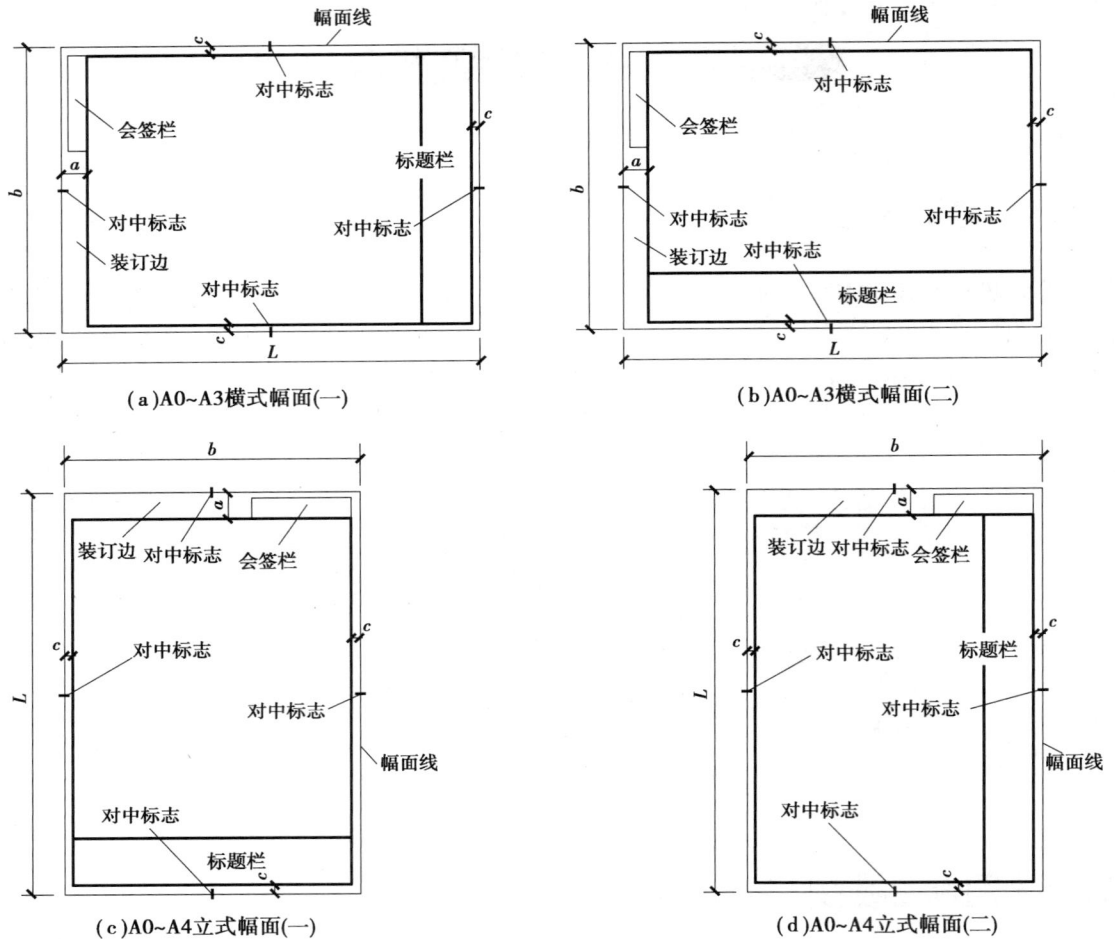

（a）A0~A3横式幅面(一)　　　　　　　　　（b）A0~A3横式幅面(二)

（c）A0~A4立式幅面(一)　　　　　　　　　（d）A0~A4立式幅面(二)

图1.11　图幅格式

建筑工程一个专业所用的图纸应整齐统一,选用图幅时宜以一种规格为主,尽量避免大小图幅掺杂使用,一般不宜多于两种幅面(目录及表格所采用的A4幅面可不在此限)。

在特殊情况下,允许A0~A3号图幅按表1.3的规定加长图纸的长边,但图纸的短边不得加长。

表1.3　图纸长边加长尺寸(摘自GB/T 50001—2017)

幅面代号	长边尺寸/mm	长边加长后尺寸/mm			
A0	1 189	1 486(A0 + 1/4*l*)　　1 783(A0 + 1/2*l*)　　2 080(A0 + 3/4*l*)　　2 378(A0 + 1*l*)			
A1	841	1 051(A1 + 1/4*l*)　　1 261(A1 + 1/2*l*)　　1 471(A1 + 3/4*l*)　　1 682(A1 + 1*l*) 1 892(A1 + 5/4*l*)　　2 102(A1 + 3/2*l*)			
A2	594	743(A2 + 1/4*l*)　　891(A2 + 1/2*l*)　　1 041(A2 + 3/4*l*)　　1 189(A2 + 1*l*) 1 338(A2 + 5/4*l*)　　1 486(A2 + 3/2*l*)　　1 635(A2 + 7/4*l*)　　1 783(A2 + 2*l*) 1 932(A2 + 9/4*l*)　　2 080(A2 + 5/2*l*)			

幅面代号	长边尺寸/mm	长边加长后尺寸/mm
A3	420	630(A3 + 1/2*l*)　841(A3 + 1*l*)　1 051(A3 + 3/2*l*)　1 261(A3 + 2*l*) 1 471(A3 + 5/2*l*)　1 682(A3 + 3*l*)　1 892(A3 + 7/2*l*)

注:有特殊需要的图纸,可采用 $b \times l$ 为 841 mm×891 mm 与 1 189 mm×1 261 mm 的幅面。

图纸的标题栏(简称"图标")、会签栏及装订边的位置应按图 1.11 布置。

图标的大小及格式如图 1.12 所示。

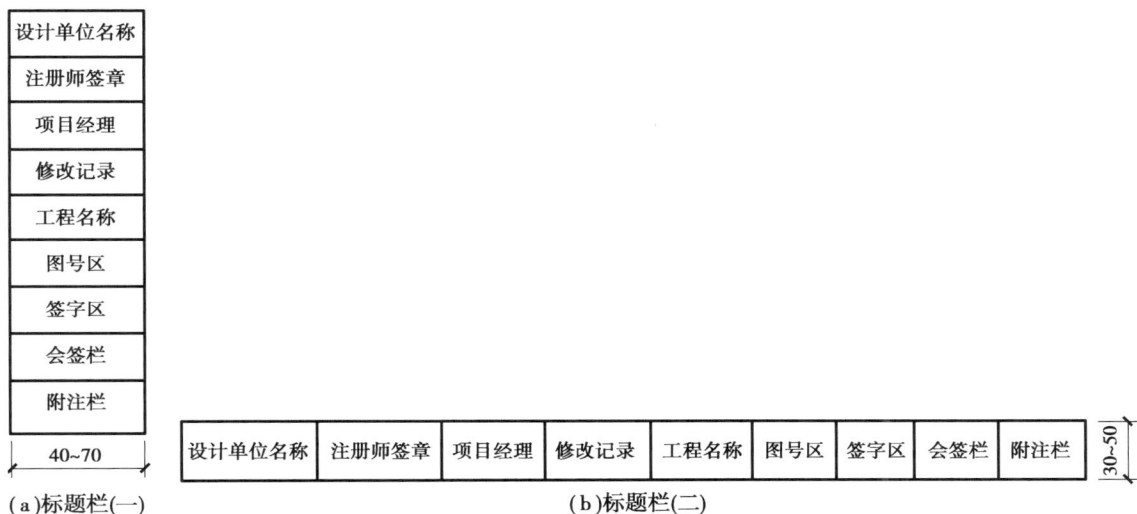

设计单位名称
注册师签章
项目经理
修改记录
工程名称
图号区
签字区
会签栏
附注栏

40~70

(a)标题栏(一)

设计单位名称	注册师签章	项目经理	修改记录	工程名称	图号区	签字区	会签栏	附注栏

30~50

(b)标题栏(二)

图 1.12　图标

学生制图作业用标题栏推荐图 1.13 的格式。

会签栏应按图 1.14 的格式绘制,栏内应填写会签人员所代表的专业、姓名、日期(年、月、日);一个会签栏不够用时可另加一个,两个会签栏应并列;不需会签的图纸可不设此栏。

1.2.2　线型

任何建筑图样都是用图线绘制成的,因此,熟悉图线的类型及用途,掌握各类图线的画法是建筑制图最基本的技能。

为了使图样清楚、明确,建筑制图采用的图线分为实线、虚线、单点长画线、双点长画线、折断线和波浪线 6 类,其中前 4 类线型按宽度不同又分为粗、中、细 3 种,后 2 类线型一般均为细线。各类线型的规格及用途如表 1.4 所示。

图线的宽度 b,宜从 1.4,1.0,0.7,0.5 mm 线宽系列中选取。图线宽度不应小于 0.1 mm。每个图样,应根据复杂程度与比例大小,先选定基本线宽 b,再按表 1.5 确定适当的线宽组。在同一张图纸中,相同比例的各图样应选用相同的线宽组。虚线、单点长画线及双点长画线的线段长度和间隔,应根据图样的复杂程度和图线的长短来确定,但宜各自相等,表 1.5 中所示线段的长度和间隔尺寸可作参考。当图样较小、用单点长画线和双点长画线绘图有困难时,可用实线代替。

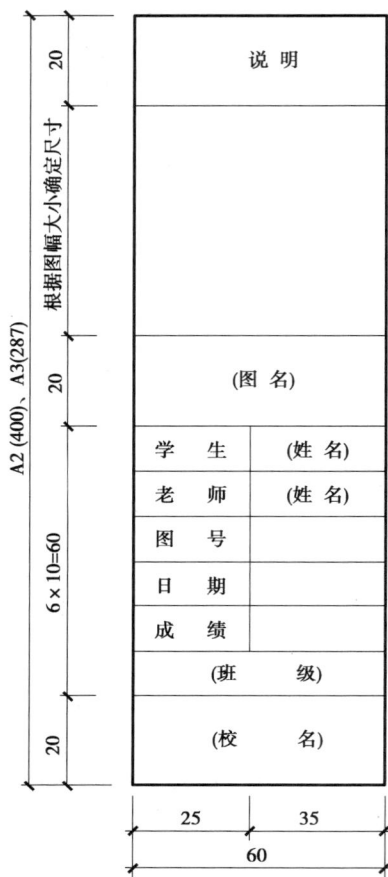

图 1.13 学生制图作业用标题栏推荐的格式

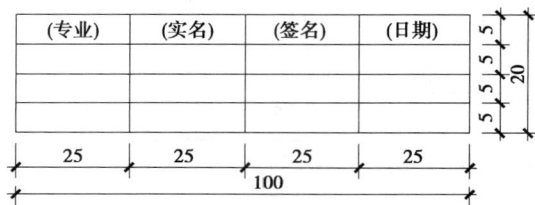

图 1.14 会签栏

在同一张图纸内,各不同线宽组中的细线,可统一采用较细的线宽组的细线。

表 1.4 线型(摘自 GB/T 50001—2017)

名称		线型	线宽	一般用途
实线	粗		b	主要可见轮廓线
	中粗		$0.7b$	可见轮廓线
	中		$0.5b$	可见轮廓线
	细		$0.25b$	可见轮廓线、图例线等
虚线	粗	3~6 ≤1	b	见各有关专业制图标准
	中粗		$0.7b$	不可见轮廓线
	中		$0.5b$	不可见轮廓线、图例线等
	细		$0.25b$	不可见轮廓线、图例线等

名称		线型	线宽	一般用途
单点长画线	粗	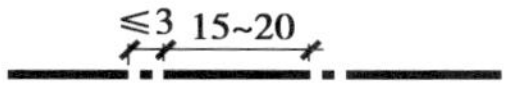 ≤3 15~20	b	见各有关专业制图标准
	中		$0.5b$	见各有关专业制图标准
	细		$0.25b$	中心线、对称线等
双点长画线	粗	5 15~20	b	见各有关专业制图标准
	中		$0.5b$	见各有关专业制图标准
	细		$0.25b$	假想轮廓线、成型前原始轮廓线
折断线			$0.25b$	断开界线
波浪线			$0.25b$	断开界线

表 1.5　线宽组

线宽比	线宽组/mm			
b	1.4	1.0	0.7	0.5
$0.7b$	1.0	0.7	0.5	0.35
$0.5b$	0.7	0.5	0.35	0.25
$0.25b$	0.35	0.25	0.18	0.13

需要缩微的图纸,不宜采用 0.18 mm 及更细的线宽。

图纸的图框线和标题栏线,可采用表 1.6 中所示的线宽。

表 1.6　图框和标题栏线的宽度

幅面代号	图框线宽度/mm	标题栏外框线对中标志/mm	标题栏分格线幅面线/mm
A0、A1	b	$0.5b$	$0.25b$
A2、A3、A4	b	$0.7b$	$0.35b$

此外,在绘制图线时还应注意以下几点:

①单点长画线和双点长画线的首末两端应是线段,而不是点。单点长画线(双点长画线)与单点长画线(双点长画线)交接,或单点长画线(双点长画线)与其他图线交接时,应是线段交接。

②虚线与虚线交接或虚线与其他图线交接时,都应是线段交接。虚线为实线的延长线时,不得与实线连接。虚线的正确画法和错误画法,如图 1.15 所示。

③相互平行的图例线,其净间隙或线中间隙不宜小于 0.2 mm。

④图线不得与文字、数字或符号重叠、混淆,不可避免时,应首先保证文字等的清晰。

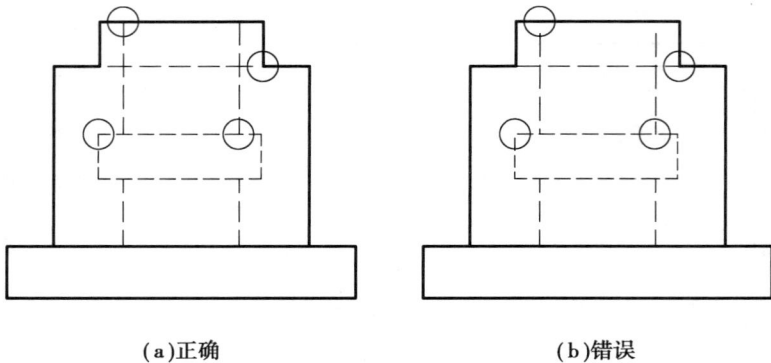

(a)正确   (b)错误

图 1.15　虚线交接的画法

1.2.3　字体

图纸上所需书写的文字、数字或符号等,均应笔画清晰、字体端正、排列整齐;标点符号应清楚正确;如果字迹潦草,难以辨认,则容易发生误解,甚至会造成工程事故。

图及说明的汉字应写成长仿宋体,大标题、图册封面、地形图等的汉字,也可以写成其他字体,但应易于辨认。汉字的简化写法必须遵照国务院公布的《汉字简化方案》和有关规定。

1)长仿宋字体

长仿宋字体是由宋体字演变而来的长方形字体,它的笔画匀称明快,书写方便,因而是工程图纸最常用字体。写仿宋字(长仿宋体)的基本要求,可概括为"行款整齐、结构匀称、横平竖直、粗细一致、起落顿笔、转折勾棱"。

长仿宋体字样如图 1.16 所示。

建筑设计结构施工设备水电暖风平立侧断剖切面总详标准草略正反迎背新旧大中小上下内外纵横垂直完整比例年月日说明共编号寸分吨斤厘毫甲乙丙丁戊己表庚辛红橙黄绿青蓝紫黑白方粗细硬软镇郊区域规划截道桥梁房屋绿化工业农业民用居住共厂址车间仓库无线电人民公社农机粮畜舍晒谷厂商业服务修理交通运输行政办宅宿舍公寓卧室厨房厕所贮藏浴室食堂饭厅冷饮公从餐馆百货店菜场邮局旅客站航空海港口码头长途汽车行李候机船检票学校实验室图书馆文化官运动场体育比赛博物馆走廊过道盥洗楼梯层数壁橱基础底层墙踢脚阳台门散水沟窗格

图 1.16　长仿宋字样

为了使字写得大小一致、排列整齐,书写前应事先用铅笔淡淡地打好字格,再进行书写。字格高宽比例一般为 3∶2。为了使字行清楚,行距应大于字距。通常字距约为字高的 $\frac{1}{4}$,行距约为字高的 $\frac{1}{3}$(图 1.17)。

字的大小用字号来表示,字的号数即字的高度,各号字的高度与宽度的关系如表 1.7 所示。

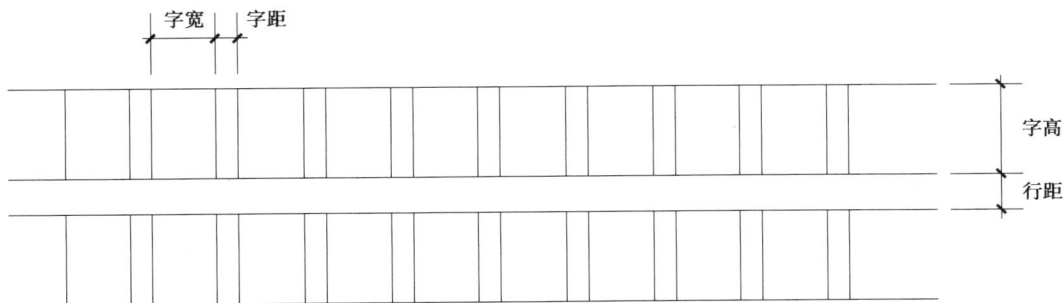

图 1.17 字格

表 1.7 字号

字号	20	14	10	7	5	3.5
字高/mm	20	14	10	7	5	3.5
字宽/mm	14	10	7	5	3.5	2.5

图纸中常用的为 10、7、5 这 3 个字号。如需书写更大的字,其高度应按 $\sqrt{2}$ 的比值递增。汉字的字高应不小于 3.5 mm。

2)拉丁字母、阿拉伯数字及罗马数字

拉丁字母、阿拉伯数字及罗马数字的书写与排列等,应符合表 1.8 的规定。

表 1.8 拉丁字母、阿拉伯数字、罗马数字书写规则

			一般字体	窄字体
字母高		大写字母	h	h
		小写字母(上下均无延伸)	$7/10h$	$10/14h$
小写字母向上或向下延伸部分			$3/10h$	$4/14h$
笔画宽度			$1/10h$	$1/14h$
间隔		字母间	$2/10h$	$2/14h$
		上下行底线间最小间隔	$14/10h$	$20/14h$
		文字间最小间隔	$6/10h$	$6/14h$

注:①小写拉丁字母 a、c、m、n 等上下均无延伸,j 上下均有延伸;
②字母的间隔,如需排列紧凑,可按表中字母的最小间隔减少一半。

拉丁字母、阿拉伯数字及罗马数字分一般字体和窄体字两种。拉丁字母、阿拉伯数字可以直写,也可以斜写。斜体字的斜度是从字的底线逆时针向上倾斜 75°,字的高度与宽度应与相应的直体字相等。当数字与汉字同行书写时,其大小应比汉字小一号,并宜写直体。拉丁字母、阿拉伯数字及罗马数字的字高,应不小于 2.5 mm。

字体书写练习要持之以恒,多看、多摹、多写,严格认真、反复刻苦地练习,自然熟能生巧。

1.2.4　尺寸标注

在建筑施工图中,图形只能表达建筑物的形状,建筑物各部分的大小还必须通过标注尺寸才能确定。房屋施工和构件制作都必须根据尺寸进行,因此尺寸标注是制图的一项重要工作,必须认真细致、准确无误。如果尺寸有遗漏或错误,必将给施工造成困难和损失。

注写尺寸时,应力求做到正确、完整、清晰、合理。

本节将介绍《房屋建筑制图统一标准》中有关尺寸标注的一些基本规定。

1)尺寸的组成

建筑图样上的尺寸一般应由尺寸界线、尺寸线、尺寸起止符号和尺寸数字4部分组成,如图1.18所示。

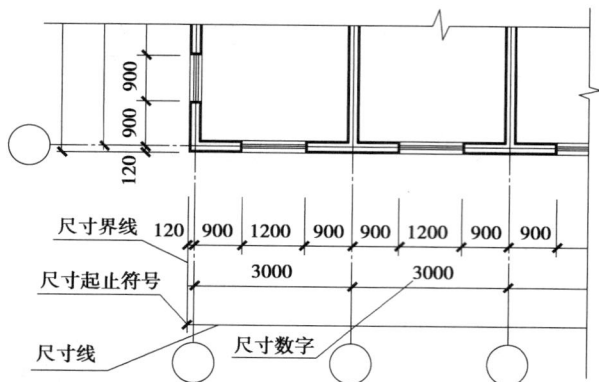

图1.18　尺寸的组成和平行排列的尺寸

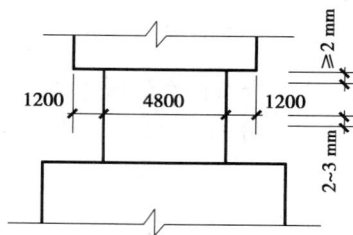

图1.19　轮廓线用作尺寸界线

①尺寸界线是控制所注尺寸范围的线,应用细实线绘制,一般应与被注长度垂直;其一端应离开图样轮廓线不小于2 mm,另一端宜超出尺寸线2~3 mm。必要时,图样的轮廓线、轴线或中心线可用作尺寸界线,如图1.19所示。

②尺寸线是用来注写尺寸的,必须用细实线单独绘制,应与被注长度平行;其两端宜以尺寸界线为边界,也可超出尺寸界线2~3 mm。任何图线或其延长线均不得用作尺寸线。

③尺寸起止符号一般应用中粗斜短线绘制,其倾斜方向应与尺寸界线成顺时针45°角,长度宜为2~3 mm。半径、直径、角度和弧长的尺寸起止符号宜用箭头表示,如图1.20所示。

④建筑图样上的尺寸数字是建筑施工的主要依据,建筑物各部分的真实大小应以图样上所注写的尺寸数字为准,不得从图上直接量取。图样上的尺寸单位,除标高及总平面图以m为单位外,均必须以mm为单位,图中不需注写计量单位的代号或名称。本书正文和图中的尺寸数字以及习题集中的尺寸数字,除有特别注明外,均按上述规定。

尺寸数字的读数方向,应按图1.21(a)规定的方向注写,尽量避免在图中所示的30°范围内标注尺寸,当实在无法避免时,宜按图1.21(b)的形式注写。

尺寸数字应依据其读数方向注写在靠近尺寸线的上方中部,如没有足够的注写位置,最外边的尺寸数字可注写在尺寸界线外侧,中间相邻的尺寸数字可错开注写,也可引出注写,如图1.22所示。

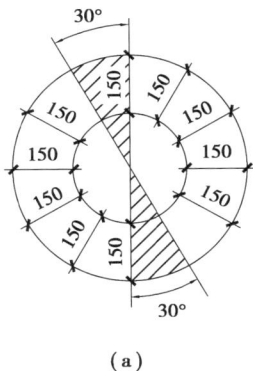

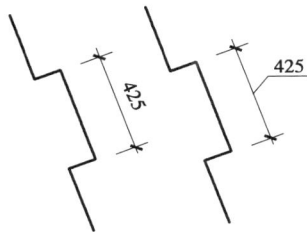

（a）　　　　　　　　　（b）

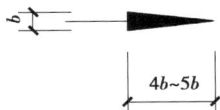

图 1.20　箭头的画法　　　　图 1.21　尺寸数字读数方向

图线不得穿过尺寸数字,不可避免时,应将尺寸数字处的图线断开,如图 1.23 所示。

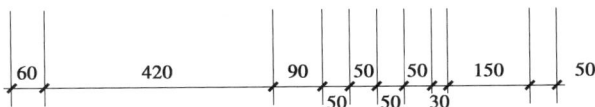

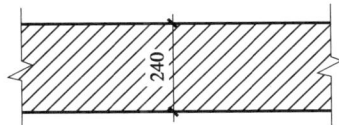

图 1.22　尺寸数字的注写位置　　　　图 1.23　尺寸数字处图线应断开

2）常用尺寸的排列、布置及注写方法

　　尺寸宜标注在图样轮廓线以外,不宜与图线、文字及符号等相交。相互平行的尺寸线,应从被注的图样轮廓线由近向远整齐排列,小尺寸应离轮廓线较近,大尺寸应离轮廓线较远。图样轮廓线以外的尺寸线,距图样最外轮廓线之间的距离不宜小于 10 mm。平行尺寸线的间距,宜为 7 ~ 10 mm,并应保持一致,如图 1.18 所示。

　　总尺寸的尺寸界线应靠近所指部位,中间的分尺寸的尺寸界线可稍短,但其长度应相等,如图 1.18 所示。半径、直径、球、角度、弧长、薄板厚度、坡度以及非圆曲线等常用尺寸的标注方法如表 1.9 所示。

表 1.9　常用尺寸标注方法

标注内容	图例	说明
角度		尺寸线应画成圆弧,圆心是角的顶点,角的两边为尺寸界线;角度的起止符号应以箭头表示,如没有足够的位置画箭头,可以用圆点代替;角度数学应水平方向书写
圆和圆弧		标注圆或圆弧的直径、半径时,尺寸数学前应分别加符号"ϕ""R"尺寸线及尺寸界线应按图例绘制

15

续表

标注内容	图例	说明
大圆弧	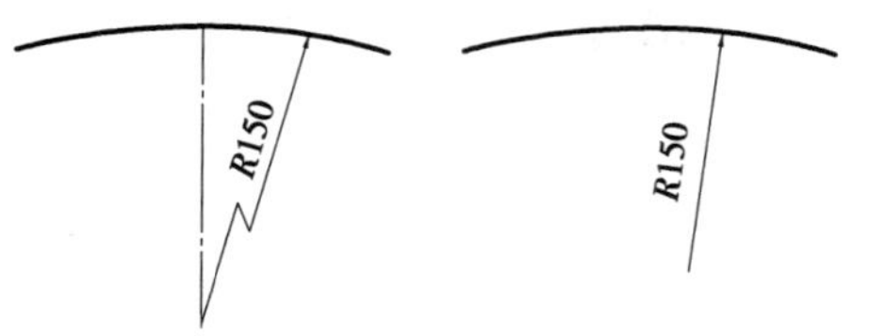	较大圆弧的半径可按图例形式标注
球面	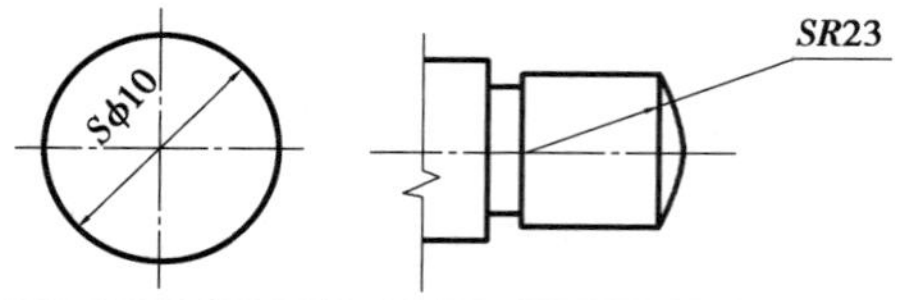	标注球的直径、半径时,应分别在尺寸数字前加注符号"Sϕ""SR",注写方法与圆和圆弧的直径、半径的尺寸标注方法相同
薄板厚度	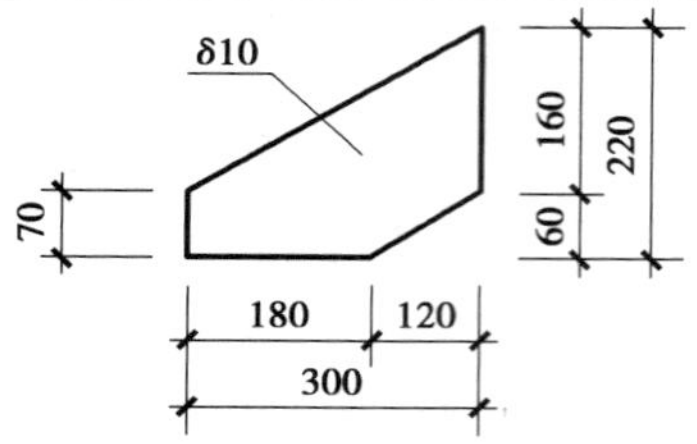	在薄板板面标注板厚尺寸时,应在厚度数字前加厚度符号"δ"
正方形	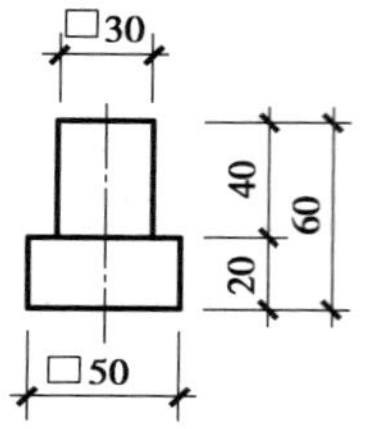	在正方形的侧面标注该正方形的尺寸,除可用"边长×边长"外,也可在边长数字前加正方形符号"□"
坡	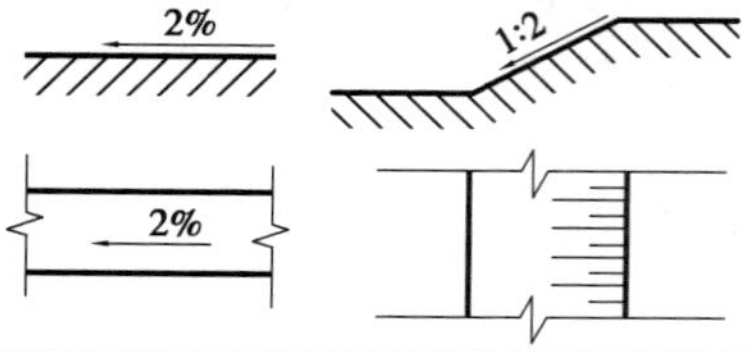	标注坡度时,在坡度数字下应加注坡度符号;坡度符号的箭头一般应指向下坡方向。坡度也可用直角三角形的形式标注
小圆和小圆弧	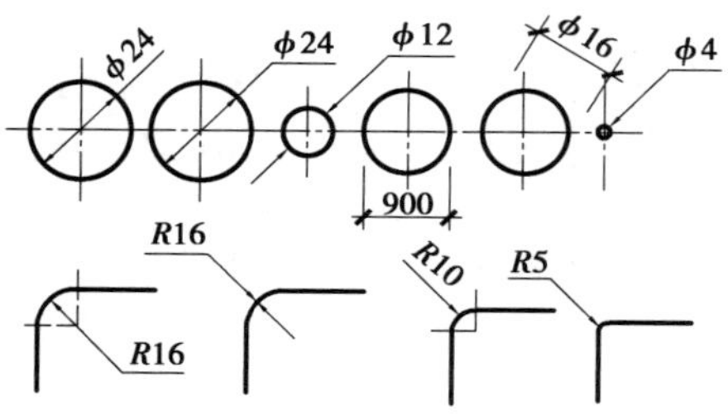	小圆的直径和小圆弧的半径可按图例形式标注
弧长和弦长	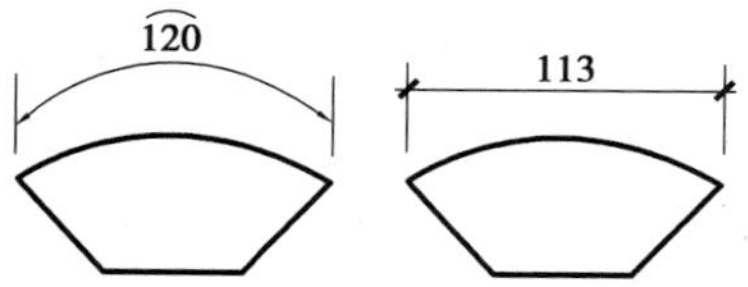	尺寸界线应垂直于该圆弧的弦。标注弧长时,尺寸线应以与该圆弧同心的圆弧线表示,起止符号应用箭头表示,尺寸数字上方应加注圆弧符号。标注弦长时,尺寸线应以平行于该弦的直线表示,起止符号用中粗斜线表示

标注内容	图例	说明
构件外形为非圆曲线时		同坐标形式标注尺寸
复杂的圆形		用网格形式标注尺寸

3)尺寸的简化标注

①杆件或管线的长度,在单线图(桁架简图、钢筋简图、管线图等)上,可直接将尺寸数字沿杆件或管线的一侧注写(图1.24)。

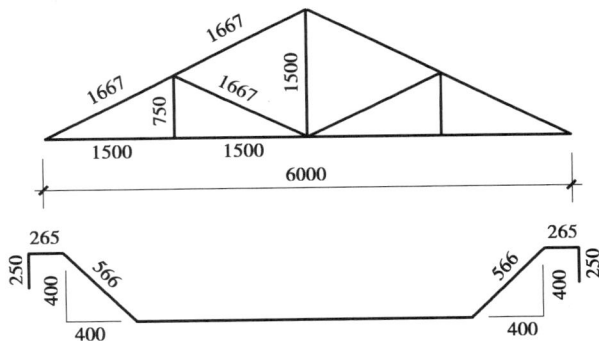

图 1.24　单线图尺寸标注方法

②连续排列的等长尺寸,可用"个数×等长尺寸=总长"的形式标注(图1.25)。

③构配件内的构造要素(如孔、槽等)若相同,可仅标注其中一个要素的尺寸(图1.26)。

④对称构配件采用对称省略画法时,该对称构配件的尺寸线应略超过对称符号,仅在尺寸线的一端画尺寸起止符号;尺寸数字应按整体全尺寸注写,其注写位置宜与对称符号对直(图1.27)。

⑤两个构配件,如仅个别尺寸数字不同,可在同一图样中,将其中一个构配件的不同尺寸数字注写在括号内,该构配件的名称也应注写在相应的括号内(图1.28)。

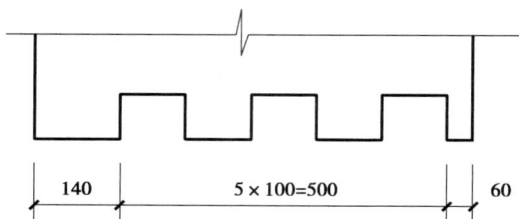

图 1.25　等长尺寸简化标注方法

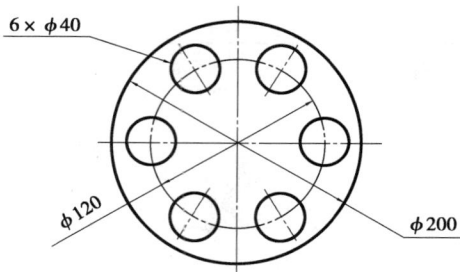

图 1.26　相同要素尺寸标注方法

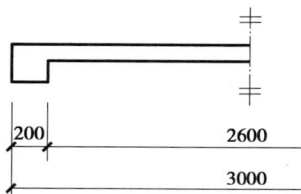

图 1.27　对称构件尺寸数字标注方法

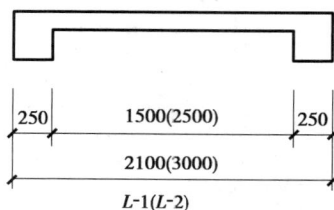

图 1.28　相似构件尺寸数字标注方法

⑥数个构配件,如仅是某些尺寸不同,这些有变化的尺寸数字,可用拉丁字母注写在同一图样中;另列表格写明其具体尺寸(图 1.29)。

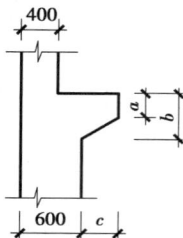

构件编号	a	b	c
z-1	200	400	200
z-2	250	450	200
z-3	200	450	250

图 1.29　相似构配件尺寸表格式标注方法

4) 标高的注法

标高分绝对标高和相对标高。我国青岛市外黄海海面为 ±0.000 的标高称为绝对标高,如世界最高峰珠穆朗玛峰高度为 8 848.86 m(中国国家测绘局 2020 年 5 月测定)即为绝对标高。而某一建筑底层室内地坪为 ±0.000 的标高称为相对标高,如目前中国最高建筑上海中心大厦高 632 m 即为相对标高。

建筑图样中,除总平面图上标注绝对标高外,其余图样上的标高都为相对标高。

标高符号,除用于总平面图上室外整平标高采用图 1.30 中全部涂黑的三角形外,其他图面上的标高符号一律用如图 1.30 所示的不涂黑标高符号。

标高符号的图形为三角形或倒三角形,高约 3 mm,三角形尖部所指位置即为标高位置,其水平线的长度根据标高数字长短而定。标高数字以 m 为单位,总平面图上注至小数点后 2 位数,如 8 848.13。而其他任何图上注至小数点后 3 位数,即 mm 为止。零点标高注成 ±0.000;正标高数字前一律不加正号,如 3.000、2.700、0.900;负数标高数字前必须加注负号,如 −0.020、−0.450。

在剖面图及立面图中,标高符号的尖端,根据其所指位置,可向上指,也可向下指,如同时表示几个不同的标高时,可在同一位置重叠标注。标高符号及其标注如图 1.30 所示。

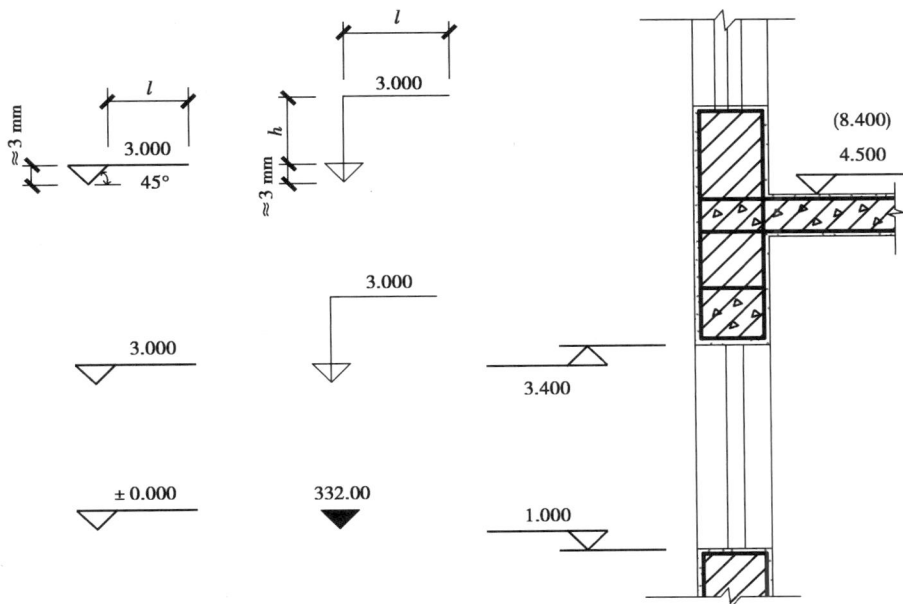

图 1.30　标高符号及其标注

1.3　建筑制图的一般步骤

制图工作应当有步骤地循序进行。为了提高绘图效率、保证图纸质量,必须掌握正确的绘图程序和方法,并养成认真负责、仔细、耐心的良好习惯。本节将介绍建筑制图的一般步骤。

1.3.1　制图前的准备工作

①安放绘图桌或绘图板时,应使光线从图板的左前方射入;不宜对窗安置绘图桌,以免纸面反光而影响视力。将需用的工具放在方便之处,以免妨碍制图工作。

②擦干净全部绘图工具和仪器,削磨好铅笔及圆规上的铅芯。

③固定图纸:将图纸的正面(有网状纹路的是反面)向上贴于图板上,并用丁字尺略为对齐,使图纸平整和绷紧。当图纸较小时,应将图纸布置在图板的左下方,但要使图纸的底边与图板的下边的距离略大于丁字尺的宽度(图 1.31)。

④为保持图面整洁,画图前应洗手。

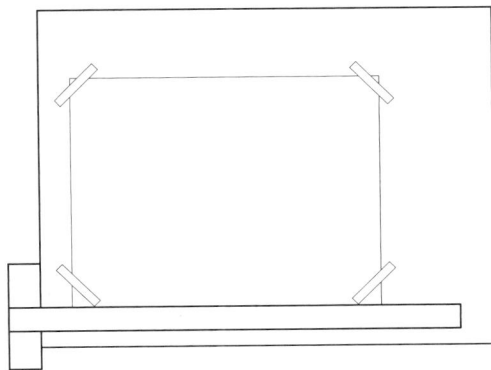

图 1.31　贴图纸

1.3.2　绘铅笔底稿图

铅笔细线底稿是一张图的基础,要认真、细心、准确地绘制。绘制时应注意以下几点:

①铅笔底稿图宜用削磨尖的 H 或 HB 铅笔绘制,底稿线要细而淡,绘图者自己能看得出便可,故要经常磨尖铅芯。

②画图框、图标。首先画出水平和垂直基准线,在水平和垂直基准线上分别量取图框和图标的宽度和长度,再用丁字尺画图框、图标的水平线,然后用三角板配合丁字尺画图框、图标的垂直线。

③布图。预先估计各图形的大小及预留尺寸线的位置,将图形均匀、整齐地安排在图纸上,避免某部分太紧凑或某部分过于宽松。

④画图形。一般先画轴线或中心线,其次画图形的主要轮廓线,然后画细部;图形完成后,再画尺寸线、尺寸界线等。材料符号在底稿中只需画出一部分或不画,待加深或上墨线时再全部画出。对于需上墨的底稿,在线条的交接处可画出头一些,以便清楚地辨别上墨的起止位置。

1.3.3　铅笔加深的方法和步骤

在加深前,要认真校对底稿,修正错误和填补遗漏;底稿经查对无误后,擦去多余的线条和污垢。一般用 2B 铅笔加深粗线,用 B 铅笔加深中粗线,用 HB 铅笔加深细线、写字和画箭头。加深圆时,圆规的铅芯应比画直线的铅芯软一级。用铅笔加深图线时用力要均匀,边画边转动铅笔,使粗线均匀地分布在底稿线的两侧,如图 1.32 所示。加深时还应做到线型正确、粗细分明,图线与图线的连接要光滑、准确,图面要整洁。

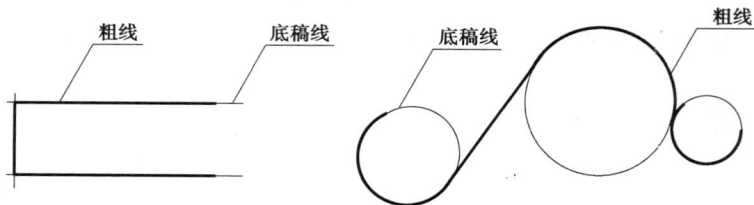

铅笔图线条加深的方法

图 1.32　加深的粗线与底稿线的关系

加深图线的一般步骤如下:

①加深所有的点画线;

②加深所有粗实线的曲线、圆及圆弧;

③用丁字尺从图的上方开始,依次向下加深所有水平方向的粗实直线;

④用三角板配合丁字尺从图的左方开始,依次向右加深所有的铅垂方向的粗实直线;

⑤从图的左上方开始,依次加深所有倾斜的粗实线;

⑥按照加深粗实线同样的步骤加深所有的虚线曲线、圆和圆弧,然后加深水平的、铅垂的和倾斜的虚线;

⑦按照加深粗线的同样步骤加深所有的中实线;

⑧加深所有的细实线、折断线、波浪线等;

⑨画尺寸起止符号或箭头；

⑩加深图框、图标；

⑪注写尺寸数字、文字说明，并填写标题栏。

1.3.4　上墨线的方法和步骤

画墨线时，首先应根据线型的宽度调节直线笔的螺母（或选择好针管笔的号数），并在与图纸相同的纸片上试画，待满意后再在图纸上描线。如果改变线型宽度或重新调整了螺母，都必须经过试画，才能在图纸上描线。

上墨时相同型式的图线宜一次画完，这样可以避免经常调整螺母而使相同型式的图线粗细不一致。

如果需要修改墨线，可待墨线干透后，在图纸下垫一三角板，用锋利的薄型刀片轻轻修刮，再用橡皮擦净余下的污垢，待错误线或墨污全部去净后，以指甲或者钢笔头磨实，然后再画正确的图线。但需注意，在用橡皮时要配合擦线板，并且宜向一个方向擦，以免撕破图纸。

上墨线的步骤与铅笔加深基本相同，但还需注意以下几点：

①一条墨线画完后，应将笔立即提起，同时用左手将尺子移开；

②画不同方向的线条必须等到干了再画；

③加墨水要在图板外进行。

最后需要指出，每次的制图时间最好是连续进行的三四个小时，这样效率最高。

1.4　徒手绘图

徒手画图用于画草图，是一种快速勾画图稿的技术（图1.33），在日常生活和工作中用到徒手画图的机会很多。在工程上，设计师构思一个建筑物或产品，或工程师测绘一个工程物体，都会用到徒手画图的技能。在计算机绘图技术发展的今天，要用计算机成图也需要先徒手勾画出图稿。由此可见，徒手画图是一项重要的绘图技术。

图 1.33　徒手画图

1.4.1　概念

所谓徒手绘图，就是指以目测估计图形与实物的比例，按一定的画法要求徒手绘制的图。在设计开始阶段，由于技术方案要经过反复分析、比较、推敲才能确定最后方案，所以为了节省时间、加快速度，往往以绘制草图表达构思结果；在仿制产品或修理机器时，经常需要现场绘制图纸。由于受环境和条件的限制，常常缺少完备的绘图仪器和计算机，为了尽快得到结果，一般也先画草图，再画正规图；在参观、学习或交流、讨论时，有时也需要徒手绘制草图。此外，在进行表达方案讨论、确定布图方式时，往往也画出草图，以便进行具体比较。总之，草图的适用场合是非常广泛的。

1.4.2 画法

徒手画图时可以不固定图纸,也可以不使用尺子截量距离,画线靠徒手,定位靠目测。但是草图上也应做到线型明确、比例协调,不能误以为画草图就可以潦草从事。

徒手绘图的基本要求是快、准、好,即画图速度要快、目测比例要准、图面质量要好,草图中的线条要粗细分明、基本平直、方向正确。初学徒手绘图时,应在方格纸上进行,以便训练图线画得平直和借助方格纸线确定图形的比例。

徒手绘图所使用的铅笔的铅芯应磨成圆锥形,画中心线和尺寸线时的铅芯应磨得较尖,画可见轮廓线时的铅芯应磨得较钝。

一个物体的图形无论多么复杂,都是由直线、圆、圆弧或曲线组成的,因此要画好草图,必须掌握好徒手绘制各种线条的方法。

1)直线的画法

徒手绘图时,用 HB 铅笔,手指应握在距铅笔笔尖约 35 mm 处,手腕悬空,小手指轻触纸面。在画直线时,先定出直线的两个端点,然后执笔悬空,沿直线方向先比画一下,掌握好方向和走势后再落笔画线(图 1.34)。画线时手腕不要转动,应使铅笔所画的线始终保持约 90°。眼睛看着画线的终点,轻轻移动手腕和手臂,使笔尖向着要画的方向做近似的直线运动。画长斜线时,为了运笔方便,可以将图纸旋转到适当的角度,使它转成水平线位置来画。

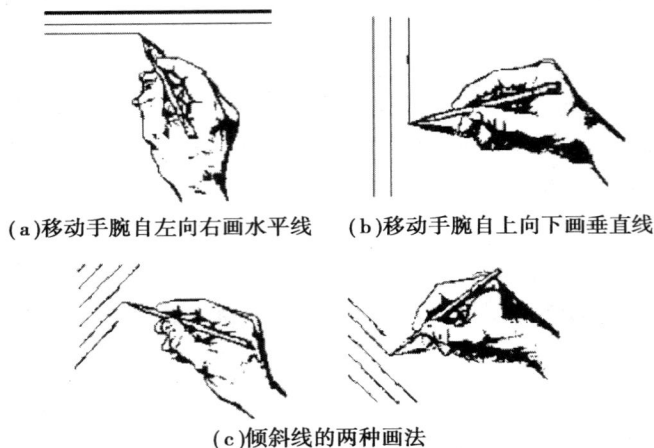

(a)移动手腕自左向右画水平线　　(b)移动手腕自上向下画垂直线

(c)倾斜线的两种画法

图 1.34　直线的画法

2)圆及圆角的画法

画圆时,应过圆心先画中心线,再根据半径大小用目测在中心线上定出 4 点,然后过这 4 点画圆。当圆的直径较大时,可过圆心增画两条 45°的斜线,在线上再定 4 个点,然后过这 8 个点画圆。当圆的直径很大时,可取一纸片标出半径长度,利用它从圆心出发定出许多圆上的点,然后通过这些点做圆(图 1.35)。或者,用手做圆规,以小手指的指尖或关节做圆心,使铅笔与它的距离等于所需的半径,用另一只手小心地慢慢转动图纸,即可得到所需的圆。

画圆角的方法是,先通过目测在分角线上选取圆心位置,使它与角的两边的距离等于圆角的半径大小,过圆心向两边引垂直线定出圆弧的起点和终点,并在分角线上也定出一个圆周点,然后徒手作圆弧把这3点连接起来。

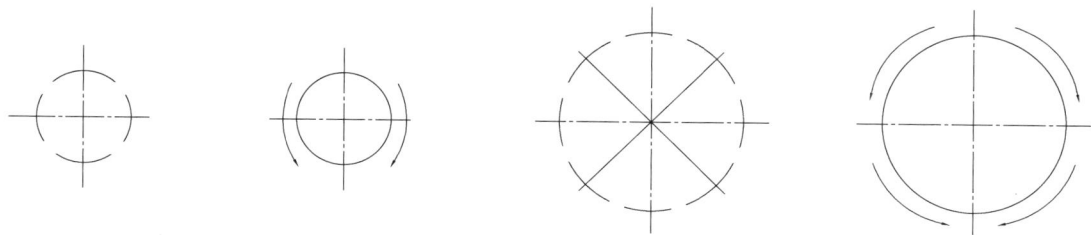

图 1.35　圆的画法

3）椭圆的画法

方法和画圆差不多,也是先画十字,标记出长短轴的记号。不同的是,通过这4个记号做出一个矩形后再画出相切的椭圆(图 1.36)。

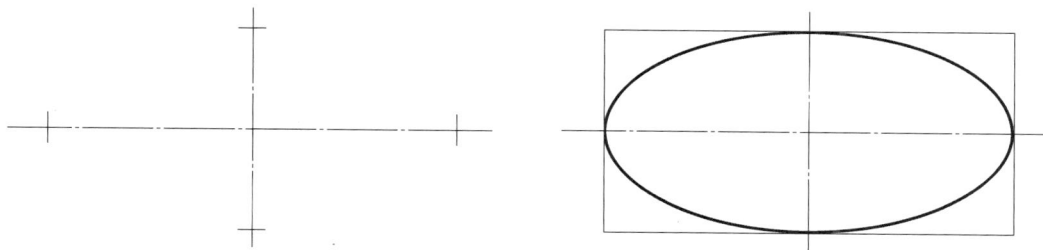

图 1.36　椭圆的画法

本章小结

学习本章的目的在于,了解中华人民共和国国家标准《房屋建筑制图统一标准》(GB/T 50001—2017)规定的绘制建筑施工图的图幅、图框、线型、字体及尺寸标注的基本要求,掌握制图工具的使用方法。

复习思考题

1.1　中华人民共和国国家标准《房屋建筑制图统一标准》(GB/T 50001—2017)规定的绘制建筑施工图的图幅有几种?

1.2　A2 图幅的长边和短边分别为多少?

1.3　虚线的线段长是多少? 两虚线线段之间的空隙留多少?

1.4　单点长画线的线段长是多少? 两单点长画线之间的空隙和点共计留多少?

1.5　尺寸由哪几部分组成?

1.6　什么是绝对标高? 什么是相对标高?

1.7　徒手绘制水平线、垂直线和圆。

2 投影的基本概念

本章导读：

在进行生产建设和科学研究时，为了表达空间形体和解决空间几何问题，经常要借助图纸，而投影原理则为图示空间形体和图解空间几何问题提供了理论和方法。点、线和平面是组成空间形体的基本几何元素。本章主要介绍投影的基本概念和点、线、面正投影的基本性质以及立体正投影的基本特征。

2.1 投影的概念及投影法

2.1.1 投影的概念

日常生活中经常能观察到投影现象，在日光或者灯光等光源的照射下，空间物体在地面或墙壁等平面上会产生影子。随着光线照射的角度和距离的变化，影子的位置和形状也会随之改变。影子能反映物体的轮廓形态，但不一定能准确地反映其大小尺寸。人们从这些现象中总结出一定的内在联系和规律，作为制图的方法和理论根据，即投影原理。

如图 2.1 所示，这里的光源 S 是所有投射线的起源点，称为投影中心；空间物体称为形体；从光源 S 发射出来且通过形体上各点的光线，称为投射线；接受影像的地面 H 称为投影面；投射线（如 SA）与投影面的交点（如 a）称为点的投影。这种利用光源→形体→影像的原理绘制出物体图样的方法，称为投影法。根据投影法所得到的图形，称为投影或投影图（注：空间形体以大写字母表示，其投影则以相应的小写字母表示）。

在工程中，常用各种投影法来绘制图样，从而在一张只有长度和宽度的二维图纸上表达出三维空间里形体的长度、高度和宽度(或厚度)等尺寸,借以准确、全面地表达出形体的形状和大小。

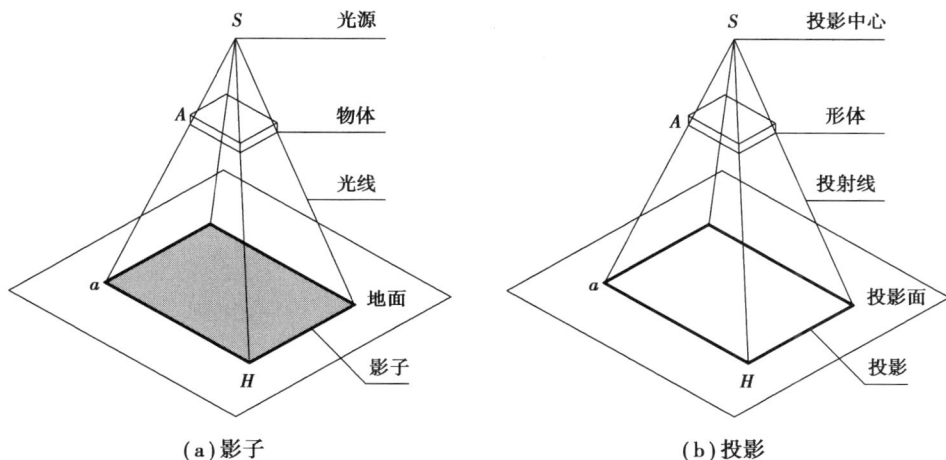

图 2.1 投影法

通过上述投影的形成过程可以知道,产生投影必须具备 3 个基本条件:投射线(光线),投影面,空间几何元素(包括点、线、面等)或形体,也称为投影的三要素。

2.1.2 投影法分类

根据投影中心(S)与投影面的距离,投影法可分为中心投影法和平行投影法两类。

1)中心投影法

当投影中心(S)与投影面的距离有限时,投射线相交于投影中心,这种投影法称为中心投影法(图 2.2)。用中心投影法得到的投影称为中心投影。

物体的中心投影不能反映其真实形状和大小,故中心投影常作为辅助手段,用于表达与形体尺寸无关的空间形象。

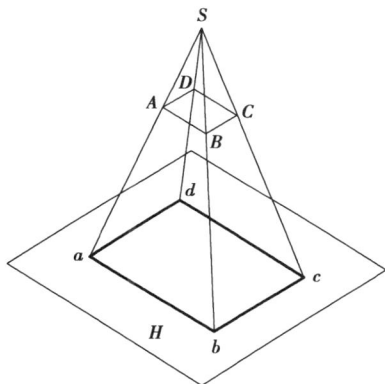

图 2.2 中心投影法

2)平行投影法

当投影中心距投影面无穷远时,投射线可视为互相平行,这种投影法被称为平行投影法,如图 2.3 所示。投射线的方向称为投射方向,用平行投影法得到的投影称为平行投影。

根据互相平行的投射线与投影面的夹角不同,平行投影法又分为斜投影法和正投影法。

①投射线与投影面倾斜的平行投影法称为斜投影法,用斜投影法得到的投影称为斜投影,如图 2.3(a)所示。

②投射线与投影面垂直的平行投影法称为正投影法,用正投影法得到的投影称为正投影,如图 2.3(b)所示。一般工程图纸都是按正投影的原理绘制的,为叙述方便起见,如无特殊说明,以后书中所指"投影"即为"正投影"。

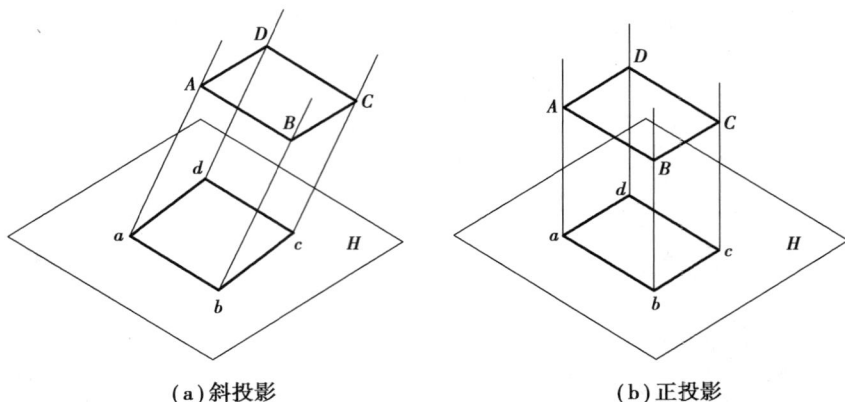

（a）斜投影　　　　　　　　　　（b）正投影

图 2.3　平行投影法

2.2　正投影的基本性质

　　点、线、面是构成各种形体的基本几何元素，它们是不能脱离形体而孤立存在的。点的运动轨迹构成了线，线（直线或曲线）的运动轨迹构成了面，面（平面或曲面）的运动轨迹构成了体。研究点、线、面的正投影特征，有助于认识形体的投影本质，掌握形体的投影规律。

2.2.1　类似性

　　点的投影在任何情况下都是点，如图 2.4（a）所示。

　　直线的投影在一般情况下仍是直线。当直线倾斜于投影面时，如图 2.4（b）中所示直线 AB，其投影 ab 长度小于实长。

　　平面的投影在一般情况下仍是平面。当平面图形倾斜于投影面时，如图 2.4（c）所示平面 $ABCD$ 倾斜于投影面 H，其投影 $abcd$ 小于实形且与实形类似。

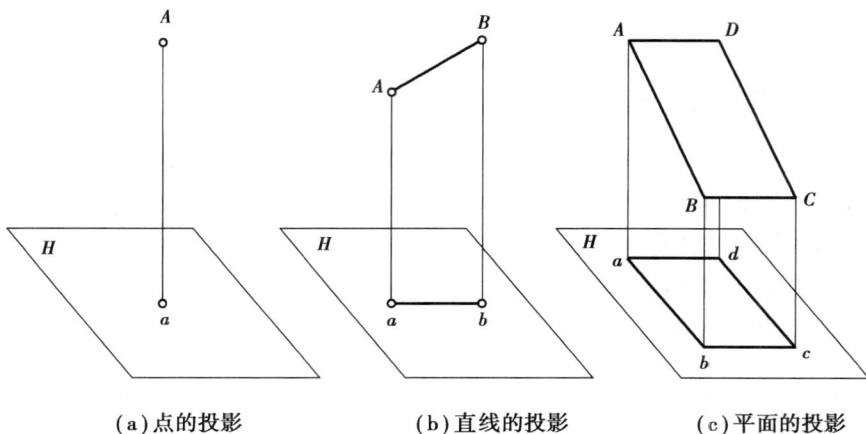

（a）点的投影　　　　　　（b）直线的投影　　　　　　（c）平面的投影

图 2.4　正投影的类似性

　　这种情况下，直线和平面的投影不能反映实长或实形，其投影形状是空间形体的类似形，因而把投影的这种特征称为类似性。所谓类似形，是指投影与原空间平面的形状类似，即边数不变、平行不变、曲直不变、凹凸不变,但不是原平面图形的相似形。

2.2.2 全等性

空间直线 AB 平行于投影面 H 时,其投影 ab 反映实长,即 $ab = AB$,如图 2.5(a)所示。

平面四边形 $ABCD$ 平行于投影面 H 时,其投影 $abcd$ 反映实形,即四边形 $abcd \cong$ 四边形 $ABCD$,如图 2.5(b)所示。

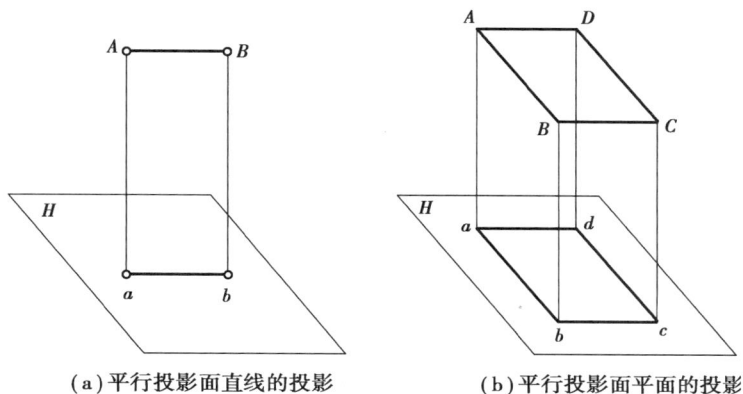

(a)平行投影面直线的投影　　(b)平行投影面平面的投影

图 2.5　正投影的全等性

2.2.3 积聚性

空间直线 AB(或 AC)平行于投射线,即垂直于投影面 H 时,其投影积聚成一点。属于直线上任一点的投影也积聚在该点上,如图 2.6(a)所示。

平面四边形 $ABCD$ 垂直于投影面 H 时,其投影积聚成一条直线 $a(b)d(c)$。属于平面上任一点(如点 E)、任一直线(如直线 AE)、任一图形(如三角形 AED)的投影也都积聚在该直线上,如图 2.6(b)所示。

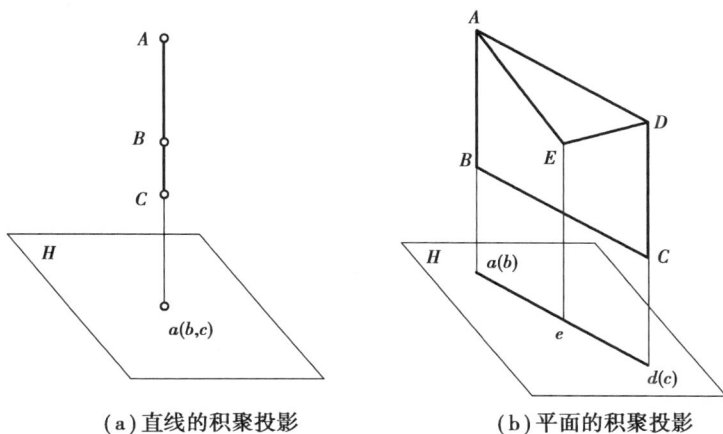

(a)直线的积聚投影　　　　(b)平面的积聚投影

图 2.6　正投影的积聚性

2.2.4 重合性

如图 2.7 所示,两个或两个以上的点、线、面具有同一投影时,则称它们的投影重合。

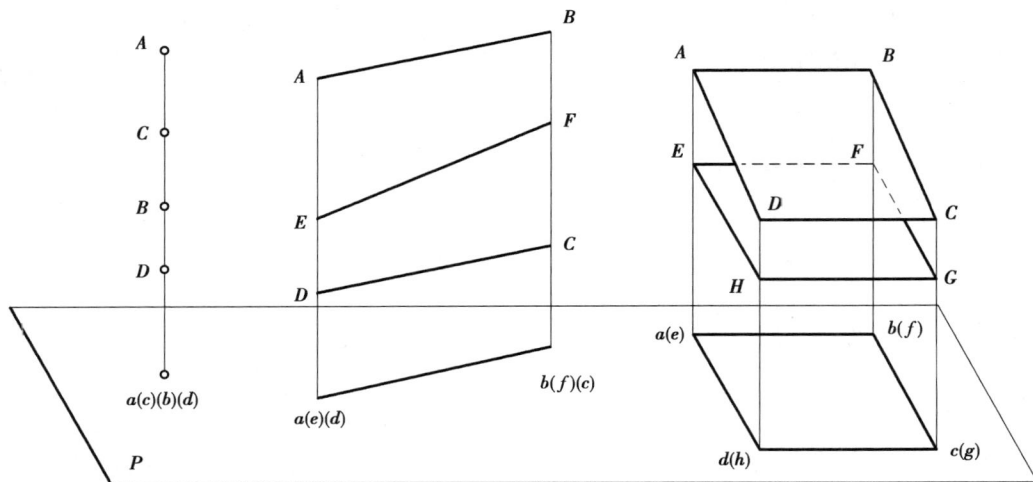

图 2.7 正投影的重合性

积聚性和类似性是两个很重要的性质,前者能帮助我们确定属于平面的点的投影及想象出平面的空间位置;后者能帮助我们预见平面的投影形状,避免在作图时发生差错。

为叙述简单起见,以后除特别指明外,正投影一律简称投影,直线段或平面图形简称直线或平面。

通常在画法几何中有如下约定:空间点用大写字母 $A,B,C,\cdots$(或 I, II, III,$\cdots$)表示,其在水平投影面上的投影用小写字母 $a,b,c,\cdots$(或 $1,2,3,\cdots$)表示。

空间平面用大写字母 $P,Q,R,\cdots$ 表示,其在水平投影面上的投影用小写字母 $p,q,r,\cdots$ 表示。

2.3 三面投影体系及立体的三面投影

2.3.1 三面投影图的形成

工程上绘制图样的方法主要是正投影法,所绘正投影图能反映形状的实际形状和大小尺寸,即度量性好且作图简便,能够满足设计与施工的需要。但是仅作一个单面投影图来表达形体的形状是不够的,因为一个投影图仅能反映该形体某些面的形状,不能表现出形体的全部形状。如图 2.8 所示,4 个形状不同的物体在投影面 H 上具有完全相同的正投影,单凭这个投影图来确定形体的唯一形状,是不可能的。

如果对一个较为复杂的形体,只向两个投影面作其投影时,其投影只能反映它两个面的形状和大小,也不能确定形体的唯一形状。如图 2.9 所示的 3 个形体,它们的 H 面、V 面投影完全相同,要凭这两面的投影来区分它们的空间形状,是不可能的。可见,若要用正投影图来唯一确定形体的形状,就必须采用多面正投影的方法。

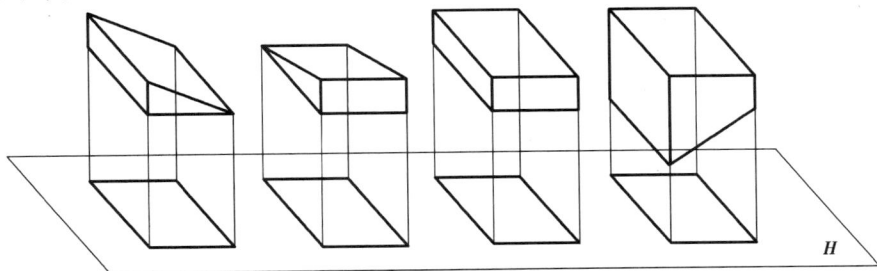

图 2.8　形体的单面投影图

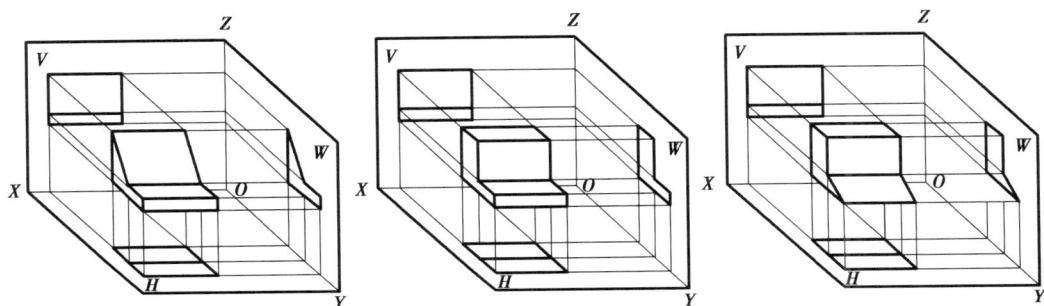

（a）上部为三棱柱形体的三面投影　（b）上部为长方体形体的三面投影　（c）下部为三棱柱形体的三面投影

图 2.9　不同形体投影到 V、H 面投影相同的三面投影图

设立 3 个互相垂直的平面作为投影面,组成三面投影体系。如图 2.10(a)所示,这 3 个互相垂直的投影面分别为:水平投影面,用字母 H 表示,简称水平面或 H 面;正立投影面,用字母 V 表示,简称正立面或 V 面;侧立投影面,用字母 W 表示,简称侧立面或 W 面。3 个投影面两两相交构成的 3 条轴称为投影轴,H 面与 V 面的交线为 OX 轴,H 面与 W 面的交线为 OY 轴,W 面与 V 面的交线为 OZ 轴。3 条轴也互相垂直,并相交于原点 O。

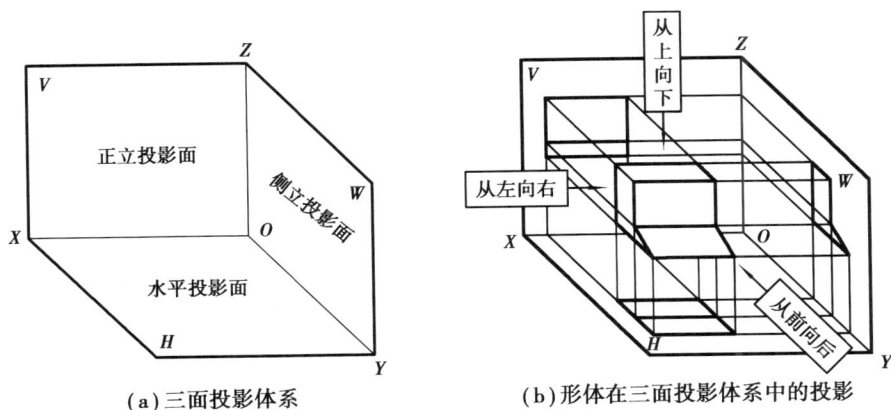

（a）三面投影体系　　　　　（b）形体在三面投影体系中的投影

图 2.10　三面投影体系及三面投影图的形成

将形体放在投影面之间,并分别向 3 个投影面进行投影,就能得到该形体在 3 个投影面上的投影图。从上向下投影,在 H 面上得到水平投影图;从前向后投影,在 V 面得到正面投影图;从左向右投影,在 W 面上得到侧面投影图。这 3 个投影图结合起来,就能准确地反映出该形体

的形状和大小,如图 2.10(b)所示。

2.3.2 三面投影图的展开

为了把形体的 3 个不共面(相互垂直)的投影绘制在一张平面图纸上,需将 3 个投影面展开,使其共面。假设 V 面保持不动,将 H 面绕 OX 轴向下旋转 90°,将 W 面绕 OZ 轴向右后旋转 90°,如图 2.11(a)所示,则 3 个投影面就展开到一个平面内。

形体的 3 个投影在一张平面图纸上画出来,这样所得到的图形称为形体的三面正投影图,简称投影图,如图 2.11(b)所示。三面投影图展开后,3 条轴就成了两条互相垂直的直线,原来的 OX 轴、OZ 轴的位置不变。OY 轴则分为两条,一条随 H 面旋转到 OZ 轴的正下方,成为 Y_H 轴;一条随 W 面旋转到 OX 轴的正右方,成为 Y_W 轴。

实际绘制投影图时,没有必要画出投影面的边框,也无须注写 H、V、W 字样。三面投影图与投影轴之间的距离,反映出形体与三个投影面的距离,与形体本身的形状无关,因此,作图时一般也不必画出投影轴。习惯上将这种不画投影面边框和投影轴的投影图称为“无轴投影”,工程中的图纸均是按照“无轴投影”绘制的,如图 2.11(c)所示。

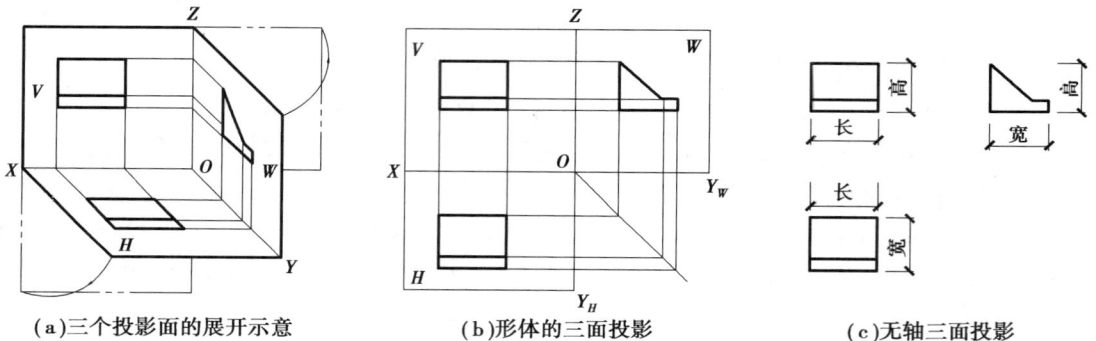

(a)三个投影面的展开示意　　(b)形体的三面投影　　(c)无轴三面投影

图 2.11　三面投影体系的展开

2.3.3 三面投影图的基本规律

从形体三面投影图的形成和展开的过程可以看出,形体的三面投影之间有一定的投影关系。其中,物体的 X 轴方向尺寸称为长度,Y 轴方向尺寸称为宽度,Z 轴方向尺寸称为高度。

水平投影反映出形体的长和宽两个尺寸,正面投影反映出形体的长和高两个尺寸,侧面投影反映出形体的宽和高两个尺寸。从上述分析可以看出:水平投影和正面投影在 X 轴方向都反映出形体的长度,且它们的位置左右应该对正,简称“长对正”;正面投影和侧面投影在 Z 轴方向都反映出形体的高度,且它们的位置上下是对齐的,简称“高平齐”;水平投影和侧面投影在 Y 轴方向都反映出形体的宽度,且这两个尺寸一定相等,简称“宽相等”,如图 2.11(c)所示。

因此,形体三面投影图 3 个投影之间的基本关系可以归结为“长对正、高平齐、宽相等”,简称“三等关系”,这是工程项目画图和读图的基础。

三面投影图还可以反映形体的空间方位关系。水平投影反映出形体前后、左右方位关系,正面投影反映出形体的上下、左右方位关系,侧面投影反映出形体的上下、前后方位关系。

【例2.1】根据形体的轴测投影图,画出其三面投影图(图2.12)。

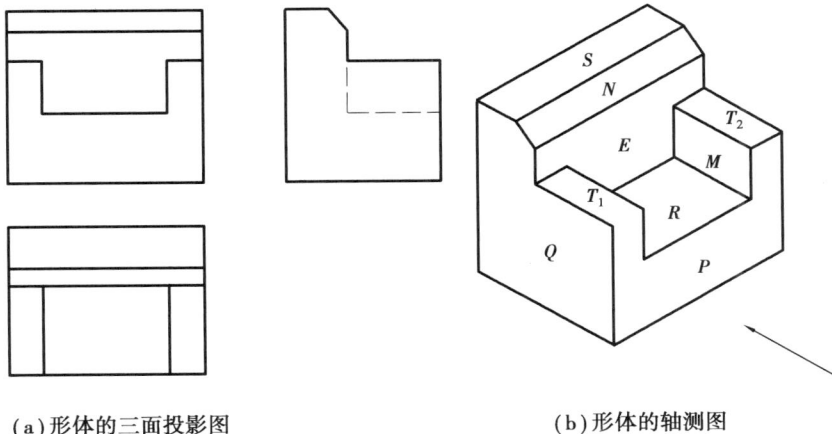

(a)形体的三面投影图　　　　　　　　　(b)形体的轴测图

图2.12　根据形体的轴测图画其三面投影图

【解】(1)选择形体在三面投影体系中放置的位置时应遵循下列原则:

①应使形体的主要面尽量平行于投影面,并使 V 面投影最能表现形体特征。

②应使形体的空间位置符合常态,若为工程形体应符合工程中形体的正常状态。

③在投影图中应尽量减少虚线。

(2)对形体各表面进行投影分析,如图2.12(b)所示。

①平面 P、E 及背面平行于 V 面,其 V 面投影反映实形;其 H 面投影、W 面投影分别积聚为 OX、OZ 轴的平行线。

②平面 R、S、T_1 和 T_2 及下底面平行于 H 面,其 H 面投影反映实形,其 V 面投影积聚为 OX 轴的平行线;其 W 面投影积聚为 OY_W 轴的平行线。

③平面 Q、M 及与其对称的平面平行于 W 面,其 W 面投影反映实形;其 H 面投影、V 面投影分别积聚为 Y_H 轴、OZ 轴的平行线。

④平面 N 垂直于 W 面,其 W 面投影积聚成一斜线;其 H 面投影、V 面投影均为类似形。

(3)绘制三面投影图,如图2.12(a)所示。

在图2.12(b)的位置将该形体放入三面投影体系中,箭头所指方向为 V 面投影的方向。绘图时应利用各种位置平面的投影特征和投影的"三等关系",即 H 面、V 面投影中各相应部分应用 OX 轴的垂直线对正(等长);V 面、W 面投影中各相应部分应用 OX 轴的平行线对齐(等高);H 面、W 面投影中各相应部分应"等宽",依次画出形体的三面投影图。同时应注意:R 面在 W 面投影中积聚成虚线;E 面下部分在 W 面投影中积聚成虚线。

本章小结

(1)了解投影的形成、分类及特性。

(2)掌握三面投影图的形成原理及作图过程。

复习思考题

2.1　投影是怎么形成的？

2.2　投影怎么分类？

2.3　正投影的性质是哪些？

2.4　三面正投影的规律是什么？

3 点、直线、平面的投影

本章导读:

　　本章将学习构成形体的基本几何元素点、直线、平面的投影原理、图解方法以及作图过程。

3.1　点的投影

　　点是构成形体的最基本的元素,画法几何学中的点只表示空间位置。

3.1.1　点在两面投影体系、三面投影体系中的投影

　　根据初等数学的概念可知,两个坐标不能确定空间点的位置。因此,点在一个投影面上的投影,可以对应无数的空间点。为了确定点的空间位置,设置两个互相垂直的正立投影面 V 和水平投影面 H(图3.1),这两个投影面将空间划分为4个区域,每个区域即为一分角,面对 X 轴的左端,按逆时针的顺序为第Ⅰ、Ⅱ、Ⅲ、Ⅳ分角。

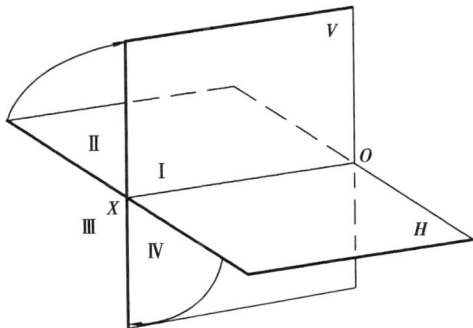

1)点的两面投影

　　根据我国技术制图标准的规定:技术图样应采用正投影法绘制,并优先采用第Ⅰ分角画法,故本书将讨论重点放在第Ⅰ分角中投影的画法。

图3.1　相互垂直的两投影面

如图 3.2(a)所示,过点 A 分别向 V 面、H 面作投射线,得到与 V 面、H 面的垂足 a'、a。a' 称为空间点 A 的正面投影,简称 V 投影,其坐标是 (x,z),反映点 A 的左右上下位置;a 称为空间点 A 的水平投影,简称 H 投影,其坐标可用 (x,y) 表示,反映点 A 的左右前后位置。空间点 A 及其投影 a'、a 构成的平面与 OX 轴的交点称为 a_x。由此可见,可以通过点 A 的 V 投影和 H 投影反映空间点 A 的坐标 (x,y,z)。

前面所描述的点以及投影仍然是在三维空间中,而图纸是二维空间(即平面),若将 V、H 面投影体系如图 3.2(a)所示展开,即得到空间点 A 的 V、H 两面投影图,如图 3.2(b)所示。只保留投影面的轴线,就得到点 A 的 V、H 两面投影图,如图 3.2(c)所示。

(1)点的两面投影特性

从图 3.2(a)中可知,$Aa \perp H$ 面,$Aa' \perp V$ 面,则平面 $Aa'a_xa$ 同时垂直于 H、V 面和投影轴 OX。展开后的投影图上,a 和 a' 的投影连线垂直于 OX,即 $aa' \perp OX$。由于 $Aa'a_xa$ 是个矩形,$aa_x = Aa' = y$,$a'a_x = Aa = z$。由此可以得到点在 V/H 两面投影体系中的投影特性为:

①点的 V 投影和 H 投影的连线,垂直于投影轴 OX 轴($aa' \perp OX$);

②点的投影到投影轴 OX 的距离等于空间点到其投影轴的另一投影面的距离($a'a_x = Aa = z$,$aa_x = Aa' = y$),如图 3.2 所示。

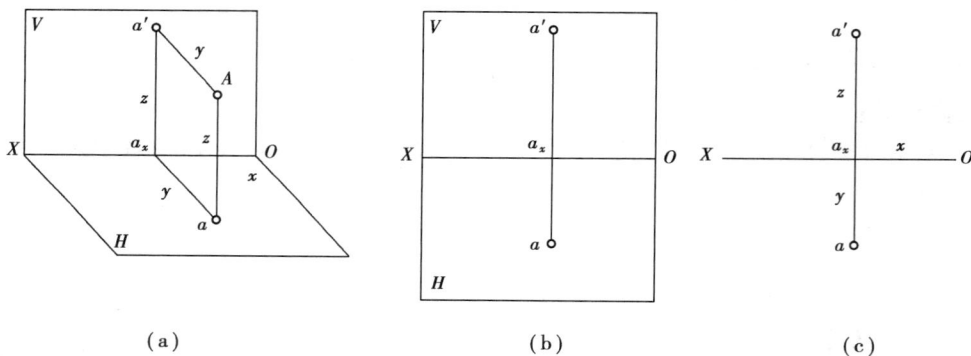

| (a) | (b) | (c) |

图 3.2 点的两面投影

以上投影特性也适合于其他分角中的点。

规定:在投影图中,将连接点的相邻两面的投影的直线称为投影连线。

(2)点在其他分角中的投影

在实际的工程制图中,通常都把空间形体放在第 Ⅰ 分角中进行投影,但在画法几何学中应用图解法时,常常会遇到需要把线或面等几何要素延伸的情况,故此很难使它们始终都在第一分角内。这里简单地介绍点在其他分角的投影情况。

如图 3.3 所示的是点在第 Ⅰ、Ⅱ、Ⅲ、Ⅳ 分角的投影情况。各分角点的两面投影图对于各分角的点的区别如下:点 A 在第 Ⅰ 分角中,其 V 投影和 H 投影分别在 OX 轴的上方和下方;点 B 是在第 Ⅱ 分角中的点,其 V 投影和 H 投影均在 OX 轴的上方;点 D 在第 Ⅲ 分角中,V 投影在 OX 轴的下方,H 投影在 OX 轴的上方,其情况与第 Ⅰ 分角正好相反;而第四分角的点 C,两个投影均在 OX 轴的下方,则与第 Ⅱ 分角的点 B 相反。显然,在 Ⅱ、Ⅳ 分角内,两个投影均在投影轴一侧,对于清晰地表达形体是不利的。因此,ISO 标准、我国和一些东欧国家多采用第 Ⅰ 分角投影的制图标准,美国、英国以及一些西欧国家采用了第 Ⅲ 分角投影制图标准。

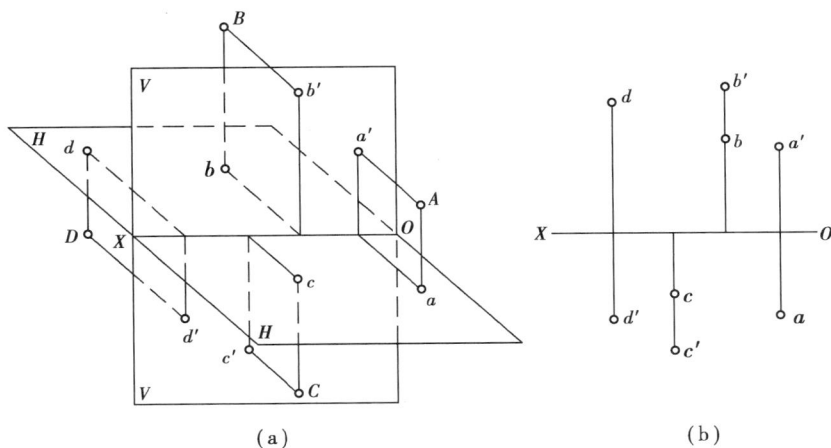

图3.3　点在4个分角中的投影

（3）特殊位置点的投影

在投影面上或在投影轴上的点称为特殊位置点。

从点的投影原理可以看出,属于投影面上的点,其坐标值至少有一个为零,点所在投影面的投影与它本身重合,而另一个投影在投影轴上,如图3.4中的A、B、D、E点。其中点A、E均在H面上,则其V投影在OX轴上（a'、e'在OX轴上）,点A在前半H面上,其H投影a在OX轴的下方,E点在后半H面上,则其H投影e在OX轴的上方;点B、D均在V面上,则其H投影在OX轴上（b、d在OX轴上）,而由于两者所处的上下位置不同,V投影b'在OX轴的上方,V投影d'在OX轴的下方。

属于投影轴的点C,其V、H两个投影都在投影轴OX轴上,并与该点重合,如图3.4所示。

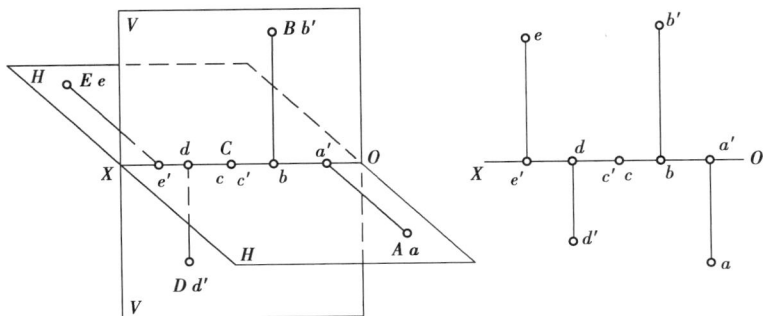

图3.4　4个分角中特殊点的投影

2）点的三面投影

虽然两面投影已经可以确定空间点的位置,但如第1章中所述,在表达有些形体时用两面投影不能表达清楚,解决之道就是设置第三个投影面。

如图3.5（a）所示,由空间点A分别向V、H、W面进行投影,得到点A在各投影面上的投影a、a'、a''。其中a''是空间点A的W投影。投射线Aa、Aa'、Aa''两两组合得3个平面:aAa'、aAa''和$a'Aa''$,这3个平面与投影轴OX、OY和OZ分别相交于a_x、a_y、a_z。这些点和原点O及其投影a、a'、a''的连线组成一个长方体,如图3.5（a）所示。

为了把 3 个投影 a、a'、a'' 表示在一个平面上,将三面投影体系展开后就得到了点 A 的三面投影图,如图 3.5(b)所示,去掉投影面边界得到图 3.5(c)。

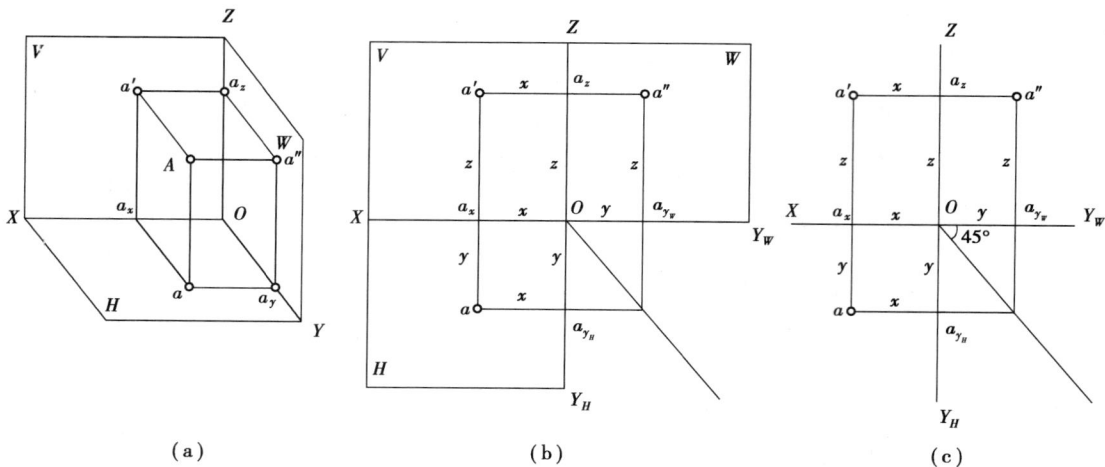

(a)   (b)   (c)

图 3.5   点在三面投影体系中的投影

点的三面投影特性如下:

① 点的投影连线垂直于投影轴:$a'a \perp OX$、$a'a'' \perp OZ$、$aa_{y_H} \perp OY_H$、$a''a_{y_W} \perp OY_W$。

② 点的投影到投影轴的距离,等于空间点到其投影轴的另一投影面的距离,即:

点 A 到 H 面的距离 $Aa = a'a_x = a''a_y = a_zO = z$,即高平齐;

点 A 到 V 面的距离 $Aa' = a''a_z = aa_x = a_yO = y$,即宽相等;

点 A 到 W 面的距离 $Aa'' = a a_y = a'a_z = a_xO = x$,即长对正。

点的这两条投影特性,称为三面投影的投影规律,也常称为"三等关系"(长对正、高平齐、宽相等)。这也说明,在三面投影体系中,任两个投影都有内在的联系,它们共用一个投影轴。只要给出一个点的任意两个投影,就可以求出其第三个投影。图 3.5(c)中的 45°线就是为了保证"宽相等"而作的辅助线,也可用四分之一圆来代替。

【例 3.1】如图 3.6 所示,已知空间点 B 的 H 投影 b 和 V 投影 b',求该点的 W 投影 b''。

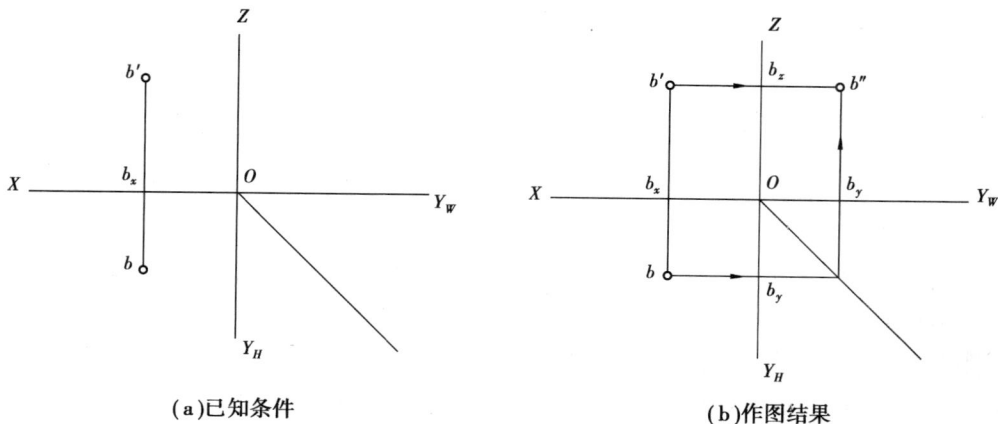

(a)已知条件   (b)作图结果

图 3.6   已知点的 V、H 投影求 W 投影

【解】做题过程就是一个应用"三等关系"的过程,作法如图 3.6(b)中的箭头所示。

①根据本题已知 b' 和 b(长对正),过 b' 引 OZ 轴的垂线 $b'b_z$ 交 b_z 后适当延长(高平齐)。

②过 b 引 OY_H 轴的垂线 bb_y 交所作 45°辅助线后再引 OY_W 轴的垂线交第①步所作高平齐的线于 b''(宽相等),b'' 即为所求。

【例 3.2】如图 3.7 所示,已知点 C 的 V 投影 c' 和 W 投影 c'',求点 C 的 H 投影 c。

【解】作法如图 3.6(b)中的箭头所示。

①根据本题已知 c' 和 c''(高平齐),过 c' 引 OX 轴的垂线 $c'c_x$ 交 c_x 后适当延长(长对正)。

②过 c'' 引 OY_W 轴的垂线 $c''c_y$ 交所作 45°辅助线后再引 OY_H 轴的垂线交第①步所作长对正的线于 c(宽相等),c 即为所求。

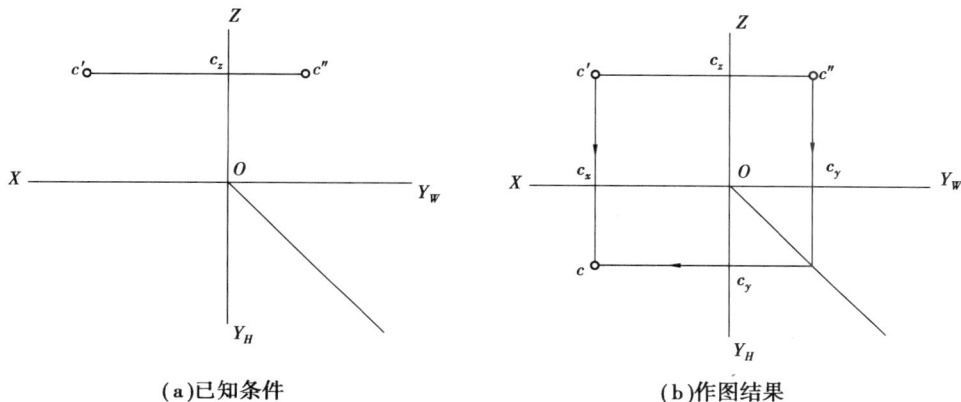

(a)已知条件　　　　　　　　　　(b)作图结果

图 3.7　已知点的 V、W 投影,求其 H 投影

【例 3.3】已知空间点 A 的坐标为:$x=15$ mm、$y=10$ mm、$z=20$ mm,试作出点 A 的三面投影图。

【解】①在图纸上沿水平方向和铅垂方向作相交二直线,两线交点为坐标原点 O,其左为 X 轴,上为 Z 轴,右为 Y_W,下为 Y_H。

②在 X 轴上取 $Oa_x=15$ mm;过 a_x 点作 OX 轴的垂线,在这条垂线上自 a_x 向下截取 $a_xa=10$ mm 和向上截取 $a_xa'=20$ mm,得 H 投影 a 和 V 投影 a',如图 3.8(a)、(b)所示。

③由 a' 向 OZ 轴引垂线,交 OZ 轴于 a_z 并延长截取 $a_za''=10$ mm,得 W 投影 a'',如图 3.8(c)所示。这一步也可按【例 3.1】的方法,根据"三等关系"作图得到。

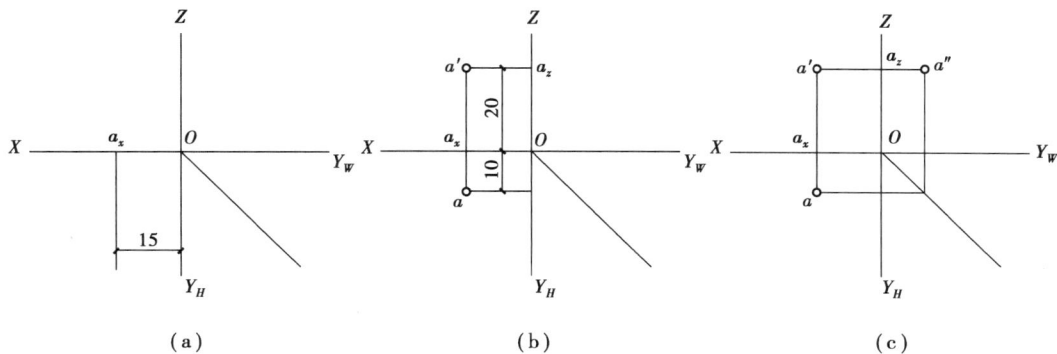

(a)　　　　　　(b)　　　　　　(c)

图 3.8　已知空间点的坐标,求其三面投影

当空间点在投影面上时,则点的坐标至少有一个为零。如图 3.9 所示,空间点 D 在 H 面上,则 $z=0$,因此,点 D 的 V 面、W 面投影分别在 OX 轴和 OY_W 轴上(d' 在 OX 轴上,d'' 在 OY_W 轴上),而 H 面的投影(即 d'')与空间 D 点本身重合。此时应注意,d'' 必须在 OY_W 上,这是因为 d'' 是点 D 在 W 面上的投影。

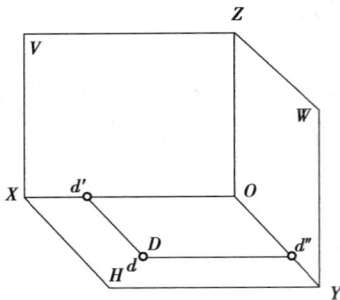

(a)点在 H 面上的直观图　　　　　　　　(b)点在 H 面上的投影图

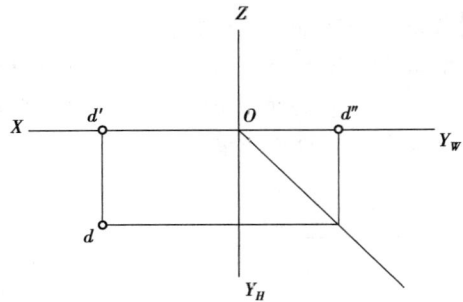

图 3.9　属于投影面的点

结合点的坐标来看,特殊点具有以下特点:

①属于投影面上的点,其坐标值必有一个为零,它的一个投影与它本身重合,而另两个投影在与该投影面有关的两个投影轴上。

②属于投影轴上的点,其坐标值必有两个为零,它的两个投影都在此投影轴上,并与该点重合,而另一投影在原点。

③当点在原点时,其坐标值均为零,三个投影都在原点处。

3.1.2　两点的相对位置关系及两点的无轴投影

点的坐标值反映了点在投影体系中的左右、前后及上下的位置,而两点之间的相对位置,可以通过比较两点坐标值可知:x 值大,距投影面 W 更远,在左方;y 值大,距投影面 V 更远,在前方;z 值大,距投影面 H 更远,在上方。如图 3.10 中的 A、B 两点,A 点在 B 点的上、左、前方,也可以说 B 点在 A 点的下、右、后方。

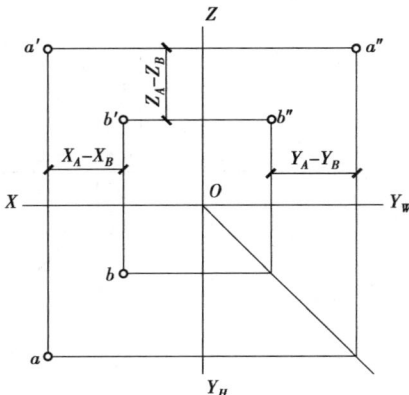

图 3.10　两点的相对位置　　　　　　　　图 3.11　V 面的重影点

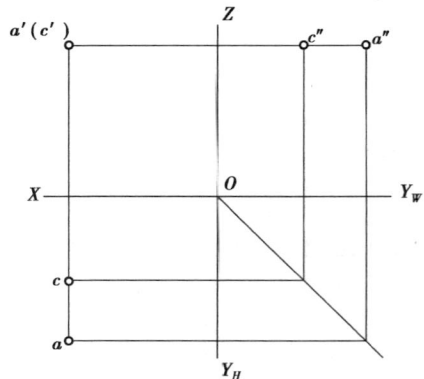

如果两点处于一条投射线上,则两个点的投影在该投影面上重合,这两个点为该投影面的重影点。如图 3.11 中,点 A 在点 C 的正前方,则 A、C 两点在 V 投影重合,A、C 两点称为 V 面的重影点。同理,如两个点为 H 面的重影点,则两点的相对位置是正上(下)方;如两个点为 W 面的重影点,则两点的相对位置是正左(右)方。在第一分角,由于投射线总是由远向投影面进行投射的,因此对于重影点,就有一个可见性的问题。如图 3.11 中,点 A 在点 C 的正前方,a' 可见,c' 不可见。为了表示可见性,在不可见投影的符号上加上括号( ),如(c')。判别可见性的原则是:前可见后不可见、上可见下不可见、左可见右不可见。总的说来,是坐标值大的、相对于两点来说距投影面远的,为可见。从直角坐标关系来看,重影点间实际上是有两组坐标相等,如图 3.11 中 A、C 两点的 X、Z 坐标相等,只有在 Y 方向点 A 大于点 C。

【例 3.4】已知点 $A(10,10,20)$;点 B 距 W 面、V 面、H 面的距离分别为 $20,5,10$;点 C 在 A 点的正下方 10,求 A、B、C 三点的投影并判别可见性。

【解】分析:点 A 以坐标大小、点 B 以距投影面距离、点 C 以两点之间的相对位置确定空间位置。

作图:如图 3.12 所示。

①由点 A 的坐标求出点 A 的三面投影。

②根据点 B 相对于投影面的距离,实际上是给出了点 B 的坐标,求出 B 点的三面投影。

③根据点 C 在点 A 的正下方,求出点 C 的三面投影,A、C 两点为 H 面的重影点。

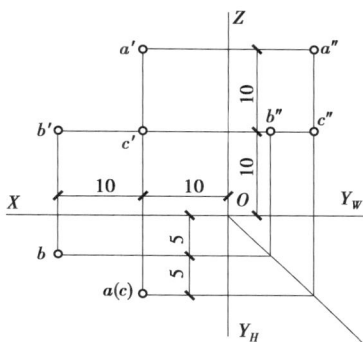

图 3.12　作点的三面投影

3.2　直线的投影

3.2.1　各种位置直线的投影

直线的投影一般仍为直线。只有当直线平行于投影方向或者说直线与投影面垂直时,直线的投影积聚为一点,如图 3.13 所示。

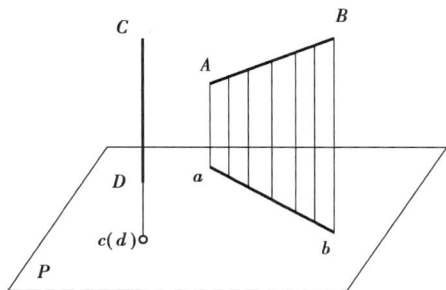

图 3.13　直线投影

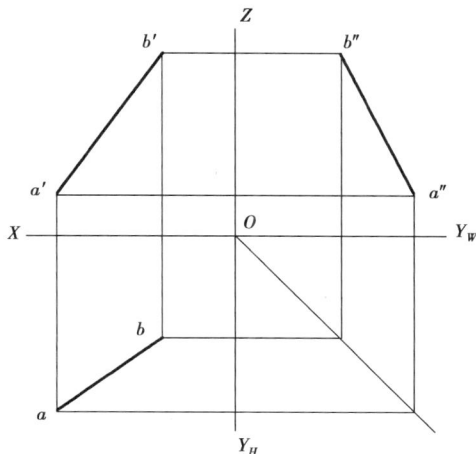

图 3.14　直线的三面投影

从几何学中得知,空间直线可以由直线上的两点来决定,即两点决定一条直线。因此,在画法几何学中,直线在某一投影面上的投影由属于直线的任意两点的同面投影连线来决定。如图 3.14 所示,当已知直线上的任意两点 A、B 的三面投影时,用实线连接两点的同面投影,即连接 a 与 b、a' 与 b'、a'' 与 b'',则得到直线 AB 的三面投影 ab、$a'b'$、$a''b''$。

直线与投影面的位置有三种:平行、垂直、一般。与投影面平行或者垂直的直线,称为特殊位置直线。

1)投影面的平行线

平行于某一投影面而倾斜于其余两个投影面的直线,称为投影面平行线(简称"平行线")。投影面平行线的所有点的某一个坐标值相等。其中,平行于 H 面的直线称为水平线,Z 坐标相等;平行于 V 面的直线称为正平线,Y 坐标相等;平行于 W 面的直线称为侧平线,X 坐标相等。表 3.1 列出了平行线的投影及投影特性。

表 3.1 平行线的投影和投影特性

名称	直观图	投影图	投影特性
水平线	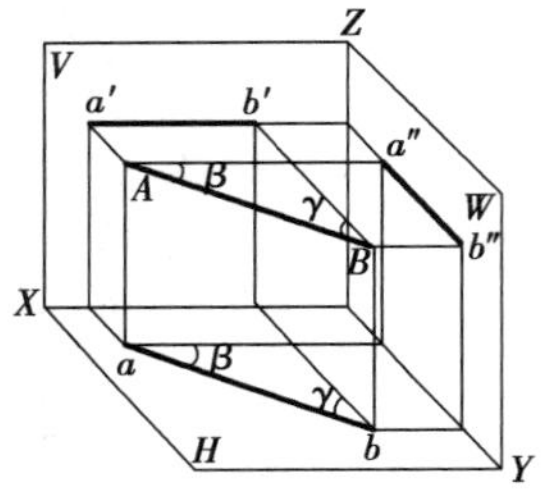	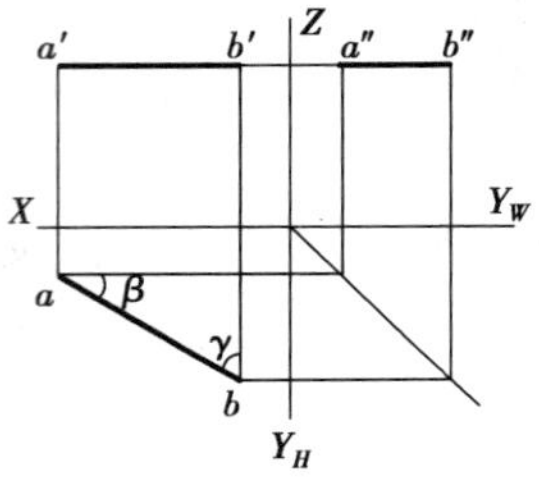	1. $a'b' \parallel OX$, $a''b'' \parallel OY_W$; 2. $ab = AB$; 3. ab 与投影轴的夹角反映 β、γ 实角
正平线	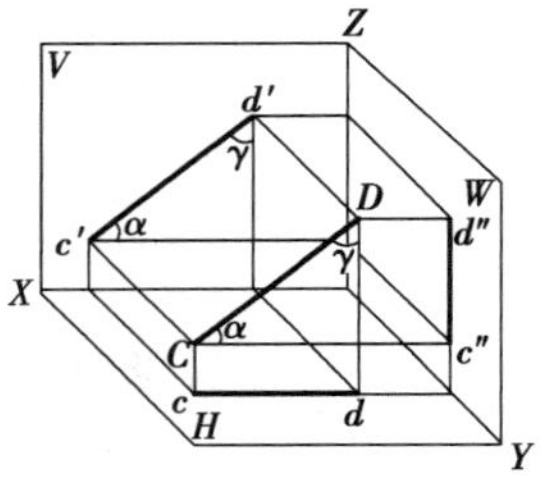	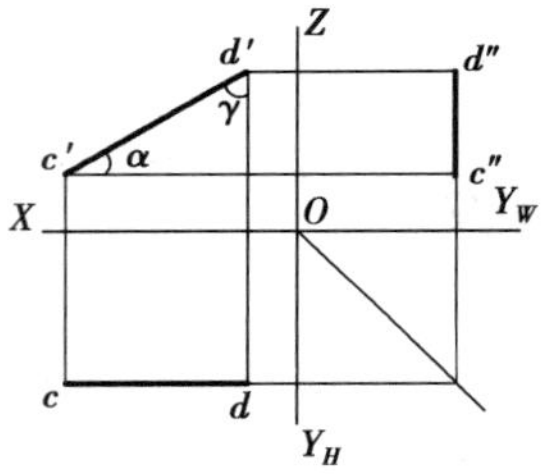	1. $cd \parallel OX$, $c''d'' \parallel OZ$; 2. $c'd' = CD$; 3. $c'd'$ 与投影轴的夹角反映 α、γ 实角
侧平线	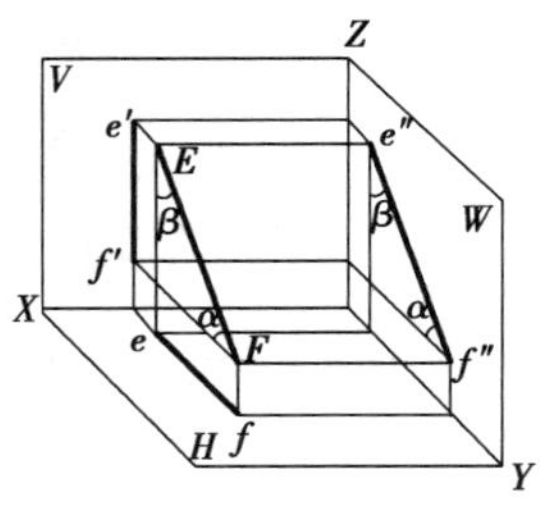	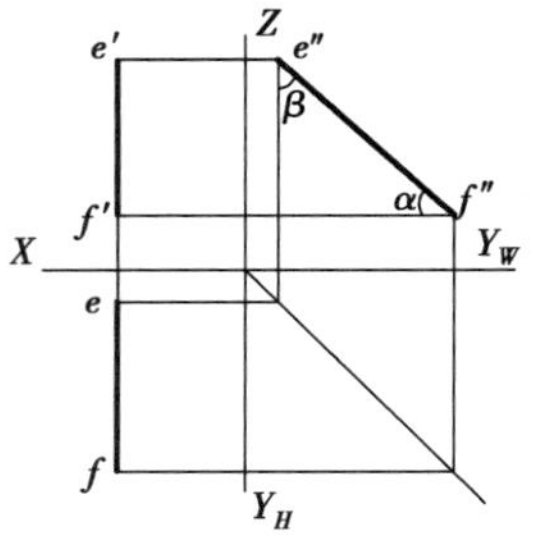	1. $ef \parallel OY_H$, $e'f' \parallel OZ$; 2. $e''f'' = EF$; 3. $e''f''$ 与投影轴的夹角反映 α、β 实角

表中直线对 H 面的倾角用 α 表示;直线对 V 面的倾角用 β 表示;直线对 W 面的倾角用 γ 表示。根据表 3.1,可知投影面平行线的投影特性如下:

①直线在它所平行的投影面上的投影反映实长(即全等性),并且这个投影与投影轴的夹角等于空间直线对倾斜的投影面的倾角。

②倾斜的两个投影面的投影都小于实长,并且平行于平行投影面的投影轴。

2）投影面的垂直线

垂直于某一投影面的直线,称为投影面垂直线(简称"垂直线")。投影面垂直线上的所有点有两个坐标值相等。当直线垂直于某一投影面时,必然平行于另两个投影面。其中,垂直于H面的直线称为铅垂线;垂直于V面的直线称为正垂线;垂直于W面的直线称为侧垂线。表3.2列出了垂直线的投影及投影特性。

表3.2　垂直线的投影和投影特性

名称	直观图	投影图	投影特性
铅垂线	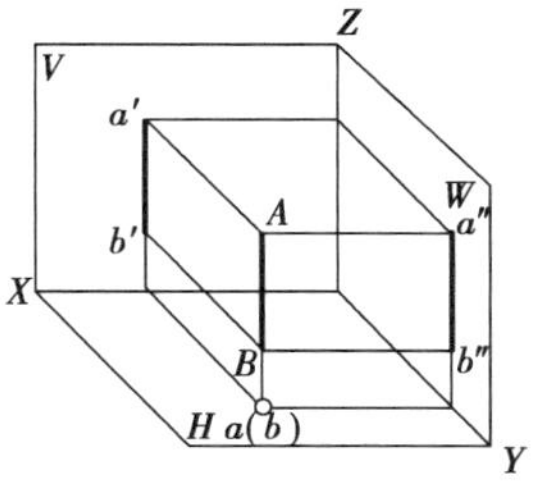	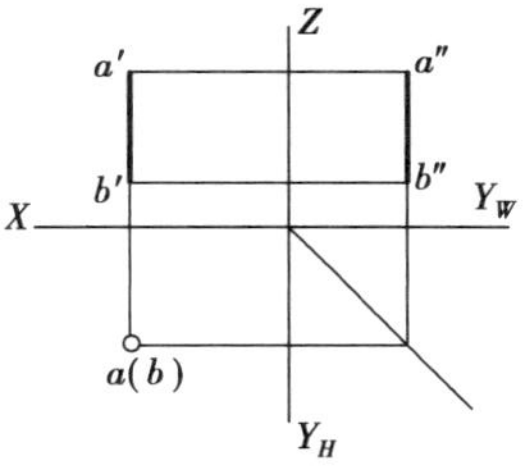	1. ab 积聚成一点; 2. $a'b'\perp OX$, 　$a''b''\perp OY$; 3. $a'b'=a''b''=AB$
正垂线	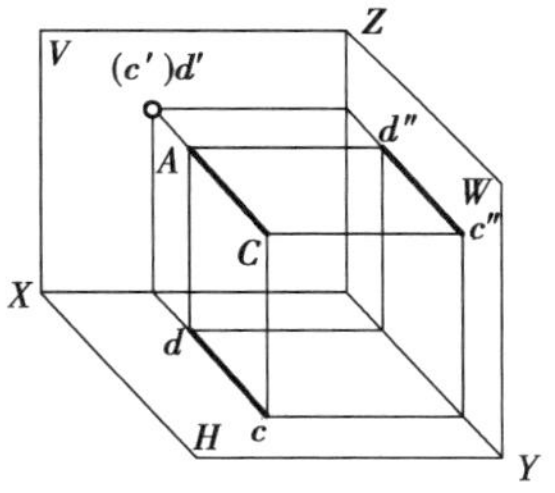	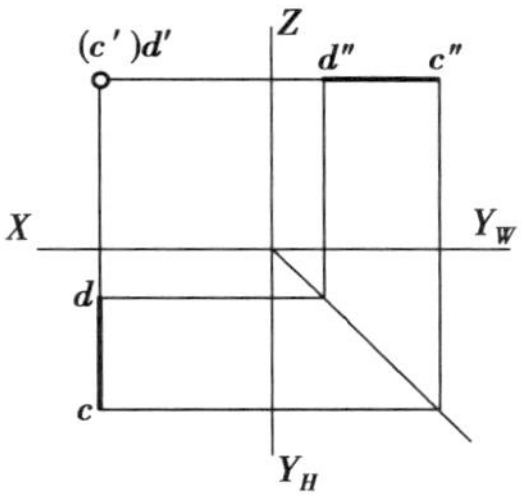	1. $c'd'$ 积聚成一点; 2. $cd\perp OX$, 　$c''d''\perp OZ$; 3. $cd=c''d''=CD$
侧垂线	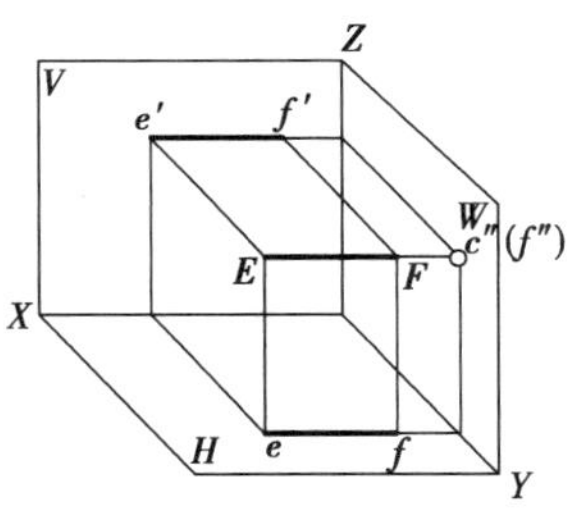	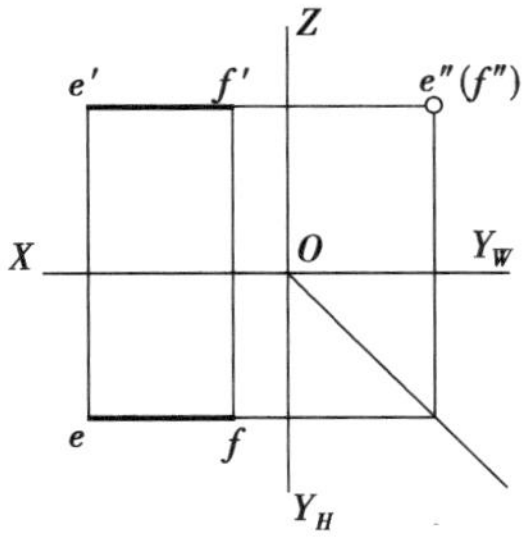	1. $e''f''$ 积聚成一点; 2. $ef\perp OY$, 　$e'f'\perp OZ$; 3. $ef=e'f'=EF$

投影面垂直线的投影特性如下:

①直线在它所垂直的投影面上的投影成为一点(积聚性)。

②其余两个投影垂直于相应的投影轴,且反映实长(全等性)。

3）投影面的一般位置直线

对各投影面均倾斜的直线称为一般位置直线(简称"一般线")。一般线的各个投影的长度均小于直线的实长,并且投影与投影轴的夹角均不反映直线与投影面的倾角。如图3.15所示的直线AB就是一般位置直线。

3.2.2 直线上的点

1）直线上的一般点

空间点与直线的关系有两种情况：点在直线上，点不在直线上。当点在直线上时，则有以下投影特性（图3.15）：

①点的各面投影一定属于这条直线的同面投影（从属性）。

②点分线段成一定比例，则直线的各面投影也成相同比例（定比性）。

对于一般位置直线，判断点是否属于直线，只需观察两面投影就可以了。如图3.16中的直线 AB 和 点 C、点 D。点 C 属于直线 AB，而点 D 就不属于直线 AB。

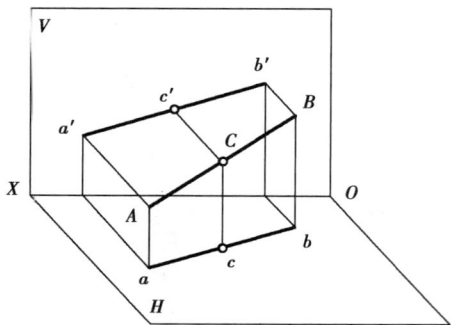

图 3.15 属于直线的点

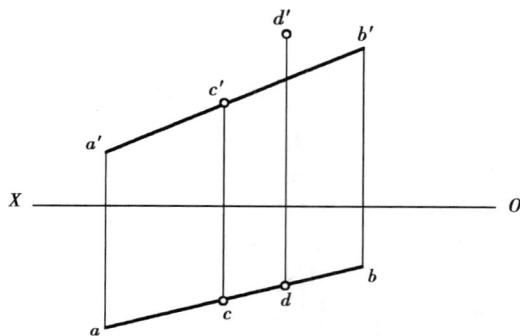

图 3.16 C 点属于直线，D 点不属于直线

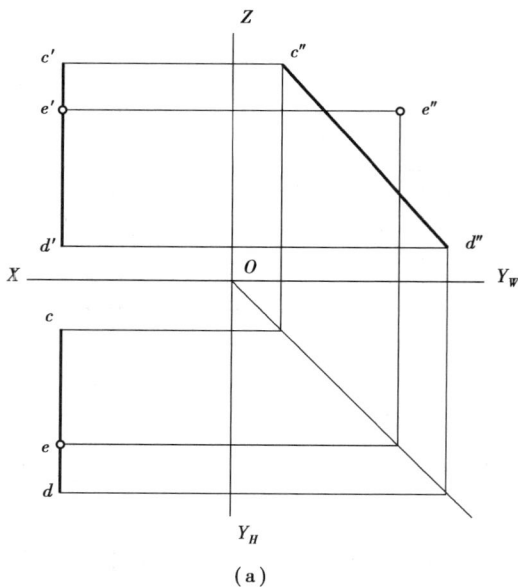

（a）

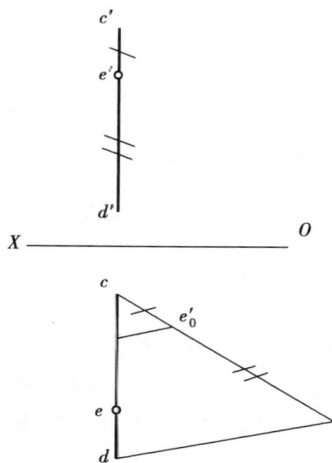

（b）

图 3.17 特殊位置直线点的从属性判断

对于一些特殊位置直线，判断点是否属于直线，可以根据第三面投影来决定，也可以根据点在直线上的定比性来判断。如图3.17中的侧平线 CD 和点 E，虽然 e 在 cd 上，e' 在 c'd' 上，但当

求出其 W 面投影 e'' 以后，e'' 不在 $c''d''$ 上，所以点 E 不属于直线 CD。当然也可以通过定比性来判断，由于 $e'c': e'd' \neq ec: ed$，则 E 点不在 CD 上，如图 3.17(b) 所示。

【例3.5】在线段 AB 上求一点 C，使点 C 将 AB 线段分成 $AC: CB = 3:4$。

【解】作法如图 3.18 所示。

①过投影 a 作任意方向的辅助线 ab_0，量取 7 等分，使 $ac_0: c_0b_0 = 3:4$；得 c_0、b_0；

②连接 b、b_0，再过 c_0 作辅助线 $c_0c \parallel b_0b$；

③在水平投影 ab 上得 C 点的水平投影 c，再由 c 向上作 "长对正" 的投影连线，交 $a'b'$ 于 c'。

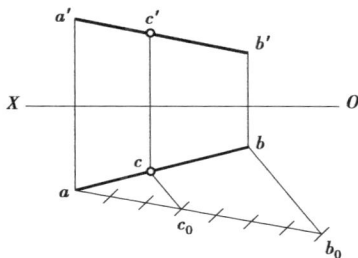

图 3.18　点分直线成定比

【例3.6】已知在侧平线 CD 上的点 E 的 V 投影 e'，如图 3.19(a) 所示，作出点 E 的 H 投影 e。

【解】作法如图 3.19 所示，本题有两种作法：

①把 V 投影 e' 所分 $c'd'$ 的比例 $m:n$ 移到 cd 上面作出 e，如图 3.19(b) 所示。

②先作出 CD 的 W 投影 $c''d''$，再在 $c''d''$ 上作出 e''，最后在 cd 上找到 e，如图 3.19(c) 所示。

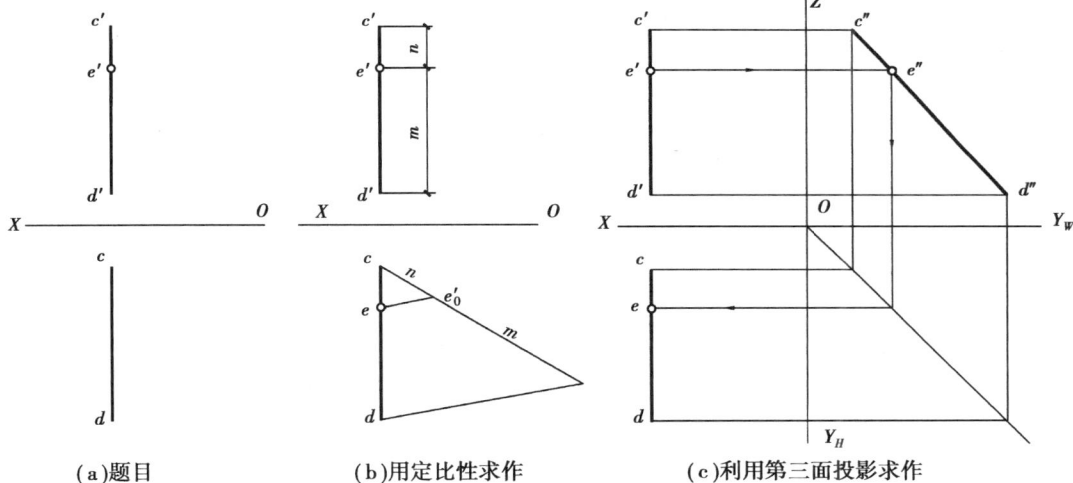

(a)题目　　　　(b)用定比性求作　　　　(c)利用第三面投影求作

图 3.19　求侧平线上的点

2) 直线的迹点

直线延长与投影面的交点称为直线的迹点，与 H 面的交点称为水平迹点(常用 M 表示)，与 V 面的交点称为正面迹点(常用 N 表示)，与 W 面的交点称为侧面迹点(常用 S 表示)。

如图 3.20 所示，给出线段 AB，延长 AB 与 H 面相交，得水平迹点 M；与 V 面相交，得正面迹点 N。因为迹点是直线和投影面的交点，是直线和投影面的公有点，所以有以下性质：

①迹点是投影面上的点，则在该投影面上的投影必与它本身重合，而另一个投影必在投影轴上。

②迹点是直线上的点，则它的各个投影必属于该直线的同面投影。

由此可知：正面迹点 N 的 V 投影 n' 与迹点本身重合，而且在 AB 的 V 投影 $a'b'$ 的延长线上；H 投影 n 则是 AB 的 H 投影 ab 与 OX 轴的交点。同样，水平迹点 M 的 H 投影 m 与迹点本身重合,且在 AB 的 H 投影 ab 的延长线上;其 V 投影 m' 则是 AB 的 V 投影 $a'b'$ 与 OX 轴的交点。

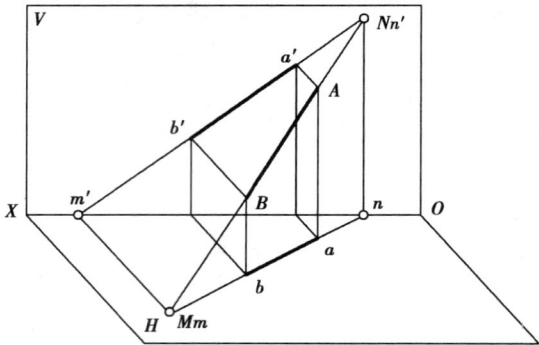

图 3.20 直线的迹点

【例 3.7】求作直线 AB 的水平迹点和正面迹点。

【解】作法如图 3.21 所示。

①延长 $a'b'$ 与 OX 轴相交,得水平迹点的 V 投影 m',再从 m' 向下作投影连线与 ab 相交,得水平迹点的 H 投影 m,此点即为 AB 的水平迹点 M。

②延长 ab 与 OX 轴相交,得正面迹点的 H 投影 n,再从 n 向上作投影连线与 $a'b'$ 相交,得正面迹点的 V 投影 n',此点即为 AB 的正面迹点 N。

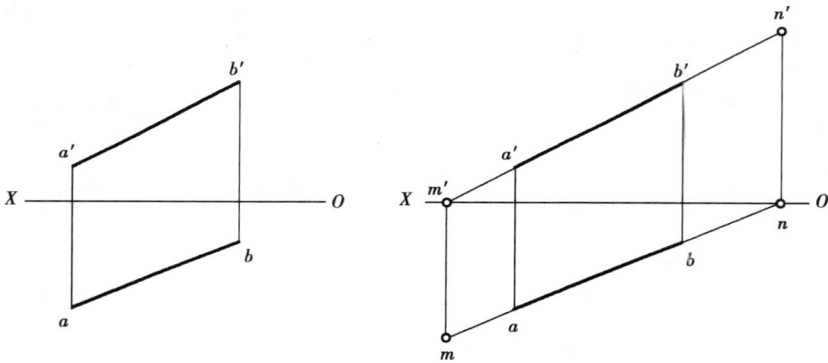

图 3.21 直线迹点的求法

3.2.3 一般位置直线的实长及其对投影面的倾角

一般位置直线的投影的长度均不反映直线本身的实长,如图 3.22 所示。那么,如何根据一般位置直线的投影来求出它的实长与倾角呢?先从立体图中来分析这个问题的解法。

直角三角形法求一般位置直线的实长和倾角

1)直线与 H 面的倾角 α

在图 3.23(a)中,过空间直线的端点 A 作直线 $AB_0 // ab$,得直角 $\triangle AB_0B$。$\angle BAB_0$ 就是直线 AB 与 H 面的倾角 α,AB 是它的斜边,其中一条直角边 $AB_0 = ab$,而另一条直角边 $BB_0 = Bb - Aa(B_0b) = Z_B - Z_A$。$Z_B$、$Z_A$ 即为 A、B 两点的 Z 坐标值,$Z_B - Z_A$ 为 A、B 两点的高度差。

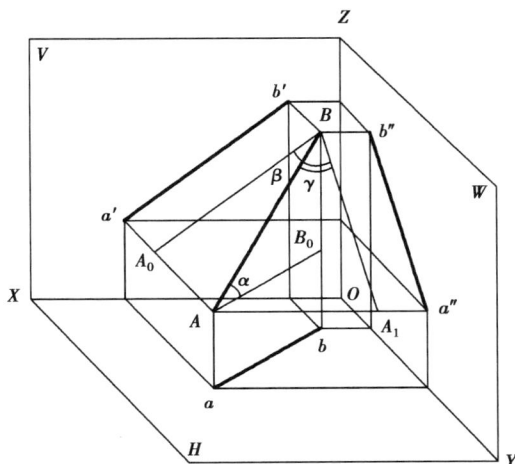

图 3.22　直线的倾角

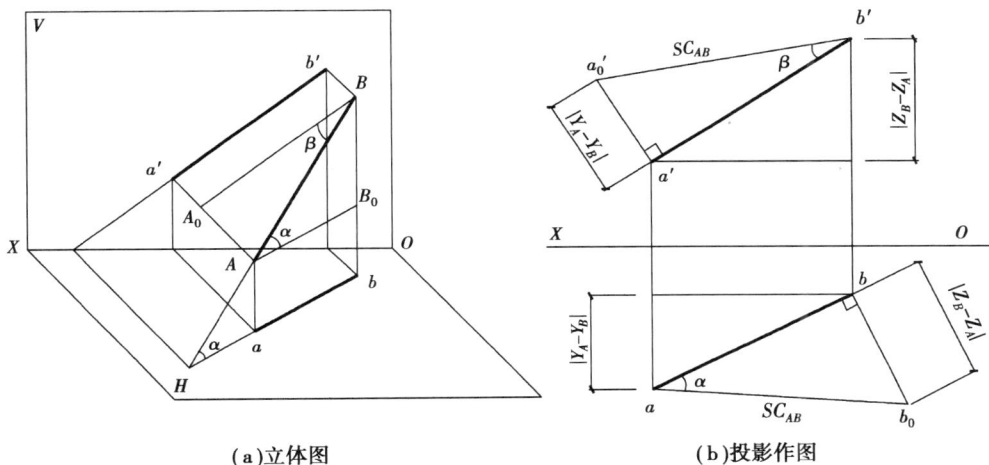

（a）立体图　　　　　　　　　（b）投影作图

图 3.23　用直角三角形法求一般位置直线的实长与倾角

根据图 3.23（a）分析可知，在直线的投影图上，可以作出与直角 $\triangle AB_0B$ 全等的一个直角三角形，从而求得直线段的实长 AB 及与 H 面的倾角 α。其作图方法如图 3.23（b）所示。

①过水平投影 ab 的端点 b 作 ab 的垂线。

②在所作垂线上量取 $bb_0 = Z_B - Z_A$，得 b_0 点。

③用直线连接 a 和 b_0，得 $\text{Rt}\triangle abb_0$，此时，$ab_0 = AB$，$\angle bab_0 = \alpha$。

2）直线与 V 面的倾角 β

在图 3.23（a）上过点 B 作直线 $BA_0 /\!/ a'b'$，A_0 点在投影线 Aa' 上，得 $\text{Rt}\triangle ABA_0$，AB 是它的斜边，AA_0 和 BA_0 是它的两条直角边。此时，$BA_0 = a'b'$；而 $AA_0 = Aa' - Bb'(A_0a') = Y_A - Y_B$。因此，用 $a'b'$ 及距离差 $Y_A - Y_B$ 为直角边作直角三角形，也能求出线段 AB 的实长。作法如图 3.23（b）所示。所得的 $\text{Rt}\triangle a'b'a_0'$ 的斜边 $b'a_0'$ 等于线段 AB 的实长，$b'a_0'$ 与 $a'b'$ 的夹角等于线段 AB 与 V 面的倾角 β。

3）直线与 W 面的倾角 γ

γ 角的求法与上面所述一样，如图 3.22 中，作 $BA_1 /\!/ a''b''$，在 $\text{Rt}\triangle ABA_1$ 中，AA_1 为 A、B 两点

之间的 X 坐标差, BA_1 的长度等于 AB 在 W 面上投影 $a''b''$ 的长度, $\angle ABA_1 = \gamma$。同样的道理,该直角三角形大小可以在投影图上表达出来。

综上所述,在投影图上求一般位置直线的实长的方法是:以直线在某个投影面上的投影为一直角边,以直线的两端点到这个投影面的距离(坐标)差为另一直角边,作一个直角三角形,此直角三角形的斜边就是一般位置直线的实长,而斜边和投影的夹角,就等于直线对该投影面的倾角。这种方法称为"直角三角形法"。在这个直角三角形法中,实长、距离差、投影长、倾角四个要素,任知其中两者,便可以求出其余两者。而距离差、投影长、倾角三者均是相对于同一投影面而言。例如,要求直线对 H 面的倾角 α、实长,应该知道该直线的 H 面投影以及线段两端点对 H 面距离差,即 Z 坐标差。

值得注意的是,直角三角形法是一种在投影图中还原空间线面角的作图方法,因此,可以在任何地方表达所需对应的直角三角形。

【例3.8】试用直角三角形求直线 CD 的实长及对 V 面的倾角 β。

【解】分析:此题是求直线 CD 对 V 面的倾角 β,根据直角三角形法的四个要素,已知条件中有两个要素: CD 的 V 投影 $c'd'$ 为一直角边,另一直角边则应是直线 CD 的两端点到 V 面的距离差(Y 坐标差)。这样,就可以得到另外的两个要素:直线 CD 的倾角 β 和实长。

作图:如图3.24所示。

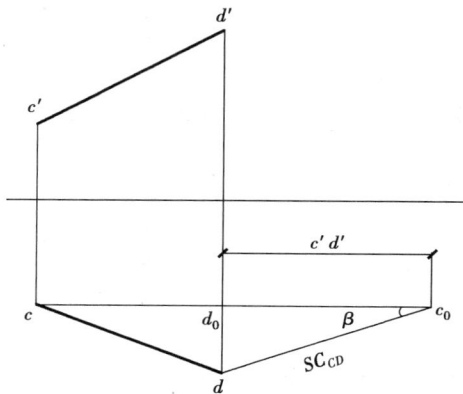

图 3.24　求直线的真长和倾角

①过 H 投影 c 作 X 轴的平行线,与 $d'd$ 交于 d_0,并延长该线。

②取 $d_0c_0 = c'd'$,将 c_0 与 d 相连。

③此时, $c_0d = CD$, $\angle dc_0d_0 = \beta$,如图3.24所示。

【例3.9】已知直线 CD 对 H 面的倾角 $\alpha = 30°$,作出直线的 V 投影 $c'd'$,如图3.25(a)所示。

【解】分析:此题直接给出直线的倾角 α 和直线的 H 投影,要求作直线的 V 投影。这两个条件正好是直角三角形法四个要素中对 H 面的两个,可以构成直角三角形。这个直角三角形中的另两个要素中就包含了 $c'd'$ 两端的高度差,有了这高度差就可以补全 CD 的 V 投影。

作图:如图3.25(b)所示。

①过 c' 作 OX 轴的平行线,与过点 D 的投影连线相交,得 d_0',并延长至 c_0',使 $c_0'd_0' = cd$。

②自 c_0' 对 $c_0'd_0'$ 作30°斜线,此斜线与过 D 的投影连线相交于 d'。

③连接 c' 和 d',得正面投影 $c'd'$(因为高度差不能确定上下方,所以该题有两解)。

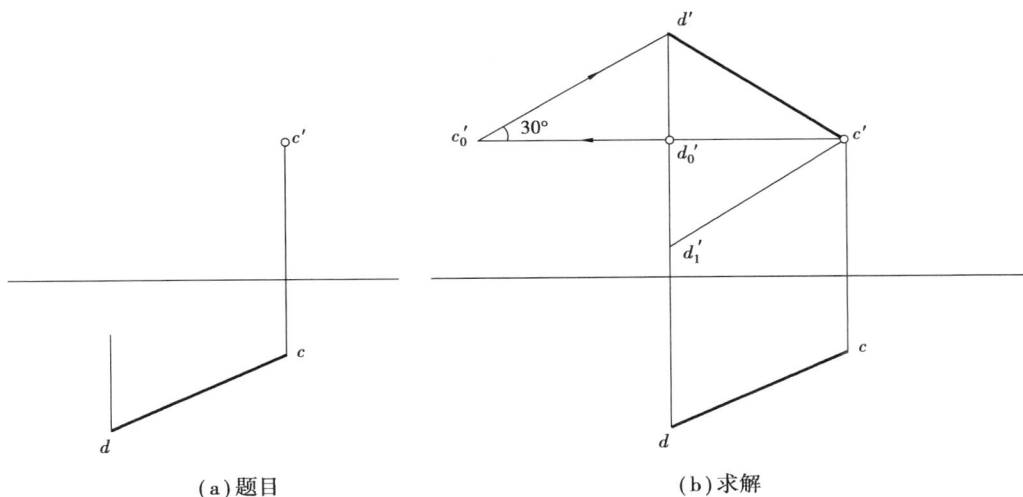

(a)题目　　　　　　　　　　　　　　(b)求解

图 3.25　已知直线 $\alpha = 30°$，求直线 V 投影

3.2.4　两直线的相对位置

两直线的相对位置有三种:平行、相交和相叉(即异面)。

1)两平行直线

根据平行投影的特性可知:**两直线在空间相互平行,则它们的同面投影也相互平行。**

对于一般位置的两直线,只需根据任意两面投影互相平行,就可以断定它们在空间也相互平行,如图 3.26 所示。但对于特殊位置直线,有时则需要作出它们的第三面投影,来判断它们在空间的相对位置,如图 3.27 中的两条侧平线 AB 和 CD,虽然其 V 面、H 面的投影都平行,但它们的 W 投影并不平行,所以在空间里这两条侧平线是不平行的。当然,也可以根据两直线投影中的比例关系来确定他们是否平行,如图 3.27 中的两条侧平线 AB 和 CD 的 V 投影与 H 投影的比例关系明显不同,故这两条侧平线线是不平行的。

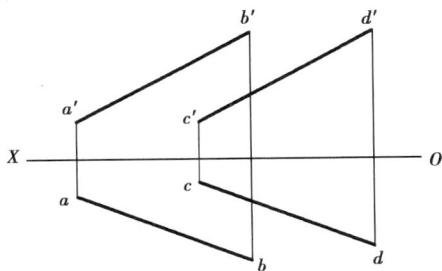

图 3.26　两一般位置直线平行

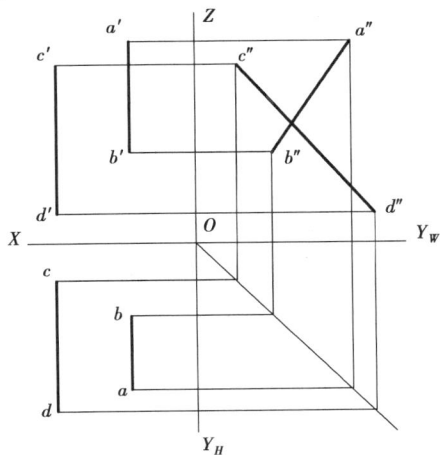

图 3.27　不平行的两侧平线

如果相互平行的两直线都垂直于同一投影面,则在该投影面上的投影都积聚为两点,两点之间的距离反映出两条平行线的真实距离,如图 3.28 所示。

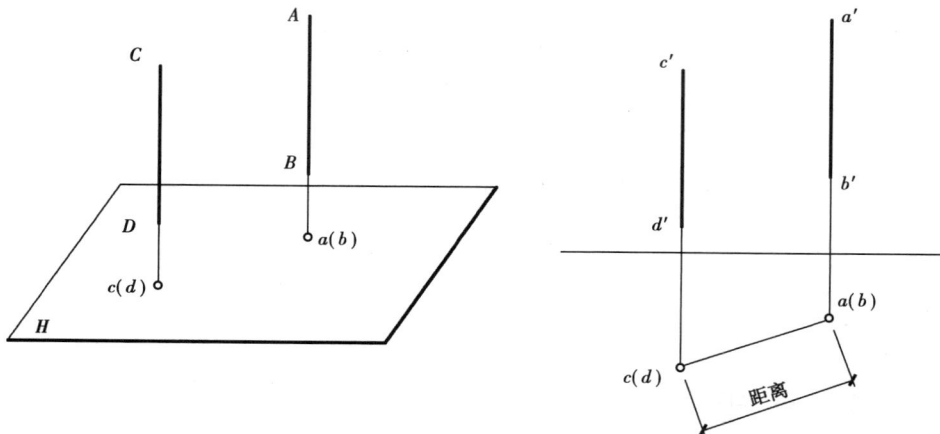

图 3.28　两平行线垂直于同一投影面

2)两相交直线

所有的相交问题都是一个共有的问题,因此,两相交直线必有一个公共点即交点。由此可知:**两相交直线,则它们的同面投影也相交,而且交点符合点的投影特性。**

同平行的两直线一样,对于一般位置的两直线,只要根据两面投影,就可以判别两直线是否相交。如图 3.29 所示的直线 AB 和 CD 是相交的;而图 3.30 中的直线 AB 和 CD 就不相交,它们是交叉的两直线。但是,当两直线中一条是投影面的平行线时,有时就需要看一看它们的第三面投影或通过直线上点的定比性来判断。

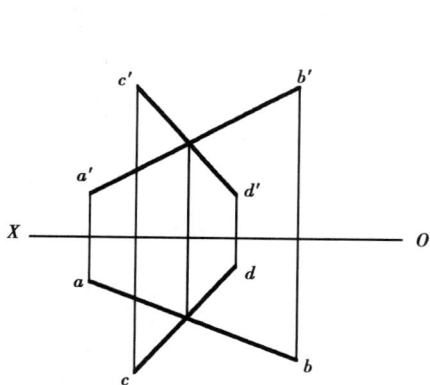

图 3.29　相交的两直线

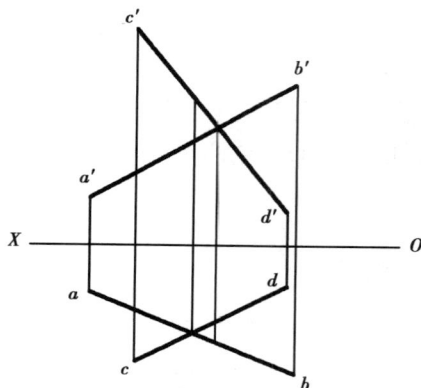

图 3.30　交叉的两直线

当两相交直线都平行于某投影面时,相交二直线的夹角等于相交二直线在该投影面上的投影的夹角,如图 3.31 所示。

3)相叉的两直线

如图 3.32 所示,在空间里既不平行也不相交的两直线,就是相叉直线。由于交叉直线不能同在一个平面,在立体几何中把交叉直线又称为异面直线。

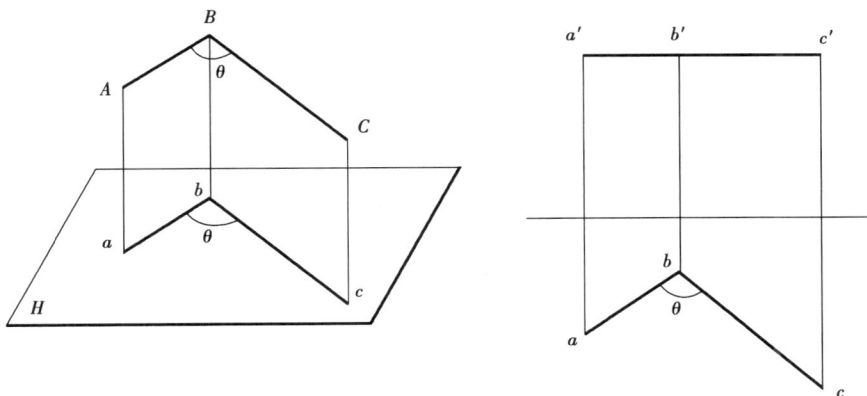

图 3.31 平行于投影面的两相交直线在该投影面上的投影反映真实夹角

如果两条直线的同面投影相交,要判断这两条直线是相交的还是相叉的,就要判断它们的同面投影交点是否符合直线上的点的从属性或定比性。如图 3.32 中,V 投影 $a'b'$ 和 $c'd'$ 的交点与 H 投影 ab 和 cd 的交点是重影点,则 AB 与 CD 是相叉直线。

事实上,交叉两直线投影在同一投影面的交点是这个投影面的重影点。如图 3.32 中,ab 和 cd 的交点是空间 AB 上的Ⅰ点和 CD 上的Ⅱ点的 H 投影。Ⅰ在Ⅱ的正上方,H 投影 1 重合于 2,用符号 1(2)表示。同样的,$a'b'$ 和 $c'd'$ 的交点是空间 CD 上的Ⅲ点和 AB 上的Ⅳ点的 V 投影,Ⅲ在Ⅳ处正前方,V 投影 3'重合于 4',用符号 3'(4')表示。

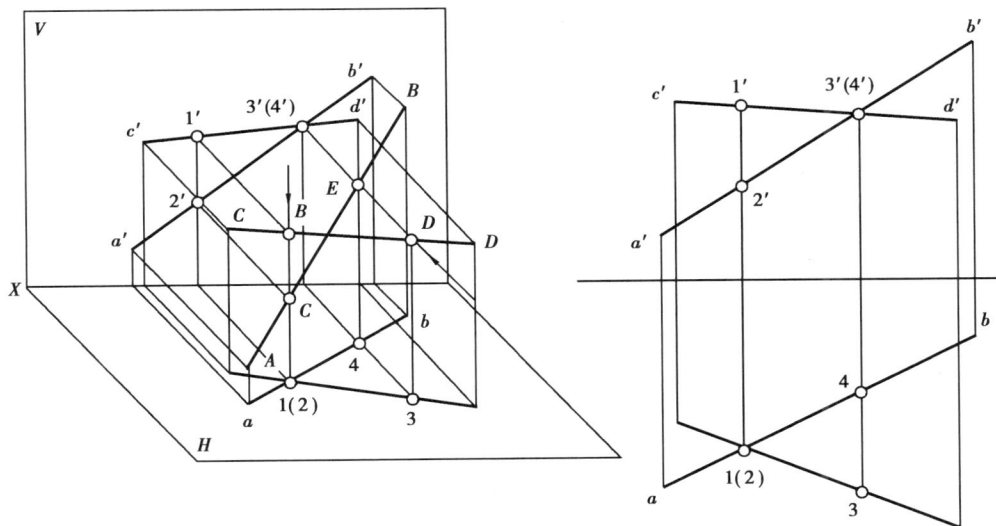

图 3.32 交叉直线

如果两条直线中有一条或两条是侧平线,并且已知的是 V、H 投影,则可通过 W 投影判断两直线的相对位置是平行还是交叉,如图 3.33 所示。当然也可以利用 CD 的 V、H 投影中所谓交点的定比性来判断,如图 3.33 中 CD 的 V、H 投影中,如果将 1'、1 视为在 $c'd'$ 及 cd 上,其定比性显然不同,故直线 AB、CD 为交叉二直线。

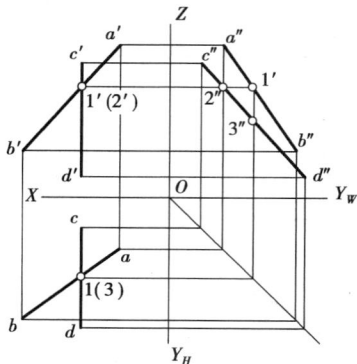

图 3.33　交叉直线中有一条侧平线　　　　图 3.34　判别交叉直线的可见性

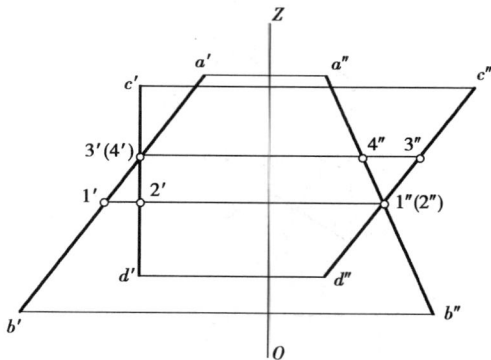

【例 3.10】判别交叉两直线 AB 和 CD 上重影点的可见性,如图 3.34 所示。

【解】①从 W 投影的交点 $1''(2'')$ 向左作投影连线,与 $c'd'$ 相交于 $2'$,与 $a'b'$ 相交于 $1'$。因为 $1'$ 左于 $2'$,所以 AB 上的 Ⅰ 点在 CD 上的 Ⅱ 点的正左方。$1''$ 可见,$2''$ 不可见,在 W 投影上将 $2''$ 打上括号。

②从 V 投影的交点 $3'(4')$,向右作投影连线,与 $a''b''$ 相交于 $4''$ 点,与 $c''d''$ 相交于 $3''$ 点。因为 $3''$ 前于 $4''$,故 $3'$ 可见,$4'$ 不可见,在 V 投影上将 $4'$ 打上括号。

3.2.5　直角投影定理

两相交直线的夹角,可以是锐角,也可以是钝角或直角。一般说来,要使一个夹角不变形地投射在某一投影面上,必须使构成此角的两边都平行于该投影面。一般情况下,空间直角的投影并不是直角;反之,两条直线的投影夹角为直角时,空间直线间的夹角不一定是直角。但是,对于相互垂直的两直线,只要有一直线平行于某投影面,则此两条直线的夹角在该投影面上的投影仍为直角。

在图 3.35(a) 中,$AB \perp BC$,且 $AB /\!/ H$ 面,$BC /\!/ H$ 面,则 $\angle abc$ 在 H 面上仍是直角;在图 3.35(b) 中,当空间直角 $\angle ABC$ 的一边 $AB /\!/ H$ 面,而另一边 BC 与 H 面倾斜。因为 $AB \perp BC$,$AB \perp Bb$,所以 $AB \perp$ 平面 $BCcb$,又知 $AB /\!/ ab$,所以 $ab \perp$ 平面 $BCcb$,由此证得 $ab \perp bc$,即 $\angle abc = 90°$。

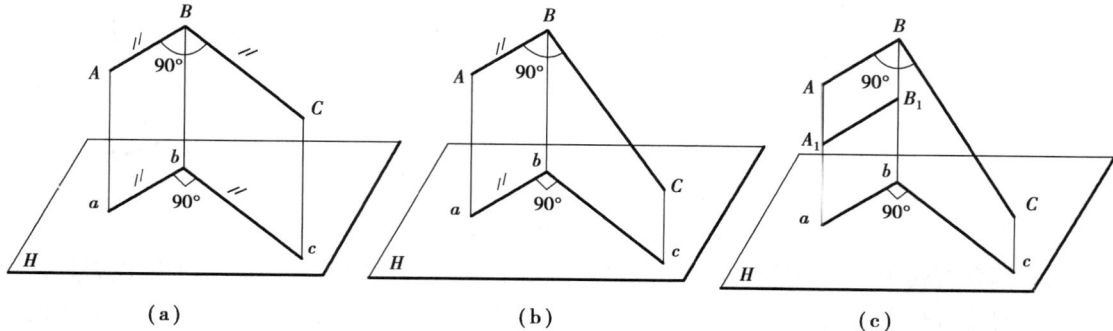

（a）　　　　　　　　　　（b）　　　　　　　　　　（c）

图 3.35　直角投影定理

将上述总结一下,得到**直角投影定理:当相互垂直的两条直线中,有一直线与投影面平行,**

则此两直线在该投影面上的投影仍相互垂直;反之,如果两直线的同面投影相互垂直,且两直线之一是与该投影面平行,则该两直线在空间相互垂直。要注意的是,图 3.36(b)中直角 $\angle ABC$ 在 V 面的投影 $\angle a'b'c' \neq 90°$。

直角投影定理既适用于正交的两直线,又适用于相互垂直的交叉两直线,如图3.35(c)中 A_1B_1 与 CB 就是交叉垂直的两条直线。

图 3.36 所示的相交两直线 AB 和 BC 及相叉两直线 MN 和 EF,由于它们的水平投影相互垂直,并且其中 AB、EF 为水平线,所以它们在空间也是相互垂直的。同样,图 3.37 所示的相交两直线及相叉两直线,也是相互垂直的。

画法几何中常常用直角投影定理来解决有关垂直的问题。

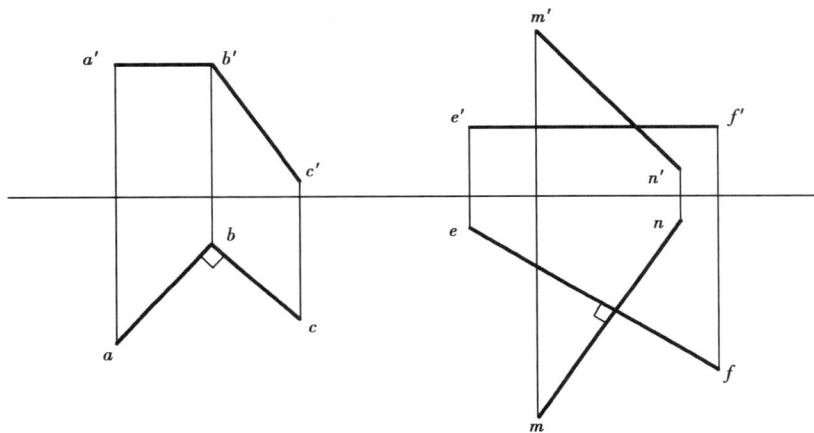

图 3.36　两直线其中一条边为水平线的直角投影

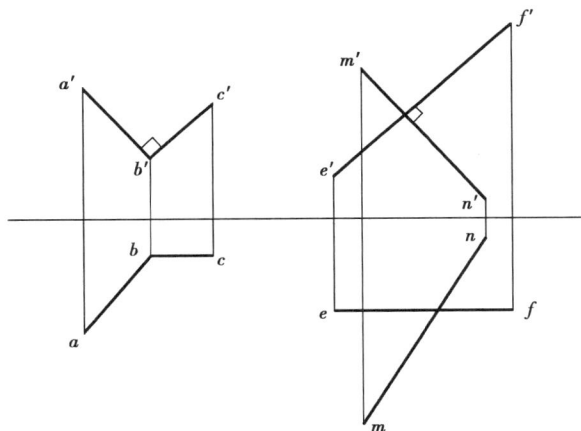

图 3.37　两直线其中一条边为正平线的直角投影

【例 3.11】确定点 A 到铅垂线 CD 的距离,如图 3.38 所示。

【解】分析:点到直线的距离,是过点向直线作垂线的垂足来确定的。由于直线 CD 是铅垂线,所以 CD 的垂线 AB 一定是平行于 H 面,它的水平投影反映实长。

作图:如图 3.38 所示。

【例 3.12】求点 A 到正平线 CD 的距离,如图 3.39 所示。

【解】分析:从图中可知,直线 CD 为正平线,通过 A 点向 CD 所作的垂线 AB 是一般位置直线,根据直角的投影特性可知:$a'b' \perp c'd'$。

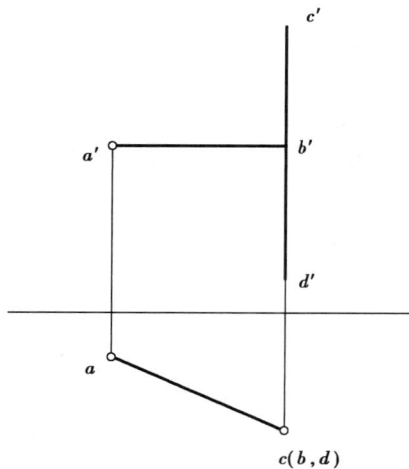

图 3.38　点到铅垂线的距离

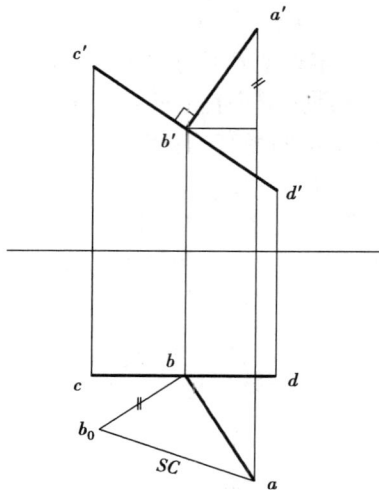

图 3.39　点到正平线的距离

作图:①过 a' 作投影 $a'b' \perp c'd'$,得交点 b'。

②由 b' 向下作投影连线,交 cd 上得到 b;连接 a 和 b,得到投影 ab。

③用直角三角形法,作出垂线 AB 的实长 ab_0。

【例 3.13】已知 MN 为正平线如图 3.40(a)所示,作等腰直角 △ABC,且 BC 为直角边属于 MN。

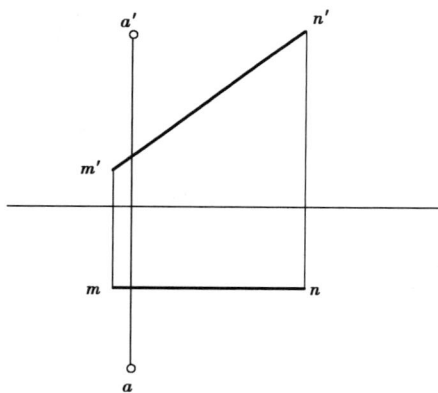

(a)题目

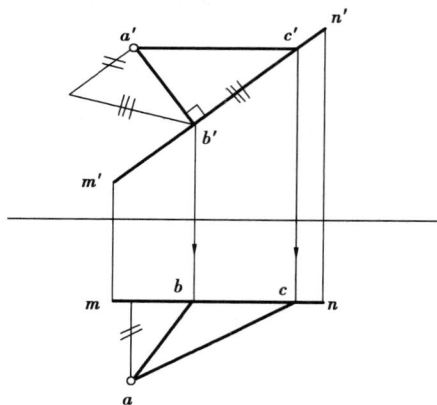

(b)解题步骤

图 3.40　综合应用题

【解】分析:等腰直角 △ABC,BC 为直角边,则 $AB \perp BC$,$AB = BC$;MN 为正平线,根据直角投影定理可求出 B 点的投影。根据直角三角形法求出 AB 实长,BC 属于 MN,在 $m'n'$ 上反映 BC 实长求得 C 点的投影。

作图:如图 3.40(b)所示。

①过 a' 点作 $m'n'$ 的垂线,交于 b' 点,从而得到 b,连接 AB 两点的投影。

②用直角三角形法求 AB 实长,如图 3.40(b)采用 $\triangle Y—a'b'—SC_{AB}$。

③在 $m'n'$ 上量取 $b'c' = SC_{AB}$,求出 c',由 c' 求得 c。加深 $\triangle ABC$ 的投影。

3.3 平面的投影

平面的投影法表示有两种:一种是用点、直线和平面的几何图形的投影来表示,称为平面的几何元素表示法;另一种是用平面的迹线表示,称为迹线表示法。

3.3.1 平面的投影表示法

1)几何元素表示平面

根据初等几何可以知道,决定一个平面的最基本的几何要素是不在同一直线上的三点。因此,在投影图中可以利用这一组几何元素的组合的投影来表示平面的空间位置(图 3.41)。

①不属于同一直线的三点,如图 3.41(a)所示;

②一条直线及直线外的一点,如图 3.41(b)所示;

③相交二直线,如图 3.41(c)所示;

④平行二直线,如图 3.41(d)所示;

⑤任意平面图形,如图 3.41(e)所示。

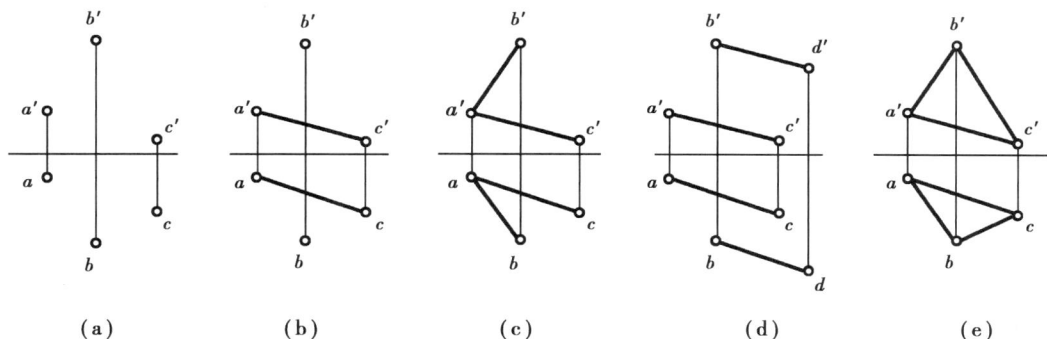

(a)　　　　(b)　　　　(c)　　　　(d)　　　　(e)

图 3.41　几何元素表示平面

如图 3.41 所示,平面的表示形式虽然不同,但本质都是同一平面,它们可以相互转化。

2)用平面的迹线表示平面

直线与投影面的交点称为迹点。平面与投影面的交线称为**平面的迹线**。平面与 V 面的交线称为正面迹线(常用 P_V 表示),与 H 面的交线称为**水平迹线**(常用 P_H 表示),与 W 面的交线称为**侧面迹线**(常用 P_W 表示)。相邻投影面的迹线交投影轴于一点,此点称为迹线的集合点,分别用 P_X、P_Y、P_Z 表示(图 3.42)。迹线通常用粗实线表示;当迹线表示辅助平面求解画法几何问题时,迹线则用细实线(或者两端是粗线的细线)表示。

从图 3.42 中可以看出,在三面投影体系中,P_V 为 V 面上的直线,P_V 的 V 投影与迹线本身重合,P_V 的 H 投影及 W 投影分别重合于 OX 轴与 OZ 轴。习惯上,采用迹线本身作标记,而不必再用符号标出迹线其他二面投影。水平迹线 P_H 与侧面迹线 P_W 与此相同。

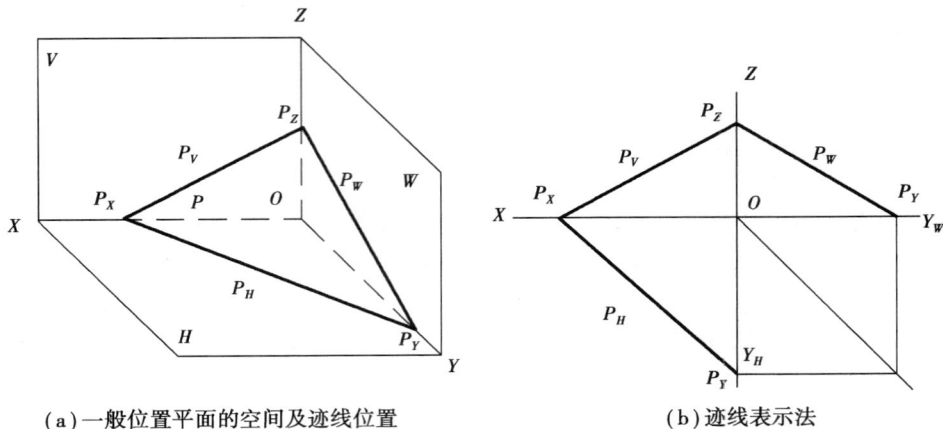

（a）一般位置平面的空间及迹线位置　　　　（b）迹线表示法

图 3.42　用迹线表示平面

用几何元素表示的平面可以转换为迹线表示的平面,其实质就是求作属于平面上的任意两直线的迹点问题。如图 3.43 所示,取平面上任意二直线,如 AB 与 BC,作出直线的水平迹点 M_1 点与 M_2 点,这两个点必属于平面 $\triangle ABC$ 与 H 面的交线 P_H,故而连接点 M_1 与点 M_2 即为 P_H。同理,求出两直线 AB 与 BC 的正面迹点 N_1、N_2,可得 P_V。

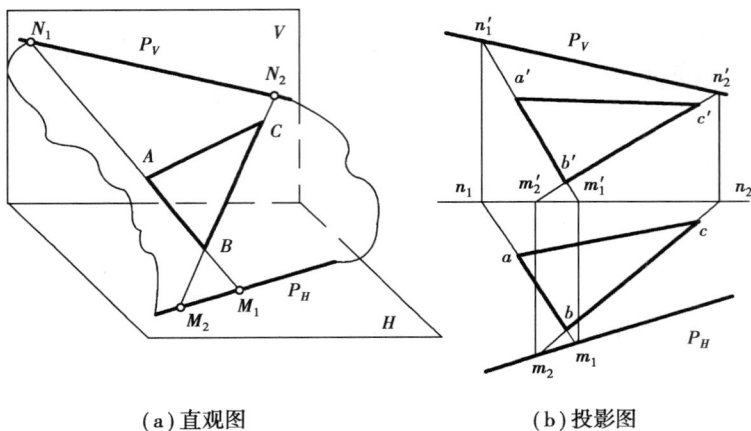

（a）直观图　　　　　　　　　　（b）投影图

图 3.43　非迹线平面转换为迹线平面

3.3.2　各种位置的平面的投影

平面与投影面的相对位置,可分为特殊位置与一般位置两大类。

1）特殊位置平面

特殊位置平面分投影面的垂直面和投影面的平行面。

（1）投影面的垂直面

垂直于一个投影面并倾斜于两个投影面的平面称为**投影面垂直面**（简称"垂直面"）。其中,与 H 面垂直的平面称为铅垂面;与 V 面垂直的平面称为正垂面;与 W 面垂直的平面称为侧平面。表 3.3 列出这三种平面（用矩形表示）的三面投影及投影特征。投影面垂直面的投影特性如下：

①平面在所垂直的投影面上的投影积聚为直线，此直线与投影轴的夹角，即为平面与同轴的另一个投影面的夹角。

②平面在所垂直的投影面上的投影与它的同面迹线重合。

③平面在另两个投影面上的投影是小于实形的类似形，相应的两条迹线平行于所垂直的投影面外的投影轴。

表 3.3　投影面垂直面

名称		直观图	投影图	投影特性
铅垂面	图形平面	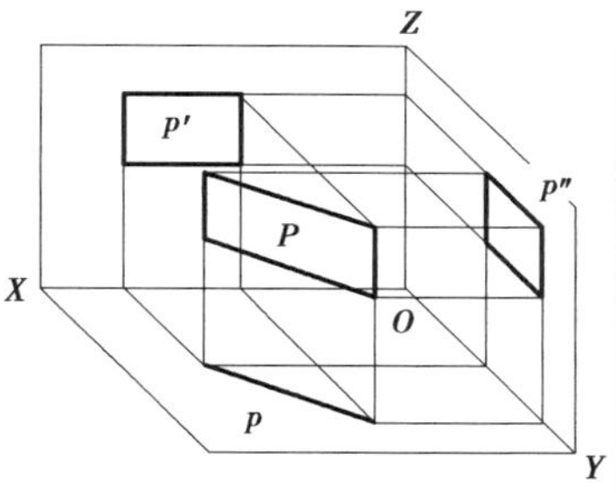	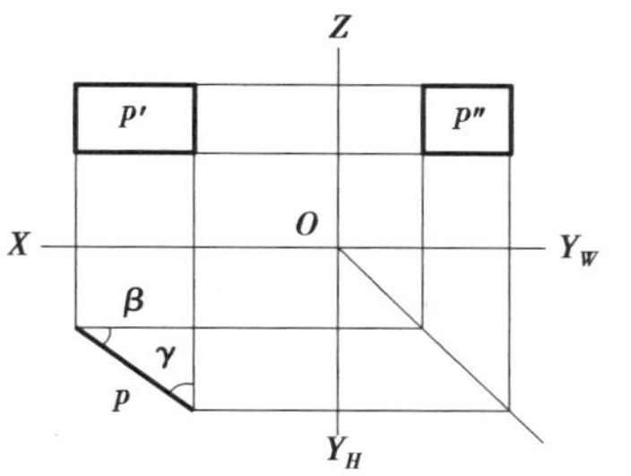	1. 水平投影 p 积聚为一直线，并反映对 V、W 面的倾角 β、γ； 2. 正面投影 p' 和侧面投影 p'' 为平面 P 的类似形
	迹线平面	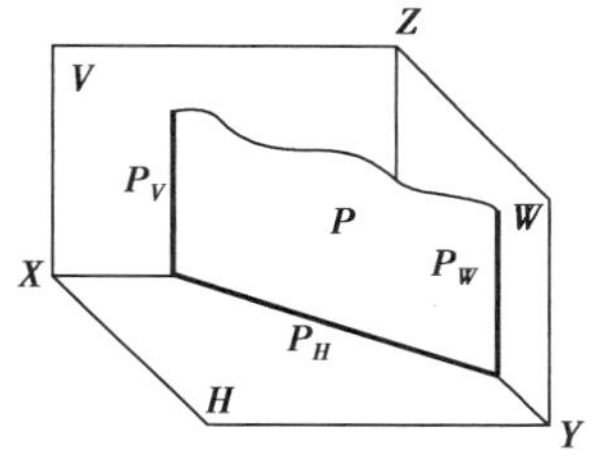	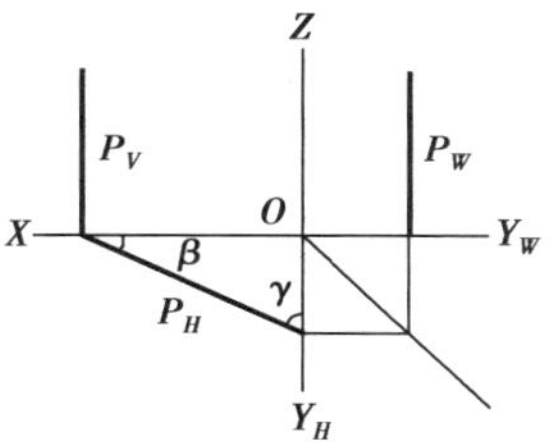	1. P_H 为积聚性，与 OX 轴和 OY_H 轴的夹角分别反映角 β、γ； 2. $P_V \perp OX$ 轴，$P_W \perp OY_W$ 轴
正垂面	图形平面	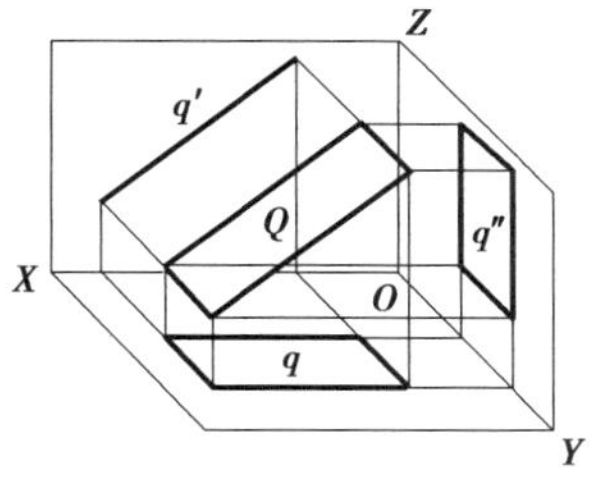	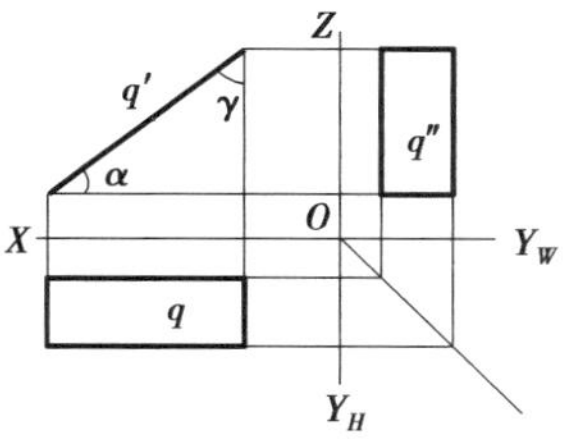	1. 正面投影 q' 积聚为一直线，并反映对 H、W 面的倾角 α、γ； 2. 水平投影 q 和侧面投影 q'' 为平面 Q 的类似形
	迹线平面	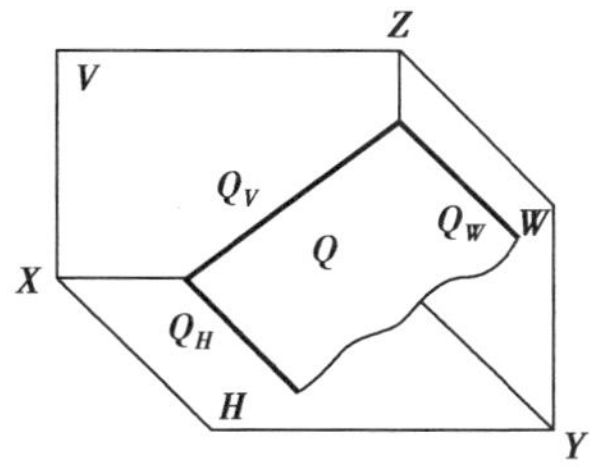	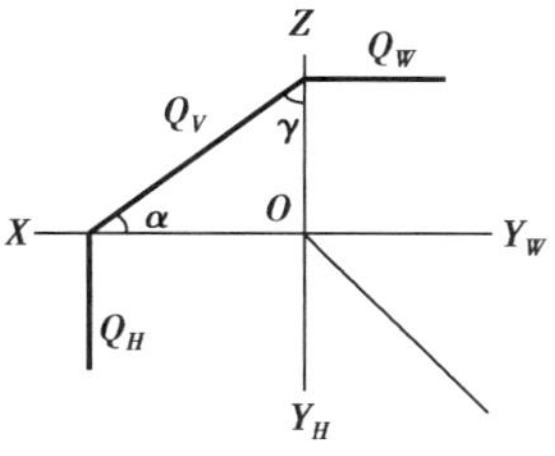	1. Q_V 有积聚性，与 OX 轴和 OZ 轴的夹角分别反映角 α、γ； 2. $Q_H \perp OX$ 轴，$Q_W \perp OZ$ 轴

续表

名称		直观图	投影图	投影特性
侧垂面	图形平面	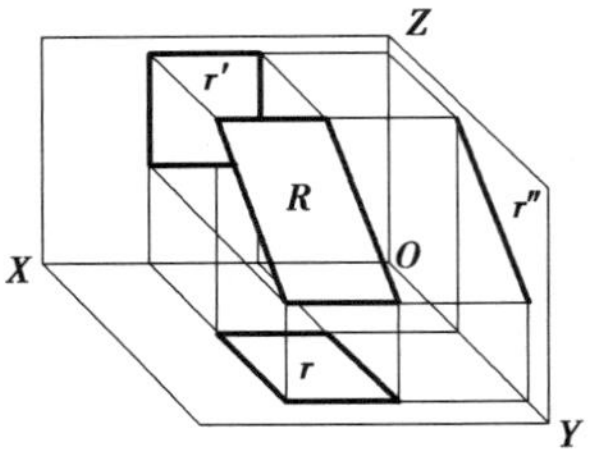	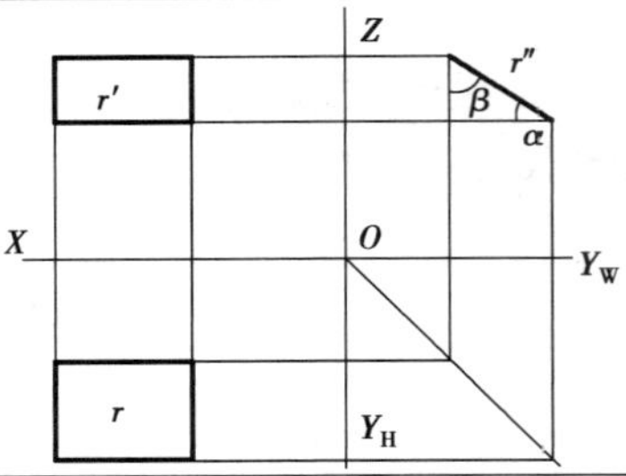	1. 侧面投影 r'' 积聚为一直线，并反映对 H、V 面的倾角 α、β； 2. 水平投影 r 和正面投影 r' 为平面 R 的类似形
	迹线平面	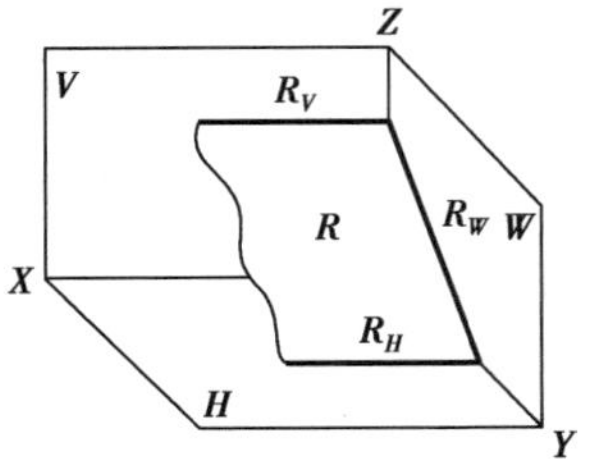	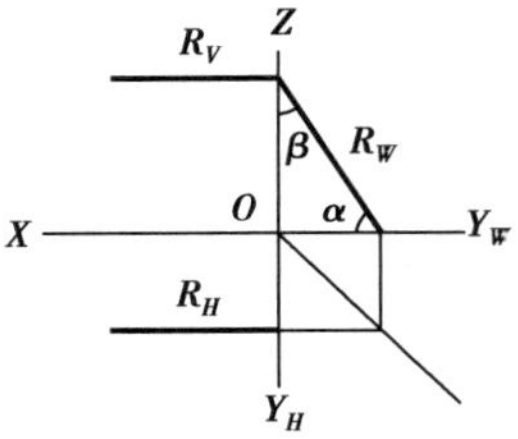	1. R_W 有积聚性，与 OY_W 轴和 OZ 轴的夹角分别反映角 α、β； 2. $R_V \perp OZ$ 轴，$R_H \perp OY_H$ 轴

（2）投影面的平行面

平行于一个投影面，同时垂直于两个投影面的平面称为**投影面平行面**（简称"平行面"）。其中，与 H 面平行的平面称为**水平面**；与 V 面平行的平面称为**正平面**；与 W 面平行的平面称为**侧平面**。表3.4列出了这三种平面（平面用矩形表示）的三面投影及投影特性。投影面平行面的投影特性如下：

①平面在其所平行的投影面上的投影反映实形（全等性）。

②平面在另两投影面上的投影积聚为直线（积聚性），且垂直于平行的投影面外的投影轴。

表 3.4　投影面平行面

名称		直观图	投影图	投影特性
水平面	图形平面	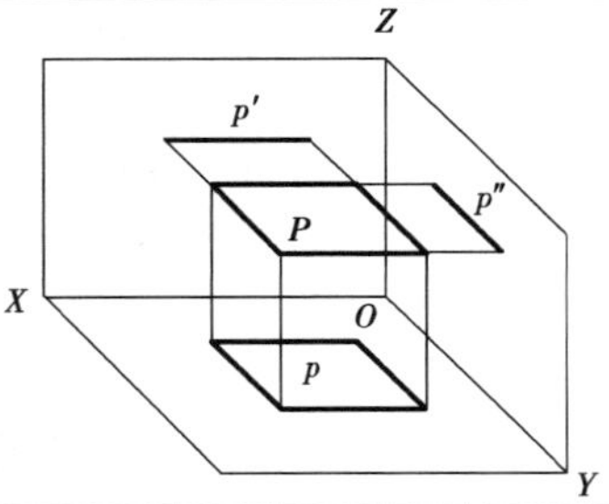	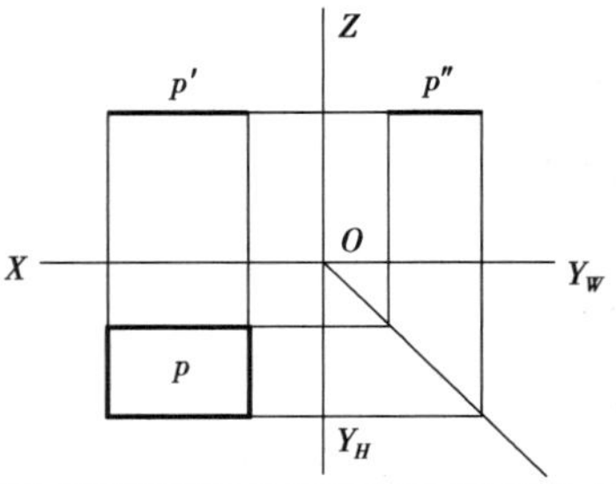	1. 水平投影 p 反映实形； 2. 正面投影 p' 积聚为一直线，且平行于 OX 轴；侧面投影 p'' 积聚为一直线，且平行于 OY 轴
	迹线平面	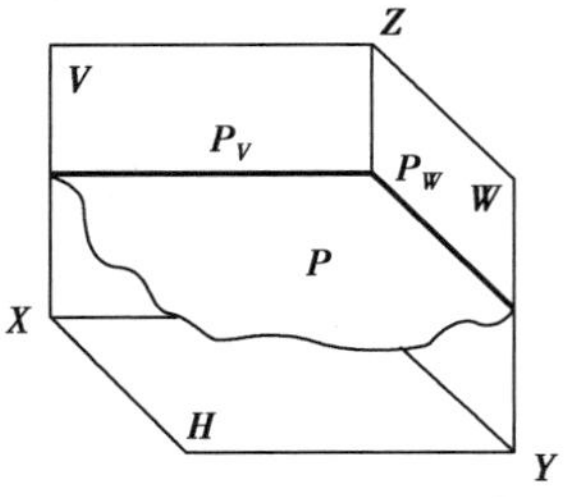	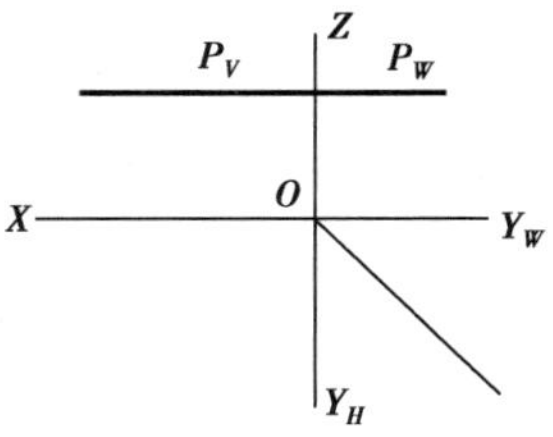	1. 无水平迹线 P_H； 2. $P_V /\!/ OX$ 轴，$P_W /\!/ OY_W$ 轴，有积聚性

名称		直观图	投影图	投影特性
正平面	图形平面	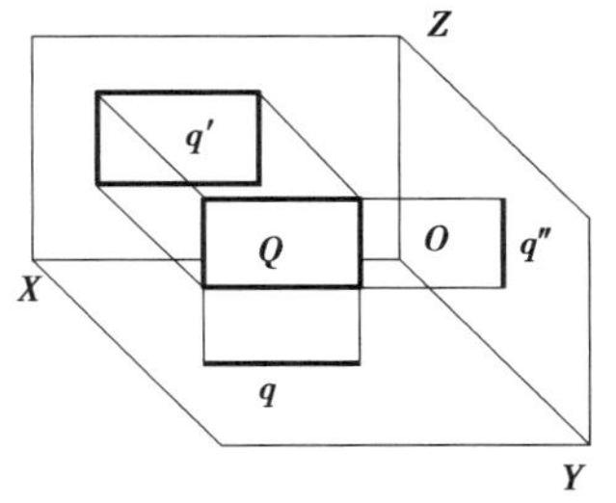	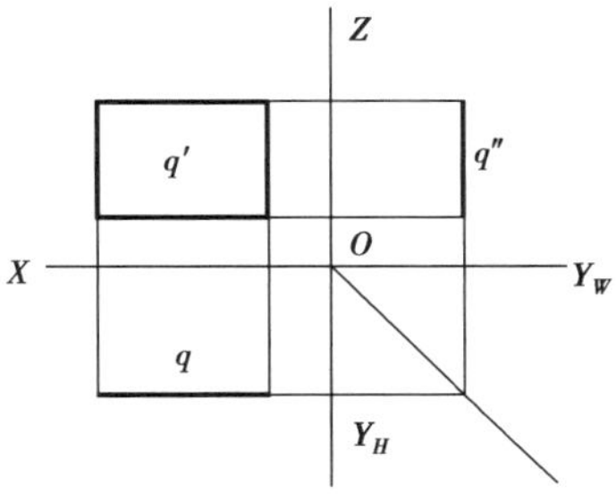	1. 正面投影 q' 反映实形; 2. 水平投影 q 积聚为一直线,且平行于 OX 轴; 3. 侧面投影 q'' 积聚为一直线,且平行于 OZ 轴
	迹线平面	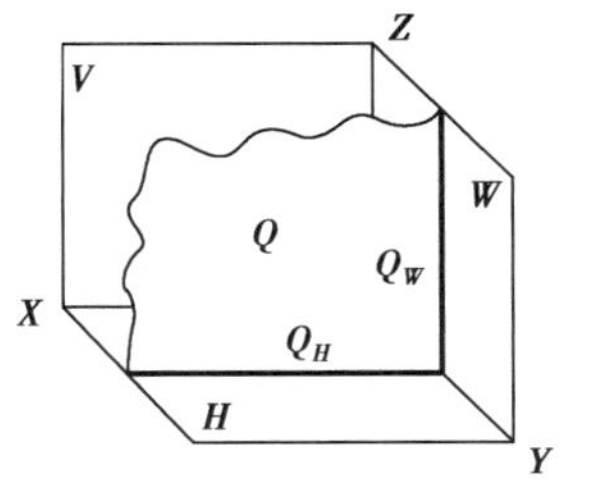	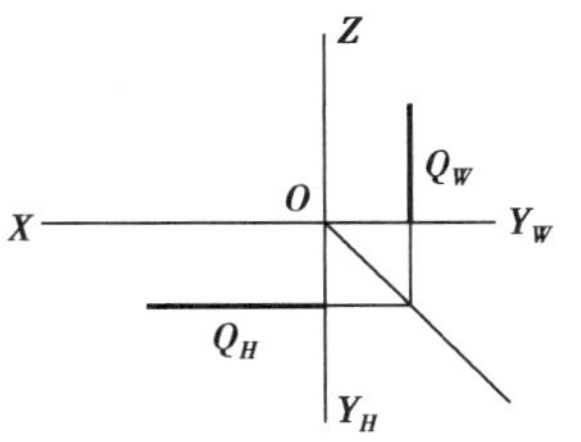	1. 无正面迹线 Q_V; 2. $Q_H /\!/ OX$ 轴,$Q_W /\!/ OZ$ 轴,有积聚性
侧平面	图形平面	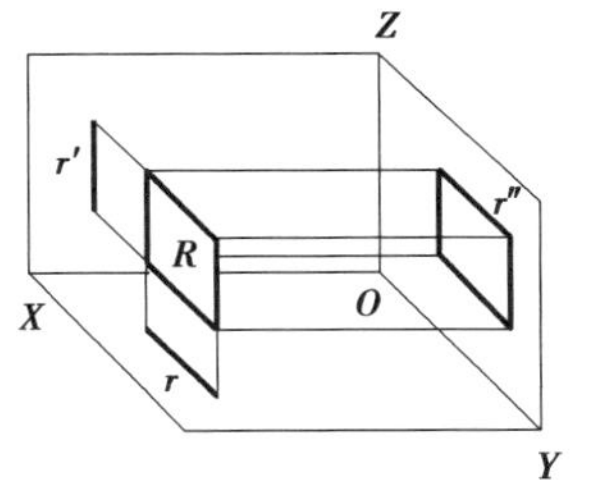	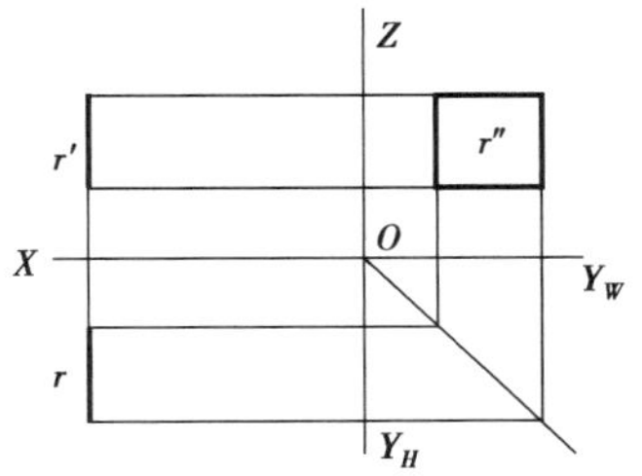	1. 侧面投影 r'' 反映实形; 2. 水平投影 r 积聚为一直线,且平行于 OY_H 轴; 3. 正面投影 r' 积聚为一直线,且平行于 OZ 轴
	迹线平面	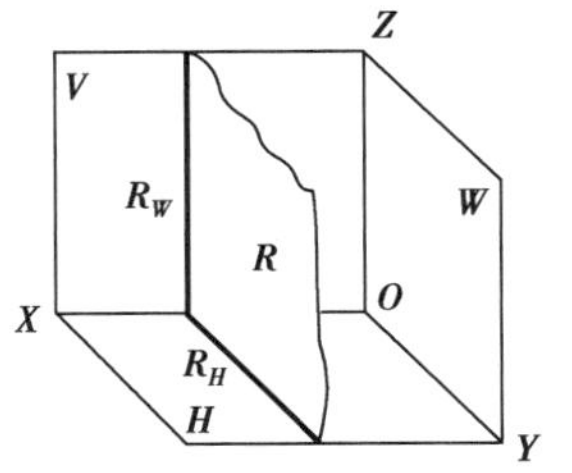	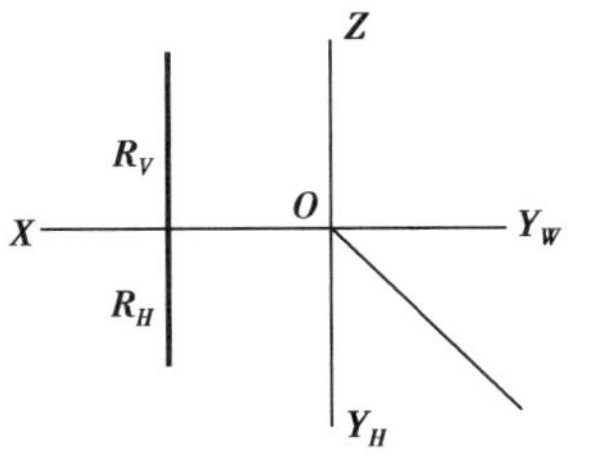	1. 无侧面迹线 R_W; 2. $R_H /\!/ OY_H$ 轴,$R_V /\!/ OZ$ 轴,有积聚性

(3)投影具有积聚性平面的迹线表示法

特殊位置平面均具有积聚性。如果单考虑特殊位置平面的空间的位置,则在投影图中,用与积聚性的投影重合的迹线(是一条直线),即可以表示该平面。

如图 3.44(a)所示,用 P_V 标记的这条迹线(平行于 OX 轴)表示一个水平面 P,脚标字母 V 表示平面垂直于 V 面;再如图 3.44(b)中用 Q_H 标记的一条迹线(倾斜于 OX 轴)表示一个铅垂面,脚标字母 H 说明 Q 面垂直于 H 面。

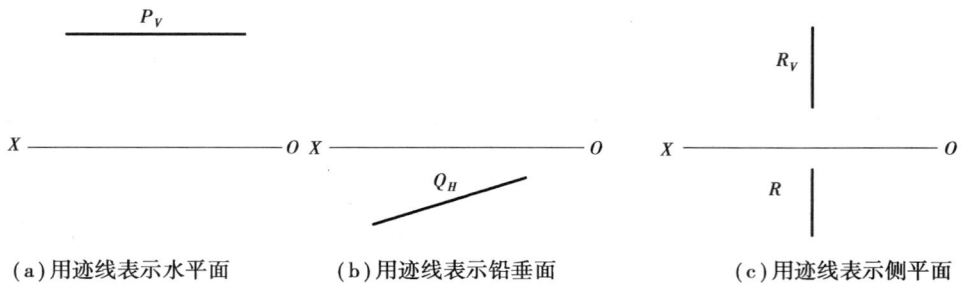

(a)用迹线表示水平面   (b)用迹线表示铅垂面   (c)用迹线表示侧平面

图3.44 用迹线表示特殊位置平面

2)一般位置平面

对三个投影面都倾斜的平面称为一般位置平面,如图3.45(a)所示。图3.45(b)为一般位置平面的投影图,三个投影均为小于实形的三角形,即三个投影具有类似性。若用迹线表示一般位置平面,则平面各条迹线必与相应的投影轴倾斜,迹线与投影轴的夹角并不反映平面与投影面的倾角,相邻投影面的迹线相交于相应投影轴的同一点,如图3.42(b)所示。

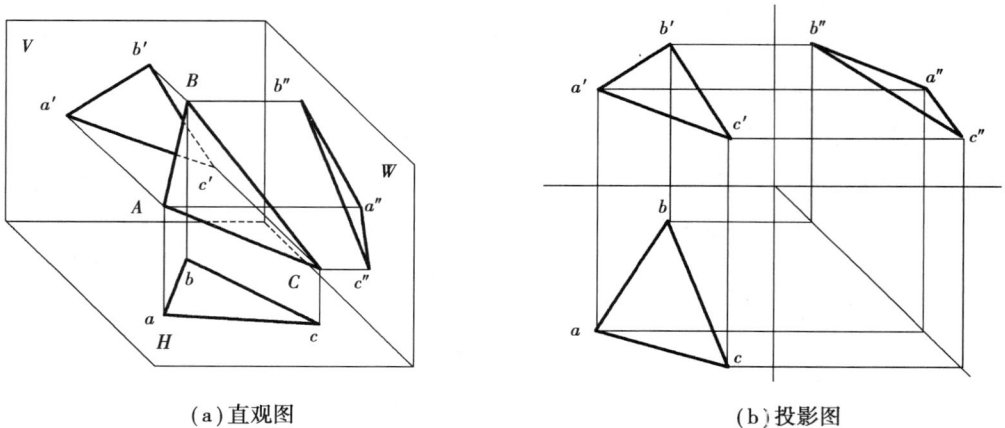

(a)直观图   (b)投影图

图3.45 一般位置平面

3.3.3 平面上的直线和点

1)属于一般位置平面的直线和点

(1)平面上的直线

由初等几何可知,一直线若过平面上的两点,则此直线属于该平面,如图3.46(a)中的 M、N 点在平面上,由这两点连成的直线 MN 属于平面;或者一直线若过平面上的一点且平行于平面上的一条直线,此直线必在平面上,如图3.46(b)所示的直线 KD,直线 KD 过 K 点,K 在平面 P 上,且 $KD /\!/ AB$,则直线 KD 属于平面 P;平面上的直线的迹点,一定在该平面上的同名迹线上。如图3.46(c)所示,M、N 点分别在 Q_H、Q_V 两条迹线上,则直线 MN 在平面 Q 上。

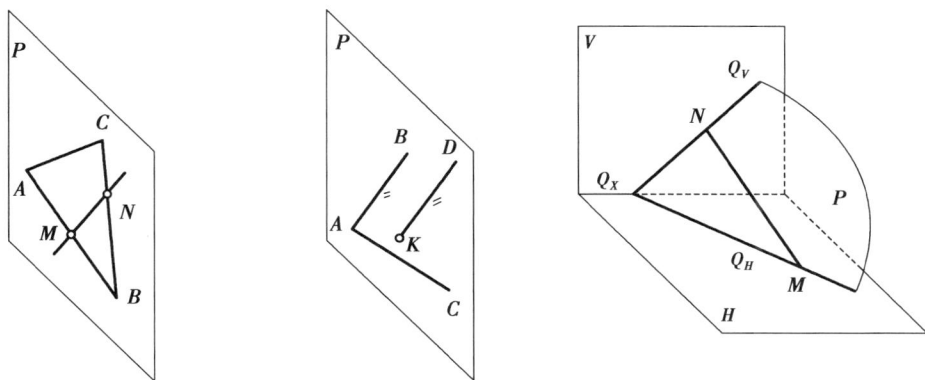

（a）直线过平面上的两点　　（b）平行于平面上的一直线且过平面上一点的直线　　（c）平面上的直线迹点

图 3.46　平面上取线、取点的几何条件

【**例** 3.14】已知相交两直线 AB 与 AC 的两面投影,在由该相交直线确定的平面上取属于该平面上的任意的一条直线(图 3.47)。

【**解**】在直线 AB 上取点 D 及在直线 AC 上取点 E,即用直线上取点的投影特性求取,并将两点 D、E 的同名投影以连接即得直线 DE。

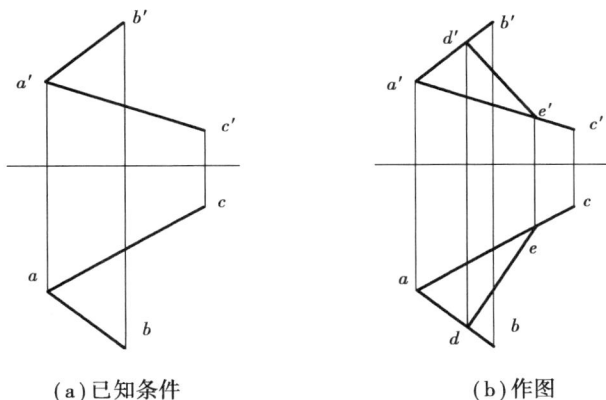

（a）已知条件　　　　　　　　　　（b）作图

图 3.47　取平面上的直线

（2）平面上的点

若点在平面上的一条直线上,则点在此平面上。平面上点的投影,必在位于该平面上的直线的同名投影上。所以欲取平面内的点,必先在平面上取一直线,再在该直线上取点。反之,如果点在平面上,则点必在平面上的一直线上。

【**例** 3.15】如图 3.48(a)所示,已知 △ABC 内一点 M 的 V 投影 m',求点 M 的 H 投影 m。

【**解**】**分析**:在 △ABC 内作一辅助直线,则 M 点的两面投影必在此辅助直线的同名投影上。

作图:如图 3.48(b)所示。

①在 △$a'b'c'$ 上过 m' 作辅助直线 $1'2'$。

②在 △abc 上求出此辅助直线的 H 投影 12。

③自 m' 向下作投影连线与辅助直线的 H 投影的交点,即得点 M 的 H 投影 m。

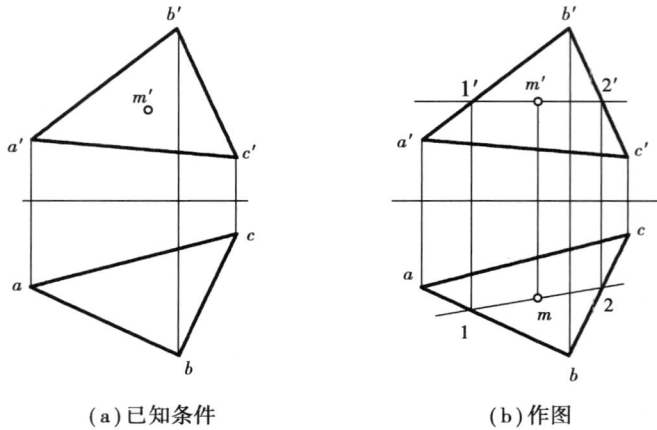

（a）已知条件　　　　　　　　　（b）作图

图 3.48　平面上取点

【**例** 3.16】已知平面四边形 $ABCD$ 的正面投影 $a'b'c'd'$ 和边 AD 的 H 投影 ad，边 $BC /\!/ V$ 面，如图 3.49（a）所示，请完成平面的 H 投影 $abcd$。

【**解**】**分析**：平面由不共线三点、两相交直线、两平行直线等来确定。已知平面上的一条正平线，那么可以过直线外一已知点再作一条与已知正平线平行的直线，即可确定平面。再用平面上取点的方法，完成平面余下各点的投影，将点的同名投影依顺序连接即可。

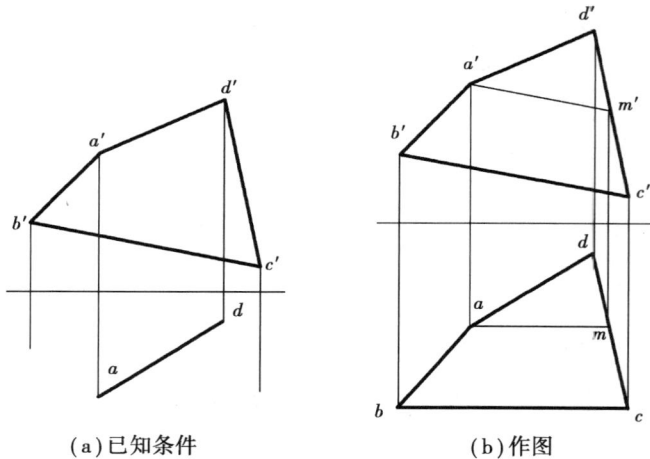

（a）已知条件　　　　　　　　　（b）作图

图 3.49　完成平面的投影

作图：①在四边形 $ABCD$ 的 V 投影 $a'b'c'd'$ 上过 a' 作 $a'm' /\!/ b'c'$ 交 $d'c'$ 于 m'，在 H 上过 a 作 $am /\!/ OX$ 轴，交由 V 投影中 m' 向下的投影连线于 m。

②在 H 上连接 dm 并延长交由 V 投影中 c' 向下的投影连线于 c，求出 dc。

③由于 BC 为正平线，故在 H 上过 c 作 $bc /\!/ OX$ 轴求出 bc。

④连接 ab，完成平面的 H 投影 $abcd$。

2）属于特殊位置平面的点和直线

属于特殊位置平面的点和直线，至少有一个投影重合于具有积聚性的迹线；反之，若直线或点重合于特殊位置平面的迹线，则点与直线属于该平面。

过一般位置直线总可以作投影面垂直面;过垂直线则可以作水平面[图 3.50(b)]、侧平面[图 3.50(c)],以及无数多个正垂面[图 3.50(d)]。

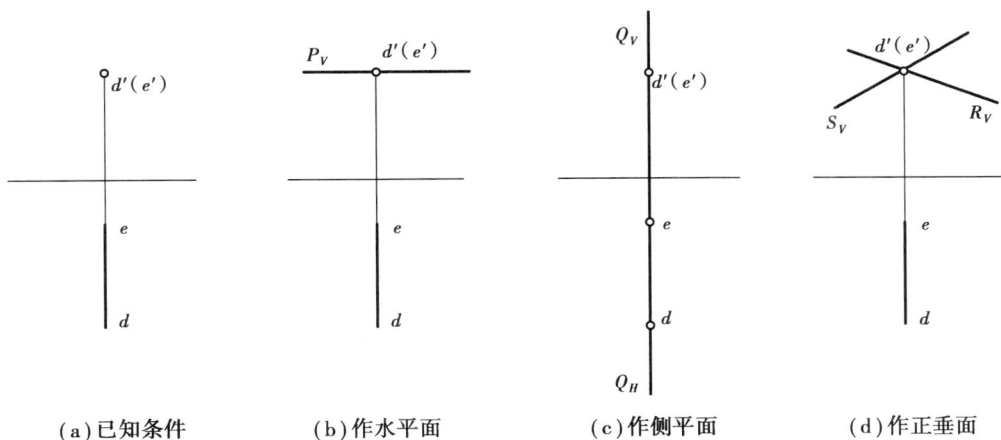

|（a）已知条件|（b）作水平面|（c）作侧平面|（d）作正垂面|

图 3.50　过正垂线作平面

【例 3.17】如图 3.51(a)所示,已知一般线 AB 的 V、H 投影,包含直线 AB 作投影面的垂直面。

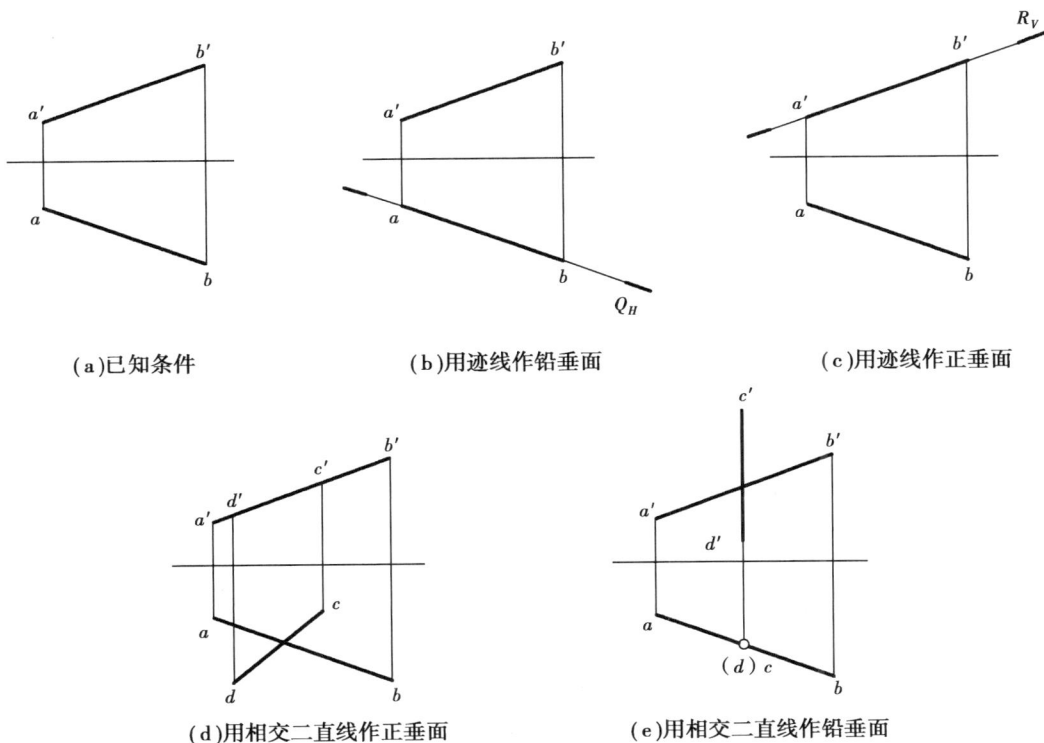

（a）已知条件　　　　　（b）用迹线作铅垂面　　　　　（c）用迹线作正垂面

（d）用相交二直线作正垂面　　　　（e）用相交二直线作铅垂面

图 3.51　过一般位置直线作特殊位置平面

【解】分析:若一般位置直线 AB 属于某特殊位置平面,则该平面的迹线与直线的同名投影重合,由此可过直线 AB 作出铅垂面或正垂面。

作图：①用迹线表示法作图：过 ab 作一迹线 Q_H 即为铅垂面，如图 3.51(b)所示；过 $a'b'$ 作一迹线 R_V 即为正垂面，如图 3.51(c)所示。

②图 3.51(d)、图 3.51(e)是用几何元素表示法作出的正垂面及铅垂面，为了区别迹线与已知直线，在表示迹线平面时可用细线两端画粗线的方法来表示迹线，如图 3.51(b)、(c)所示。

3)属于平面的投影面平行线

属于平面的投影面的平行线，不仅与所在平面有从属关系，而且还应符合投影面的平行线的投影特征，即在两面投影中，直线的其中一个投影必定平行于投影轴，同时在另一面的投影平行于该平面的同面迹线。

一般位置平面内的投影面的平行线同时有正平线、水平线及侧平线。

【例 3.18】已知 $\triangle ABC$ 投影如图 3.52(a)所示，过点 A 作平面内的水平线及正平线。

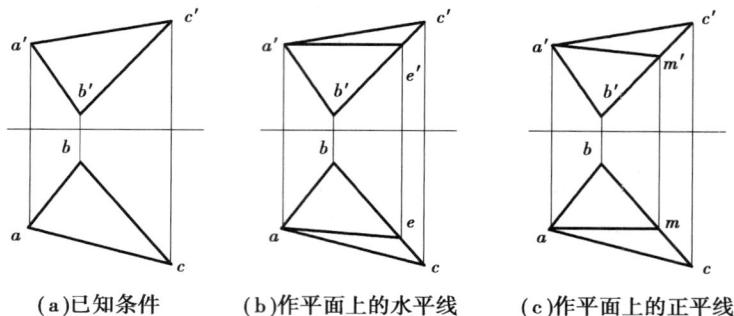

(a)已知条件　　　　(b)作平面上的水平线　　　　(c)作平面上的正平线

图 3.52　作平面上的投影面平行线

【解】水平线的 V 投影平行于 OX 轴，过点 a' 作 $a'e'$ 平行于 OX，与 $b'c'$ 交于点 e'，在 bc 上作出 e，连接 ae 即为所求水平线，如图 3.52(b)所示。类似求得正平线 AM 如图 3.52(c)所示，在这里叙述从略。

3.3.4　平面上的最大斜度线

平面上与该平面的投影面迹线垂直的直线即为**平面上的最大斜度线**（图 3.52）。平面上的最大斜度线的几何意义在于测定平面对投影面的倾角，由于平面内的投影面平行线平行于相应的同面迹线，所以**最大斜度线必定垂直于平面上的投影面平行线**。垂直于平面上水平线的直线，称为 **H 面的最大斜度线**；垂直于平面上正平线的直线，称为 **V 面的最大斜度线**；垂直于平面上投影面侧平线的直线，称为 **W 面的最大斜度线**。

平面上的最大斜度线对投影面的倾角最大。在图 3.53 中，直线 AB 交 H 面于点 B，BC 重合于平面 P 的水平迹线 P_H，$AB \perp BC$，那么，$\tan \alpha = \dfrac{Aa}{Ba} > \tan \alpha_1 = \dfrac{Aa}{ac}$，即 $\alpha > \alpha_1$，最大斜度线由此得名。

平面对投影面的倾角等于平面上对该投影面的最大斜度线对该投影面的倾角。如某平面对 H 面倾角 α 等于该平面上对 H 面的最大斜度线的水平倾角 α，若平面的最大斜度线已知，则该平面唯一确定。

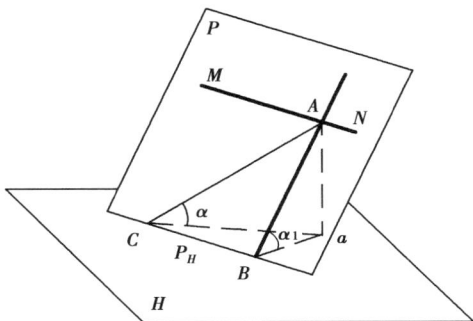

图 3.53　平面上的最大斜度线

欲求平面与投影面的夹角,要先求出最大斜度线;而最大斜度线又垂直于平面内的平行线,所以得到了最大斜度线后,再用直角三角形法求最大斜度线与对应投影面的夹角即可。

【例 3.19】如图 3.54 所示,求作平面 $\triangle ABC$ 与 H 面倾角 α 及 V 面的倾角 β。

【解】作图:①作平面内的水平线 CD。

②作 $BE \perp CD$,据直角投影定理,作出最大斜度线 BE 的两面投影 be,$b'e'$。

③用直角三角形法,求出线段 BE 对 H 面的夹角 α。(β 角求法与 α 角类似)

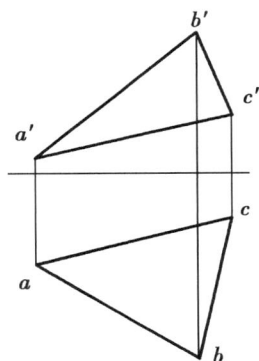

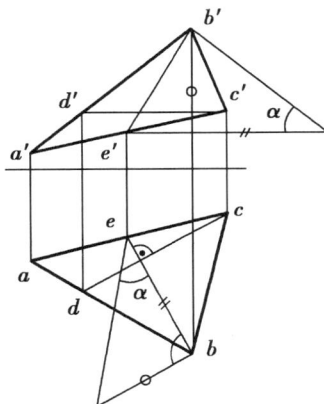

(a)已知条件　　　　　　(b)平面对 H 面的夹角　　　　　　(c)平面对 V 面的夹角

图 3.54　平面对投影面的夹角

【例 3.20】如图 3.55 所示,试过水平线 AB 作一个与 H 面成 30° 的平面。

【解】分析:与平面上水平线 AB 垂直的直线为平面对 H 面的最大斜度线,平面对 H 面的最大斜度线与 H 面的夹角,即为欲求平面与 H 面的夹角。

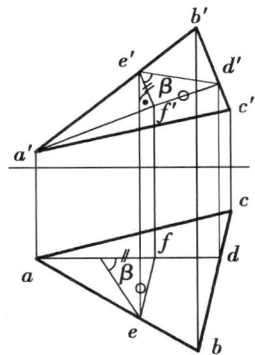

作图:①据直角投影定理,在 H 面上作 $ab \perp ac$。

②根据已知平面的 $\alpha = 30°$,用直角三角形法求得点 A 与点 C 距 V 面的距离差 $\triangle y$。

③在 V 上根据距离差 $\triangle y$ 补点 C 的正面投影 c',连接 $a'c'$,即得所求平面。

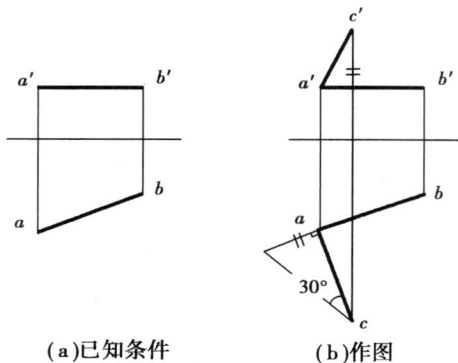

(a)已知条件 　　　(b)作图

图 3.55　作与 H 面成 30°的平面

本章小结

(1)通过学习点、直线、平面的空间位置及投影规律,要求熟练掌握作图方法。

(2)熟练求作直线上的点,平面上的直线及平面取点。

(3)能够使用直角三角形法求作一般位置直线的实长与倾角。

(4)理解直角投影定理的条件,并在投影图中运用。

(5)理解重影点的概念,这对后续章节中可见性判断至关重要。

复习思考题

3.1　简述为什么不能用单一的投影面来确定空间点的位置。

3.2　为什么根据点的两个投影便能作出其第三投影? 具体作图方法是怎样的?

3.3　如何判断重影点在投影中的可见性? 怎么标记?

3.4　空间直线有哪些基本位置?

3.5　如何检查投影图上点是否属于直线?

3.6　什么是直线的迹点? 在投影图中如何求直线的迹点?

3.7　试叙述直角三角形法的原理,即直线的倾角、线段的实长、与其直线的投影之间的关系。

3.8　两直线的相对位置有几种? 它们的投影各有什么特点?

3.9　试简述直角投影定律。

3.10　平面的表示法有哪些? 什么是平面的迹线?

3.11　在自身所接触的环境中,存在哪种位置的平面(如门、窗、坡屋面等)?

3.12　如何进行平面上取点和取直线?

3.13　在一般位置平面内能否画出垂直线? 为什么?

3.14　什么是最大斜度线? 怎么在平面上作最大斜度线?

3.15　为什么可以利用平面的最大斜度线求一般位置平面的倾角? 需要通过哪几个步骤? 利用对 H 面的最大斜度线能否求得该平面对 V 面的倾角? 为什么?

4

直线与平面、平面与平面的相对位置

本章导读：

  本章将学习直线与平面、平面与平面之间的平行，直线与平面、平面与平面之间相交的投影性质及投影作图方法，并讨论点、直线、平面之间的综合问题的空间分析及作图思路。

4.1 直线与平面、平面与平面平行

  直线与平面、平面与平面平行，二者相交于无穷远处。直线与平面的平行或者相交，是在直线不属于平面的前提下讨论的。

4.1.1 直线与平面平行

1）几何条件

  若平面外的一直线与平面内任一直线平行，则直线与该平面平行；反之，若一直线与平面平行，则平面上必然包含与该直线平行的直线。

  图 4.1 中，直线 AB 在平面 P 之外，同时与平面 P 上的直线 CD 相平行，则直线 AB 与平面 P 平行，在平面 P 中包含无数条与 AB 平行的直线。另一直线 EF 与平面 P 平行，则过平面 P 内的任意一点 M 可作出直线 MN 平行于直线 EF，同时 MN 属于平面 P。

2）投影作图

  根据上述几何条件，可以解决两类常见的投影作图问题：一是作直线平行于一已知平面或者作平面平行于已知直线；二是判断直线与平面是否平行。

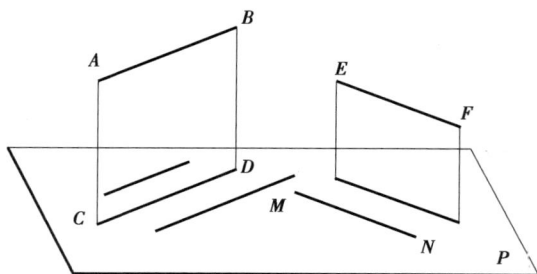

图 4.1 直线与平面平行

根据直线或平面与投影面的相对位置关系,这两类投影作图问题又可分成一般情况和特殊情况。

(1)平行的特殊情况——直线与特殊平面平行

平面是特殊平面时,至少有一个投影积聚,此积聚性投影成为解题入手点。若直线平行于特殊平面,则平面的积聚性投影一定与直线的同面投影平行,且两者间距等于直线与特殊面的空间距离(图 4.2)。

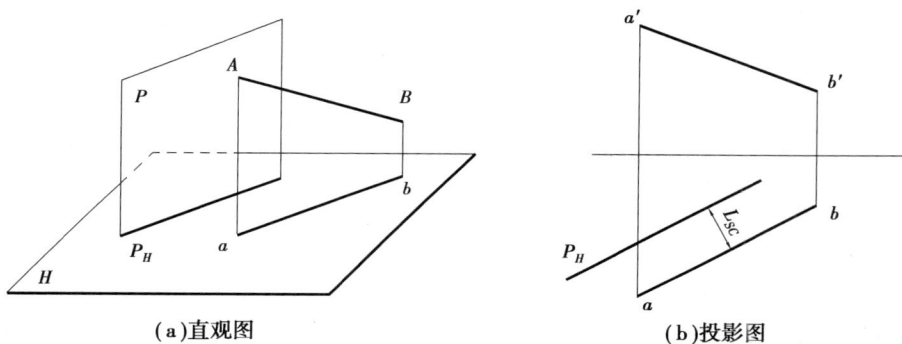

(a)直观图   (b)投影图

图 4.2 直线与垂直面平行

【例 4.1】过已知点 K 作铅垂面 P 和正垂面 Q(用迹线表示)均平行于直线 AB,如图 4.3(a)所示。

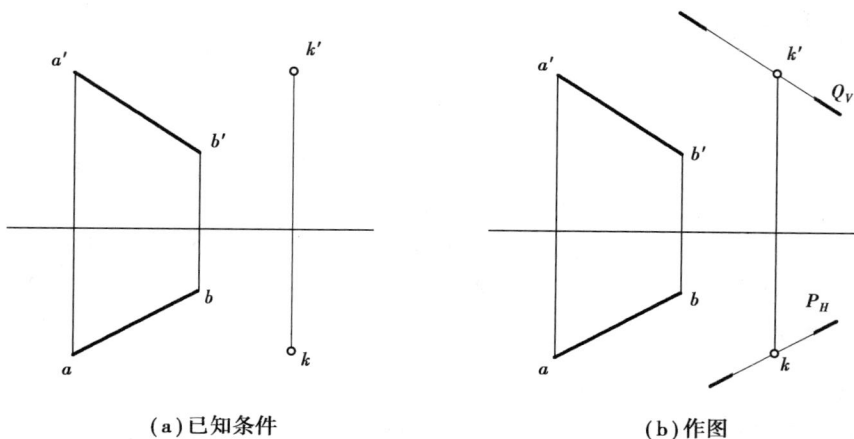

(a)已知条件   (b)作图

图 4.3 过点 K 作铅垂面 P、正垂面 Q 均平行于 AB

【解】分析: $P \perp H$,其 H 面投影积聚,所求 $P /\!/ AB$,只需作 $P_H /\!/ ab$ 即可;$Q \perp V$,其 V 投影积聚,所求 $Q /\!/ AB$ 只要保证 $Q_V /\!/ a'b'$ 即可。

作图: 如图 4.3(b)所示。

① 在 H 面投影中过 k 作 $P_H /\!/ ab$;

② 在 V 面投影中过 k' 作 $Q_V /\!/ a'b'$。

注意: 这里的 P_H 与 Q_V 分别是两个平面的迹线,并非同一条直线的两面投影。

【例4.2】 过已知点 K 作直线 KL 平行于已知平面 $\triangle ABC$,如图 4.4(a)所示。

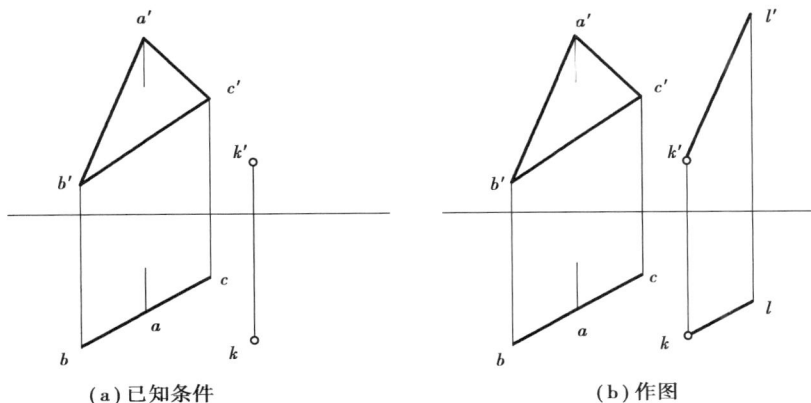

图 4.4　过点 K 作直线 $KL /\!/$ 平面 $\triangle ABC$

【解】分析: $KL /\!/ \triangle ABC$,只需 KL 平行平面中任意一条直线即可。已知 $\triangle ABC$ 的 H 面投影积聚为一条直线,如果直线 KL 的 H 面投影与 $\triangle ABC$ 的 H 面投影平行,那么 $KL /\!/ \triangle ABC$。而此时直线 KL 的 V 面投影方向无穷多,故 KL 有无数多条。

作图: 如图 4.4(b)所示。作 $kl /\!/ ab$,$k'l' /\!/ a'b'$,KL 即为满足题目要求的答案之一。

（2）平行的一般情况——直线与一般位置平面平行

判断直线是否与一般位置平面平行,需利用直线与平面平行的几何条件,寻找平面中是否存在与已知直线平行的直线,因为一般位置平面的投影不具有积聚性,所以必须要对照各面投影判断这两直线是否平行。

【例4.3】 过已知点 M 作正平线 MN 平行于已知平面 $\triangle ABC$,如图 4.5(a)所示。

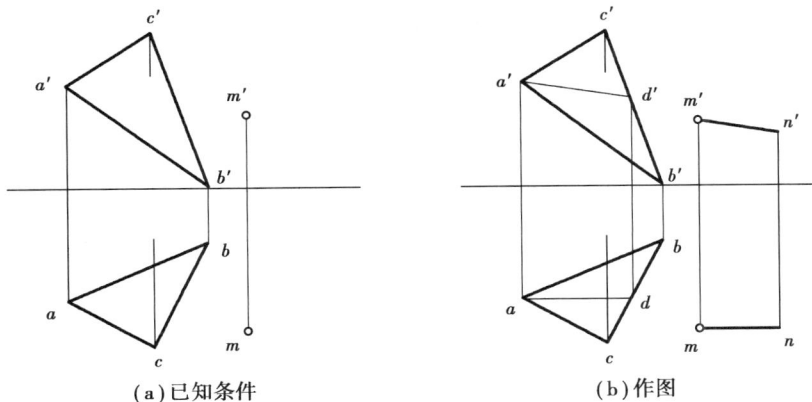

图 4.5　过点 M 作正平线 $MN /\!/$ 平面 $\triangle ABC$

【解】分析：$\triangle ABC$ 为一般位置平面，要求所作直线 MN 为正平线，同时也要平行于平面 $\triangle ABC$，则 MN 应平行于平面 $\triangle ABC$ 上的正平线。可见，应首先作平面 $\triangle ABC$ 上的正平线。

作图：如图 4.5(b)所示。

①作平面 $\triangle ABC$ 上的正平线 AD。在 H 面投影中过 a 作 $ad /\!/ OX$，与 bc 相交于点 d，求得 d 点的 V 面投影 d'，连接 $a'd'$，得 AD 的 H、V 两面投影。

②过点 M 作直线 $MN /\!/ AD$。在 H 面投影中过 m 作 $mn /\!/ ad$，在 V 面投影中过 m' 作 $m'n' /\!/ a'd'$，即得所求正平线 $MN /\!/ \triangle ABC$。

【例4.4】试判别直线 KL 是否与 $\triangle ABC$ 平行，如图 4.6(a)所示。

【解】分析：$\triangle ABC$ 为一般位置平面，KL 若与其平行，必然在 $\triangle ABC$ 中存在与 KL 平行的直线。解决此类问题，需要尝试在已知平面中作已知直线的平行线。若能作出，两者平行；反之，则不平行。

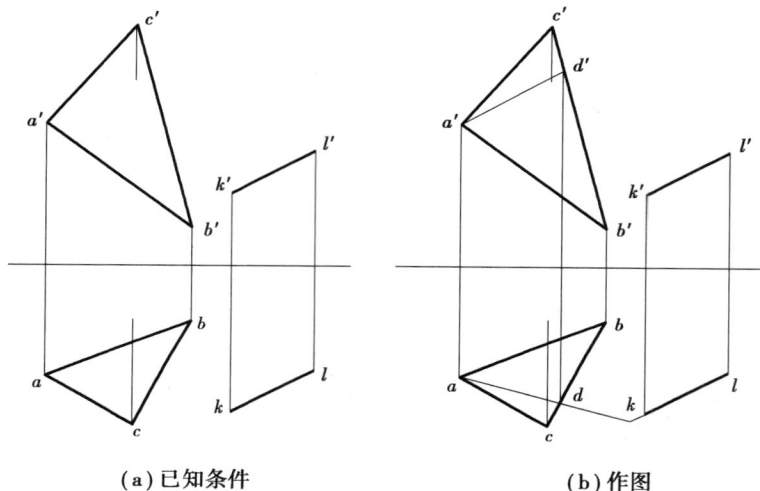

(a)已知条件　　　　　　(b)作图

图4.6　判别直线 KL 与 $\triangle ABC$ 是否平行

作图：如图 4.6(b)所示。在 V 面投影中过 a' 作 $a'd' /\!/ k'l'$，与 $b'c'$ 相交于 d'，作出 AD 的 H 面投影 ad。ad 与 kl 不平行，故 KL 与平面 $\triangle ABC$ 不平行。

综上所述，当直线与特殊位置平面平行时，该平面的积聚性的投影和直线同面投影必然平行，其间距就是直线与特殊位置平面之间的实际距离，作图时不必再在平面内找辅助直线；当直线与一般位置平面的平行时，投影作图都必须归结为两直线的平行问题，必须在平面内找辅助直线。因此，作直线与平面平行，作图前必须先对平面的位置进行分析，判断其是否是特殊平面，以便于确定具体作图步骤。

4.1.2　平面与平面平行

1)几何条件

同一平面内的两相交直线，若分别平行另一平面内的两相交直线，则两平面平行，如图4.7所示。

如果平面内相互平行的两条直线，同时与另一平面中相互平行的两直线平行，则并不能判断这两个平面是否平行。如图 4.8(b)所示,两相交平面中都存在多条与平面的交线平行的直线。

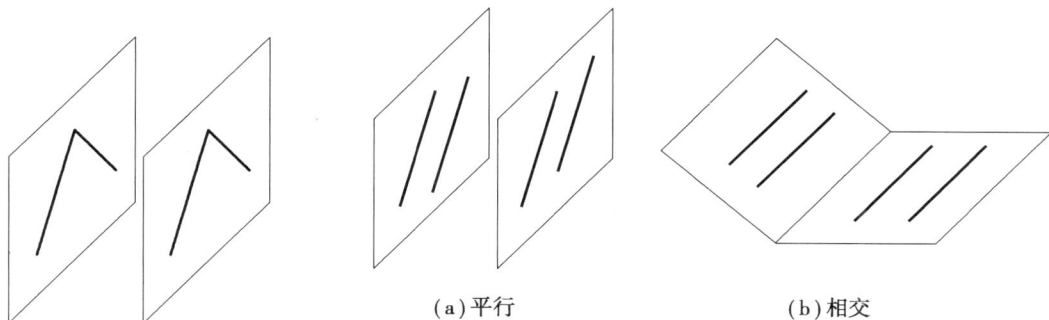

(a)平行　　　　　　(b)相交

图 4.7　平面与平面平行　　　　　图 4.8　两平面中存在多条平行的直线

2)投影作图

平面与平面平行中,常见问题有两类:一是作平面平行于已知平面;二是判别两平面是否平行。

根据平面本身与投影面的关系,可以得知平面是否具有积聚性。当投影无积聚性时,需要在平面内找两条相交辅助直线来解决两平面平行的问题;而投影有积聚性时,则不需找辅助直线,直接观察其积聚投影是否平行就能解决两平面平行的问题。

(1)两特殊位置平面平行

若两特殊位置平面平行,这两个平面必是同一个投影面的特殊面,并且积聚性投影相互平行,此时两积聚性投影之间的距离等于两平面的空间距离。如图 4.9 所示,两铅垂面 P、Q,若 $P_H /\!/ Q_H$,则 $P /\!/ Q$;反之,$P /\!/ Q$,则 $P_H /\!/ Q_H$。

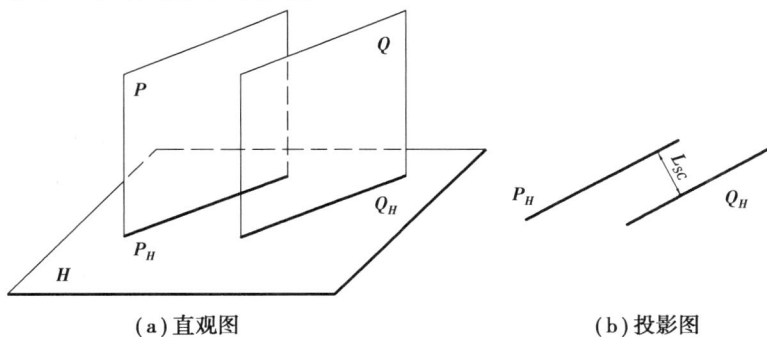

(a)直观图　　　　　　　　(b)投影图

图 4.9　两个铅垂面相互平行

(2)两一般位置平面的相互平行

当一般位置平面用迹线表示时,两平面平行时其同面迹线一定相互平行。图 4.10 中,若 $P /\!/ Q$,则 $P_H /\!/ Q_H$,$P_V /\!/ Q_V$。但是同面迹线之间 P_H 和 Q_H 或者 P_V 和 Q_V 的距离均不等于两平行平面 P、Q 之间的空间距离。

【例 4.5】过点 M 作一个平面与 $\triangle ABC$ 平行,如图 4.11(a)所示。

【解】分析:此题并未限定所求平面的表示方式,故可依据直线与直线、平面与平面平行的几何条件,直接用两相交直线表示所求平面。这时只需选择任意两条 $\triangle ABC$ 上的相交直线,分

别过点 M 作其平行线,所作的相交两直线确定的平面即为所求。

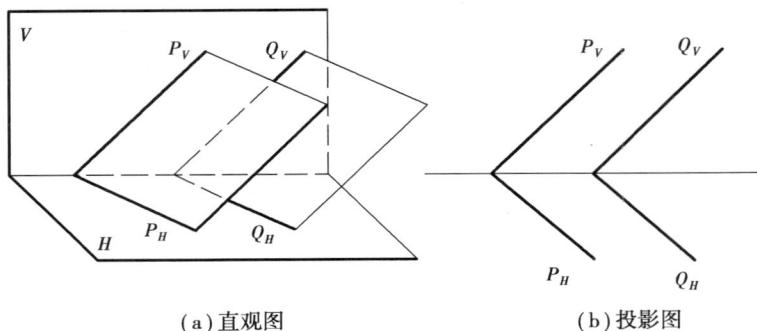

(a)直观图 (b)投影图

图 4.10 用迹线表示的两个平面平行

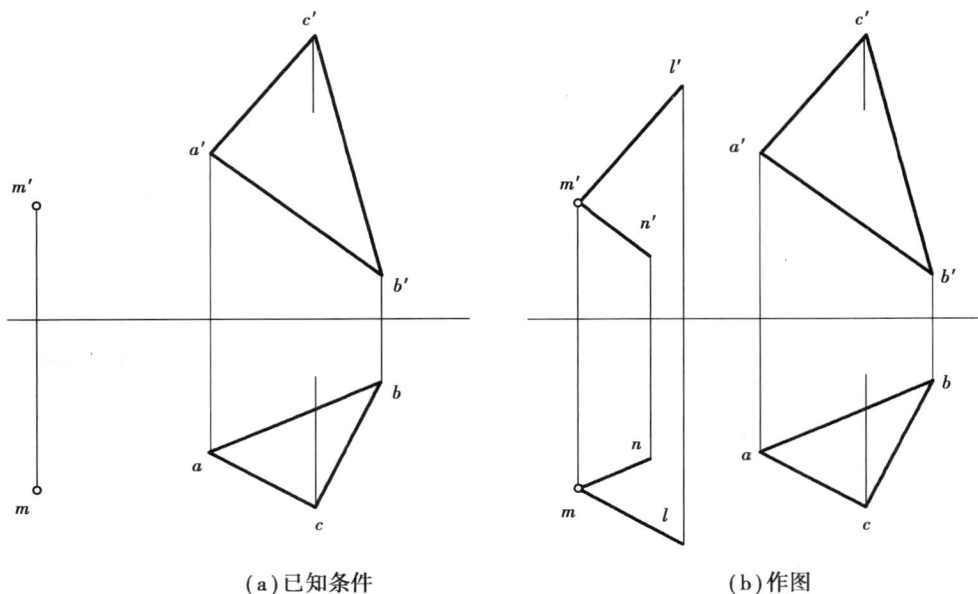

(a)已知条件 (b)作图

图 4.11 过点 M 作一个平面平行于已知 $\triangle ABC$

作图:如图 4.11(b)所示。

①在 V 上过点 m' 作直线 $m'n' \parallel a'b'$、$m'l' \parallel a'c'$;

②在 H 上过点 m 作直线 $mn \parallel ab$、$ml \parallel ac$;则相交两直线 MN 与 ML 所确定的平面平行于 $\triangle ABC$。

【例4.6】试判别 $\triangle ABC$ 和平面 LMN 是否相互平行,如图 4.12(a)所示。

【解】分析:判断两平面是否平行,取决于能否在其中一平面(如 $\triangle ABC$)上作出两条相交直线,同时平行于另一平面(如平面 LMN)。题目中平面 LMN 已经存在一条直线 MN 平行于 BC,此时的关键是能否在平面 LMN 过点 L 作出与 MN 相交且平行于 $\triangle ABC$ 的一条直线。

作图:如图 4.12(b)所示。在水平投影中过点 l 作 $lk \parallel ac$,与 mn 相交于 k,求得 K 点的 V 面投影 k',连接 $l'k'$,得知 $l'k'$ 与 $a'c'$ 并不平行,故 $\triangle ABC$ 与平面 LMN 不平行。

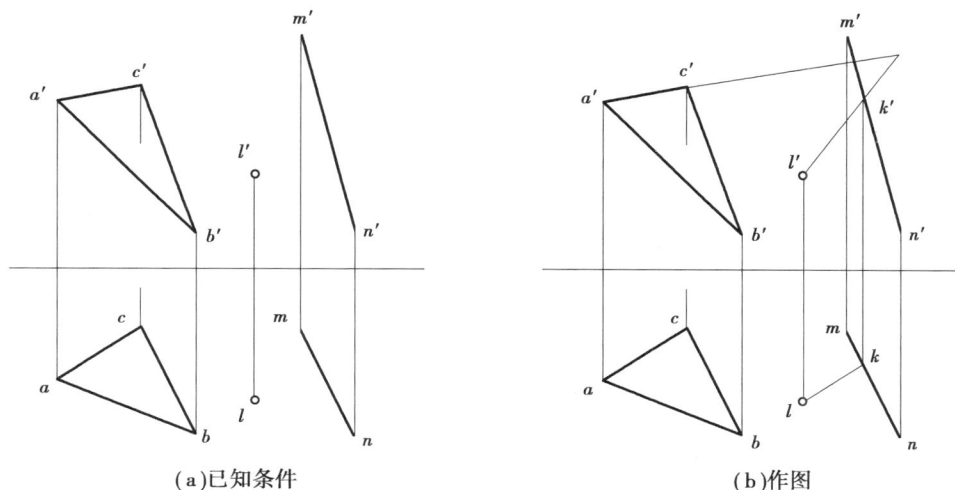

(a)已知条件　　　　　　　　　　　(b)作图

图 4.12　判别两平面是否平行

4.2　直线与平面、平面与平面相交

直线与平面、平面与平面若不平行,则必相交。相交的问题实质是两元素的共有问题,关键是求得交点或交线的具体位置。

交点(或交线)性质为:

①交点(或交线)是参与相交的两个空间元素(直线或平面)的共有点(或共有线)。

②交点(或交线)总是可见,交点(或交线)是可见与不可见的分界点(或分界线)。

4.2.1　直线与平面相交的特殊情况

直线与平面相交的特殊情况是指直线或平面二者至少有一个对投影面处于特殊位置,即投影具有积聚性,那么交点同面投影一定在积聚性投影之上。此时可以根据交点的共有性在平面或直线上取点。

1)投影面垂直线与一般位置平面相交

由于直线投影积聚为一点,直线所有点的同面投影都在该点,当然也包括交点。交点是直线与平面的共有点,故交点也在平面上。利用直线的积聚性,得到交点的同面投影,再在平面上取点,作出此点的另一面投影。如图 4.13(a)所示,直线 MN 为正垂线,其 V 面投影积聚成一点。MN 与△ABC 交点 K 的 V 面投影 k' 必然与之重合。过 k' 作属于△ABC 的任一辅助直线,并求其 H 面投影与 mn 的交点即可得 k,如图 4.13(b)所示。

作图步骤如下:

①求交点。

在 V 面投影中过直线的积聚性投影作辅助直线 AD 的 V 面投影 $a'd'$,在△ABC 求出 AD 的 H 面投影 ad,与 mn 相交于点 k,如图 4.13(b)所示。

②判别可见性。

利用重影点判别可见性,如图 4.13(c)所示。因为直线 MN 在 V 面投影积聚为点,故 V 面投影不必判别其可见性。在 H 面投影中取直线 MN 与平面边线 AB 的重影点,并观察这两个点的 V 面投影,直线 MN 上的点 Ⅰ 就在平面边线 AB 上的点 Ⅱ 正上方,故直线 MN 的 H 面投影 nk 段为可见。

在辨别可见性时所选择的重影点,必须选与已知直线交叉的平面上直线的点,同时要注意在 V、H 面投影图上要一致,应为同一直线。如点 Ⅱ 即为 AB 上的点,那么到另一个投影上去判别可见性时,必须保证仍然取的是直线 AB 上该点的投影。

另一种判别可见性较为直接,就是直接对比投影中的位置关系。例如,需判别的是 H 面投影的可见性,就是比较位置的上下问题,所以在 V 面投影上去比较。$a'b'$ 在 k' 之下,故 H 面投影中 kn 可见。

③完成作图。

补全直线 H 面投影,kn 段为可见(连成实线),km 段为不可见(将被 $\triangle abc$ 遮住部分画成虚线),如图 4.13(d)所示。

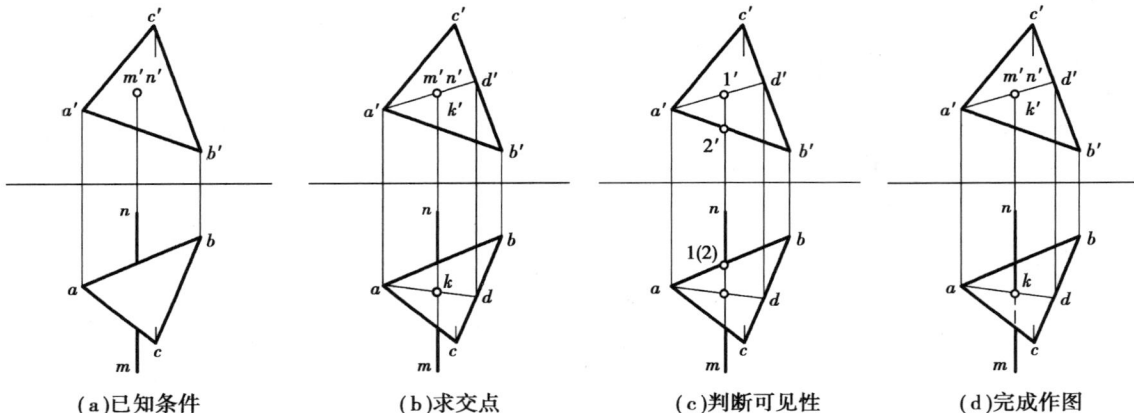

(a)已知条件　　　　(b)求交点　　　　(c)判断可见性　　　　(d)完成作图

图 4.13　正垂线与一般位置平面相交

2)一般位置直线与特殊位置平面相交

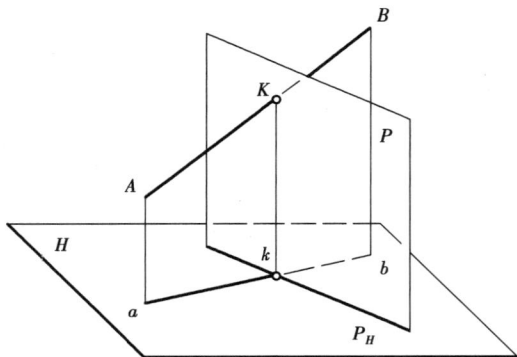

**图 4.14　求一般位置直线与特殊位置平面
交点的空间分析**

特殊位置平面至少有一个投影具有积聚性,所以交点的同面投影就是平面的积聚投影和直线同面投影的交点。根据交点属于直线作出其另一投影,如图 4.14 所示。为了更好地体现立体感,讨论相交问题时将平面视为不透明,直线被遮挡部分需要用虚线来表示,此时还需利用交叉两直线重影点来判别可见性。由图 4.14 可知,交点总是可见的,且交点是可见与不可见的分界点。

【例 4.7】求直线 MN 与铅垂面 $\triangle ABC$ 的交点,并判别可见性,如图 4.15(a)所示。

【解】分析：图中铅垂面△ABC 的 H 面投影积聚为直线段 abc，由于交点是平面与直线的共有点，故交点 k 的 H 面投影既在 abc 上又在 mn 上，所以 abc 和 mn 的交点 k 即为交点 K 的 H 面投影。

作图：

①求交点 K。自 abc 和 mn 的交点 k 向 V 作投影连线与 m'n'相交得 k'即得交点 K，如图 4.15(b)所示。

②判别可见性。利用重影点判别可见性，如图 4.15(c)所示。△ABC 的 H 投影积聚为直线，故不必判别其可见性；V 投影中 m'n'与△a'b'c'相重叠的部分，则需要判别 m'n'的可见性。对于直线 MN 与△ABC 对 V 面的重影点 I 与点 II，点 I 的 H 投影 1 在点 II 的 H 投影的前方，故 k'n'段为可见，k'm'段与△a'b'c'重叠部分不可见，如图 4.15(d)所示。

另一种判别方法是利用平面的积聚性投影直接与直线进行位置对比。在 H 投影上，以 k 为界，kn 段在积聚性投影 abc 的右前方，那么在 V 投影上，k'n'可见，k'm'与△a'b'c'重叠的部分则不可见。

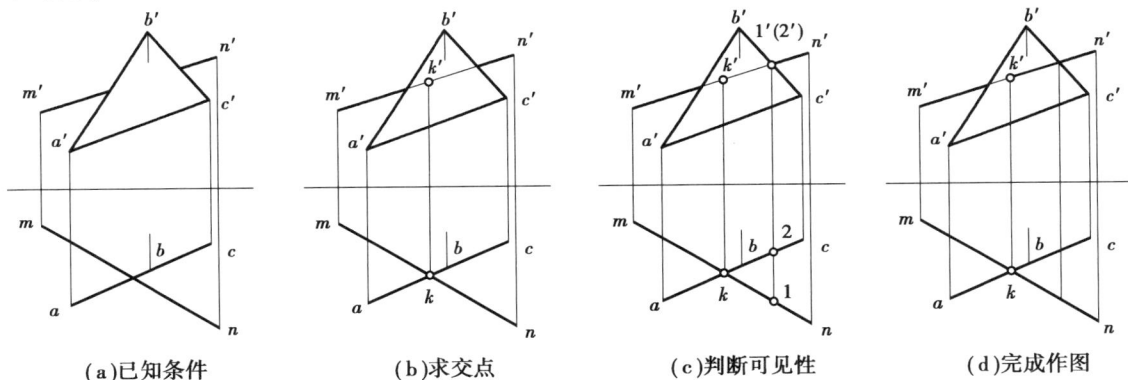

<table>
<tr><td>(a)已知条件</td><td>(b)求交点</td><td>(c)判断可见性</td><td>(d)完成作图</td></tr>
</table>

图 4.15　求直线与铅垂面的交点

4.2.2　一般位置平面与特殊位置平面相交

两平面的相交问题在于求得交线并判定可见性。

两平面的交线是直线，是相交两平面的共有线，只要求得属于交线的任意两点连线即得。根据两平面关系不同，可以分为全交和互交两种形式(图 4.16)。平面 Q 全部穿过平面 P，称为全交，此时交线的端点全部出现在平面 Q 的边线，如图 4.16(a)所示；P、Q 两平面相互咬合，交线端点分别出现在两平面各自的一条边线上，称为互交，如图 4.16(b)所示。对于闭合的平面图形，仍然存在着对各边界的可见性判断，当其中一个平面处于特殊位置时，其交线可以利用积聚性作出。图 4.17(a)所示为一般位置平面和铅垂面相交。按照第 4.2.1 节中相应方法分别作出在△ABC 上的 AB、AC 与铅垂面 I II III IV 的交点 K、L，然后连接 K、L 即为交线 KL。

作图步骤如下：

①求 AB 与平面 I II III IV 的交点 K。在 H 面投影上过 ab 与 1234 的交点 k；由 k 向上作投影连线交 a'b'于 k'。

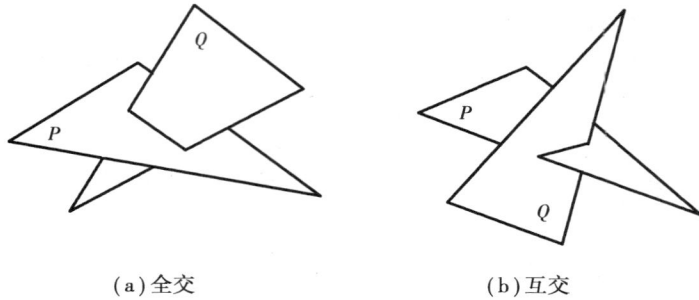

（a）全交　　　　　　　　（b）互交

图 4.16　平面的全交和互交

②同样的方法求出 AC 与平面 Ⅰ Ⅱ Ⅲ Ⅳ 的交点 L。

③连接 kl、k'l' 为所求交线 KL。

④判别可见性。由于交线 KL 的投影总是可见的，需要判别的是交线两侧的重叠的平面边线的可见性问题。H 面投影中，铅垂面 Ⅰ Ⅱ Ⅲ Ⅳ 积聚为一条直线，此时 H 面投影两者均为可见。但 V 面投影两相交平面投影重叠为一"多边形"，V 面投影中需要判断这一"多边形"各边的可见性，有两种方法：

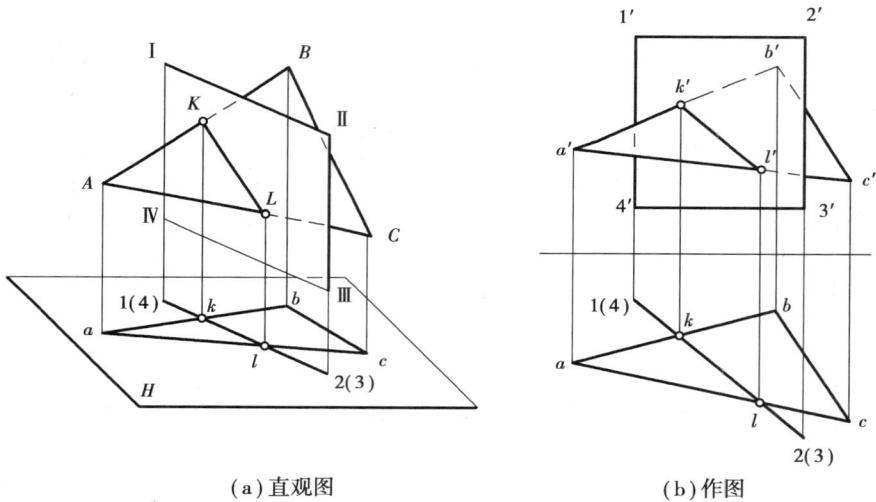

（a）直观图　　　　　　　　（b）作图

图 4.17　一般位置平面与铅垂面相交

方法一：重影点判断法。利用交叉两直线的重影点来进行判断。图 4.17（b）中，如 1'4' 和 a'b' 的投影交点向下作投影连线至 H 面投影，可知 1'4' 在 k'a' 之后，1'4' 与 △a'b'c' 重合部分不可见，k'a' 可见。由此在 V 面投影中 k'l'b'c' 一侧两个图形重叠的部分，属于 △ABC 的边都为不可见，属于 Ⅰ Ⅱ Ⅲ Ⅳ 的边为可见；k'l'a' 一侧两个图形重叠的部分各边的可见性与 k'l'b'c' 一侧相反。

方法二：直接观察法。在 H 面投影中以交线 KL 为界，分 △abc 为前后两部分，左前侧 kla 在 1234 之前，那么 V 面投影 k'l'a' 可见，而 1'4' 居后，投影重叠部分不可见。△abc 右后侧可见性与左前侧相反，如图 4.17（b）所示。

两平面相交的问题作图过程相对复杂，涉及判别可见性的图线比较多，作图完成后可用"虚实相间法"再次进行全图的关系验证。无论平面关系是全交还是互交，投影中必然会出现两类点：两个交线端点、若干两平面边线投影相交点（实为重影点）。在无积聚性投影的情况下,均为可见部分与不可见部分的分界点,即"虚实分界点"。虚实分界点并不包括平面图形的顶点。每过这样的点,平面边线重叠部分的虚实性就会发生一次变化,呈现"虚→实→虚→实"的循环状态。正确的交线作图和可见性判断,会使平面投影出现虚实交替的结果。假若发现应该变为虚线时,所作图线仍是实线,则必然出现了错误,然后应逐项检查,找到问题并更正。

这里要特别注意图 4.17(b)中 b' 所在位置,b' 是平面图形的顶点的 V 面投影就不是上述所说的虚实分界点,则两侧的图线都是不可见的。

4.2.3   一般位置直线和一般位置平面相交

一般位置直线与一般位置平面的投影均无积聚性,不能直接利用积聚性确定交点投影,需要先通过直线作一辅助平面来求交线。

如图 4.18 所示,交点 K 属于 $\triangle ABC$,同时也在属于 $\triangle ABC$ 上的一条直线 MN,MN 与已知直线 DE 可确定一平面 P。换言之,交点 K 属于包含已知直线 DE 的辅助平面 P 与已知平面 $\triangle ABC$ 的交线 MN。故找到已知直线 DE 与两平面交线 MN 的交点,就可以得到一般位置直线与一般位置平面的交点 K。为便于找到交线 MN,一般以特殊平面作为辅助平面。因此,求一般位置直线与一般位置平面交点的作图步骤如下:

①含已知直线 DE 作一辅助特殊平面 P;

②作出辅助平面 P 与已知平面 $\triangle ABC$ 的交线 MN;

③求已知直线 DE 与平面交线 MN 的交点 K,即为直线 DE 与 $\triangle ABC$ 的交点。

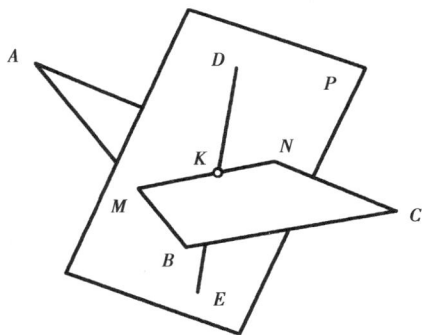

图 4.18   利用辅助平面求一般位置直线与一般位置平面相交的交点

【例 4.8】求直线 DE 与 $\triangle ABC$ 的交点 K,并判别其可见性,如图 4.19(a)所示。

【解】分析:由已知条件可知,直线与平面均为一般位置,其投影均无积聚性。

作图:如图 4.19 所示。

①过直线 DE 作辅助正垂面 P,如图 4.19(b)所示。由于直线 DE 的 V 面投影 $d'e'$ 与辅助正垂面的 V 面投影重合,辅助正垂面 P 用迹线 P_V 表示。

②求平面 P 和 $\triangle ABC$ 的交线 MN,如图 4.19(c)所示。

③交线 MN 的 H 面投影 mn 和 de 的交点 k,就是交点 K 的 H 面投影,再由 k 求 k',即得所求交点 K,如图 4.19(d)所示。

④判别可见性。如图 4.19(e)所示,直线和平面均为一般位置,故其 V、H 面投影都要判别可见性,判别方法同前面所述内容相同。

例如,判别 V 面投影可见性时,先从 $d'e'$ 与 $a'c'$ 的投影交点(DE 与 AC 的 V 面的重影点)向下作投影连线至 H 面投影,DE 上的点 Ⅰ 在 AC 上的点 Ⅱ 的正前方,这说明直线 DE 在前,V 面投影上 $d'e'$ 投影与 $a'c'$ 重叠段可见。用同样的方法,依据 H 面的 Ⅲ、Ⅳ 两点可判别 H 面投影上 ek 这一端可见。

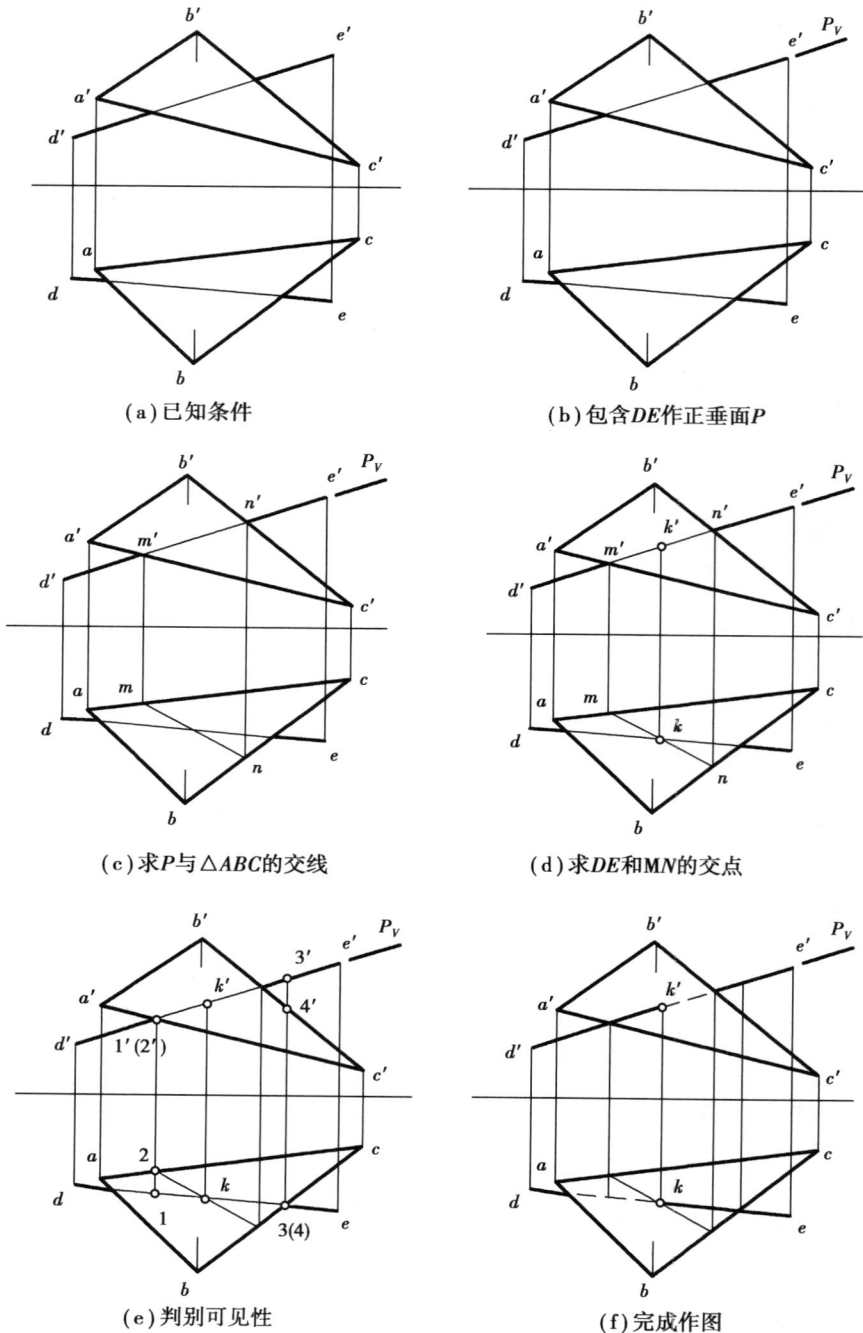

(a)已知条件

(b)包含 DE 作正垂面 P

(c)求 P 与 $\triangle ABC$ 的交线

(d)求 DE 和 MN 的交点

(e)判别可见性

(f)完成作图

图 4.19   求直线 DE 与 $\triangle ABC$ 的交点

简单判别方法:观察平面多边形顶点标注顺序,如其 H 面投影和 V 面投影标注顺序回转方向相同,则直线的两投影在交点投影的同一端为可见,此类平面称为上行平面;如标注顺序回转方向相反,则直线的两投影在交点投影的两端可见性相反,此类平面称为下行平面。这样,只要判别一个投影的可见性,即可确定另一投影的可见性。

⑤完成作图,如图 4.19(f)所示。

4.2.4　两个一般位置平面相交

两一般位置平面的投影均无积聚性,所以必须通过辅助手段才能求得其交线。可采用辅助面和三面共点的原理作交线。

1)线面交点法

两个一般位置平面的投影相互重叠,通常用线面交点法求交线。一平面图形的边线与另一平面的交点,是两平面的共有点,也是两平面交线上的点,只要求得两个这样的交点并连接它们,便可获得两平面的交线。可见,两个一般位置平面求交线是第 4.2.3 节中一般位置直线与一般位置平面求交点的应用。

【例 4.9】求△ABC 与△DEF 的交线,如图 4.20(a)所示。

【解】分析:两个一般位置平面无积聚性可利用,由于它们的投影重叠,可采用线面交点法。选作辅助面的边,首先剔除投影不重叠的边(如 AC、BC、DE),因为这样的边在有限的长度下不与另外一个平面相交。在 BC、DE、DF 中选两个,并尽量选择与另一图形重叠范围较多的边来作辅助面。

作图:如图 4.20 所示。

①求交线 KG。包含直线 DF 作一个辅助正垂面 P,P 与△ABC 的交线为 MN,求 MN 与直线 DF 的交点 K,得交线的一个点;同时包含 EF 作一辅助铅垂面 Q,求出 Q 与△ABC 的交线,此交线与直线 EF 的交点是 G,得交线的另一个点,如图 4.20(b)所示。连接 KG,得△ABC 与△DEF 的交线,如图 4.20(c)所示。

②判别可见性。判别 V 面投影的可见性时,找任意一个 V 面的重影点,如以 $a'b'$ 和 $d'f'$ 的交点开始,向下作投影连线可知,AB 上的点Ⅰ在 DF 上的点Ⅱ正前方,则 $a'b'$ 可见,$d'k'$ 与△$a'b'c'$ 重叠部分不可见。故以 V 面投影 $k'g'$ 为界,在△$k'g'f'$ 一侧,两平面投影重叠部分属于可见;而在 $k'g'e'd'$ 一侧,可见性则与△$k'g'f'$ 侧相反。当然也可以利用"虚实相间性"来作图,$d'k'$ 侧不可见,为虚线。交点是可见与不可见的分界点,所以 $k'f'$ 可见为实线,$a'c'$ 相应段不可见为虚线,顺次循环,回到可见性判别的起点 k'。

判别 H 面投影的可见性,方法与 V 面投影的可见性判断一样,如图 4.20(c)所示。

两平面相交的可见性判别,还可以利用第 4.2.3 节中的方法加以简化。从图 4.20(b)可知,DF、EF 分别与下行平面△ABC(标注编号的顺序回转方向相反)相交于 K、G,故直线 DF、EF 的 V、H 面投影在交点 K、G 的两侧可见部分相反,所以只需判别一个投影的可见性即可推断另一投影的可见性。

③完成作图,如图 4.20(d)所示。

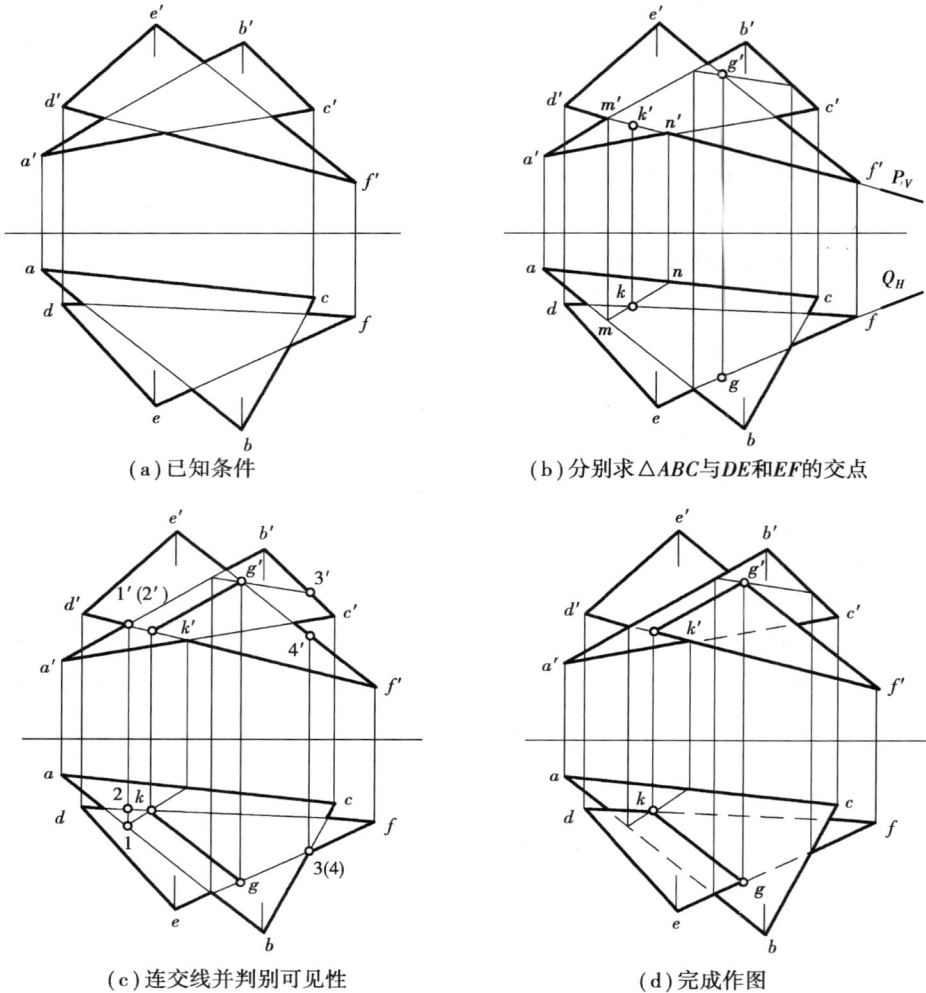

（a）已知条件

（b）分别求△ABC与DE和EF的交点

（c）连交线并判别可见性

（d）完成作图

图4.20　线面交点法求两个一般位置平面的交线

2）线线交点法

线线交点法又称三面共点法。当相交两平面的投影图互不重叠时,其交线不会在两图形的有限范围内,此时可用三面共点原理,通过作辅助平面求其交线。如图4.21(a)所示,辅助平面 R_1 分别与已知平面 P、Q 相交于直线 Ⅰ Ⅱ、Ⅲ Ⅳ,这两条交线同属平面 R_1,故其延长线必然相交,交点 K 一定属于 P、Q 两平面的交线（K 同时属于 R_1、P、Q 三个平面）。同理,再利用平面 R_2 可求得属于交线的另一点 G,连接 K、G 即得所求交线。

为便于作图,辅助平面一般都选特殊平面,尤其是平行平面。过已知点作辅助平面更为方便、准确。如图4.21(b)所示,三面共点法求交线的作图步骤如下:

①作水平面 R_1 的 V 面迹线 R_{1V},R_1 与 $P(p',p)$、$Q(q',q)$ 的交线（属于各平面的水平线）分别是 Ⅰ Ⅱ（1'2',12）、Ⅲ Ⅳ（3'4',34）,两者相交于点 $K(k',k)$。

②用同样的方法,作辅助平面 R_2 的 V 面迹线 R_{2V},得属于交线的又一交点 $G(g',g)$。注意:同一平面的水平线应相互平行。

③连接 $kg,k'g'$。得两平面的交线 KG。

此时,两相交平面投影图形相互不重叠,也就不需要判别可见性。

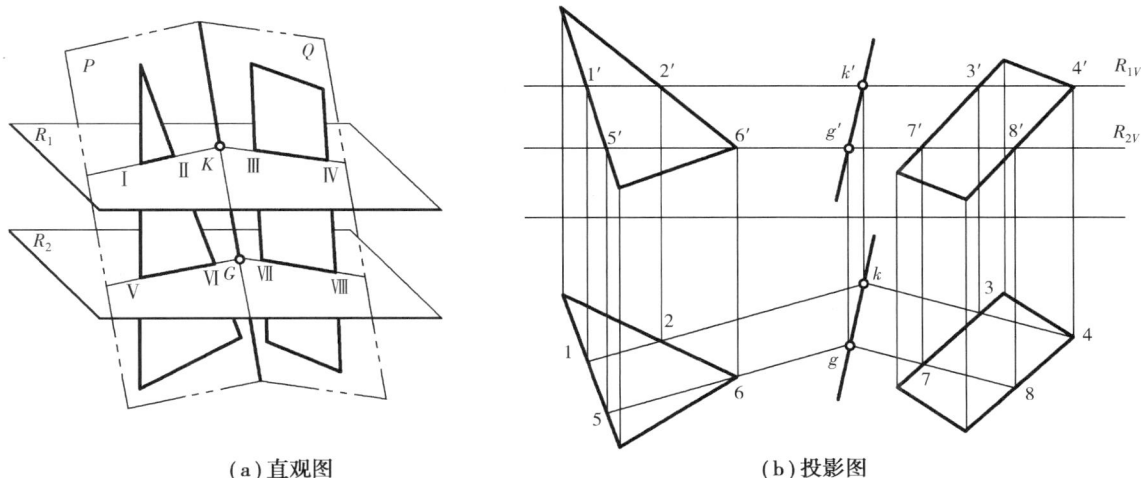

（a）直观图　　　　　　　　　　（b）投影图

图 4.21　三面共点法求交线

4.3　直线与平面垂直、平面与平面垂直

直线与平面、平面与平面垂直是其相交的特殊情况。

4.3.1　直线和平面垂直

1）几何条件及其投影特点

直线垂直平面的几何条件是:若直线垂直于平面内的任意两条相交直线,则该直线必与平面垂直。

为直接在投影图中反映垂直关系,应该选择属于平面的投影面平行线,此时就可以直接运用直角投影定理反映垂直关系。根据初等几何原理,若直线垂直于平面,则该直线必垂直于平面内的所有直线,自然也包括平面内的平行于投影面的直线,如图 4.22(a)所示。

由此可以推出直线垂直平面的投影特点是:

①若直线垂直于平面,则该直线的 H 投影一定垂直于平面内的水平线的 H 投影(包括平面的水平迹线),直线的 V 投影一定垂直于平面内的正平线的 V 投影(包括平面的正面迹线)。

②若一直线的 H 面投影垂直平面内的水平线的 H 面投影或平面的水平迹线,直线的 V 面投影垂直于平面内的正平线的 V 面投影或平面的正面迹线,则直线垂直于平面,如图 4.22(b)所示。

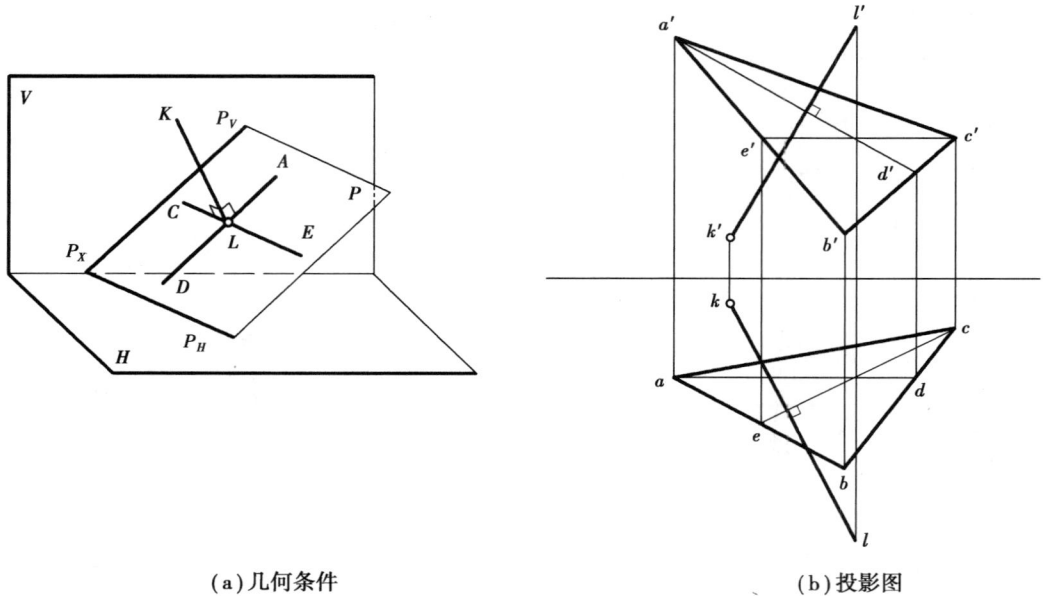

(a)几何条件　　　　　　　　　　　　　　(b)投影图

图 4.22　直线垂直平面

2)投影作图

（1）特殊情况:直线垂直于特殊位置平面

直线垂直于特殊位置平面,则直线一定是特殊位置直线,该平面具有积聚性的投影与其垂线的同面投影必然垂直。例如,与铅垂面垂直的直线一定是水平线,与正垂面垂直的直线一定是正平线,与侧垂面垂直的直线必是侧平线。简而言之,某投影面垂直面的垂线一定是该投影面的平行线。

【例 4.10】过点 K 作直线 KL 垂直于平面 P,如图 4.23(a)所示。

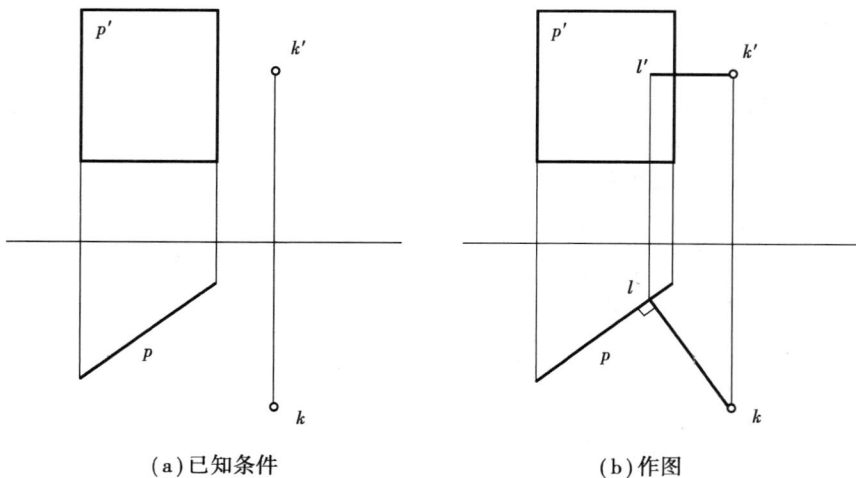

(a)已知条件　　　　　　　　　　　　　　(b)作图

图 4.23　直线与投影面垂直面相垂直

【**解**】分析:已知平面 P 为铅垂面,其 H 面投影具有积聚性,则直线 KL 的 H 面投影垂直于该积聚性投影;又因为 $P \perp H, KL \perp P$,所以 KL 一定是水平线。

作图:如图 4.23(b)所示。

①过 k 作 $kl \perp p$(或 P_H),交 p 于 l;

②过 k' 作 X 轴的平行线,与过 l 的投影连线交于 l',直线 KL 为所求垂线。

(2)一般情况:一般位置直线与平面垂直

一般位置直线与一般位置平面垂直时,投影图中不能直接反映垂直关系。因此,无论作直线垂直于平面或作平面垂直于直线,还是判断直线与平面是否垂直的问题,都必须先作平面内的平行线,然后问题就归结为一般位置直线与平行线相垂直的问题,这时可以用直角投影定理在投影图中直接反映垂直关系。

【例 4.11】过点 K 作直线 KL 垂直于 $\triangle ABC$,如图 4.24(a)所示。

【解】分析:由图 4.24 可知,$\triangle ABC$ 为一般位置平面,故其垂线也是一般位置直线。根据直线垂直于平面的投影特点,应首先作出平面内的水平线和正平线,然后作垂线。

作图:如图 4.24(b)所示。

①过属于平面的已知点 C、A 分别作属于平面的水平线 CE 和正平线 AD。

②过 k 作 kl 垂直于平面内的水平线的 H 面投影 ce,过 k' 作 $k'l'$ 垂直于平面内正平线的 V 面投影 $a'd'$,所得直线 KL 为所求的平面的垂线。

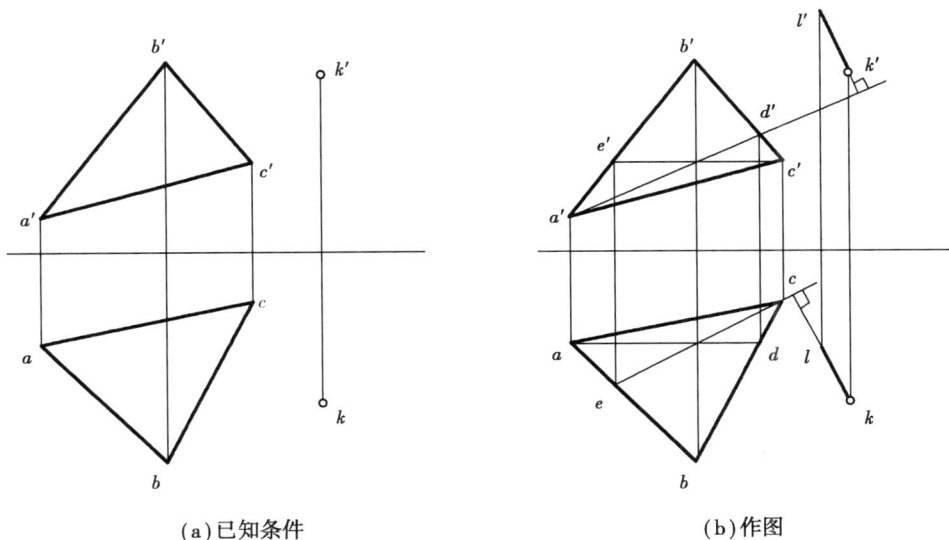

(a)已知条件   (b)作图

图4.24   过点 K 作直线垂直于平面 $\triangle ABC$

【例 4.12】判断已知直线 MN 与 $\triangle ABC$ 是否垂直,如图 4.25(a)所示。

【解】分析:已知直线和平面均属一般位置,故应先作平面内的水平线和正平线,再检验已知直线是否同时垂直于所作水平线和正平线。若已知直线的 H 面投影垂直于所作水平线的 H 面投影,同时已知直线的 V 面投影垂直于所作正平线的 V 面投影,则直线与平面垂直;否则,不垂直。

作图:如图 4.25(b)所示。

①过点 A 作属于 $\triangle ABC$ 的水平线 AD,过点 C 作属于 $\triangle ABC$ 的正平线 CE。

②检验已知直线 MN 是否垂直于水平线 AD 和正平线 CE。作图表明,虽然 $mn \perp ad$,但 $m'n'$

与 $c'e'$ 不垂直,故直线 MN 与 $\triangle ABC$ 不垂直。

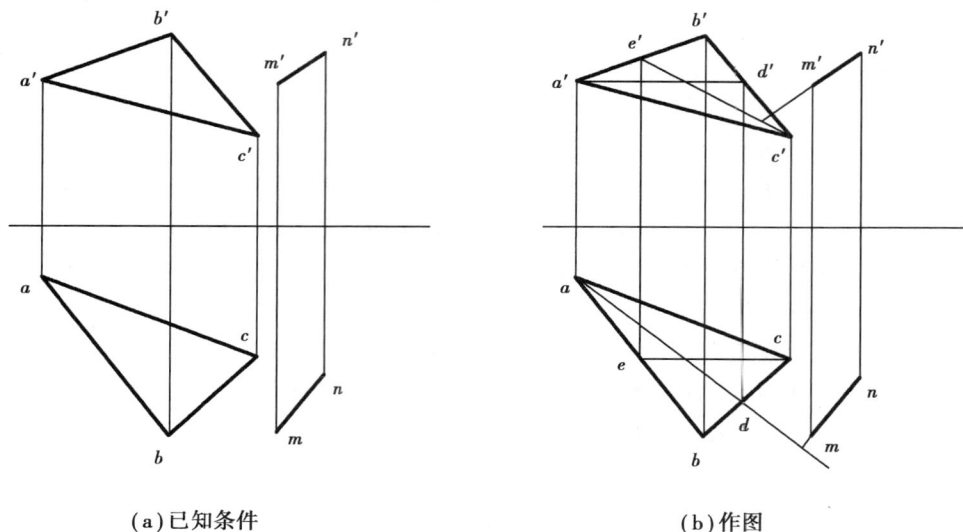

(a)已知条件　　　　　　　　　　　　　　(b)作图

图 4.25　判断已知直线 MN 是否垂直于 $\triangle ABC$

4.3.2　平面与平面垂直

1)几何原理

若直线垂直于平面,则包含此直线的所有平面都垂直于该平面,如图 4.26(a)所示。同理,若两平面相互垂直,则其中一个平面包含另一平面的垂线,如图 4.26(b)所示。反之,若过属于一平面的任意一点向另一平面所作垂线不在该平面上,则两平面不垂直,如图 4.26(c)所示。

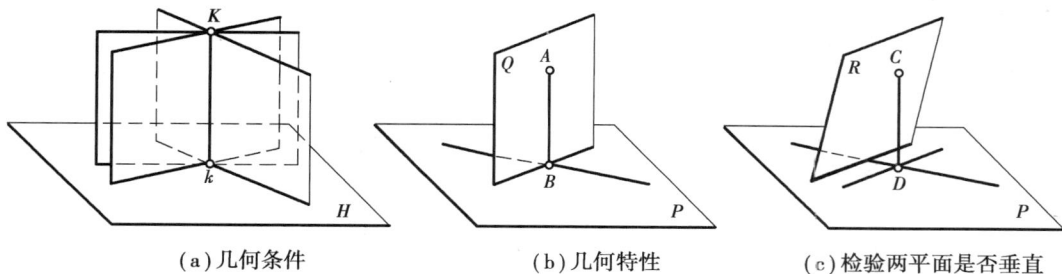

(a)几何条件　　　　　　　(b)几何特性　　　　　　(c)检验两平面是否垂直

图 4.26　两平面相互垂直的几何原理

2)投影作图

（1）特殊情况

同一投影面的垂直面与平行面必垂直;同一投影面的两个垂直面相互垂直,则两者积聚性投影(迹线)相互垂直,且交线为该投影面的垂直线,如图 4.27 所示。例如两个正垂面相互垂直,则 V 面投影积聚且相互垂直,交线为正垂线;两个铅垂面相互垂直,则 H 面投影积聚且相互垂直,交线为铅垂线。

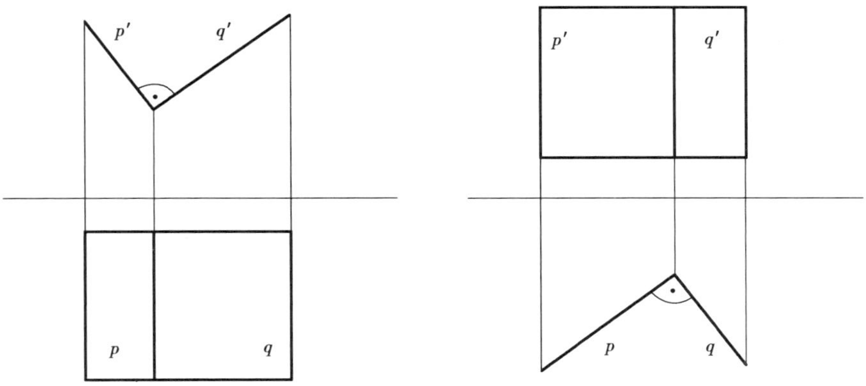

(a)两正垂面垂直　　　　　　　　(b)两铅垂面垂直

图 4.27　同一投影面的两垂直面相互垂直

【例 4.13】过点 K 作铅垂面 P 垂直于△ABC,如图 4.28(a)所示。

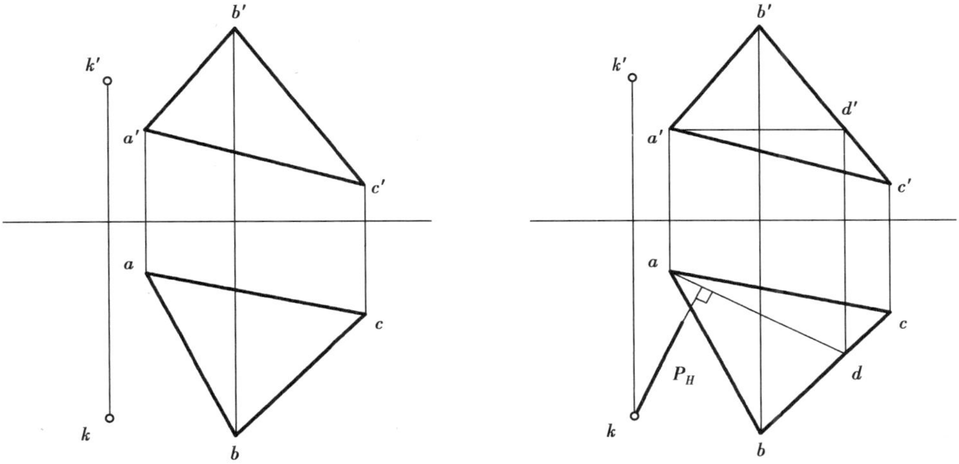

(a)已知条件　　　　　　　　　　(b)投影作图

图 4.28　过点作铅垂面垂直于已知平面

【解】分析:根据题目几何条件得知,所作的铅垂面要与已知平面垂直,则已知平面上的水平线一定垂直于此铅垂面。那么,首先作平面上的水平线,然后作垂直于水平线的铅垂面即可。同时,题目没有限定平面表示法,所求的铅垂面 P 用迹线 P_H 表示最为简单。

作图:如图 4.28(b)所示。

①作△ABC 上的水平线 AD。

②过点 K 作一铅垂面 P 垂直于水平线 AD 的 H 面投影 ad,用迹线 P_H 表示平面 P。

(2)一般情况

直线与平面均为一般位置时,无积聚性投影,只能利用辅助的平行线,利用直角投影定理来寻求垂直关系。

【例 4.14】判断已知△ABC 和△DEF 是否垂直,如图 4.29(a)所示。

【解】分析:判断已知△ABC 和△DEF 是否垂直,实质上是检查△ABC 是否包含△DEF 的一条垂线,或者是检查△DEF是否包含△ABC的一条垂线。若能作出一条满足该要求的垂线,则两平面垂直;否则,不垂直。

作图:如图 4.29(b)所示。

①作属于平面△ABC的水平线 CN 和正平线 AM。

②过△DEF的点 E 在其 V 面投影上作 $e'g' \perp a'm'$,EG 在△DEF 上,求出 eg。

③可知 eg 不垂直于 cn,故△ABC 和△DEF 不垂直。

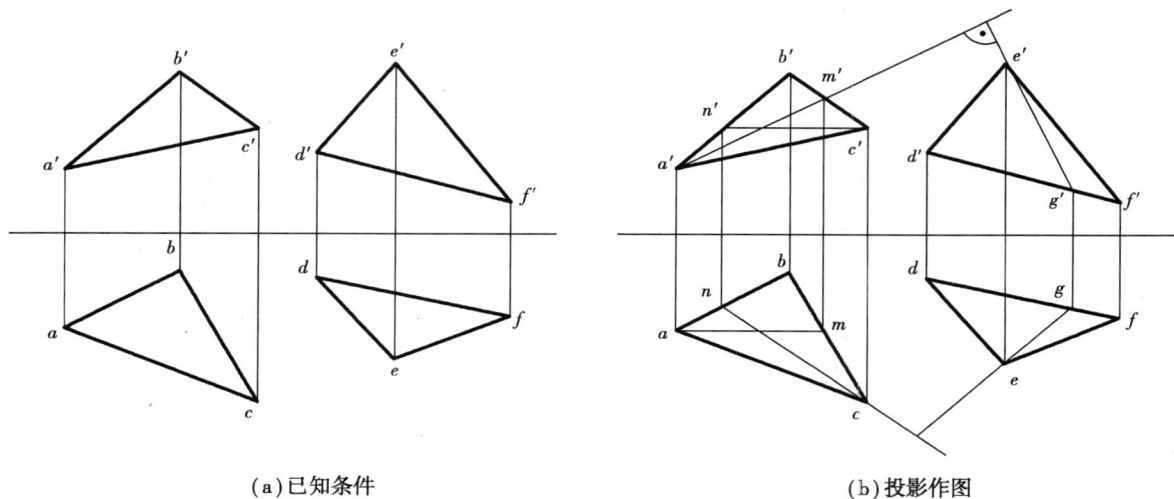

(a)已知条件   (b)投影作图

图 4.29 判断两个一般位置平面是否垂直

4.4 关于空间几何元素的综合问题

空间几何元素的综合问题涉及点、直线、平面之间的从属、距离问题,直线与平面的平行、相交、垂直、距离、夹角等问题,以及直线、平面本身的实长、实形等问题。这些综合问题归结起来就是两大问题:量度问题和定位问题。

4.4.1 关于空间几何元素的量度问题

1)实长和实形

(1)直线段的实长

特殊位置直线在所平行的投影面上的投影反映其实长。一般位置直线段可用直角三角形法求其实长。

(2)平面图形的实形

平行面在所平行的投影面上的投影反映平面图形实形。其他位置平面图形可依据最基本的平面多边形——三角形,用直角三角形法求出三角形三条边的实长,再按已知三边作出三角形的实形。所有的平面多边形均可分为若干个三角形,求得各三角形实形后,就能拼画成多边形的实形。

2）有关距离的量度

（1）两点之间的距离

两点连成直线，该直线的实长即为两点之间的距离。

（2）点到直线的距离、两平行线间的距离

若直线为垂线，其积聚性投影与已知点同面投影的距离即为点到直线的距离，如图 4.30（a）所示；若直线为平行线，在平行的投影面上可直接作出已知点到已知平行线的垂线，并得到垂足，求垂足与已知点的连线长度即得所求点到直线的距离，如图 4.30（b）所示。

点到直线的距离

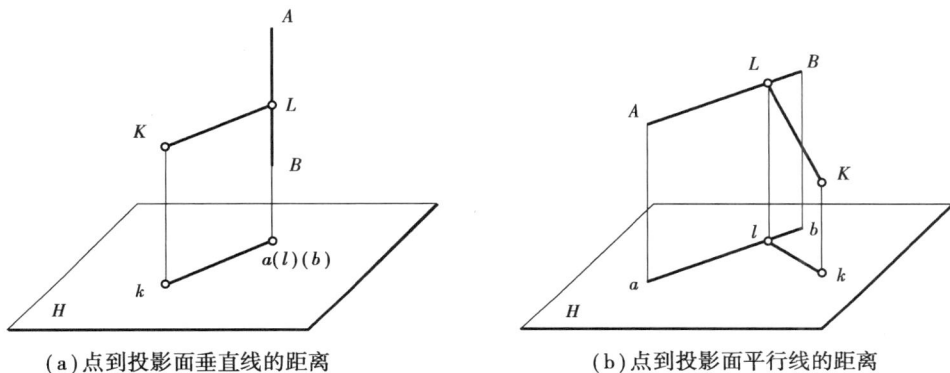

（a）点到投影面垂直线的距离　　　　　　　（b）点到投影面平行线的距离

图 4.30　点到特殊位置直线的距离

如图 4.31（a）所示，求点到一般位置直线的距离，其作图步骤为：

① 过点 K 作平面 P 垂直于已知直线 MN。

② 求出平面 P 与 MN 的交点，即垂足 G。

③ 连接已知点 K 和垂足 G，求 KG 的实长。该实长即为点到直线的距离。

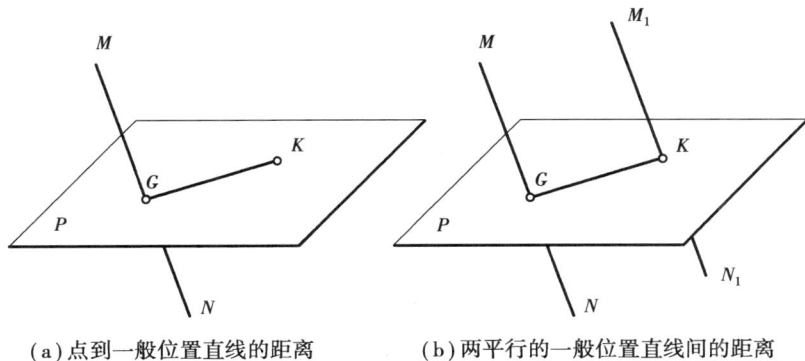

（a）点到一般位置直线的距离　　　　　　　（b）两平行的一般位置直线间的距离

图 4.31　点到直线的距离、两平行线间的距离

两平行线间的距离，可视为直线 $M_1 N_1$ 上的任一点 K 到直线 MN 的距离，其空间作图步骤与点到一般位置直线的距离作图步骤类似，如图 4.31（b）所示。

（3）点到平面、相互平行的直线和平面之间的距离、两平行平面间的距离

若平面为特殊位置平面，点到平面的距离就是平面积聚性投影与点的同面投影的距离，如图 4.32 所示。

点到平面的距离

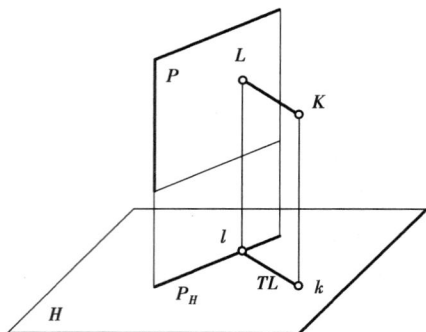

图 4.32　点到特殊位置平面的距离

如图 4.33(a)所示,求点到一般位置平面的距离,其作图步骤为:

①过已知点 K 向平面 P 作垂线。

②求出此垂线与平面 P 的交点,即垂足 G。

③求 KG 的实长,即得点与一般位置平面的距离。

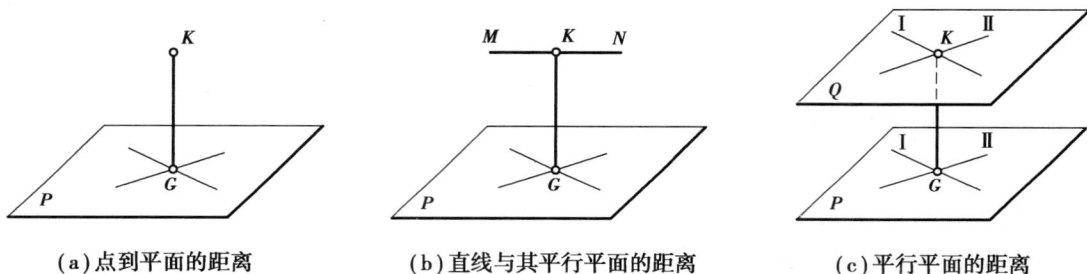

| (a)点到平面的距离 | (b)直线与其平行平面的距离 | (c)平行平面的距离 |

图 4.33　点到平面、直线与其平行平面、平行平面的距离

如图 4.33(b)所示,相互平行的直线和平面的距离,可视为直线 MN 上任一点 K 到平面 P 的距离;如图 4.33(c)所示,平行平面 P、Q 间的距离,可视为平面 P 上任一点 K 到平面 Q 的距离。作图方法都可以利用求点到平面的距离的方法作图。

3)交叉两直线的最短距离

交叉两直线的最短距离即交叉两直线的公垂线的长度。若交叉两直线有一条直线为投影面垂直线,则其最短距离为从垂直线积聚为点的投影,到另一直线的同面投影的垂线段的长度,如图 4.34(a)所示;当然若交叉两直线均为某投影面的平行线,则其最短距离为两平行线在其不平行投影面上投影的间距,如图 4.34(b)所示。

如图 4.34(c)所示,求交叉两直线 M 和 M_1 间最短距离的空间作图步骤为:

①包含直线 M_1 作平面 P,P 平行于直线 M。

②求相互平行的直线 M 和平面 P 之间的距离,此距离即为交叉两直线 M 和 M_1 之间的最短距离。

如果还要求出公垂线,则空间作图步骤为[图 4.34(d)]:

①包含直线 M_1 作平面 P 平行于直线 M。

②自属于直线 M 的任一点 A 作平面 P 的垂线,并求出垂足 B。

(a)垂直线和一般线间的距离　　　　　　　　(b)平行线间的距离

(c)交叉两直线之间的距离　　　　　　　　(d)交叉两直线的距离及公垂线

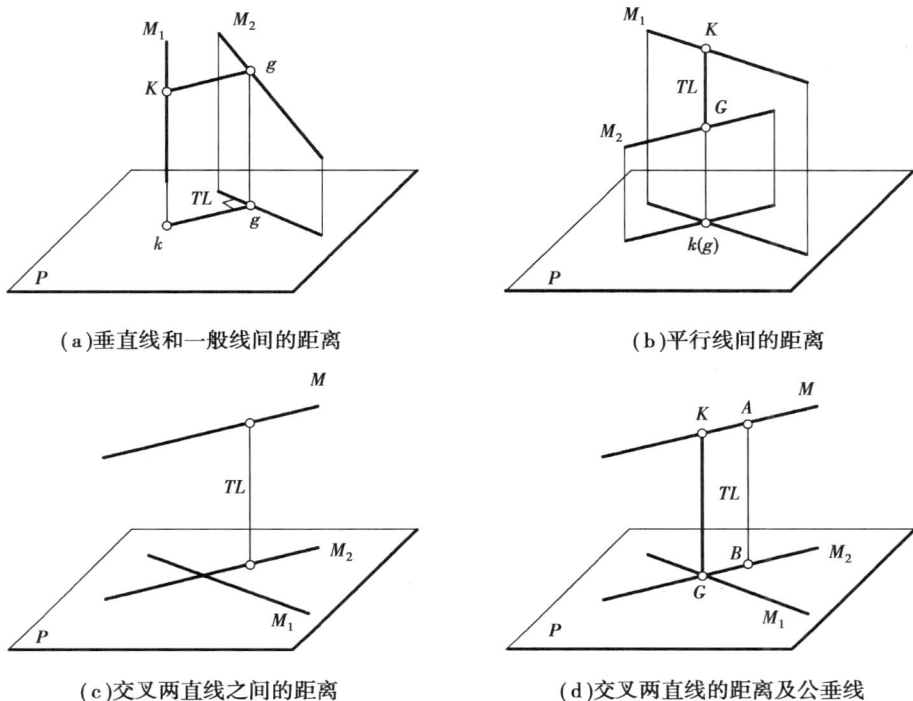

图 4.34　交叉两直线的最短距离(TL)及公垂线 KG

③过垂足 B 作直线 M_2 平行于已知直线 M，且与已知直线 M_1 交于点 G。

④过点 G 作直线平行于上述垂线 AB，与已知直线 M 交于点 K。KG 即为直线 M 和 M_1 的公垂线，其实长为直线 M、M_1 的最短距离。

4)有关角度的量度

（1）相交二直线的夹角

如图 4.35 所示，以相交直线 AB、AC 为两边，可连成△ABC，求出△ABC 的实形即得相交直线 AB、AC 的夹角 α。

（2）直线与平面的夹角

如图 4.36 所示，求直线 AB 与平面 P 的夹角的空间作图步骤为：

①过直线上任一点 B 向平面 P 作垂线；

②求出相交直线 BC、BD 的夹角 δ（取第三边为投影面平行线较简便，如图 4.36 中第三边 $CD /\!/ P_H /\!/ H$）；

③δ 的余角($90° - \delta$)，即为直线与平面的夹角 θ。

（3）两平面的夹角

如图 4.37 所示，求两平面 P、Q 夹角的空间作图步骤为：

①过空间任一点 K 分别向 P、Q 两平面作垂线 KA、KB。相交二直线 KA、KB 所构成的平面是 P、Q 二平面的公垂面。

②求出相交二直线 KA、KB 的夹角 ω（取第三边为投影面平行线，参考图 4.36）。

③ω 的补角($180° - \omega$)即为 P、Q 两平面的夹角 φ。

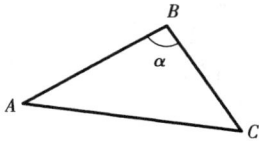

图 4.35　相交两直线的夹角　　　图 4.36　直线与平面的夹角　　　图 4.37　两平面的夹角

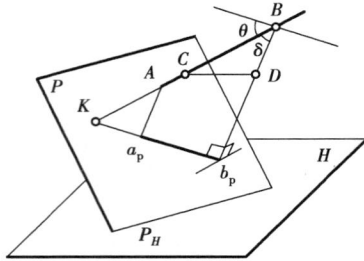

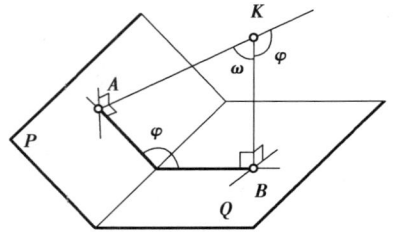

4.4.2　有关空间几何元素间的定位问题

关于空间几何元素间的定位问题,可归纳为在直线上、平面上取点,求直线与平面的交点及两平面的交线的问题。这些问题的基本作图方法已在前面讨论过,不再赘述。

4.4.3　解决综合问题的一般步骤

综合性的空间几何问题比较复杂,需要同时满足几个要求,其求解的一般步骤包括:分析、作图、检查。

1)分析

作图前的分析内容大致有:弄清题意,明确已知条件有哪些,需要求解什么。把需要求解的问题拿到空间里去解决,想象出已知条件在空间的状态,即所谓的空间分析,拟订作图步骤或解题方案。注意:应尽量应用在画法几何中已有的相应结论,例如与铅垂面垂直的直线一定是水平线等,见表 4.1 和表 4.2。

表 4.1　两特殊位置平面相交

	正垂面	铅垂面	侧垂面	正平面	水平面	侧平面
正垂面	正垂线	一般线	一般线	正平线	正垂线	正垂线
铅垂面	一般线	铅垂线	一般线	铅垂面	水平线	铅垂线
侧垂面	一般线	一般线	侧垂线	侧垂线	侧垂线	侧平面
正平面	正平线	铅垂面	侧垂线	不交//	侧垂线	铅垂线
水平面	正垂线	水平线	侧垂线	侧垂线	不交//	正垂线
侧平面	正垂线	铅垂线	侧平线	铅垂线	正垂线	不交//

表 4.2　特殊位置平面与直线垂直

	正垂面	铅垂面	侧垂面	正平面	水平面	侧平面
直线	正平线	水平线	侧平线	正垂线	铅垂线	侧垂线

空间分析有相对位置关系分析法和轨迹分析法两种方法。前者假设题目所要求的几何元

素已作出,将其加入题目给定的几何元素中,按照题目所要求的各个条件逐一分析它们之间的相对位置和从属关系,探求几何元素的确定条件,从而获得空间解题方案。后者根据题目给定的若干条件,逐条运用空间几何轨迹的概念,分析所求几何元素在该条件下的空间几何轨迹,然后综合这些单个条件下的几何轨迹,从而得出空间解题步骤。如图 4.38(a)所示,过点 E 作一条直线与两交叉直线 AB、CD 均相交,可分别用空间分析的两种分析法进行分析。

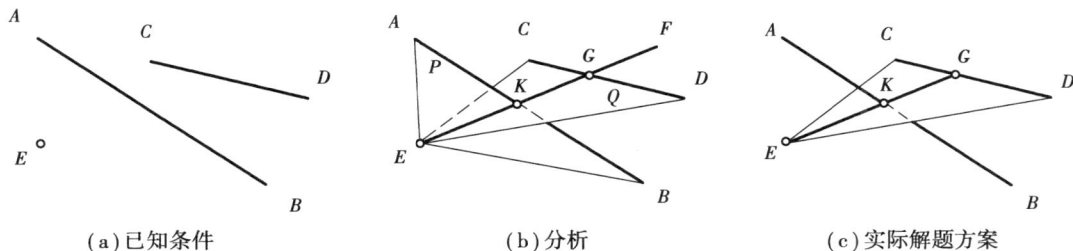

| (a)已知条件 | (b)分析 | (c)实际解题方案 |

图 4.38 过已知点 E 作一直线与两交叉直线 AB、CD 均相交

(1)相对位置关系分析法

假定所求直线 EF 已作出,直线 EF 与已知直线 AB 相交于点 K,则 EF 必然属于点 E 和直线 AB 所确定的平面 P。同理,EF 必然属于点 E 和直线 CD 所确定的平面 Q,故所求直线 EF 为平面 P、Q 的交线,如图 4.38(b)所示。

(2)轨迹分析法

过点 E 与直线 AB 相交的直线的轨迹是由定点 E 和直线 AB 所确定的平面 P。同理,过点 E 与直线 CD 相交的直线的轨迹是由定点 E 和直线 CD 所确定的平面 Q。能同时满足这两条几何轨迹要求的,只有平面 P、Q 的交线,如图 4.38(b)所示。

由于已有共有点 E,此时只需再求一点即可。实际解题方案为:由 E、CD 得 $\triangle ECD$,然后求 AB 与 $\triangle ECD$ 的交点 K,再连接 E 并延长 EK 交 CD 于点 G。EG 即为所求直线,如图 4.38(c)所示。

2)作图

在已有空间解题方案的基础上,分清投影作图步骤。有时,空间作图的一步需要几个基本投影作图才能完成,所以一定要明确投影作图步骤后方可开始作图。

3)检查

检查即是检查几何条件是否成立,有无过失性错误等方面内容。例如,判别可见性以后,可用三角板、铅笔等模拟空间相交情况来验证结果正确与否。通过解答题目,可巩固投影理论知识,增强空间想象能力,尽可能地展开一些认知思维活动可达到事半功倍的效果。

4.4.4 综合举例

【例 4.15】过点 K 作平面既与直线 MN 平行,又与 $\triangle ABC$ 垂直,如图 4.39(a)所示。

【解】分析:要求所作平面平行于直线 MN,只需要保证平面包含一条平行于 MN 的直线;同时,平面垂直于另一平面,只需要保证此平面包含另一平面的垂线。本题对平面的表达方式没有特殊限定,因此只需要过已知点 K 分别作满足上述条件的两条相交直线表达的平面即为所求,如图 4.39(b)所示。

作图:如图 4.39(c)所示。

①过点 K 作直线 $KL /\!/ MN$。投影作图步骤为:分别过 k'、k 作 $k'l' /\!/ m'n'$,$kl /\!/ mn$。

②过点 K 作直线 $KF \perp \triangle ABC$。投影作图步骤为:分别在平面 ABC 上作出水平线 AD 与正平线 CE,分别过 k'、k 作 $k'f' \perp c'e'$,$kf \perp ad$。相交直线 KL、KF 所表示的平面即为所求。

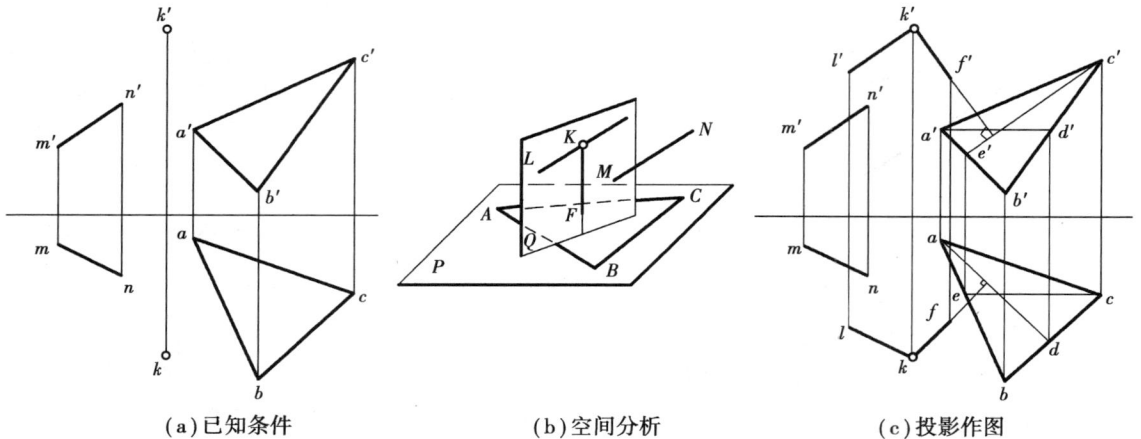

| (a)已知条件 | (b)空间分析 | (c)投影作图 |

图 4.39 过点 K 作一平面既与直线 MN 平行又与 $\triangle ABC$ 垂直

注意:此题只需要作出垂直于 $\triangle ABC$ 的直线的方向,并不需要求出准确的垂足位置,因此 F 点可以是垂线上任意一点。

【例 4.16】作直线 MN 与交叉直线 AB 和 CD 相交,并平行于直线 EF,如图 4.40(a)所示。

【解】分析:要求作直线 MN 平行于 EF,且交叉直线 AB、CD 均相交。如果用轨迹分析法进行空间分析,先少考虑一个要求,与已知直线 AB 相交并和已知直线 EF 平行的直线的轨迹是一个包含 AB 且平行于 EF 的平面。同理,与已知直线 CD 相交并和已知直线 EF 平行的直线的轨迹是一个包含 CD 且平行于 EF 的平面。要同时满足这两条几何轨迹的要求,所求直线 MN 必为上述两平面的交线。EF 已确定 MN 的方向,故只需求得属于交线的一个交点即可。所以,空间作图步骤为:过 AB(或 CD)作平面平行于 EF(图中过点 A 作直线 AG 平行于 EF,AG 和 AB 所确定的平面平行于 EF);再求此平面与另一直线 CD 的交点 N;最后过 N 作 MN 平行于 EF,交 AB 于 M,MN 即为所求直线,如图 4.40(b)所示。

作图:如图 4.40(c)所示。

①过点 A 作直线 $AG /\!/ EF$。分别过 a'、a 作 $a'g' /\!/ e'f'$,$ag /\!/ ef$。相交直线 AB、AG 确定的平面平行于 EF。

②求 CD 与上述平面的交点 M。含 CD 作正垂面 R 为辅助面,R_V 与 $c'd'$ 重合,在 V 面投影上直接确定辅助面 R 与上述平面交线的 V 面投影 $g'j'$,由 $g'j'$ 求出 gj。gj 与 cd 的交点 n 即为点 N 的 H 面投影,由 n 求出 n'。

③过点 N 作直线 $MN /\!/ EF$。过 n 作 $mn /\!/ ef$,且交 ab 于 m,再过 n' 作 $m'n' /\!/ e'f'$,且交 $a'b'$ 于 m'。作图时注意 nn' 必须垂直于投影轴 OX,MN(mn,$m'n'$)即为所求直线。

按空间分析,本题还有另一种作图方法。即过交叉直线 AB、CD 分别作平面平行于直线 EF,求出两平面的交线即得所求直线。此题和图 4.38 中过点 E 作一直线与两交叉直线 AB、CD

均相交的题属同一类型,思路相同,只是限定所求直线不同,一个是通过同一点,而另一个是平行于同一直线。

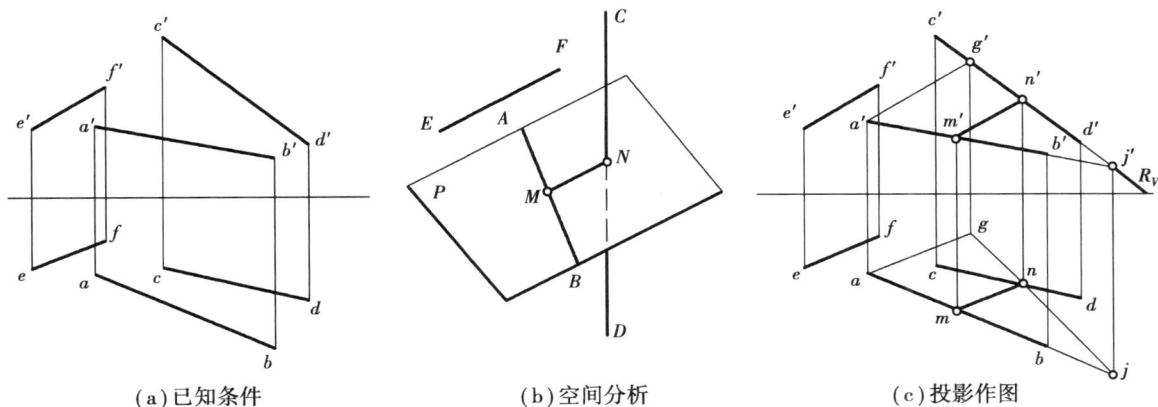

(a)已知条件　　　　　　(b)空间分析　　　　　　(c)投影作图

图 4.40　作直线 MN 平行于直线 EF 并与两交叉直线 AB、CD 均相交

【**例 4.17**】求作以 AB 为底,顶点 C 属于直线 MN 的等腰 $\triangle ABC$,如图 4.41(a)所示。

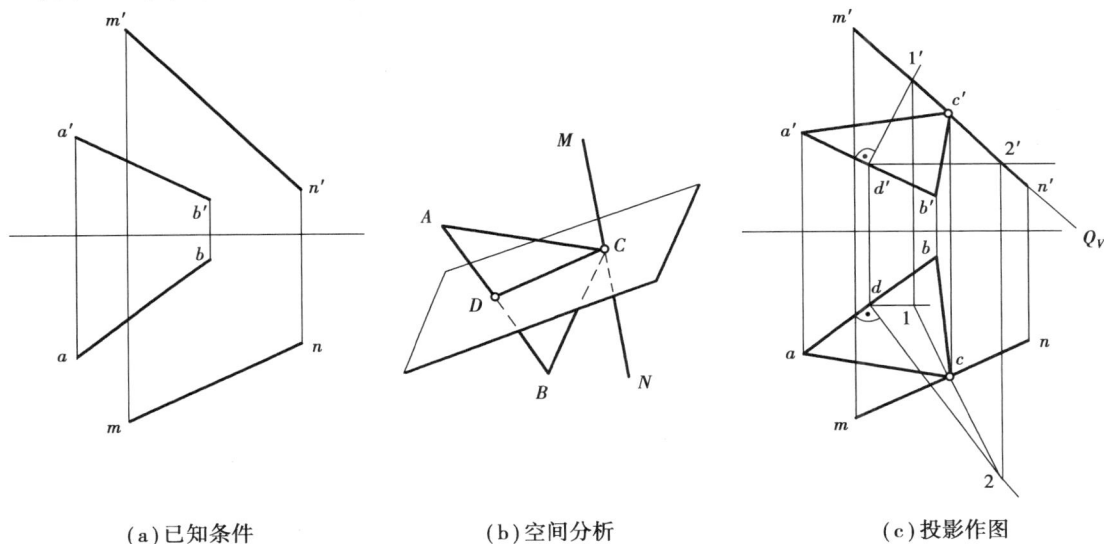

(a)已知条件　　　　　　(b)空间分析　　　　　　(c)投影作图

图 4.41　作等腰 $\triangle ABC$

【**解**】**分析**:如图 4.41(b)所示,如果等腰 $\triangle ABC$ 已作出,其顶点 C 既属于 AB 的中垂面,又属于直线 MN,所以顶点 C 必为 AB 的中垂面与 MN 的交点。

作图:如图 4.41(c)所示。

①作 AB 的中垂面 P。过 AB 的中点 D,分别作垂直于 AB 的正平线 $D\,\mathrm{I}$ 和水平线 $D\,\mathrm{II}$,$D\,\mathrm{I}$ 和 $D\,\mathrm{II}$ 所确定的平面为 AB 的中垂面。

②求 MN 与所作中垂面的交点。含 MN 作辅助正垂面 Q,求平面 Q 与中垂面的交线 $\mathrm{I}\,\mathrm{II}$ $(1'2',12)$。12 与 mn 的交点 c 即为等腰 $\triangle ABC$ 的顶点 C 的 H 面投影,由 c 作出 c'。

③分别连接 $\triangle a'b'c'$,$\triangle abc$,$\triangle ABC$ 即为所求等腰三角形。

此题要求还可能有其他描述方式,例如:求 MN 上一点 C,使其到线段 AB 两端点 A、B 距离相等;求 MN 上一点 C,使 AB 分别与 CA、CB 的夹角均相等;求作以 AB 为对角线、顶点 C 属于 MN 的菱形等,但其分析、作图均与本例相同。

【例 4.18】作平面 P,使 $P /\!/ \triangle ABC$,且距 $\triangle ABC$ 为定长 L,如图 4.42(a)所示。

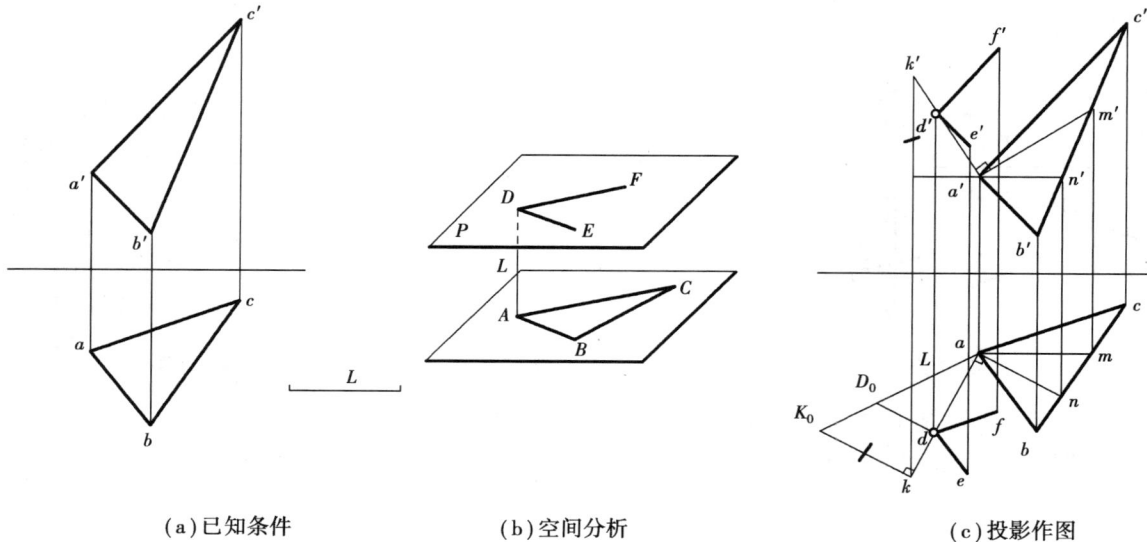

（a）已知条件　　　　　（b）空间分析　　　　　（c）投影作图

图 4.42　作与已知平面距离为定长 L 的平行平面

【解】分析:如图 4.42(b)所示,假定所求平面 P 已作出,则相互平行的平面 P 和 $\triangle ABC$ 之间的任一垂线实长为 L。故过点 A 作的垂线上取 $AD = L$,然后过点 D 作平面 P 平行于 $\triangle ABC$ 即可。

作图:如图 4.42(c)所示。

①过点 A 作 $\triangle ABC$ 的垂线 AK。先在 $\triangle ABC$ 内取正平线 AM 和水平线 AN,然后过 a 作 $ak \perp an$,过 a' 作 $a'k' \perp a'm'$,K 点可以为垂线 AK 上的任意一点。

②在 $\triangle ABC$ 的垂线 AK 上取点 D,使 $AD = L$。先用直角三角形法求 AK 的实长,然后确定 D。在 AK 的实长 aK_0 上量取 $aD_0 = L$,作 $D_0 d /\!/ K_0 k$ 交 ak 于 d,由 d 求出 d'。

③过点 D 作平面 P 平行于 $\triangle ABC$(用相交直线表示)。过 d 作 $de /\!/ ab$,$df /\!/ ac$;再过 d' 作 $d'e' /\!/ a'b'$,$d'f' /\!/ a'c'$,由 $DE(de,d'e')$ 和 $DF(df,d'f')$ 确定的平面 P 为平行于 $\triangle ABC$ 且距离为 L 的平面。

本题有两解,另一解在 $\triangle ABC$ 的另一侧距离为 L 处。另外,本题涉及一个重要的基本作图,即在一条定直线上利用定比确定所需要的点。

本章小结

（1）熟悉直线与平面平行、平面间平行的几何条件,掌握平行的投影特性及作图方法。

（2）熟练掌握特殊情况下,直线与平面相交交点的求法和两个平面相交的交线的求法,一般位置直线、平面相交求交点的方法;掌握两个一般位置平面相交求交线的作图方法;掌握利用重影点判别投影可见性的方法。

（3）了解直线与平面垂直、平面间垂直的投影特性及作图方法。

（4）对点、直线、平面综合问题能够进行空间分析，能运用直角三角形法和直角投影定理解决有关距离和角度的问题。

复习思考题

4.1 直线与平面的相对位置有哪几种？对作图有利的特殊状态中有哪些？

4.2 平面与平面的相对位置有哪几种？如何进行判断？

4.3 直线与平面相交，交点有何特性？如何判断可见性？

4.4 两一般位置平面相交的交线如何求得？如何判断可见性？

4.5 空间几何元素的距离如何确定？特殊情况下的距离问题，其作图的关键有哪些？

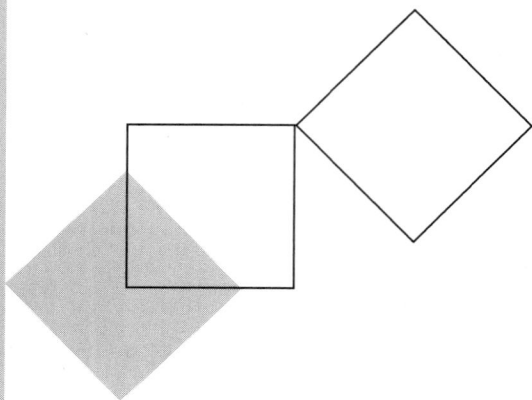

5

辅助正投影

本章导读:

　　当直线、平面对投影面处于特殊位置时,空间几何问题的求解就变得容易。辅助正投影正是改变空间几何元素与投影面的相对位置,以达到简化解题的目的。

5.1　辅助正投影的概述

　　前面几章已经讨论了在投影图中解决空间几何元素间定位和度量问题的基本原理和方法。本章将讨论用辅助正投影的方法,使空间几何问题的图示更为简单明了,图解更为简捷方便。

5.1.1　辅助正投影的目的

　　在正投影的情况下,空间几何元素与投影面的相对位置直接影响空间几何元素的投影性质。从表5.1的对比中不难发现,当直线、平面对投影面处于特殊位置时,其投影或具有显实性,或具有积聚性,或直接反映距离,或直接反映交点位置等一些特殊的投影性质。这些性质对解决定位和度量问题是很有利的。从中我们得到启示:如能把空间几何元素从一般位置改变成为特殊位置,空间几何问题的求解就变得容易。

表 5.1　直线和平面的相对位置在两种情况下的比较

	实长、倾角	实形	距离	交点
特殊位置	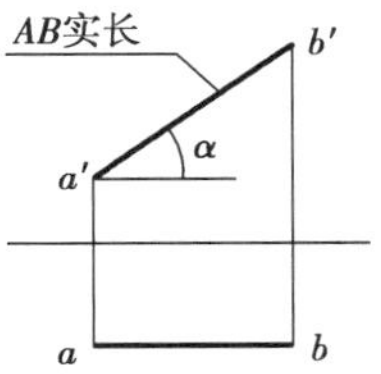 （AB实长）	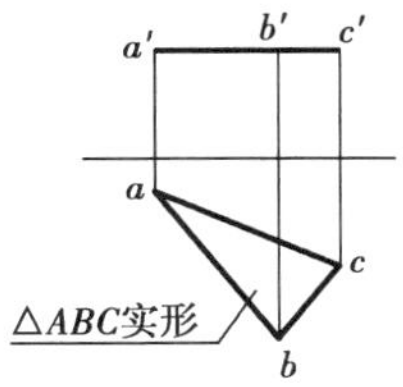 （$\triangle ABC$实形）	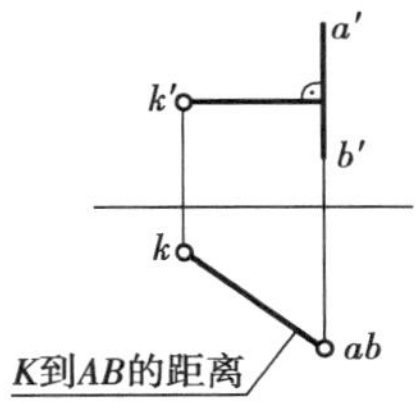 （K到AB的距离）	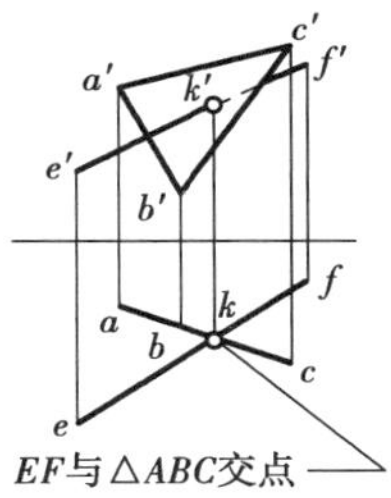 （EF与$\triangle ABC$交点）
一般位置	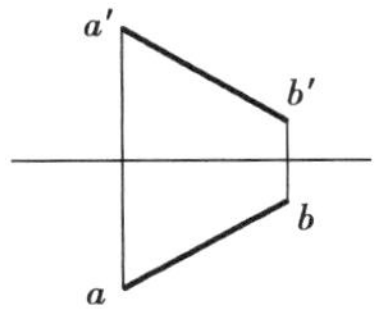 不能反映实长、倾角	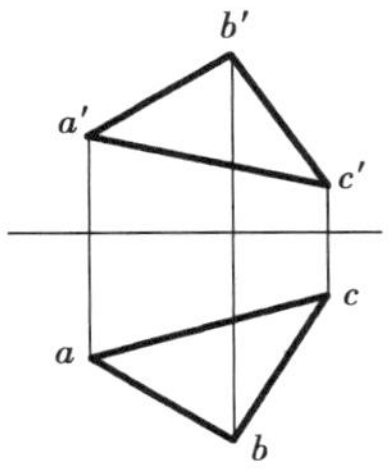 不能反映实形	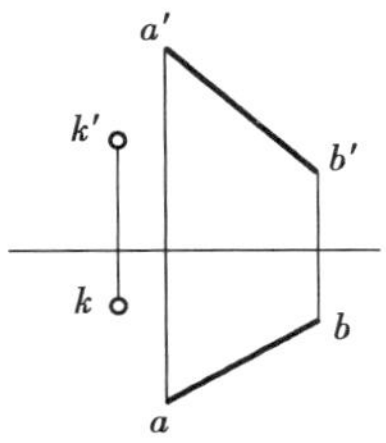 不能反映距离	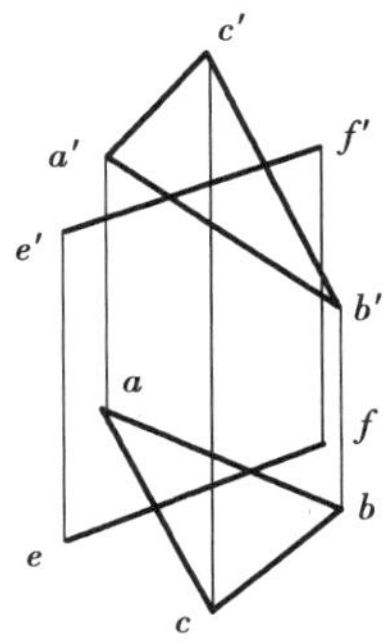 不能反映交点

5.1.2　辅助正投影的类型

我们知道,形成投影的三要素是:投射线、空间几何元素和投影面,当这三者之间的相互关系确定后,其投影也就确定了。如要变动其中的一个要素,则它们之间的相对位置随之而异,其投影也会因此而变化。投影变换就是通过变动其中一个要素的方法来实现有利解题的目的。常用下述两种方法:

①空间几何元素保持不动,用新的投影面来代替旧的投影面,使空间几何元素对新投影面的相对位置变成有利于解题的位置,作出空间几何元素在新投影面上的投影。这种方法称为**变换投影面法**,简称**换面法**。

②投影体系(也即投影面)保持不动,使空间几何元素绕某一轴旋转到有利解题的位置,作出空间几何元素旋转后的新投影。这种方法称为**旋转法**。

如图 5.1(a)所示,要求出铅垂面 $\triangle ABC$ 的实形,在采用换面法时使 $\triangle ABC$ 不动,设置一个既平行于 $\triangle ABC$ 同时又垂直于 H 面的新投影面 V_1 代替 V 面,建立一个新的 V_1/H 投影体系。这时,$\triangle ABC$ 在新体系(V_1/H)中就成了正平面,在新投影面 V_1 的投影 $\triangle a_1'b_1'c_1'$ 即反映 $\triangle ABC$ 的实形。

又如图 5.1(b)所示,要求出铅垂面 $\triangle ABC$ 实形,采用旋转法时投影体系 V/H 保持不动,将 $\triangle ABC$ 以铅垂线 BC 为轴旋转,直至与 V 面处于平行的位置。旋转后 $\triangle ABC$ 得到的 $\triangle A_1B_1C_1$ 在 V 面上的投影 $\triangle a_1'b_1'c_1'$ 反映出 $\triangle ABC$ 的实形。

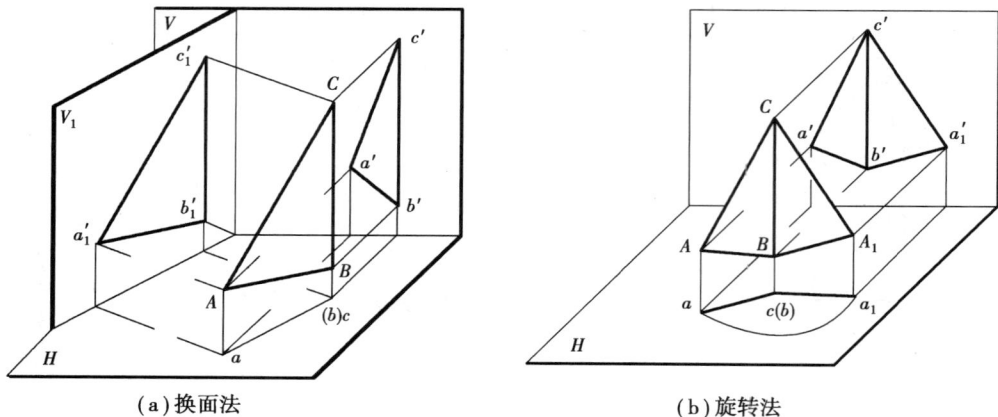

（a）换面法　　　　　　　　　　　　（b）旋转法

图 5.1　投影变换的类型

5.2　换面法

5.2.1　基本概念

在换面法中,核心问题是如何设置新的投影面。从图 5.1(a)中可看出,新投影面是不能随便选取的。既要使空间元素与新投影面处于特殊位置,又要使新投影面必须垂直于原有投影面之一,以构成新的投影体系。只有满足这两个条件,才能应用正投影原理作出点、线、面等几何元素新的投影图。因此,新投影面的选择必须符合以下两个基本原则:

①新投影面必须使空间几何元素处于有利解题的位置。

②新投影面必须垂直于原有投影面之一。

5.2.2　基本作图方法

点是最基本的几何元素,因此在换面法中,必须先掌握点的投影变换规律。

1)点的一次换面

如图 5.2 所示,已知点 A 在 V/H 投影体系中的两面投影(a,a')。设置一个新的投影面 V_1 代替原投影面 V,同时使 V_1 面垂直于 H 面,如图 5.2(a)所示,建立起一个新的投影体系 V_1/H 取代原体系 V/H。这时,V_1 面与 H 面的交线便生成新投影轴 X_1,将点 A 向新投影面 V_1 投影,便获得点 A 的新投影 a'_1。

从图 5.2 中不难看出:在以 V_1 面代替 V 面的过程中,点 A 到 H 面的距离是没有被改变的。

即
$$a'_1 a_{x1} = Aa = a'a_x \tag{1}$$

将新的投影体系 V_1/H 展开:使 V_1 面绕 X_1 轴旋转至与 H 面重合,由于 V_1 面垂直于 H 面,展开后 a 与 a'_1 的连线必定垂直于 X_1 轴,又得出:

$$aa'_1 \perp X_1 \tag{2}$$

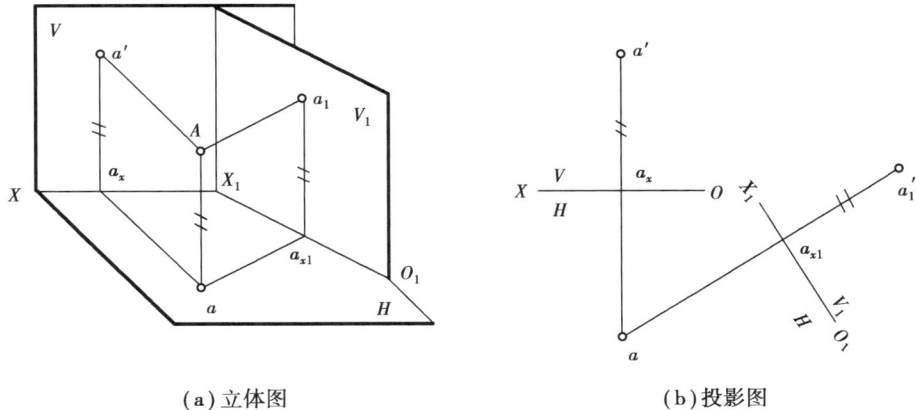

（a）立体图　　　　　　　　　　　　（b）投影图

图 5.2　点的一次换面（替换 V 面）

在图 5.2（b）中，可由上述关系作图求出点 A 在 V_1 面上的新投影 a_1'。在这样一个作图过程中，a_1' 称为新投影，a' 称为旧投影，a 称为新（V_1/H）、旧（V/H）体系中共有的保留投影；X 称为旧投影轴，简称旧轴；X_1 称为新投影轴，简称新轴。

通过以上分析，可得出**点的换面法投影规律**如下：

①点的新投影到新轴的距离等于点的旧投影到旧轴的距离。

②点的新投影和保留投影的连线，必垂直于新轴。

图 5.3 表示当替换水平面时，设置一个 H_1 面代替 H 面，建立一个新体系（V/H_1），获得点 A 在 H_1 面的新投影 a_1，如图 5.3（a）立体图所示。由点的换面法投影规律，得：$a_1a' \perp X_1$；$a_1 a_{x1} = Aa' = aa_x$。图 5.3（b）表示了求新投影的作图过程。

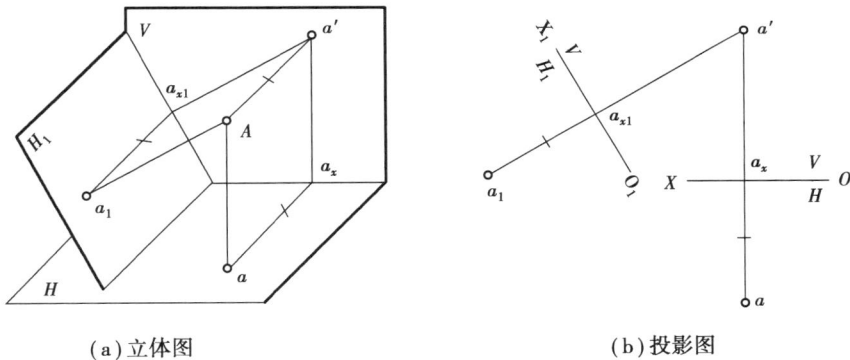

（a）立体图　　　　　　　　　　　　（b）投影图

图 5.3　点的一次换面（替换 H 面）

从以上两投影图中，不难得出**点的换面法作图步骤**如下：

①建立新轴（新轴的建立是有条件的），这是用换面法来解题时最关键的一步。

②过保留投影作新轴的垂线。

③量取点的新投影到新轴的距离等于点的旧投影到旧轴的距离，从而得到点的新投影。

2）点的二次换面

点的二次换面是在点的一次换面的基础上，再进行的一个点的一次换面。图 5.4 表示在第二次变换投影面时，求作点的新投影的方法，其原理与点的一次换面时完全相同。

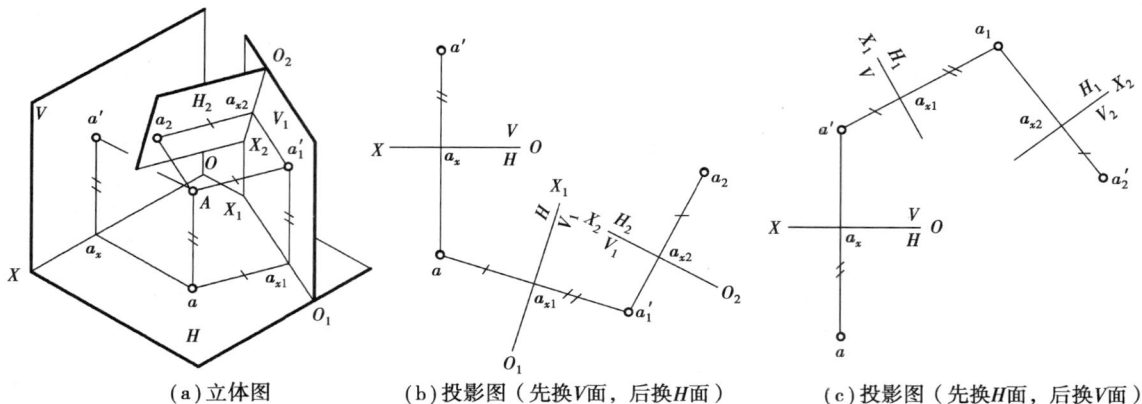

（a）立体图　　　　（b）投影图（先换V面，后换H面）　　　　（c）投影图（先换H面，后换V面）

图5.4　点的二次换面

如图5.4（a）所示，在点A已进行一次换面后的V_1/H体系中，再作新投影面H_2代替H面（H_2面必须垂直于V_1面），得到新体系V_1/H_2，同时产生新投影轴X_2。这时，点A在新投影面H_2的投影a_2到X_2轴的距离，即点的新投影到新轴的距离，等于点A在H面上的投影a到X_1轴的距离，即点的旧投影到旧轴的距离，也就是$a_2a_{x2}=aa_{x1}=Aa'$，点A在H_2面上的投影a_2与点A在V_1面上投影a_1'的连线垂直于X_2轴，即$a_2a_1'\perp X_2$。图5.4（b）表示的是求点A二次换面后投影的作图过程。

同理，也可先作H_1面代替H面（一次换面），得到V/H_1体系。再作V_2面代替V面（二次换面），得到V_2/H_1体系。在这种情况下，是由点A的正投影a'及第一次换面后的投影a_1，作出点A在V_2面上的新投影a_2'，如图5.4（c）所示。二次换面的作图步骤与一次换面的作图步骤相同，只是重复进行一次。

5.2.3　换面法在解决定位和度量问题中的运用

换面法求一般位置直线的实长和倾角

1）一次换面的运用

在换面法中，新投影面的设置是十分关键的。下面结合几个例子来说明用一次换面解决空间几何元素间定位和度量问题时，新投影面是如何设置的。从前面的分析中我们得知：**新投影面必须垂直于原投影面之一；新面的设置必须有利于解题。在投影图上，新投影面的设置是体现在画新轴的位置上。**

【例5.1】如图5.5（a）所示，求一般位置直线AB的实长及其倾角α。

【解】分析：当直线AB为正平线时，AB的正面投影就反映实长，同时正面投影与投影轴X的夹角反映直线AB的α倾角。所以，在考虑本例的变换过程中，应将直线AB变换成正平线，如图5.5（a）所示。不难看出，用新的V_1面代替V面，可使V_1面平行于直线AB的同时垂直于H面。注意，该图中新轴与保留投影之间的关系是：新轴平行于保留投影，即$X_1/\!/ab$。

作图：如图5.5（b）所示。

①作新轴$X_1/\!/ab$。

②过保留投影a、b作新轴垂线。

③量取$a_1'a_{x1}=a'a_x$，$b_1'b_{x1}=b'b_x$，从而获得A、B两点在V_1面上的新投影a_1'、b_1'。

④连接 a_1'、b_1' 得直线 AB 的新投影。此时 $a_1'b_1'$ 反映实长,它与 X_1 轴的夹角即为直线 AB 的倾角 α。

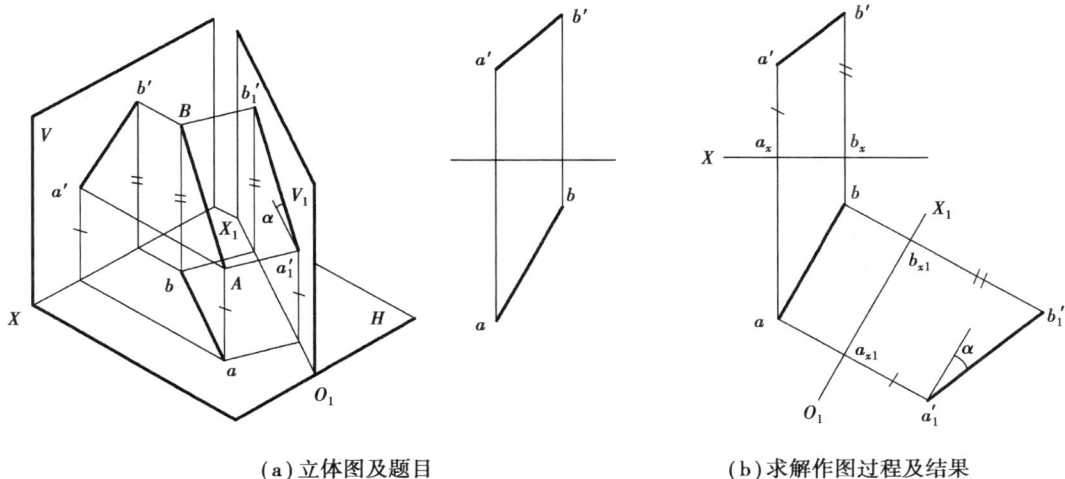

(a)立体图及题目　　　　　　　　　(b)求解作图过程及结果

图 5.5　求一般位置直线 AB 的实长及其倾角 α

注意:在如图 5.5(b)所示的作图过程中,X_1 轴只需保证与 ab 平行,两者间的距离对于求 AB 直线的实长及倾角是没有影响的。

【**例 5.2**】如图 5.6 所示,求铅垂面 $\triangle ABC$ 的实形。

【**解**】**分析**:从图 5.6(a)中可以看出,需设置新投影面 V_1 代替原投影面 V。由于 $\triangle ABC$ 是铅垂面,所以 V_1 面在平行于 $\triangle ABC$ 的同时一定要垂直于 H 面。注意:此图中新轴与铅垂面积聚投影的关系是:新轴平行于铅垂面积聚性投影,即 $X_1 /\!/ abc$。

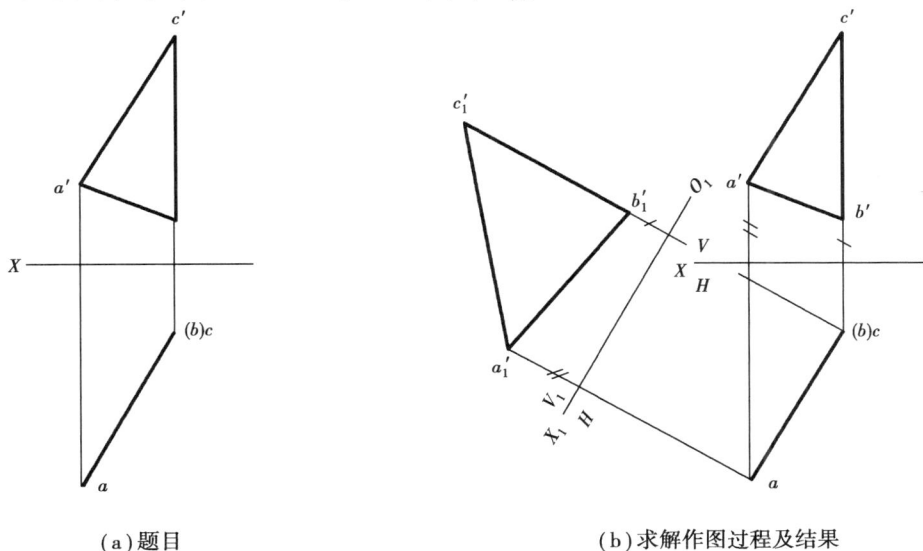

(a)题目　　　　　　　　　(b)求解作图过程及结果

图 5.6　求三角形 ABC 的实形

作图:如图 5.6(b)所示。

①作新轴 $X_1 /\!/ abc$(铅垂面的积聚性投影)。

②过保留投影 a、b、c 作新轴垂线。

③分别量取点的新投影到新轴距离等于点的旧投影到旧轴距离,得 a_1'、b_1'、c_1',此时 $\triangle a_1'b_1'c_1'$ 反映 $\triangle ABC$ 实形。

【例5.3】如图 5.7 所示,求点到水平线 AB 的距离 L 及其投影 cd、c'd'。

【解】分析:如设置新投影面垂直于直线 AB,则直线 AB 在新面上投影积聚为一点,此时,点 C 的新投影亦是一个点,这两点间的距离就是所求点 C 到直线 AB 的距离;由于 AB 是正平线,所以,应保留 V 面,用新投影面 H_1 代替原投影面 H,H_1 面垂直 AB 的同时一定垂直 V 面。

作图:如图 5.7(b)所示。

①作新轴 $X_1 \perp a'b'$;过保留投影 a'、b' 作新轴垂线,分别量取点的新投影到新轴距离等于点的旧投影到旧轴距离,求出直线 AB 的新投影 $a_1(b_1)$(积聚)。同理,可求出点 C 的新投影 c_1。

②积聚点 $a_1(d_1、b_1)$ 与 c_1 的连线即为所求距离的实长 L。

③对于 H_1 面,由于距离 L 是一条水平线,所以 $c'd' /\!/ X_1$。

④根据距离的一个端点属于直线 AB,即可求出 cd。

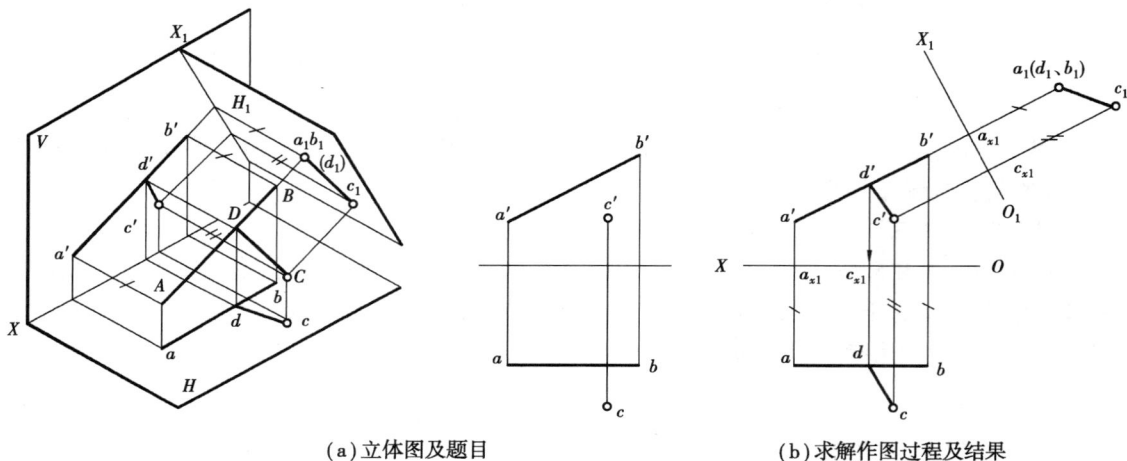

(a)立体图及题目　　　　　　(b)求解作图过程及结果

图 5.7　求点到平行线(正平线)的距离

【例5.4】如图 5.8(a)所示,求一般位置平面 $\triangle ABC$ 的倾角 α。

【解】分析:当把一般位置面变成垂直面后,倾角就可由垂直面的积聚性投影与对应投影轴的夹角来获得。由于题目中要求的是 α 倾角,故 H 面应当保留。从前面章节的学习中我们得知,正垂面的正投影具有积聚性,它与投影轴的夹角反映该平面的 α 角。所以,需设置一个既与 H 面垂直又与 $\triangle ABC$ 垂直的 V_1 面来代替 V 面。如图 5.8(a)立体图中所示,如果在 $\triangle ABC$ 上作一条水平线 AD,使 V_1 面垂直于水平线 AD,这样就保证了新建 V_1 面既垂直于 $\triangle ABC$ 又垂直于 H 面。

作图:如图 5.8(b)所示。

①在 $\triangle ABC$ 中作一条水平线 AD,由 $a'd' /\!/ X$,作出 ad。

②作新轴 $X_1 \perp ad$,由换面法的作图步骤,求出 $\triangle ABC$ 的新投影 $a_1'b_1'c_1'$,此投影具有积聚性。

③积聚性投影 $a_1'b_1'c_1'$ 与 X_1 轴的夹角反映 $\triangle ABC$ 的 α 倾角。

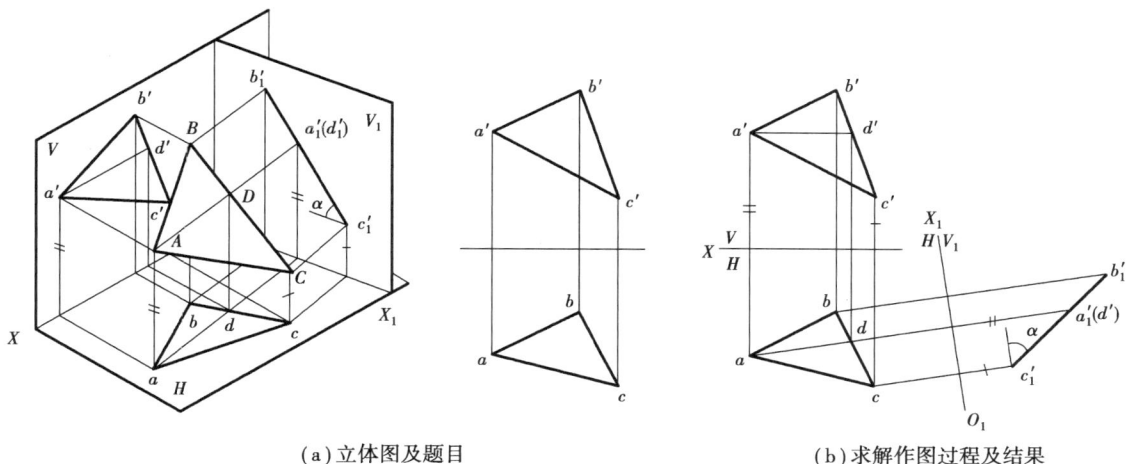

（a）立体图及题目　　　　　　　　　　（b）求解作图过程及结果

图 5.8　求平面的水平倾角

【例 5.5】如图 5.9（a）所示，求直线 EF 与 $\triangle ABC$ 的交点 K。

【解】**分析**：由前例可知，若将 $\triangle ABC$ 变换成垂直面，则新投影具有积聚性，此时可由平面的积聚性投影，直接求出它与直线的交点。从题目的条件中可看出，$\triangle ABC$ 的 AB 边是水平线，所以需要建立新投影面 V_1 垂直于 AB。

作图：如图 5.9（b）所示。

①由于 $\triangle ABC$ 中的 AB 是水平线，所以作新轴 $X_1 \perp ab$，便可将 $\triangle ABC$ 变换成正垂面。此时直线 EF 应随之进行投影变换。

②根据换面法作图步骤，求出 $\triangle ABC$ 及直线 EF 的新投影 $a_1' b_1' c_1'$（积聚）及 $e_1' f_1'$。此时便可直接获取交点 k_1'。

③将 k_1' 返回到原投影体系中，由点 K 从属于直线 EF，得 k 及 k'，便求出了交点的投影。

④判断出可见性，即完成题目的要求。

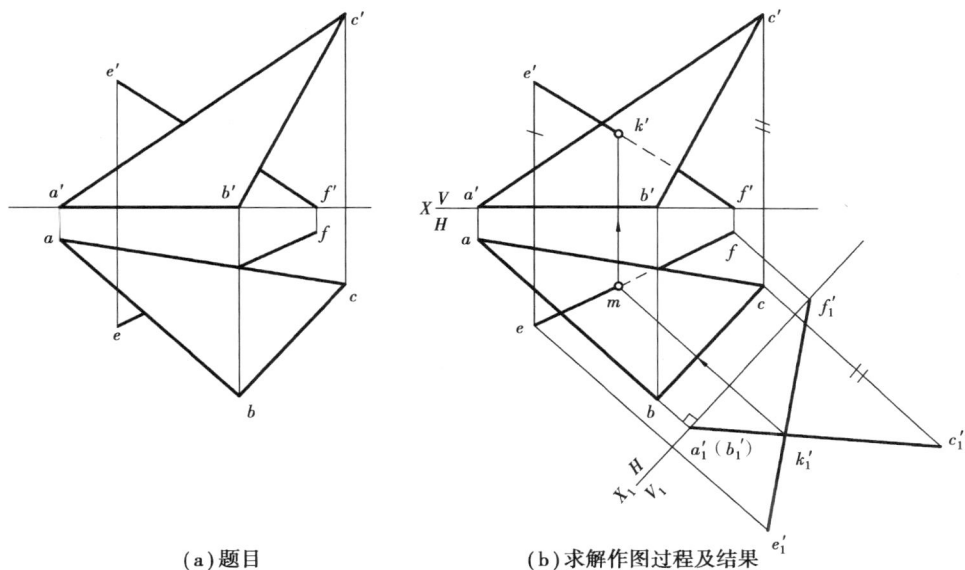

（a）题目　　　　　　　　　　（b）求解作图过程及结果

图 5.9　求直线 EF 与三角形 ABC 的交点

2)二次换面法的运用

【例5.6】如图5.10(a)所示,求一般位置平面△ABC的实形。

【解】分析:若直接设置新投影面平行△ABC,则新投影反映△ABC实形。但由于△ABC是一般位置面,与它平行的新投影面也一定是一般位置面,不能与原体系(V/H)之一的V面或H面构成相互垂直的新体系。从【例5.2】可知,垂直面可以通过一次换面成为平行面,从而反映实形;又从【例5.4】可知,一般位置面可以通过一次换面成为垂直面。因此得到启示:可先将一般位置面经一次换面变换成垂直面,再将垂直面经第二次换面变换成平行面,从而获得△ABC的实形。

作图:如图5.10(b)所示。

①在△ABC中作出正平线AD,即作ad∥X,再由d得d'。

②作一次换面的新轴$X_1 \perp a'd'$。

③由换面法作图步骤,求出△ABC一次换面后在H_1面上的新投影$a_1 b_1 c_1$(具有积聚性)。

④作二次换面的新轴$X_2 \parallel a_1 b_1 c_1$,再由换面法作图步骤,求出△ABC在$V_2$面上的新投影$\triangle a_2' b_2' c_2'$,则该投影即反映△ABC的实形。

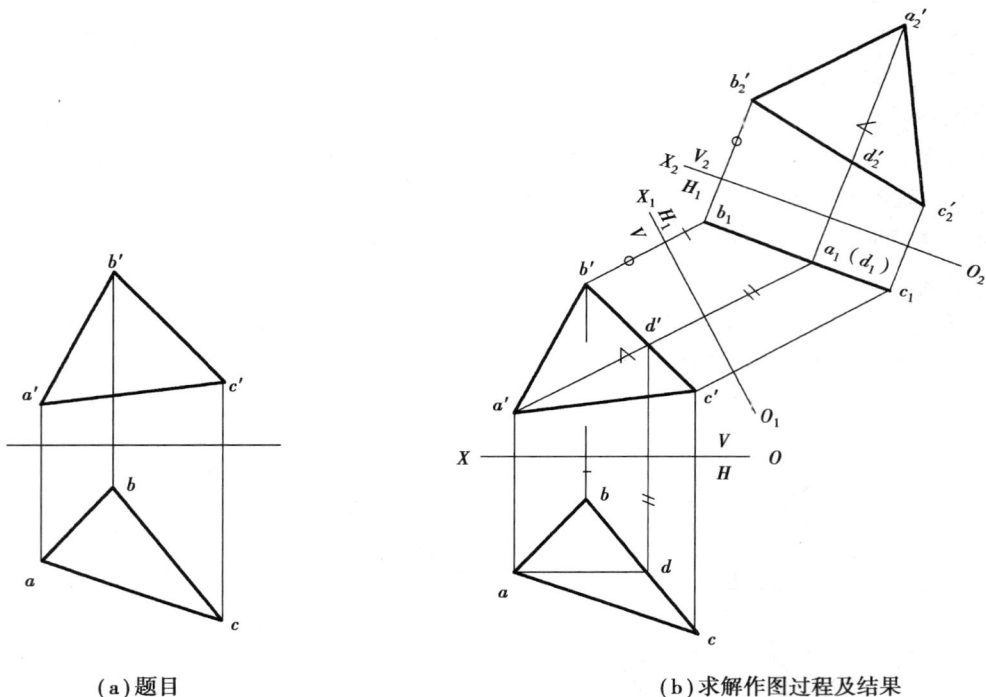

(a)题目　　　　　　　　　　　　(b)求解作图过程及结果

图5.10　求一般位置平面△ABC的实形

【例5.7】如图5.11(a)所示,求点C到一般位置直线AB的距离CD及投影cd、c'd'。

【解】分析:从前面【例5.1】及【例5.3】的求解中知道,当把一般位置直线变换成垂直线时,点到直线的距离在积聚性投影中可直接反映出来。如图5.11(a)所示,一般位置直线只能先变换成平行线后,才能再次变换成垂直线;在直线的二次变换过程中,点C是随之进行变换的。

作图:如图5.11(b)所示。

①作一次换面的新轴 $X_1 /\!/ ab$，将直线 AB 变换成一平行线（正平线），此时点 C 随之变换。

②由换面法作图步骤，求出直线 AB 在 V_1 面的新投影 $a_1'b_1'$ 及 c_1'。

③再作二次换面的新轴 $X_2 \perp a_1'b_1'$，将直线 AB 变换成垂直线（铅垂线），此时点 C 也随之变换。

④再由换面法作图步骤，求出直线 AB 及点 C 在 H_2 面上的投影 a_2b_2（积聚）及 c_2，连线积聚点 a_2b_2 与 c_2，即获得所求点 C 到直线 AB 的距离 CD 在 H_2 面上的投影 c_2d_2。c_2d_2 反映距离 CD 的实长。

⑤此时，由于 $CD \perp AB$，故在 V_1/H_2 体系中直线 CD 为 H_2 面的平行线。作 $c_1'd_1' /\!/ x_2$，再由点 D 从属于直线 AB，就可逐步返回求出直线 CD 的 H 面及 V 面投影。

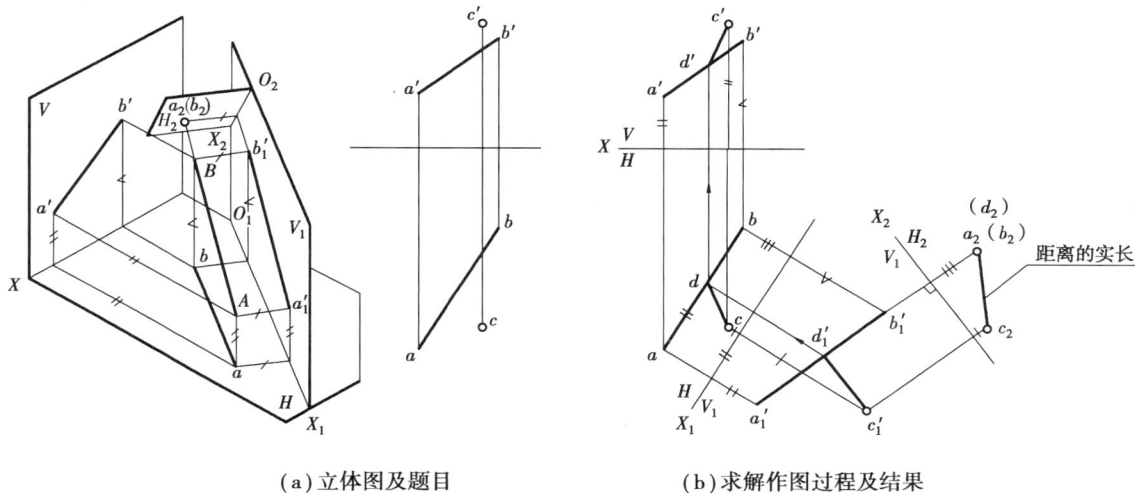

(a) 立体图及题目　　　　　　(b) 求解作图过程及结果

图 5.11　求点到一般直线的距离

【例 5.8】已知由四个梯形平面组成的漏斗，如图 5.12(a) 所示。求漏斗相邻两平面 $ABCD$ 和 $CDEF$ 的夹角 θ。

【解】分析：如图 5.12(b) 所示，只要将两个平面的交线 CD 变换成投影面的垂直线，两个平面积聚投影线段间的夹角就反映出这两个平面间的真实夹角。由于平面 $ABCD$ 与平面 $CDEF$ 的交线是一般位置直线 CD，由前例知道，要将它变换成垂直线需要经过两次变换。又由于直线及直线外一点可确定一个平面，所以对于平面 $ABCD$ 和平面 $CDEF$，只需变换共有的交线 CD 以及平面 $ABCD$ 上的点 A 和平面 $CDEF$ 上的点 E 即可，无须变换整个平面。

作图：如图 5.12(c) 所示。

①作一次换面的新轴 $X_1 /\!/ c'd'$，根据换面法的作图步骤，求出 c_1、d_1、b_1、e_1 并连接 c_1d_1。此时，共有的交线 CD 变换成了平行线（水平线）。

②作二次换面的新轴 $X_2 \perp c_1d_1$，根据换面法的作图步骤，求出 c_2'、d_2'、a_2'、e_2'。此时 c_2'、d_2' 具有积聚性，它与 a_2'、e_2' 的连线即为平面 $ABCD$ 和平面 $CDEF$ 的积聚性投影，即反映出了两平面的夹角 θ。

【例 5.9】如图 5.13(a) 所示，正方形 $ABCD$ 的顶点 A 在直线 SH 上，顶点 C 在直线 BE 上，请补全正方形 $ABCD$ 的两面投影。

【解】分析：因为正方形相邻两边相互垂直并相等，其中 BC 边在直线 BE 上，所以需经过一次换面,将直线 BE 变换成平行线。此时可利用直角投影定理,求出 BC 边相邻边 AB 的投影。在一次换面后的投影体系中,AB 边仍为一般位置直线,故应再作第二次换面,只将 AB 边变换成平行线,这样,就求出了正方形的边长。在直线 BE 反映实长的投影中,由 AB 等于 BC 便可确定出 C 点。

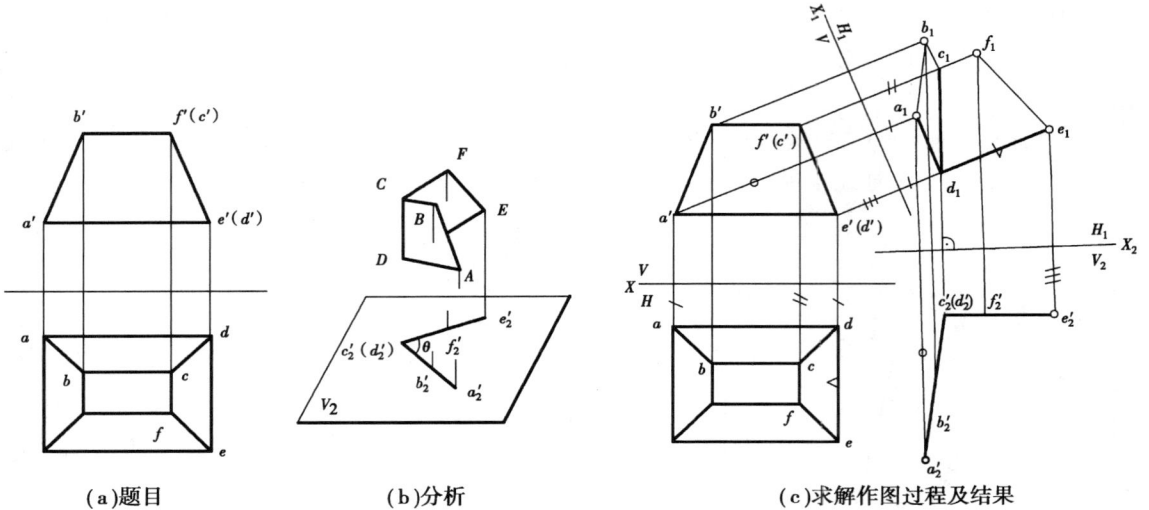

(a)题目　　　　(b)分析　　　　(c)求解作图过程及结果

图 5.12　求相邻两平面的夹角 θ

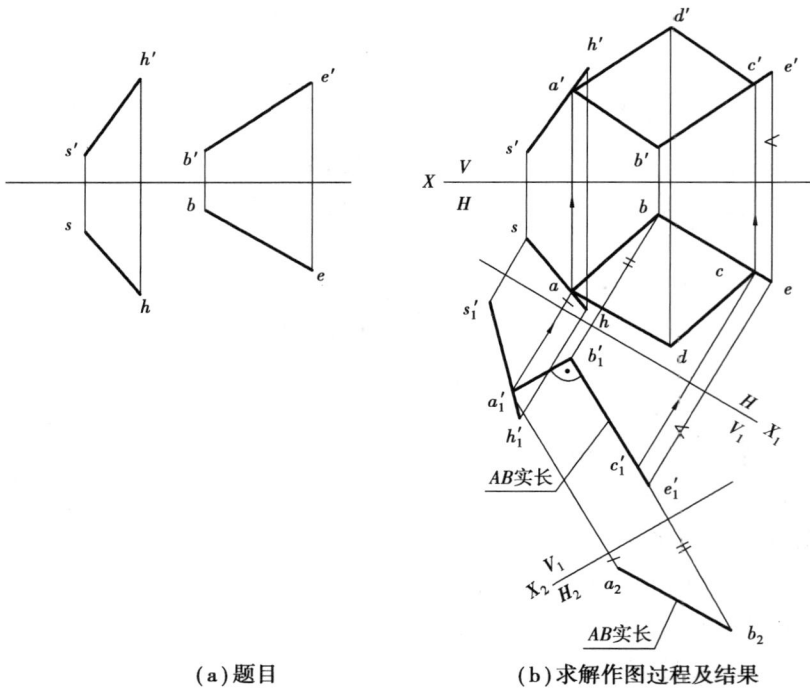

(a)题目　　　　(b)求解作图过程及结果

图 5.13　补全正方形 $ABCD$ 的投影

作图:如图 5.13(b)所示。

①将直线 BE 变换成平行线,求出顶点 A 和 AB 边。作一次换面的新轴 $X_1 /\!/ be$,根据换面法

的作图步骤,求出 b_1'、e_1'、s_1'、h_1',并且连接 $b_1'e_1'$ 和 $s_1'h_1'$ 线段,此时,已将直线 BE 变换成了正平线。由直角投影定理,作 $a_1'b_1' \perp b_1'e_1'$,求出点 a_1' 及线段 $a_1'b_1'$。

②进行第二次换面,此时只需将 AB 边变换成平行线。作新轴 $X_2 \parallel a_1'b_1'$,根据换面法的作图步骤,求出线段 a_2b_2,即为反映正方形边长的实长投影(即 $AB = a_2b_2$)。

③由 $a_2b_2 = b_1'c_1'$(即 $AB = BC$),得到 c_1' 点。再由点 C 从属于直线 BE,点 A 从属于直线 SH,逐次返回原投影体系中,根据正方形的几何性质——对边平行并且相等,便可求出正方形 $ABCD$ 的投影。

【例 5.10】 如图 5.14 所示,已知点 K 到 $\triangle ABC$ 的距离为 10 mm,求点 K 的水平投影 k。

【解】分析: 从前面的【例 5.4】中我们知道,一般位置平面可以经过一次换面变换成为垂直面;当平面在新投影面上的投影具有积聚性时,平面外一点到平面的距离就会在平面具有积聚性的投影中直接反映出来。

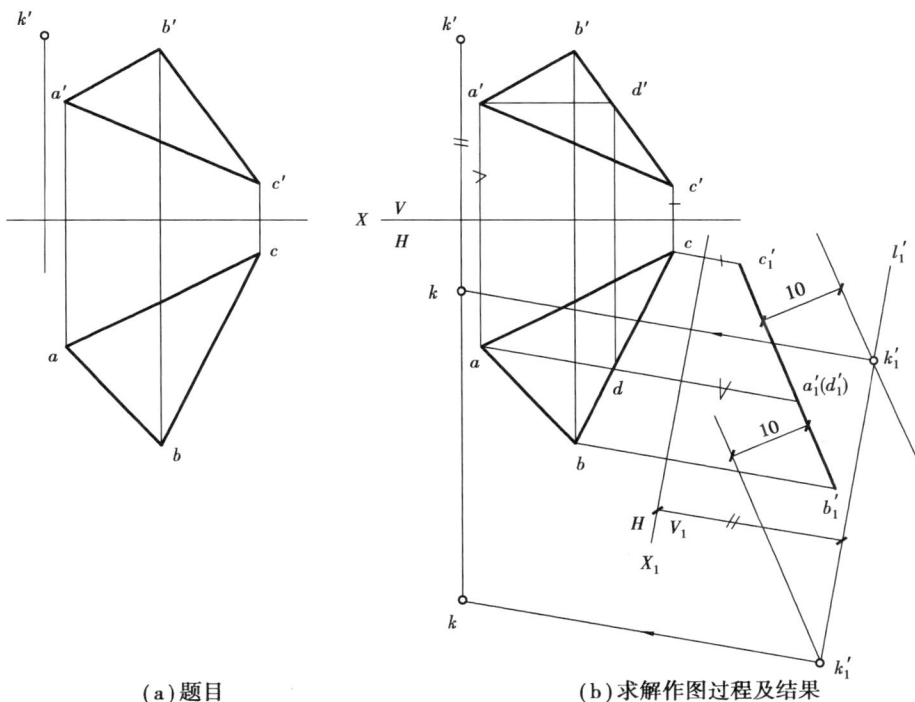

(a)题目　　　　　　　　　　(b)求解作图过程及结果

图 5.14　已知点 K 到平面的距离为定长 10 mm,求水平投影 k

作图: 如图 5.14(b)所示。

①进行一次换面,将 $\triangle ABC$ 变换成投影面的垂直面。先在 $\triangle ABC$ 上作水平线 AD,作新轴 $X_1 \perp ad$。根据换面法的作图步骤,作出 $\triangle ABC$ 在新投影面 V_1 上的投影 $a_1'b_1'c_1'$。此投影具有积聚性,点 K 在 V_1 面上的投影只能根据 K 点的旧投影到旧轴的距离等于新投影到新轴的距离,画出一条平行于 X_1 轴的直线 l_1'。

②根据已知条件,K 点到 $\triangle ABC$ 的距离等于 10 mm,在 $\triangle ABC$ 具有积聚性的投影面(V_1 面)上,作与积聚性投影 $a_1'b_1'c_1'$ 相距 10 mm 的平行线(可作出两条),这两条平行线与前面作的平行于 X_1 轴的平行线 l_1' 相交,就是 K 点在 V_1 面上的新投影 k_1'。

③由 k_1' 向 X_1 轴作垂线并延长,它与由 k' 向 X 轴所作垂线的交点,就为 K 点的水平投影 k。

④由于第②步骤所作的距离等于10 mm平行线有两条,所以本题有两解。

5.2.4　换面法的四个基本问题及换面中应注意的问题

1)四个基本问题

　　从上述一系列的例子可以看出,当将空间几何元素变换成有利于解题的特殊位置时,其定位和度量问题就容易解决。直线、平面对投影面的特殊情况有这样四种:直线平行于投影面,直线垂直于投影面,平面垂直于投影面,平面平行于投影面。因此,换面法的基本问题就是围绕这四种情况进行的投影变换,归纳起来有以下四条:

　　①用一次换面,将原体系中的一般位置直线变换成新体系中的平行线(如【例5.1】)。此时,新轴平行于原体系中选定的保留投影。例如:若需获得水平线,保留投影为直线的正面投影;若需获得正平线,保留投影为直线的水平投影。

　　②用一次换面,将原体系中的一般位置平面变换成新体系中的垂直面(如【例5.4】)。此时,应先在平面上确定一条平行线。例如,若要获得正垂面,需先在平面上作水平线;若要获得铅垂面,需在平面上作正平线;新轴垂直于该平行线反映真长的投影,便可获得所需垂直面。

　　③用连续的二次换面,将原体系中的一般位置线变换成新体系中的垂直线(如【例5.7】)。此时,先作第一次变换:作新轴平行于原体系中选定的保留投影,将一般位置直线变换成平行线(同第一种基本问题);再作第二次变换:作新轴垂直于第一次变换后获得的平行线反映真长的投影,将平行线变换成垂直线。

　　④用连续二次换面,将原体系中的一般位置平面变换成新体系中的平行面(如【例5.6】)。此时,先作第一次变换:作新轴垂直于平面上一条投影面平行线反映实长的投影,将一般位置平面变换成垂直面(同第二种基本问题);再作第二次变换:作新轴平行于垂直面的积聚性投影,将垂直面变换成平行面。

2)应用换面法解决题目中遇到的有关角度的问题

　　如图5.15(a)所示,欲求两平面的夹角θ,换面的关键是确定出两平面的交线,并将交线经过换面变换成垂直线。此时,夹角θ必定在交线产生积聚的投影图中直接反映。这一问题可归结为将原体系中的一般位置线变换成新体系中的垂直线,即基本问题③,此问题已在【例5.8】中讲述过。

　　如果欲求两直线间的夹角φ,换面的关键是求出直线AB、BC所在的平面的实形(求$\triangle ABC$的实形),即可获得夹角φ的真实大小,这一问题可归结为基本问题④,如图5.15(b)所示。

　　如图5.15(c)所示,欲求直线与平面的倾角θ,可先过直线上的一点向平面作垂线,将求直线与平面倾角θ的问题,转换成求该直线与垂线的夹角φ。φ与θ的关系是互为余角,此时求解的方法与图5.15(b)相同,仍然归结为基本问题④。

3)应用换面法解决题目中遇到的有关距离的问题

　　如图5.16(a)所示,欲求点到直线的距离,换面的关键是将直线变换成垂直线,在直线具有积聚性的投影中距离可直接反映出来。这一问题可归结为基本问题③,此问题已在【例5.7】中讲述过。

　　如图5.16(b)所示,欲求交叉两直线间的公垂线或距离,换面的关键是将其中一条直线变换成具有积聚性投影的垂直线,在该投影中公垂线或距离可直接反映出来,这一问题可归结为基本问题③。

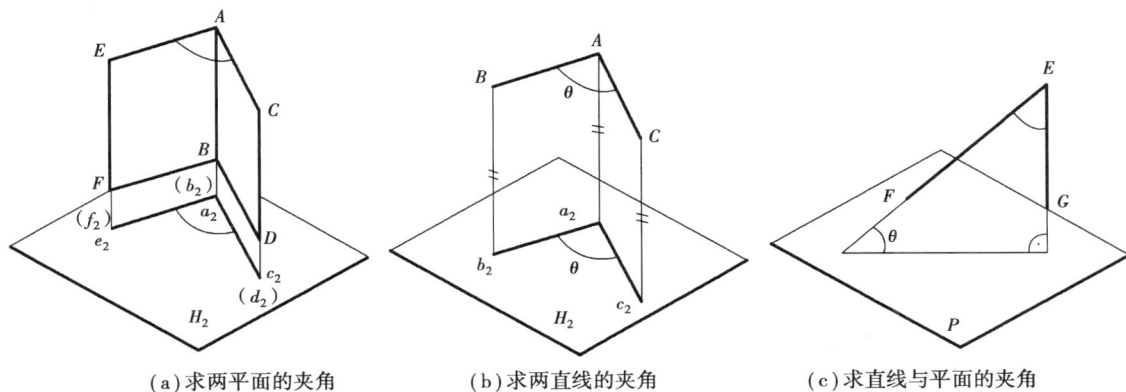

（a）求两平面的夹角　　　　（b）求两直线的夹角　　　　（c）求直线与平面的夹角

图 5.15　有关角度方面的问题

如图 5.16（c）所示,欲求点到平面的距离,换面的关键是将平面变换成具有积聚性投影的垂直面,这一问题可归结为基本问题②,此问题已在【例 5.10】中讲述过。

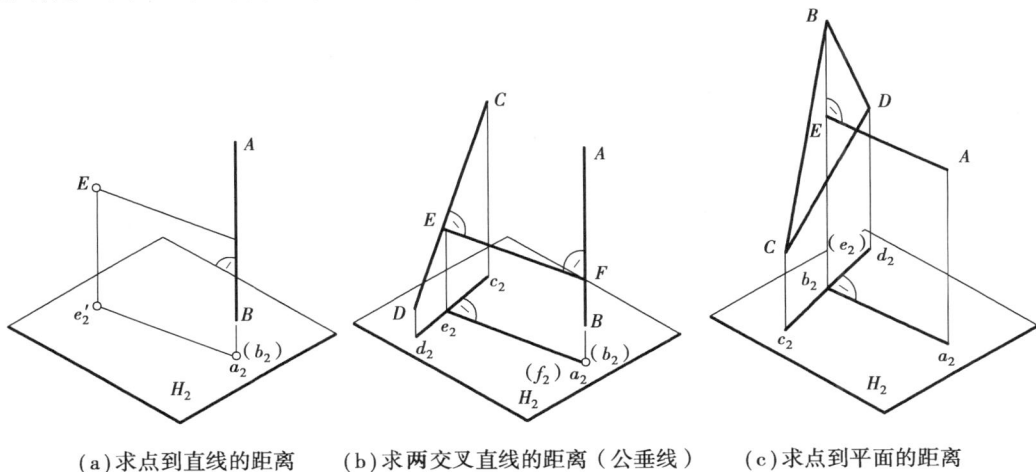

（a）求点到直线的距离　　（b）求两交叉直线的距离（公垂线）　　（c）求点到平面的距离

图 5.16　有关距离的问题

如图 5.17（a）所示,要求在直线 EF 上找出一点 K,使它到 $\triangle ABC$ 的距离为定长 L。此时换面的关键是,首先将平面变换成具有积聚性投影的垂直面,在该投影中作一个与已知平面 $\triangle ABC$ 距离为 L 并且相互平行的辅助平面 Q,而直线 EF 与辅助平面 Q 的交点即为所求 K 点,如图 5.17（b）所示。

通过对以上几类问题的分析,不难总结出,空间几何问题的求解,均可归结为利用这四个基本问题来解决。

4）在用换面法解题时应注意的一些问题

①在换面过程中,每次只能变换一个投影面,新的投影面必须与保留投影面垂直,使之构成一个新的投影体系。如 $V/H \rightarrow V_1/H$ 或 $V/H \rightarrow V/H_1$,绝不能一次同时变换两个投影面。

②换面时要交替进行,即第一次以 V_1 面代替 V 面,第二次必须以 H_2 面代替 H 面,若还需继

续变换下去,则第三次以 V_3 面代替 V_1 面,……,即由 $V/H \rightarrow V_1/H \rightarrow V_1/H_2 \rightarrow V_3/H_2$ ……交替进行下去。

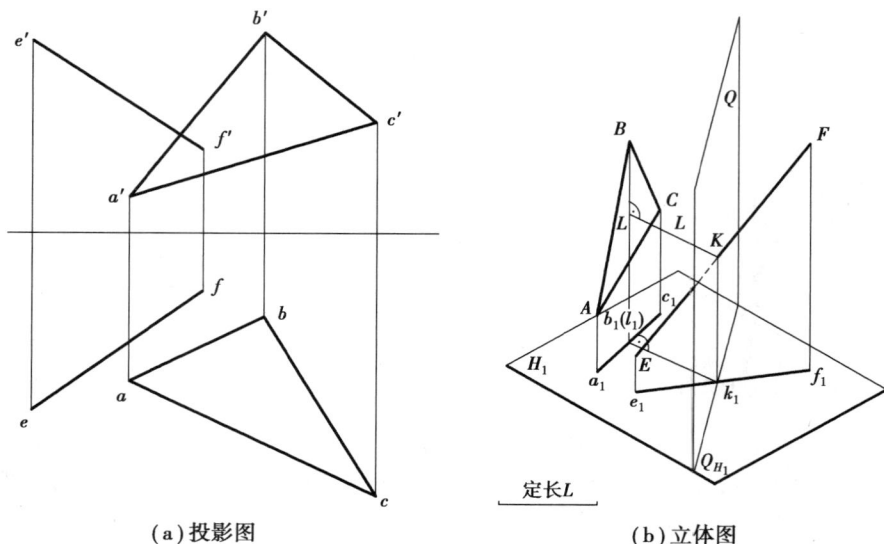

定长L

| (a)投影图 | (b)立体图 |

图 5.17　求满足一定条件的点

③每一次换面后所构成的新投影体系,都是在前一次两面体系的基础上进行的。因此,必须弄清楚每次换面的过程中,谁是新投影,谁是旧投影,谁是保留投影,以及谁是新轴,谁是旧轴。如在由 $V_1/H \rightarrow V_1/H_2$ 的变换过程中,在 H_2 面中的投影是新投影,V_1 面中的投影是保留投影,H 面中的投影是旧投影。此时,X_1 轴是旧轴,X_2 轴是新轴。这样,才能保证在等量量取新投影到新轴距离等于旧投影到旧轴距离时不会出错。

5.3　绕垂直轴旋转法

投影变换的另一种常用方法是绕垂直轴旋转法:保持原投影体系不动,将选定的空间几何元素以投影面的垂直线为轴旋转一个角度,使之与另一投影面处于有利解题的位置。此时,将问题所涉及的其他几何元素,按"**绕同一条轴,按同一方向,旋转同一角度**"的"三同"原则,求出各几何元素旋转到新位置的投影,可利于解题。在旋转法的投影变换中,选择什么样的垂直轴,是能否有利于解题的关键所在。

5.3.1　旋转轴的选择

如图 5.18 所示,直线 AB 对 H 面倾角为 α,绕过 A 点的铅垂线 OO 轴旋转。过 B 点向 OO 轴作垂线,得 $Rt\triangle ABO$,其中 $\angle ABO = \alpha$。当 AB 旋转至 AB_1 位置时

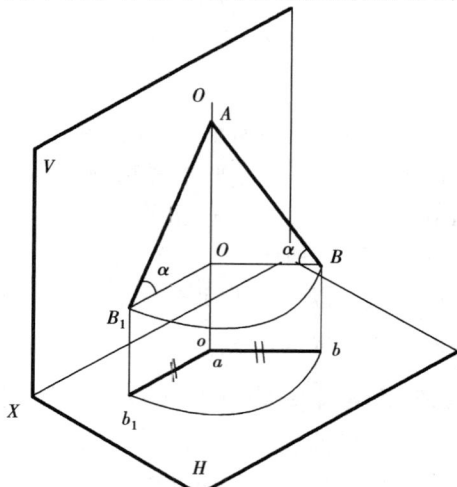

图 5.18　绕垂直轴旋转时的倾角

$(AB_1 /\!/ V$ 面$)$，有 $\angle AB_1O = \angle ABO = \alpha$，即：直线 AB 在绕 OO 轴的旋转过程中，它对 H 面的倾角 α 没有改变；在 H 投影面上，有 $ab = ab_1$，即：旋转前后直线 AB 的水平投影长度也没有改变；在 V 投影面上，直线在新位置 AB_1 的投影 $a'b_1'$ 反映真长。由此可知：如果要保持直线或平面的水平倾角 α 不变，必须以铅垂线为旋转轴；要保持直线或平面的正面倾角 β 不变，必须以正垂线为旋转轴。

5.3.2 点的旋转

如图 5.19（a）所示，当点 A 绕一过 O 点的正垂轴旋转时，其轨迹为一正平圆线，该圆所在的平面称为旋转平面，它必定垂直于旋转轴并平行于 V 面。因此，轨迹圆的 V 面投影反映实形，其圆心 o' 为旋转轴 OO 的投影，轨迹圆投影的半径 $o'a'$ 等于旋转半径 OA；轨迹圆的 H 面投影积聚为一条平行于 X 轴的线段，长度等于轨迹圆的直径。当点 A 绕 OO 轴旋转 θ 角到达 A_1 位置时，A 点的正面投影同样旋转 θ 角，形成 $a'a_1'$ 圆弧，其水平投影则沿 X 轴的平行线方向移动，为一线段 aa_1，如图 5.19（b）所示。

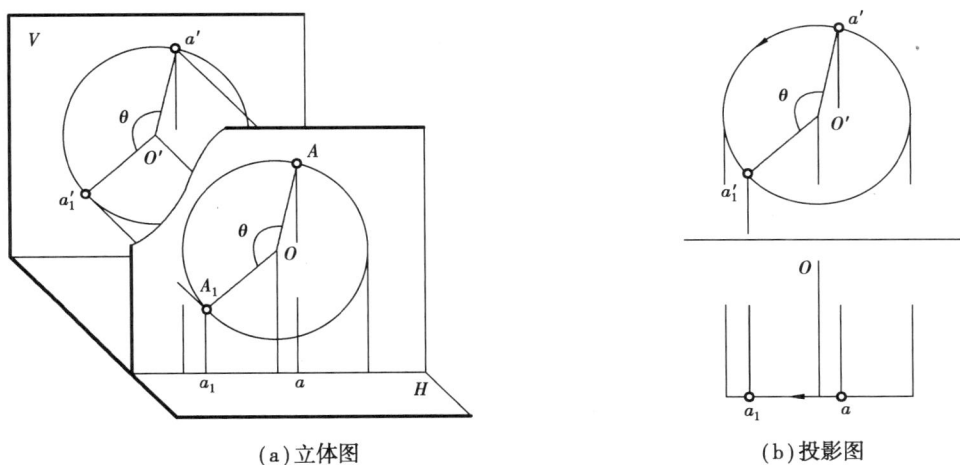

图 5.19 点绕正垂线旋转

如果点绕铅垂轴旋转，则旋转平面平行于 H 面，如图 5.20 所示。轨迹圆的 H 面投影反映实形，旋转半径等于轨迹圆投影的半径（即 $OA = oa$），而它的 V 面投影则积聚为一条平行于 X 轴的线段，其长度为轨迹圆直径。

从上面的分析可得出点绕垂直轴的旋转投影变换规律：当点绕垂直于某一投影面的轴旋转时，点在该投影面上的投影做圆周运动，在另一投影面上的投影则在作平行于投影轴的直线运动。

5.3.3 直线、平面的旋转

直线的旋转可用直线上两点的旋转来决定，平面则由不在同一直线上的三点（或其他几何要素组成）来决定。但必须遵循这样的原则：绕同一轴、按同一方向、旋转同一角度的"三同原则"，以保证其相对位置不变。

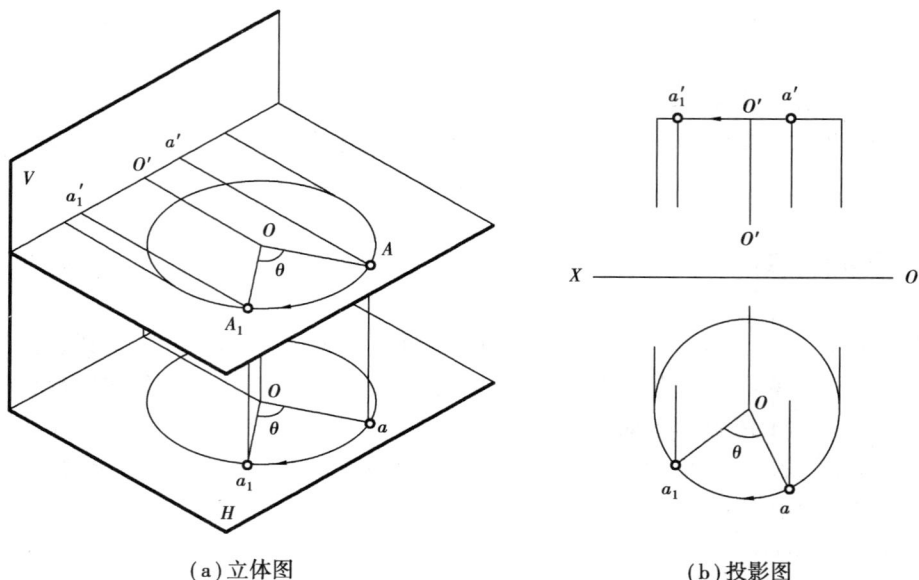

（a）立体图　　　　　　　　（b）投影图

图 5.20　点绕铅垂轴旋转

　　如图 5.21 所示,为一般位置直线 AB 绕铅垂轴 OO 按逆时针方向旋转 θ 角的情况。此时,直线两端点的水平投影分别做逆时针方向旋转 θ 角的圆周运动,同时,直线两端点的正面投影亦分别做平行于 X 轴的直线移动,由此得到线段的新投影 a_1b_1 及 $a_1'b_1'$。

　　观察其水平投影,不难证明出 $\triangle abo \cong \triangle a_1b_1o$、$ab = a_1b_1$。即直线绕铅垂轴旋转时,其水平投影长度不变。同理,可推论出:直线如果绕正垂轴旋转,则直线的正面投影长度不变。

　　综上所述,再结合第 5.3.1 节的分析,得出直线绕垂直轴旋转的投影变化规律为:当直线绕垂直于某一投影面的轴旋转时,直线在该投影面上的投影长度不变,直线相对于该投影面的倾角也不变;直线上各点的另一投影则做平行于投影轴的直线运动。

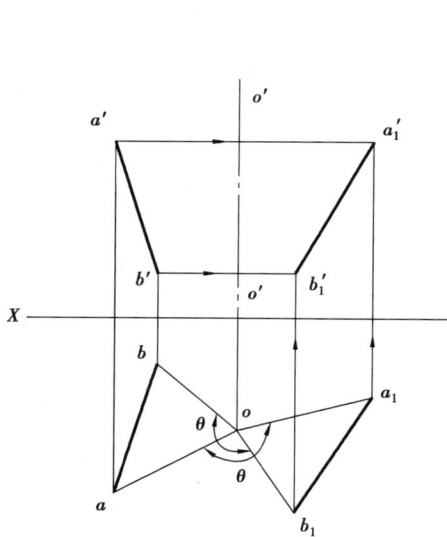

图 5.21　直线段的旋转　　　　　　　図 5.22　三角形平面的旋转

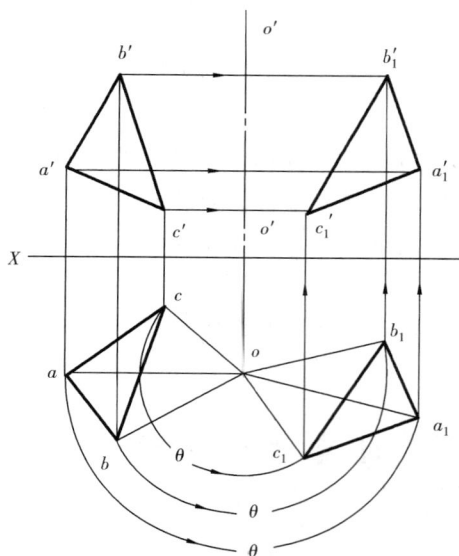

由直线的旋转规律可以知道,当平面△ABC绕垂直于投影面的轴旋转时(图5.22),其三边 AB、BC和CD在该投影面上的投影长度不变,因而投影所形成的三角形形状不变。由此可以推论出平面绕垂直轴旋转的投影变化规律:当平面图形绕垂直于某一投影面的轴旋转时,它在该投影面上的投影形状和大小不变,平面相对于该投影面的倾角也不变;平面上各点的另一投影则作平行于投影轴的直线运动。

5.3.4 旋转法在解决定位和度量问题中的运用

【例5.11】如图5.23(a)所示,求直线AB的实长和倾角α。

【解】分析:欲求水平倾角,旋转时应保持水平倾角不变,应选择铅垂线旋转轴。令旋转轴过A点,在旋转过程中A点将不动,只需将B点旋转。

旋转法求一般位置直线的实长和倾角

作图:如图5.23(b)所示。

①在水平投影图中,以a为圆心、ab为半径作bb_1圆弧,使$ab_1 // x$。

②在正投影图中,由点的旋转规律,B点正投影应作平行于投影轴的直线移动,即由$b' \rightarrow b_1'$,$b'b_1' // x$,得b_1'。

③连$a'b_1'$即获得反映AB直线实长的投影;$a'b_1'$与X轴的夹角,即为所求倾角α。

图5.23(b)中旋转轴的位置很明显,在应用时旋转轴经常无须指明,而图5.23(c)则表示了一般位置直线AB绕不指明位置的铅垂轴旋转成正平线的情况。由于保证了旋转时其水平投影长度不变,正面投影高差不变,故旋转后的正投影反映该直线实长和倾角。由此可见,当旋转轴性质不变时,仅改变其位置,对旋转后的结果是没有影响的。在解题中,为了使图面更加清晰,常采用不指明轴的旋转法。

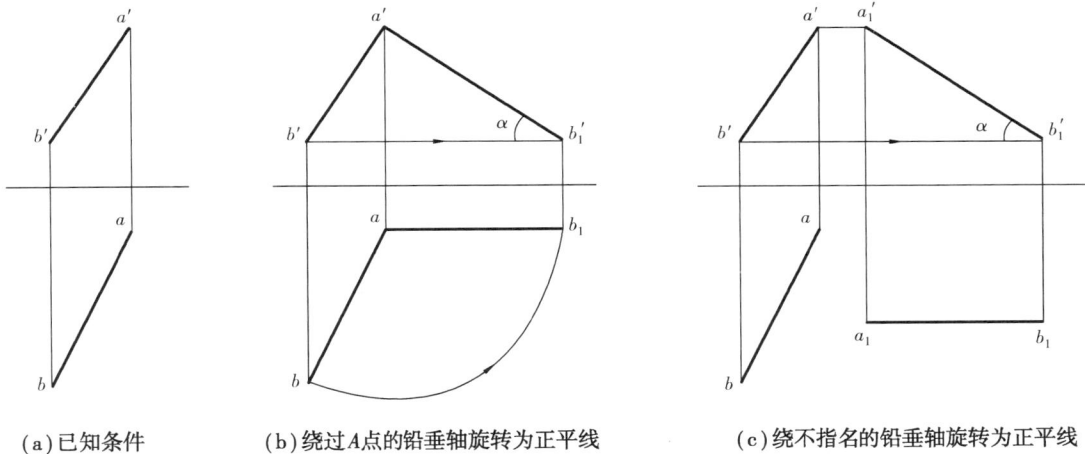

(a)已知条件　　　　(b)绕过A点的铅垂轴旋转为正平线　　　　(c)绕不指名的铅垂轴旋转为正平线

图5.23 求直线的实长及倾角α

【例5.12】如图5.24所示,求平面△ABC的倾角α。

【解】分析:由于需要求出平面的水平倾角α,所以必须绕铅垂轴旋转;若要将一般位置面旋转成正垂面,则必须将属于△ABC的一条水平线旋转为正垂线。

作图:使用绕不指明轴旋转法。

①在△ABC中作水平线AD,由$a'd' // X$,$a'd' \rightarrow ad$。

②将 AD 绕铅垂轴旋转成正垂线的同时(即 $a_1d_1 \perp X$),用 $\triangle abc \cong \triangle a_1b_1c_1$ 求出 $\triangle ABC$ 新的水平投影 $\triangle a_1b_1c_1$。

③过 a'、b'、c' 分别作平行于 X 轴的直线,并以 $a_1'a_1 \perp X$、$b_1'b_1 \perp X$、$c_1'c_1 \perp X$,求出 $a_1'b_1'c_1'$,此投影具有积聚性。

④积聚性投影 $a_1'b_1'c_1'$ 与 X 轴的夹角即为所求 α。

用同样的思考方法,可求出平面的正面倾角 β。如图 5.25 所示,在 $\triangle ABC$ 上作正平线 BE,将正平线 BE 绕正垂轴旋转成铅垂线,根据平面绕垂直轴旋转的投影规律,有 $\triangle a'b'c' \cong \triangle a_1'b_1'c_1'$,过 a、b、c 分别作平行于 X 的直线,由 $a_1a_1' \perp X$、$b_1b_1' \perp X$、$c_1c_1' \perp X$,得到 $\triangle ABC$ 具有积聚性的投影 $a_1b_1c_1$,它与 X 轴的夹角即 $\triangle ABC$ 的 β。

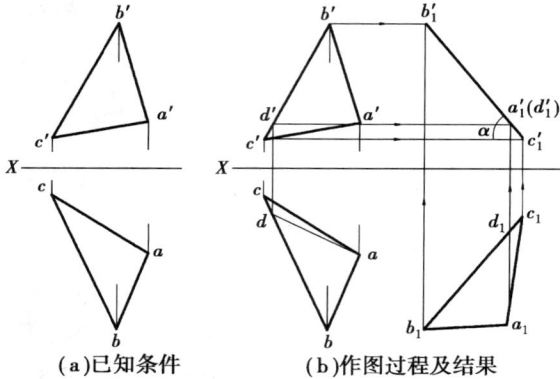

（a)已知条件　　　　　　（b)作图过程及结果

图 5.24　求 $\triangle ABC$ 的倾角 α

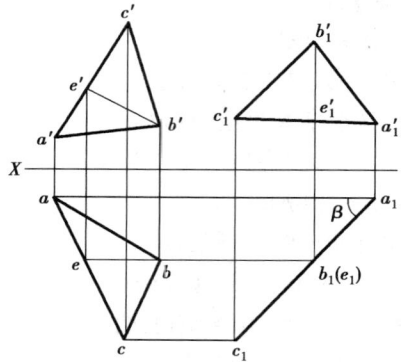

图 5.25　求 $\triangle ABC$ 的倾角 β

【例 5.13】如图 5.26(a)所示,过点 C 作直线 CD 与 AB 垂直相交,求 CD。

【解】分析:当直线 AB 垂直于某一投影面时,由于 $AB \perp CD$,直线 CD 一定平行于该投影面,且反映实长,同时,在该投影面上的投影反映出 $AB \perp CD$ 的直角。因此,需将直线 AB 旋转成垂直线。而一次旋转只能将一般位置直线旋转成平行线(如【例 5.11】),所以还需将平行线再次旋转成垂直线,故本例应进行二次旋转。

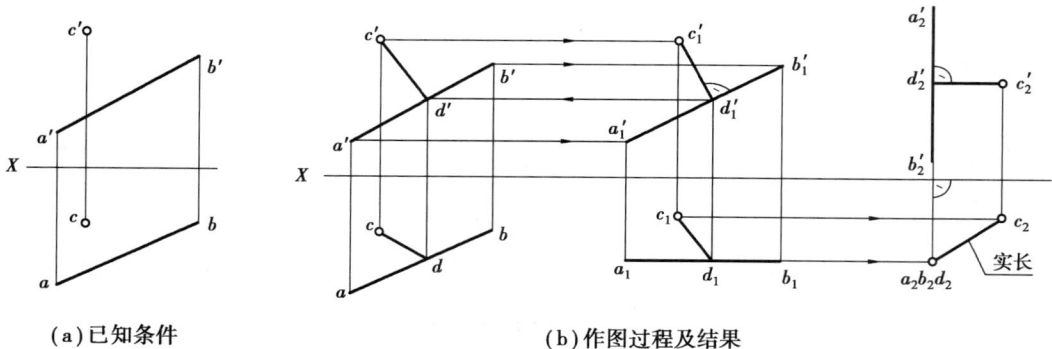

（a)已知条件　　　　　　　　　　（b)作图过程及结果

图 5.26　求 C 点到直线 AB 的距离

作图:使用不指明旋转法,如图 5.26(b)所示。

①第一次旋转,使 AB 直线成为正平线 A_1B_1,C 点按"三同"原则随着直线 AB 一起旋转至 C_1。即 $a_1b_1 /\!/ X$,$a_1b_1 = ab$；c_1 与 a_1b_1 的相对位置与旋转前 c 与 ab 的相对位置保持不变,以点、

直线绕垂直轴旋转的规律,作出 $a_1'b_1'$ 及 c_1'。

②第二次旋转,使 A_1B_1 直线变换成铅垂线 A_2B_2,C_1 点按"三同"原则随 A_1B_1 一起旋转。即 $a_1'b_1' = a_2'b_2'$,$a_2'b_2' \perp X$;c_2' 与 $a_2'b_2'$ 的相对位置与旋转前 c_1' 与 $a_1'b_1'$ 的相对位置保持不变,$c_2'c_2 \perp X$。同样,以点、直线绕垂直轴旋转的规律,作出 a_2、b_2 及 c_2。

③过点 C 作直线 CD 垂直于 AB。由于此时 a_2b_2 已积聚,它与 c_2 的连线 c_2d_2 就是反映垂线 CD 实长的投影,其正投影平行于 X 轴($c_2'd_2' /\!/ X$)。

④按旋转前后旋转轴所垂直投影面中的投影,其相对位置不变的规律,同时,由于 D 点是属于 AB 直线上的,逐次返回,求出 D 点的各个投影 d_1、d_1',d、d',与 C 点同名投影的连线就是距离的各个投影。

【例5.14】如图 5.27(a)所示,求一般位置平面 $\triangle ABC$ 的实形(a_2' 即 a_1')。

【解】分析:为求 $\triangle ABC$ 实形,需将 $\triangle ABC$ 旋转成平行平面。在两面体系中,平行面的倾角一个为 90°,一个为 0°。从【例5.12】中可获得启示:先用一次旋转将 $\triangle ABC$ 旋转成垂直面,产生一个具有 90°倾角的积聚性投影;保持这个 90°倾角不变(在投影图中体现为积聚性投影不变),再进行一次旋转,产生另一个倾角为 0°的投影,该投影就反映 $\triangle ABC$ 的实形。

作图:如图 5.27(b)所示,综合运用不指明垂直轴和指明旋转法。

①第一次旋转,绕过不指明的正垂轴,将 $\triangle ABC$ 旋转成铅垂面。作图方法同【例5.12】,产生 $c_1'a_1'b_1'$,$c_1'a_1'b_1'$ 具有积聚性的正面投影 $a_1b_1c_1$ 及 $\triangle a_1'b_1'c_1'$。

②第二次旋转。绕过 C 点的铅垂轴旋转,将积聚性投影 $a_1b_1c_1$ 旋转至平行于 X 轴的位置,即 $a_2b_2c_2 /\!/ X$。由平面绕垂直轴旋转的规律,作出 $\triangle a_2'b_2'c_2'$,即为 $\triangle ABC$ 实形(a_2' 即 a_1')。

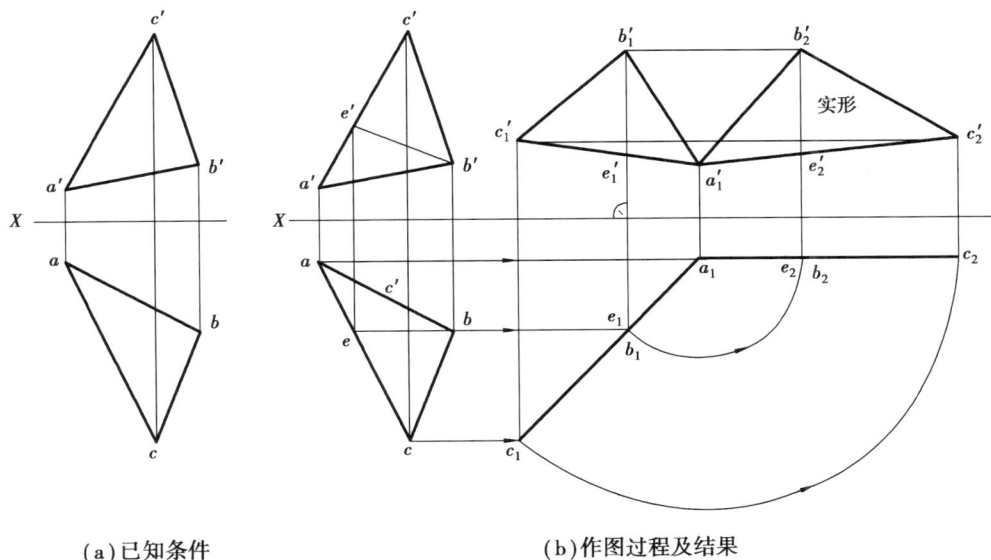

(a)已知条件 (b)作图过程及结果

图 5.27 求一般位置平面 $\triangle ABC$ 的实形

【例5.15】如图 5.28(a)所示,求直线 AE 与平面 $\triangle ABC$ 的夹角 θ。

【解】分析:通过对平面 $\triangle ABC$ 的两次旋转,使它变换成平行平面。此时,直线 AD(其中 A 点是直线与平面的共有点)也随着平面进行旋转。在平面 $\triangle ABC$ 反映实形的投影中,保持平面不动,只将直线 AD 绕垂直于平面 $\triangle ABC$ 所平行投影面的轴(一条垂直轴)旋转,将直线 AD 旋转成另一投影面平行线,则在这个直线 AD 所平行的投影面中,直线 AD 与平面 $\triangle ABC$ 的夹角 θ 就可直接反映出来。

作图:如图 5.28(a)所示。

①第一次旋转,将平面 $\triangle ABC$ 旋转成垂直面。在 $\triangle ABC$ 上作一条水平线 AE,绕不指明的铅垂轴将它旋转成正垂面。此时,直线 AD 随之进行旋转。

②第二次旋转,再将平面 $\triangle ABC$ 旋转成平行面。将第一次旋转中平面 $\triangle ABC$ 具有积聚性的投影,绕过 C 点的正垂轴旋转,将平面 $\triangle ABC$ 旋转成水平面。此时,直线 AD 也随之进行旋转。

③第三次旋转,保持平面不动,只将直线 AD 绕过 A 点的铅垂轴旋转,使直线 AD 旋转成正平线。这时,直线 AD 反映实长的投影 $a_3'd_3'$ 与平面 $\triangle ABC$ 具有积聚性的投影 $a_2'b_2'c_2'$ 之间的夹角,即为题目所求的夹角 θ。

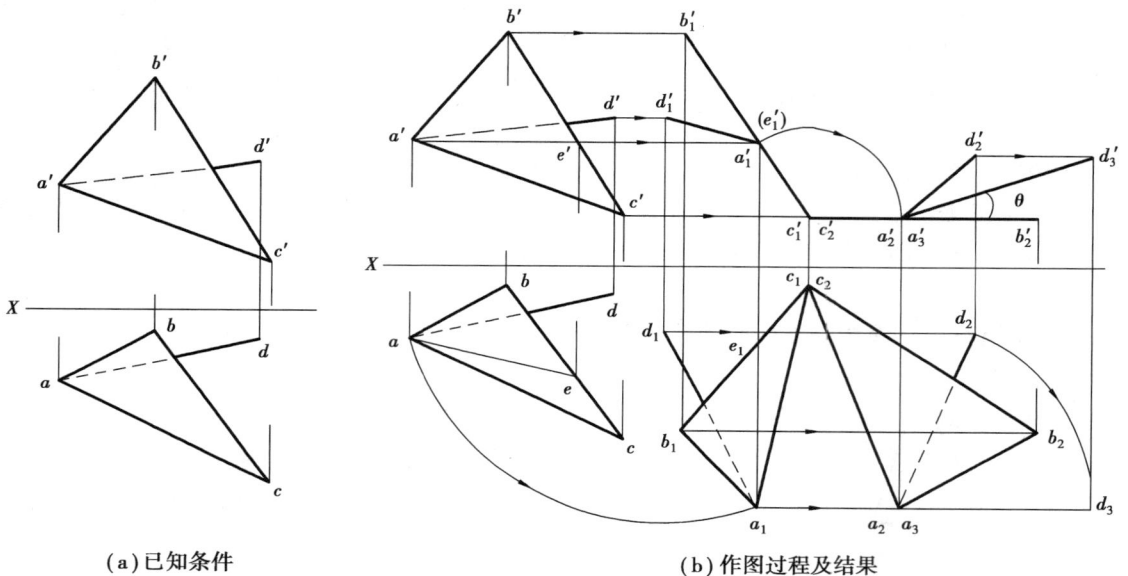

(a)已知条件   (b)作图过程及结果

图 5.28 求直线 AE 与平面 $\triangle ABC$ 的夹角 θ

5.3.5 旋转法的四种基本问题及几点注意事项

1)四个基本问题

①一般位置直线经一次旋转成为投影面平行线(如【例 5.11】)。将直线其中一个投影"不变"地旋转到平行于 X 轴的位置,另一投影始终作平行于 X 轴的"移动",便获得直线反映实长的投影。

②一般位置平面经一次旋转成为投影面垂直面(如【例 5.12】)。先在平面上确定一条平行线,将这条平行线反映实长的投影"不变"地旋转到垂直于 X 轴的位置,此时,平面上其他各点与平行线的相对位置保持不变;另一投影始终作平行于 X 轴的"移动",便可获得平面反映积聚的投影。

③一般位置直线经两次旋转成为投影面垂直线(如【例 5.13】)。先作一次旋转:将一般位

置直线旋转成平行线(同第一种基本问题);再作二次变换:将平行线反映实长的投影"不变"地旋转到垂直于 X 轴的位置,另一投影始终作平行于 X 轴的"移动",便可获得直线反映积聚的投影。

④一般位置平面经两次旋转成为投影面平行面(如【例5.14】)。先作一次旋转:将一般位置平面旋转成垂直面(同第二种基本问题);再作二次旋转:将垂直面反映积聚的投影"不变"地旋转到平行于 X 轴的位置,另一投影始终作平行于 X 轴的"移动",便可获得平面反映实形的投影。

2)在用旋转法解决问题时还应注意到的几点问题

①当直线、平面进行旋转变换时,除点的旋转规律是基础外,它们对旋转轴所垂直投影面的倾角不变,在该投影面上的投影大小不变往往是解题的关键所在。无论是属于直线的两点,还是属于平面的点和直线,在旋转过程中,其相对位置必须保持不变。

②在具体作图时,虽然旋转轴的选择是关键,但在知道直线、平面的旋转规律后,就可按解题需要,直接将某面的投影"不变"地与投影轴处于有利解题的新位置,此时的旋转轴自然是该投影面的垂线;另一投影则作平行于投影轴的"移动"。

③旋转亦是交替进行的,第一次若是绕铅垂轴旋转,则第二次必须是绕正垂轴旋转,第三次又必须是绕铅垂轴旋转,……,依次类推。

本章小结

(1)理解投影变换的目的。

(2)了解常用的投影变换类型和特点。

(3)理解换面法的概念,掌握换面法的基本作图方法和技巧。

(4)理解旋转法的概念和作图规律,熟悉旋转法在解决空间问题中的应用。

复习思考题

5.1 在正投影的情况下,投影变换是通过什么途径实现的? 常用的方法有哪几种?

5.2 在换面法中,新面设置的基本原则是什么? 为什么要遵守这个原则?

5.3 点的换面的规律是什么?

5.4 试述换面的四个基本问题,并举例说明在解题中如何运用。

5.5 在旋转法中,点、直线、平面绕垂直轴旋转的规律是什么?

5.6 若空间几何元素不止一个,在旋转过程中应注意什么?

6

平面立体的投影

本章导读：

　　由各表面围成，占有一定空间的形体称为立体。凡各表面均由平面多边形围成的立体称为**平面立体**。基本的平面立体有**棱柱、棱锥**和**棱台**等。

　　本章主要介绍平面立体的三面投影、平面立体表面取点、平面与平面立体相交、直线与平面立体相交以及两平面立体相交，进一步讲解平面立体在工程实际中的应用——同坡屋面。

6.1　平面立体的三面投影

6.1.1　棱柱的三面正投影

　　在一个平面立体中，如果有两个面互相平行且形状全等，其余每相邻两个面的交线均相互平行且等长，这样的平面立体称为**棱柱**。两个平行且全等的多边形称为**棱柱的底面**，其余的面称为棱柱的**侧面**或**棱面**，相邻两棱面的交线称为棱柱的**侧棱**或**棱线**。棱柱底面的边数与侧面数、侧棱数相等，所以棱柱的名称由底面边数决定。当底面边数为 N 时（底面是 N 边形），就称为 N 棱柱（ $N \geqslant 3$ ）。

　　两底面之间的距离为**棱柱的高**；侧棱垂直于底面的棱柱为**直棱柱**，其高等于侧棱的长度，其中底边是正多边形的直棱柱称为**正棱柱**；侧棱倾斜于底面的棱柱为**斜棱柱**，斜棱柱的高与侧棱长度并不相等。

1）直棱柱

下面以直三棱柱为例,对直棱柱的特征、安放、投影作图等进行讲解。

（1）直棱柱的特征

如图 6.1(a)所示,直棱柱有以下 3 个特征:

①上、下底面是两个相互平行且相等的多边形,如图 6.1(a)中,上、下底面为等腰三角形。

②各个侧面都是矩形,如图 6.1(a)中,侧面一个较宽,两个较窄且相等。

③各条侧棱相互平行、相等,且垂直于底面,其长度等于棱柱的高。

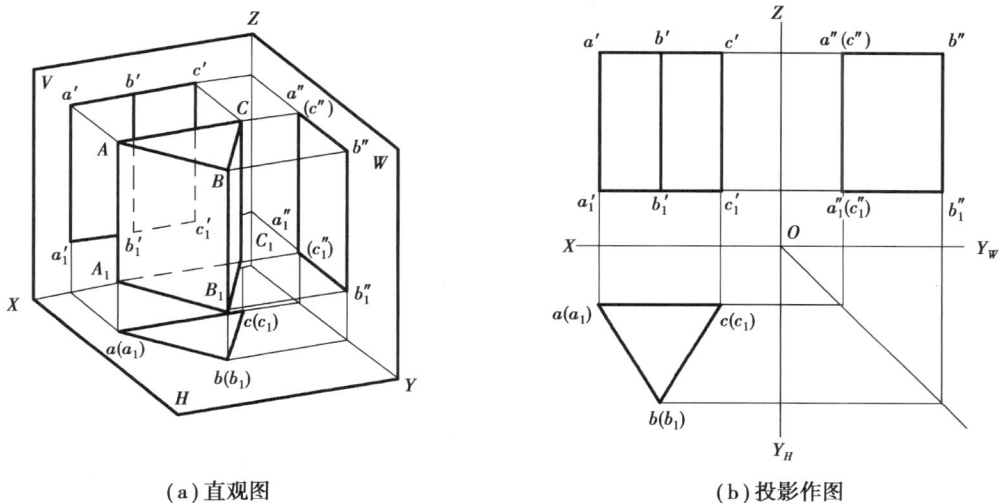

| (a)直观图 | (b)投影作图 |

图 6.1 直三棱柱的投影

（2）直棱柱的安放位置

安放原则为:为便于识图和画图,放置形体时,应使棱柱有尽可能多的表面平行或垂直于某一投影面,以便投影图中出现较多的反映物体表面实形的投影或积聚性投影。

如图 6.1(a)所示,放置三棱柱于三面投影体系时,使三棱柱的两底面平行于 H 面,后侧面平行于 V 面,左、右两侧面垂直于 H 面。若另有需要,也可使两底面平行于 V 面或 W 面,而较大的侧面平行于 H 面。

（3）直棱柱的投影作图

完成直棱柱的三面投影,就是画出直棱柱两底面和各侧面的三面投影。

作图:如图 6.1(b)所示。

①画上、下底面的各投影。先画其实形投影,如 H 面中的 $\triangle abc$ 和 $\triangle a_1b_1c_1$;后画积聚投影,如 V、W 面中的水平线段 $a'b'c'$、$a_1'b_1'c_1'$ 和 $a''b''c''$、$a_1''b_1''c_1''$。

②画每条侧棱的各投影。画出 AA_1、BB_1、CC_1 侧棱的三面投影,完成棱柱的投影作图,如图 6.1(b)所示。

（4）直棱柱的投影分析

直棱柱的 H、V、W 面各个投影,应包含该直棱柱所有表面的该面投影,如图 6.1(b)所示。

水平面投影:棱柱上下底面的实形投影重合(上底面可见,下底面不可见),投影边线是棱柱各侧面的 H 面积聚性投影,顶点为棱柱各侧棱的 H 面积聚性投影。

正面投影:基本形状为矩形,根据底面形状不同,在矩形内部出现对应的高度方向侧棱投影,如图 6.1(b)所示为左右两个矩形合成的一个大矩形。左右矩形是左右侧面的类似形投影（可见），大矩形是后侧面的实形投影（不可见），大矩形的上下边线是棱柱上下底面的积聚投影。

侧面投影：基本形仍为矩形加高度侧棱投影的形式。侧面投影为一个矩形,是左右侧面的类似形投影重合（左侧面可见,右侧面不可见）。矩形的上下边线及左边线是三棱柱上下底面及后侧面的积聚性投影,右边线是前侧棱(BB_1)的 W 面投影。

2）斜棱柱

下面以斜三棱柱为例,对斜棱柱的特征、安放、投影作图等进行讲解。

（1）斜棱柱的特征

如图 6.2(a)所示,斜棱柱有以下 3 个特征：

①上下底面是两个相互平行且相等的多边形,如图 6.2(a)中底面为等腰三角形。

②各个侧面都是平行四边形。

③各条侧棱相互平行、相等,且倾斜于底面,其长度不等于棱柱的高。

（2）斜棱柱的安放

斜棱柱的安放原则同直棱柱。如图 6.2(a)所示,使此斜三棱柱的上下底面平行于 H 面,后侧棱面垂直于 W 面,三条侧棱相互平行,且与底面倾斜。

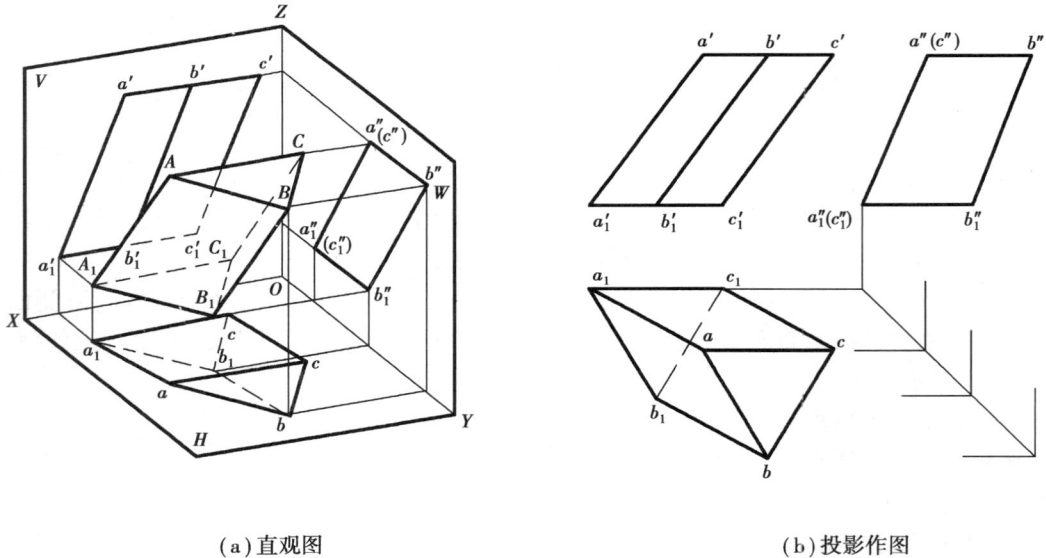

（a）直观图　　　　　　　　　　（b）投影作图

图 6.2　斜三棱柱的投影

（3）斜棱柱的投影

完成斜棱柱的三面投影,就是画出此斜棱柱两底面和各侧面的三面投影。

作图：如图 6.2(b)所示。

①画上、下底面的各投影。先画实形投影,如 H 面中的 $\triangle abc$ 和 $\triangle a_1 b_1 c_1$；后画积聚性投影,如 V、W 面中的水平线段 $a'b'c'$、$a_1'b_1'c_1'$ 和 $a''b''c''$、$a_1''b_1''c_1''$。

②画每条侧棱的各投影。如画出图中 AA_1、BB_1、CC_1 侧棱的三面投影,完成斜棱柱的投影

作图。

（4）斜棱柱的投影分析

斜棱柱的 H、V、W 面各个投影,应包含该斜棱柱所有表面的该面投影,如图6.2(b)所示。

斜棱柱侧棱面常不具有积聚性投影,需要判别表面可见性的情况较直棱柱多。判断某一表面投影可见性的原则是:若该表面的全部边线在此面投影可见,则该表面此面投影可见;若该表面有一条边线在此面投影不可见,则该表面此面投影不可见,如图6.2(b)所示。

水平面投影:斜棱柱上下底面的实形投影（上底面可见,下底面不可见）,以及侧棱的相应可见投影。如图6.2(b)所示为两个底面的三角形投影,加上三条斜线,是该斜棱柱三条侧棱的 H 面投影。

正面投影:基本形状为平行四边形,如图6.2(b)所示为左右两个平行四边形合成的一个较大的平行四边形。左右两个平行四边形是左右侧面的类似形投影（可见）,较大平行四边形是后侧面的类似形投影（不可见）;其上下边线是棱柱上下底面的积聚性投影。

侧面投影:基本形状仍为平行四边形,如图6.2(b)所示平行四边形是左右侧面类似形投影的投影重合（左侧面可见,右侧面不可见）;该平行四边形的上下边线及左边线是该斜三棱柱上下底面及后侧面的积聚性投影,右边线是前侧棱（BB_1）的 W 面投影。

6.1.2　棱锥的三面正投影

底面为平面多边形,其余各侧面都是三角形,且各侧棱相交于一个顶点的平面立体称为棱锥。棱锥底面的边数与侧面数、侧棱数相等,当底面边数为 N 时（底面是 N 边形）,就称为 N 棱锥（$N \geqslant 3$）。

顶点到底面的距离称为**棱锥的高**。当棱锥的底面为正多边形,且棱锥的顶点与该正多边形中心的连线即为棱锥的高,与底面垂直,则该棱锥被称为**正棱锥**;反之,则为**斜棱锥**。

下面以正三棱锥为例,对棱锥的特征、安放、投影作图等进行讲解。

（1）棱锥的特征

如图6.3(a)所示,棱锥有以下3个特征:

①底面为多边形,如图6.3(a)中底面为 $\triangle ABC$。

②每个侧面均为三角形,如图6.3(a)中侧面分别为 $\triangle SAB$、$\triangle SBC$、$\triangle SAC$。

③每条侧棱均交于同一顶点,如图6.3(a)中 SA、SB、SC 均交于顶点 S。

（2）棱锥的安放位置

安放原则:使棱锥的底面平行于某一投影面,顶点通常朝上、朝前或朝左。

如图6.3(a)所示,使三棱锥的底面 $\triangle ABC$ 平行于 H 面,后侧面 $\triangle SAC$ 垂直于 W 面。

（3）棱锥的投影作图

作棱锥的投影,就是画出该棱锥底面及各侧面的投影。

作图:如图6.3(b)所示。

①画底面 $\triangle ABC$ 的实形投影（$\triangle abc$）和积聚性投影 [$a'b'c'$、$a''(c'')b''$]；

②画顶点 S 的三面投影（s、s'、s''）；

③连各侧棱的三面投影,完成棱锥的投影作图。

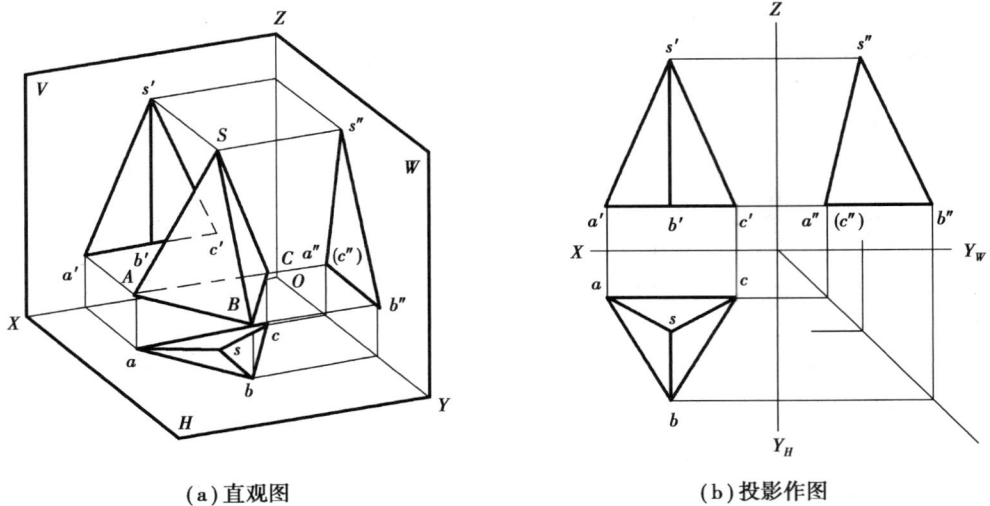

（a）直观图　　　　　　　　　　　　（b）投影作图

图 6.3　三棱锥的投影

（4）棱锥的投影分析

棱锥的 H、V、W 面各个投影，应包含该棱锥所有表面的该面投影，如图 6.3（b）所示。

水平面投影：由若干个小三角形组合而成，小三角形的数量由底面边数决定，是该棱锥各个侧面的类似形投影与底面的实形投影的重合（各侧面可见，底面不可见），图 6.3（b）所示为由三个小三角形组合成的大三角形。

正面投影：基本形状为三角形，图 6.3（b）所示为左右两个小三角形合成的一个大三角形。左右两个小三角形是棱锥左右侧面类似形投影（可见），大三角形是后侧面的类似形投影（不可见），大三角形的下边线是棱锥底面的积聚性投影。

侧面投影：基本形状为三角形，图 6.3（b）中三角形是三棱锥左右侧面的类似形投影的重合（左侧面可见，右侧面不可见），三角形的左边线及底边线是棱锥后侧面及底面的 W 面积聚投影，三角形右边线是前侧棱（SB）的 W 面投影。

6.1.3　棱台的三面正投影

当棱锥被一个平行于底面的平面截割时，得到的平面立体称为**棱台**。棱台底面的边数与侧面数、侧棱数相等，当底面边数为 N，底面是 N 边形时，就称为 N **棱台**（$N \geqslant 3$）。

两底面之间的距离称为**棱台的高**。当棱台的底面为正多边形，且棱台的上下底面正多边形中心的连线与底面垂直时，则该棱台被称为**正棱台**。

下面以正四棱台为例，对棱台的特征、安放、投影作图等进行讲解。

（1）棱台的特征

如图 6.4（a）所示，棱台有以下 3 个特征：

①底面为多边形；

②每个侧面均为梯形；

③每条侧棱延长后，均交于同一顶点。

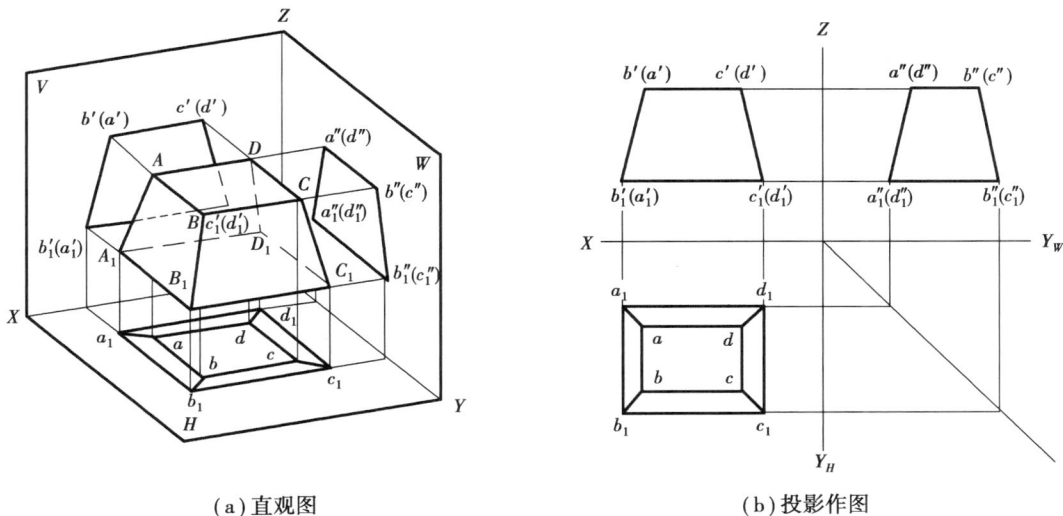

（a）直观图   （b）投影作图

图 6.4 棱台的投影

（2）棱台的安放

安放原则：使棱台的底面平行于某一投影面。

如图 6.4（a）所示，使四棱台的上下底面平行于 H 面，左右侧面垂直于 V 面，前后侧面垂直于 W 面。

（3）棱台的投影作图

作棱台的投影，就是画出此棱台底面及各侧面的投影。

作图：如图 6.4（b）所示。

①画出上下底面的各投影。先画实形投影，如 H 面上的矩形 $abcd$ 和 $a_1b_1c_1d_1$；后画积聚投影，如 V 面上的水平线段 $(a')b'c'(d')$ 和 $(a_1')b_1'c_1'(d_1')$，以及 W 面上的 $a''(d'')b''(c'')$ 和 $a_1''(d_1'')b_1''(c_1'')$。

②画出侧棱的各面投影，如遇投影重合的情况只用画出一条，完成正棱台的投影作图。

（4）棱台的投影分析

水平面投影：如图 6.4（b）中的两个矩形，是该四棱台上下底面的实形投影（上底面可见，下底面不可见），左右及前后共 4 个梯形是棱台左右及前后侧面的类似形投影（均可见）。

正面投影：如图 6.4（b）所示为一个梯形，是棱台前后侧面的类似形投影（前侧面可见，后侧面不可见），梯形的上下边线是棱台上下底面的积聚性投影，其左右边线是棱台左右侧面的积聚投影。

侧面投影：如图 6.4（b）所示为一个梯形，是棱台左右侧面的类似形投影（左侧面可见，右侧面不可见），梯形的上下边线是棱台上下底面的积聚性投影，其左右边线是棱台后前侧面的积聚投影。

6.2 平面立体的表面取点

在平面立体表面取点，要满足一定的作图条件，结合作图原理并按照作图步骤进行。

作图条件：当点的一个**已知投影**位于立体的某一表面、棱线或边线的**非积聚性投影**上时，可由该已知投影，根据点的从属性及点的三面投影规律，补出立体表面点的另两个投影；反之，不能补出点的另两个投影。

作图原理：平面立体所有的表面均为平面，故其表面取点、直线的作图原理与作属于平面的点、直线的作图相同。

作图步骤：

①**分析**。根据点的某一已知投影位置及其可见性，判断、分析出该点所属表面的空间位置及其投影。

②**作图**。当点所属表面有**积聚性投影**时，根据点属于面可直接补出点在该面的积聚性投影上的投影，再根据点的三面投影规律，补出点的第三面投影；当点所属表面**无积聚性投影**时，则应过点在其所属面内作一条合理的辅助线，找到该线的三面投影，再根据点属于该线，求出点的三面投影。

③**判别可见性**。对某一投影面而言，根据点属于表面，则点的该面投影的可见性，与点所属表面的该面投影的可见性一致；当点的某一投影位于面的该面积聚性投影上时（一般不可见），通常不必判别点的该面投影的可见性，其投影不用打括号。

注意：立体表面取点的作图方法是立体表面取点、线，以及求平面截割立体的截交线、两立体相交的相贯线投影作图的基础，必须熟练掌握。

6.2.1　棱柱表面取点

【例 6.1】如图 6.5(a)所示，已知三棱柱表面 K 点的 H 面投影 k，以及 M 点的 V 面投影 m'，求 K、M 点的另两面投影。

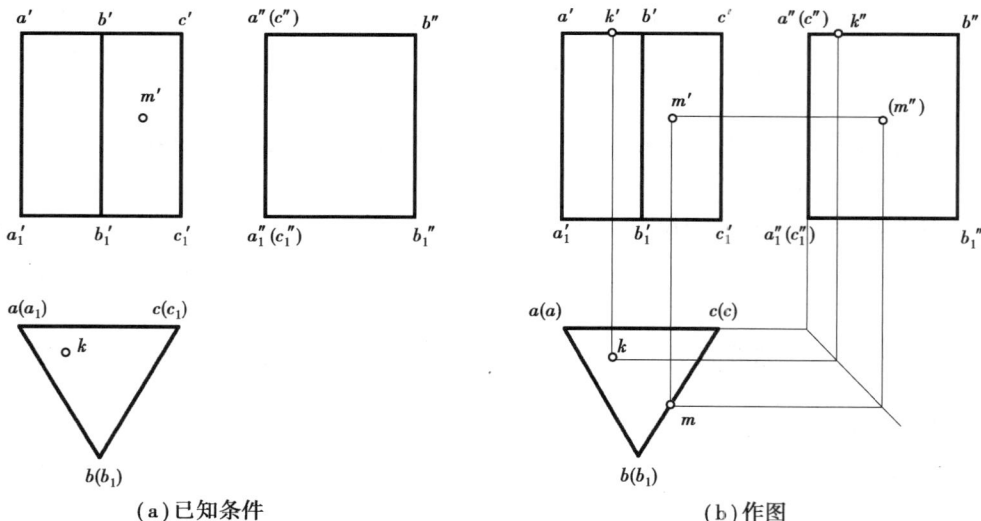

(a)已知条件　　　　　　　　　　(b)作图

图 6.5　棱柱表面取点

【**解**】分析：根据 K 点的 H 面投影 k 可见，判断 K 点应属于上底面 $\triangle ABC$，且上底面的 V、W 面投影有积聚性，积聚性投影为 $a'b'c'$，$a''b''(c'')$。根据 M 点的 V 面投影 m' 可见，判断 M 点应属于棱柱的右侧面，且其 H 面投影有积聚性，积聚性投影为 bc。

作图:如图 6.5(b) 所示。

①求 K 点:由 k 向上作投影连线与积聚性投影 $a'c'$ 相交得 k',再根据三等关系由 k、k' 求得 k''。

②求 M 点:由 m' 向下作投影连线与 bc 相交得 m,再由 m、m' 求得 m''。

判别可见性:对 K 点,因 k'、k'' 属于上底面的 V、W 面的积聚性投影,故不必判别其可见性。对 M 点,因 m 属于右侧面的 H 面的积聚性投影,故不必判别其可见性,右侧面的 W 投影不可见,故 m'' 不可见,记为 (m'')。

6.2.2　棱锥表面取点

三棱锥表面
上取点

【例 6.2】如图 6.6(a) 所示,已知三棱锥表面 K 点的 H 面投影 k,M 点的 V 面投影 m',求 K、M 点的另两面投影。

【解】分析:根据 K 点的 H 面投影可见,判断 K 点应属于 $\triangle SAC$,且 $\triangle SAC$ 的 W 面有积聚投影 $s''a''(c'')$,故 $k'' \in s''a''(c'')$。根据 M 点的 V 面投影 m' 可见,判断点 $M \in \triangle SBC$,且该面的 3 个投影均无积聚性。

作图:如图 6.6(b) 所示。

①求 K 点。方法一:由已知 k 根据三等关系向 W 投影面作宽相等的投影连线交 $s''a''$ 上得 k'',再由 k、k'' 求得 k'。方法二:在 $\triangle sac$ 内过 k 引辅助直线 sk,并延长与 ac 相交得 1 点,过 1 点向上作投影连线交 $a'c'$ 得 $1'$,连 $s'1'$ 与过 k 向上所作的投影连线相交得 k',再由 k、k' 求得 k''。

②求 M 点。在 $\triangle s'a'c'$ 内过 m' 作辅助直线 $m'2'$,与 $s'c'$ 相交于 $2'$,由 $2'$ 求得 2。过 2 作平行 bc 的辅助线(由于 $m'2' \parallel b'c'$,故 $m2 \parallel bc$)与由 m' 向下所作的投影连线相交得 m。再由 m'、m 可求得 m''。

判别可见性:对于 K 点,因 K 点所在的 $\triangle SAC$ 的 V 面投影 $\triangle s'a'c'$ 不可见,故 k' 不可见,记为 (k'),$k'' \in s''a''(c'')$(面的积聚性投影),不判别可见性。对于 M 点,因 M 点所在的 $\triangle SBC$ 的 H 投影可见,故 m 为可见;$\triangle SBC$ 的 W 投影为不可见,故 m'' 为不可见,记为 (m'')。

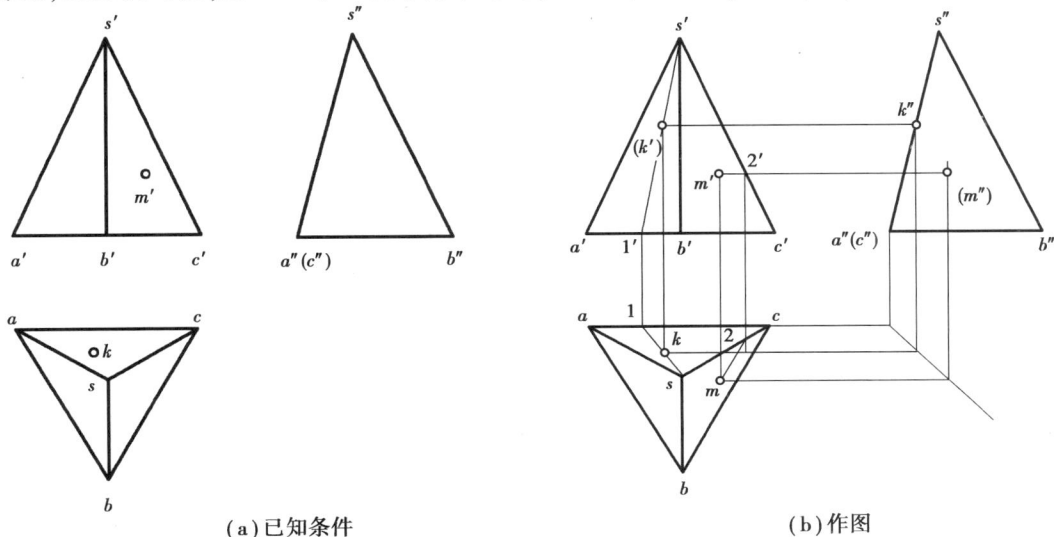

(a)已知条件　　　　　　　　　　　　　(b)作图

图 6.6　棱锥表面取点

6.3 平面与平面立体相交

平面与立体相交,在立体表面产生交线称为**截交线**。与立体相交的平面,称为**截平面**。截平面截切立体所得的由截交线围合成的图形,称为**截断面**,简称**断面**。

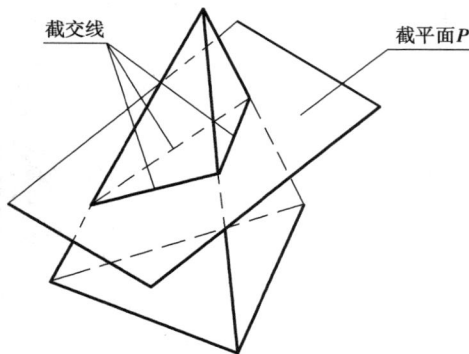

如图 6.7 所示为截平面与三棱锥相交的情况。从图中不难看出,截交线的形状由截平面相对平面立体的位置来决定,任何截交线都具有两个共同性质:

①平面立体各表面均为平面,故截交线是封闭的多边形;多边形的各边是截平面与平面立体各表面的交线;多边形的各个顶点则是截平面与平面立体各条棱线的交点。

②截交线是截平面与平面立体的共有线,截交线上每个点都是截平面与平面立体的共有点。

图 6.7 截平面与三棱锥相交

因此,平面与平面立体相交的问题,实质上是平面立体各表面或各棱线与截平面相交产生交线或交点的问题。求截交线的方法,也可归纳为两种:

①交线法:求出截平面与平面立体各表面的交线,即得截交线。

②交点法:求出截平面与平面立体各棱线的交点,按照一定的连点原则将交点两两相连,也可得截交线。

6.3.1 特殊位置平面与平面立体相交

当截平面处于特殊位置时,截平面具有积聚性的投影必与截交线在该投影面上的投影重合,即截交线有一个投影为已知。此时,可根据这个已知的投影,利用前面所述表面取点的方法,求出截交线的其余投影。

【例 6.3】如图 6.8(a)所示,求正垂面与三棱锥的截交线。

【解】分析:截平面为正垂面,故它与三棱锥的交线的正面投影为已知;又因截平面与三棱锥三条棱线均相交,所以截平面与三条棱线 SA、SB、SC 的交点Ⅰ、Ⅱ、Ⅲ的正面投影 $1'$、$2'$、$3'$ 也已知;只需求出截交线的水平投影及侧面投影,即可完成题目要求。

作图:由交点法求截交线,如图 6.8(b)所示。

①由已知截平面与三条棱线 SA、SB、SC 的交点Ⅰ、Ⅱ、Ⅲ的正面投影 $1'$、$2'$、$3'$,根据直线上点的从属性,求出其余两投影 1、2、3 及 $1''$、$2''$、$3''$。

②依次连接同名投影,得截交线的水平投影和侧面投影。

③根据截交线所在表面的可见性确定其可见性。

【例 6.4】如图 6.9(a)所示,求正三棱锥被水平面 P_V 和正垂面 Q_V 截切后的三面投影。

【解】分析:水平面 P_V 截切三棱锥,将得一个与底面相似的正△ⅠⅡⅢ,它的 V 投影积聚为一段水平线 $1'2'3'$;正垂面 Q_V 截切正三棱锥产生的截交线,求解方法同【例 6.3】。两平面均未

切断正三棱锥,它们的交线是一条正垂线ⅥⅦ。立体图如图6.9(c)所示。

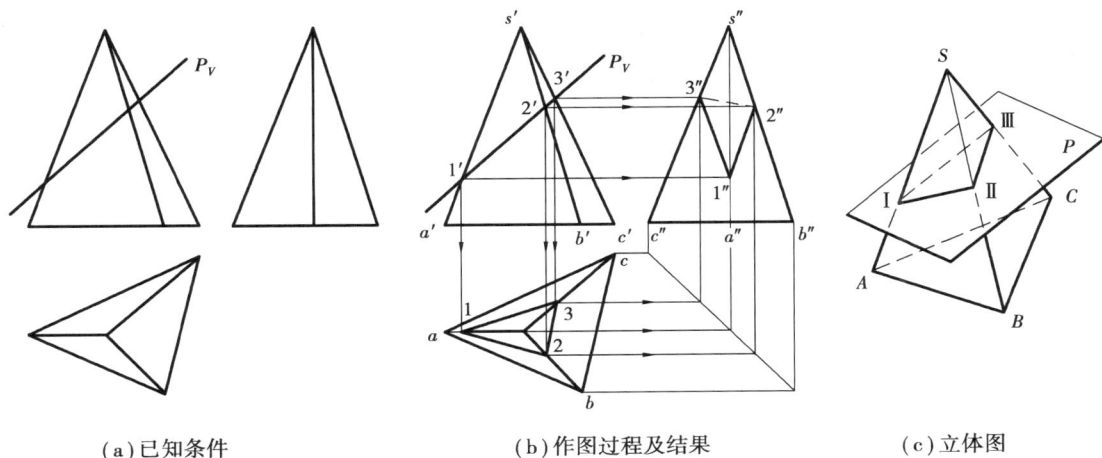

(a)已知条件　　　　　　　　　(b)作图过程及结果　　　　　　　(c)立体图

图6.8　正垂面与三棱锥的截交线

作图:如图6.9(b)所示。

①首先求出正三棱锥未被截切前的侧面投影。

②水平面P_V截切正三棱锥的正面投影1′、2′、3′为已知,由此可求出其水平投影1、2、3及侧面投影1″、2″、3″。

③正垂面Q_V截切正三棱锥的正面投影4′、5′、6′、7′已知,其中积聚点6′、7′是P_V面与Q_V面交线的正面投影,求出其水平投影和侧面投影4、5、6、7和4″、5″、6″、7″。

④如图6.9(c)所示,分两个截面按P_V截面上从Ⅰ→Ⅱ→Ⅵ→Ⅶ→Ⅰ,Q_V截面上从Ⅳ→Ⅴ→Ⅵ→Ⅶ→Ⅳ的顺序,连接其水平投影和侧面投影。

⑤判定可见性:两个截切平面截切三棱锥得到一个向左上方的缺口,所以产生的截交线在投影中全部可见,仅截面P与截面Q的交线ⅥⅦ的水平投影不可见。

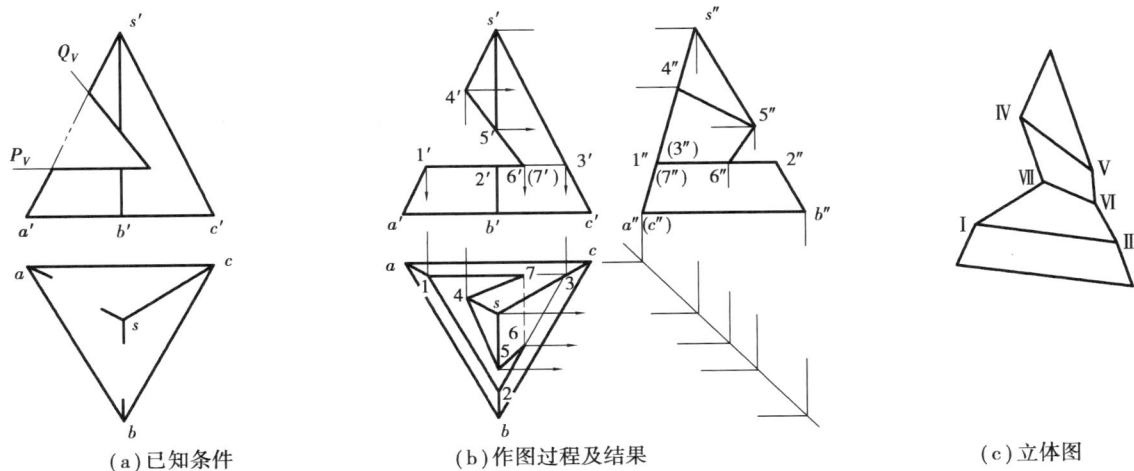

(a)已知条件　　　　　　　　　(b)作图过程及结果　　　　　　　(c)立体图

图6.9　完成正三棱锥被截割后的三面投影

如图6.10所示仍是一个正三棱锥被水平面P和正平面Q截切,但是,截切口与立体间相对位置与图6.9所示的立体不同,所以两组截交线是完全不相同的。

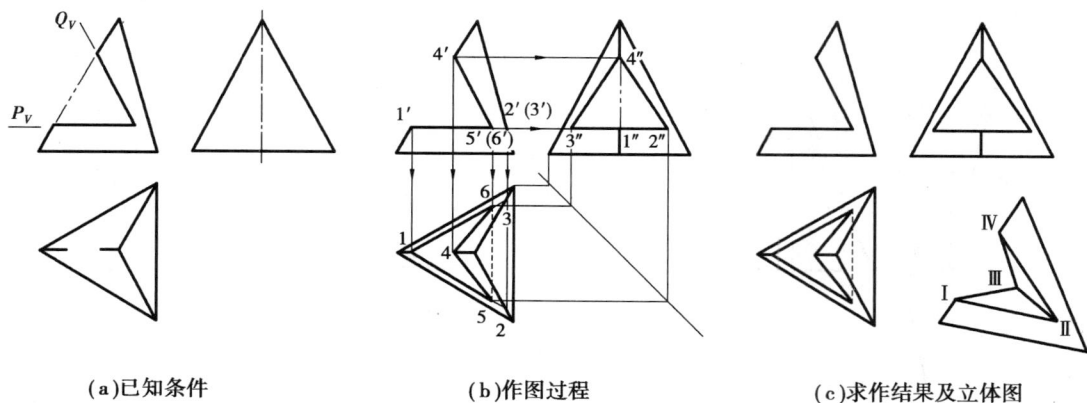

（a）已知条件 （b）作图过程 （c）求作结果及立体图

图 6.10　正三棱锥被截割后的三面投影

【例 6.5】如图 6.11（a）所示，求带缺口的三棱柱的投影。

平面与四棱
柱相交求截
交线

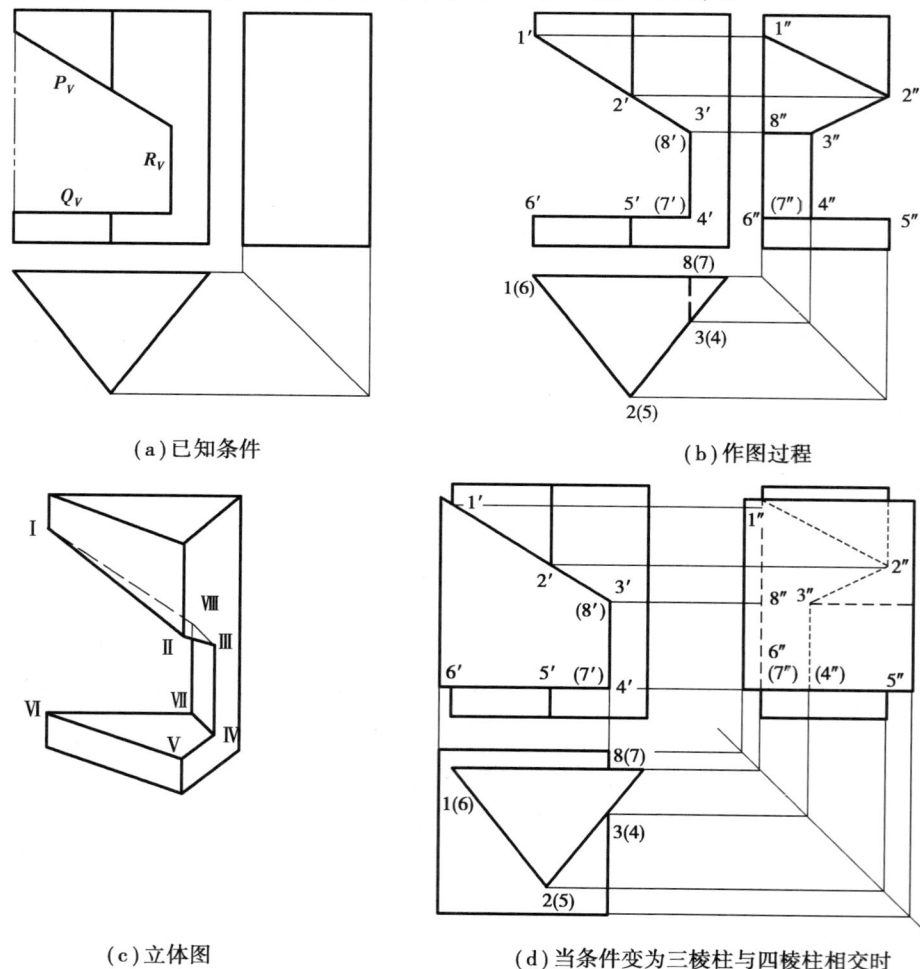

（a）已知条件 （b）作图过程

（c）立体图 （d）当条件变为三棱柱与四棱柱相交时

图 6.11　求带缺口的三棱柱投影

【解】分析：三棱柱分别被正垂面 P_V、水平面 Q_V 及侧平面 R_V 截切；观察该三棱柱，其水平投影具有积聚性。所以，属于三棱柱表面截交线的水平投影一定重合在该积聚性投影上，也就是截交线的水平投影已知；三个截切平面的正面投影均具有积聚性，所以它们与三棱柱产生的交线的正面投影也已知。只需要求出截交线的侧面投影，即可完成题目要求。

作图：如图 6.11(b)所示。

①先求正垂面 P_V 与三棱柱产生截交线上的点 Ⅰ、Ⅱ、Ⅲ、Ⅷ。截平面 P_V 是正垂面，与棱柱的交点 1′、2′ 已知，同时，它与侧平面 R_V 的交线 3′、8′ 也已知。根据平面立体表面取点的方法，求出这些点的水平投影和侧面投影。

②再求水平面 Q_V 与三棱柱相交产生截交线上的点 Ⅳ、Ⅴ、Ⅵ、Ⅶ。水平面 Q_V 的正面投影具有积聚性，它与棱柱的交点 5′、6′ 已知，同时，它与侧平面 R_V 的交线 4′、7′ 也已知。同理，可求出这些点的水平投影和侧面投影。

③侧平面 R_V 与三棱柱相交产生截交线上的点 Ⅲ、Ⅳ、Ⅶ、Ⅷ的正面投影 3′、4′、7′、8′ 已知，其水平投影和侧面投影已经在前面的作图中完成。

④根据同在一个表面的两点才能相连的原则，按 Ⅰ→Ⅱ→Ⅲ→Ⅳ→Ⅴ→Ⅵ→Ⅶ→Ⅷ→Ⅰ 的顺序连接，其中交线 Ⅲ→Ⅷ 和 Ⅳ→Ⅶ 在水平投影中为不可见的虚线。

⑤从题目正投影中可知：三棱柱的左边棱线 Ⅰ→Ⅵ、中间棱线 Ⅱ→Ⅴ 已经被切掉，只有右边棱线是完整的。在水平投影中，三棱柱投影的积聚性使缺口无法体现。在侧投影中，1″→6″、2″→5″ 之间无棱线，但右边棱线完整且后侧面的大部分都存在，故在该投影中只有 2″→5″ 间无线段。

当条件变为三棱柱与四棱柱相交时，所求各点的位置完全不变，连线的顺序和形状也不变，但截交线变为相贯线，可见性必须严格判断。同时，原三棱柱的棱线也由于四棱柱的遮挡，产生局部的虚线，如图 6.11(d)所示。

6.3.2　一般位置平面与平面立体相交

平面立体与一般位置平面相交时，通常用求一般位置平面与棱线交点的方法来求出截交线。

【例 6.6】如图 6.12(a)所示，求平面 △DEF 与三棱锥 S-ABC 的截交线。

【解】分析：用一般位置直线与一般位置平面相交求交点的方法是辅助平面法，求出平面 △DEF 分别与 SA、SB、SC 棱线产生的交点 Ⅰ、Ⅱ、Ⅲ，两两相连即得截交线。

作图：如图 6.12(b)所示。

①求 SA 棱线与 △DEF 的交点。包含 a′s′ 作辅助正垂面 P_V，P_V 与 △DEF 的交线 GH 的正面投影 g′h′ 直接得到，由 g′h′ 求出水平投影 gh，gh 和 as 的交点即为 SA 棱线与 △DEF 的交点 Ⅰ 的水平投影 1，再由 1 作出 1′。

②同理，可求出 SB、SC 棱线与 △DEF 的交点 Ⅱ、Ⅲ。

③依次连接 Ⅰ、Ⅱ、Ⅲ 各点的同名投影，同时考虑 △DEF 的范围，得到 △DEF 与三棱锥 S-ABC 的截交线。

④判定可见性：截交线的可见性由截交线线段所属立体表面的可见性来判断。三棱锥与 △DEF 平面的可见性，可按交叉两直线可见性判断方法进行。

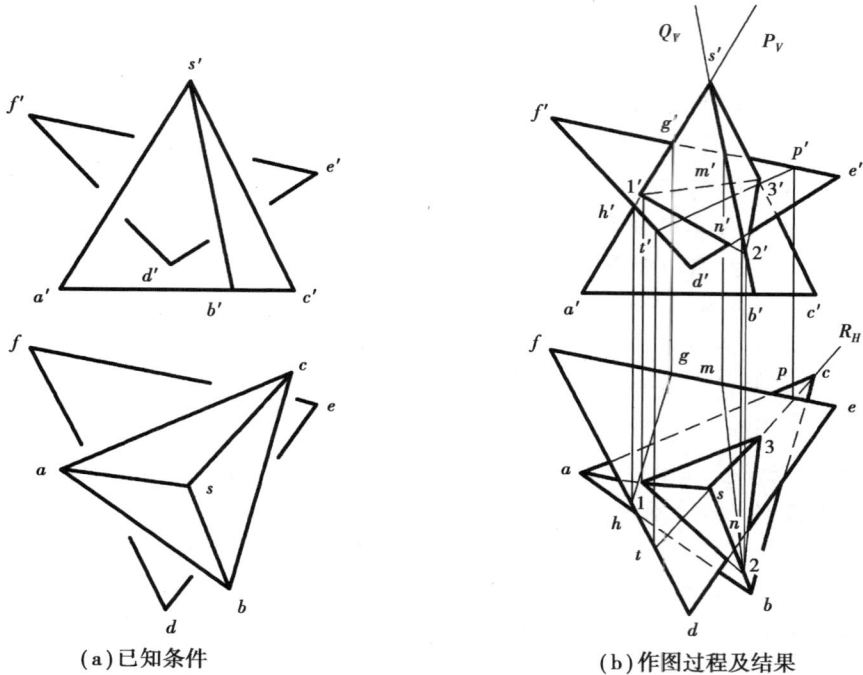

图 6.12　求平面 $\triangle DEF$ 与三棱锥的截交线

6.4　直线与平面立体相交

直线与平面立体相交产生的交点,称为贯穿点。求贯穿点的实质就是求直线与立体表面的交点。由于直线是"穿入""穿出"立体,所以,一般情况下贯穿点有两个。当直线或平面立体表面的投影具有积聚性时,应利用积聚性来求贯穿点;当直线或平面立体表面的投影无积聚性时,则采用辅助平面法求贯穿点。

6.4.1　直线或平面立体表面的投影具有积聚性

【例 6.7】如图 6.13(a)所示,求直线 MN 与三棱柱的贯穿点。

【解】分析:从图 6.13(a)所示的水平投影中可知,三棱柱的水平投影具有积聚性,直线 MN 贯穿过三棱柱的左右侧棱面。所以,贯穿点的水平投影可直接得到。再由直线上点的从属性,可求出贯穿点的正投影。

作图:如图 6.13(b)所示。

①求贯穿点的水平投影。线段 mn 与三棱柱左右侧面的积聚性水平投影的交点,即为贯穿点的水平投影 1,2。

②求贯穿点的正面投影。根据直线上点的从属性,由水平投影 1、2 求出正面投影 1′、2′。

③判断可见性。根据Ⅰ、Ⅱ点所属三棱柱左、右侧棱面的可见性,判断 1′、2′均可见。

必须注意:直线穿入立体时,与立体已融为一整体,故直线在立体内部的一段并不存在,不能画线。

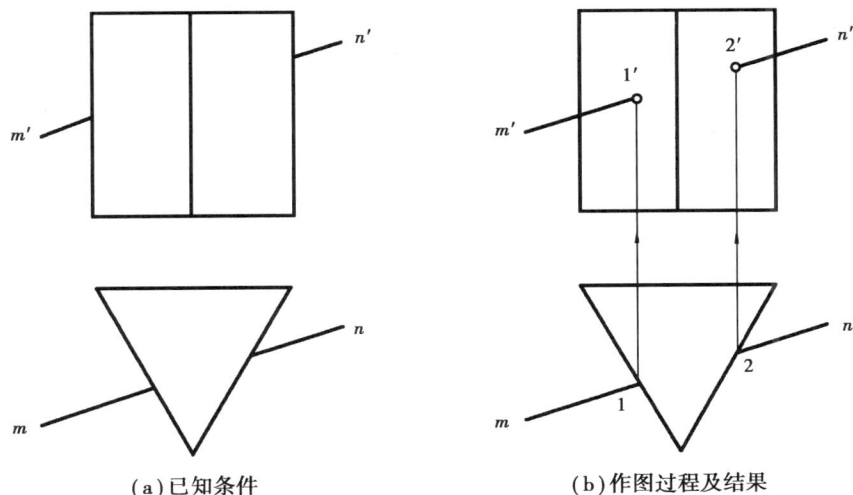

(a) 已知条件　　　　　　　　　　(b) 作图过程及结果

图 6.13　求一般位置直线与三棱柱的贯穿点

【例 6.8】 如图 6.14(a) 所示, 求正垂线 *ED* 与三棱锥的贯穿点。

【解】分析: 正垂线 *ED* 的正面投影具有积聚性, 故属于 *DE* 直线的贯穿点其正面投影必定与积聚点重合, 即贯穿点的正面投影为已知。用立体表面取点法即可求出贯穿点的其余两个投影。

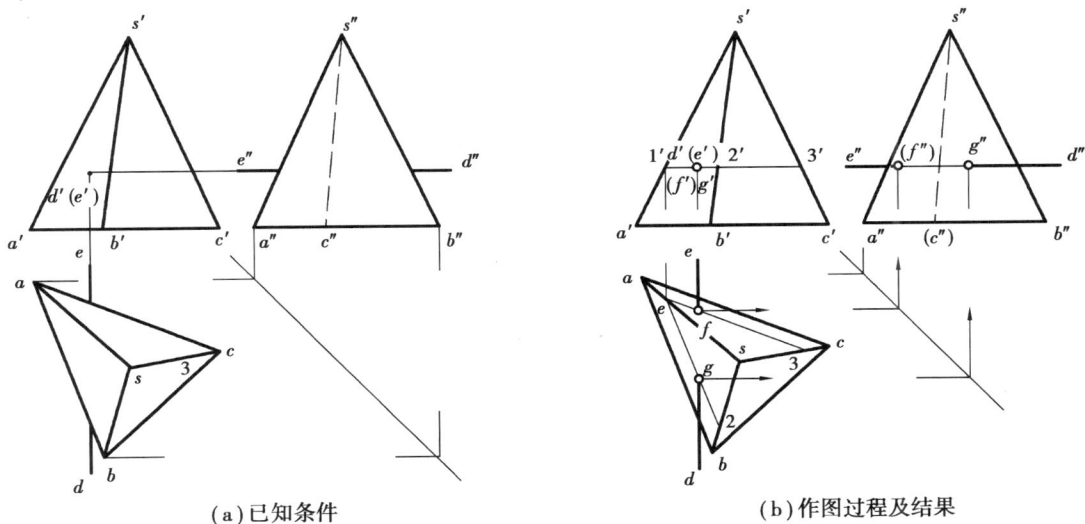

(a) 已知条件　　　　　　　　　　(b) 作图过程及结果

图 6.14　求正垂线与三棱锥的贯穿点

作图: 如图 6.14(b) 所示。

①求贯穿点的水平投影。由 *DE* 的正面投影积聚, 直接得到贯穿点 *F*、*G* 的正面投影 f'、g'。

②求贯穿点的水平投影。由立体表面取点的方法, 过 f' 作 $1'2' // a'b'$, 过 *m* 作 $1'3' // a'c'$, 求得贯穿点的水平投影 *f*、*g* 和侧面投影 f''、g''。

③判断可见性。由贯穿点所属表面的可见性, 分别判断出 *G* 点的三面投影均可见; *F* 点的 *H* 投影可见, *V*、*W* 投影不可见, 由此完成直线贯穿立体后的投影。同样要注意的是, 直线穿入立体内部后, 两贯穿点之间不能画线。

6.4.2　直线或平面立体表面的投影无积聚性

直线或平面立体表面的投影无积聚性可利用时,贯穿点的求解就要采用辅助平面法,其作图步骤如下:

①包含直线作辅助平面。为使作图简便,辅助平面宜为垂直面或平行面。

②求辅助平面与立体表面的交线(截交线)。

③该交线与已知直线的交点,即为所求的贯穿点。

【例6.9】如图6.15(a)所示,求一般位置直线 MN 与三棱锥的贯穿点。

【解】分析:直线与三棱锥表面的投影均无积聚性,所以,本例采用辅助平面法求贯穿点。包含直线 MN 作辅助平面(垂直面),再求出辅助平面与三棱锥的截交线,便可求出直线 MN 与三棱锥的贯穿点 K、G。

作图:如图6.15(b)所示。

①包含 MN 作辅助正垂面 P_V,P_V 与三棱锥截交线的正面投影 1′、2′、3′为已知。

②求出截交线的水平投影△123。

③△123 与线段 mn 的交点 k、g,即为贯穿点 K、G 的水平投影,再由直线上点的从属性,求出贯穿点的正面投影 k′、g′。

④根据贯穿点所属立体表面的可见性,判断贯穿点 k、g、g′为可见,k′为不可见,完成直线 MN 与三棱锥相交后的投影。同样,直线与立体相交后,贯穿点之间不能画线。

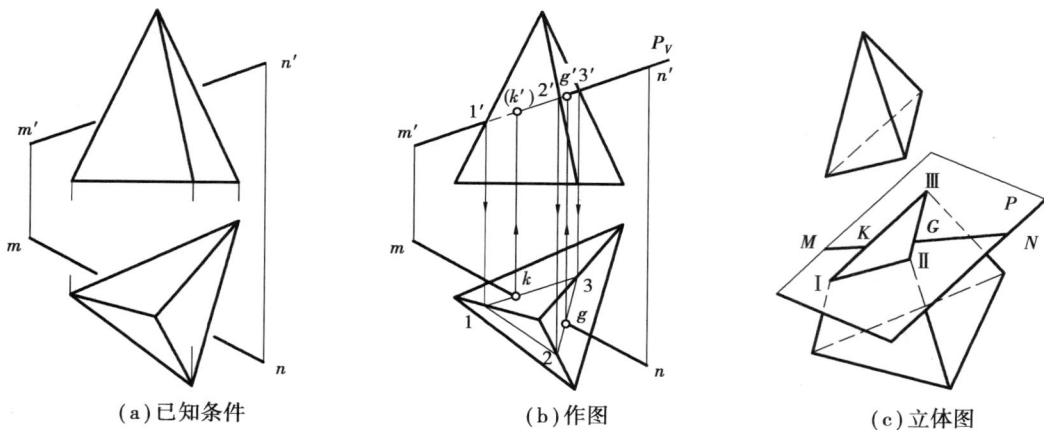

(a)已知条件　　　　　(b)作图　　　　　(c)立体图

图 6.15　求一般位置直线与三棱锥的贯穿点

6.5　两平面立体相交

6.5.1　两平面立体相交的基本概念

两平面立体表面相交产生的交线,称为相贯线。一般情况下,相贯线为封闭的空间折线或平面多边形。如图6.16所示,除图6.16(a)后侧面上产生的交线是平面多边形(四边形)外,其余均为封闭的空间折线;在特殊情况下,相贯线也可能不封闭,三棱柱与三棱锥共底面,故产生的交线是不封闭的空间折线,如图6.16(c)所示。

当一个立体全部贯穿另一个立体时,称为全贯,如图6.16(a)所示;当两立体相互贯穿时,称为互贯,如图6.16(b)、(c)所示。

6.5.2 两平面立体相交的作图方法

从图6.16可看出:两平面立体相交产生的空间折线或平面多边形的各线段,是两平面立体相关表面产生的交线,折线的顶点是两平面立体相关棱线与表面的交点。所以,求两平面立体相交的相贯线问题,实质上是求直线(棱线)与平面(立体表面)的交点及求两平面(立体表面)交线的问题。

相贯线连线原则:属于某立体同一表面,同时也属于另一立体同一表面上的两点才能相连。

相贯线可见性判别原则:相贯线上的线段只有同时属于两立体可见表面上时,才为可见,否则为不可见。

当求出属于相贯线上的点之后,按照上述原则连接得到相贯线。应当注意:两立体贯穿后是一个整体,相贯线既是两立体表面共有线,也是两立体表面的分界线,立体表面的棱线只能画到相贯线处为止,不能穿入另一立体中,如图6.16所示。

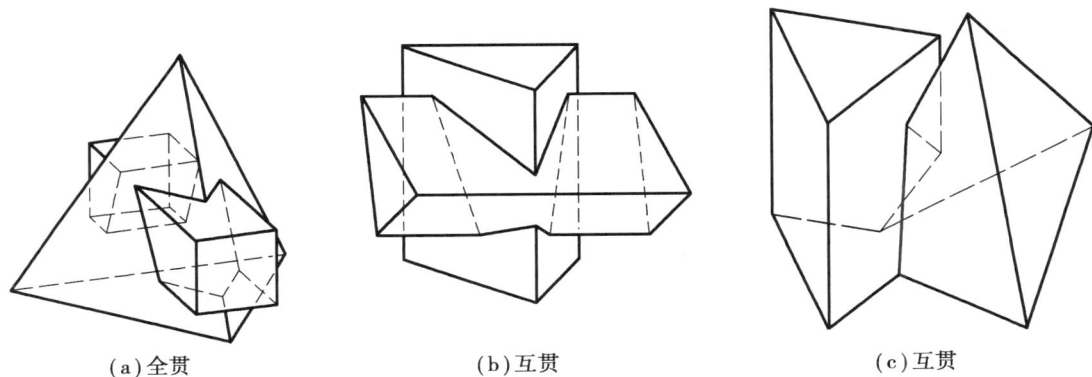

(a)全贯   (b)互贯   (c)互贯

图6.16 两平面立体相交

【例6.10】如图6.17(a)所示,求两三棱柱的相贯线。

【解】分析:从图6.17(a)可看出,两三棱柱为互贯,三棱柱 ABC 的棱线垂直于 H 面,它的水平投影 abc 具有积聚性,故属于其上的相贯线的水平投影为已知。又因三棱柱 DEF 的棱线垂直于 W 面,它的 W 面投影 $d''e''f''$ 具有积聚性,故属于其上的相贯线的 W 面投影也为已知,只需求出相贯线的 V 面投影,即可完成两三棱柱相交的投影。

作图:如图6.17(b)所示。

①三棱柱 ABC 的 H 面投影具有积聚性,可以确定它与三棱柱 DEF 的交点1、2、(3)、(4)、5、(6);三棱柱 DEF 的 W 面投影具有积聚性,也可以确定它与三棱柱 ABC 的交点 $1''$、$(2'')$、$3''$、$(4'')$、$5''$、$6''$。

②相贯线各点的 H 面投影和 W 面投影Ⅰ(1、$1''$)、Ⅱ(2、$2''$)、Ⅲ(3、$3''$)、Ⅳ(4、$4''$)、Ⅴ(5、

131

5″)、Ⅵ(6、6″)均已知,即可求出它们的 V 面投影 1′、2′、3′、4′、5′、6′。

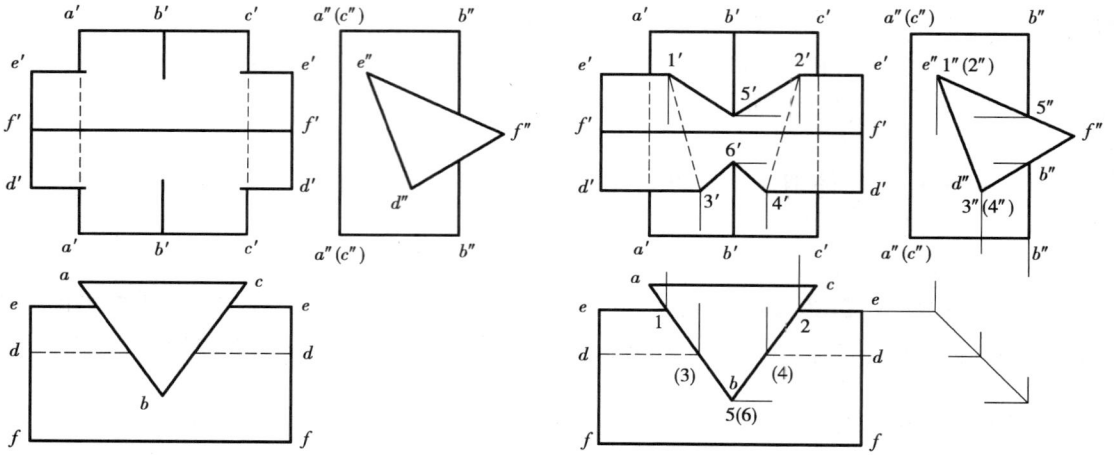

（a）已知条件　　　　　　　　　　　　　　（b）作图过程

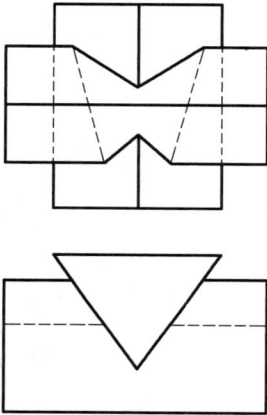

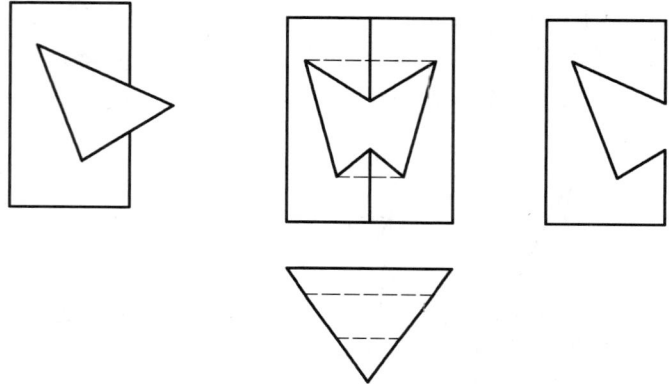

（c）作图结果　　　　　　　　　　　　（d）直三棱柱被贯穿一个三棱柱孔

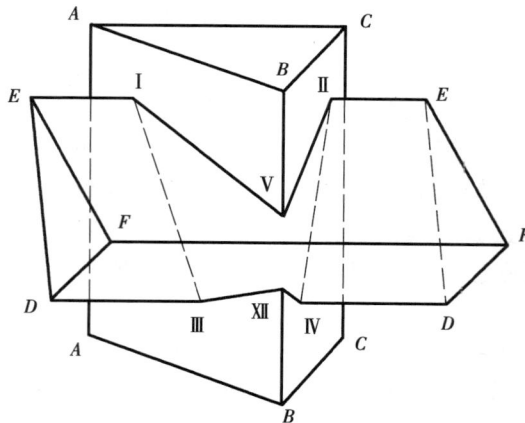

（e）相贯体的轴测图

图 6.17　两三棱柱相交

③根据相贯线的连线原则,从任一点开始连线,可按 Ⅰ→Ⅴ→Ⅱ→Ⅳ→Ⅵ→Ⅲ→Ⅰ 的顺序连线。在图 6.17(b)的正面投影中,将它们的同名投影相连,即得相贯线的正面投影,为封闭的空间折线。

④判定可见性。根据相贯线上的线段只有同时属于两立体可见表面时才可见的原则,在图 6.17(b)的正面投影中,判断 1′5′、2′5′、3′6′、4′6′线段为可见;1′3′、2′4′线段为不可见,完成相贯线的可见性判定。同时,判断出三棱柱 ABC 的 AA 棱线、BB 棱线被遮住部分不可见,完成两三棱锥相交后的投影。

若相交的两立体一个为实体、一个为虚体,相贯线的求解方法与两实体相交时完全相同。如图 6.17(d)所示,可看成将三棱柱 DEF 沿水平方向抽出(形成虚体)。同时,应注意相贯线可见性与图 6.17(c)的变化,以及新出现的虚线。

【例 6.11】如图 6.18(a)所示,求三棱锥与四棱柱相交后的投影。

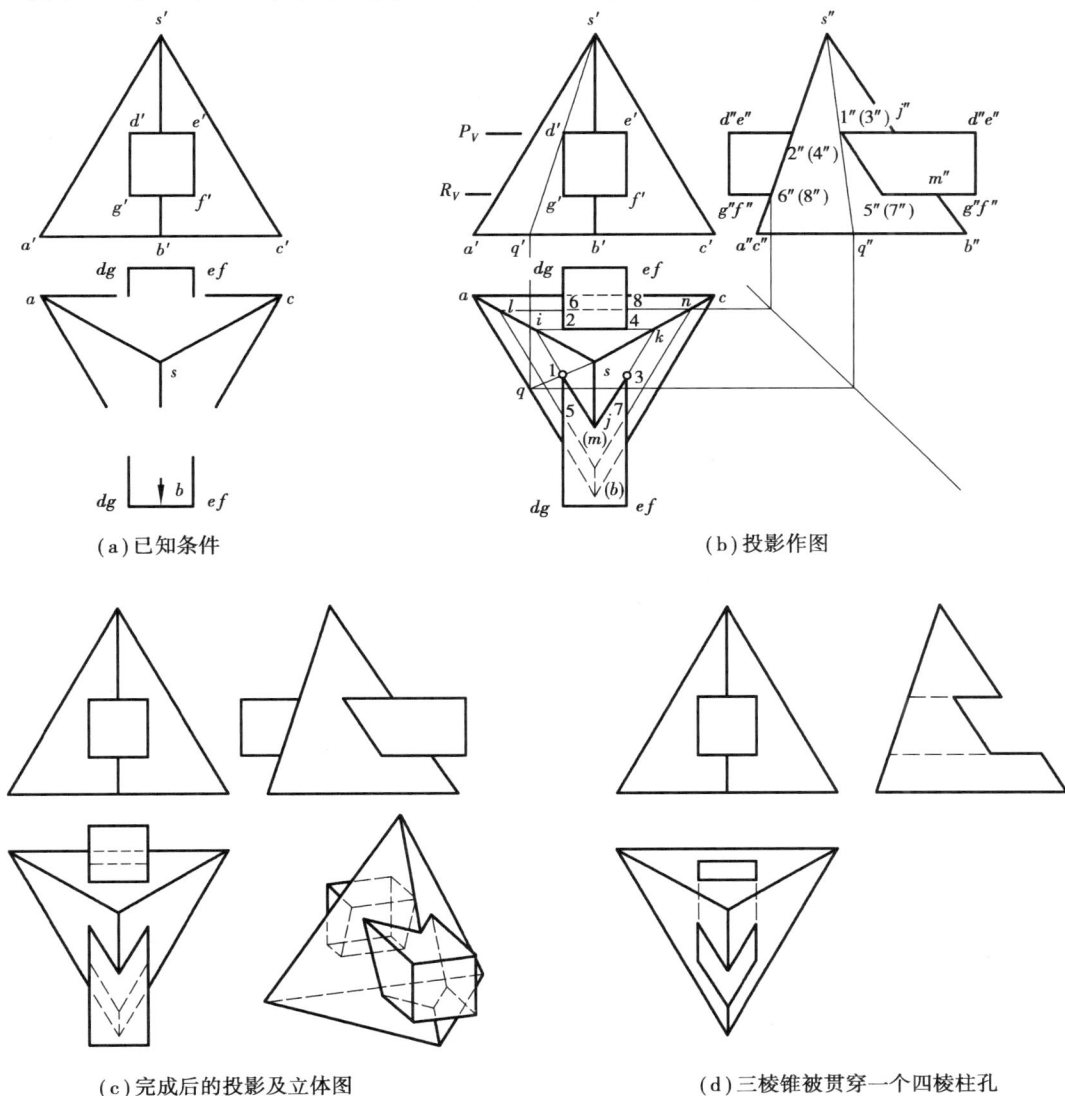

(a)已知条件

(b)投影作图

(c)完成后的投影及立体图

(d)三棱锥被贯穿一个四棱柱孔

图 6.18 三棱锥与四棱柱相贯

【解】分析：①四棱柱的四条棱线均为正垂线,故其 V 面投影具有积聚性,属于四棱柱表面的相贯线的 V 面投影为已知。

②从正面投影观察,四棱柱完全贯穿三棱锥,为全贯,从水平投影观察,四棱柱"穿入""穿出"三棱锥,所以相贯线有前后两组。

③三棱锥的底面是水平面,四棱柱上下表面为水平面,左右表面为侧平面。它们相交后产生的相贯线,将分别属于四棱柱的水平及侧平表面上。

④投影图左右对称,所以相贯线也是左右对称的。

作图：如图 6.18(b)所示,分别采用辅助线法和辅助面法。

①辅助线法：要求四棱柱 DD 棱线与三棱锥表面的交点,可利用 DD 棱线正面投影的积聚性,连 $s'd'$ 到 q',$s'q'$ 为三棱锥 SAB 表面上过点 I 的一辅助线,按投影关系求出 sq、$s''q''$,其上的 1、$1''$ 即为贯穿点 I 的两个投影。同理,可求出贯穿点 II、III、IV、V、VI、VII、VIII 的投影,又有棱线 SB 与四棱柱上下表面的交点 J、M,便求出了相贯线上各点的投影。

②辅助面法：要求三棱锥表面与四棱柱表面的交线,可作包含四棱柱上表面 $DDEE$ 平面的水平面 P_V 及包含四棱柱下表面 $GGFF$ 平面的水平面 R_V,与三棱锥相交产生截交线 $\triangle IJK$ 和 $\triangle LMN$。这两组交线分别与四棱柱 4 条棱线相交于 I、II、III、IV、V、VI、VII、VIII 点,同时与三棱锥 SB 棱线交于 J、M 点,便求出了相贯线上各线段的投影。

③根据相贯线的连线原则,可得三棱锥与四棱柱全贯后前、后两部分的相贯线,前面为封闭的空间折线,后面为封闭的平面多边形。它们的 W 面投影具有积聚性和重影性。

④判定可见性。根据同时属于两立体可见表面的相贯线线段才可见的原则,判断属四棱柱上表面的相贯线线段为可见,属于四棱柱下表面的相贯线为不可见。同时,判断两立体相交后,三棱锥底面被四棱柱遮住部分的投影不可见,如图 6.18(c)所示。

如图 6.18(d)所示为一个实体的三棱锥被一虚体的四棱柱相贯穿后(将四棱柱沿水平方向抽出)的投影图,其作图方法与上述相同,应注意对比两种情况下相贯线可见性、三棱锥可见性的变化及新出现的虚线。

【例 6.12】 如图 6.19(a)所示,求正六棱柱被一个三棱柱穿孔后的投影。

【解】分析：从正六棱柱被穿孔的 V 面投影和正六棱柱具有积聚性的 H 面投影可以看出,正六棱柱被穿孔后,前后、左右均是对称的。前面孔口是正三棱柱的三个棱面与正六棱柱的左前、前、右前三个侧表面产生的交线,分别为 $I\,II$、$II\,III$、$III\,IV$、$IV\,V$、$V\,VI$、$VI\,VII$、$VII\,I$。交线的 V 面投影为已知,交线的 H 面投影积聚在正六棱柱的 H 面投影中(在前面);后面孔口为正三棱柱的三个棱面与正六棱柱的左后、后、右后 3 个侧表面产生的交线,分别为 $I_0\,II_0$、$II_0\,III_0$、$III_0\,IV_0$、$IV_0\,V_0$、$V_0\,VI_0$、$VI_0\,VII_0$、$VII_0\,I_0$。前后两组交线具有对称性,如它们的正投影重影,水平投影积聚在正六棱柱的 H 面投影中(在后面)。

作图：如图 6.19(c)所示。

①确定出前面孔口所产生的相贯线上各点 I、II、III、IV、V、VI、VII 的 V 面投影 $1'$、$2'$、$3'$、$4'$、$5'$、$6'$、$7'$;后面孔口所产生的相贯线上各点与之对称,有 $1_0'$、$2_0'$、$3_0'$、$4_0'$、$5_0'$、$6_0'$、$7_0'$。

②这 14 个点分别属于正六棱柱前后 6 个侧表面,正六棱柱各表面的 H 面投影具有积聚性,从而确定出这 14 个点的 H 面投影。

③相贯线上各点的 H 面投影和 V 面投影均已知,便可求出相贯线上各点的 W 面投影。

④根据相贯线的连线原则,并对照 V 面投影和 H 面投影,进行相贯线 W 面投影的连线：

$1'' \rightarrow 2'' \rightarrow 3'' \rightarrow 4'' \rightarrow 5'' \rightarrow 6'' \rightarrow 7'' \rightarrow 1''$ 及 $1_0'' \rightarrow 2_0'' \rightarrow 3_0'' \rightarrow 4_0'' \rightarrow 5_0'' \rightarrow 6_0'' \rightarrow 7_0'' \rightarrow 1_0''$。

⑤判断可见性。正六棱柱被正三棱柱穿孔,所以穿入正六棱柱内部的棱线均不可见,应画成虚线。

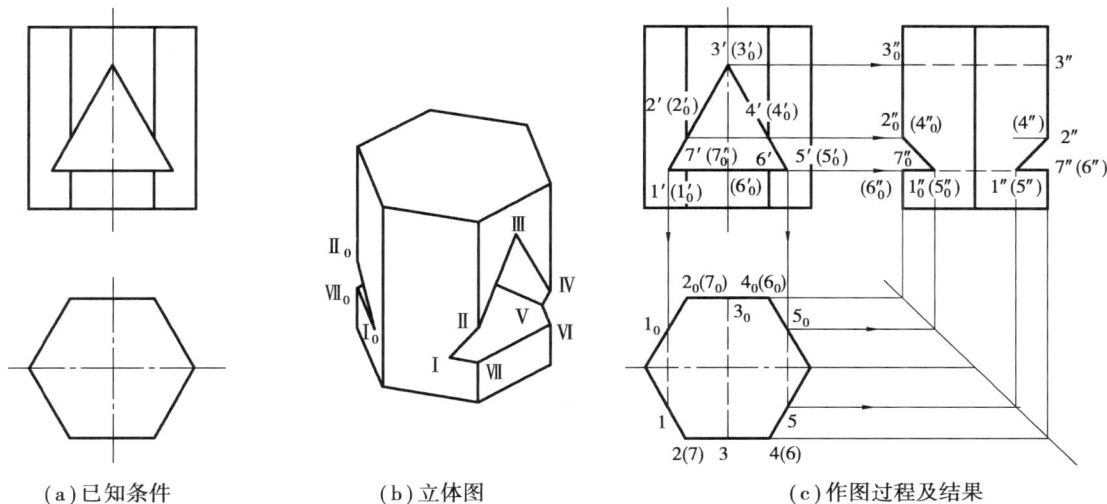

（a）已知条件   （b）立体图   （c）作图过程及结果

图 6.19　求正六棱柱被正三棱柱穿孔后的相贯线

【例 6.13】如图 6.20(a)所示,求三棱柱与正四棱锥相交后的投影。

【解】分析:①三棱柱的 V 面投影具有积聚性,所以,属于三棱柱表面的相贯线的 V 面投影已知。

②通过对题目的观察可知,三棱柱完全贯穿正四棱锥,且"穿入""穿出"正四棱锥,所以相贯线应有各自独立的前后两组。

③两相贯体前后具有完全的对称性,所以,前后两组各自独立的相贯线也是对称的。

作图:采用辅助平面法求解,如图 6.20(b)所示。

①在 V 面投影中,包含三棱柱底面(水平面)作辅助平面 P_V,它与正四棱锥产生一平行于四棱锥底边截交线,其中有效交线为前面部分 $Ⅰ \rightarrow Ⅱ \rightarrow Ⅲ$、后面部分 $Ⅰ_0 \rightarrow Ⅱ_0 \rightarrow Ⅲ_0$。由 V 面投影 $1'(1_0') \rightarrow 2'(2_0') \rightarrow 3'(3_0')$ 求出 H 面投影 $1(1_0) \rightarrow 2(2_0) \rightarrow 3(3_0)$ 和 W 面投影 $1''(1_0'') \rightarrow 2''(2_0'') \rightarrow 3''(3_0'')$。

②在 V 面投影中,包含三棱柱最上面的棱线作一辅助平面 Q_V,同样产生一平行于四棱锥底边截交线,其中有效交点为 $Ⅴ$、$Ⅴ_0$,即由 $5'(5_0')$ 求出 $5(5_0)$ 和 $5''(5_0'')$。

③在 V 面投影中,正四棱锥的最前、最后棱线分别与三棱柱的右侧面和底面相交,故分别产生交点 $Ⅳ$、$Ⅳ_0$ 及 $Ⅱ$、$Ⅱ_0$,其中 $Ⅱ$、$Ⅱ_0$ 前面已经求出,$Ⅳ$、$Ⅳ_0$ 的求解根据直线上点的从属性,便可由 $4'(4_0')$ 求出 $4''(4_0'')$ 和 $4(4_0)$。

④根据相贯线的连线原则,可得前后两组相贯线分别按 $Ⅰ$、$Ⅰ_0 \rightarrow$ $Ⅱ$、$Ⅱ_0 \rightarrow Ⅲ$、$Ⅲ_0 \rightarrow Ⅳ$、$Ⅳ_0 \rightarrow Ⅴ$、$Ⅴ_0 \rightarrow Ⅰ$、$Ⅰ_0$ 的顺序连接,它们的 V 面投影前后重影、H 面投影和 W 面投影前后对称。

⑤判断可见性。根据同时属于两立体可见表面的线段才可见的原则,判断 H 面投影中属于三棱柱底面的前、后各两段线段为不可见,W 面投影中属于正四棱锥右侧面的前、后各三段线段为不可见。

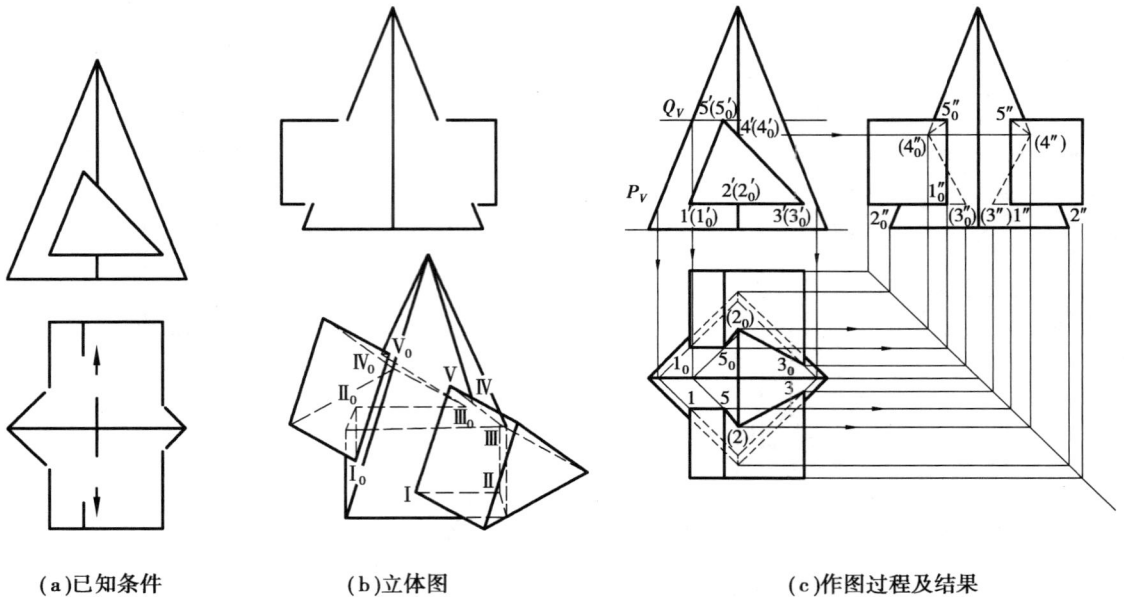

(a)已知条件　　　　　　(b)立体图　　　　　　(c)作图过程及结果

图 6.20　求三棱柱与正四棱锥的相贯线

6.6　同坡屋面

中国的传统建筑中,大量的屋顶是坡屋顶。现代的房屋建筑设计中,也有屋顶采用坡屋顶的形式。坡屋顶除考虑建筑造型外观的需要,还必须兼顾建筑构造合理,满足排水要求等,故应对其进行合理、正确的设计。

当坡屋面各个坡面(平面)的水平倾角 α 都相等,且各个坡面的屋檐线高度也都相等(位于同一水平面上)时,这样的坡屋面称为同坡屋面。

6.6.1　同坡屋面的特性

如图 6.21(a)所示的同坡屋面有 4 个屋面。正放时,左右屋面(三角形 12A、三角形 34B)为正垂面,前后屋面(四边形 23BA、四边形 14BA)为侧垂面,相应的檐线为 12、34 和 23、14。图 6.21(b)所示的同坡屋面有 6 个屋面。正放时,屋面为正垂面的有:三角形 12A、四边形 34DC 和五边形 56BCD,相应的檐线为 12、34 和 56;屋面为侧垂面的有:三角形 45D、四边形 16BA 和五边形 23CBA,相应的檐线为 45、16 和 23。

分析图 6.21(a)、(b),可得出同坡屋面特性如下:

①一条檐线确定一个屋面。一栋建筑有几条檐线,就有几个屋面。

②相对两屋面凸交时的交线为平脊线;凹交时的交线为平天沟(由于平天沟的防水要求较高,故实际工程中应尽量避免)。如图 6.21 中 AB、CD 为平脊线。

③相邻两屋面凸交时的交线为斜脊线;凹交时的交线为斜天沟(简称"斜沟")。如图 6.21(a)中 A1、A2、B3、B4 以及图 6.21(b)中 A1、A2、BC、B6、D4、D5 为斜脊线;图 6.21(b)中 C3 为斜沟。

④根据三平面两两相交,其 3 条交线必交于一点,则同坡屋面上如有两条线相交于一点,则过此点必有第三条交线。故一般情况下,同坡屋面的脊线(或斜沟)的交点原则是"一点三线、两斜(斜脊或斜沟)一平(平脊)、先碰先交(从一个方向依次向另一方向作图)"。

综上所述,斜脊、斜沟及平脊的 H 面投影,应为相应两檐线 H 面投影的分角线。故有同坡屋面的 H 面投影特征如下:

①当相邻两檐线垂直相交时,其对应的角平分线斜脊、斜沟的 H 面投影为 45°线。

②当相邻两檐线不垂直相交时,其对应的角平分线斜脊、斜沟的 H 面投影作图原理不变。

③当相对两檐线平行时,其对应屋面相交产生的屋脊与此两檐线的 H 面投影平行。

根据上述同坡屋面的 H 面投影特征,可以极为方便地完成同坡屋面 H 面投影作图。

图 6.21(c)是四坡屋面的三面投影,图 6.21(d)是六坡屋面的三面投影。其作图步骤与四坡相同,请读者自行分析。

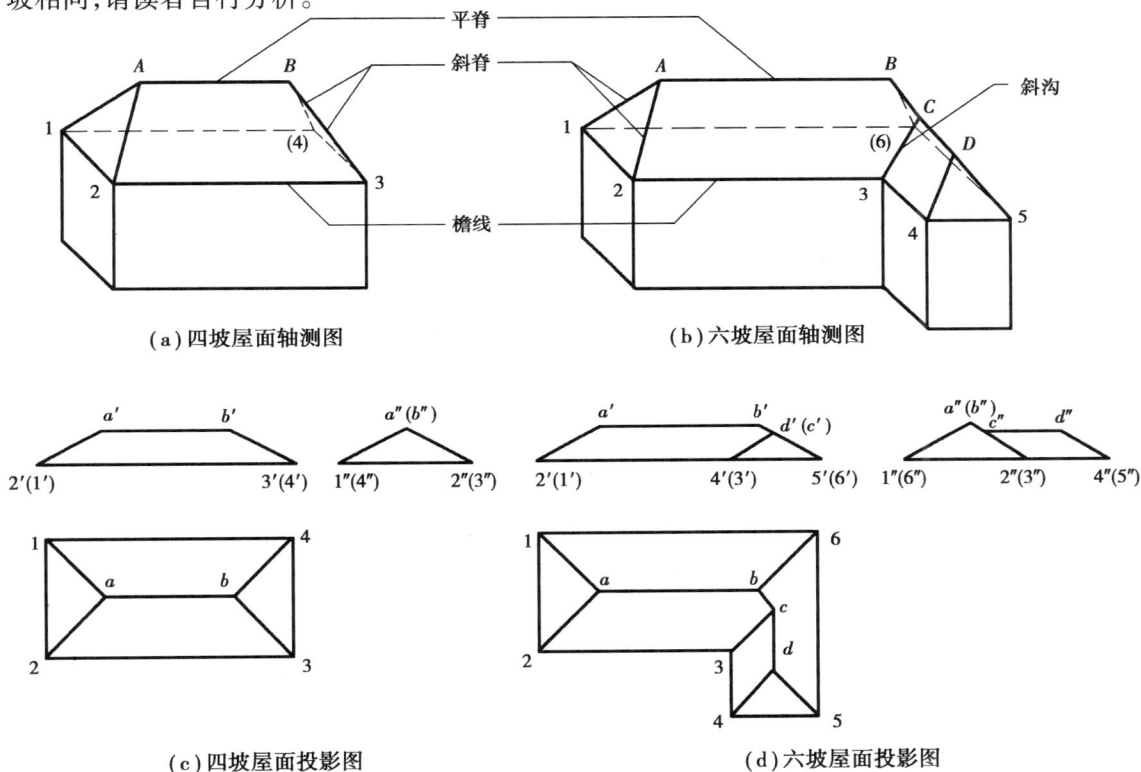

(a)四坡屋面轴测图　　　　(b)六坡屋面轴测图

(c)四坡屋面投影图　　　　(d)六坡屋面投影图

图 6.21　正交同坡屋面轴测图、投影图

6.6.2　同坡屋面的投影作图

如图 6.22 所示,已知屋面各檐线等高,各坡面倾角 $\alpha = 30°$,完成屋面的三面投影。

同坡屋面的
投影作图

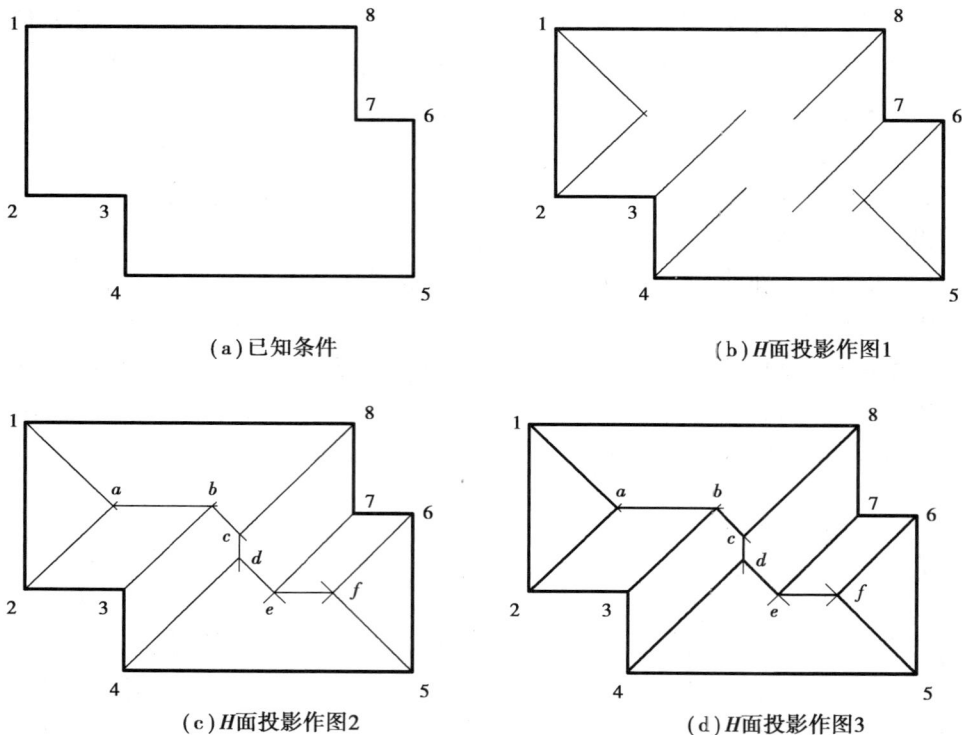

（a）已知条件

（b）H 面投影作图1

（c）H 面投影作图2

（d）H 面投影作图3

图6.22　同坡屋面交线画法

1）作 H 面投影

①根据图6.22（a）的 H 面投影，从各檐线的转角点向图形内作角平分线（此时所有相邻两檐线垂直相交，故角平分线都为45°），如图6.22（b）所示。

②在图形内，从左向右（也可从右向左）按交点性质"先碰先交、一点三线、二斜一平"原则依次作图，得到屋面上所有脊线（平脊：ab、cd、ef；斜脊：$1a$、$2a$、$4d$、$8c$、$6F$、$5f$）和斜沟（$3b$、$7e$）的 H 面投影，如图6.22（c）所示。

③对屋面上所作脊线和斜沟的 H 面投影进行加重后即得屋面的 H 面投影，如图6.22（d）所示。

作图完成。

2）作 V、W 面投影

分析：根据图6.23（d）已完成的 H 面投影所示，左右屋面 $12a$、$34dcb$、$78cde$、$56f$ 为正垂面，前后屋面 $45fed$、$23ba$、$67ef$、$81abc$ 为侧垂面；平脊线 ab、ef 为侧垂线，cd 为正垂线。

作图：如图6.23 所示。

①根据图6.23（d）已完成的 H 面投影，向上（右）作长对正（宽相等）的投影连线求得檐线上各点的 V、W 面投影，如图6.23（a）所示。

②在 V（W）面上根据已知屋面坡度（30°）作所有正垂面（侧垂面）的积聚投影，如图6.23（b）所示。

③在 V（W）面上根据 H 面投影中平脊线的编号依次连接 $a'b'$、$c'd'$、$e'f'$（$a''b''$、$c''d''$、$e''f''$）即得同坡屋面的 V（W）面投影，如图6.23（c）所示。

④加重、判别 V、W 面投影可见性。在 V 面上，由于正垂面屋面 7′8′c′d′e′ 在平脊线 e′f′ 的后面，故其投影 7′8′c′d′e′ 在平脊线 e′f′ 以下部分为不可见（画成虚线）；在 W 面上，由于 6″7″e″f″ 在平脊线 c″d″ 的右面，故其投影 6″7″e″f″ 为不可见（画成虚线），如图 6.23（d）所示。

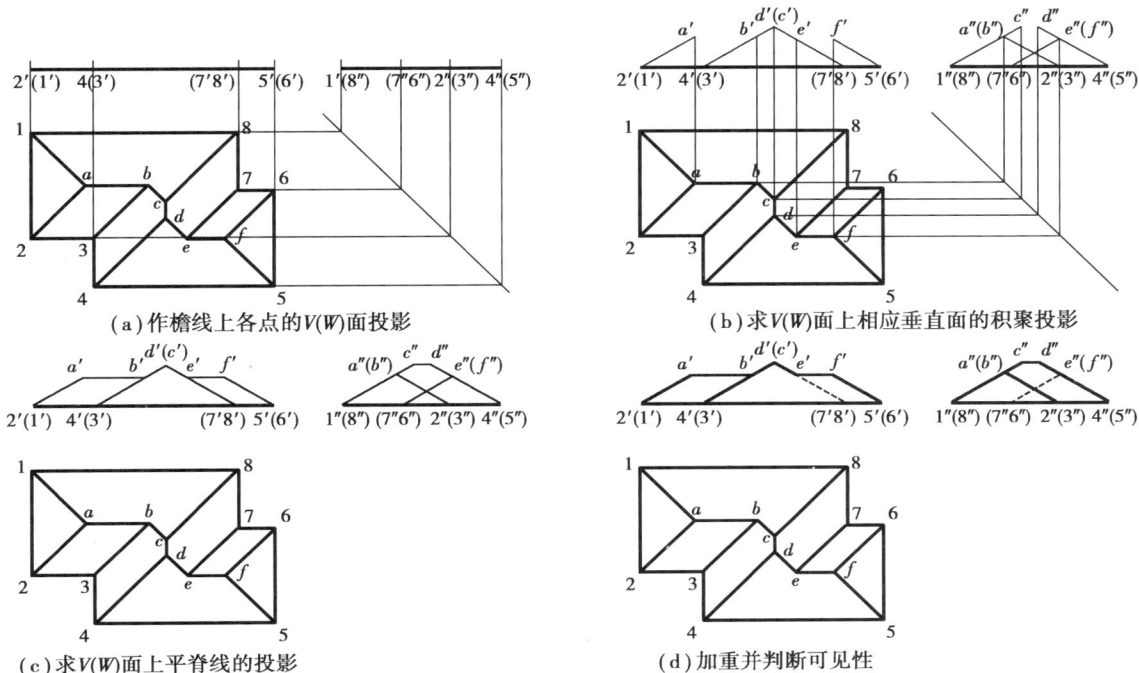

（a）作檐线上各点的V(W)面投影

（b）求V(W)面上相应垂直面的积聚投影

（c）求V(W)面上平脊线的投影

（d）加重并判断可见性

图 6.23 同坡屋面 V(W) 投影的画法

6.6.3 同坡屋面设计中应注意的问题

1）进行合理的坡屋面设计

比较图 6.24 和图 6.22（b）可知，两者檐线的 H 投影相同，但坡面设计结果不同，图 6.24 中出现平沟 CD。图 6.24 中的屋面 H 面投影，从几何作图角度讲正确，但因出现平沟而使屋面易渗水，不符合建筑构造的要求，故错误。

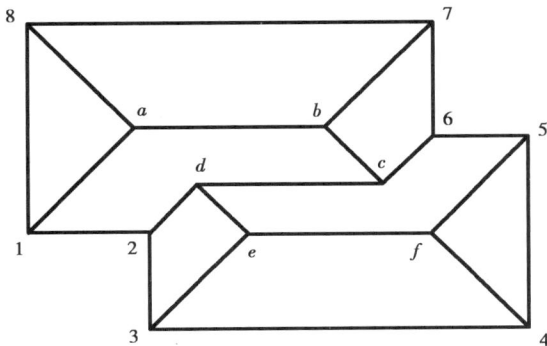

图 6.24 不先遇相交出现平沟

每次作出相交两檐线的角平分线后,其必须先遇相交于下一角平分线,得下一交点。图 6.24 中 1A 和 8A 相交于 a 点,过 a 点向右作平脊线 ab,此线应先遇相交于 2d 的延长线得 b 点,而它越过 2d 与 7b 相交于 b 点,致使作图结果错误。

2)檐线不垂直的坡屋面设计

如图 6.25 所示,该屋面有相邻檐线 23 和 34,56 和 61 不垂直,求其屋面交线。

H 面投影:过 a 作平脊线 ab 交 6b 得 b 点,过 b 点作檐线 23、56 的角平分线交 3c 得 c 点,过 c 点作平脊线 cd 交 4d 和 5d 得 d 点。连线,完成 H 面投影作图。

V 面投影:在屋面(2abc3)的 V 面积聚性投影上,由 c 得 c′;又因 c′d′ 是水平线,由 d 得 d′。连线,完成 V 面投影作图。

W 面投影:方法同 V 面投影作图,请利用 H 面、V 面投影,自行补出。

判别可见性:d′5′ 的 V 面投影不可见,画成虚线。

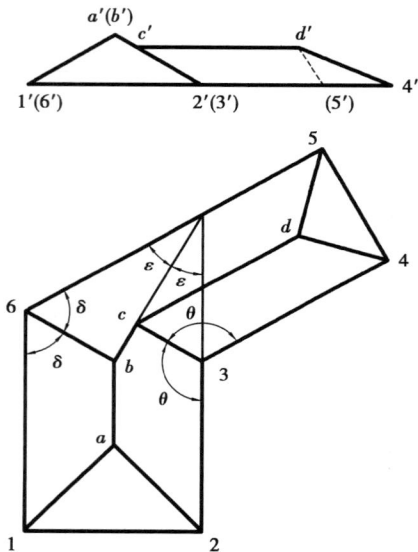

6.25　相邻两檐不垂直相交的屋面投影

3)四种典型的六坡屋面情况

若图 6.21(d) 中檐线 H 面投影不变,只改变檐线 43、56 之间的距离(x),使其逐渐加大,可以得到四种典型的坡屋面情况,如图 6.26 所示。

①$x < y$,如图 6.26(a) 所示,平脊高度 $AB > CD$,且 $CD \perp V$;

②$x = y$,如图 6.26(b) 所示,平脊高度 $AB = CD$,且 $CD \perp V$;

③$x = y_1$,如图 6.26(c) 所示,平脊高度 $AB < C$、D(一点),且四面交于一点;

④$x > y_1$,如图 6.26(d) 所示,平脊高度 $AB < CD$,$CD \perp W$。

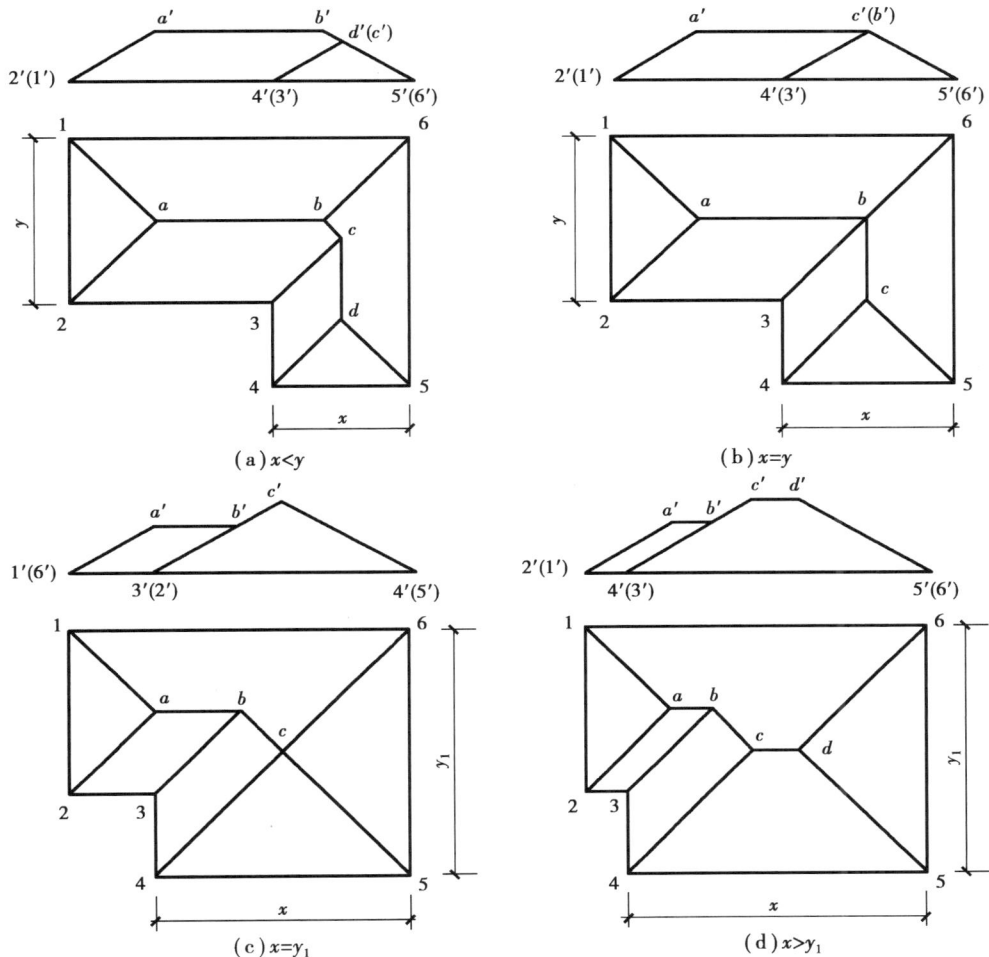

图 6.26　六坡屋面的四种典型情况

本章小结

(1)掌握平面立体的投影特征。

(2)掌握基本平面立体以及与平面、直线、立体相交后的平面立体的三面投影作图。

(3)掌握同坡屋面的三面投影作图。

复习思考题

6.1　什么是平面立体? 常见的平面立体有哪些?

6.2　直棱柱的投影特征是什么? 如何确定其安放位置?

6.3　平面截割立体,截交线如何确定? 如何判别可见性?

6.4　两平面立体相交,相贯线通常有何特征? 如何判别可见性?

6.5　同坡屋面的 H 面投影有何特征?

7

规则曲线、曲面及曲面立体

> **本章导读：**
>
>   学习工程中常见曲线、曲面及各种曲面立体的形成及投影；曲面立体表面上取点及其可见性；平面与曲面立体相交；平面立体与曲面立体相交及曲面立体与曲面立体相交等。

7.1　规则曲线及工程中常用的曲线

7.1.1　曲线的形成

曲线可以看作由以下三种方式形成：

①不断改变方向的点的连续运动的轨迹，如图 7.1(a)所示；

②曲面与曲面或曲面与平面相交的交线，如图 7.1(b)所示；

③直线簇或曲线簇的包络线，如图 7.1(c)所示。

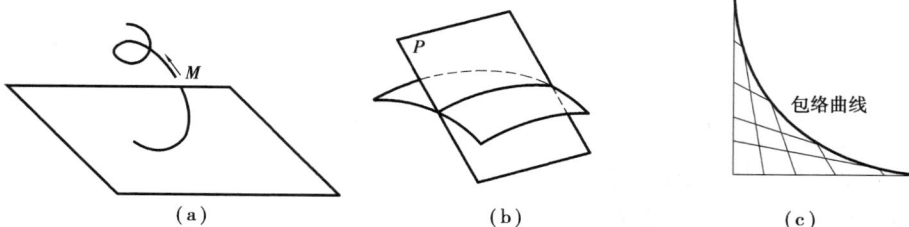

图 7.1　曲线的形成

7.1.2 曲线的分类

根据点的运动有无规律,曲线可分为规则曲线和不规则曲线。规则曲线一般可以列出其代数方程,且为单参数方程,如圆、椭圆、双曲线、抛物线、渐伸线、螺旋线等。

根据曲线上各点的所属性,可以分成两类:

①平面曲线:曲线上所有的点都属于同一平面的,称为平面曲线,如圆、椭圆、双曲线、抛物线等。

②空间曲线:曲线上任意连续四个点不属于同一平面的,称为空间曲线,如圆柱正螺旋线等。

7.1.3 曲线的投影

由于曲线可看作由点的运动而形成,只要作出曲线上一系列点的投影,并将各点的同面投影依次光滑地连接起来,即得该曲线的投影。

1)曲线投影的性质

曲线的投影一般仍为曲线。在特殊情况下,当平面曲线所在的平面垂直于某投影面时,它在该投影面上的投影积聚为直线(图7.2)。

曲线的切线在某投影面上的投影仍与曲线在该投影面上的投影相切。

二次曲线的投影一般仍为二次曲线,如圆和椭圆的投影一般为椭圆。

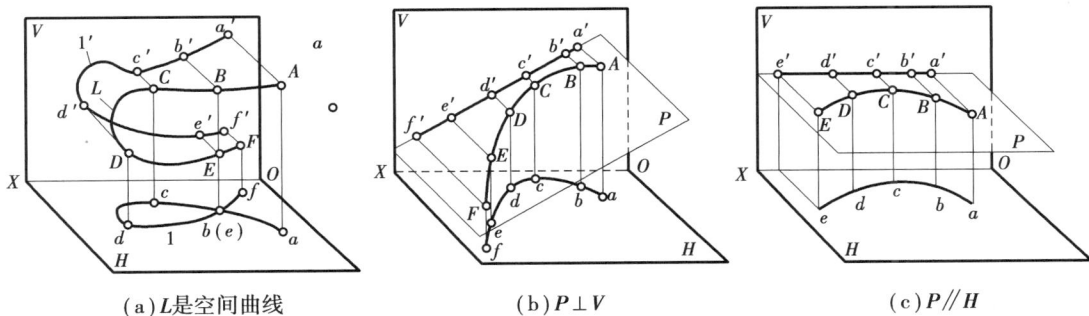

(a)L是空间曲线 (b)$P \perp V$ (c)$P /\!/ H$

图7.2 曲线的投影

2)圆的投影

圆是工程中常用的平面曲线,当它所在的平面平行于投影面时,其投影反映实形;当圆所在的平面垂直于投影面时,其投影积聚成一直线段,该线段的长等于圆直径;若圆所在的平面倾斜于投影面,其投影为一椭圆。

【例7.1】如图7.3所示,已知圆L所在平面$P \perp V$面,P与H面的倾角为α,圆心为O,直径为ϕ,求圆L的V、H投影。

【解】分析:①由于圆L所在平面$P \perp V$面,其V投影积聚为一直线$1'$,$1' = $直径$\phi$,$1'$与$OX$轴的夹角为$\alpha$。

②圆L所属平面倾斜于H面,其H投影为一椭圆l,圆心O的H投影是椭圆中心O,椭圆长

轴是圆 L 内平行于 H 面的直径 AB 的 H 投影 ab,$ab = AB$(直径),椭圆短轴是圆 L 内对 H 面最大斜度方向的直径 CD 的 H 投影 cd,$cd = CD \cdot \cos \alpha$。$CD /\!/ V$,故 $c'd' = \phi$。

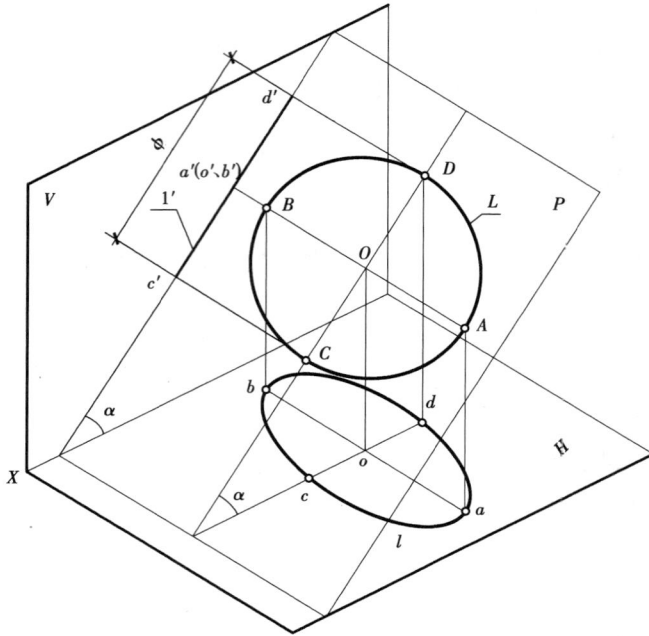

图 7.3　垂直于 V 面的圆的投影

作图:如图 7.4 所示。

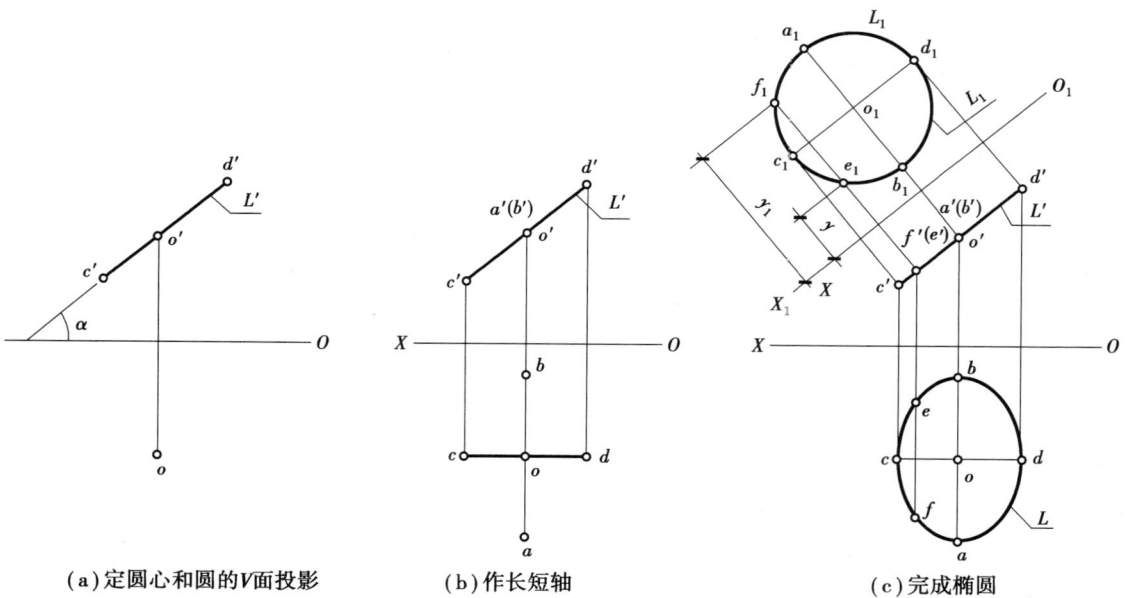

(a)定圆心和圆的V面投影　　　(b)作长短轴　　　(c)完成椭圆

图 7.4　作垂直于 V 面的圆的投影

①作圆 L 的 V 投影 l',即过 o' 作 $c'd'$ 与 OX 轴的夹角 $= \alpha$,取 $o'd' = \phi/2$,如图 7.4(a)所示。

②作圆 L 的 H 投影椭圆 l,先作椭圆的长短轴。即过 O 作长轴 $ab \perp ox$,$ao = ob = \phi/2$,过 o

作短轴 $cd/\!/OX$，cd 的长度由 $c'd'$ 确定，如图 7.4(b)所示。

③由长短轴可作出椭圆。这里采用换面法完成椭圆作图。如图 7.4(c)所示，作一新投影面 $H_1/\!/$圆 L，则圆 L 在 H_1 上的投影 l_1，反映实形。在投影图中作新投影轴 $O_1X_1/\!/l'$。根据 o、o' 作出 o_1，并以 o_1 为圆心、ϕ 为直径作圆，就得到圆 $l_1=$圆 L。由圆的 l_1 和 l' 而得椭圆 l。为此，需定出椭圆的足够数量的点，然后用曲线板依次光滑连接起来。图 7.4(c)中示出了 e、f 点的作图。先在 l_1 上定 e_1、f_1，向 O_1X_1 作垂线，与 l' 交得 e'、f'，再过 e'、f' 向 OX 轴作垂线，并在此垂线上量取 e、f 点分别到 OX 轴的距离等于 e_1、f_1 点分别到 O_1X_1 轴的距离而定出 e、f 点。

7.1.4　圆柱螺旋线的投影

1)圆柱螺旋线的形成

一动点沿着一直线作等速移动，而该直线同时绕与它平行的一轴线等角速旋转，动点的轨迹就是一根圆柱螺旋线(图 7.5)。直线旋转时形成一圆柱面，称为导圆柱，圆柱螺旋线是圆柱面上的一根曲线。当直线旋转一周，回到原来位置时，动点在该直线上移动的距离(S)称为导程。

由此得知画圆柱螺旋线的投影必具备以下 3 个条件：

①导圆柱的直径——D。

②导程——S。它是动点(Ⅰ)回转一周时，沿轴线方向移动的一段距离。

③旋向——分右旋、左旋两种旋转方向。设以握拳的大拇指指向表示动点(Ⅰ)沿直母线移动的方向，其余四指的指向表示直线的旋转方向。符合右手情况的称为右螺旋线，如图 7.5(a)所示；符合左手情况的称为左螺旋线，如图 7.5(b)所示。

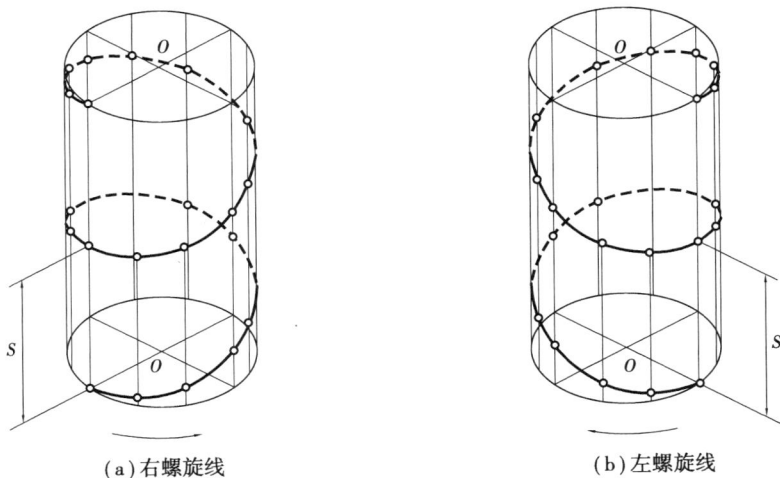

(a)右螺旋线　　　　　　　　　　　(b)左螺旋线

图 7.5　圆柱螺旋线的形成

2)画圆柱螺旋线的投影

如图 7.6(a)所示，导圆柱轴线垂直于 H 面。

①由导圆柱直径 D 和导程 S 画出导圆柱的 H、V 投影。

②将 H 投影的圆分为若干等分(图中为 12 等分)；根据旋向，注出各点的顺序号，如 1、2、

3、…、13。

③将 V 面上的导程投影 s 相应地分成同样等分(图中为 12 等分),自下向上依次编号,如 1、2、…、13。

④自 H 投影的各等分点 1、2、…、13 向上引垂线,与过 V 面投影的各同名分点 1、2、…、13, 引出的水平线相交于 $1'$、$2'$、…、$13'$。

⑤将 $1'$、$2'$、…、$13'$ 各点光滑连接即得螺旋线的 V 面投影,它是一条正弦曲线。若画出圆柱面,则位于圆柱面后半部的螺旋线不可见,画成虚线。若不画出圆柱面,则全部螺旋线($1' \sim 13'$)均可见,画成粗实线。

⑥螺旋线的 H 投影与导圆柱的 H 投影重合,为一圆。

3)螺旋线的展开

螺旋线展开后成为一直角三角形的斜边,它的两条直角边的长度分别为 πD 和 S,如图 7.6 (b)所示。

$$L(螺旋线一圈的展开长) = \sqrt{S^2 + (\pi D)^2}$$

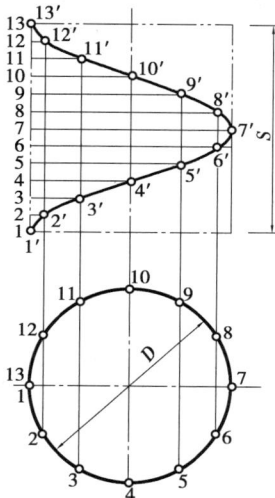

(a)圆柱螺旋线作图过程   (b)圆柱螺旋线的展开

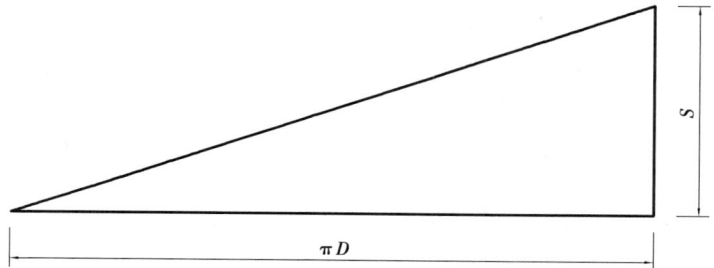

图 7.6 圆柱螺旋线的投影及展开图

7.2 基本曲面立体上的曲表面

曲面可以看成一条动线(直线或曲线)在空间按一定规律运动而形成的轨迹。该动线称为母线,控制母线运动的点、线、面分别称为导点、导线和导面,母线在曲面上任意停留位置称为素线。曲面的轮廓线是指在投影图中确定的曲面范围的外形线。

母线作规则运动则形成规则曲面,母线作不规则运动则形成不规则曲面。在图 7.7 中,圆柱面可以看作由直母线 AB 绕与 AB 平行的轴 OO(导线)回转而成。A_1B_1 称为素线;圆柱面也可以看作由圆 L 为母线,其圆心 O 沿导线平行移动而成;L_1 称为素线。

同一曲面可由不同方法形成,在分析和应用曲面时,应选择对作图或解决问题最简便的形成方法。

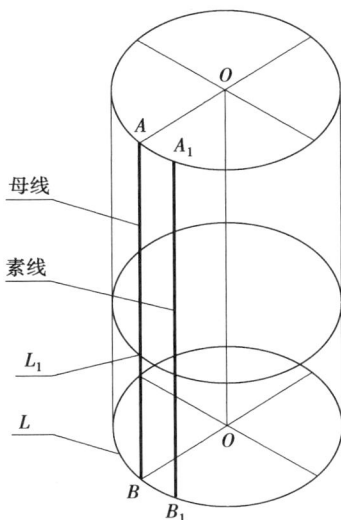

图 7.7 曲面的形成

曲面的分类如图 7.8 所示。

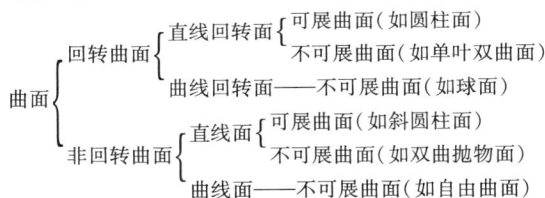

图 7.8 曲面的分类

研究常用曲面的形成和分类的目的,既便于掌握常用曲面的性质和特点,有利于准确地画出它们的投影图,又有利于对常用曲面的工程物进行设计和施工。

7.2.1 回转曲面

1)直线回转曲面

一直线作母线,另一直线作轴线,母线绕轴线旋转一周形成的曲面称为直线回转面。当母线与轴线平行得到圆柱面,如图 7.9(a)所示;母线与轴线相交得到圆锥面,如图 7.9(b)所示;母线与轴线相叉得到单叶双曲回转面,如图 7.9(c)所示。

2)曲线回转面

任意平面曲线绕一条轴线旋转一周形成的曲面称为曲线回转面。最简单的平面曲线是圆,圆母线以其自身直径为轴线,绕轴线旋转一周即得到球面;圆母线以不通过圆心,但与圆心共面的直线为轴线,绕轴线旋转一周即形成圆环面。有关球面、圆环面的图示方法在后面讨论。

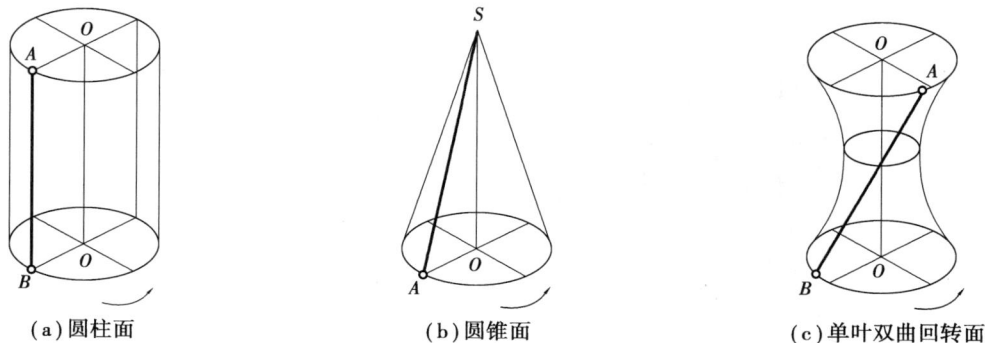

（a）圆柱面　　　　　　　（b）圆锥面　　　　　　　（c）单叶双曲回转面

图7.9　直线回转面

7.2.2　非回转直线曲面

1）柱面

（1）柱面的形成

直母线Ⅰ Ⅱ沿着一曲导线 L_0 移动，并始终平行于一直导线 AB 而形成的曲面称为柱面。曲导线 L_0 可以是闭合的或不闭合的，如图7.10（a）所示。此处曲导线 L_0 是平行于 H 面的圆，AB 是一般位置直线。由于柱面上相邻两素线是平行二直线，能组成一个平面，因此柱面是一种可展曲面。

（2）柱面的投影［图7.10（b）］

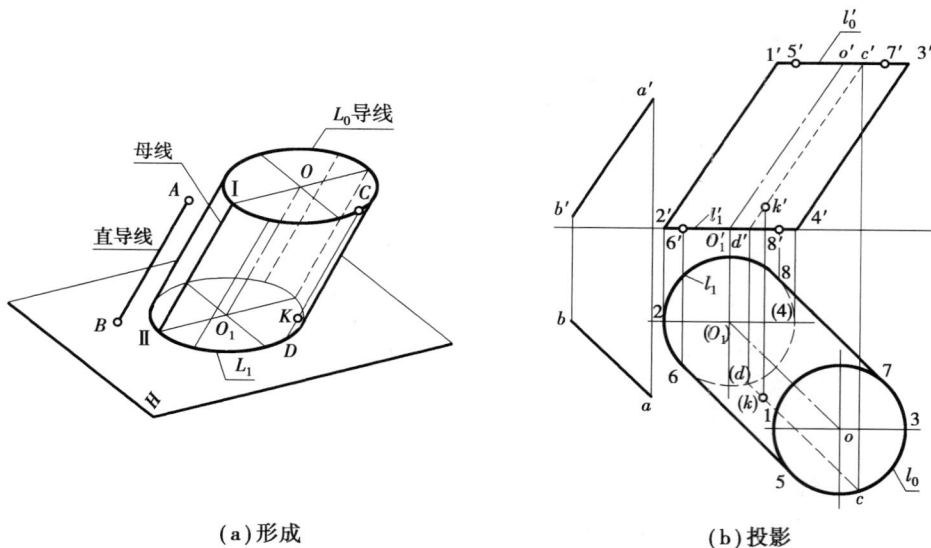

（a）形成　　　　　　　　　　　（b）投影

图7.10　柱面的形成和投影

①画出直导线 AB 和曲导线 L_0（圆 L_0 // H）的 V、H 投影（即 $a'b'$、ab，l_0'、l_0）。

②画轴 OO_1 的 V、H 投影。显然，轴 OO_1 // AB，且 O_1 点属于 H 面，故作 $o'o_1'$ // $a'b'$，oo_1 // ab。

③画出母线端点Ⅱ运动轨迹 L_1 的 V、H 投影。显然，L_1 线属于 H 面。画 L_1 线的 H 投影：以

O_1 为圆心，以圆 L_0 的半径为半径画圆即得。L_1 线的 V 投影积聚成一段直线，在 OX 轴上，长度等于直径。

④画出柱面的 V 面投影轮廓线，即画出柱面上最左素线Ⅰ Ⅱ和最右素线Ⅲ Ⅳ的 V 面投影，如图 7.10(b)中的 $1'2'$、$3'4'$。Ⅰ Ⅱ、Ⅲ Ⅳ不是柱面 H 投影的轮廓线，其 H 投影 12、34 不必画出。

⑤画出柱面的 H 投影轮廓线，即在 H 面中作 l、l_1 两圆的公切线 56、78 即得。它们的正面投影 $5'6'$、$7'8'$ 不必画出。

需要注意的是，若曲导线 L_0 不封闭时(上述曲导线 L_0 是圆，故是封闭的)，则要画出起、止素线的 V、H 投影。虽然直导线 AB 的位置和曲导线 L_0 的形状、大小可根据实际需要来确定，但其投影的画法仍如上述。

(3)柱面投影的可见性[图 7.10(b)]

①V 投影是前半柱面和后半柱面投影的重合，最左(Ⅰ Ⅱ)、最右(Ⅲ Ⅳ)素线是前后半柱面的分界线，也是可见与不可见的分界线。故包含曲线Ⅰ、Ⅴ、Ⅲ(H 投影中逆时针顺序)的部分是可见的；包含曲线Ⅲ、Ⅶ、Ⅰ(H 投影中逆时针顺序)的部分是不可见的。

②投影的可见性。素线Ⅴ Ⅵ和Ⅶ Ⅷ的 H 投影是柱面的 H 投影轮廓线，也是可见与不可见的分界线。包含曲线Ⅴ Ⅰ Ⅶ的部分是可见的，包含曲线Ⅴ Ⅲ Ⅶ的部分是不可见的。

(4)取属于柱面的点[图 7.10(b)]

①已知：属于柱面的一点 K 的 V 投影 k'(k'是可见点)，求作其 H 投影 k。

②方法：用素线法，即过点 K 作一属于柱面的素线 CD，点 C 属于 L_0 圆，点 D 属于 L_1 圆。作出 CD 的 V、H 投影 cd，则 K 点的 H 投影 k 必属于 cd。

③作图：过 k' 作 $c'd'$ // $a'b'$(或者 $1'2'$)，点 c' 属于 l_0'，点 d' 属于 l_1'；由 c' 向下引垂线交 l_0 的前半圆于 c 点，由 d' 引垂线交 l_1 的前半圆于 d 点，连接 cd；再由 k' 向下引垂线交 cd 得 k。因 K 点所属柱面的 H 投影为不可见，故 k 为不可见。

(5)柱面的应用举例

菲律宾国际机场为柱面的应用实例，如图 7.11 所示。

图 7.11　柱面的应用实例(菲律宾国际机场)

2)锥面

(1)锥面的形成

一直母线 S Ⅰ沿着一曲导线 L_0 移动，并始终通过一定点 S 而形成的曲面称为锥面，S 为锥顶点。曲导线 L_0 可以是闭合的或不闭合的。如图 7.12(a)所示，导线 L_0 是 H 面上的一个圆线，由于锥面相邻两素线是相交二直线，能组成一个平面，因此锥面是可展曲面。

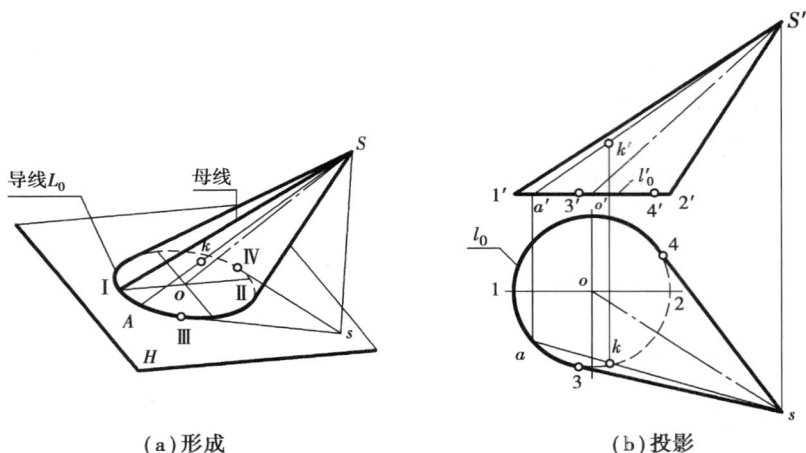

（a）形成　　　　　　　　　　　　（b）投影

图 7.12　圆锥面的形成和投影

（2）锥面的投影

①画出导线 L_0 和顶点 S 的 V、H 投影 l'_0、l_0 和 s'、s，并用点画线连接 s'、o' 及 s、o。

②画锥面的 V 投影，即最左素线 $S \mathrm{I}$ 和最右素线 $S \mathrm{II}$ 的 V 投影 $s'1'$ 和 $s'2'$。

③画锥面的 H 投影，即过 s 向 l_0 圆作的两条切线 $s3$ 和 $s4$。同理，若导线 L 不封闭，则要画出起、止素线的 V、H 投影。

（3）锥面投影的可见性［图 7.12（b）］

①V 投影是锥面前半个锥面和后半个锥面投影的重合，其最左和最右素线是前、后部分的分界线，也是可见与不可见的分界线。由 H 投影得知，锥面 S-Ⅰ、Ⅲ、Ⅱ 部分可见，锥面 S-Ⅰ、Ⅳ、Ⅱ 部分不可见。

②H 投影可见性。由 V 投影知，锥面 S-Ⅲ、Ⅰ、Ⅳ 部分可见，锥面 S-Ⅲ、Ⅱ、Ⅳ 部分不可见。

（4）取属于锥面的点［图 7.12（b）］

①已知：属于锥面的一点 K 的 H 投影 k，求其 V 投影 k'。

②作图：采用素线法，连接 sk 与 l_0 圆相交于 a；由 a 向上作垂线与 l'_0 相交于 a'，并连接 $s'a'$。由 k 向上作垂线与 $s'a'$ 相交于 k'，即为所求。

（5）锥面应用举例

美国古根海姆博物馆为锥面的应用实例，如图 7.13 所示。

图 7.13　锥面的应用实例（美国古根海姆博物馆）

3）锥状面

（1）锥状面的形成

一直母线沿一条直导线和一条曲导线滑动，并始终平行于一个导平面而形成的曲面，称为锥状面。如图 7.14（a）所示，直母线为 Ⅰ Ⅱ；直导线为 AB；曲导线为圆 $L_0（L_0 /\!/ H$ 面）；导平面为 $P（P /\!/ V$ 面，$P \perp AB$）。由于锥状面的相邻二素线是相叉两直线，它们不属于一个平面，因此锥状面是不可展开的直线面。

（2）锥状面的投影［图 7.14（b）］

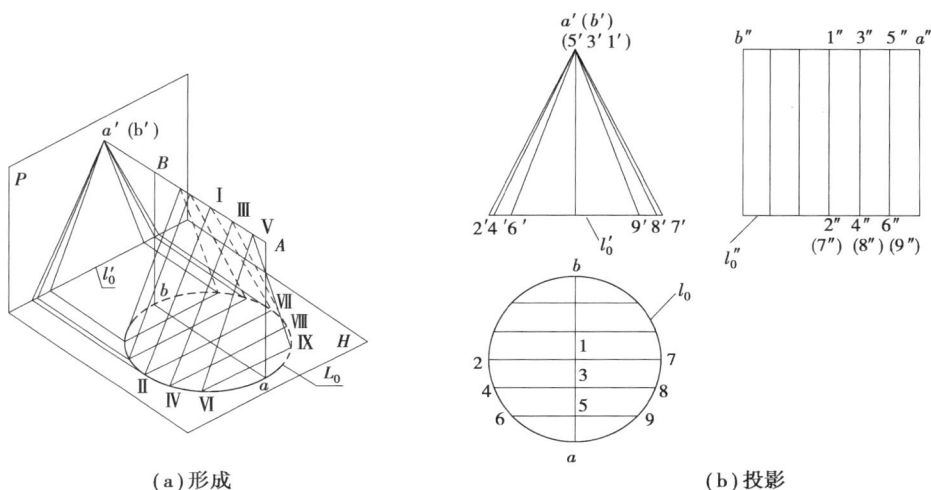

（a）形成　　　　　　　　　　　（b）投影

图 7.14　锥状面的形成和投影

①画出直导线 AB、曲导线 L_0 的 V、H、W 投影，导平面 $P /\!/ V$ 面，此时积聚性投影 PH 不必画出。

②画若干素线的 H、V、W 投影。由于各素线（如 Ⅴ Ⅵ、Ⅴ Ⅸ、Ⅲ Ⅳ、Ⅲ Ⅷ 等）均平行于导平面 P，它们的 H 投影均平行于 OX 轴，宜先画 H 投影，再画 V 投影。

③画锥状面的 V 投影轮廓线，即 Ⅰ Ⅱ、Ⅰ Ⅶ 的 V 投影 $1'2'$、$1'7'$，再画各素线的 V 投影，即可得锥状面的两面投影图。

（3）锥状面的应用举例

锥状面的应用举例，如图 7.15 所示。

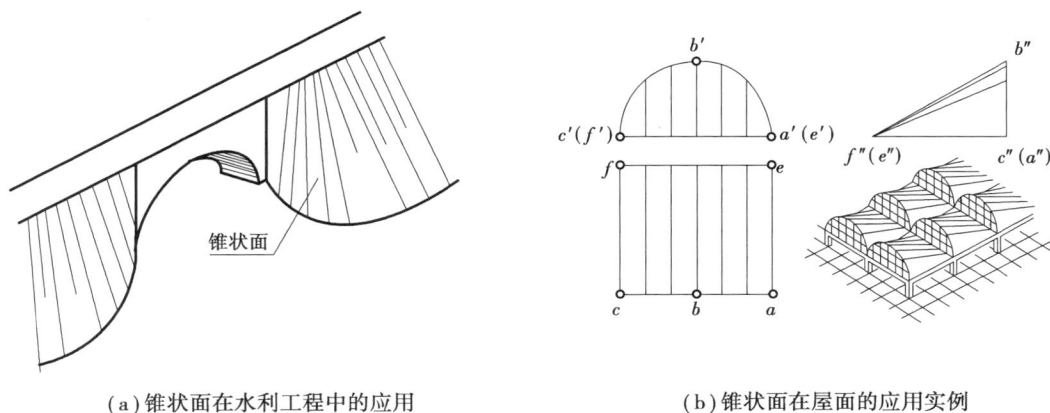

（a）锥状面在水利工程中的应用　　　　　　（b）锥状面在屋面的应用实例

图 7.15　锥状面的应用实例

4）柱状面

（1）柱状面的形成

一直母线沿两条曲导线滑动，并始终平行于一个导平面而形成的曲面，称为柱状面。如图 7.16（a）所示，直母线为 Ⅰ Ⅱ；曲导线为 L_1 和 L_2，直母线始终平行于导平面 P（$P /\!/ W$ 面）滑动。由于柱状面的相邻二素线是相叉的两直线，它们不能属于一个平面，因此柱状面是不可展的直线面。

（2）柱状面的投影［图 7.16（b）］

①画出曲导线 L_1 和 L_2 的 H、V、W 投影如 l_1、l_1'、l_1'' 和 l_2、l_2'、l_2''（也可用两面投影表示）。

②画导平面 P 的积聚性投影 PH。若 P 平行于一投影面，则 PH 可以不画。

③画出起、止素线和若干中间素线的三面投影。由于各素线是侧平线，宜先画出其 H 或 V 投影，再画 W 投影。

④画出曲面各投影的轮廓线。如素线 Ⅲ Ⅳ 是曲面的 W 投影的轮廓线，其 W 投影为 $3''4''$。

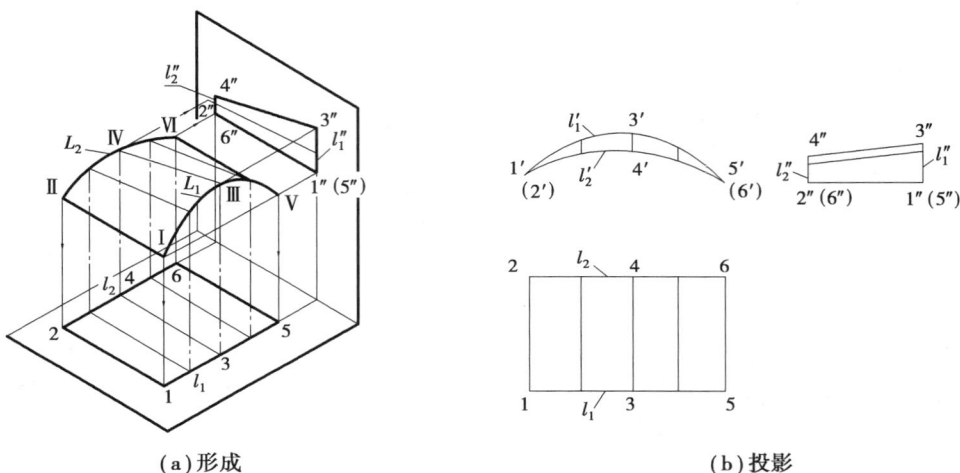

（a）形成　　　　　　　　　　　　（b）投影

图 7.16　柱状面的形成和投影

（3）柱状面的应用举例

柱状面的应用实例模型如图 7.17 所示。

图 7.17　柱状面的应用实例模型

5）双曲抛物面

（1）双曲抛物面的形成

由一条直母线沿两条相叉的直导线滑动，并始终平行于一个导平面 P 而形成的曲面，称为双曲抛物面。如图7.18(a)所示，直母线为 AC，直导线为 AB、CD，导平面为 $P(P \perp H$ 面)。图7.18(b)则是两条相叉的直导线 AB、CD 沿平行于 Q 导平面滑动形成的双曲抛物面。由于这种曲面上相邻二素线是相叉的，故它是不可展开的直线面。

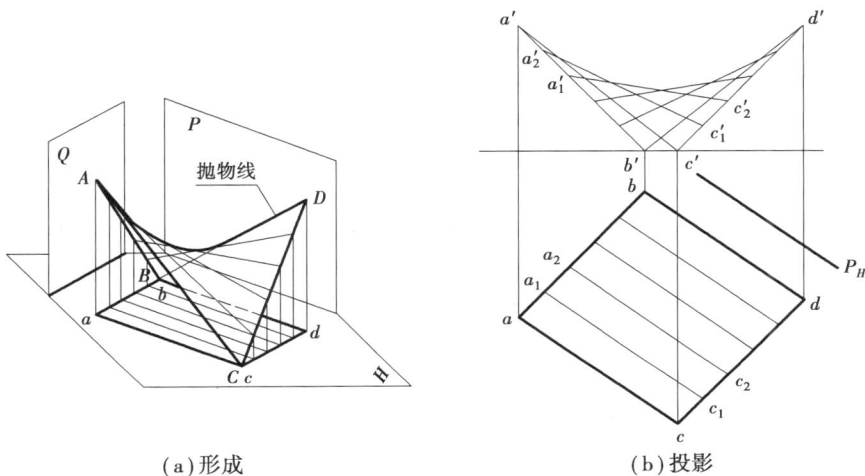

（a）形成　　　　　　　　　　　　（b）投影

图7.18　双曲抛物面的形成及投影

（2）双曲抛物面的应用举例

广东星海音乐厅为双曲抛物面的应用实例，如图7.19所示。在该曲面工程中，常沿两组素线方向来配置材料或钢筋。

图7.19　双曲抛物面的应用实例（广东星海音乐厅）

6）旋转单叶双曲面的投影及其应用

单叶双曲回转面的形成：直母线 AB（或 CD）绕与它交叉的轴线 OO 旋转一周而形成单叶双曲回转面，单叶双曲回转面也可由双曲线 MEN 绕其虚轴 OO 旋转一周而形成。

由于母线的每点回转的轨迹均是纬圆,母线的任一位置都称为素线,所以回转面是由一系列纬圆或一系列素线(此例既有直素线,又有双曲线素线)所组成。

母线的上、下端点 A、B 形成的纬圆,分别称作顶圆、底圆,母线至轴线距离最近的一点 E 所形成的纬圆称作喉圆,如图 7.20 所示。

单叶双曲回转面具有接触面积大、通风好、冷却快、省材料等优点,因此在建筑工程中应用较为广泛,如化工厂的通风塔、电厂的冷凝塔等(图 7.21)。

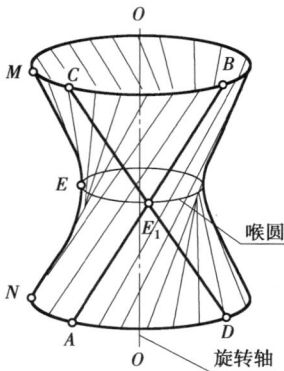

图 7.20　单叶双曲回转面的形成图

图 7.21　习水电厂冷凝塔

7)螺旋面的投影及其应用

一直母线沿一条圆柱螺旋线及该螺旋线的轴线滑动,并始终平行于与轴线垂直的导平面而形成的曲面,称为圆柱正螺旋面。如图 7.22(a)表示正螺旋面的形成,图 7.22(b)表示一条正螺旋面的投影,图 7.22(c)则表示两条螺旋线间正螺旋面的投影。图 7.22(c)的作图常常被用在螺旋楼梯的画图中,下例有对图 7.22(c)图应用的讲解。

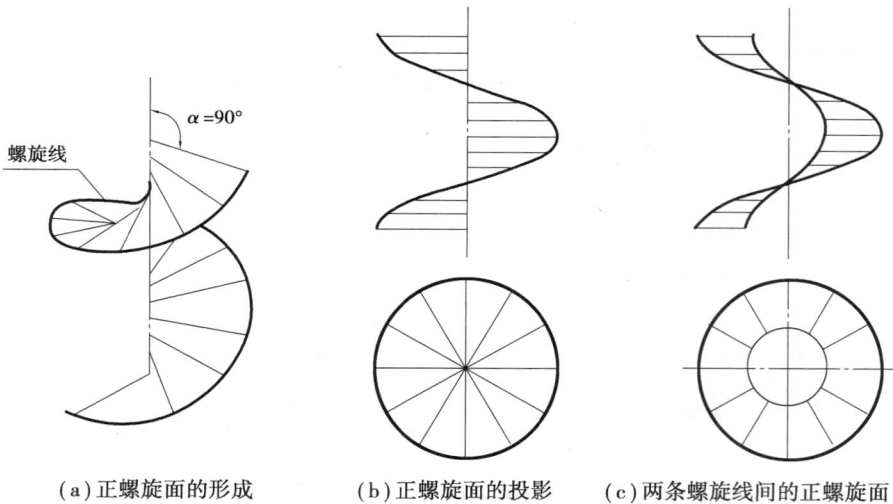

(a)正螺旋面的形成　　　(b)正螺旋面的投影　　　(c)两条螺旋线间的正螺旋面

图 7.22　圆柱正螺旋面的形成及投影

【例7.2】画螺旋楼梯的投影。已知:螺旋楼梯内、外圆柱的直径(D_1、D),导程(H),右旋,步级数(12),每步高($H/12$),梯段竖向厚度(δ)。

【解】分析:螺旋楼梯由每一步级的扇形踏面($P//H$ 面)和矩形踢面($T \perp H$ 面),内、外侧面(Q_1、Q 均为垂直于 H 面的圆柱面),底面(R 是螺旋面)所围成。画螺旋楼梯的投影就是画出这些表面的投影,如图7.23所示。

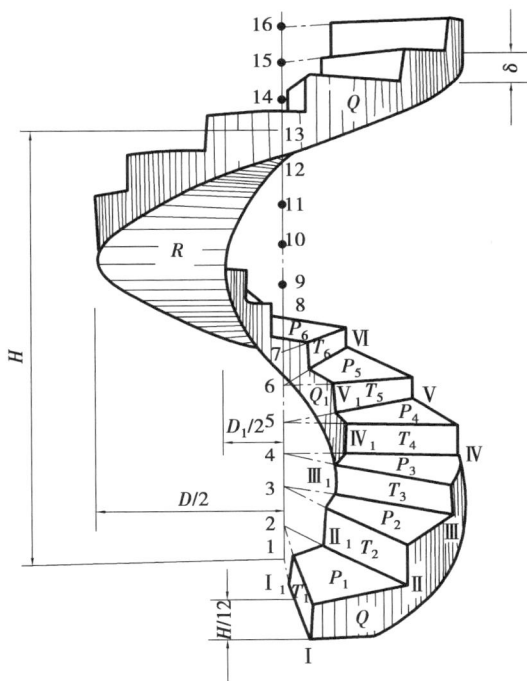

图7.23 螺旋楼梯

作图:如图7.24所示。

①先作出直径为 $D1$ 和 $D2$ 的两条圆柱螺旋线的正面投影,螺旋线的作图方法如图7.6所示,在此不赘述。这两条螺旋线之间的部分是正螺旋面,如图7.22(c)所示。

②作踏步的正面投影。分别过圆柱螺旋线的正面投影上的 $0'$、$1'$、$2'$、$\cdots$、$12'$ 和 a'、b'、c'、$\cdots$、m' 向上作竖直直线,其高度等于踏步高度($H/12$)。过各竖直直线上的上部端点再分别作水平线,则可以得到每一踏步的正投影。注意,为使图面清晰,被正螺旋面遮挡的部分踏步可不画出,如图7.24(a)所示。

③作楼梯梯板厚度 δ,过 $0'$、$1'$、$2'$、$\cdots$、$12'$ 和 a'、b'、c'、$\cdots$、m' 点分别向下作竖直直线,其高度等于 δ,光滑连接这些竖直直线的各端点,如图7.24(b)中表示出来的 $3_1'$、$6_1'$、$9_1'$、$12_1'$ 等,放大图就是表示其详细作法。

④擦去不必要的作图线,并且对楼梯板厚度进行简单的竖条纹修饰,完成螺旋楼梯的正投影,如图7.24(c)所示。

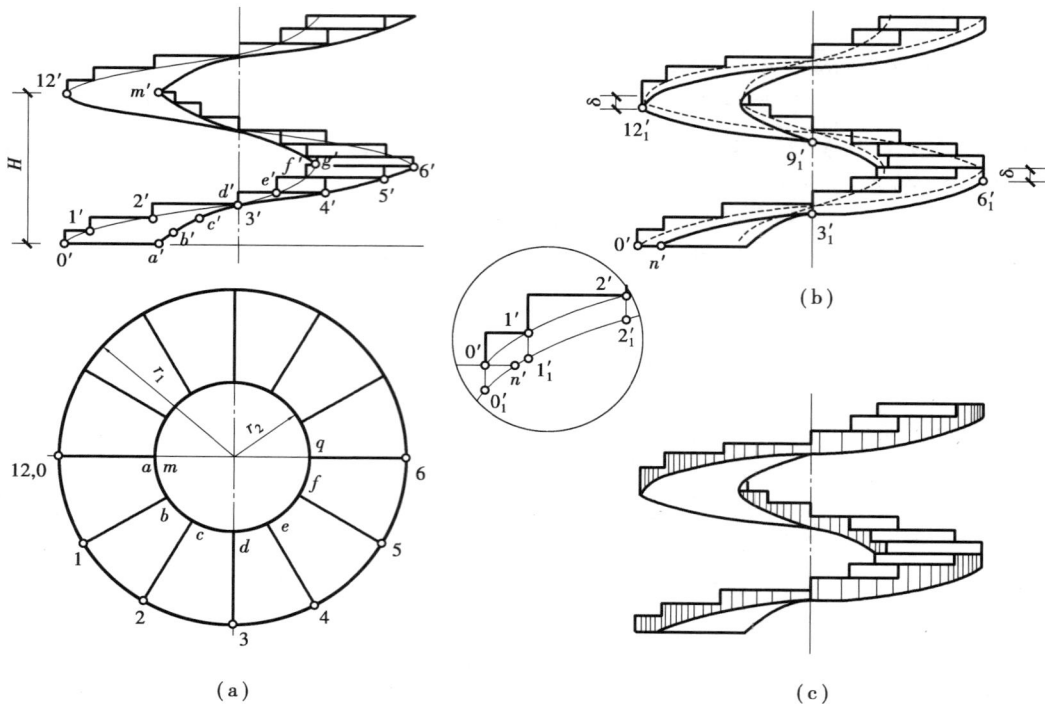

图 7.24　螺旋楼梯投影图的画法

7.3　基本曲面立体

基本的曲面立体有圆柱体、圆锥体、圆球体等,它们都是旋转体。

7.3.1　圆柱体

1)形成

由矩形(AA_1O_1O)绕其边(OO_1)为轴旋转运动的轨迹称为圆柱体,如图 7.25(a)所示。与轴垂直的两边(OA 和 O_1A_1)的运动轨迹是上、下底圆,与轴平行的一边(AA_1)运动的轨迹是圆柱面。AA_1 称为母线,母线在圆柱面上的任一位置称为素线。圆柱面是无数多条素线的集合。圆柱体由上、下底圆和圆柱面围成,上、下底圆之间的距离称为圆柱体的高。

2)投影

(1)安放位置

为简便作图,一般将圆柱体的轴线垂直于某一投影面。如图 7.25(b)所示,令圆柱体的轴线(OO_1)垂直于 H 面,则圆柱面垂直于 H 面,上、下底圆平行于 H 面。

(2)投影分析

投影分析如图 7.25(b)所示。

（a）形成　　　　　　　（b）直观图　　　　　　　（c）投影

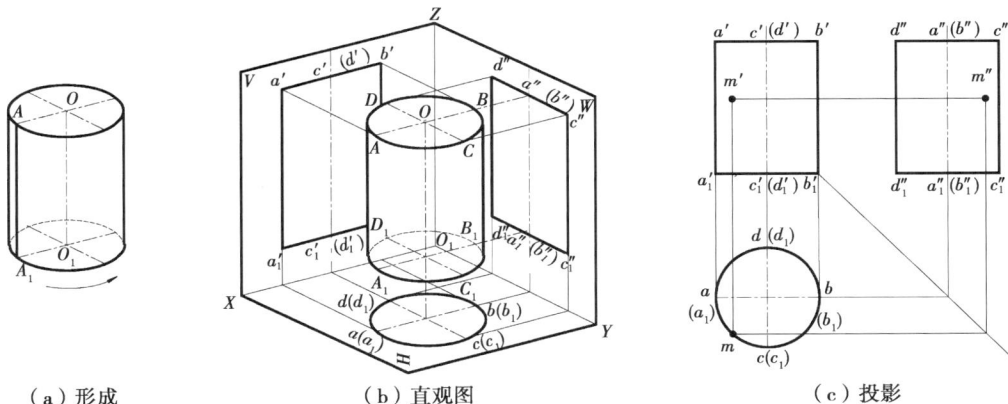

图 7.25　圆柱体的形成与投影

H 面投影:为一个圆。它是可见的上底圆和不可见的下底圆实形投影的重合,其圆周是圆柱面的积聚性投影,圆周上任一点都是一条素线的积聚性投影。

V 面投影:为一矩形。它是可见的前半圆柱和不可见的后半圆柱投影的重合,其对应的 H 面投影是前、后半圆,对应的 W 面投影是右和左半个矩形。矩形的上、下边线($a'b'$ 和 $a_1'b_1'$)是上、下底圆的积聚性投影;左、右边线($a'a_1'$ 和 $b'b_1'$)是圆柱最左、最右素线(AA_1 和 BB_1)的投影,也是前半、后半圆柱投影的分界线。

W 面投影:为一矩形。它是可见的左半圆柱和不可见的右半圆柱投影的重合,其对应的 H 面投影是左、右半圆;对应的 V 面投影是左和右半个矩形。矩形的上、下边线($d''c''$ 和 $d_1''c_1''$)是上、下底圆的积聚性投影;左、右边线($d''d_1''$ 和 $c''c_1''$)是圆柱最后、最前素线(DD_1 和 CC_1)的投影,也是左半、右半圆柱投影的分界线。

（3）作图步骤[图 7.25（c）]

①画轴线的三面投影(o、o'、o''),过 O 作中心线,轴和中心线都画单点长画线。

②在 H 面上画上、下底圆的实形投影(以 O 为圆心,OA 为半径);在 V、W 面上画上、下底圆的积聚性投影(其间距为圆柱的高)。

③画出转向轮廓线,即画出最左、最右素线的 V 面投影($a'a_1'$ 和 $b'b_1'$);画出最前、最后素线的 W 面投影($c''c_1''$ 和 $d''d_1''$)。

3）圆柱体表面上取点

【例 7.3】已知圆柱体上 M 点的 V 面投影 m' 及 N 点的 H 面投影 n,求 M、N 点的另二投影,如图 7.26（a）所示。

【解】分析:由于 m' 可见,且在轴 o' 左侧,可知 M 点在圆柱面的前、左部分;n 不可见,则 N 点在圆柱的下底圆上。圆柱面的 H 面投影和下底圆的 V 面、W 面投影有积聚性,可从积聚性投影入手求解。

作图:如图 7.26（b）所示。

①由 m' 向下作垂线,交 H 面投影中的前半圆周于 m,由 m'、m 及 Y_1 可求得 m''。

②由 n 向上引垂线,交下底圆的 V 面积聚性投影于 n',由 n、n' 及 Y_2 可求得 n''。

③判别可见性:M 点位于左半圆柱,故 m'' 可见;m、n'、n'' 在圆柱的积聚性投影上,不判别其可见性。

素线法求圆柱体表面上的点

157

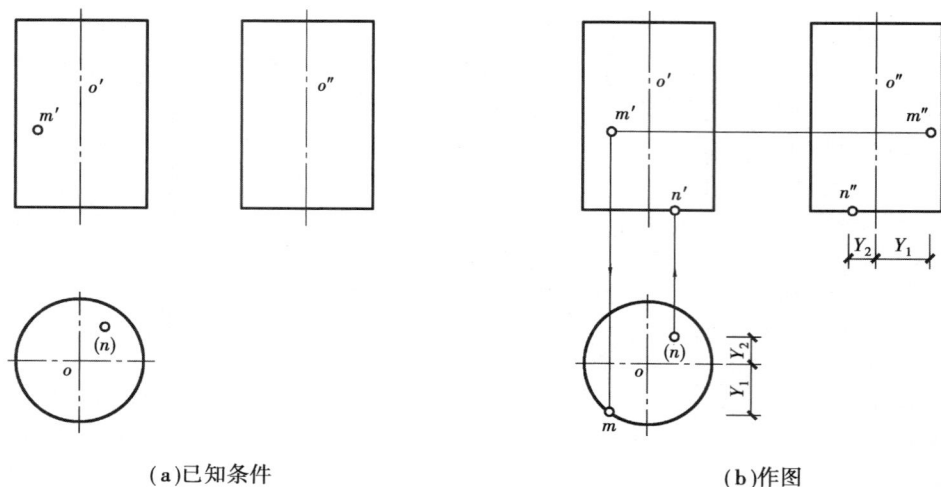

(a)已知条件   (b)作图

图 7.26　圆柱体表面上取点

7.3.2　圆锥体

1)形成

由直角三角形(SAO)绕其一直角边(SO)为轴旋转运动的轨迹称为圆锥体,如图 7.27(a)所示。另一直角边(AO)旋转运动的轨迹是垂直于轴的底圆;斜边(SA)旋转运动的轨迹是圆锥面。SA 称为母线,母线在圆锥面上任一位置称为素线。圆锥面是无数多条素线的集合。圆锥由圆锥面和底圆围成。锥顶(S)与底圆之间的距离称为圆锥的高。

2)投影

(1)安放位置

如图 7.27(b)所示,将圆锥体的轴线垂直于 H 面,则底圆平行于 H 面。

(2)投影分析

H 面投影:为一个圆。它是可见的圆锥面和不可见的底圆投影的重合。

V 面投影:为一等腰三角形。它是可见的前半圆锥和不可见的后半圆锥投影的重合,其对应的 H 面投影是前、后半圆;对应的 W 面投影是右、左半个三角形。等腰三角形的底边是圆锥底面的积聚性投影;两腰($s'a'$ 和 $s'b'$)是圆锥最左、最右素线(SA 和 SB)的投影,也是前、后半圆锥的分界线。

W 面投影:为一等腰三角形。它是可见的左半圆锥和不可见的右半圆锥投影的重合,其对应的 H 面投影是左、右半圆;对应的 V 面投影是左、右半个三角形。等腰三角形的底边是圆锥底圆的积聚性投影;两腰($s''c''$ 和 $s''d''$)是圆锥最前、最后素线(SC 和 SD)的投影,也是左、右半圆锥的分界线。

(3)作图步骤[图 7.27(c)]

①画轴线的三面投影(o、o'、o'')过 o 作中心线,轴和中心线都画点画线。

②在 H 面上画底圆的实形投影(以 O 为圆心,OA 为半径);在 V、W 面上画底圆的积聚投影。

③画锥顶(S)的三面投影(s、s'、s'',由圆锥的高定s'、s'')。

④画出转向轮廓线,即画出最左、最右素线的V面投影($s'a'$和$s'b'$);画出最前、最后素线的W面投影($s''c''$和$s''d''$)。

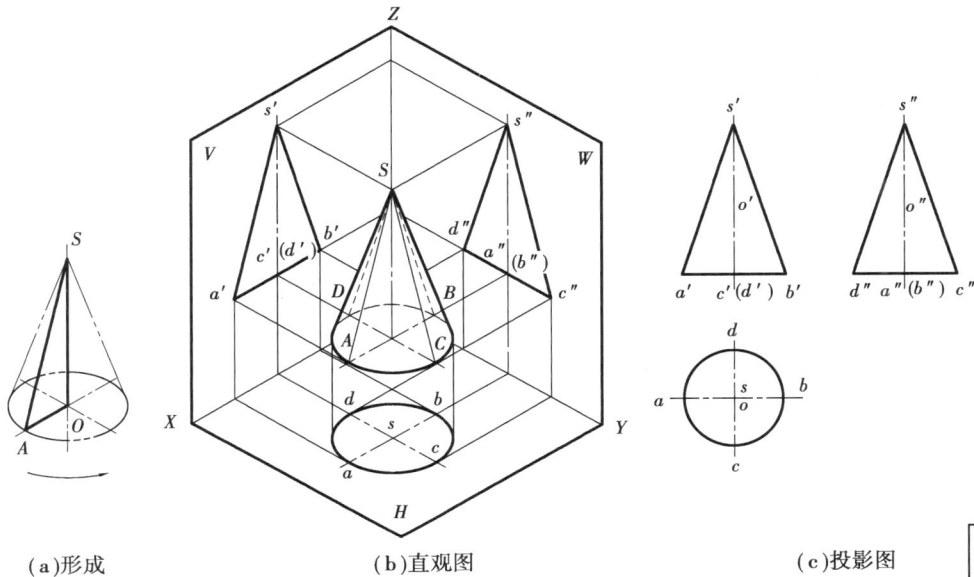

(a)形成   (b)直观图   (c)投影图

图7.27 圆锥体的形成与投影

纬圆法求圆锥体表面上的点

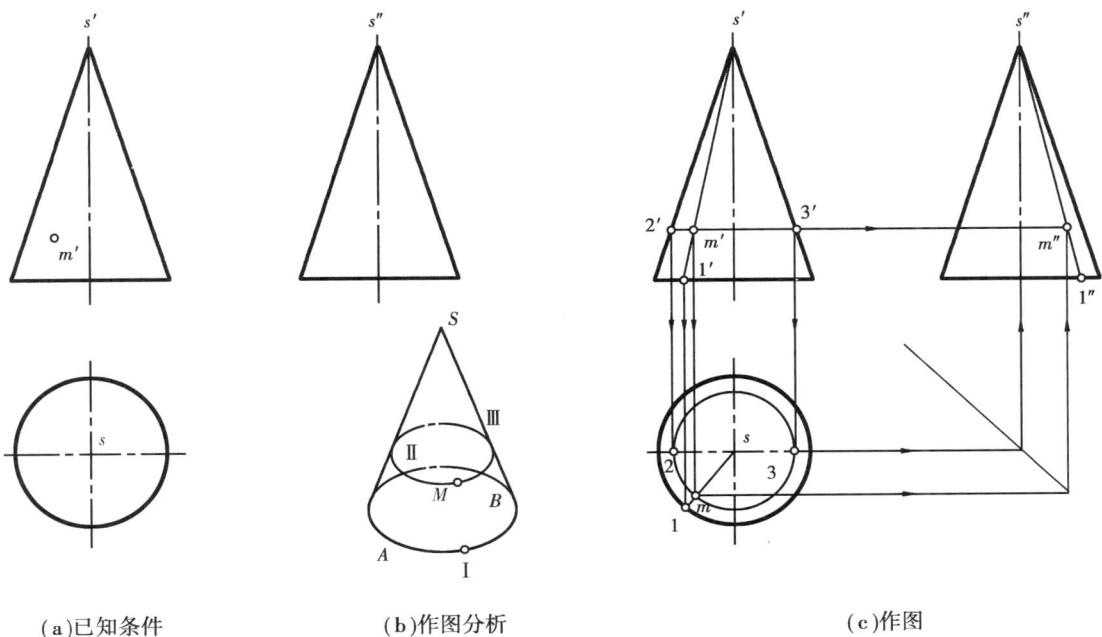

3)圆锥体表面取点

【例7.4】已知圆锥上一点M的V面投影m',求m及m'',如图7.28(a)所示。

(a)已知条件   (b)作图分析   (c)作图

图7.28 圆锥体表面上取点

【解】分析：由于m'可见，且在轴o'左侧，可知M点在圆锥面的前、左部分。由于圆锥面的3个投影都无积聚性，所缺投影不能直接求出，可利用素线法和纬圆法求解。利用素线法，即过锥顶S和已知点M在圆锥面上作一素线SⅠ，交底圆于Ⅰ点，求得SⅠ的三面投影，则M点的H、W面投影必然在SⅠ的H、W面投影上。利用纬圆法，即过M点作垂直于圆锥轴线的水平圆（其圆心在轴上），该圆与圆锥的最左、最右素线（SA和SB）相交于Ⅱ、Ⅲ点，以ⅡⅢ为直径在圆锥面上画圆，则M点的H、W面投影必然在该圆H、W面投影上，如图7.28(b)所示。

作图：如图7.28(c)所示。

①素线法：连接$s'm'$并延长交底圆的积聚性投影于$1'$；由$1'$向下作投影连线交H面投影中圆周于1，连接$s1$；由m'向下作垂线交$s1$于m，由Y_1和利用"高平齐"关系求得m''。

②纬圆法：过m'作平行于OX轴方向的直线，交三角形两腰于$2'$、$3'$，线段$2'3'$就是所作纬圆的V面积聚性投影，也是纬圆的直径；再以$2'3'$为直径在H面投影上画纬圆的实形投影；由m'向下作垂线，与纬圆前半部分相交于m，由m'、m可得m''。

③判别可见性：由于M点位于圆锥面前、左部分，故m、m''均可见。

7.3.3　圆球体

1）形成

半圆面绕其直径（O轴）为轴旋转运动的轨迹称为圆球体，如图7.29(a)所示。半圆线旋转运动的轨迹是球面，即圆球的表面。

2）投影

（1）安放位置

由于圆球形状的特殊性（上下、左右、前后均对称），无论怎样放置，其三面投影都是相同大小的圆。

（2）投影分析［图7.29(b)］

圆球的三面投影均为圆。

H面投影的圆是可见的上半球面和不可见的下半球面投影的重合。圆周a是圆球面上平行于H面的最大圆A（也是上、下半球面的分界线）的投影。

V面投影的圆是可见的前半球面和不可见的后半球面投影的重合。圆周b'是圆球面上平行于V面的最大圆B（也是前、后半球面的分界线）的投影。

W面投影的圆是可见的左半球面和不可见的右半球面投影的重合。圆周c''是圆球面上平行于W面的最大圆C（也是左、右半球面的分界线）的投影。

三个投影面上的三个圆对应的其余投影均积聚成直线段，并重合于相应的中心线上，不必画出。

（3）作图步骤［图7.29(c)］

①画球心的三面投影（o、o'、o''）。过球心的投影分别作横、竖向中心线（单点长画线）。

②分别以o、o'、o''为圆心，以球的半径（即半球面的半径）在H、V、W面投影上画出等大的3个圆，即为球的三面投影。

（a）形成　　　　　　（b）直观图　　　　　　　（c）投影图

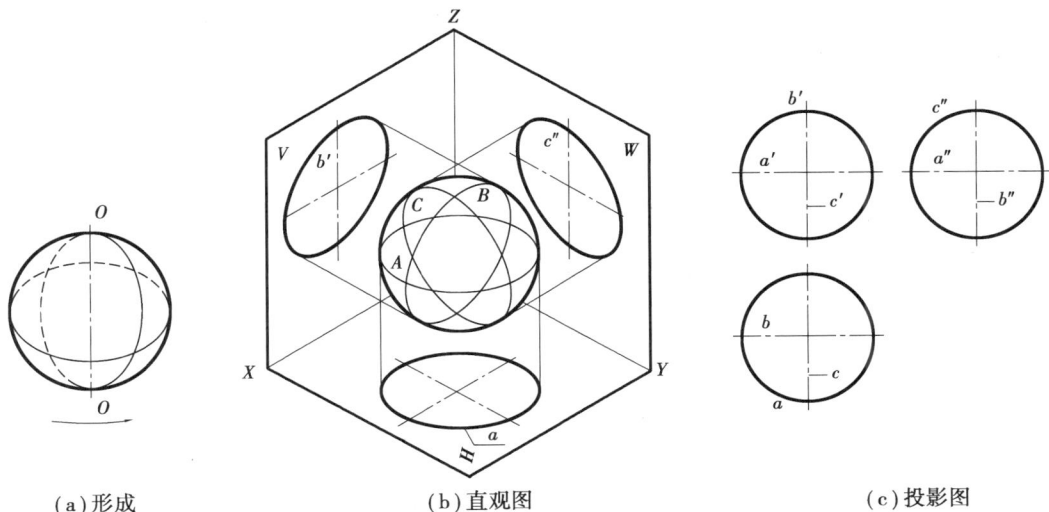

图 7.29　圆球体的形成与投影

3）圆球面上取点

【例 7.5】已知球面上一点 M 的 V 面投影 m'（可见），求 m 及 m"，如图 7.30（a）所示。

【解】分析：球的三面投影都没有积聚性，且球面上也不存在直线，故只有采用纬圆法求解。可设想过 M 点在圆球面上作水平圆（纬圆），该点的各投影必然在该纬圆的相应投影上。作出纬圆的各投影，即可求出 M 点的所缺投影。

作图：如图 7.30（b）所示。

①过 m'作水平纬圆的 V 面投影，该投影积聚为一线段 1'2'。

②以 1'2'为直径在 H 面上作纬圆的实形投影。

③由 m'向下作垂线交纬圆的 H 面投影于 m（因 m 可见，M 点必然在圆球面的前半部分），由 m、m'可求得 m"。

④判别可见性：因 M 点位于圆球面的上、左、前半部分，故三个面的投影都可见。

（a）已知条件　　　　　　　　　　　（b）作图

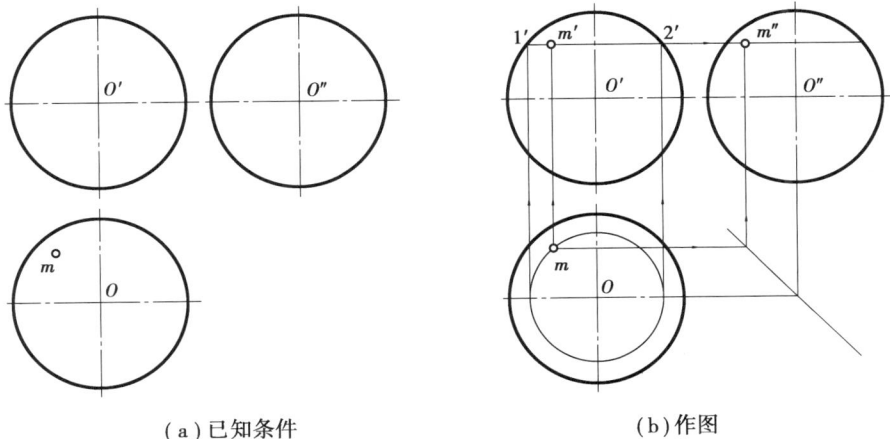

图 7.30　圆球体表面上取点

7.3.4　圆环体

1）形成

圆环可以看成以圆为母线，绕与它共面的圆外直线旋转而成的。该直线为旋转轴，如图7.31(a)所示。

离轴线较远的半圆周 *ABC* 旋转成外环面；离轴线较近的半圆周 *ADC* 旋转成内环面；当轴线 *OO*⊥*H* 面时，上半圆周 *BAD* 旋转成上环面，下半圆周 *BCD* 旋转成下环面。这个运动着的圆线属于母线圆，且距离轴线最远的 *B* 点、最近的 *D* 点分别旋转成最大、最小纬圆（也称赤道圆、颈圆），它们是上、下半环面的分界线，也是圆环面的 *H* 面投影轮廓线。母线圆的最高点 *A*、最低点 *C* 旋转成最高、最低纬圆，它们是内、外环面的分界线。

2）投影作图

如图7.31(b)所示，首先画出中心线，然后画 *V* 投影中平行于 *V* 面的素线圆 *a′b′c′d′* 和 *e′f′g′h′*。再画上下两条轮廓线，它们是内外环面分界处圆的投影。因圆环的内环面从前面看是不可见的，所以素线圆靠近轴线的一半应该画成虚线（*W* 投影的画法与 *V* 投影相似）。最后画出 *H* 投影中最大、最小轮廓圆，并用细点画线画出母线圆心的轨迹圆。

3）圆环面投影的可见性分析

圆环的 *H* 投影，内、外环面的上半部都可见，下半部都不可见；*V* 投影，外环面的前半部可见，外环面的后半部及内环面都不可见；*W* 投影，外环面的左半部可见，外环面的右半部及内环面都不可见。

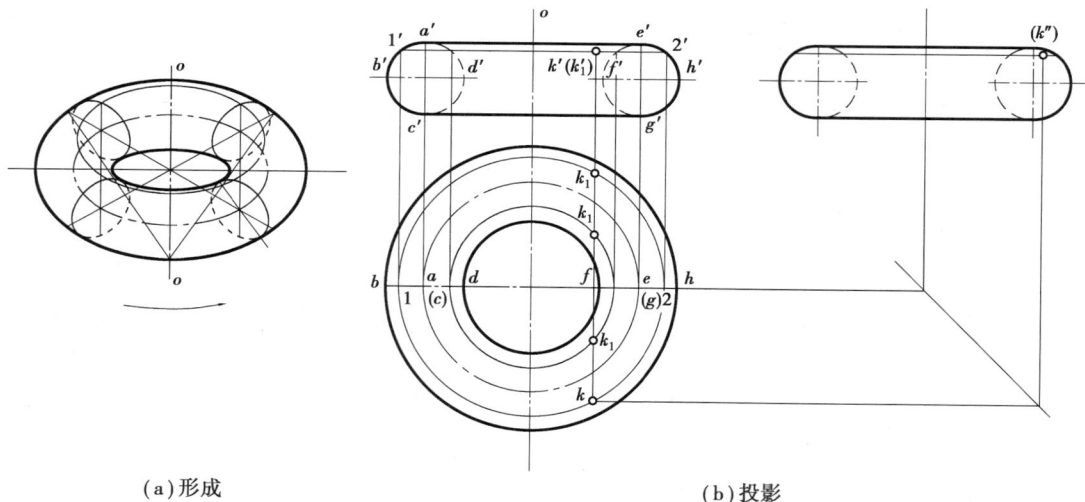

(a)形成　　　　　　　　　　　　　(b)投影

图7.31　圆环的形成和投影

4）圆环表面取点

圆环表面取点，采用纬圆法，如图7.31(b)所示。

已知：属于圆环面的一点 *K* 的 *V* 投影 *k′*（可见），求其余二面投影 *k*、*k″*。

作图：由 k' 可见而知点 K 在外环面的前半部。

①过点 K 作纬圆的 V 投影，即过 k' 作 OX 轴的平行线与外环面最左、最右素线的 V 投影相交得 $1'2'$。

②以 $1'2'$ 为直径，在 H 面上画圆，此圆即所作纬圆的 H 投影。

③点 K 属于此纬圆，因 k' 为可见，故 k 位于此纬圆 H 投影的前半圆上。再由 k'、k 得 k''。

④判别可见性：因 k' 可见，且位于轴的右方，故 K 位于外环面的右前上部，因此 k 为可见，k'' 为不可见。

若圆环面的点 K_1 的 V 投影 k_1' 为不可见，且与 k' 重合，其 H 投影有如图 7.31(b) 中所示的 3 个位置。

7.4　平面与曲面体或曲表面相交截交线的投影分析

平面和曲面体相交，犹如用平面去截割曲面体，所得截交线一般为闭合的平面曲线。求平面与曲面体截交线的实质，是如何确定属于曲面的截交线的点的问题，其基本方法是采用辅助平面。

①对于直线面，辅助平面应通过直素线。如图 7.32(a) 中辅助面 R 通过直素线 SM 和 SN，R 交截平面 P 于直线 KL。KL 与 SM、SN 的交点 A 和 B 便是属于截交线的点。作一系列的辅助面，可得属于截交线的一系列的点，将这些点光滑地连成曲线即为平面与曲面体的截交线。此法亦称为素线法。

②凡是回转体，则采用垂直于回转轴的平面为辅助面，如图 7.32(b) 中垂直于回转轴的辅助面 R，交回转体于纬圆 L，交截平面 P 于直线 MN。纬圆 L 与 MN 的交点，便是属于截交线的点。作一系列的辅助面，可得属于截交线一系列的点。将这些点依次光滑地连成曲线，即得截平面与回转体的截交线。此法亦称为纬圆法。

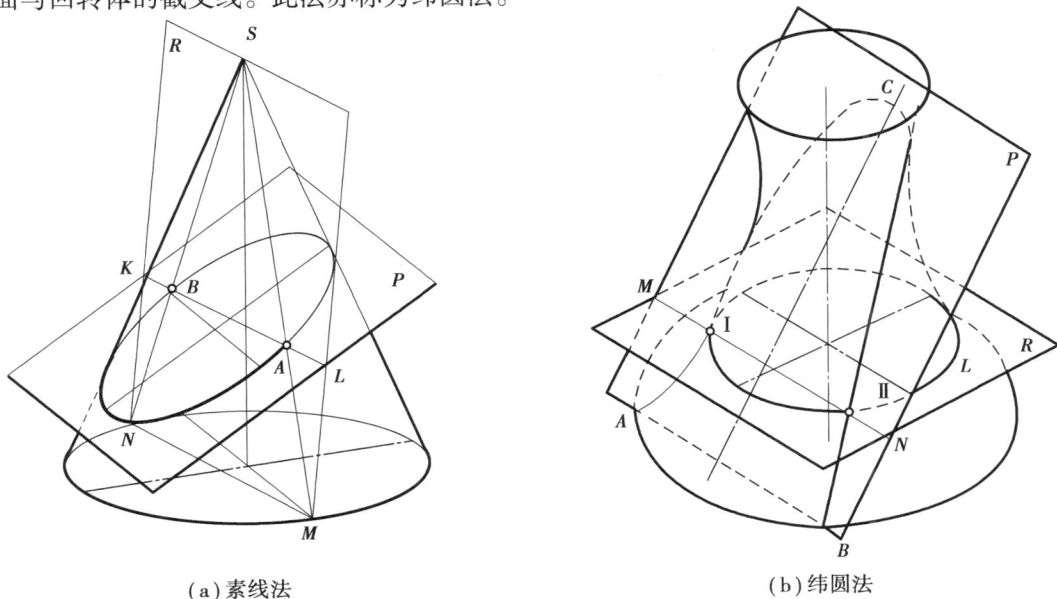

(a) 素线法　　　　　　　　　　　　(b) 纬圆法

图 7.32　曲面立体的截交线作图分析

注意:选择辅助平面时,应使辅助平面与曲面立体表面的交线是简单易画的圆或直线。

为了较准确而迅速地求出截交线的投影,首先应求出控制截交线形状的点。例如,截交线上的最高、最低、最前、最后、最左、最右以及可见性的分界点等。以上这些统称为特殊点。

7.4.1 平面与圆柱相交

平面截割圆柱,其截交线因截平面与圆柱轴线的相对位置不同而有不同的形状。当截平面平行或通过圆柱轴线时,平面与圆柱面的截交线为两条素线,而平面与圆柱体的截交线是一矩形,如图7.33(a)所示;当截平面与圆柱轴线垂直时,截交线是一个直径与圆柱直径相等的圆周,如图7.33(b)所示;当截平面倾斜于圆柱轴线时,截交线为椭圆,该椭圆短轴的长度总是等于圆柱的直径,长轴的长度随截平面对圆柱轴线的倾角不同而变化,如图7.33(c)所示。

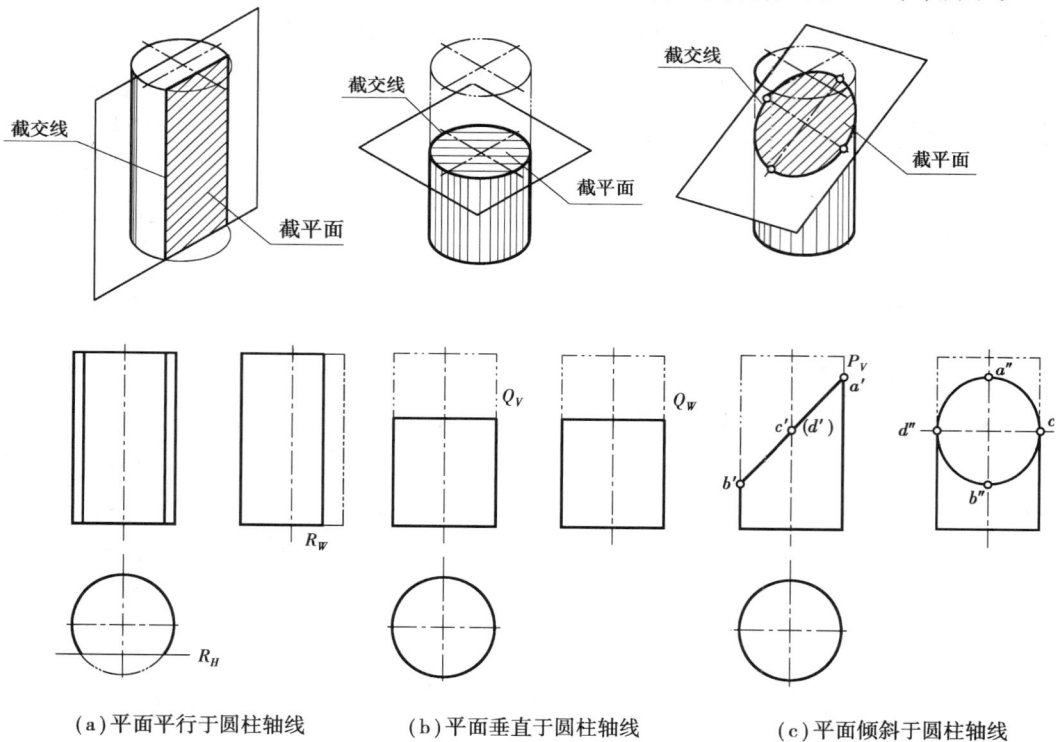

(a)平面平行于圆柱轴线　　　(b)平面垂直于圆柱轴线　　　(c)平面倾斜于圆柱轴线

图7.33　平面截割圆柱的直观图及投影图

【例7.6】已知圆柱切割体的正面投影和水平投影,补出它的侧面投影,如图7.34(a)所示。

【解】分析:圆柱切割体可以看作圆柱被正垂面P切割而得。正垂面P与圆柱轴线斜交,其截交线为椭圆。椭圆的长轴平行于正立投影面,短轴垂直于正立投影面,椭圆的正面投影与P_V重合,其水平投影与圆柱的水平投影重合。所以截交线的两个投影均为已知,可用已知二投影求第三投影的方法,作出截交线的侧面投影。

作图:如图7.34(b)所示。

①求特殊点:即求椭圆长、短轴的端点Ⅰ、Ⅱ和Ⅲ、Ⅳ。P_V与圆柱正面投影轮廓素线的交点

$1'$、$2'$是椭圆长轴端点 Ⅰ、Ⅱ 的正面投影;P_V 与圆柱最前、最后素线的正面投影的交点 $3'$、$4'$ 是椭圆短轴端点 Ⅲ、Ⅳ 的正面投影。由此求出长短轴端点的侧面投影 $1''$、$2''$、$3''$、$4''$。

②求一般点:为了使作图准确,还需要再求出属于截交线的若干个一般点。例如在截交线正面投影上任取一点 $5'$,由此求得 Ⅴ 点的水平投影 5 和侧面投影 $5''$。由于椭圆是对称图形,可作出与 Ⅴ 点对称的 Ⅵ、Ⅶ、Ⅷ点的各投影。

③连点:在侧投影上用光滑的曲线依次连接各点,即得截交线的侧面投影。

④判别可见性:由图中可知,截交线的侧面投影均为可见。

从【例 7.6】可知,截交线椭圆的侧面投影一般仍是椭圆。椭圆长、短轴在侧立投影面上的投影,仍为椭圆投影的长、短轴。当截平面与圆柱轴线的夹角 α 小于 45°时,椭圆长轴的投影仍为椭圆侧面投影的长轴,如图 7.34(b)所示。而当夹角 α 大于 45°时,椭圆长轴的投影变为椭圆侧面投影的短轴。当 $\alpha = 45°$时,椭圆长轴的投影等于短轴的投影,则椭圆的侧面投影成为一个与圆柱底圆等大的圆,读者可自行作图。

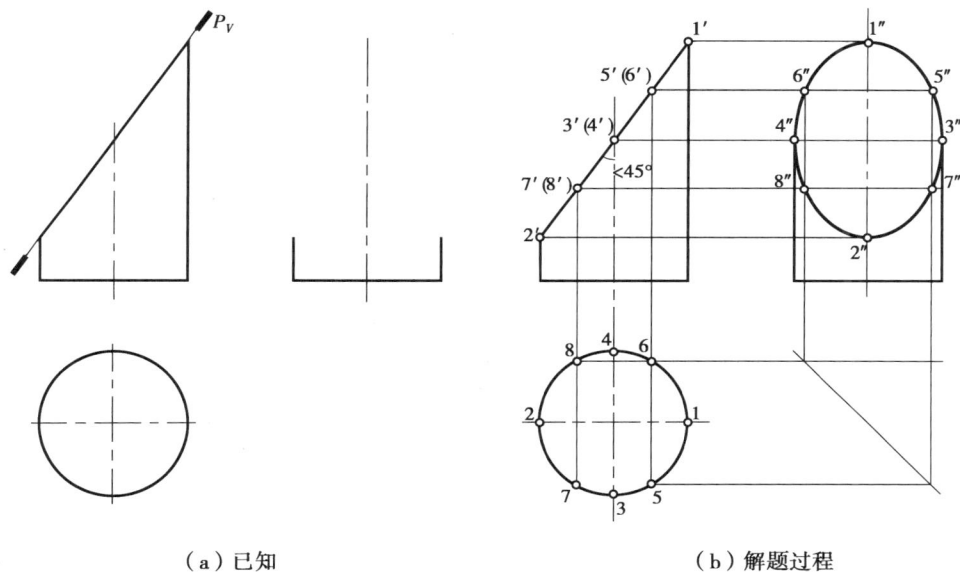

（a）已知 （b）解题过程

图 7.34 正垂面与圆柱的截交线

【例 7.7】求平面 P 与斜圆柱的截交线(素线法),如图 7.35(a)所示。

【解】分析:斜圆柱被正垂面 P 切割。斜圆柱的柱面其 V、H 投影无积聚性投影,故其截交线上的一般点的求解只能用素线法来求解。

作图:如图 7.35(b)所示。

①求特殊点:即求椭圆长、短轴的端点 Ⅰ、Ⅱ 和 Ⅲ(前后两条素线上的特殊点都以 Ⅱ 点表示)。P_V 与圆柱正面投影轮廓素线的交点 $1'$、$3'$,是椭圆长轴端点 Ⅰ、Ⅲ 的正面投影;P_V 与圆柱最前、最后素线的正面投影的交点以 $2'$ 统一表示,由此求出长短轴端点的水平投影 1、2(注意 2 是前后各一个点)、3。

②求一般点:为了使作图准确,还需要再求出属于截交线的若干个一般点。例如在截交线正面投影上任取一点 $4'$。$4'$ 是椭圆上一般点的正面投影,我们采用对称的方式来求解 Ⅳ 点在 H 面 4 个位置上的投影。根据椭圆是对称图形,可作出 4_1、4_2、4_3、4_4 四个点。

③连点:在 H 投影面上用光滑的曲线依次连接各点,即得截交线的水平投影。

④判别可见性:由图中可知,截交线以短轴为分界线,左半部分为可见,右半部分为不可见。

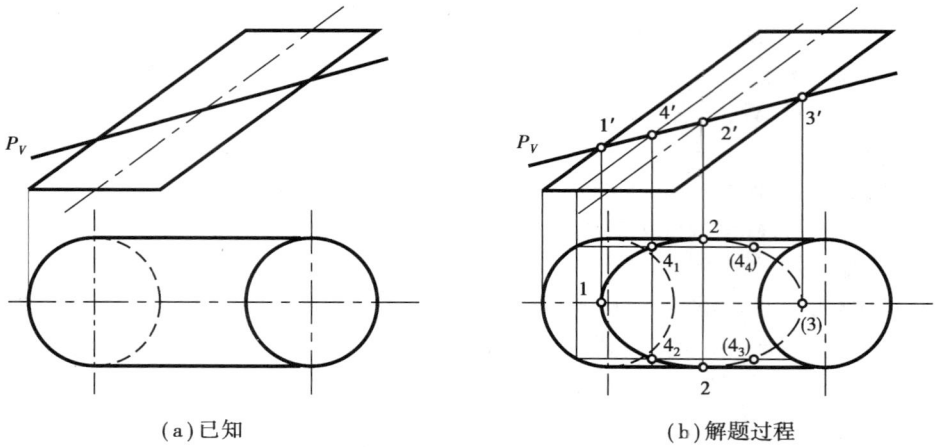

| (a)已知 | (b)解题过程 |

图 7.35　平面 P 与斜圆柱的截交线

7.4.2　平面和圆锥相交

当平面截割圆锥时,由于截平面与圆锥的相对位置不同,其截交线有以下 5 种形状:

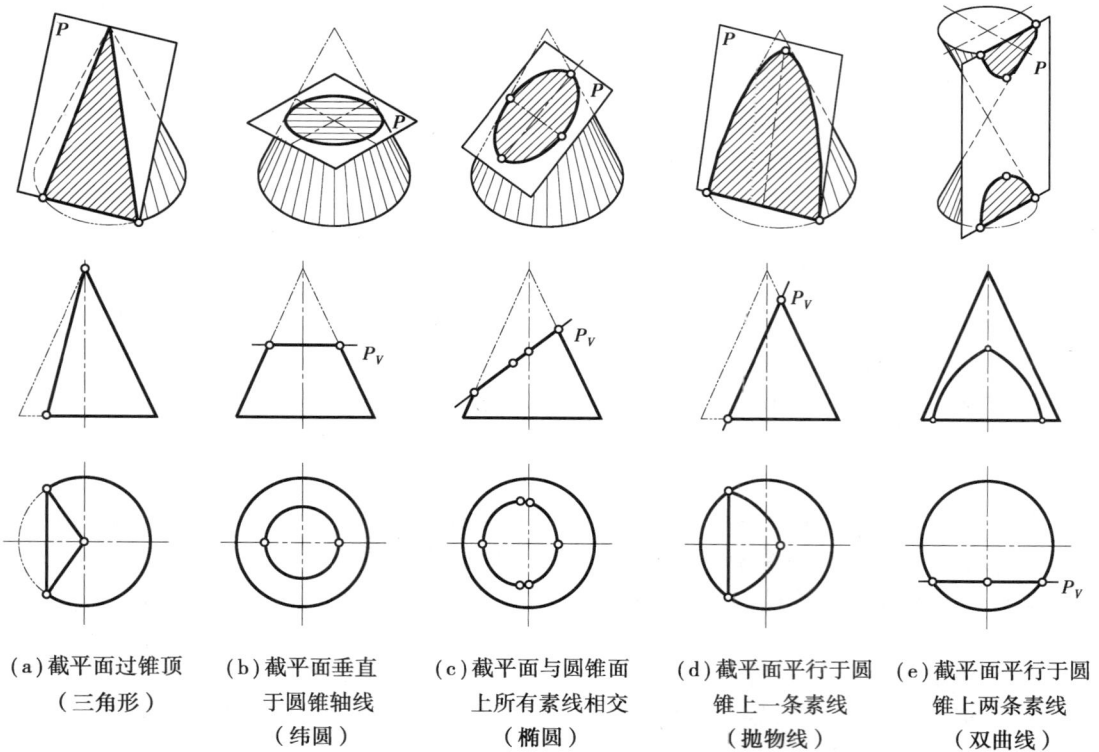

(a)截平面过锥顶
（三角形）

(b)截平面垂直
于圆锥轴线
（纬圆）

(c)截平面与圆锥面
上所有素线相交
（椭圆）

(d)截平面平行于圆
锥上一条素线
（抛物线）

(e)截平面平行于圆
锥上两条素线
（双曲线）

图 7.36　平面截割圆锥

①当截平面过锥顶时,截平面与圆锥面的截交线为两条直素线,而截平面与圆锥体的截交线是一个过锥顶的三角形,如图 7.36(a)所示。

②当截平面垂直于圆锥的回转轴时,其截交线是一个纬圆,如图 7.36(b)所示。

③当截平面倾斜于圆锥的回转轴线,并与圆锥面上所有素线均相交时,其截交线为椭圆,如图 7.36(c)所示。

④当截平面倾斜于圆锥的回转轴线,并平行于圆锥面上的一条素线时,其截交线为抛物线,如图 7.36(d)所示。

⑤当截平面平行于圆锥面上的两条素线时,其截交线为双曲线,如图 7.36(e)所示。

平面与圆锥相交所得的截交线圆、椭圆、抛物线和双曲线,统称为圆锥曲线。当截平面与投影面倾斜时,椭圆、抛物线、双曲线的投影,一般仍分别为椭圆、抛物线和双曲线,但有变形。

作圆锥曲线的投影,实际上是定属于锥面的点的问题。不论它是什么圆锥曲线,作图方法都相同。可用素线法或纬圆法或二者并用,求出截交线上若干点的投影,然后依次连接起来即可。

【例 7.8】作正垂面 P 与圆锥的截交线的投影和截断面实形,如图 7.37 所示。

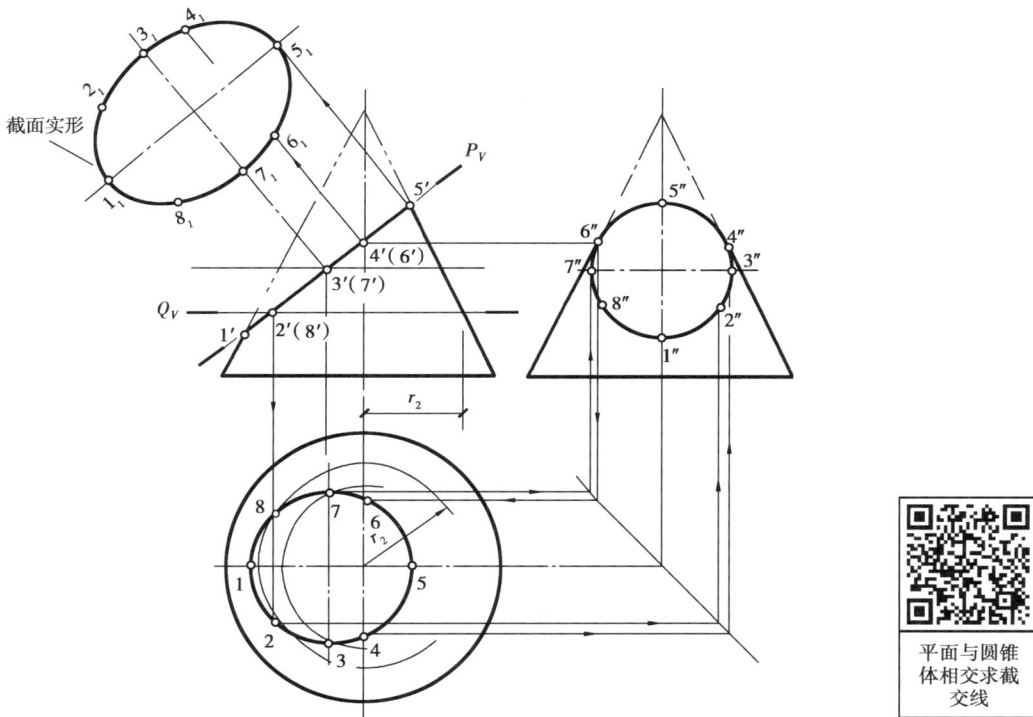

图 7.37　正垂面 P 与圆锥的截交线和截断面实形

【解】分析:因截平面 P 与圆锥轴线倾斜,并与所有素线相交,故截交线是一个椭圆。它的长轴平行于正立投影面,短轴垂直于正立投影面,并垂直平分长轴。椭圆的正面投影积聚在 P_V 上。又因截平面 P 倾斜于水平投影面,椭圆的水平投影仍为椭圆,但不反映实形,椭圆长、短轴的水平投影仍为椭圆投影的长、短轴。本例以纬圆法作图。

作图:如图 7.37 所示。

①求特殊点:在正面投影中,P_V 与圆锥正面投影轮廓素线的交点即为椭圆长轴ⅠⅤ两端点

的正面投影 $1'$ 和 $5'$ ，由此向下引投影连线得 Ⅰ、Ⅴ 的水平投影 1、5；线段 $1'5'$ 的中点 $3'(7')$ 是椭圆短轴 Ⅲ、Ⅶ 的两端点的正面投影，过 Ⅲ、Ⅶ 作纬圆，即可求出 ⅢⅦ 的水平投影 3 和 7；P_V 与圆锥最前、最后素线的正面投影的交点 $4'(6')$ 是圆锥面的最前、最后素线与 P 面的交点 Ⅳ(Ⅵ)的正面投影，用纬圆法作出其水平投影 4、6。

②用纬圆法求一般点 Ⅱ、Ⅷ 的水平投影 2、8，在 Ⅱ、Ⅷ(Q_V)位置作纬圆，在此纬圆的水平投影上，从 $2'8'$ 向下作投影连线，即得 Ⅱ、Ⅷ点的水平投影 2 和 8。

③在水平投影中，用光滑的曲线依次连接 1—2—3—4—5—6—7—8—1 各点，便得椭圆的水平投影。

④用换面法作出长、短轴端点 Ⅰ、Ⅴ、Ⅲ、Ⅶ 和中间点 Ⅳ、Ⅵ、Ⅱ、Ⅷ 等点的新投影，新投影 3_1、7_1 点间的距离等于水平投影 3、7 间的距离。其他各点原理相同，画出的椭圆即截断面的实形。

7.4.3 平面和圆球相交

平面截割圆球体，不管截平面处在何种位置，截交线的空间形状总是圆。截平面距球心越近，截得的圆就越大，截平面通过球心，截出的圆为最大的圆。当截平面平行于投影面时，截交线圆在该投影面上的投影反映圆的实形；当截平面倾斜于投影面时，其投影为椭圆。

图 7.38 分别表示水平面 P、正平面 Q、侧平面 R 与圆体截交所得投影的作法。从图中可以看出，在截平面所平行的投影面上截交线圆的投影反映实形，其半径等于空间圆的半径，其余两个投影积聚成直线段，并分别平行于对应的投影轴，直线段的长度等于空间圆直径。

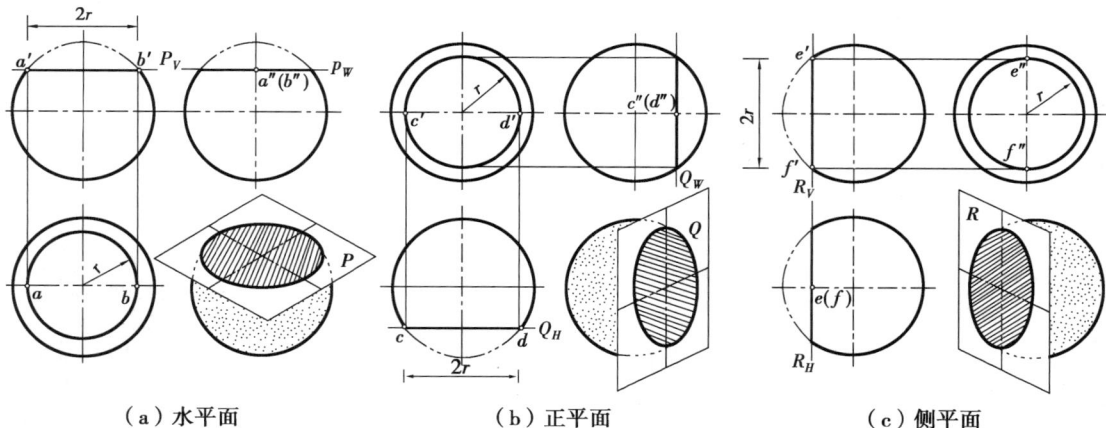

（a）水平面   （b）正平面   （c）侧平面

图 7.38 与投影面平行的平面截割球体

【例 7.9】作铅垂面 P 与圆球的截交线的投影和截断面实形，如图 7.39 所示。

【解】分析：截平面 P 为一铅垂面，截交线圆的水平投影积聚在属于 P_H 的一段直线上，其长度等于截交线圆的直径；截交线圆的正面投影和侧面投影变为椭圆。画这两个椭圆时，可分别求出它们的长、短轴后作出。

作图：如图 7.39 所示。

①截交线的水平投影为积聚线 37，3、7 点在圆球水平投影轮廓线上，由投影关系长对正、宽相等即可得 $3'$、$7'$ 和 $3''$、$7''$，它们分别在圆球的赤道圆的正面投影和侧面投影上（与水平中心线重合）。

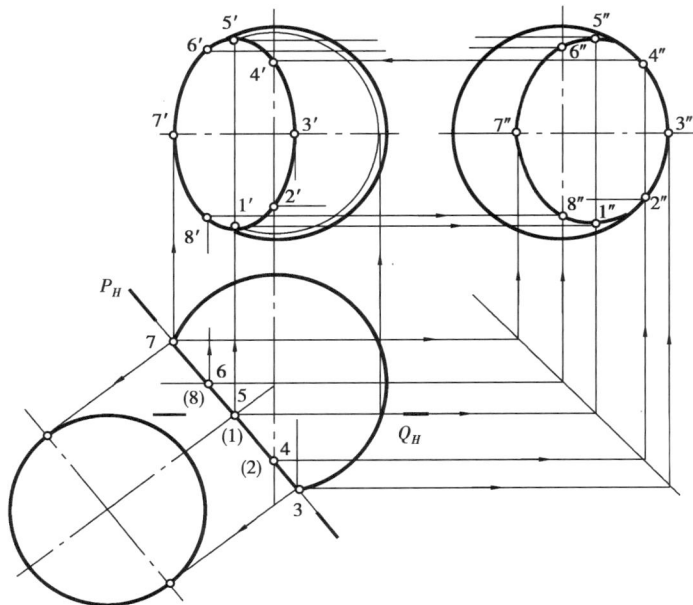

图 7.39　铅垂面截割球体并求截面实形

②取截交线圆的另一直径ⅠⅤ⊥ⅢⅦ，ⅠⅤ构成铅垂线。Ⅰ、Ⅴ的水平投影1、5积聚在3、7的中点，1′、5′间距离等于1″、5″点间距离，等于截交线圆直径，即等于3、7点间距离。得到1′5′和1″5′的投影位置后，这里1′5′、3′7′和1″5″、3″7″分别是截交线圆的正面投影和侧面投影椭圆的长、短轴。另外，Ⅰ、Ⅴ点也可以用辅助平面 Q_H 所对应的纬圆来做。

③求点Ⅵ、Ⅷ的各投影。水平投影中，P_H 与最大子午圆水平投影(水平中心线)的交点便是6(8)。由6(8)引铅垂线与圆球正面轮廓线相交，即得6′、8′；再由6(8)和6′8′即可求得6″8″。6′8′是截交线圆正面投影椭圆的可见与不可见的分界点。

④求点Ⅱ、Ⅳ的各投影。水平投影中，P_H 与最大侧平圆水平投影(竖直中心线)的交点便是2(4)。由2(4)做宽相等在最大侧平圆轮廓线相交，即可求得2″4″。再由2(4)和2″、4″求得2′、4′是截交线圆侧面投影椭圆的可见与不可见的分界点。

⑤判别可见性：对于正面投影，由于截交线圆ⅥⅦⅧ属于后半球面，为不可见，理论上6′7′8′应画为虚线。但是由于球体左边部分已经被切掉，故截交线圆ⅥⅦⅧ露出来了，所以应为实线。对于侧面投影，由于截交线圆都属于左半球面，故椭圆1″3″5″7″都是实线。

⑥截断面的实形为圆，圆的直径等于3 7或1′5′。

【例7.10】已知半球体被切割后的正面投影，求半球体被切割后的水平投影和侧投影，如图7.40(a)所示。

【解】分析：从正面投影可以看出，半球体的缺口是被左右对称的两侧平面和水平面所截割而成的。

由水平面截得的截交线的水平投影反映圆弧实形，在 V 面投影中量取半径 r_1，在 H 面上画出水平纬圆。

由侧平面截得的截交线的侧面投影反映圆弧的实形，因此在 V 面投影中量取半径 r_2，在 W 面画出侧平纬圆。

最后判别可见性,求得正确的图解,如图 7.40(b)所示。

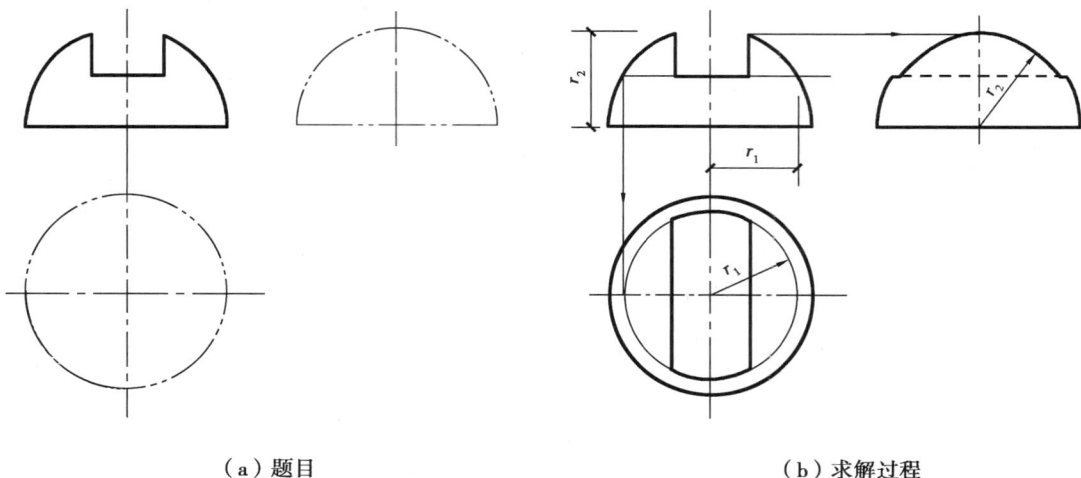

（a）题目   （b）求解过程

图 7.40　平面截割半球体

7.5　直线与曲面立体相交贯穿点的投影分析

求直线和曲面体的表面交点(相贯点),也就是求直线与曲面体的共有点,其求法可分两种情况。

7.5.1　特殊情况

当曲面垂直于某一投影面或直线垂直于某一投影面时,可利用积聚性用曲面上取点的方法求出交点。

【例 7.11】求直线 AB 与正圆柱体的贯穿点,如图 7.41(a)所示。

【解】分析:因圆柱顶面的正面投影和侧面投影都有积聚性,当直线 AB 与圆柱顶面相交时,交点的正面投影和侧面投影必属于圆柱顶面的积聚性投影。又由于正圆柱面的水平投影有积聚性。当直线 AB 与圆柱面相交时,交点的水平投影必属于圆柱面的积聚性投影。

直线与圆柱体相交求贯穿点

作图:如图 7.41(b)所示。

①在正面投影中,直线 $a'b'$ 与圆柱顶面的正面投影的交点 m',即为贯穿点 M 的正面投影。由 m' 向下引投影连线与 ab 的假想连接线交于 m,则 m 为贯穿点的水平投影。

②在水平投影中,ab 与圆周的交点 n,为另一贯穿点 N 的水平投影,由 n 向上引投影连线与 $a'b'$ 交于点 n',则点 n' 即为贯穿点 N 的正面投影。

③判别可见性:在如图 7.41(c)所示的正面投影中,因贯穿点 N 属于前半圆柱面,其正面投影 n' 为可见,故自点 n' 到圆柱轮廓素线的那一段线为可见。贯穿点 M 属于顶面,故在水平投影中 mb 为可见。

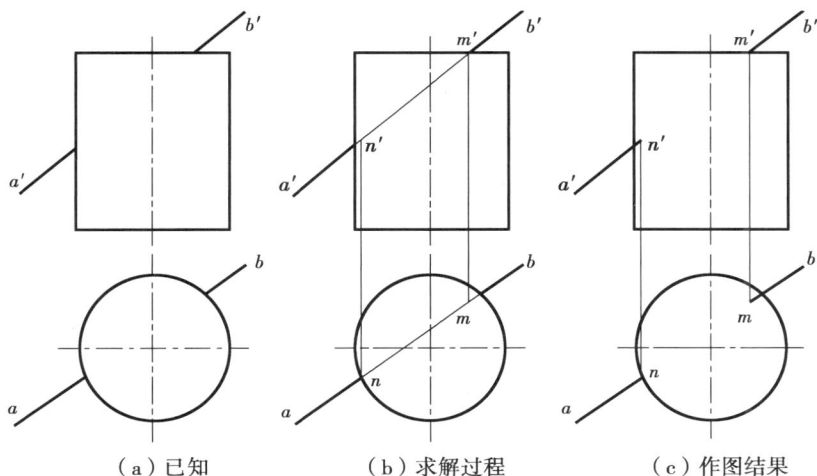

（a）已知　　　　　　（b）求解过程　　　　　　（c）作图结果

图 7.41　直线与圆柱相交求贯穿点

【例 7.12】求直线 CD 与圆锥的贯穿点，如图 7.42（a）所示。

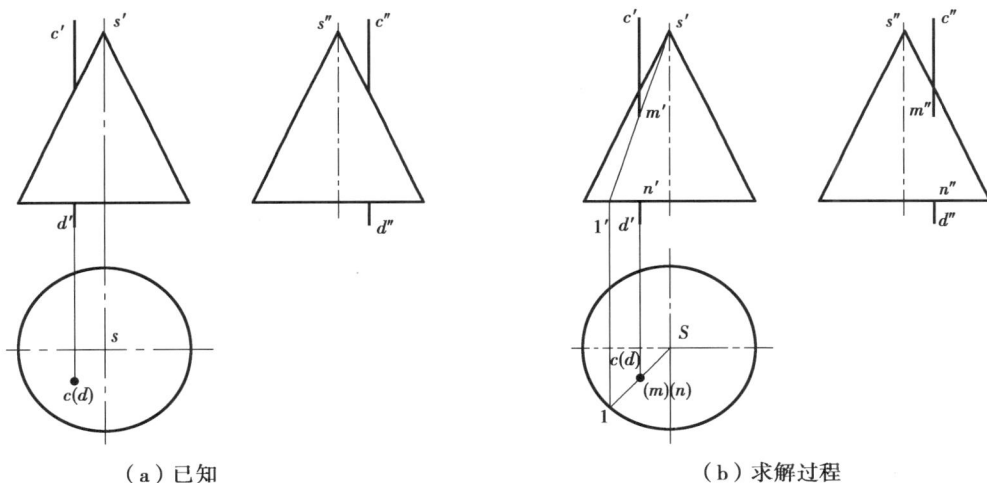

（a）已知　　　　　　　　　　　　（b）求解过程

图 7.42　直线与圆锥相交

【解】分析：由于直线 CD 垂直于 H 面，所以交点的 H 投影 m、n 与直线 CD 的积聚性投影 cd 重合。故在 H 投影中经过积聚性投影（即 m 点）在锥面上作一条素线 s1，便可求出 s'1'，再由 m 点向上作铅垂联系线与 s'1'交于 m'，由 m_1、m'定出 m"。

作图：如图 7.42（b）所示。

7.5.2　一般情况

当直线和曲面体的投影都没有积聚性时，只能应用作辅助面的方法来解决，它的解题步骤与求直线与平面立体的交点相类似。即：

　①包含已知直线作一辅助截平面；

　②求出截平面与已知曲面体的截交线；

③截交线与直线的交点,即为所求直线与曲面体的交点(贯穿点)。

解题的关键是如何根据曲面体的性质来选取适当的辅助截平面,使它和已知曲面体的截交线的投影是简单易画的图形。

【例7.13】求直线 AB 与圆锥的贯穿点,如图7.43(a)所示。

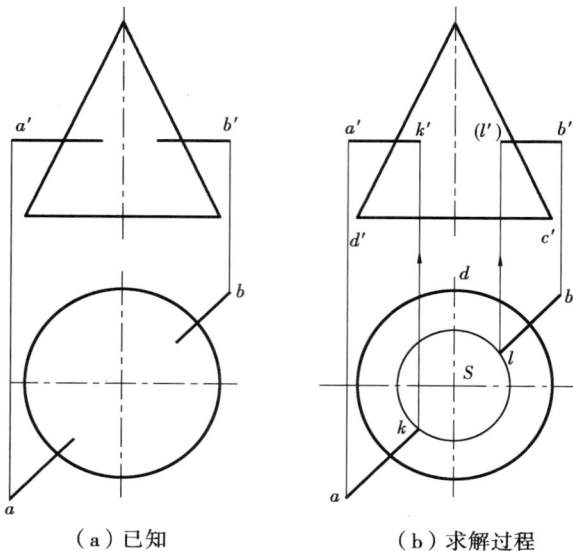

（a）已知   （b）求解过程

图7.43　水平直线与圆锥相交

【解】分析:由于直线 AB 是水平线,故可包含直线 AB 作水平辅助截平面 P。P 平面与圆锥的截交线为水平圆,其 H 投影反映实形,它与直线 AB 的 H 投影 ab 的交点 k、l 即为所求交点的 H 投影,再对应求出 V 投影 k'、l'。

作图:如图7.43(b)所示。

可见性判断:圆锥的 H 投影为可见,故交点的 H 投影为可见;在 V 投影中 k' 可见,l' 为不可见。

【例7.14】求直线 AB 与斜圆柱的贯穿点,如图7.44所示。

【解】分析:包含直线 AB 作平行于斜圆柱轴线的平面为辅助截平面,其截交线为平行四边形。故可通过 B 点作一直线 BN 平行于斜圆柱轴线,则由 AB 和 BN 所决定的辅助截平面,截斜圆柱所得的截交线为平行四边形 Ⅰ Ⅱ Ⅲ Ⅳ,如图7.44(a)所示。

作图:如图7.44(b)所示。

①作直线 BN 平行于斜圆柱轴线,并求出 BN 与斜圆柱底面所在平面的交点 N。

②求出直线 AB 与斜圆柱底面所在平面的交点 M。连接 MN 交斜圆柱底圆于 Ⅰ 、Ⅱ;过 Ⅰ 、Ⅱ 作斜圆柱的素线 Ⅰ Ⅲ 和 Ⅱ Ⅳ,则平行四边形 Ⅰ Ⅱ Ⅲ Ⅳ 为辅助截平面与斜圆柱的截交线。

③AB 与截交线 Ⅰ Ⅱ Ⅲ Ⅳ 的交点 K、L 即为所求的贯穿点。

④判别可见性:直线 AB 从前半斜圆柱面穿过,由其投影确定 k'、l' 和 k、l 均为可见。

【例7.15】求一般线 AB 与圆锥的贯穿点,如图7.45所示。

【解】分析:如果包含直线 AB 作辅助正垂面或铅垂面,则截割圆锥所得截交线是椭圆或双曲线,作图较困难。但从图7.36中可知,截平面通过锥顶时,截交线为一三角形。因此,可以由锥顶和直线 AB 所决定的平面作为辅助面。

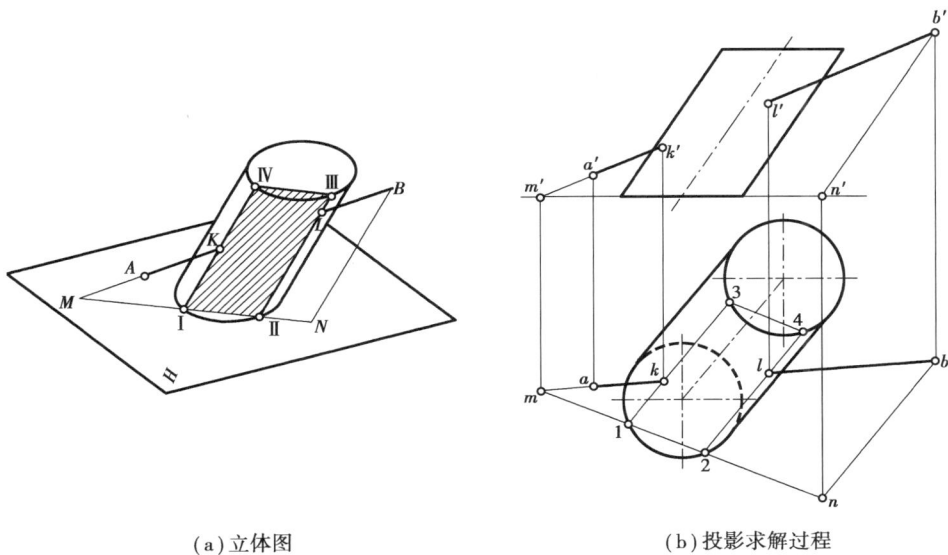

| (a)立体图 | (b)投影求解过程 |

图7.44 直线与斜圆柱的贯穿点

作图：如图 7.45(b)所示。

①求锥顶 S 和直线 AB 所确定的辅助平面与圆锥的截交线。为此，连接 SA，并延长使其与圆锥底面所在平面相交，其交点为 E；再取直线 AB 的任一点 C，连接 SC，并延长使它与圆锥底面所在平面相交，其交点为 F；连接 EF 交圆锥底圆于 Ⅰ、Ⅱ；又连接 SⅠ、SⅡ，则△SⅠⅡ为辅助平面与圆锥的截交线。

②截交线与直线 AB 的交点 M、N 即为所求贯穿点。

③判别直线 AB 的可见性：直线 AB 从前半圆锥表面穿过，故其投影均为可见。

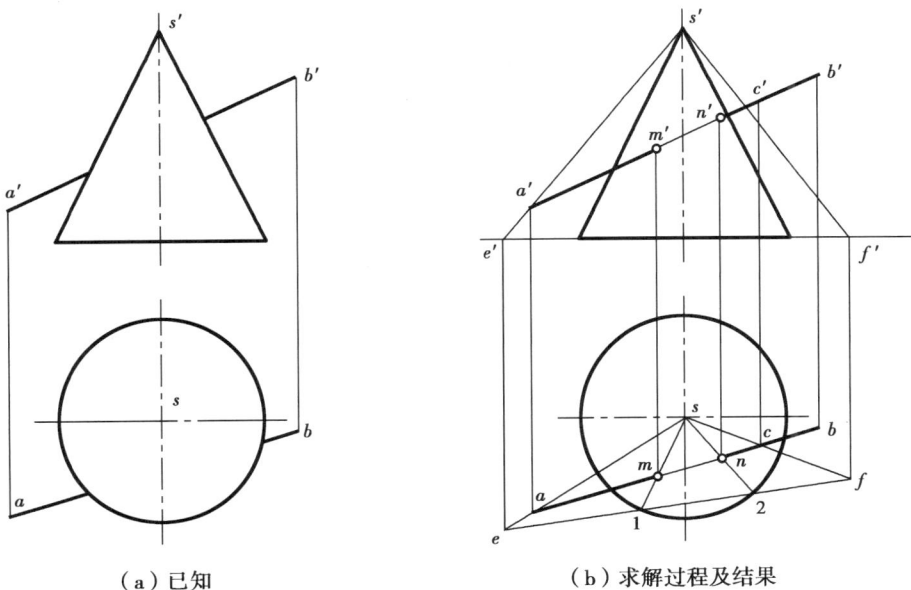

| (a)已知 | (b)求解过程及结果 |

图7.45 一般线与圆锥相交

【例7.16】求直线 EF 与圆球的贯穿点,如图7.46(a)所示。

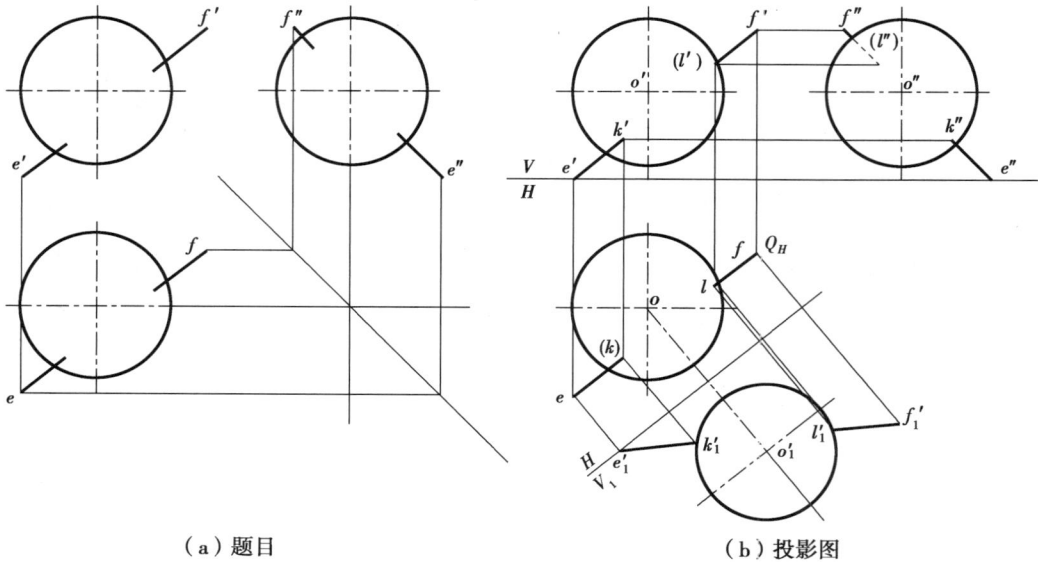

（a）题目　　　　　　　　　　　　　（b）投影图

图 7.46　直线与圆球的贯穿点

【解】分析:直线 EF 为一般位置直线,如果包含该直线作投影面垂直面为辅助平面,则辅助平面与圆球的截交线圆的另外两投影为椭圆,作图比较麻烦,准确性又较差。于是,用一次换面法作出截交线圆的实形和直线 EF 的实长投影 $e_1'f_1'$。它们的交点 k_1'、l_1' 即为所求贯穿点 K、L 的新投影。然后返回到 K、L 点的各个原投影上。

作图:如图7.46(b)所示。

①过 EF 直线作铅垂面 Q,显然 Q_H 与 ef 重合。

②取新投影面 $V_1 /\!/ Q$,用换面法在 V_1 面上作出截交线圆的实形和直线 EF 的实长投影 $e_1'f_1'$,直线 $e_1'f_1'$ 与圆 o_1' 的交点 k_1'、l_1' 即为贯穿点的新投影。

③将属于 $e_1'f_1'$ 的点 $k_1'l_1'$ 反投影到 ef,即得所求贯穿点的水平投影 k、l。根据直线的点的投影对应关系,求出贯穿点 K、L 的正面投影和侧面投影。

④判别可见性:直线 EF 由前、下、左半球穿入球体,从后、上、右半球穿出球体。

7.6　平面立体与曲面立体相交相贯线的投影分析

平面体和曲面体相交(相贯),所得的交线是由若干段平面曲线或若干段平面曲线和直线段组成的空间闭合线。每段平面曲线是平面体的某一棱面与曲面体相交的截交线。两段平面曲线的交点称为转折点,它是平面体的棱线与曲面体的交点,由此可见,求平面体与曲面体的交线,可归结为求平面与曲面体的截交线和直线与曲面体的交点。

【例7.17】求一直立圆柱与一四棱柱的表面交线(相贯线),如图7.47所示。

【解】分析:①圆柱的水平投影有积聚性,四棱柱的侧面投影有积聚性,故相贯线的水平投影和侧面投影均为已知。

②四棱柱贯入、贯出圆柱,故相贯线为两组。

③根据水平投影图左右、前后对称,可知两组相贯线也左右、前后对称。各组均为上下前后四段椭圆弧所组成。

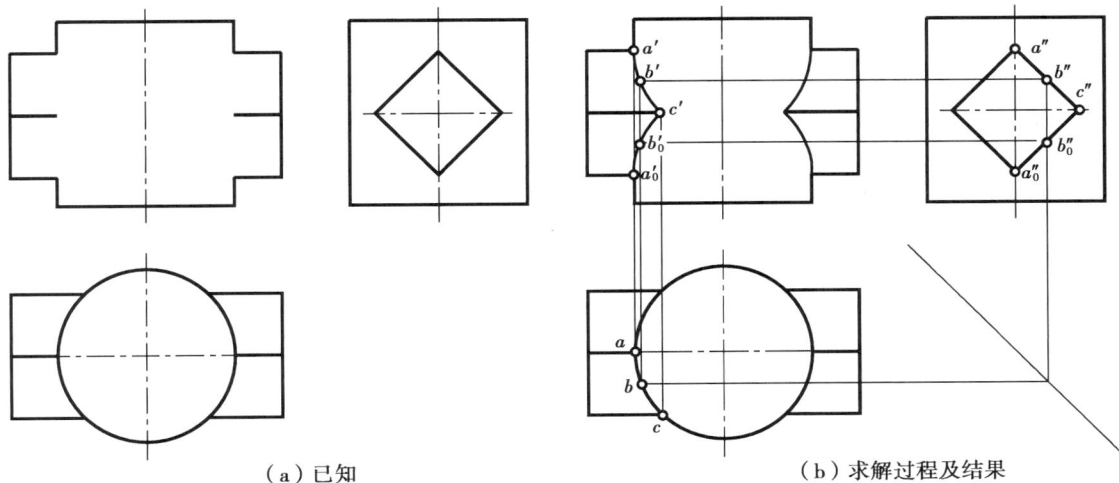

（a）已知　　　　　　　　　　　（b）求解过程及结果

图 7.47　直圆柱与四棱柱相贯

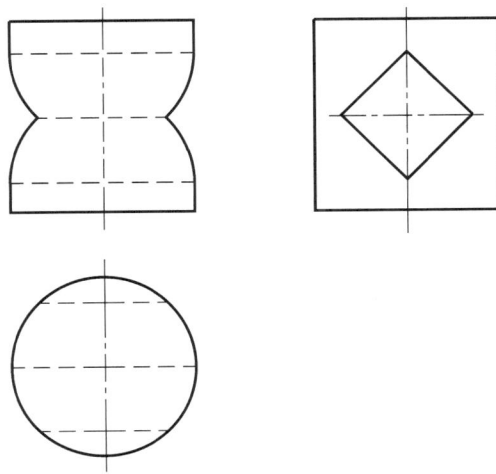

作图:如图 7.47(b)所示。

①先求特殊点。由水平投影和侧面投影知四棱柱上棱线与圆柱的贯穿点 A、A_0,前方棱线与圆柱的贯穿点 C(由于棱柱上下、前后对称,故只画出可见贯穿点即可),求出 A、A_0、C 三点的正面投影 a'、a_0'、c'。

②再求一般点。在四棱柱的侧面积聚性投影上取一般点 B、B_0。利用点 B、B_0 在圆柱面上的素线和属于四棱柱表面这一特性,求出其在正面投影上的投影 b'。根据对称性求出 B_0 点的对称投影 b_0';最后将其依次连接,求出相贯线的正面投影。根据对称性质,补画完整正面投影的中相贯线的右侧投影。该相贯体的立体图如图 7.48 所示。

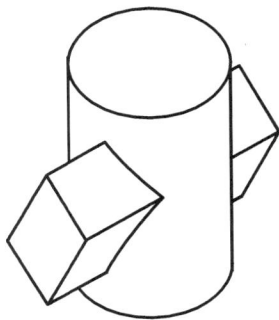

图 7.48　直圆柱与四棱柱相贯立体图　　　**图 7.49　圆柱穿一四棱柱通孔**

注意:该四棱柱是一正四棱柱,柱面与圆柱轴线呈 $45°$ 夹角,因此相贯线的正面投影的圆弧是一个与圆柱等直径圆的一部分。

如果将四棱柱沿棱线方向抽出,则成为直立圆柱贯一矩形棱柱孔,其投影如图7.49所示。水平投影中的虚线是四棱柱孔的四条棱线的水平投影。该四棱柱孔的正面投影是上下两段椭圆弧线围成。中间的虚线仍为四棱柱孔的四条棱线的投影。

【例7.18】 求直圆柱与四棱锥的交线,如图7.50(a)所示。

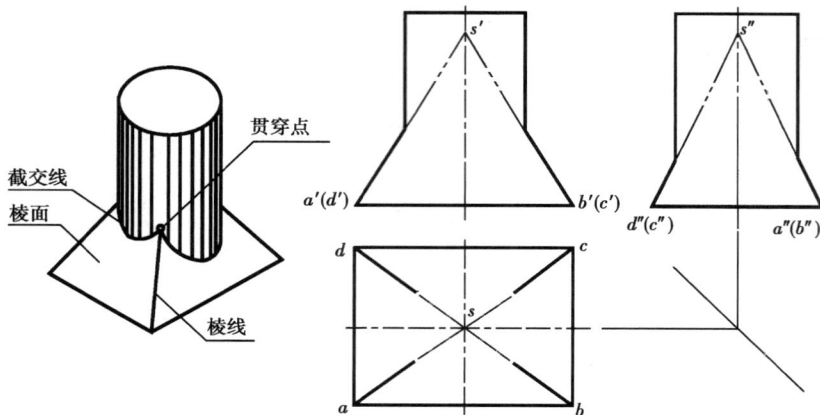

圆柱体与四棱锥相交求相贯线

(a)已知

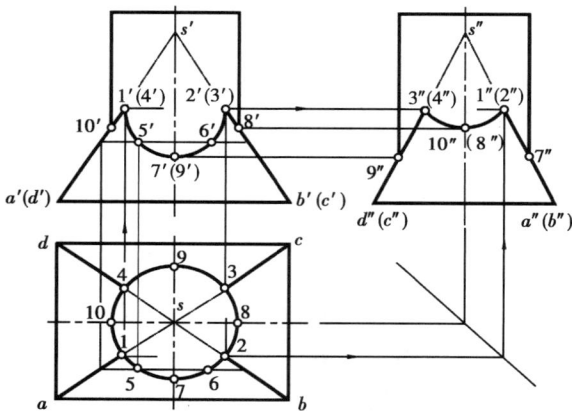

(b)求解过程及结果

图7.50 圆柱与四棱锥相贯

【解】分析: ①圆柱的水平投影有积聚性,四棱锥的正面投影和侧面投影无积聚性,故相贯线的求解首先要从圆柱的积聚性投影入手。从立体的几何特性我们可以判断,直圆柱与四棱锥的相贯线在水平投影中可以找出。即圆柱的积聚性投影。

②圆柱与四棱锥为互贯,故相贯线为一组。

③根据水平投影图左右、前后对称,可知相贯线也左右、前后对称。为四段圆弧线组成。

作图: 如图7.50(b)所示。

①将四棱锥四条棱线与圆柱的贯穿点用 Ⅰ、Ⅱ、Ⅲ、Ⅳ 表示在水平投影面上,即1、2、3、4点。求出这四个点的正面投影和侧面投影。

②将直圆柱四条特殊素线用 Ⅶ、Ⅷ、Ⅸ、Ⅹ 表示在水平投影面上,即7、8、9、10点。求出这四个点的正面投影和侧面投影。

③在水平投影上取一般点 Ⅴ、Ⅵ点,即5、6点。两点是左右对称,这样方便我们求解一般点

的投影。根据投影原理我们求出以上各点的正面投影和侧面投影。最后将其依次连接,求出相贯线的正面投影和侧面投影。

【例7.19】求三棱柱与半圆球的交线,如图7.51(a)所示。

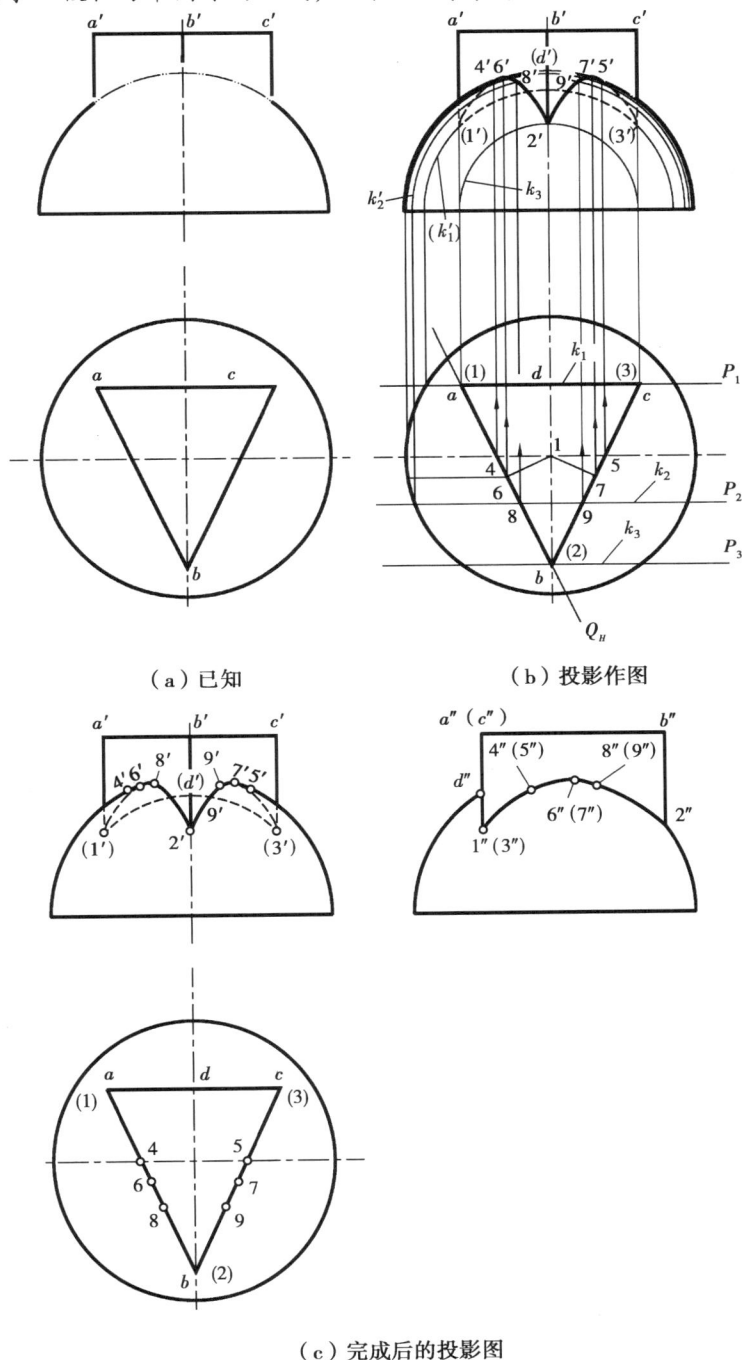

（a）已知　　　　　　　　（b）投影作图

（c）完成后的投影图

图7.51　半球与三棱柱相贯

【解】分析:①观察投影图具有左右对称性,故其相贯线也是左右对称的。

②平面和球的截交线为圆,故知相贯线由三段圆弧所组成,转折点属于三棱柱的三根棱线。

③三棱柱的 H 投影有积聚性,故相贯线的 H 投影为已知。

作图:如图 7.51(b)所示。

①棱面 AC 为正平面 P_1,P_1 与半球相交于线段 1、3,这段截交线的最高点为 D,弧线 k_1' 的 V 投影反映了该位置截交线的实形,截交线为圆弧 $1'3'$。A 棱的 V 投影 a',C 棱的 V 投影 c' 和半圆弧 k_1' 的交点 $1'$、$3'$ 就是 A 棱和 C 棱与半球的相贯点 Ⅰ、Ⅲ 的 V 投影。

②AB 棱面 Q 倾斜于 V 面,故与半球的交线圆的 V 投影为椭圆弧。图中 B 棱与半球的相贯点 Ⅱ 的 V 投影 $2'$,由 B 棱的 V 投影与辅助正平面 P_2 和球的交线圆的 V 投影 k_2' 相交而得。点 Ⅳ 是 V 投影椭圆弧可见与不可见的分界点,由水平中心线(即球的 V 投影轮廓线的 H 投影)和积聚线段 ab 的交点 4 向上作垂线到圆球的 V 投影轮廓线上即得 $4'$。在 H 投影图上由球心 o 引 ab 的垂线得垂足 6。过 6 点作辅助正平面 P,在正投影中画出其交线圆 k',再由点 6 向上作垂线到 V 投影图上,即得到 $6'$。$6'$ 即是这段圆弧的 V 投影成椭圆长半轴的端点,也是该圆弧的最高点。其余的点(如点 Ⅷ)是用正平面 P_3 为辅助面求得的。连接 $1'4'6'8'2'$ 得棱面 AB 和球的交线圆的 V 投影。点 $2'$ 就是 B 棱线与半球的相贯点 Ⅱ 的 V 投影。

③棱面 BC 和球的交线圆的 V 投影 $3'5'7'9'2'$ 与 $1'4'6'8'2'$ 对称,可同时求得。

④判别可见性。圆弧 $1'3'$ 属于不可见的棱面 AC 和球面,画为虚线。椭圆弧 $1'4'$ 和 $3'5'$ 属于不可见的球面,画为虚线。椭圆弧 $4'6'8'2'$ 和 $5'7'9'2'$ 属于可见的棱面和球面,画为实线。还应注意,棱线 a' 和 c' 靠近 $1'$ 和 $3'$ 的一小段被球面遮住,应画为虚线。

经过整理后完成的三面投影如图 7.51(c)所示。

如果将图 7.51 中的三棱柱抽出,则成为半球贯一三棱柱孔,其投影图如图 7.52 所示。作图方法并无不同,只虚实线有些更动。V 投影图中的三根铅垂虚线是三个铅垂面交线的投影。W 投影图中右边的铅垂虚线是左右两铅垂面交线的投影,左边上实下虚的铅垂线是后面的正平面的投影。

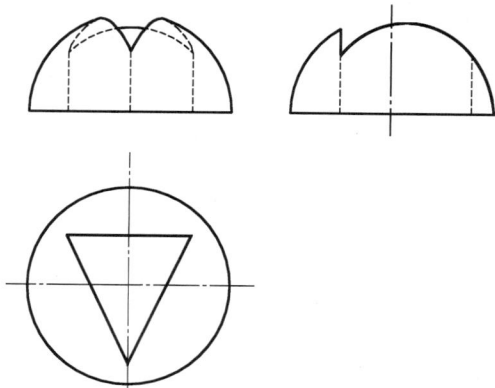

图 7.52　半球贯穿三棱柱通孔

7.7　曲面立体与曲面立体相交相贯线的投影分析

两曲面体相交的表面交线(相贯线)一般为光滑而闭合的空间曲线。曲线上每一点是两立体表面的共有点。因此求交线时,需先求出两立体表面的若干共有点,然后用光滑的曲线连接成相贯线。求共有点的基本方法是辅助面法,其具体步骤如下:

①作一辅助面 P,使其与两已知曲面体相交;

②求出辅助面与两已知曲面体的交线;

③两交线的交点,便是两曲面体表面的共有点,就是所求交线上的点。

辅助面可以是平面,也可以是球面,但应使辅助面与两曲面体相交所得交线的投影形状为简单易画的图形,如圆、矩形、三角形等。究竟采用哪一种辅助面,应根据曲面的形状和相对位置来决定。

7.7.1 辅助平面法

当两曲面体能被一系列平面截出由直线或圆组成的截交线投影时,可用这种方法。

【例7.20】已知一直立圆柱和一水平圆柱成正交,求作它们的相贯线,如图7.53所示。

【解】分析:①从 H 投影可知,水平圆柱只有左半部分参与相交,配合 V 投影或 W 投影看出直立圆柱也是部分贯穿水平圆柱,故知相贯线为一组。

②由于 H 投影前后对称,故相贯线 V 投影也是前后对称。

③因两圆柱的轴线均平行于正立投影面,作相贯线时,如采用正平面为辅助面,则辅助平面和两圆柱都交于素线,素线的交点便是属于相贯线的点。

作图:如图7.53所示。

①先求特殊点:两圆柱特殊位置的素线相交,由水平投影和侧面投影确定特殊点Ⅰ、Ⅲ、Ⅵ、Ⅷ点,求出这四个特殊点的正面投影。

②求一般点:在侧面投影中于水平圆锥的积聚性投影上任取一个一般点Ⅱ点。根据点也属于直立圆柱的素线上这一特征,在水平投影上由直立圆柱的积聚性投影上确定Ⅱ点的水平投影 2 。因此,可以求到Ⅱ点的正面投影 $2'$ 。根据对称性,利用求解Ⅱ点时的作图过程线求到Ⅳ、Ⅵ、Ⅷ的三面投影。

③将求到的点用光滑的曲线依次连接,即得到两圆柱的相贯线的投影。

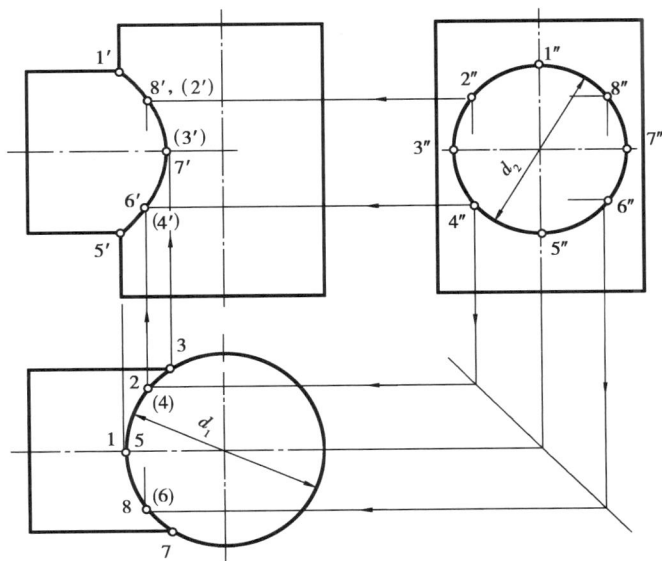

图 7.53　两不等径的圆柱相交

假定将图 7.53 的水平圆柱贯穿直立圆柱,则形成一水平圆柱通孔。此时其投影图如图 7.54 所示。V 投影中的两段水平虚线是水平圆柱孔的上下轮廓素线,左右两段曲线和图 7.53 的相贯线完全一样。H 投影中的两段水平虚线是圆柱孔的最前和最后两素线。

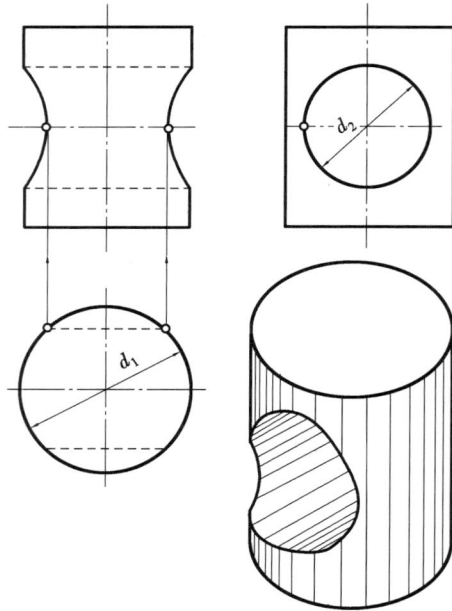

图 7.54　直立圆柱贯穿水平圆柱通孔

【例 7.21】两不等径圆柱斜交,求其相贯线,如图 7.55 所示。

【解】分析:①从 V 投影或 W 投影知斜立圆柱全部贯入水平圆柱,再由 H 或 W 投影知斜立圆柱未贯出水平圆柱,故只求一组相贯线。它为一闭合的空间曲线,且上下对称。

②由于两圆柱的轴线均平行于 H 面,故采用水平面为辅助面来求属于相贯线的点。

③水平圆柱的 W 投影有积聚性,故相贯线的 W 投影为已知。

作图:如图 7.55 所示。

①求属于相贯线的特殊点:最前点Ⅶ和Ⅲ,属于水平圆柱的最前素线,可由 H 投影 7 和 3 而得 H 投影 $7'$ 和 $3'$,点Ⅲ也是最左点,点Ⅶ是最右点。最高点Ⅰ和最低点Ⅴ,分别属于斜立圆柱的最上和最下素线,可由 W 投影 $1''$ 和 $5''$ 而得 V 投影 $1'$ 和 $5'$,最后定出 H 投影 1 和 5。Ⅲ又是最前点,Ⅳ又是最后点。

②求属于相贯线的一般点:采用上下对称位置的两水平面 P 截两圆柱于素线,素线的交点为Ⅱ$(2,2',2'')$、Ⅳ$(4,4',4'')$,Ⅵ$(6,6',6'')$ 和Ⅷ$(8,8',8'')$。它们都是相贯线的一般点。还可作适当的正平面为辅助面以求得属于相贯线适当的点。

③连点成相贯线。依次连接各点为曲线而得相贯线为Ⅰ—Ⅱ—Ⅲ—Ⅳ—Ⅴ—Ⅵ—Ⅶ—Ⅷ—Ⅰ。

④判别可见性。V 投影前后重合,故 $1'—8'—7'—6'—5'$ 为实线。H 投影中,属于两圆柱均为可见面的交线投影是 3—2—1—8—7,应画为实线;其余不可见,画为虚线。

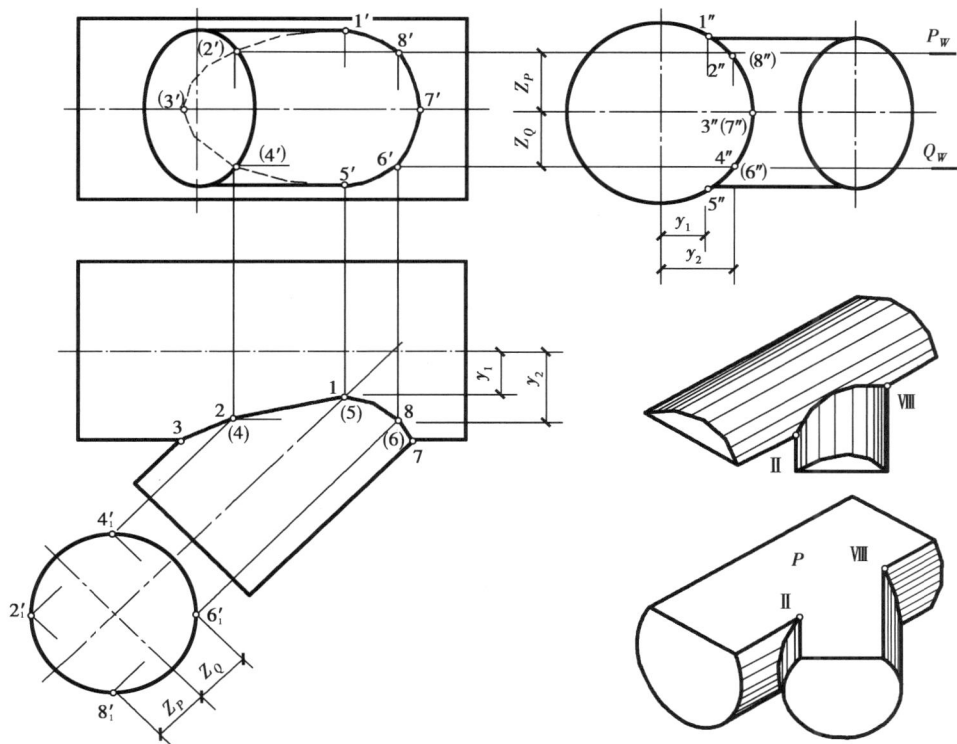

图 7.55 两不等径的圆柱斜交

【**例** 7.22】求一正圆锥和一正圆柱的相贯线,如图 7.56 所示。

【**解**】分析:①从 V 投影观察,两立体都有全不参与相贯的部分,故为互贯。其相贯线是一根闭合的空间曲线。

②由于 H 投影前后对称,因而相贯线也是前后对称的。

③圆柱的 W 投影有积聚性,故相贯线的 W 投影为已知,它是圆柱在圆锥内的圆投影。可用已知圆锥表面的曲线的 W 投影求其 H 和 V 投影的方法来作。下面我们仍用辅助平面法来求。以水平面为辅助面,它与圆柱交于素线,与圆锥交于纬线圆。该素线和纬线圆的交点,便是属于相贯线的点。

作图:①求属于相贯线的特殊点:最高点 Ⅰ 和最低点 Ⅴ,由圆柱 W 投影的积聚圆和圆锥右轮廓素线的交点 $1'$ 和 $5'$ 而得到 1 和 5。最前点 Ⅶ 和最后点 Ⅲ,属于圆柱最前素线,过此素线引水平面 Q_W,Q_W 交圆锥于水平圆与素线的交点即为 Ⅶ$(7,7')$ 和 Ⅲ$(3,3')$。

②求属于相贯线的一般点。在最高点和最低点之间可作适当的水平辅助面,即可求得属于相贯线适当的点。图中示出了水平面 S_W,S_W 交圆柱于两条素线,交圆锥于水平圆,得到的交点便是一般点 Ⅸ$(9,9')$ 和 Ⅹ$(10,10')$。同理,做水平面 T_W 求得一般点 Ⅳ$(4,4')$ 和 Ⅵ点$(6,6')$。

③连点成相贯线。依次连接 1—8—9—7—6—5—4—3—10—2—1 便得相贯线的 H 和 V 投影。

④判别可见性。对于 H 投影圆锥面全可见,圆柱面的上半表面可见,故于属圆柱上半表面的 3—10—2—1—8—9—7 为可见,画为实线。属于圆柱下半表面的 3—4—5—6—7 为不可见,画为虚线。

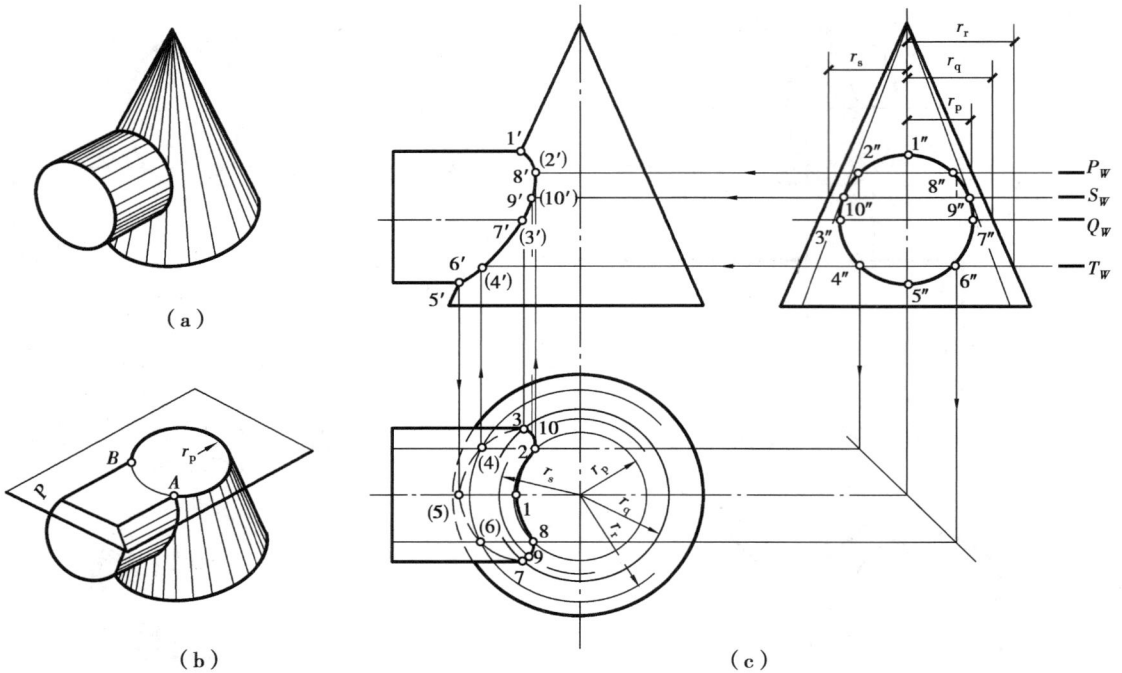

图 7.56　圆柱与圆锥相贯

如果将圆柱抽出,则成为挖去圆柱形缺口的圆锥,作图方法与上图完全相同。此时在 H 投影上,1—8—9—7—6—5—4—3—10—2—1 都属于圆锥表面,故应画为实线,且在圆锥的左侧对称有一同样的截交线。需要注意的是,此时由于是通孔,故还应该画出的是,在 V 投影中,通过"1′、5′"贯穿圆锥体的水平方向用虚线表示的上下两条轮廓素线。

综上所述,当两圆柱相贯时,如两圆柱的轴线都平行于某一投影面,则采用该投影面的平行面为辅助面,因辅助平面与两圆柱都交于素线。

当回转体与圆柱相贯时,如回转体的轴线垂直于某一投影面,而圆柱的轴平行于该投影面,则采用该投影面的平行面为辅助平面。这样,辅助面交回转体于圆,此圆在该投影面上的投影反映实形;而辅助平面交圆柱于素线。

当两回转体相贯时,如两回转体的轴均垂直于某一投影面,则选取该投影面的平行面为辅助面。此时辅助平面和两回转体交于各自的纬线圆,而两纬线圆在该投影面上的投影均为反映实形的圆。

7.7.2　辅助球面法

当球心位于回转体的轴线上时,球面和回转体表面的交线是垂直于回转轴的圆。若此时回转体的轴线又平行于某一投影面,则该圆在投影面上的投影积聚为一条垂直于回转轴的直线段。

图 7.57(a)所示球心位于直立圆柱的轴线上,它们的表面交线是两个等径的水平圆 K_1 和 K_2。

图 7.57(b)所示球心位于正圆锥的轴线上,它们的表面交线为大、小二水平圆 K_1 和 K_2。

图 7.57(c)所示球心位于斜圆柱的轴线上,斜圆柱的轴线平行于 V 面,此时它们的表面交线为两个等径的圆 K_1 和 K_2。二圆都垂直于 V 面,其 V 投影为垂直于圆柱轴线的两直线段,H 投影为两个相同的椭圆 k_1 和 k_2。

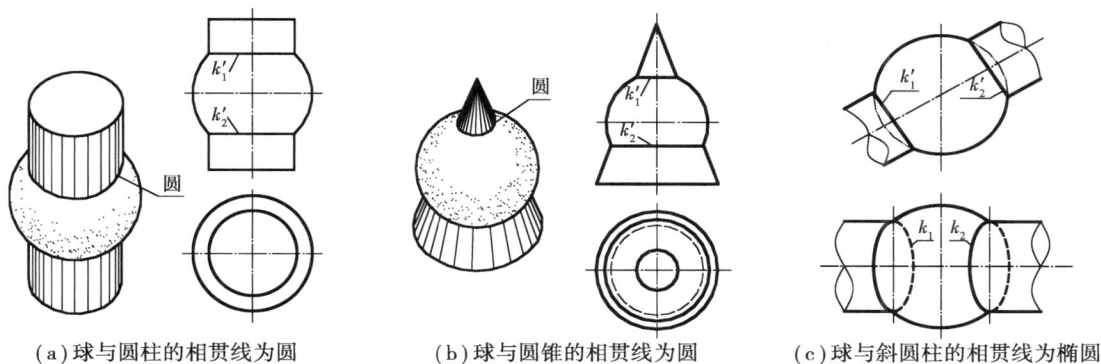

(a)球与圆柱的相贯线为圆　　　　(b)球与圆锥的相贯线为圆　　　　(c)球与斜圆柱的相贯线为椭圆

图 7.57　球心属于回转体的轴线时,球与回转体的相贯线

由上述现象可知,求两回转体的表面交线时,两回转体的轴线相交,且两轴线同时平行于某一投影面,则可用以两轴线交点为球心的球面为辅助面,来求两回转体表面的共有点。

【例 7.23】求圆锥与圆柱的交线,如图 7.58 所示。

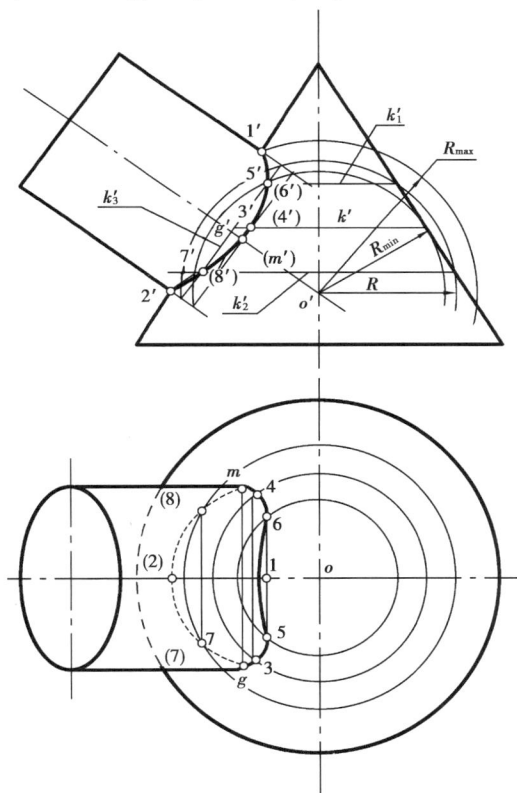

图 7.58　以球面为辅助面求圆锥与圆柱的相贯线

【解】分析:①由于 H 投影前后对称,故相交线也前后对称。再由两投影观察知,圆柱虽全贯入圆锥,但未贯出,故只求一组相交线。

②两立体都是回转体,且轴线都平行于 V 面并相交于一点,若以两轴线交点 O 为球心的球面为辅助面,则球与两回转体表面的交线都是圆。这些圆的 V 投影都是垂直于各自轴线的直线段,它们的交点就是相交线上的点的 V 投影。

作图: 如图 7.58 所示。

①求相交线上的最高点 Ⅰ 和最低点 Ⅱ 是圆柱的最高和最低素线与圆锥最左素线的交点。可先在 V 投影上直接定出点 $1'$ 和 $2'$,然后由 $1'$ 和 $2'$ 而得 1 和 2。

②求相交线上的一般点。以两回转体轴线的交点 O 为球心,适当的长度 R 为半径作辅助球。此球与圆锥相交于水平圆 K_1 和 K_2,与圆柱相交于圆 K_3。它们的 V 投影都积聚为直线段 k'_1、k'_2 和 k'_3。k'_1、k'_2 和 k'_3 的交点 $5'$、$6'$ 和 $7'$、$8'$,便是属于相交线的点 Ⅴ、Ⅵ、Ⅶ、Ⅷ 的 V 投影。它们的 H 投影利用水平圆 K_1 和 K_2 的 H 投影 k_1 和 k_2 来求出。

辅助球的半径 R 应在最大半径 R_{max} 和最小半径 R_{min} 之间。从 V 投影可知 $R_{max} = 0'1'$,因为半径大于 $0'1'$ 的球面与圆锥和圆柱的截交圆不能相交。最小半径 R_{min} 为与圆锥相切的球和与圆柱相切的球二者中半径较大者,在此应为与圆锥相切的球半径。如球半径比切于圆锥的球半径还小,则此球与圆锥无截交线。

图中的点 Ⅲ $(3,3')$ 和 Ⅳ $(4,4')$ 就是以与圆锥相切的球为辅助面而求得的。

在最大球和最小球之间还可作更多的球面为辅助面,以求得属于相交线足够数量的点。

③连点成相交线。先连接 V 投影 $1'—5'—3'—7'—2'$ 为曲线,此曲线与圆柱最前和最后的素线交于 $1'$ 和 $m'(m'$ 和 $1'$ 重合),便是相交线的最前点 L 和最后点 M 的 V 投影;它们的 H 投影 1 和 m 由 $1'$ 和 m' 求出。

圆柱的最前素线和圆锥面的交点 $G(g、g')$ 还可用过此素线和锥顶的平面 P 与锥面交于素线的方法来作,图中未示出。

相交线的 H 投影为曲线 $2—7—g—3—5—1—6—4—m—8—2$,连此曲线时注意它对水平中心线的对称性。

④判别可见性。在 V 投影上,相交线的不可见部分 $2'—8'—m'—4'—6'—1'$ 和可见部分 $2'—7'—g'—3'—5'—1'$ 重合。在 H 投影上,$g—3—5—1—6—4—m$ 属于圆锥与圆柱的可见表面,画为实线。$m—8—2—7—g$ 属于柱的后半表面,为不可见,画成虚线。

7.7.3　特殊情况

两曲面体相交时,它们的相交线一般为空间曲线。但若它们外切于同一球面,则其相交线为平面曲线。

如图 7.59(a)所示,两个等径圆柱的轴线成正交时,它们必外切于同一球面。其相交线为两个相同的椭圆。它们的 V 投影为两段直线,长度等于椭圆的长轴;H 投影与直立圆柱的积聚投影重合,椭圆短轴等于圆柱的直径。

如图 7.59(b)所示,两等径圆柱的轴线成斜交。此两圆柱必外切于一球,其相交线亦为两椭圆。其中一个椭圆长轴的 V 投影为 $a'b'$,另一个的长轴的 V 投影为 $c'd'$,二者的短轴都等于圆柱的直径。两椭圆的 H 投影均与直立圆柱的 H 投影重合。

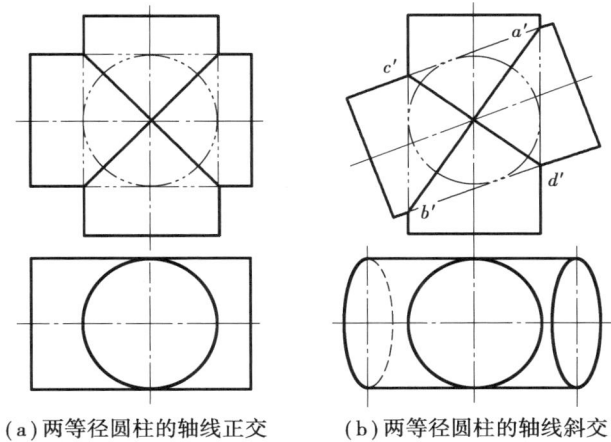

（a）两等径圆柱的轴线正交　　　　（b）两等径圆柱的轴线斜交

图 7.59　圆柱共内切球时的相贯线为平面曲线

如图 7.60 所示的一圆锥与一圆柱,它们的轴线成正交且都外切于同一球面,它们的相交线是相同的两个椭圆。其 V 投影分别积聚为两段直线 $a'b'$ 和 $c'd'$,H 投影为两个相同的椭圆。椭圆的长轴等于其 V 投影,短轴等于圆柱的直径。

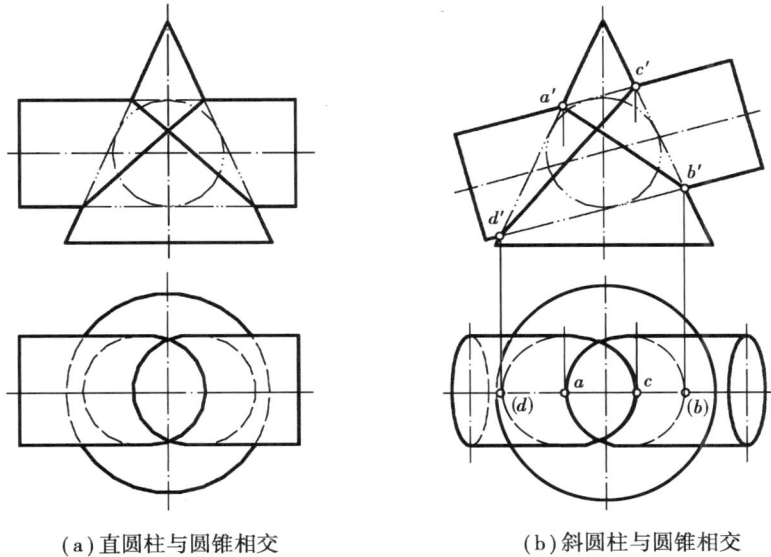

（a）直圆柱与圆锥相交　　　　（b）斜圆柱与圆锥相交

图 7.60　圆锥共内切球时的相贯线为平面曲线

本章小结

本章的学习目的在于了解曲线曲面的形成、种类及投影绘图,重点掌握曲面立体(圆柱、圆锥、圆球)的投影特点,平面与曲面立体相交的特点及投影,直线与曲面立体相交的特点及投影,平面立体与曲面立体相交的投影特点及绘制。

复习思考题

7.1　平面曲线和空间曲线的区别是什么？空间曲线的投影能否反映实形？能否成为直线？

7.2　试以柱面、锥面、双曲抛物面为例,讨论在投影作图中需要画出哪些要素。

7.3　双曲抛物面、锥状面、柱状面、正螺旋面的形成有什么异同？

7.4　在实际工程中,双曲抛物面、锥状面、柱状面得到了广泛的应用,请举出实例说明。

7.5　以图 7.36 为例,讨论截交线上有哪特殊点及其作图方法。

7.6　作相贯线时,辅助平面的选择原则是什么？

7.7　以图 7.56 为例,讨论两曲面立体相交相贯线上有哪些特殊点及其作图方法。相贯线上距锥轴线最近点是哪点？为什么？

8 轴测投影

本章导读：

　　轴测投影可以生动、形象地表现出建筑物体的立体感。用这种投影方式画出的图样称为轴测投影图,简称轴测图。本章将学习轴测图的形成与作用、轴间角和轴向伸缩系数、正等测图及其画法、斜轴测图及其画法、八点法和四心法的运用等。

8.1 轴测投影的基本知识

　　前面我们学习了多面正投影图,它能确切地表达形体的空间形状,并且作图简单,因此是工程中常用的图样。但它的缺点是立体感差,不易想象出形体的空间形状。而轴测投影图是一种立体感较强的图样。

8.1.1 轴测图的形成与作用

　　将空间一形体按平行投影法投影到平面 P 上,使平面 P 上的图形同时反映出空间形体的三个面来,该图形就称为轴测投影图,简称轴测图。

　　为研究空间形体三个方向长度的变化,特在空间形体上设一直角坐标系 $O\text{-}XYZ$,以代表形体的长、宽、高三个方向,并随形体一并投影到平面 P 上。于是在平面 P 上得到 $O_1\text{-}X_1Y_1Z_1$,如图 8.1 所示。

　　图中:S 称为轴测投影方向;P 称为轴测投影面;$O_1\text{-}X_1Y_1Z_1$ 称为轴测投影轴,简称轴测轴。

　　由于轴测投影面 P 上同时反映了空间形体的三个面,所以其图形富有立体感。这一点恰好弥补了正投影图的缺点。但它作图复杂,量度性较差。因此它在工程实践中一般只用作辅助性图样。

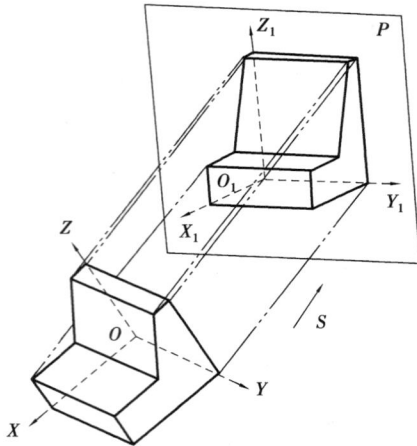

图 8.1　轴测投影的形成

8.1.2　轴测图的分类

1) 正轴测投影

坐标系 $O\text{-}XYZ$ 中的三个坐标轴都与投影面 P 相倾斜,投影线 S 与投影面 P 相垂直所形成的轴测投影。

2) 斜轴测投影

一般坐标系 $O\text{-}XYZ$ 中有两个坐标轴与投影面 P 相平行,投影线 S 与投影面 P 相倾斜所形成的轴测投影。

8.1.3　轴测图中的轴间角与伸缩系数

1) 轴间角

轴测轴之间的夹角称为轴间角,如图 8.1 中 $\angle X_1 O_1 Y_1$、$\angle Y_1 O_1 Z_1$、$\angle Z_1 O_1 Y_1$。

2) 轴向伸缩系数

形体在轴测轴(或其平行线)上定长的投影长度与实长之比,称为轴向伸缩系数,简称伸缩系数。

即:$p = \dfrac{O_1 X_1}{OX}$,称为 X 轴向伸缩系数;$q = \dfrac{O_1 Y_1}{OY}$,称为 Y 轴向伸缩系数;$r = \dfrac{O_1 Z_1}{OZ}$,称为 Z 轴向伸缩系数;轴间角确定了形体在轴测投影图中的方位,伸缩系数确定了形体在轴测投影图中的大小,这两个要素是作出轴测图的关键。

8.1.4　轴测投影图的特点

①因轴测投影是平行投影,所以空间一直线的轴测投影一般仍为一直线;空间互相平行的

直线,其轴测投影仍互相平行;空间直线的分段比例在轴测投影中仍不变。

②空间与坐标轴平行的直线,轴测投影后其长度可沿轴量取;与坐标轴不平行的直线,轴测投影后就不可沿轴量取,只能先确定两端点,然后再画出该直线。

③由于投影方向 S 和空间形体的位置可以是任意的,所以可得到无数个轴间角和伸缩系数,同一形体亦可画出无数个不同的轴测图。

8.2　正等测图

正等测属正轴测投影中的一种类型,它是由坐标系 $O\text{-}XYZ$ 的三个坐标轴与投影面 P 所成夹角均相等时所形成的投影。此时,它的三个轴向伸缩系数都相等,故称正等轴测投影(简称正等测)。由于正等测画法简单、立体感较强,所以在工程上较常用。

8.2.1　正等测的轴间角与伸缩系数

1)轴间角

三个轴测轴之间的夹角均为120°。当 O_1Z_1 轴处于竖直位置时, O_1X_1 、 O_1Y_1 轴与水平线呈30°,这样可方便利用三角尺画图。

2)伸缩系数

三个轴向伸缩系数的理论值: $p=q=r\approx0.82$ 。为作图简便,常取简化值: $p=q=r=1$ (画图时,形体的长、宽、高度都不变),如图8.2所示。这对形体的轴测投影图的形状没有影响,只是图形放大了1.22倍。如图8.3所示,图8.3(a)为形体的正投影图;图8.3(b)为 $p=q=r=0.82$ 时的轴测图;图8.3(c)为 $p=q=r=1$ 时的轴测图。

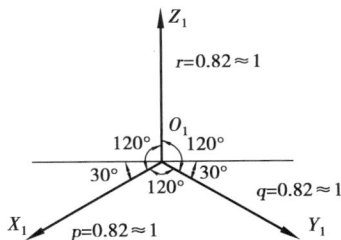

图8.2　正等测的轴间角与伸缩系数

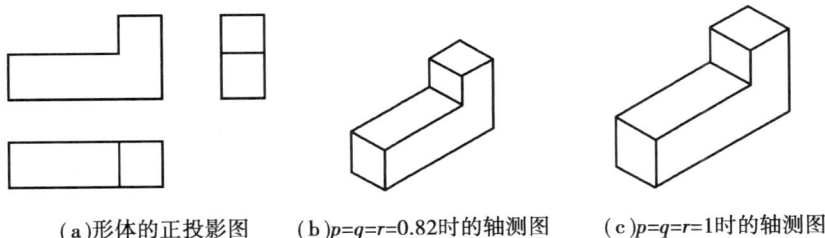

(a)形体的正投影图　　　(b)$p=q=r=0.82$时的轴测图　　　(c)$p=q=r=1$时的轴测图

图8.3　正等测的实例

8.2.2　正等测的画法

【例8.1】作三棱柱的正等测图,其V、H面投影如图8.4(a)所示。

端面法绘制
台阶的正等
测图

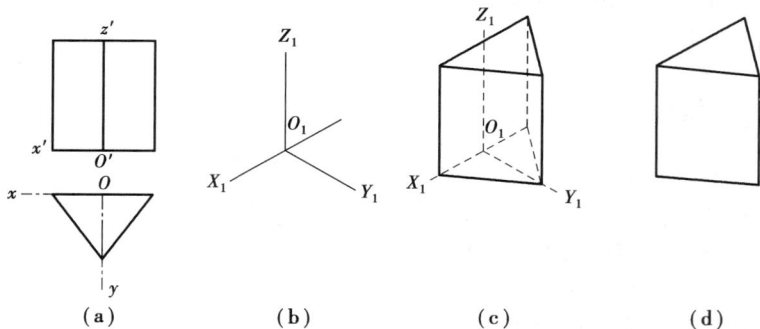

图8.4　三棱柱的正等测画法

【解】①定轴测轴。把坐标原点O_1选在三棱柱下底面的后边中点,并让X_1轴与其后边重合。这样可方便在轴测轴中量取各边长度,如图8.4(a)所示。

②根据正等测的轴间角画出轴测轴$O_1\text{-}X_1Y_1Z_1$,如图8.4(b)所示。

③根据三棱柱各角点的坐标(长度),画出底面的轴测图。

④根据三棱柱的高度,画出三棱柱的上底面及各棱线,如图8.4(c)所示。

⑤擦去多余图线,加深图线即得所求,如图8.4(d)所示。

画这类基本体,主要根据形体各点在坐标上的位置来画,这种方法称为坐标法,它是轴测图中的最基本的画法。其中坐标原点O_1的位置选择较重要,如选择恰当,作图就简便、快捷。

用端面法绘
制建筑形体
的俯视图

【例8.2】已知组合体的V、H面投影如图8.5(a)所示,作其正等测图。

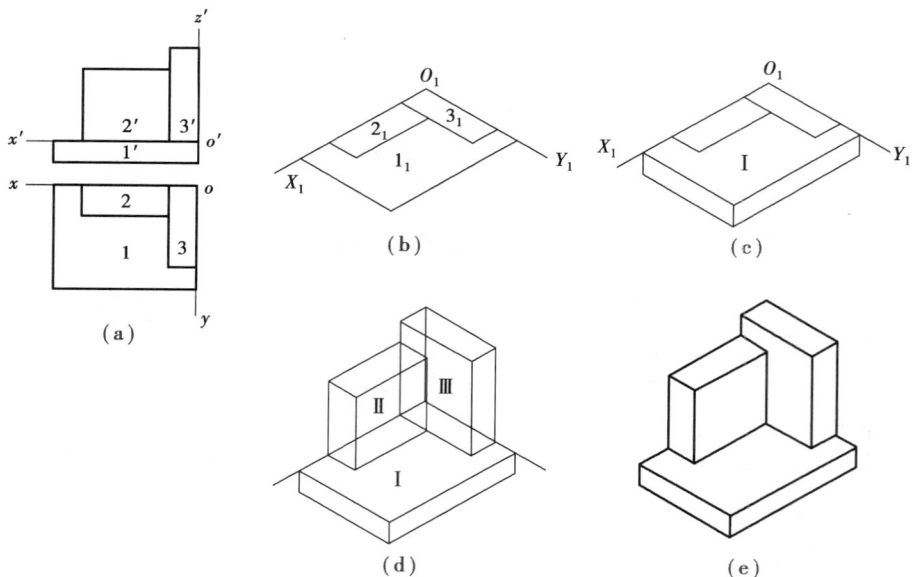

图8.5　组合体的正等测图画法

【解】将该组合体分为三个基本体,如图 8.5(d)所示。

①定坐标轴。把坐标原点 O_1 选在Ⅰ体上底面的右后角上,如图 8.5(a)所示。

②根据正等测的轴间角及各点的坐标,在Ⅰ体的上底面画出组合体的 H 投影的轴测图,如图 8.5(b)所示。

③根据Ⅰ体的高度,画出Ⅰ体的轴测图,如图 8.5(c)所示。

④根据Ⅱ、Ⅲ体的高度,画出它们的轴测图,如图 8.5(d)所示。

⑤擦去多余线,加深图线即得所求,如图 8.5(e)所示。

画叠加类组合体的轴测图,应分先后、主次画出组合体各组成部分的轴测图,每一部分的轴测图仍用坐标法画出,但应注意各部分之间的相对位置关系。

【例 8.3】已知形体的三面正投影如图 8.6(a)所示,作出其正等测图。

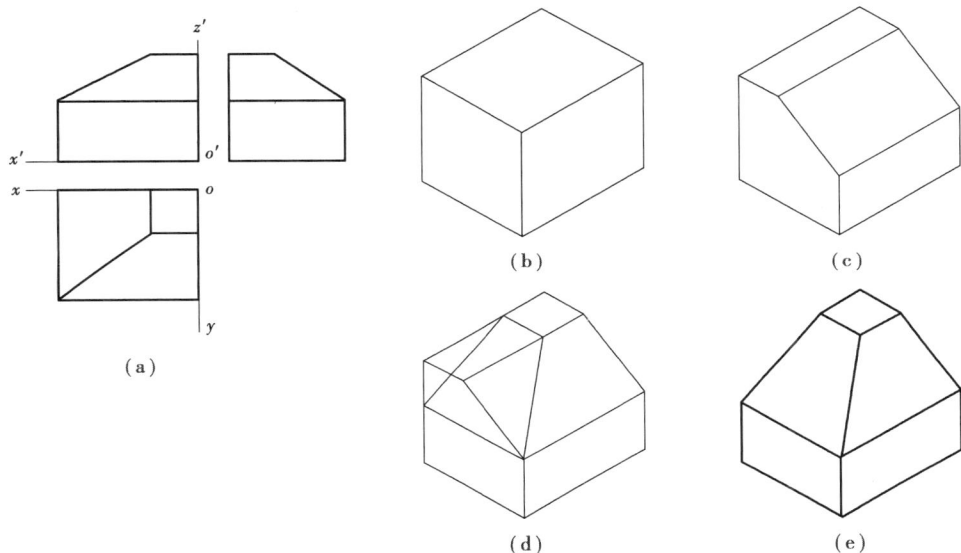

图 8.6　截割体正等测图画法

【解】①定坐标轴,如图 8.6(a)所示。

②画出正等测的轴测轴,并在其上画出形体未截割时的外轮廓的正等测图,如图 8.6(b)所示。

③在外轮廓体的基础上,应用坐标法先后进行截割,如图 8.6(c)、(d)所示。

④擦去多余线,加深图线即得所求,如图 8.6(e)所示。

如图 8.6 的画轴测图的方法称为切割法。画这类由基本体截割后的形体的轴测图,应先画基本体的轴测图,再应用坐标法在该基本体内画各截交线,最后擦掉截去部分即得所需图形。

8.3　斜轴测图

通常将坐标系 O-XYZ 中的两个坐标轴放置在与投影面平行的位置,所以较常用的斜轴测投影有正面斜轴测投影和水平斜轴测投影。但无论哪一种,如果它的三个伸缩系数都相等,就称为斜等测投影(简称"斜等测");如果只有两个伸缩系数相等,就称为斜二测轴测投影(简称"斜二测")。

8.3.1　正面斜轴测图

1)形成

如图 8.7 所示,坐标面 XOZ(形体的正立面)平行于轴测投影面 P,而投影方向倾斜于轴测投影面 P 时所得到的投影,就称为正面斜轴测投影,由该投影所得到的图就是正面斜轴测图。

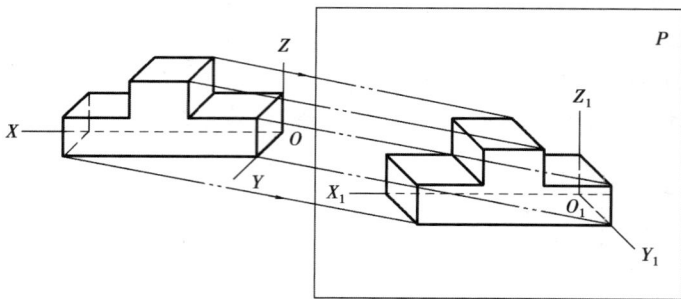

图 8.7　正面斜轴测投影的形成

轴测轴:由于 OX、OZ 都平行于轴测投影面,其投影不发生变形,所以 $\angle X_1 O_1 Z_1 = 90°$。OY 轴垂直于轴测投影面,由于投影方向倾斜于轴测投影面,所以它是一条倾斜线,一般取与水平线成 $45°$。

伸缩系数:当 $p = q = r = 1$ 时,称为斜等测;当 $p = r = 1$,$q = 0.5$ 时,称为斜二测,如图 8.8 所示。

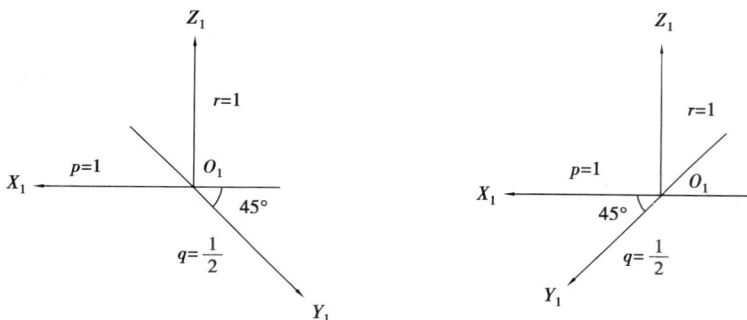

图 8.8　正面斜二测轴间角和伸缩系数

2)应用

当形体的正平面形状较复杂或具有圆和曲线时,常用正面斜二测图;对于管道线路,常用正面斜等测图。

3)画法

【例 8.4】已知形体的三面正投影如图 8.9(a)所示,作出其斜二测图。

【解】①选择坐标原点 O 和斜二测的 O_1-$X_1 Y_1 Z_1$,如图 8.9(a)、(b)所示。

②将反映实形的 $X_1 Y_1 Z_1$ 面上的图形如实照画,如图 8.9(c)所示。

③由各点引 Y_1 方向的平行线,并量取实长的一半(q 取 0.5),连各点得形体的外形轮廓的

轴测图,如图 8.9(d)所示。

④根据被截割部分的相对位置定出各点,再连线,最后加深图线即得所求,如图 8.9(e)所示。

注意:所画轴测图应充分反映形体的特征,如图 8.9(e)所示。而图 8.9(f)就不能充分反映形体的特征,应避免这个角度的画法。

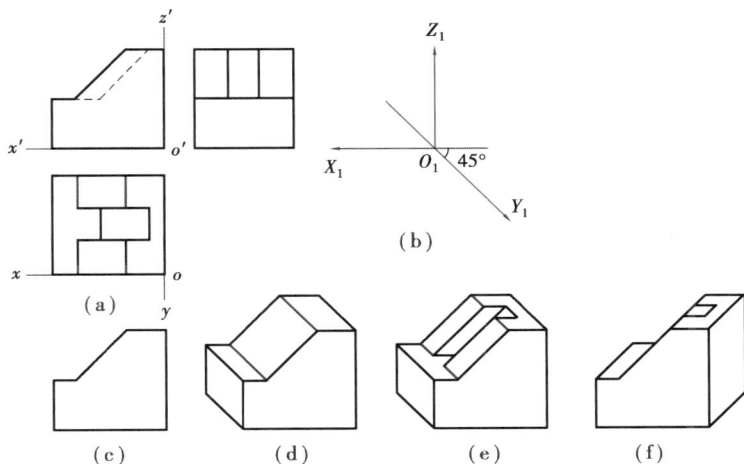

图 8.9　形体的斜二测图画法

【**例 8.5**】已知花格的 V、W 面投影如图 8.10(a)所示,作其斜二测图。

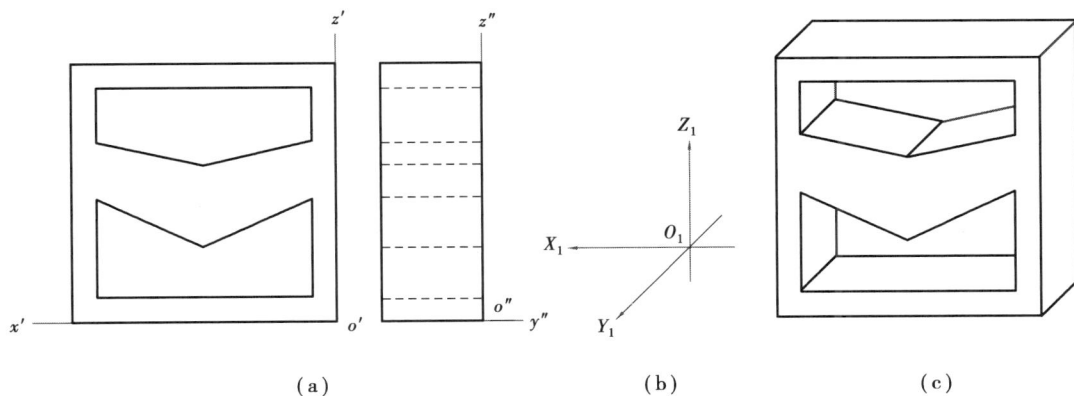

图 8.10　花格的斜二测图的画法

【**解**】①选择坐标原点 O,如图 8.10(a)所示。轴测轴如图 8.10(b)所示。

②将 $X_1O_1Z_1$ 面上的图形如实照画,然后过各点引 Y_1 方向的平行线,并在其上量取实长的一半($q=0.5$),连各点成线。

③擦去多余线,加深图线即得所求,如图 8.10(c)所示。

【**例 8.6**】已知形体的 V、H 面投影如图 8.11(a)所示,作出其不同方向的斜二测图。

【**解**】为充分反映形体的特征,可根据需要选择适当的投影方向。如图 8.11(b)所示就是形体四种不同投影方向的斜二测投影。具体作图时,除坐标原点 O 选择位置外,其他作法均不变。

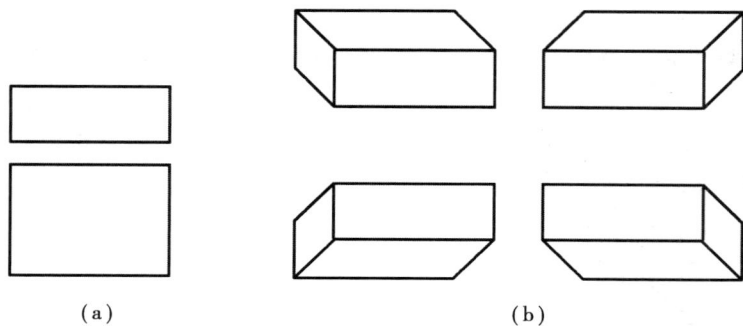

(a)   (b)

图 8.11 长方体不同视角的斜二测图

8.3.2 水平斜轴测图

1)形成

当坐标面 XOY(形体的水平面)平行于轴测投影面,投影方向倾斜于轴测投影面时所得到的投影,就称为水平斜轴测投影。由该投影所得到的图就是水平斜轴测图。

轴测轴:由于 OX、OY 轴都平行于轴测投影面,其投影不发生变形。所以 $\angle X_1 O_1 Y_1 = 90°$,OZ 轴的投影为一斜线,一般取 $\angle X_1 O_1 Z_1$ 为 120°,如图 8.12(a)所示。为符合视觉习惯,常将 $O_1 Z_1$ 轴取为竖直线,这就相当于整个坐标旋转了 30°,如图 8.12(b)所示。

伸缩系数: $p = q = r = 1$。

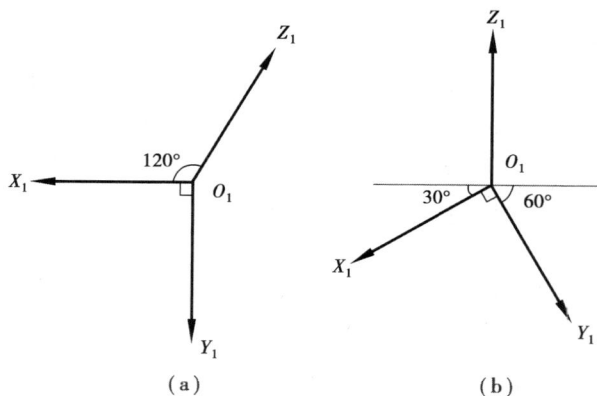

(a)   (b)

图 8.12 水平斜轴测的轴间角

2)应用

水平斜轴测图通常用于小区规划的表现图。

3)画法

【例8.7】已知一小区的总平面图,如图 8.13(a)所示,作其水平斜轴测图。

【解】①将 X 轴旋转,使之与水平线成 30°。

②按比例画出总平面图的水平斜轴测图。

③在水平斜轴测图的基础上,根据已知的各幢房屋的设计高度按同一比例画出各幢房屋。

④根据总平面图的要求,还可画出绿化、道路等。

⑤擦去多余线,加深图线,如图 8.13(b)所示。

完成上述作图后,还可着色,形成立体的彩色图。

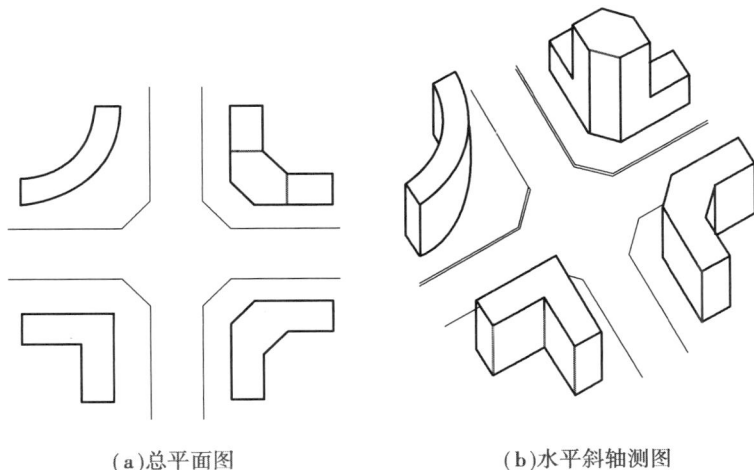

(a)总平面图   (b)水平斜轴测图

图 8.13　小区的水平斜轴测图

8.4　坐标圆的轴测图

在正等测投影中,当圆平面平行于某一轴测投影面时,其投影为椭圆,如图 8.14 所示。其椭圆的画法可采用八点法和四心圆法。

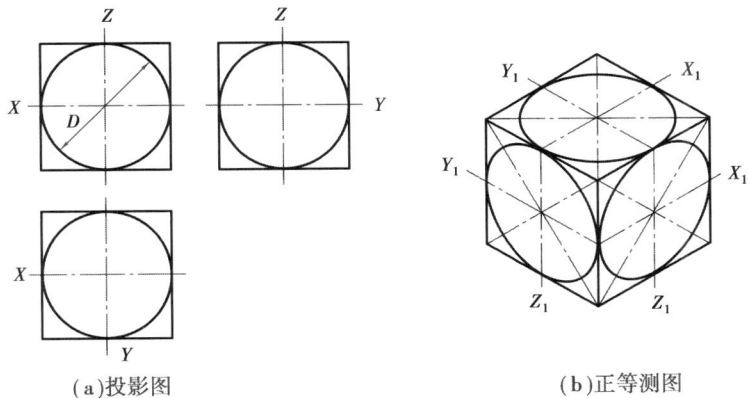

(a)投影图   (b)正等测图

图 8.14　水平、正平、侧平圆的正等测图

8.4.1　八点法

1)形成

下面以水平圆为例,介绍八点法画椭圆,如图 8.15(a)所示。

①作出正投影圆的外切正方形 ABCD 及对角线得八个点,其中 1、3、5、7 四个点为切点,2、

4、6、8 四个点为对角线上的点。这四个点恰好在圆半径与 1/2 对角线之比为 $1:\sqrt{2}$ 的位置上,如图 8.15(b) 所示。

②作圆的外切正方形及对角线的正等测投影,如图 8.15(c) 所示。

③过 O_1 点作两条分别平行于四边形两个方向的直径,得四个切点 1_1、3_1、5_1、7_1。

④根据平行投影中比例不变,在四边形一外边作一辅助直角等腰三角形,得 $1:\sqrt{2}$ 两点 e_1、f_1。然后过这两点作外边的平行线,得 2_1、4_1、6_1、8_1 四个点,如图 8.15(d) 所示。

⑤光滑连接这八个点,即得所求圆的正等测投影图,如图 8.15(e) 所示。

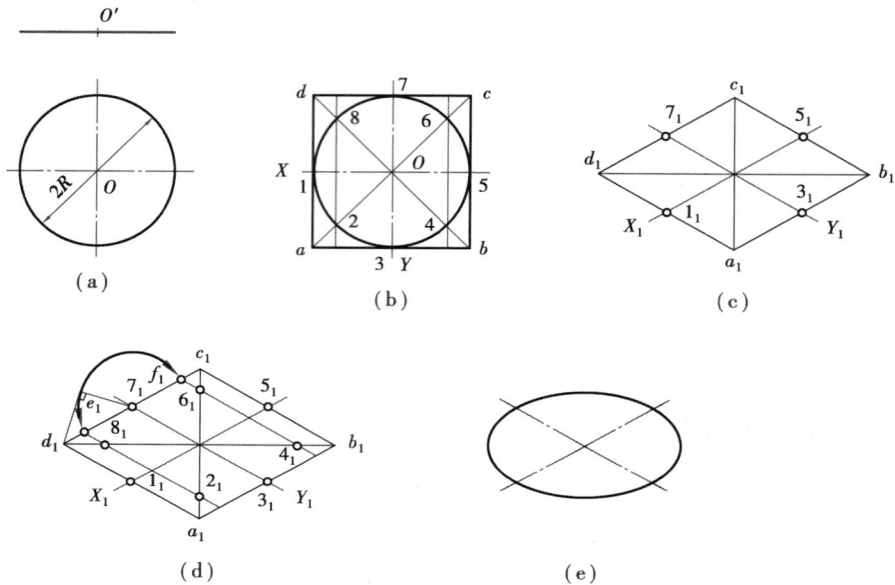

图 8.15 八点法画椭圆(这种作图法也适用于斜轴测图)

2)应 用

【例 8.8】试根据圆锥台的正投影图作其正等测图,如图 8.16(a) 所示。

【解】①根据圆锥台的高 Z,画出其上下底圆的外切四边形的正等测图,如图 8.16(b) 所示。

②用八点法画出上下底圆的正等测投影图,如图 8.16(c) 所示。

③作上下两椭圆的公切线(外轮廓线),擦掉不可见线,即得所求,如图 8.16(d) 所示。

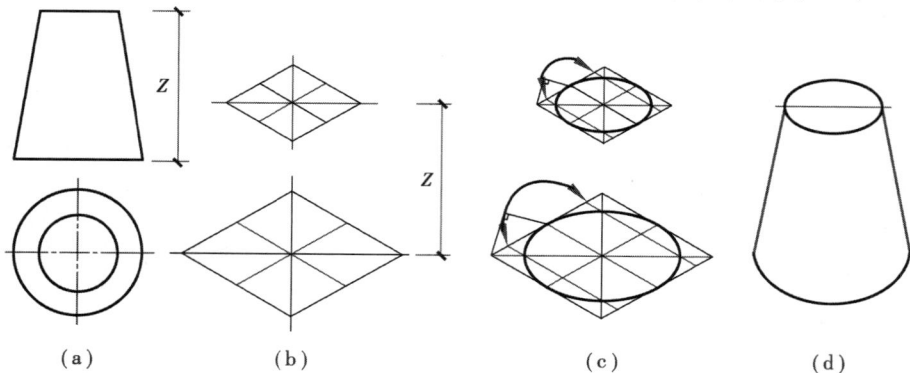

四心法绘制
圆柱体的正
等测图

图 8.16 圆锥台的正等测画法

8.4.2　四心法

下面以水平圆为例,介绍四心法画椭圆,如图8.17(a)所示。

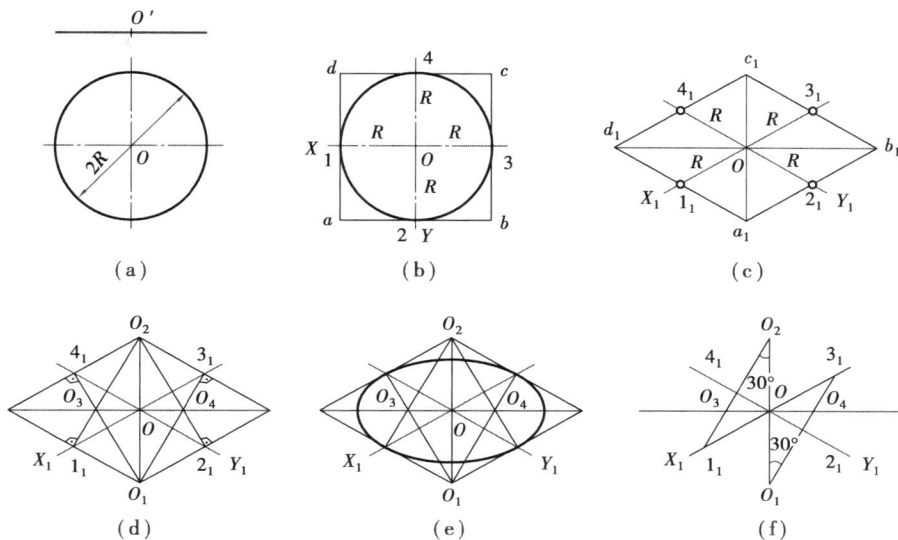

图8.17　四心法画椭圆

①作圆的外切正方形及对角线和过圆心 O 的中心线,并作它的正等测图,如图8.17(b)、(c)所示。

②以短边对角线上的两顶点 a_1、c_1 为两个圆心 O_1、O_2,以 O_14_1、O_13_1 与长边对角线的交点 O_3、O_4 为另两个圆心,求得四个圆心,如图8.17(d)所示。

③分别以 O_1、O_2 为圆心,以 O_14_1 和 O_22_1 为半径画弧,又分别以 O_3、O_4 为圆心,以 O_34_1 和 O_42_1 为半径画弧。这四段弧就形成了圆的正等测图,如图8.17(e)所示。

在实际作图时,可不必画出菱形,过 1_1 作与短轴成30°的直线,它交长、短轴于 O_3、O_2,利用对称性即可求得 O_4、O_1,如图8.17(f)所示。再以上述第③步画出椭圆。

【例8.9】已知带圆角的 L 形平板的三面正投影图,如图8.18(a)所示,作其正等测图。

【解】①画出 L 形平板矩形外轮廓的正等测图,由圆弧半径 R 在相应棱线上定出各切点 1_1、2_1、3_1、4_1,如图8.18(b)所示。

②过各切点分别作该棱线的垂线,相邻两垂线的交点 O_1、O_2 即为圆心。以 O_1 为圆心,以 O_11_1 为半径画弧 1_12_1,以 O_2 为圆心,以 O_23_1 为半径画弧 3_14_1,如图8.18(c)所示。

③用平移法将各点(圆心、切点)向下和向后移 h 厚度,得圆心 k_1、k_2 点和各切点,如图8.18(c)所示。

④以 k_1、k_2 为圆心,仍以 O_11_1、O_23_1 为半径,就可画出下底面和背面圆弧的轴测图(即上底面、前面圆弧的平行线),如图8.18(c)所示。

⑤作右侧前边和上边两小圆弧的公切线,擦去多余图线,加深可见图线就完成作图,如图8.18(d)所示。

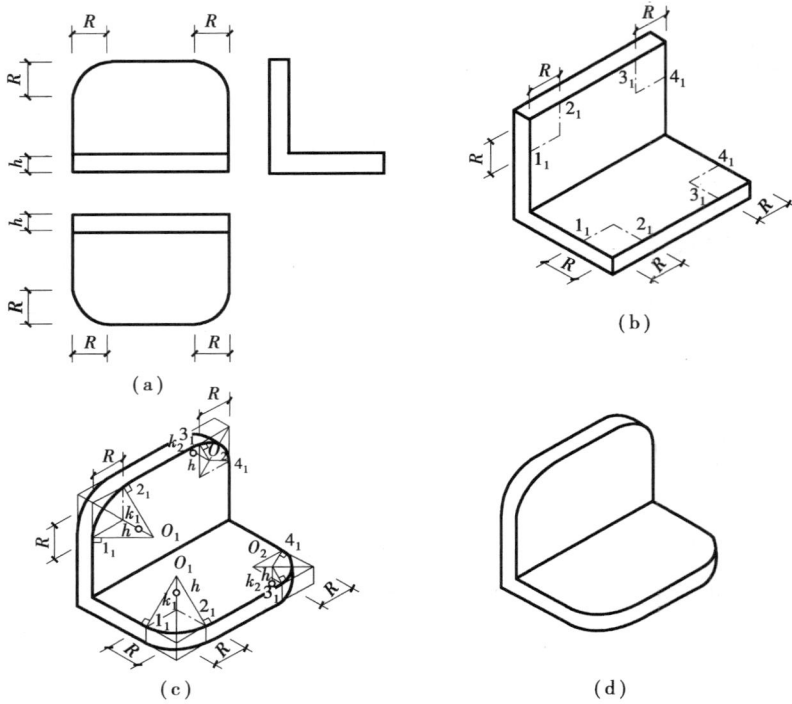

图 8.18　带圆角的 L 形平板的正等测投影

本章小结

（1）了解轴测图的形成与作用。

（2）了解轴测图的分类。

（3）了解轴测图中的轴间角与伸缩系数。

（4）了解正等测的画法。

（5）了解正面斜轴测图的画法。

（6）了解水平斜轴测图的画法。

（7）了解坐标圆的轴测图画法。

复习思考题

8.1　什么是轴测投影？如何分类？

8.2　什么是轴间角和轴向伸缩系数？

8.3　正等测的轴间角和轴向伸缩系数是多少？

8.4　斜等测的轴间角和轴向伸缩系数是多少？

8.5　试述正等测、斜二测的应用和范围。

9

组合体

本章导读：

　　本章主要介绍组合体的基本概念：组合体的定义、组合方式，组合体的视图及其画法，组合体的尺寸标注，读组合体视图等。重点是掌握绘制和阅读组合体视图的方法和技巧，难点是组合体视图的阅读。

9.1　组合体视图的画法

　　组合体是由基本立体[包括基本平面立体(如棱柱、棱锥)和基本曲面立体(如圆柱、圆锥、圆环、球体等)]按照一定的构型方式组合而成的立体。

9.1.1　组合体的组合方式

　　①叠加：组合体由基本立体简单叠加而成，如图9.1(a)所示。
　　②切割：组合体由基本立体经切割而成，如图9.1(b)所示。
　　③综合：综合利用叠加与切割的方式可以组合成千变万化的组合体，如图9.1(c)所示。

9.1.2　组合体的视图

1)基本视图

　　组合体的投影是将对象置于三面投影面体系中进行正投影。组合体投影以后的图形称为"视图"。组合体的 V 面投影称为"主视图"，如图9.2(b)中的 A；H 面投影称为"俯视图"，如图

9.2(b)中的 B；W 面投影则称为"左侧视图"（简称"左视图"），如图 9.2(b)中的 C。这些就是工程界使用最多的"三视图"。

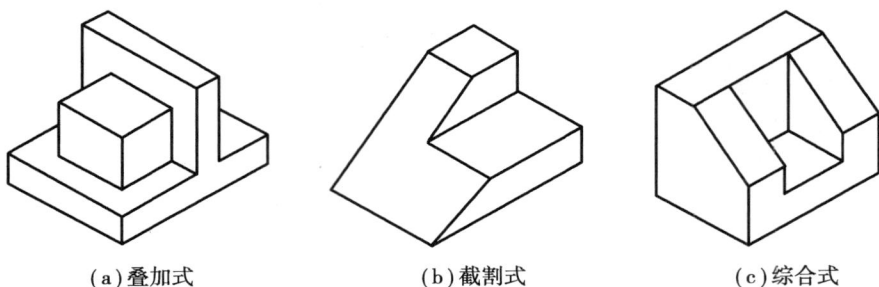

（a）叠加式　　　　　　（b）截割式　　　　　　（c）综合式

图 9.1　组合体的组合方式

　　由于三视图在实际应用中，有时难以完全清楚地表达各种复杂的工程对象，于是在三面投影体系的基础上，再加上 3 个投影面分别平行于原有的 3 个投影面的方法来帮助理解。这样，视图的数量就由原有的 3 个增加为 6 个，增加的分别是：右侧视图（简称"右视图"），如图 9.2(e)中的 D；仰视图，如图 9.2(e)中的 E；以及后视图，如图 9.2(e)中的 F。为节省图纸，可以在保持原三视图位置不变的前提下，重新安排新增 3 个视图的位置，如图 9.3(a)所示。

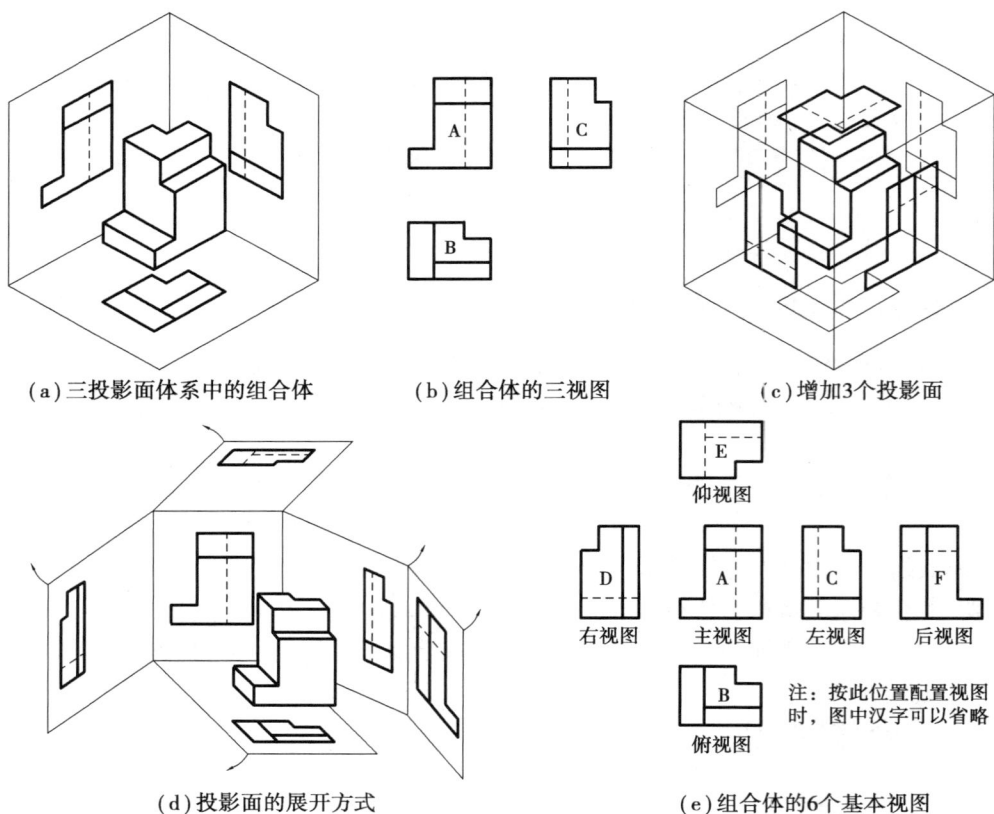

（a）三投影面体系中的组合体　　　（b）组合体的三视图　　　（c）增加3个投影面

（d）投影面的展开方式

仰视图

右视图　　主视图　　左视图　　后视图

俯视图

注：按此位置配置视图时，图中汉字可以省略

（e）组合体的6个基本视图

图 9.2　组合体的视图

2）向视图

向视图是可以自由配置的视图,制图规范规定,根据不同专业的需要,只允许从以下两种表达方式中选择一种:

① 在向视图的下方标注图名,标注图名的各视图的位置,可根据需要和可能,按相应规则布置。这种方式多用于建筑类的专业图中,如图9.3(a)所示。

② 在向视图的上方标注大写拉丁字母,在相应的视图附近用箭头指明投射方向,并标注相同的拉丁字母,如图9.3(b)所示。这种表示方法,多见于机械等工程图中。

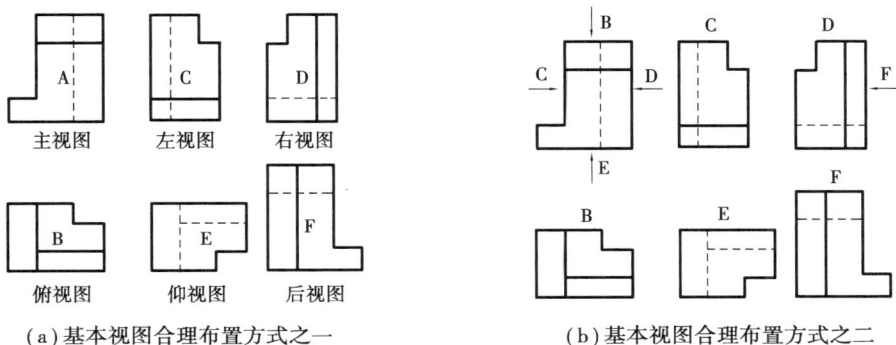

（a）基本视图合理布置方式之一　　　　　　（b）基本视图合理布置方式之二

图9.3　向视图

3）局部视图

局部视图是将物体的局部向基本投影面投射所得的视图。局部视图既可按基本视图的形式配置,如图9.4(a)所示;也可按"向视图"的配置形式配置,如图9.4(b)所示。

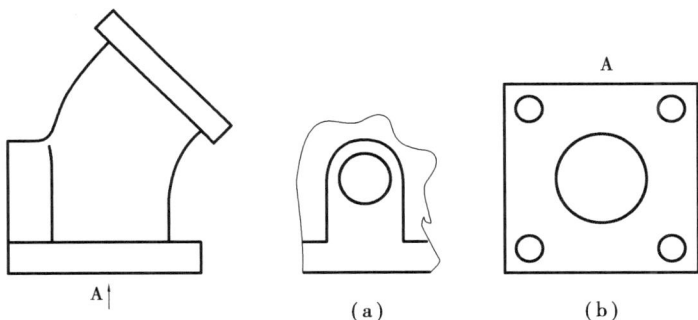

图9.4　局部视图

4）斜视图

斜视图是将组合体上局部不平行于基本投影面的部分,向该局部所平行的辅助投影面上投射所形成的投影。这个投影绕辅助投影面与原视图基本投影面的交线旋转展开后即形成斜视图(原理同换面法),如图9.5(a)所示。必要时,允许将倾斜的斜视图旋转到正常状态,如图9.5(b)所示;但应标注旋转符号,旋转符号的画法如图9.5(c)所示,表示该视图名称的大写拉丁字母应靠近旋转符号的箭头端,需要时,还可以把旋转的角度标注在字母之后。

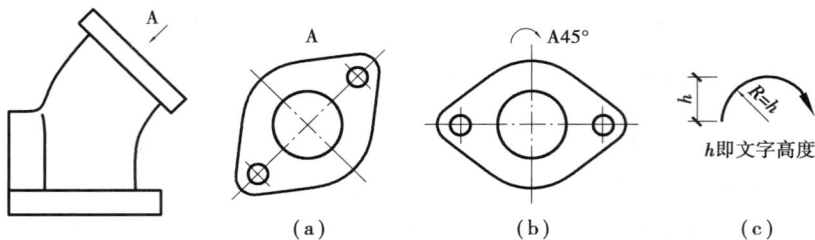

（a）　　　　　　　　（b）　　　　　　　　（c）

图9.5　斜视图

9.1.3　组合体视图的画法

按照制图规范要求,在能够完整、清晰地表达组合体形状的前提下,各种图形的数量越少越好。

1)形体分析

对一个组合体进行形体分析,主要从以下三方面分析:首先分析形体是由什么基本形体组成的;其次看看具体的组成方式,是叠加、切割还是综合;最后分析各组成部分之间的相对位置关系及表面的交接关系。以图9.6为例,该组合体显然是由A、B、C三个长方体经简单叠加而成,其中,B、C二体左右叠加并共同位于A体之上,B体的前后位置相对于A体居中,而C体的前后位置则以1、2两表面共面为准。至于B、C二体相对于A体的左右关系,图中也已定性表示;而定量表示的问题,则可以通过标注尺寸来解决。应注意图中画圈的部分,组合体一经形成,便是一个"生长"在一起的整体,所以组合时共面的1、2两表面现在就融合成同一个表面,其间应该没有交线。

叠加组合体
的形成

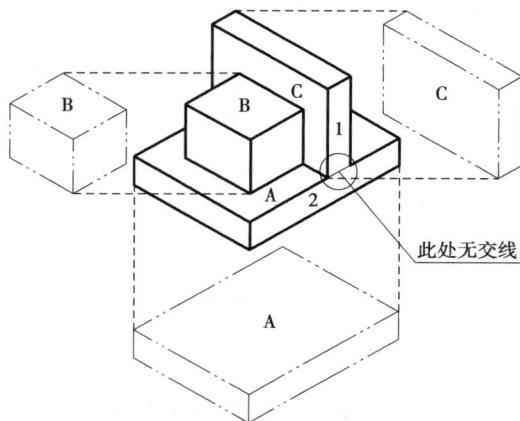

此处无交线

图9.6　叠加而成的组合体

再看图9.7所示形体,就是在一个完整的长方体的基础上,分别切割掉左上方的三棱柱、前上及后上方的两个小三棱柱、中间的梯形棱台而成。

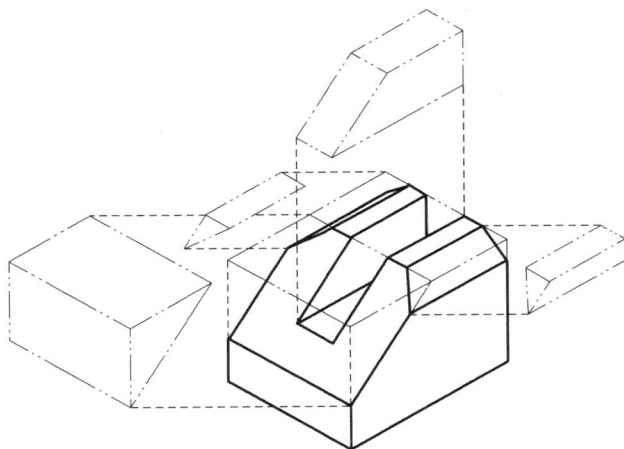

图 9.7　切割而成的组合体

而图 9.8 所示形体,则可以用两种不同的思路去分析。思路一:我们可以把形体分解成前后对称的 A、B 部分及中间的长方体 C,如图 9.8(a)所示,其中的 A 或 B 又可以进一步分解成 1、2、3 三个长方体,最后在 2 和 3 上分别切割掉一个小三棱柱即成,如图 9.8(b)所示。注意,图中画圈处仍然没有交线。

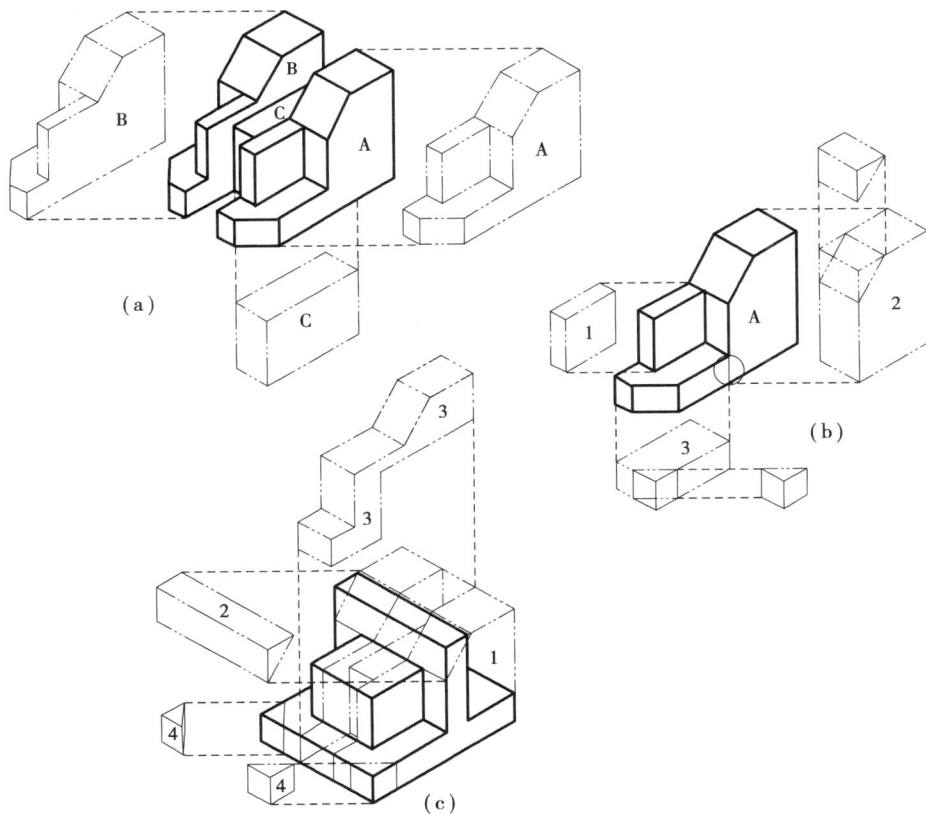

图 9.8　综合而成的组合体

思路二：在图9.6所示形体的基础上，在形体右上方先叠加一个长方体1，然后用一个正垂面切割掉三棱柱2；用水平面和侧平面加上两个正平面组合切割掉形体3，最后用两个铅垂面切割掉左端前后对称的小三棱柱即成。

由此可见，形体还是那个形体，其空间形态是唯一不变的，然而其形体组成的分析思路却可以不一样。无论采用什么样的思路，只要最终能够透彻地理解并正确地表达形体即可。

形体分析只是在想象中把组合体分解成基本形体，其目的是把我们已经熟知的基本形体的投影结果利用起来，从而形成组合体的投影。而实际上，组合体始终是一个整体，所以，其表面的各种交线，必须利用投影法的基本知识去正确判断（图9.9）。

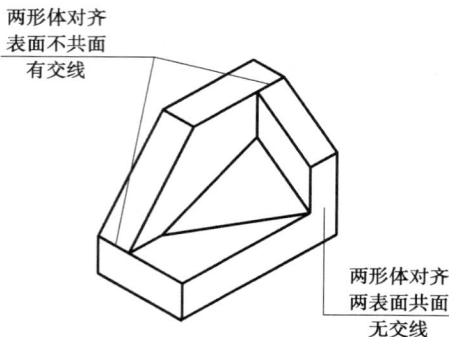

两形体对齐
表面不共面
有交线

两形体对齐
两表面共面
无交线

图9.9　组合体表面的交线

2）投影选择

合理地选择投影，是合理表达形体的关键。按照国家有关制图规范规定，在考虑投影时，应兼顾以下几方面的问题：

①尽量将包含物体几何信息量最多的视图作为主视图；

②在正确、完整表达形体的前提下，图形数量越少越好；

③尽量避免出现虚线；

④避免不必要的细节重复。

结合规范和实际工作需要，我们在选择投影时应注意以下三点：选择形体的安放位置、主视图的投影方向以及确定视图的数量。

（1）确定安放位置

确定安放位置，主要指如何确定组合体的上下关系，或者说，组合体三个坐标表面中的哪一个放置成水平面更合理。对于有明确功能作用的工程对象，往往取它们的工作位置或加工位置或安装位置。如图9.10所示，相同形体的不同安放位置，暗示着形体的用途不同。

图9.10右图中，正常的俯视图中出现了许多虚线，这是规范所忌讳的，在不至于引起误解的情况下，当然也可以使用，但最好采用其他更合理的投影方式（如镜像投影），如图9.11所示。镜像投影是物体镜面虚像的正投影，这种投影图使用时，必须在图名后注明镜像二字，如图9.11（b）所示；或者在投影图附近画上镜像投影的识别符号，如图9.11（c）所示。

对于其他没有明确作用的抽象组合体，则可以考虑以安放稳定、图面紧凑、避免虚线、视觉感受合理等作为确定安放位置的考虑因素。此外，组合体的各主要表面应尽量平行于投影面，以方便制图和反映实形。

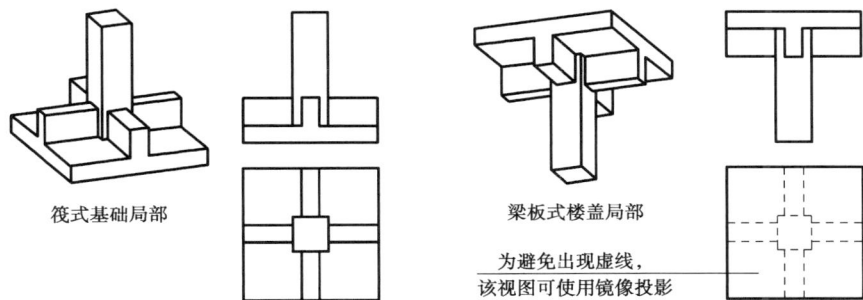

筏式基础局部

梁板式楼盖局部

为避免出现虚线，
该视图可使用镜像投影

图 9.10　不同安放位置的相同形体

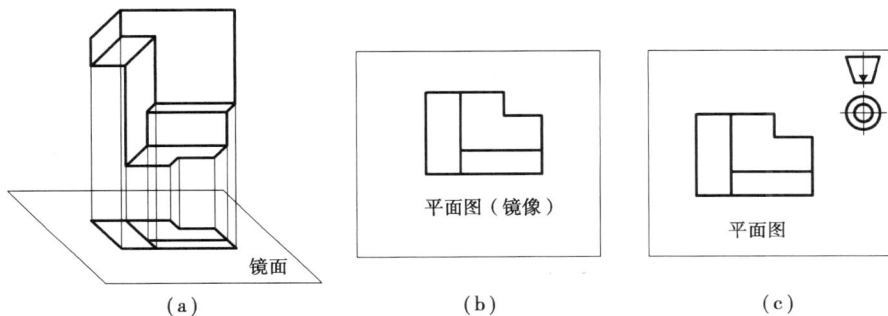

镜面

平面图（镜像）

平面图

（a）　　　　　　　　　　（b）　　　　　　　　　　（c）

图 9.11　镜像投影

（2）主视图的选择

安放位置确定以后,俯视图(包括仰视图)也就基本确定了,下一步需确定的是其余的四个投影中,用哪一个作主视图更为合理。一旦安放位置和主视图确定,物体的三个坐标面与三面体投影系中的三个投影面关系就已经确定,其他所有视图也自然相应确定,它们与主视图的对应投影关系是不会改变的。如图 9.12(a)所示,物体的安放位置由 A 方向确定,因此,图中的上(E)下(F)两个投影方向,只能分别用作俯视图和仰视图的投影方向,如图 9.12(b)所示。图9.12 中的 A、B、C、D 四个投影方向理论上都可以作为主视图,与每一个"主视图"对应的三视图如图 9.13(a)、(b)、(c)、(d)所示。通过比较可以看出,只有 C 投影方向的视图作为主视图才是最合理的(主视图信息量大、虚线最少、占用图纸少)。

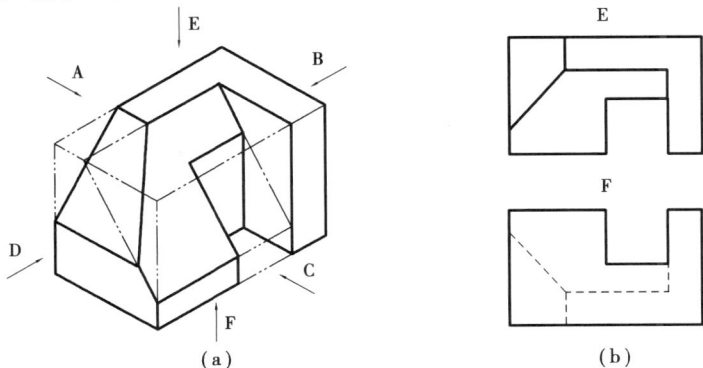

（a）　　　　　　　　　　　　　　　　（b）

图 9.12　主视图的选择

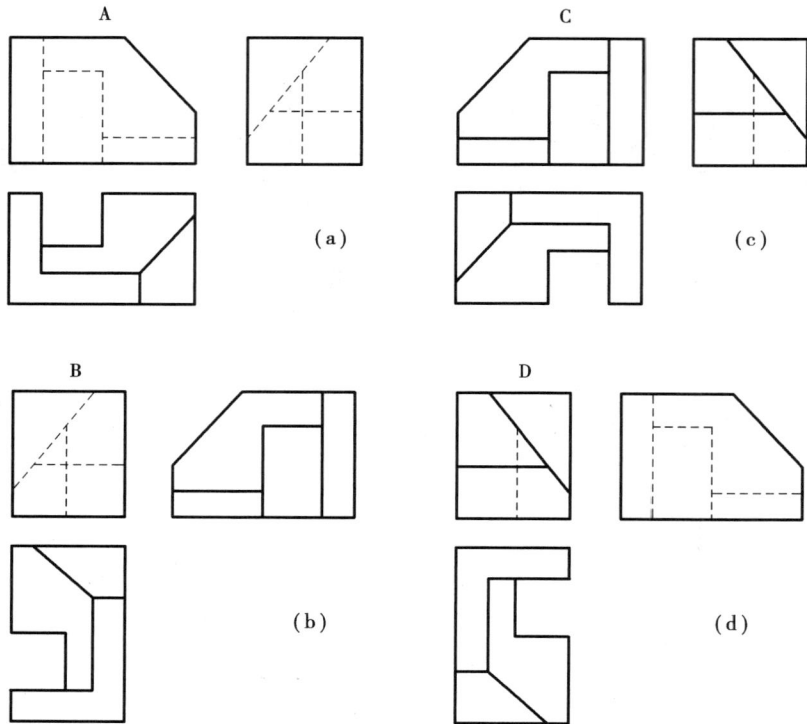

图 9.13　主视图的比较

（3）确定视图数量

确定视图数量的原则是用最少的视图，去清楚地表达组合体。任何一个形体的任意两个视图，已经包含了形体所有构成要素的所有空间坐标信息。对于某些特殊形体而言，要有"特征投影"，才能明确所有构成要素的所有空间坐标信息以及形体的形状。

如图 9.14 所示的（a）、（b）两个形体，分别要用主视图与俯视图、主视图与侧视图来表示。而如果将二者组合，则需要用三视图才能表示清楚。这就是表达这个形体（c）的最少视图数量。

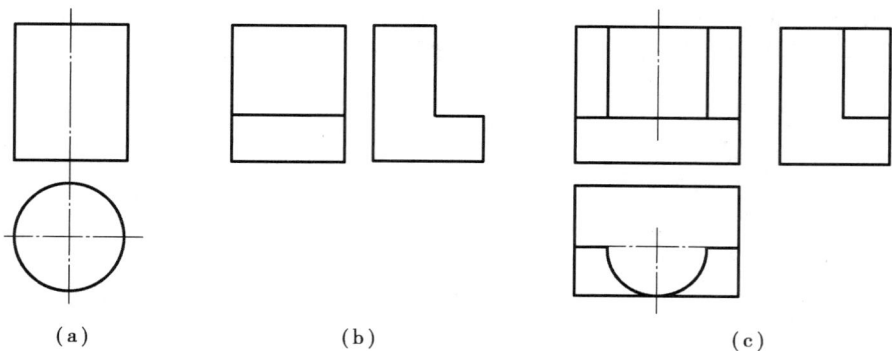

图 9.14　确定视图的数量

3）绘图步骤

（1）确定比例及图幅

在实际绘制工程对象的视图时，首先要根据对象的大小，确定用多大的比例和使用多大的图幅。比例大小及图幅大小选择的基本原则是：在能够清楚表达对象并注写必要的尺寸、符号和文字的前提下，图幅及比例都应该尽量取偏小的。比例小，图幅才可能小；图幅小，施工现场阅读图纸才方便。

绘图时，可以先确定图幅，再根据对象的几何尺寸及图幅尺寸，并考虑视图数量、视图间距、标注尺寸、注写文字及符号等所需要的图纸空间，经简单计算即可确定所需比例（应在规范的比例数列里选取相近的）。也可以先确定比例，然后根据对象的几何尺寸并考虑视图数量、视图间距、标注尺寸、注写文字及符号等所需要的图纸空间，经简单计算即可确定所需图幅大小。这种计算，称为图面布置。

（2）画底稿

图纸正确贴在图板上，用工具绘制出图框及标题栏底稿后，即可开始绘制组合体各视图的底稿线。

我们在图纸的水平方向或竖直方向上画出的第一条线可以称为"基准线"，这些基准线一旦画出，视图在图纸上的位置就固定不变了。因此，要画的"第一条"线，是经过图面布置计算以后才画的这些基准线。

基准一经确定，就可以正式画各个视图的底稿了。画图的顺序既可以是各视图同时展开，也可以逐一完成。以图 9.15 为例，这个形体由 A、B、C 三部分组成，前文已对它做了形体分析。各视图同时展开，就是在画 A 的视图时，可以同时将 B 的各视图及 C 的各视图同步画出。而逐一完成，则是在画某一个视图时，同时把组成这个形体的所有对象都画出来（图 9.16）。

另外，操作时还应该兼顾主次、大小、可见与否等关系。

底稿完成后，要仔细检查并整理线条。检查的重点是那些因为共面或者进入了"体内"而应该"消失"的原有交线或轮廓线等。

（3）加深线条

各种不同的线条，应按相应的规定加深加粗，并注意保证线条的质量。

（4）文字及收尾

图形绘制完成后，还应检查一遍，确认无误后方可标注尺寸，绘制各种必要的符号，书写各种说明文字及图名，填写标题栏等。最后全面检查一遍，完成全图。

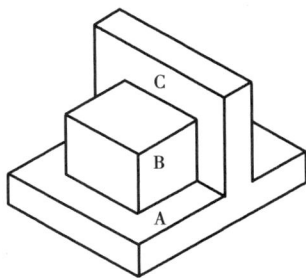

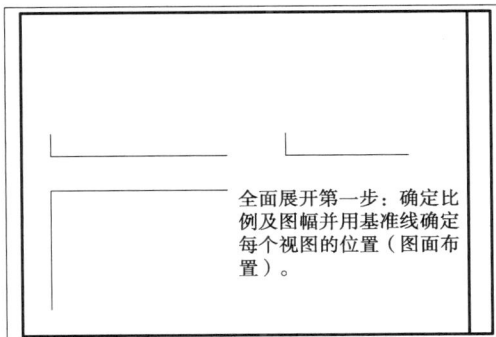

全面展开第一步：确定比例及图幅并用基准线确定每个视图的位置（图面布置）。

全面展开第二步：①逐一画出每个组成部分（基本形体）的所有视图。

全面展开第二步：②逐一画出每个组成部分（基本形体）的所有视图。

全面展开第二步：③逐一画出每个组成部分（基本形体）的所有视图。

全面展开第三步：检查各视图，去掉不应有及多余线条，并按规定线型加深、加粗所有线条。

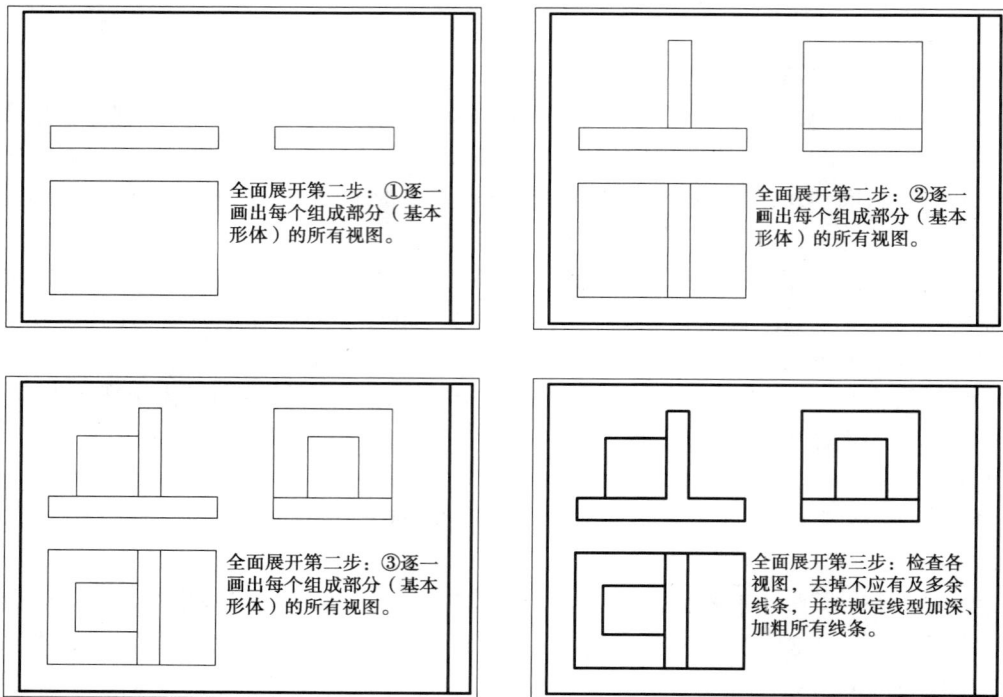

图 9.15　全面展开的绘图步骤

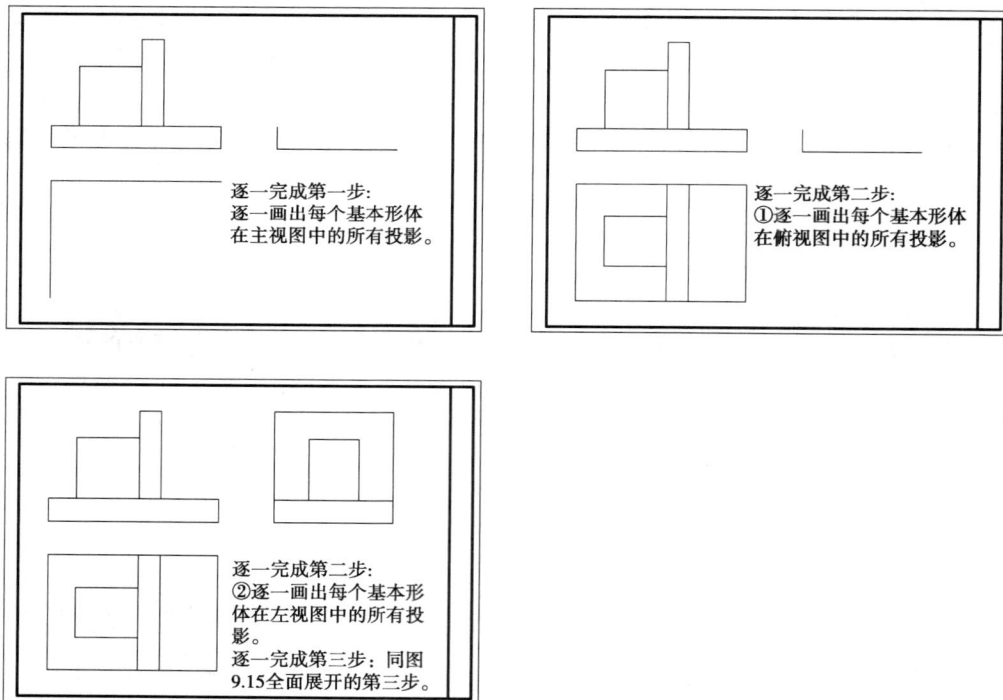

逐一完成第一步：逐一画出每个基本形体在主视图中的所有投影。

逐一完成第二步：①逐一画出每个基本形体在俯视图中的所有投影。

逐一完成第二步：②逐一画出每个基本形体在左视图中的所有投影。

逐一完成第三步：同图9.15全面展开的第三步。

图 9.16　逐一完成的绘图步骤

9.2　组合体视图的尺寸标注

组合体的形状用视图表达,而组合体的大小则由尺寸确定,这二者是工程图纸中最基本的两方面内容。

组合体的尺寸,是需要通过长、宽、高或 X、Y、Z 三个方向的尺寸来体现的。

组合体的尺寸分为三种:定形尺寸、定位尺寸和总尺寸。

①定形尺寸,确定组成组合体的各基本形体形状大小的尺寸,称为定形尺寸;

②定位尺寸,确定组成组合体的各基本形体之间相对位置或距离的尺寸,称为定位尺寸;

③总尺寸,组合体总的三维最大尺寸,称为总尺寸。

很多时候这三种尺寸并没有明确区别,可以相互取代。要标注组合体的尺寸,首先要熟悉基本形体的尺寸,尤其是带有缺口的基本形体的尺寸标注。

9.2.1　基本形体的尺寸标注

基本形体中的平面立体,一般需要标注三个甚至三个以上的尺寸,而基本形体中的曲面立体,因为可以使用特定符号说明形体的形状,所需视图及尺寸数反而更少(如图 9.17 所示,具体的尺寸数字省略)。基本形体的这些尺寸就是定形尺寸,多数也是它们的总体尺寸。

以下回转体中的 ϕ 表示直径,S 表示球体。

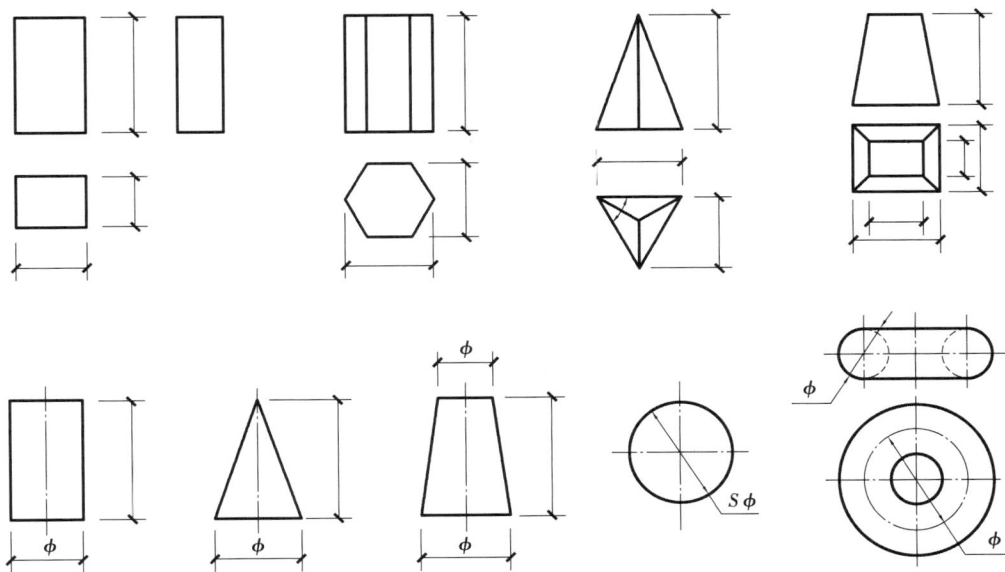

图 9.17　基本形体的尺寸标注

9.2.2　基本形体切割后的尺寸标注

当基本形体带有切口时,除了基本形体自身的定形尺寸外,还应标注出切口的定形及定位尺寸。标注时应注意,这些尺寸多数时候体现为截平面的定位问题。当形体一定时,只要标注出这些截平面的定位尺寸,则无论是截交线的形状还是位置都会自然形成,一般不应该再给这些截交线标注尺寸(如图9.18所示,图中带 * 号的尺寸,都是不应该标注的尺寸)。

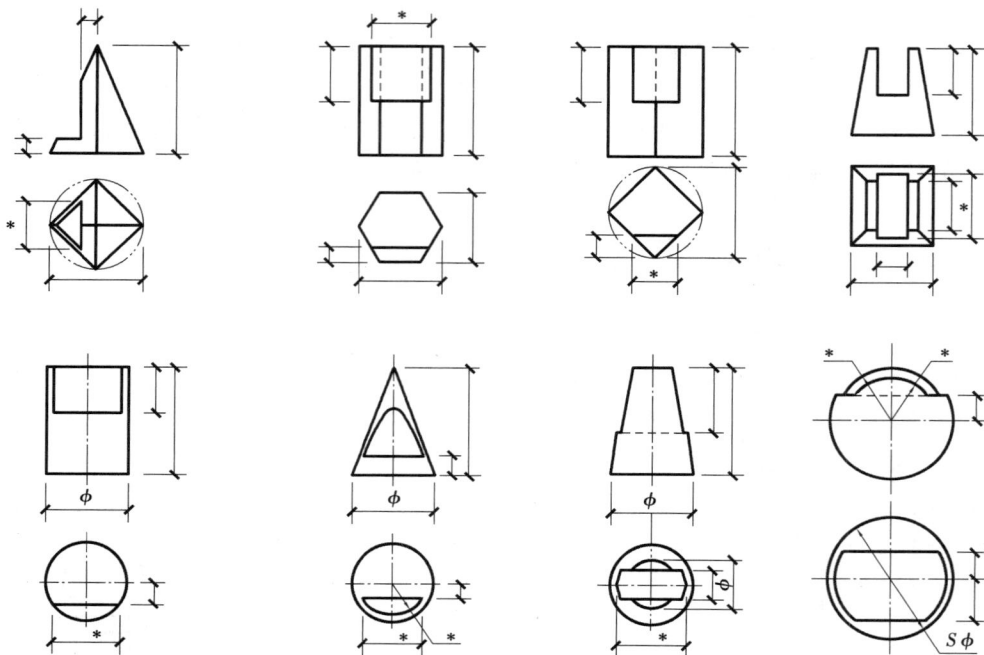

图9.18　带切口基本形体的尺寸标注

9.2.3　组合体的尺寸标注

熟悉并理解了基本形体及带切口基本形体的尺寸标注,组合体的尺寸标注就容易理解了。把组成组合体的每个基本形体的定形尺寸标注完整,再把所有基本形体相互之间的位置关系用定位尺寸标注清楚,最后再把组合体的总体尺寸标注出来就可以了。标注的具体步骤,需要综合考虑各种尺寸的布置要求。

图9.19中,X代表定形尺寸,W代表定位尺寸,Z代表总体尺寸。

在标注定位尺寸时,首先需要在组合体不同的坐标方向(或者说长、宽、高方向)分别选定基准,即确定标注组合体不同组成部分之间相对位置尺寸的参照点或起点。一般可选择物体上平行于投影面的主要坐标表面、对称面(线)或者回转体的中心轴线(图9.18)作为相应方向的定位尺寸基准(图9.19)。

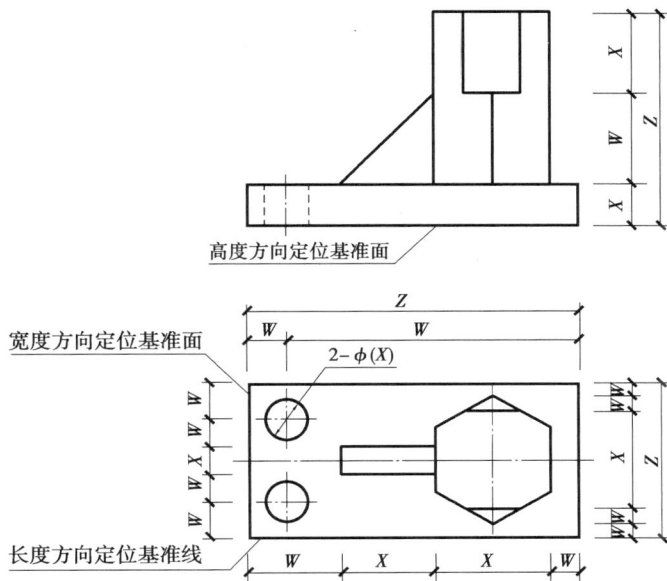

图 9.19　组合体的尺寸标注

实际标注尺寸时,还应遵循以下原则:

首要原则是完整,不能有任何遗漏;其次是方便读图,尺寸的布置要尽可能明显、集中、整齐、清晰。

(1)明显

①尺寸应尽量标注在特征视图上或者标注在反映形体几何信息量较大的视图上,如圆的尺寸。

②与某两个视图有关的尺寸,尽量标注在两个视图之间。

③尽量避免在虚线上标注尺寸。如图 9.19 所示,圆孔的直径就不能标注在主视图上。

(2)集中

组成组合体的同一基本形体的尺寸,无论是定形还是定位尺寸,应尽量集中标注。如图 9.19中六棱柱的尺寸,除了高度无法在俯视图中标注外,其余尺寸均在俯视图中集中注出。

(3)整齐

相互平行的尺寸线之间的间隔应该相等;大尺寸排列在外(离被标注物体远),小尺寸排列在内(离被标注物体近),避免尺寸线与尺寸界线交叉;尺寸数字的大小应该一致且排列整齐,尽量注写在水平尺寸线上方居中或垂直尺寸线左侧居中(字头向左)位置。此外,同一方向上相互平行的尺寸界线起点,也应尽量对齐。

(4)清晰

标注尺寸时,应尽量保持各个视图本身的清晰完整,尽量将尺寸标注在视图的四周而不要将尺寸标注在视图的投影轮廓范围之内,个别标注困难的小尺寸以及必须标注在特征视图上的尺寸可以例外。

除了以上标注原则外,尺寸标注时还应注意以下几点:

①必须符合国家制图规范中关于尺寸标注的相关规定。

②尺寸标注必须完整。

③尺寸的数字必须是真实的,与画图时所采用的比例大小无关。

9.3 组合体视图的阅读

读图(也称看图、识图),就是通过阅读已有组合体的二维视图,将该组合体真实的三维空间形状想象出来。

9.3.1 读图的预备知识

读图的预备知识:

①牢记正投影的根本规律。必须牢记构成组合体的任一元素乃至整体的三等关系——"长对正、高平齐、宽相等",并熟练运用。

②熟悉各种基本几何形体的投影特点及投影规律。

③熟悉各种位置直线、平面、曲线、曲面的投影特点。

④联系各视图读图。

除了特定情况(如文字或符号注明),任何情况下。必须将同一个组合体的所有视图联系起来,才有可能得出正确的结论。由图9.20和图9.21可以看出,不仅一个视图不能说明问题,即便是两个视图,有时仍然没有唯一的结论。

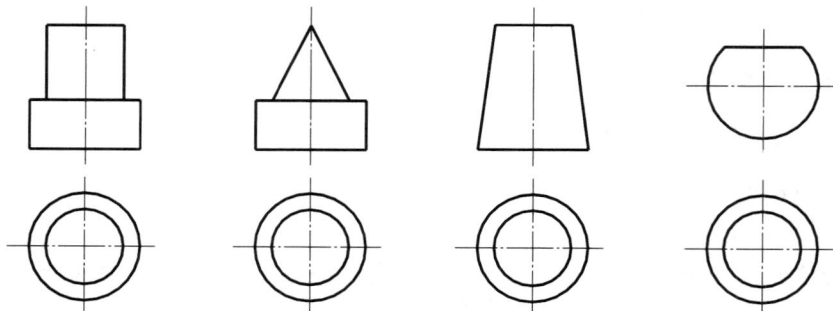

图 9.20　完全相同的俯视图

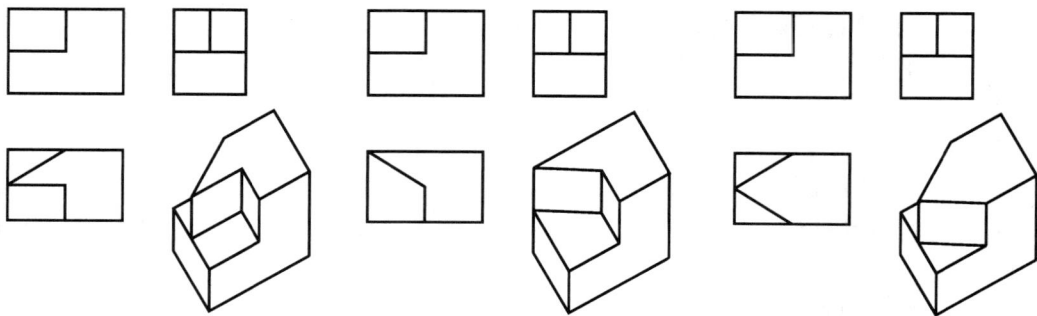

图 9.21　完全相同的主、左视图

9.3.2　读图的基本方法

1)形体分析法

形体分析法比较适用于阅读叠加而成的组合体。形体分析的概念主要包括三方面内容:由谁组成? 怎样组成? 相对位置如何? 所有这些,都要通过具体的视图内容来体现。任何一个视图,其内容都表现为具体的线条以及由线条围合而成的一个个线框,读图时,就以这些线条或线框为依据,以投影规律为准绳,结合基本形体的投影特点,逐一判读这些线条和线框。

视图中的那些线条或线框,要么是物体表面的积聚性投影,要么是两个表面的交线,否则就一定是回转体的转向轮廓线了。另外,视图中如果没有曲线,则不考虑曲面立体的存在;视图中若有曲线,则一定有曲面立体存在。就线框而言,或者是平面的投影,如图9.22(a)中1;或者是曲面的投影,如图9.22(a)中3;否则就一定是平曲相切表面的投影了,如图9.22(a)中6与3。此外,线框的投影还有一些特殊情况需要注意,如平行两表面完全重影,如图9.22(a)中1与5;不平行两表面完全重影,如图9.22(b)2与6的侧面投影(假设没有左前方的切口);两表面部分重影,如图9.22(b)中7与10的水平投影;通孔或盲孔洞的投影,如图9.22(b)中11等。最后,相邻两线框之间的线条也要加以注意,因为这种线条的具体状态,决定了相邻两线框的相互关系。

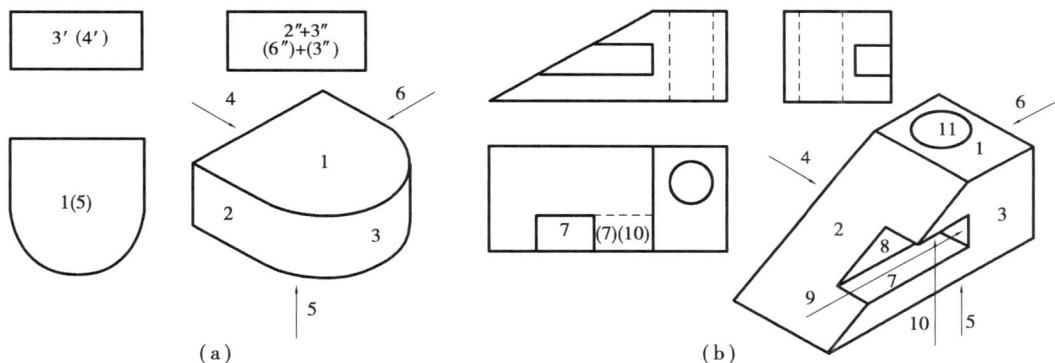

图 9.22　线框的意义

【例9.1】阅读图9.23(a)所示三视图,想象并画出其轴测图。

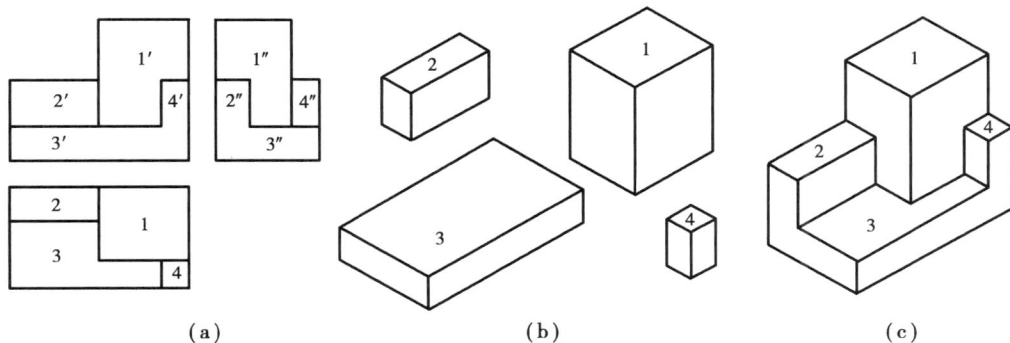

图 9.23　形体分析读图

由所给的三视图，首先思考是否有曲面？是否有对称的情况？组合体的组合方式？就本例而言，这个组合体是通过叠加的方式形成的。读图时，先分出一个个封闭的线框（如俯视图所注）；然后根据每一个线框向其他视图投影的结果，判断这些个线框的含义。如线框1，根据长对正等三等规律，不难发现该线框的三面投影均为矩形（或接近矩形）。逐一对余下线框如法炮制，会发现原来这个组合体不过就是由四个大小不等的长方体组成，如图9.23(b)所示。接下去，判定各基本形体的相对位置，依据同样是这个三视图。由俯视图及主视图可以看出，形体1在形体3的右后上方，其背面与右侧分别与形体3的背面与右侧对齐，形成一个完整的该组合体的形象，如图9.23(c)所示。

2）线面分析法

线面分析法比较适用于切割形成的组合体。

线面分析法既可以作为一种独立的读图方法，也可以作为一种辅助手段用在形体分析读图的过程中（当碰上一些斜线和曲线时）。其理论基础是各种线（包括截交、相贯线）、面投影基本知识及投影特点。

【例9.2】阅读图9.24。

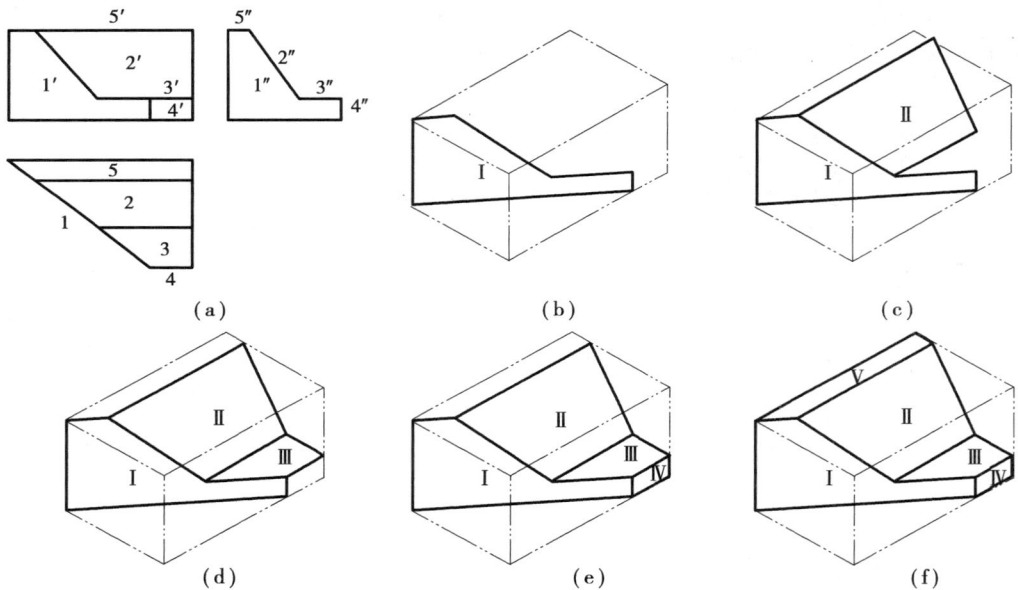

图9.24　线面分析读图

编号1、2的倾斜线条暗示，这个形体是通过切割长方体形成的；没有曲线，所以这只是一个平面立体，非对称。接下去，将注意力放在"线框"上，从相对较复杂的线框1开始，按投影规律，高平齐到侧视图中很容易就找到了它的类似形1″，而长对正到俯视图中，没有类似形。这说明该线框必然是一个铅垂面（在平面立体的任一视图中，任一线框的其他投影若无类似性则必有积聚性），如图9.24(b)所示。再看线框2′，长对正到俯视图中很容易就找到其类似形2，高平齐到侧视图中，积聚为一条直线2″，所以，该线框是一个侧垂面，如图9.24(c)所示。其余线框都是投影面的平行面，当把水平面Ⅲ、Ⅴ以及正平面Ⅳ加上去以后，虽然立体的图形已经完成（其余不可见的线条无须再画），但立体尚未形成，还需要再加上下底面、右侧面和背面才行。

9.3.3　读图的一般步骤

面对一个相对复杂组合体的三视图,应先判断一下该组合体的组合方式。一般三视图的每一个视图的外轮廓相对简单或方正,而视图内部或轮廓中有斜线的,往往是采用切割方式形成的组合体;三视图中一个或以上的视图外轮廓线相对复杂,凹凸起伏明显,内部没有或少有斜线的,基本就是叠加形成的。

明确了组合体的组合方式,读图方法或步骤也就明确了,通常用形体分析获得形体的整体概略印象,进而对各组成部分进行深入分析,个别复杂的局部可辅以线面分析,最终整合零星形象形成整体形象,对照印证后得出正确的结论。

读图步骤可总结为:

①浏览三视图,获取基本印象。

②形体分析。

③线面分析。

④整合形体,获得整体形象。

⑤对照印证。

例如,图9.25所示的三视图,给人的第一印象是综合式的组合体。

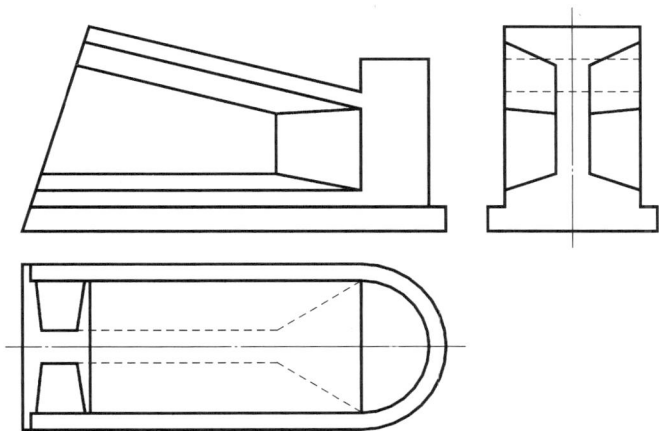

图9.25　组合体视图的阅读

快速浏览一下三个视图,尤其是通过主视图,基本可以断定这是一个叠加和切割综合形成的组合体,有曲面并且前后对称。

通过形体分析("画线段""对投影""得结论"的细节等)可知,立体主要由三个部分组成,它们分别是下方的底板、右上方的半圆柱和左上方带切口的四棱台。其中,底板及半圆柱的形状很简单,无须更多分析。但带切口的四棱台的切口形成情况及表面交线详情,就需要做仔细的线面分析才能得出清晰和准确的结论。

图9.26展示了形体分析(尤其是线面分析)的细节。图中,为了弄清切口四棱柱的详情,划分了6个线框;为使图面清晰,图9.26(a)中仅分析了形体后半部分的线框投影情况,前半部

分对称即可。

图 9.26 中,线框 1 的正面投影为四边形,将其投影到俯视图和侧视图中,一方面找不到与其范围适应的类似形,另外,能与其投影对应的,都是投影轴的平行线(或虚线或实线),因此,线框 1 是一个正平面。与此相仿,线框 2 为铅垂面,线框 4 为侧垂面;线框 3 的三面投影均为四边形,可见是一般位置平面;线框 5 及线框 6 则均为正垂面。还可以进一步分析上述线框与线框之间的交线情况,并且,像图 9.24 一样,可以一边分析,一边画草图,以帮助正确理解形体及其表面与表面上的各种交线。

将上述零星结论综合起来,可以得到图 9.26(b)所示的结论,加上相对位置关系并正确处理表面的交线以后,最终结果如图 9.26(c)所示。

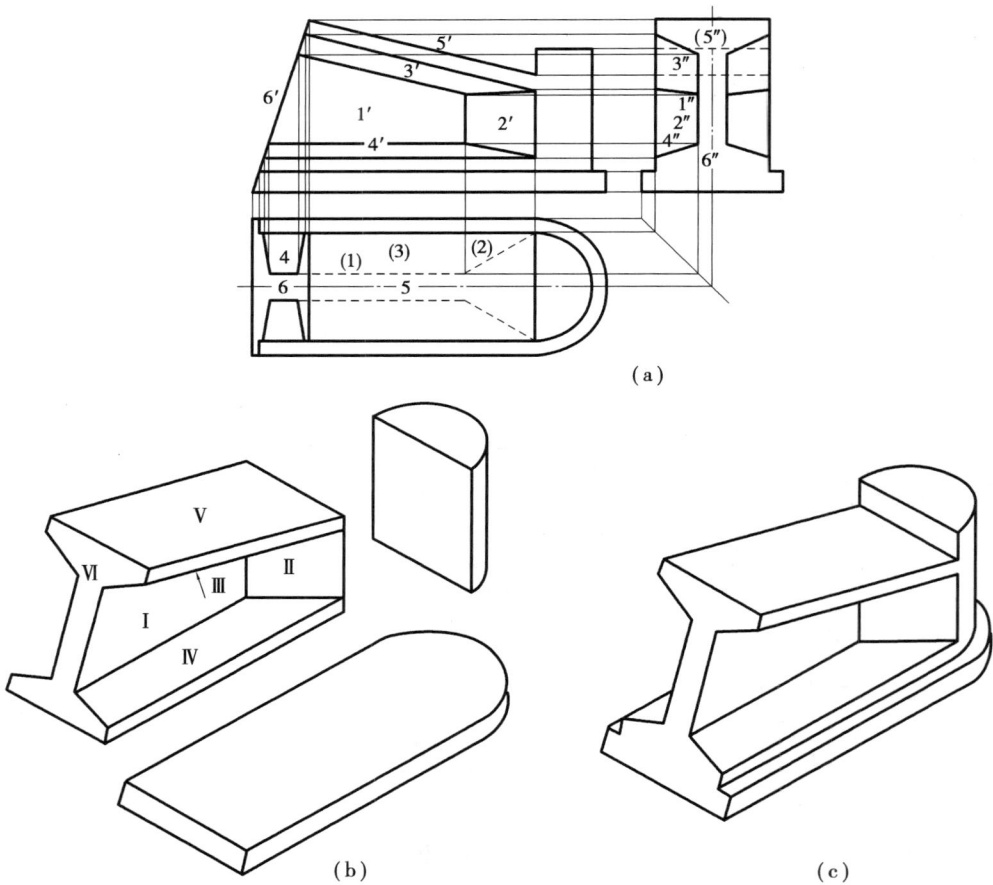

(a)

(b)   (c)

图 9.26 组合体视图的阅读步骤

9.3.4 二补三

许多情况下,只需要形体的两个视图,就可以将形体表达清楚。检验是否读懂了形体视图的最有效方法之一,就是将这个形体所缺的那个视图补画出来。

【例 9.3】如图 9.27 所示,给出了某形体的主、左视图,要求补画出俯视图。

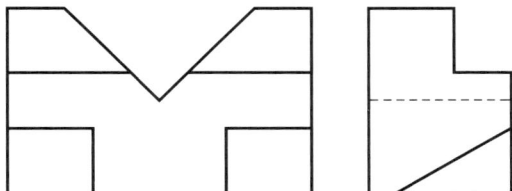

图 9.27　"二补三"实例

【解】通过分析,这是一个通过切割长方体而成的组合体,没有曲面,左右对称。形体形成的过程大致是:第一步,用水平面及正平面将长方体切除前上方的小长方体,如图 9.28(a)所示;第二步,用两个左右对称的正垂面切出上方中部的 V 形缺口,如图 9.28(b)所示;最后,用侧平面与侧垂面的组合,切出左前下方和右前下方两个左右对称的三棱柱,如图 9.28(c)所示,组合体形成。

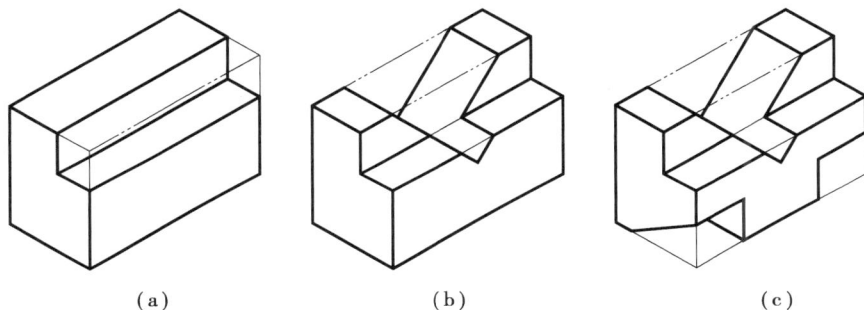

(a)　　　　　　　　(b)　　　　　　　　(c)

图 9.28　"二补三"过程一

对已经想象出来的形体,还应与原图对照印证,确认无误以后方能进行下一步补图工作。

有了对形体形状的充分了解,接下去就可以按 9.1.3 所述的画图方法,结合已有的两个视图,将所缺的第三个视图按投影规律补画出来,如图 9.29(a)所示。图中,线框 1 为一侧垂面,其侧面投影积聚为一条斜线,水平投影不可见;线框 2 为一侧平面,正面及水平面的投影均积聚,侧面投影反映该三角形平面的实形。

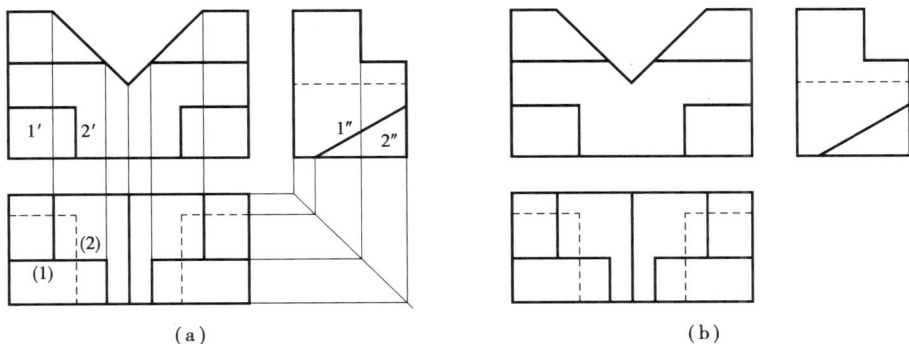

(a)　　　　　　　　　　　　　　　　(b)

图 9.29　"二补三"过程二

【例 9.4】如图 9.30 所示,已知组合体的主视图和俯视图,补画其侧视图。

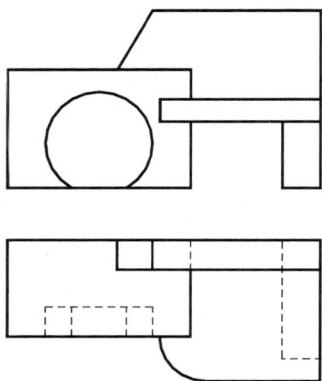

图9.30 "二补三"之画左视图

【解】通过简单地划分线框并对投影,可以判定这是一个主要经叠加而成的组合体,有一些简单的切割,有曲面,不对称。经过对各主要线框的进一步详察,组成该组合体的基本形体及部分切割等情况被分离出来,如图9.31(a)所示。结合对形体各部分相对位置的理解,完成读图结论并验证,如图9.31(b)所示。

形体想象完毕,下一步就按投影规律并结合原有视图,完成补画左视图的工作,如图9.32所示。

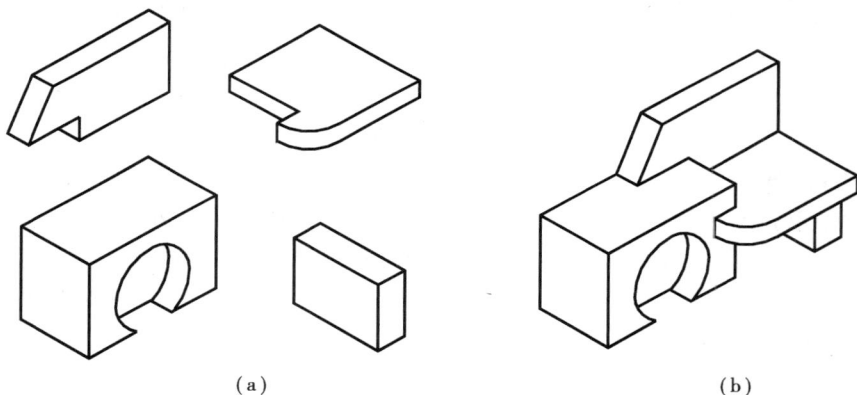

(a)   (b)

图9.31 分析读图

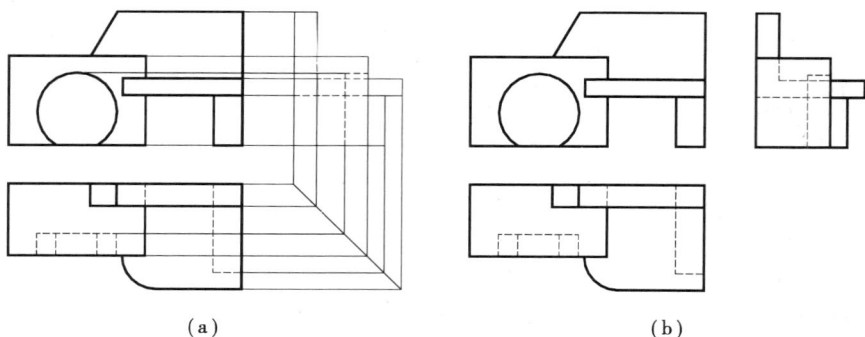

(a)   (b)

图9.32 补画左视图

本章小结

（1）明确组合体的概念及其组合方式。

（2）熟悉组合体视图的形成及各种不同视图的成因及用途。

（3）掌握正确认识组合体的形体分析方法,学会合理选择组合体的各个视图并用正确的线形表示之。

（4）了解基本形体的尺寸标注需求,体会带缺口基本形体的尺寸需求进而了解组合体的尺寸标注原则。

（5）熟练掌握读图的预备基础理论和技能,熟知读图的两种方法并熟练运用之。

复习思考题

9.1　2008年北京奥运会游泳馆水立方能称为组合体吗?

9.2　组合体的基本视图有哪几个?

9.3　形体分析的要点有哪些?

9.4　绘制组合体的视图时,确定形体的安放位置及视图选择应考虑哪些因素?

9.5　组合体的尺寸分为哪几种? 试绘图分别举例说明。

9.6　形体分析方法在阅读组合体的视图时应如何体现?

10 图样画法

本章导读:

图样是根据投影原理、标准或有关规定,表示工程对象,并有必要的技术说明的图。本章主要介绍各类工程图样的画法,如剖面图与断面图、轴测图中的剖切画法、简化画法等,其中重点是剖面图与断面图、带剖切的轴测图画法。

10.1 剖面图和断面图

如果我们将图 10.1(a)稍加改动,其侧视图不会发生任何变化,如图 10.1(b)所示。这是因为,修改部分的侧面投影为不可见的虚线,其位置刚好与原有不可见虚线完全重合,故侧视图没有变化。在工程实践中,常规的 6 个基本视图有时也很难清楚地表达形体,而真正的工程实体特别是建筑物的内部空间关系往往更加复杂,所以,常用剖面图和断面图来表达。

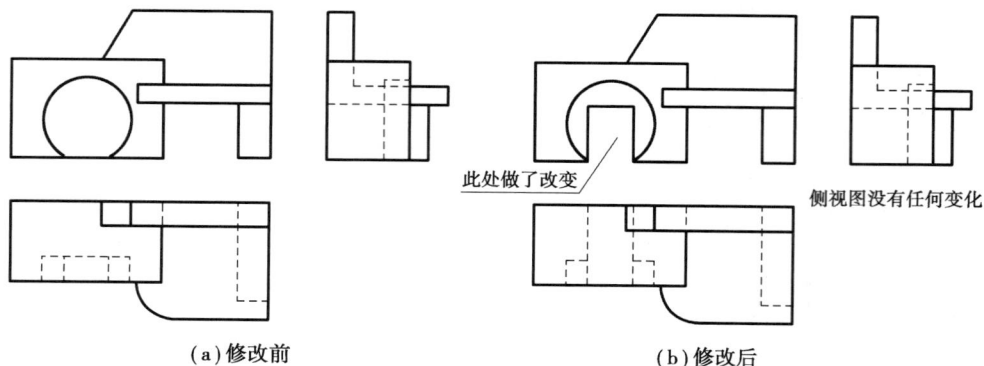

此处做了改变

侧视图没有任何变化

(a)修改前　　　　　　　　　　　　　(b)修改后

图 10.1　修改后可能没有变化的侧视图

剖面图的形成

10.1.1　剖面图

1）剖面图的形成

假想用剖切平面剖开物体,将处在观察者与剖切面之间的部分移去,然后将其余部分作为新的整体,向剖切面所平行的投影面投射所得的图形,称为剖面图,如图 10.2 所示。

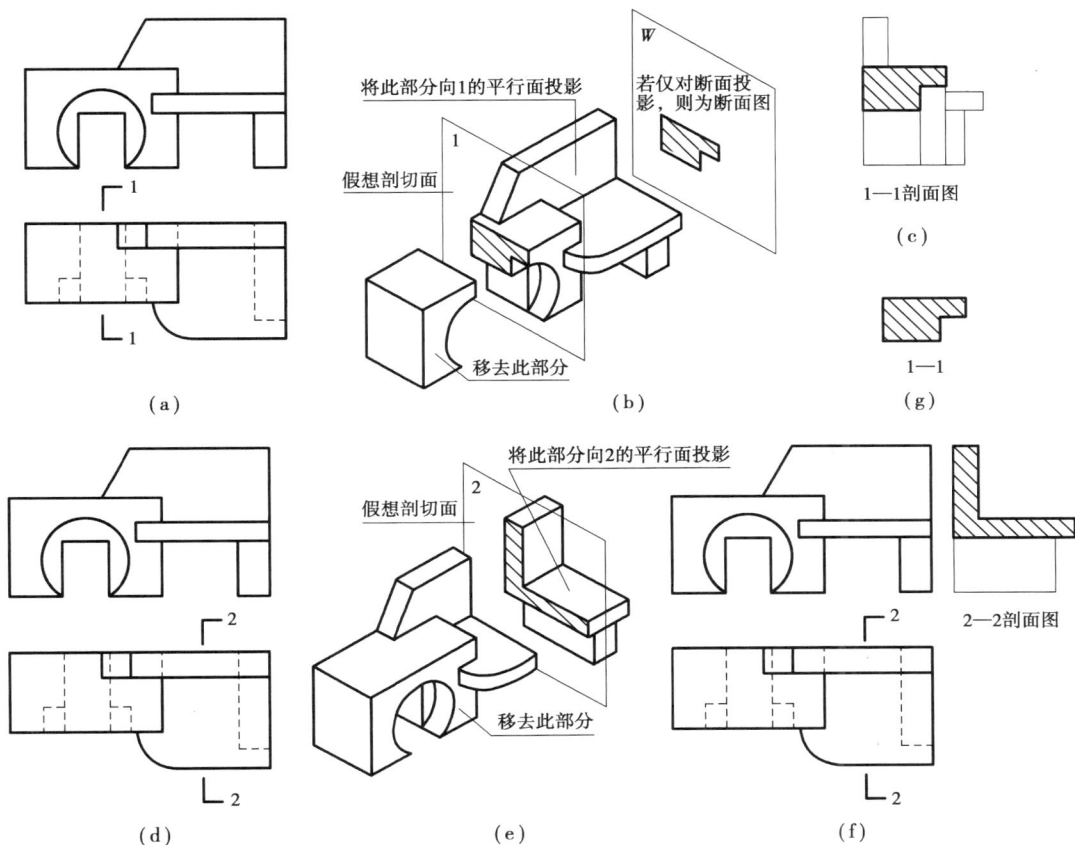

图 10.2　剖面图的形成

形成中的"假想剖切面"多数情况下应为投影面平行面,个别情况下可以是投影面垂直面或曲面。

图中,形体表面与剖切面相交的截交线围合成的平面图形,称为断面。断面暴露了形体的内部实体材料,因此在剖面图中,应该在断面内,将物体的建造材料用规定的图形符号(即材料图例)表示出来。《房屋建筑制图统一标准》规定的常用建筑材料图例见表 10.1。

当需要使用表中没有列出的材料时,允许自编图例,但要加以说明。此外,画图例时还应注意:

①规范只规定了图例的画法,其大小比例视所画图样的大小而定。

②当不必指明材料种类时,应在断面轮廓范围内用细实线画上 45°的剖面线。图例中相互平行的线条应间隔均匀、疏密适度。

③不同品种的同类材料使用同一图例时(如不同品种的金属、石膏板等),应加以说明。

④相同材料的两个物体相接,图例宜错位或反向绘制。如碰巧都是涂黑的图例,则应在物体间留下不小于 0.7 mm 的间隙,如图 10.3(a)、(b)、(c)、(d)所示。

⑤当需要绘制图例的面积太大时,可在断面轮廓内沿轮廓做局部示意,如图 10.3(e)所示。

⑥在同一张图纸上,同一物体的不同剖面(断面)图中的图例应该完全一致(如方向、疏密等)。

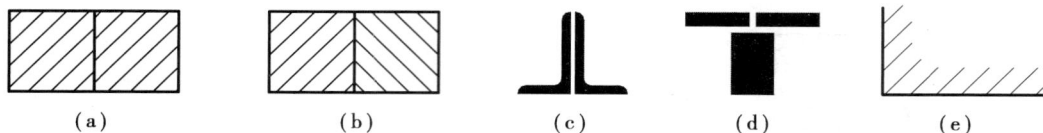

| (a) | (b) | (c) | (d) | (e) |

图 10.3　图例的特殊处理

表 10.1　常用建筑材料图例(摘自 GB/T 50001—2017)

序号	名称	图例	说明
1	自然土壤		包括各种自然土壤
2	夯实土壤		—
3	砂、灰土		—
4	砂砾石、碎砖三合土		—
5	天然石材		—
6	毛石		—
7	普通砖		包括普通砖、多孔砖、混凝土砖等砌体
8	耐火砖		包括耐酸砖等砌体
9	空心砖		包括空心砖、普通或轻骨料混凝土小型空心砌块等砌体

续表

序号	名称	图例	说明
10	加气混凝土	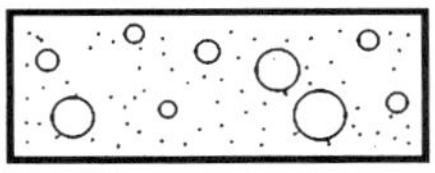	包括加气混凝土砌块砌体,加气混凝土墙板及加气混凝土材料制品等
11	饰面砖	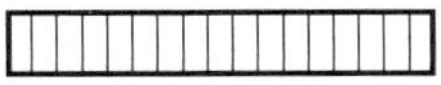	包括铺地砖、玻璃马赛克、陶瓷锦砖、人造大理石等
12	焦渣、矿渣	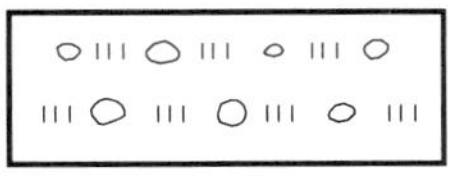	包括与水泥、石灰等混合而成的材料
13	混凝土	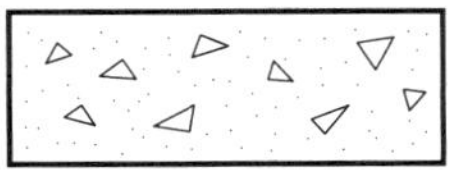	1. 包括各种强度等级、骨料、添加剂的混凝土; 2. 在剖面图上绘制表达钢筋时,则不需绘制图例线;
14	钢筋混凝土	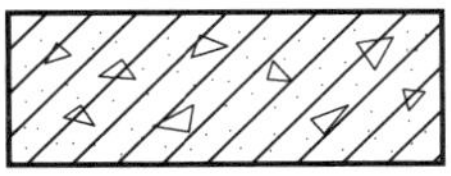	3. 断面图形较小,不易绘制表达图例线时,可填黑或深灰(灰度宜为70%)
15	多孔材料	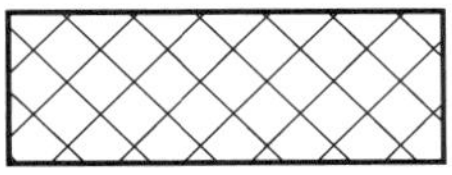	包括水泥珍珠岩、沥青珍珠岩、泡沫混凝土、软木、蛭石制品等
16	纤维材料	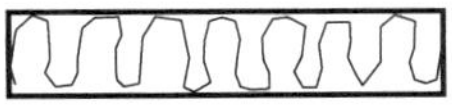	包括矿棉、岩棉、玻璃棉、麻丝、木丝板、纤维板等
17	泡沫塑料材料	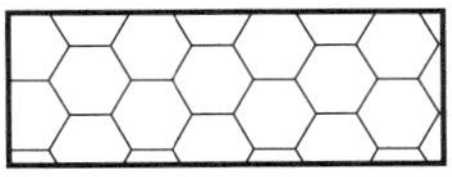	包括聚苯乙烯、聚乙烯、聚氨酯等多孔聚合物类材料
18	木材	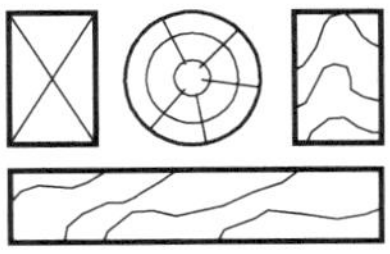	1. 上图为横断面,左上图为垫木、木砖或木龙骨; 2. 下图为纵断面
19	胶合板	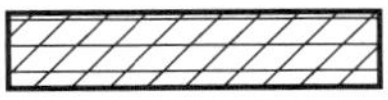	应注明×层胶合板
20	石膏板	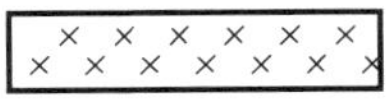	包括圆孔或方孔石膏板、防水石膏板、硅钙板、防火石膏板等
21	金属	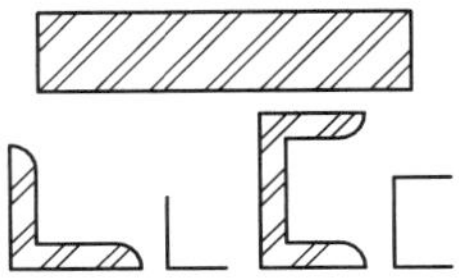	1. 包括各种金属; 2. 图形小时,可填黑或深灰(灰度宜为70%)
22	网状材料		1. 包括金属、塑料等网状材料; 2. 应注明具体材料名称

续表

序号	名称	图例	说明
23	液体		应注明具体液体名称
24	玻璃		包括平板玻璃、磨砂玻璃、夹丝玻璃、钢化玻璃、中空玻璃、夹层玻璃、镀膜玻璃等
25	橡胶		—
26	塑料		包括各种软、硬塑料及有机玻璃等
27	防水材料		构造层次多或绘制比例大时,采用上面的图例
28	粉刷		本图例采用较稀的点

2)确定剖切平面的位置

剖切平面应平行于投影面,且尽量通过物体的孔、洞、槽的中心线。如要将 V 面投影画成剖面图,则剖切平面应平行于 V 面;如要将 H 面投影或 W 面投影画成剖面图,则剖切平面应分别平行于 H 面或 W 面。

3)线型

①剖面图中,断面的轮廓线一律用 $0.7b$ 线宽的实线绘制,断面材料图例线用细实线绘制;其余投影方向可见的部分,一律用 $0.5b$ 线宽的实线绘制。

②剖面图中一般不画不可见的虚线。

4)剖面图的标注

为了看图时便于了解剖切位置和投影方向、寻找投影的对应关系,还应对剖面图进行以下的标注。

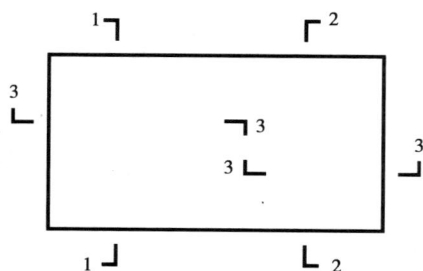

图 10.4　剖切符号

（1）剖切符号

剖面的剖切符号,应由剖切位置线及剖视方向线组成,均以粗实线绘制。剖切位置线的长度为 6～10 mm;剖视方向线应垂直于剖切位置线,长度应短于剖切位置线,宜为 4～6 mm;需要转折的剖切位置线,应在转角的外侧加注与该符号相同的编号,如图 10.4 所示。

绘图时,剖面剖切符号不应与图面上的图线相接触。

（2）剖面编号及图名

在剖视方向线的端部宜按顺序由左至右,由下至上用阿拉伯数字编排注写剖面编号,并在剖面图的下方正中分别注写 1—1 剖面图、2—2 剖面图、3—3 剖面图……以表示图名。图名下方还应画上粗实线,粗实线的长度应超过图名字体长度两边各 2~3 mm。

必须指出:剖切平面是假想的,其目的是表达出物体内部形状,故除了剖面图和断面图外,其他各投影图均按原来未剖时画出。一个物体无论被剖切几次,每次剖切均按完整的物体进行。

5）剖面图的种类

（1）全剖面图——用一个剖切平面将物体全部剖开

当物体需要表达的内部空间单一或简单或对称时,用单一平面剖切即可达成明示对象的目的。如图 10.5 所示为一水池的投影,从图中可知,物体外形比较简单,而内部有一隔墙。因此,剖切平面沿水池的前后对称平面及左池中心分别用平行于 V 面和 W 面把它全部剖开,然后分别向 V 面和 W 面进行投影,即可得到 1—1 剖面图、2—2 剖面图。

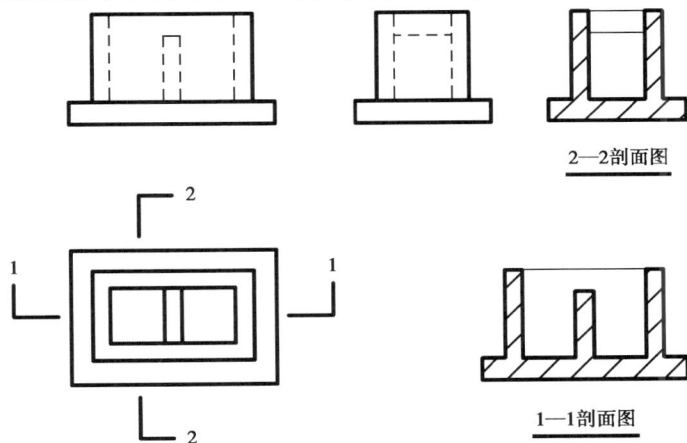

2—2剖面图

1—1剖面图

图 10.5　水池的投影及全剖面图

（2）半剖面图——用两个相互垂直的剖切平面把物体剖开一半（剖至对称面止,拿去形体的 1/4）

当物体的内部和外部均需表达,且具有对称平面时,其投影以对称线为界,一半画外形,另一半画成剖面图,这样得到的图称为半剖面图。如图 10.6 所示,由于物体内部的矩形坑的深度难以从投影图中确定,且该物体前后、左右对称,故可采用半剖面图来表示。画出半个 V 面投影和半个 W 面投影以表示物体的外形,再配上相应的半个剖面,即可知内部矩形坑的深度。

按照中华人民共和国国家标准《房屋建筑制图统一标准》（GB/T 50001—2017）的推荐,半剖面图如果是左右对称的,应该将左面画成外形,右面画成剖面图;如果是上下对称的,则应该将上部画成外形,下部画成剖面图。另外,不仅剖面图中尽量不画虚线,表达外形的普通视图中也不画虚线。因为对称的关系,外形内形正好互补。

（3）阶梯剖面图——用两个或两个以上平行的剖切面剖切

当用一个剖切平面不能将物体需要表达的内部都剖到时,可以将剖切平面直角转折成相互平行的两个或两个以上平行的剖切平面,由此得到的图就称为阶梯剖面图。

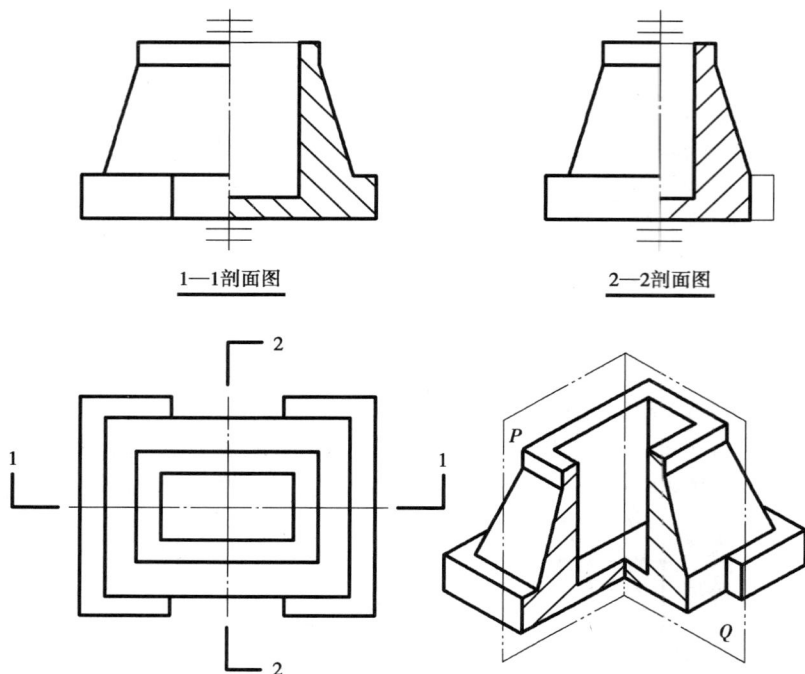

图 10.6　半剖面图

　　如图 10.7 所示,双面清洗池内部有 3 个圆柱孔,如果用一个与 V 面平行的平面剖切,只能剖到一个孔。故将剖切平面按 H 面投影所示直角转折成两个均平行于 V 面的剖切平面,分别通过大、小圆柱孔,从而画出的剖面图就是阶梯剖面图。

　　画阶梯剖面图时,在剖切平面的起始及转折处,均要用粗短线表示剖切位置和投影方向,同时注上剖面名称。当不与其他图线混淆时,直角转折处可以不注写编号。另外,由于剖切面是假想的,因此,两个剖切面的转折处不应画分界线。

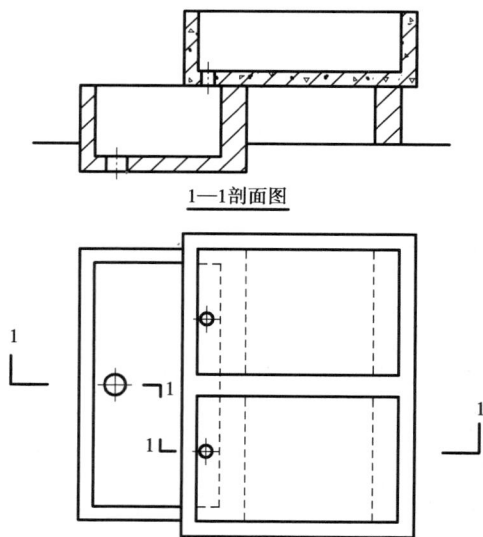

1—1剖面图

图 10.7　双面清洗池的剖面图

（4）旋转剖面图——用两个或两个以上相交的剖切面剖切

用两个或两个以上相交的剖切面（剖切面的交线应垂直于某投影面）剖切物体后，将倾斜于投影面的剖面绕其交线旋转展开到与投影面平行的位置，这样所得的剖面图就称为旋转剖面图（或展开剖面图）。用此法剖切时，应在剖面图的图名后加注"展开"字样。

如图 10.8 所示，其检查井的两孔的轴线互成 135°，若采用铅垂的两剖切平面并按图中 H 面投影所示的剖切线位置将其剖开，此时左边剖面与 V 面平行，而右边与 V 面倾斜的剖面就绕两剖切平面的交线旋转展开至与 V 面平行的位置，然后向 V 面投影画出的图，就是该检查井的剖面图。

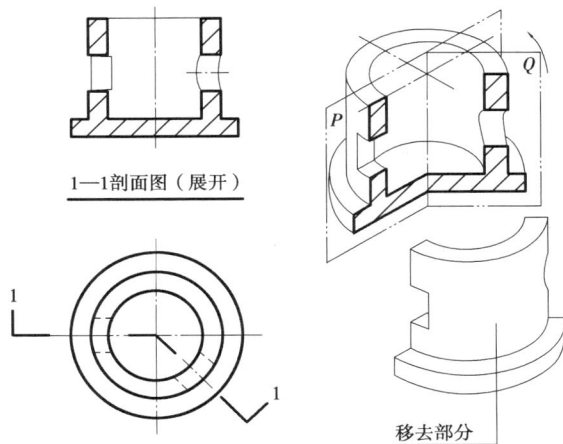

图 10.8　检查井的剖面图

画旋转剖画图时，应在剖切平面的起始及相交处，用粗短线表示剖切位置，用垂直于剖切线的粗短线表示投影方向。

（5）局部剖面图

对于某些总体形状不太复杂，但有些小的细节需要表达的形体，仅将其需要表达的局部剖开并表示清楚即可，这样的剖面图就称为局部剖面图（图 10.9）。另外，无论物体是否复杂，只要物体的投影中存在与对称中心线重合的图线，这样的物体除了全剖就只能用局部剖面图来表达（图 10.10）。

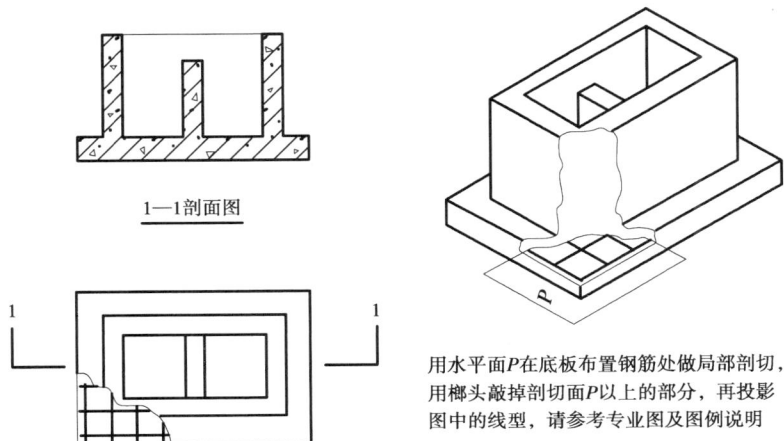

用水平面 P 在底板布置钢筋处做局部剖切，
用榔头敲掉剖切面 P 以上的部分，再投影
图中的线型，请参考专业图及图例说明

图 10.9　局部剖面图

　　某些多层构造(如屋面、楼面、地面、墙面等)的建筑物的构配件,也可以用局部剖面的概念,将各构造层次逐一分层表示出来。这样的剖面图,也称为分层局部剖面图(图10.11)。

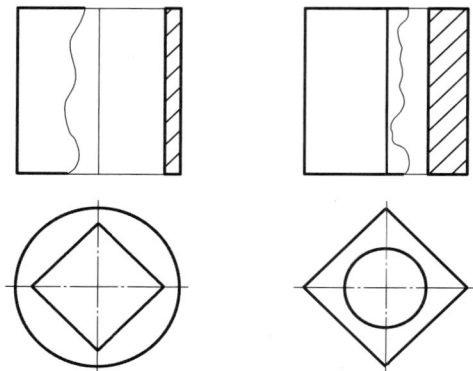

图 10.10　不适用半剖的形体

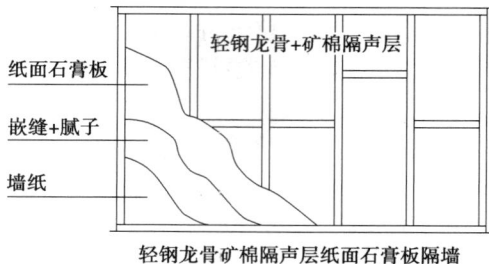

图 10.11　分层局部剖面图

　　局部剖面图剖与未剖的分界线称为"波浪线",但画成比较自然的断裂纹理比较好。

10.1.2　断面图

1)断面图的形成

　　假想用剖切面剖开形体,仅将截交线所围成的断面向剖切面所平行的投影面进行正投影得到断面实形[图10.2(b)、(g)],并正确绘制材料图例和标记后即为断面图,简称断面。断面图只是一个平面图形的实形而非立体的投影。

　　对于工程实践中许多细长的杆状构件(简称"杆件"),如各种梁、柱甚至屋架等和大面积的薄壁构件(如屋面、楼面、地面及各种墙面等)而言,其自身形状并不复杂,常用断面图来表达。

2)断面图的标注

　　同剖面图一样,断面图也应该加以标注,具体方式如图10.12所示。

　　①用与剖面图一样的剖切位置符号标明具体剖切位置。

　　②不用投射方向线而是用断面编号数字的注写位置暗示投射方向,数字在哪一侧,就向哪一侧投影。在剖切位置符号起讫位置的投射方向一侧,用阿拉伯数字为断面编号。

　　③在已绘制完成的断面图下方,注写该断面图仅由上述对应编号数字组成的图名,如1—1、2—2(注意没有汉字),图名下方仍然画一条长度相当的粗实线(如图10.12所示,左为断面图,右为剖面图)。

3)线型

　　用0.7b线宽的实线绘制断面图的轮廓(即所有的截交线),其内的材料图例同剖面图的要求。

4)断面图分类

　　按断面图所绘制的具体位置分为移出断面与重合断面两种。将断面图独立地绘制在物体原有视图的轮廓范围之外,如图10.2(g)及图10.12所示的断面,称为移出断面。而将断面图直接绘制在物体原有轮廓范围之内,与物体原有相应部位的投影重叠,则称为重合断面,如图10.13(a)所示的墙面,相当于用侧平面对墙体剖切后向右投射所得;如图10.13(b)所示用于厂房带牛腿的柱子,则分别在上下柱处各用一水平面剖切后投射所得。重合断面的特点是可以省略标记。

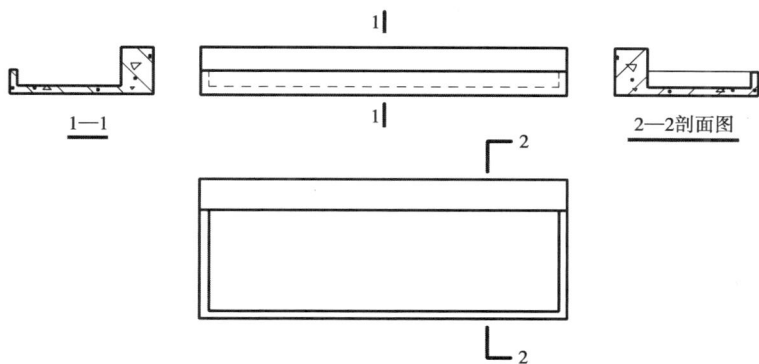

图 10.12　窗楣板的剖面图与断面图

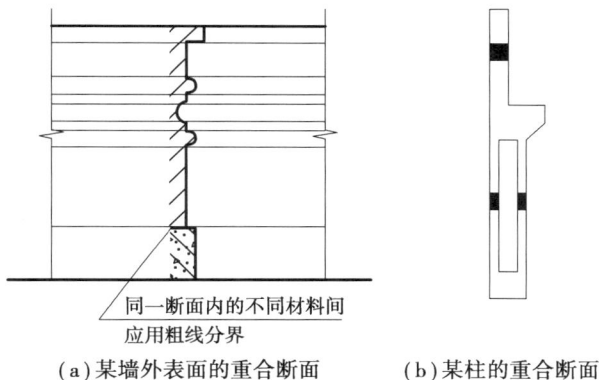

(a)某墙外表面的重合断面　　(b)某柱的重合断面

图 10.13　重合断面图

此外还有一种情形,某些细长的杆件如薄腹梁,除了两端稍有变化外,很长的中部完全不变,这样的构件原貌画出如图10.14(a)所示。为节约图纸,也可以如图10.14(b)所示,用折断线将构件中间部分折断不画,只保留两端,并将断面图画在中间折断部分的空白处,就称为中断处断面图。

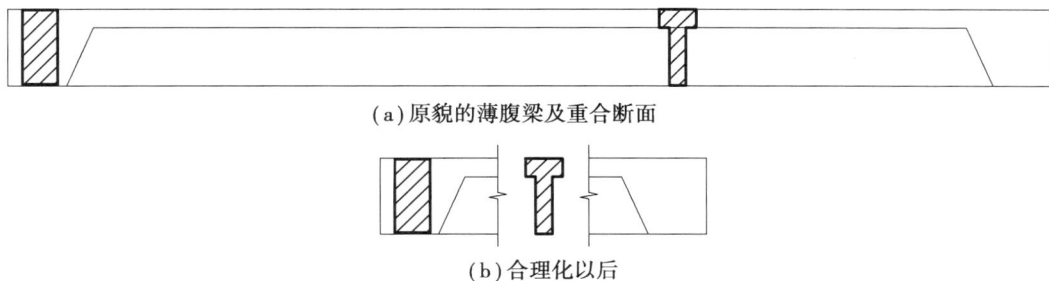

(a)原貌的薄腹梁及重合断面

(b)合理化以后

图 10.14　中断处断面图

10.1.3　剖面图与断面图尺寸标注的特殊情况

剖面图中因为不再画虚线,故在标注内部空间尺寸时,在表达外形部分的尺寸界线与尺寸起止符就省略标注了,但尺寸线必须超过对称中心线,而尺寸数字仍然是全尺寸的真实尺寸(如图 10.15 中的尺寸 16)。同样的,如果是圆形因剖切而只剩下半圆,仍然要标注直径,尺寸线也必须超过圆心(如图 10.15 中的 φ8)。

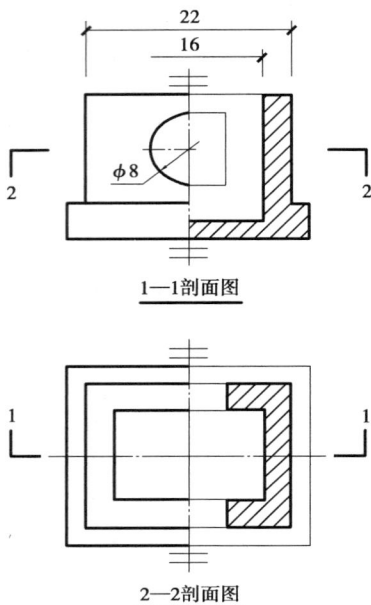

图 10.15　剖面图中尺寸标注的特殊情况

10.2　轴测图中的剖切画法

10.2.1　剖切轴测图的概念

假想用轴测坐标面的平行面或其组合,将原本完整的轴测图切去一部分(常为形体的 1/4),余下部分便是剖切轴测图,如图 10.6 中的右下图。剖切轴测图的要点是应能最清楚地表达形体,被切开的实体断面,应能反映出形体的具体材料(图例)。

10.2.2　剖切轴测图的画法

绘制剖切轴测图,需具备以下几点:
①熟练的读图能力,保证对形体的正确理解。
②熟练的画轴测图的能力,具有绘制剖切轴测图的基础。

③熟练的线面分析能力,保证有能力分析出假想剖切平面与物体任意表面的交线,无论物体的表面处于什么位置,是什么形状。

下面以图 10.16 所示立体为例,详述其剖切轴测图的绘图方法。

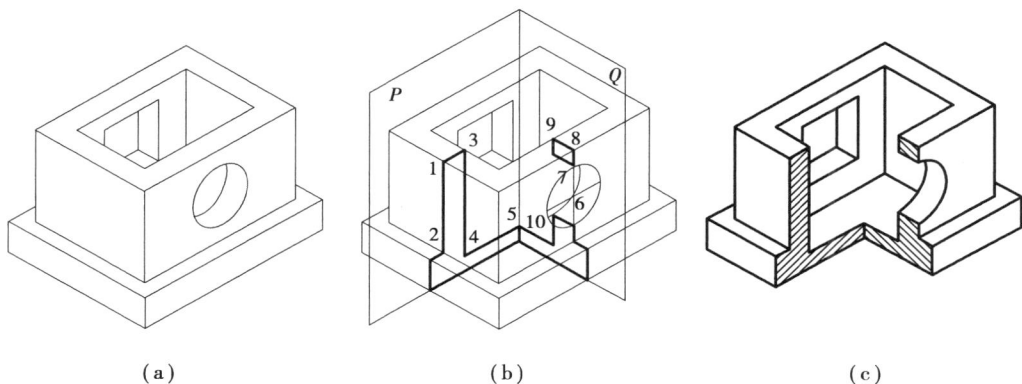

| (a) | (b) | (c) |

图 10.16　剖切轴测图的画法

由于本例题的形体为对称形体,如图 10.16(a)所示,根据形体原图及已经绘制好的轴测图,应用半剖剖面图的形式来表达较好。

在决定了具体的剖切位置和方式后,要逐一分析每一个假想剖切平面与物体表面的交线情况(如剖切面与物体的哪些内外表面相交? 范围如何?),并逐一表示出来,如图 10.16(b)所示。

在图 10.16(b)中,已经设定 P 平面位于前后对称位置,因此,该平面与物体左端相应棱线(正垂线)的交点都是该线条的中点(如图中的 1、2、3 等点),只要把各条相互平行的同方向棱线的中点找到,连接它们,便可得到相应的交线了。4 点是个例外,相应的棱线因为不可见而未画,剖切平面与 3、4 所在表面的交线一定是铅垂线,而该铅垂线的高度在原视图中是很明确的,所以,在找到 3 点后,过该点作铅垂线并量取该铅垂线的高度等于原高即可确定 4 点。

Q 平面的剖切结果可以用相似的方法得到,也可以用上述坐标定点原理另外寻找出发点。Q 平面通过物体前方小圆孔中心线的侧平面,因此,找到最前面小圆的圆心 6,就找到 Q 平面剖切该立体的出发点了。过 6 点作铅垂线,可以得到与圆周及上底面的交点 7、8;过 8 点作正垂线可得 9;过 9 点作铅垂线可得 10;过 10 作正垂线与过 4 所作的侧垂线相交,可得到位于两个剖切平面交线上的交点 5;……。两个剖切平面与物体表面的所有交线全部作出后,断面呈三个封闭的多边形。

去掉物体位于 P 平面之前 Q 平面之左的四分之一部分,绘图中具体体现为擦掉物体位于这一区域的所有线条,将剖切的断面及原来看不见的部分充分暴露出来,如图 10.16(c)所示。检查无误后加粗即成。但应注意,切出的断面应该正确绘出图例,无论何种类型的轴测图,原来在投影图中呈 45°的斜线,在剖切轴测图中应保持"轴测"意义上的角度"不变",但相邻两剖面上的斜线方向应该相反(图 10.17)。

如果需要,也可用剖切平面对同一物体做其他位置的剖切,但作图方法仍然是相同的(图 10.18)。

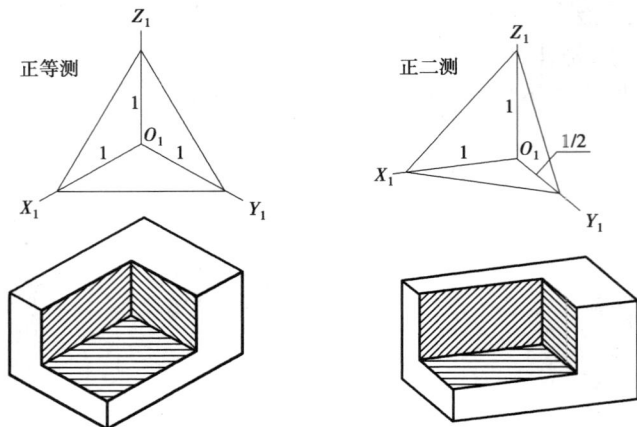

图 10.17　剖切轴测图图例画法

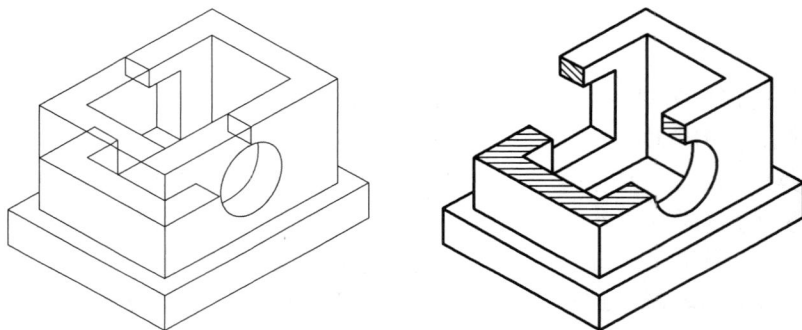

图 10.18　不同位置剖切

10.3　简化画法

简化表示法分为简化画法和简化注法,简化必须保证不致引起误解和不会产生理解的多意性,读图和绘图均方便。

10.3.1　对称形体的简化

对称形体可以根据其对称的程度进行合理简化:当形体有一条对称线时,可简化成一半,如图 10.19(a)所示;当形体有两条对称线时,可简化成 1/4,如图 10.19(b)所示。

对称形体需用剖切方式表现时,常以对称中心线为界,一半画视图(外貌),一半画剖面图或断面图,如图 10.20 所示。

对称形体还可用非对称的方式来简化,这需要将对称形体关于对称中线的一半全部画出,另一半仅保留对称线附近的少许部分。在这样的处理方式中,不需要也不允许画出对称符号,如图 10.21 所示。

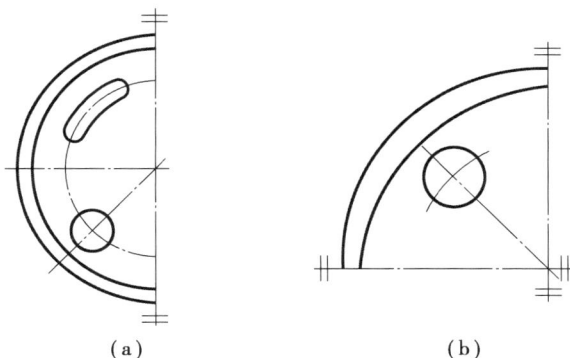

图 10.19 对称形体的简化画法（一）

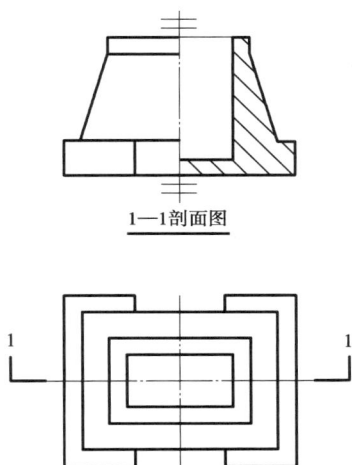

1—1剖面图

图 10.20 对称形体的简化画法（二）

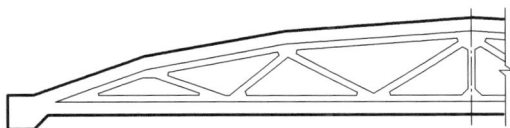

图 10.21 对称形体的简化画法（三）

10.3.2 相同要素的简化

物体上多个完全相同且连续排列的形状要素,可在两端或其他适当位置画出其完整形状,其余以中心线或中心线交点表示其位置即可,如图 10.22 所示。但应注意,当纵横交叉的中心线网格交点处并不都有形状要素时,除了正常画出一两个外,其余要素的位置应用小黑点标明,如图 10.23 所示。

10.3.3 折断简化

如图 10.24(a)所示的处理方法,就是折断简化的一种,即将物体中部无变化的部分折断,保留并移近两端有变化的部分。另外,按一定规律变化的形体,也可如图 10.24(b)所示来简化表达。

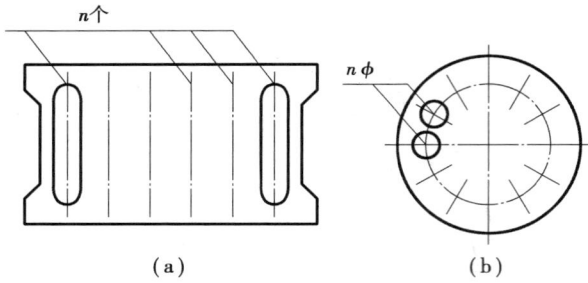

图 10.22　相同要素简化画法（一）

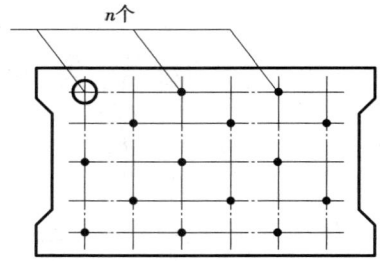

图 10.23　相同要素简化画法（二）

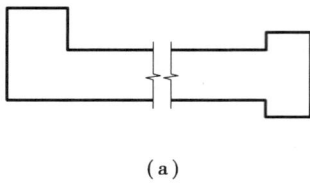

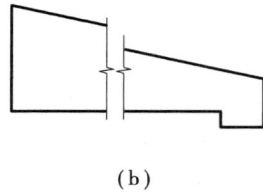

（a）　　　　　　　　　　　（b）

图 10.24　折断简化画法

　　还有一种情况是，物体因太长等原因而无法在同一张图纸上绘制，此时也可将物体折断并将两段各自单独绘制出来，但应在物体折断的同一位置绘制出连接符号，如图 10.25（a）所示。

　　利用连接符号，还可将两个"部分"形状相同的物体进行简化，如乙物体左端与甲物体左端完全相同但右端不同，在绘出甲物体视图的基础上绘制乙物体时，可以仅仅绘出不同部分，但在相同与不同的分界处，也应绘出连接符号，如图 10.25（b）所示。

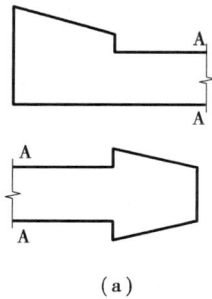

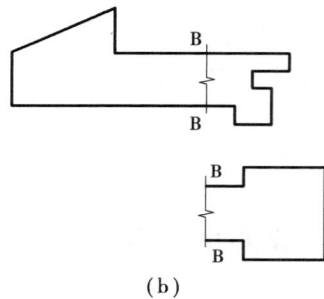

（a）　　　　　　　　　　　　　　　　（b）

图 10.25　连接简化画法

本章小结

（1）了解剖面图、断面图的形成。

（2）熟练掌握剖面图、断面图的概念、分类及画法，并明确剖面图与断面图的异同。

（3）熟悉轴测图的剖切画法。

（4）熟悉各种简化画法。

复习思考题

10.1　什么是图样？工程实践中常用的图样有哪些？

10.2　为什么要用剖面图或断面图？

10.3　剖面图与断面图分别是怎样形成的？

10.4　剖面图中的线型是如何规定的？

10.5　剖面图与断面图为什么需要标注？剖面图与断面图的投影方向表达方式有什么不同？

10.6　剖面图与断面图各分几种类型？各适用于什么对象？

11 透视投影

本章导读：

　　本章主要介绍透视投影的基本原理及方法，包括透视投影的基本原理及图形特点、透视图的分类、透视作图的基本术语、透视图基本参数的选择、点和直线以及立体的透视规律及其透视作图方法等。重点应通过学习透视图的规律及特点，掌握识读和分析透视图的技巧。

11.1　透视投影的基本概念

　　到目前为止，我们掌握了用"直接正投影法"形成"视图"等工程图样的理论与方法。就全方位、深层次描述建筑的所有细节而言，目前还没有其他方法可以替代这种方法，但这种方法下形成的图样有一个明显的弱点：它仅仅是"工程界"的"语言"，而非公众语言，它要求阅读它的人必须具有投影及制图的相关知识，这一特点从根本上制约了"工程图"的通俗性。

　　由于建筑是与每一个人都相关的事物。人们希望也有权利了解、评价甚至参与决定未来我们城市的面貌，这种权利必然应该体现在每一幢将要建造的建筑上。现代科技条件下，虽然有很多方法比如实物模型、虚拟实景等多媒体手段可以让人们理解并评价尚未诞生的建筑，但"照片"却是最原始、简单、直观和廉价的建筑形象媒介。透视图即是一种实物尚未形成，便可通过一定技巧形成的先于实物的"照片"，通过它，人们对建筑的了解可以做到一目了然。

　　获得这种先于实物的"照片"，依赖于以下两方面知识和技能：

　　①如何建立"照片"的框架，即确定建筑物在"照片"中的形状？此即透视投影的原理及方法。

②如何获得已有"形状"的表面及环境效果？此即阴影的原理、方法及渲染、配景技法。

11.1.1 基本原理及特点

照片之所以能"真实"地表现对象,是因为其成像符合人们的视觉习惯。照相机通过镜头将对象聚焦于"底片"上而成像就如同人眼通过眼球水晶体将对象聚焦于视网膜上而成像(图11.1)。还可以做这样一个实验,当透过窗上玻璃单眼观察室外景物(如建筑物)时,若将所见建筑在玻璃上沿相应轮廓描画下来,就可以在玻璃上得到该建筑的"图像"(图11.2)。该图像与相机的成像原理也是相当的,所不同者,仅在于承受图像的载体在材料上和位置上有所变化。无论上述哪一种成像方式,它们均基于一个共同的投影原理——中心投影。

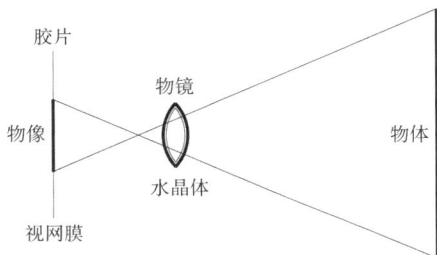

图 11.1　相机及人眼成像示意

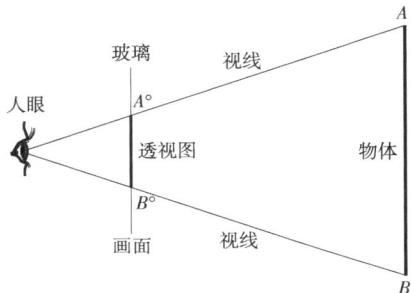

图 11.2　透视的实验

中心投影又称透视投影,其所形成的投影图便称为透视图。这是根据透视作图类似于上述实验而形象地得出的。无论是在胶片上、玻璃上,还是在纸上,当对象被"表现"后,对象最终都落在或画在了平面上。当原本处于"三维空间"中的对象之形状、体积、距离,乃至纵深效果等,都被表现在平面上时,图上所呈现出的最典型的特征是"近大远小",空间原来相互平行的直线最终将交汇于一点,除非这些彼此平行的线条同时也平行于画面(如胶片、玻璃等)。如图11.3所示的某世博馆室内的透视就十分直观地表现了透视图的这一特点。

图 11.3　透视实例

回到刚才的实验中,当笔在玻璃上描画所见对象的轮廓时,实际上是将眼睛与对象上"着眼点"之间的连线(即视线与玻璃的交点)确定下来并不断重复此过程,直至完成全图。实际的透视作图在本质上也正是如此——求视点和对象之间的连线与画面的交点,即求直线与平面的交点。并且,我们将这种交点称为点的"透视投影",简称透视。

11.1.2　基本术语及其代号

在透视投影的学习乃至工作实践中,为了讨论和叙述方便,经常涉及以下概念,它们的意义及相应代号(图 11.4)分别是:

①画面 P:画面就是用来绘制透视图的平面,多数情况下它处于铅垂位置。画面相当于正投影中的 V 面,一般将它置于人眼(光源)与被投影的物体之间(类似于第三角投影)。

②基面 G:可以假设基面就是地面,是用于放置建筑物的水平面。绘图中,也可以认为建筑底层平面图所在的水平投影面为基面。

③基线 g-g:基线是画面与基面的交线,它相当于"投影面体系"中的 X 轴,在求作透视时,它是基面上的投影与画面上的透视的联系媒介。

④视点 S:中心投影的光源位置,即投影中心。求作透视时,可将其设想成人眼的位置。

⑤站点 s:视点在基面上的正投影即站点,因其相当于人站立的位置。

⑥视线:一切过视点(即光源)的直线均称为视线。其中,垂直于画面的视线以及平行于基面的视线在做透视图时非常重要。

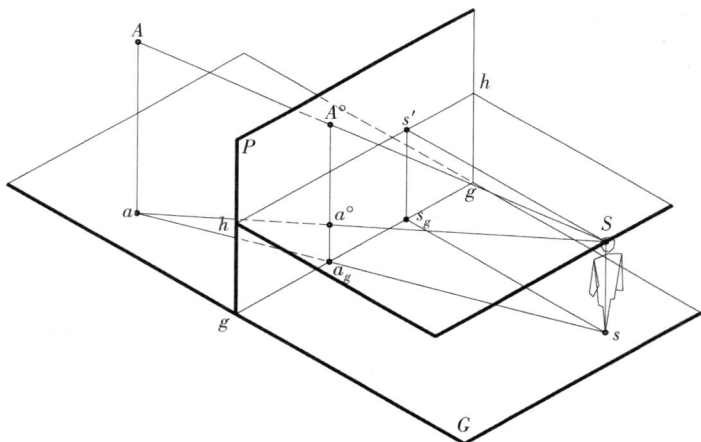

图 11.4　基本术语及其代号

⑦主视线 Ss':视线中垂直于画面者即为主视线。

⑧视心 s':视点在画面上的正投影即视心,它是视线的中心,也是上述主视线的画面垂足。视心又名心点或主点。

⑨水平视平面:过视点 S 的水平面,即所有水平视线的集合。

⑩视平线 h-h:上述水平视平面与画面的交线,多数情况下为通过视心 s' 的水平线。

⑪视高:视点到基面的垂直距离,即图中 Ss 的高度。

⑫视距:视点到画面的垂直距离,即图中主视线 Ss' 的长度。

⑬空间被投影的物体:如图中的 A 点。

⑭基点:空间 A 点在基面上的正投影 a 称为 A 的基点。

⑮点的透视:空间点 A 和视点 S 的连线 SA 与画面的交点即为 A 点的透视,用 A° 表示。

⑯基透视:空间点 A 的水平投影 a 的透视,用 a° 表示。

除以上术语及代号外,学习透视投影还应牢记"中心投影"与"平行投影"的共性:类似性、从属性、积聚性和重合性。

11.2　点与直线的透视投影规律

11.2.1　点的透视规律

点是最基本的空间几何元素。和正投影法需要同时获知至少两面投影方能确定点的空间位置一样,在透视投影中,点的位置需要同时由其透视与基透视共同确定。

规律 1:点的透视与其基透视位于同一铅垂线上。

如图 11.5(a)所示,空间 A 点与其基点 a 的连线 Aa 垂直于基面 G。将连线 Aa 与其线外 S 点(即视点)组成一平面,该平面容纳了包括过 A 点及 a 点所作视线在内的所有通过 Aa 线上任一点的视线,故可称为过 Aa 线的视平面。由于 Aa⊥G,故该视平面也⊥G,此视平面与画面的交线自然也是垂直于 G 的了。

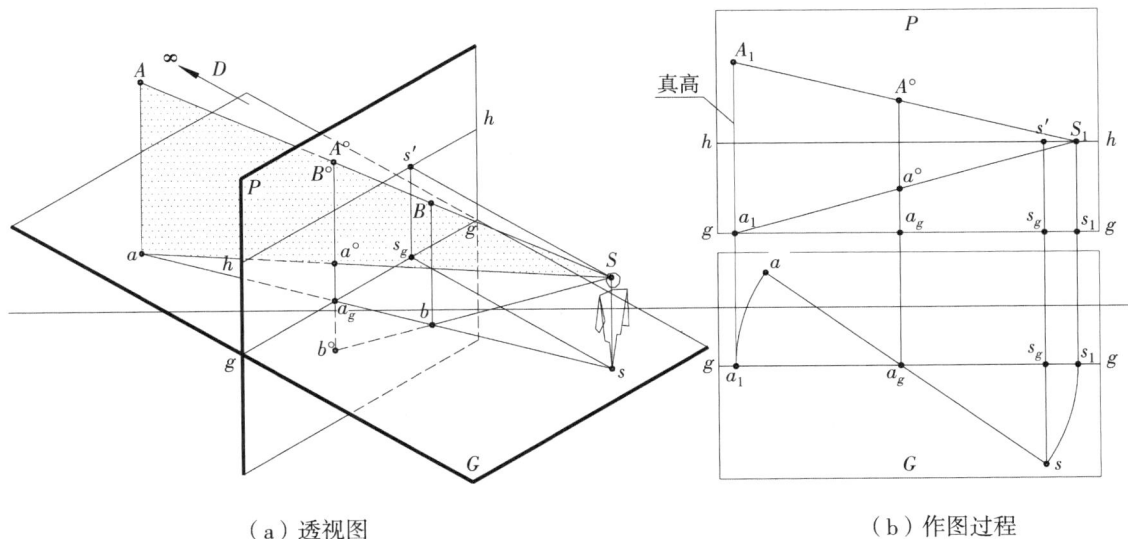

（a）透视图　　　　　　　　　　（b）作图过程

图 11.5　点的透视规律及作图

规律 2:点的基透视是判别空间点的位置的依据。

图中,B 点与 A 点在空间位于同一视线上,类似于 B 而与 A 处于同一视线上的点还有无穷多。按点的透视定义,它们具有完全相同的透视。由此可见,仅根据某点的透视,是无法确定其空间位置的。但是,通过这些点的基点及其透视(基透视)便会发现:当点位于画面之后时(如 A 点),其基透视在基线 g-g 之上方;当点位于画面之前(即人与画面之间,如 B 点)时,其基透视在基线 g-g 之下方。

规律 2 的 3 个有意义的推论是：

①当空间点位于画面前时，其基透视必在基线下方。

②当空间点位于画面上时，其基透视应在基线上。

③当空间点离开画面无穷远时，其基透视及透视均在视平面上。

规律 3：点的基透视是确定空间点透视高度的起点。

如果空间点到基面的距离（点的高度被透视以后）称为透视高度，则该透视高度就是点的透视与其基透视之间的垂直距离。若将点的基透视看成已知的，则点的透视高度就能以其基透视为起点而垂直向上量取。利用此规律可以获得后续直线规律中的真高线概念，并以真高线为基础，在已有点的基透视的情况下求出其透视。

观察点的基透视位置，可以产生如下推论：

①当空间点位于画面前时，其透视高大于真高。

②当空间点位于画面上时，其透视高等于真高。

③当空间点位于无穷远时，其透视高等于零。

11.2.2　直线的透视及其迹点和灭点

1）直线透视定义及基本求作方法

理论上，直线的透视即直线上所有点的透视的集合。因此，直线的透视可通过求作过直线的视线平面（图中带阴影的三角形）与画面的交线而获得。但实际作图时，可直接求作直线端点的透视后，连线即可得到直线的透视，如图 11.6 所示。

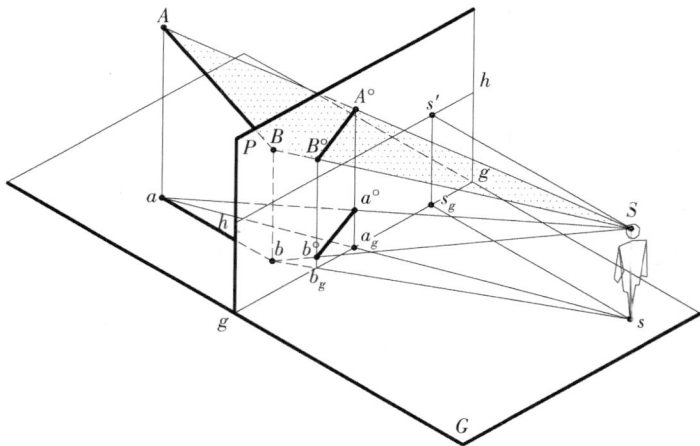

图 11.6　直线的透视

直线的透视及其基透视在一般情况下仍为直线。但以下两种情形例外：其一，当直线延长后通过视点 S 时，直线的透视为一点，其基透视为铅垂线。其二是当直线垂直于基面时，其透视为一铅垂线，而其基透视成为一点。前者如图 11.7 中的 AB 直线，后者如图 11.7 中的 CD 直线。

2）直线的画面迹点

空间中凡与画面不平行的直线均会与画面相交，直线与画面的交点称为直线的"画面迹点"。在图 11.7 中，AB 直线延长后将交画面于 $A°$ 或 $B°$ 点。在图 11.8 中，AB 直线延长后与画面的交点不再与 $A°$ 或 $B°$ 重合而是交于 T。但它们均为迹点，只不过前者较特殊罢了。"迹点"作为画面上的点，其透视自然是其自身。

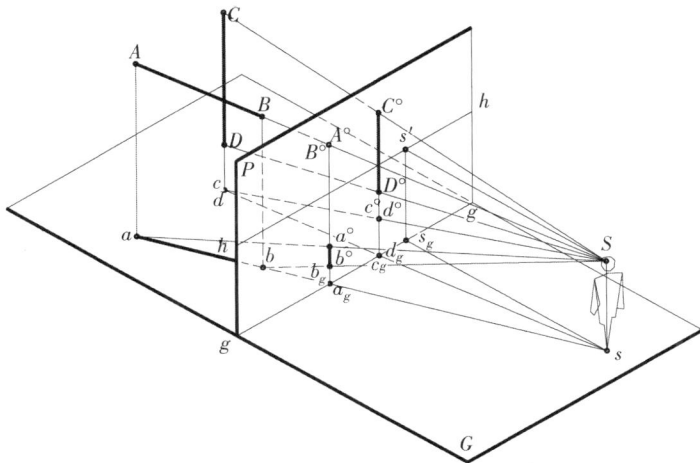

图 11.7　特殊位置直线的透视

3）直线的灭点

若 AB 直线的 A 点沿 BA 方向移向无穷远，则称此点为直线上离画面无穷远的点，其透视称为该直线的灭点（或称消失点）。欲求此灭点，理论上可按点的透视定义，将无穷远的 A 点与视点 S 连线，该连线与画面相交的交点即为 A 点的透视。但应注意：当连线 SA 与 AB 直线上的 A 点交于无穷远时，根据初等几何原理，SA 直线与 AB 直线是平行的。于是，真正求作直线灭点的方法便简化为：过视点 S 作 AB 直线的平行线且交画面于 F 点，此 F 点即 AB 直线的"灭点"，如图 11.8 所示。

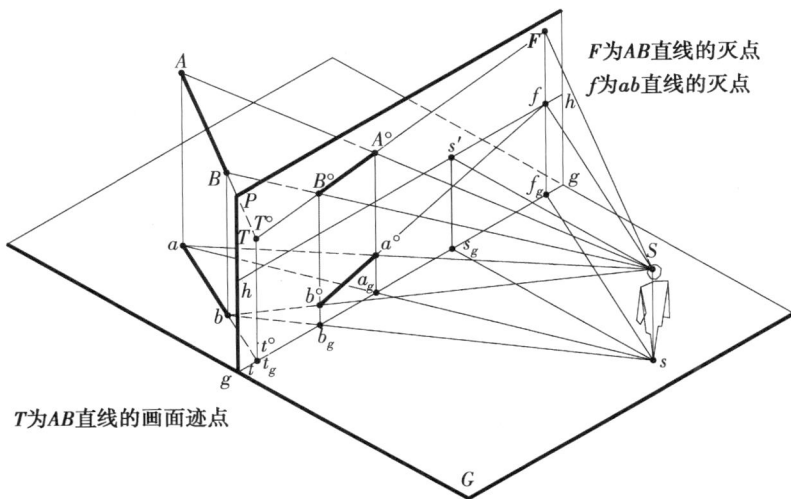

图 11.8　直线的迹点及灭点

与直线灭点相关的另一个概念是"基灭点"，它是直线基面投影的灭点。因直线的基面投影属于基面,故按灭点的作法,所作直线基面投影的平行线当然是过视点的水平线,属于水平视平面,必与视平线相交。考虑空间直线与其基面投影可构成一铅垂面,因此空间直线的灭点与其基面投影的灭点二者必位于同一铅垂线上,且基灭点还应位于视平线上。如图11.8中,f点即是AB直线的基灭点。

11.2.3 直线的透视投影规律

空间直线相对于画面的位置,不外乎两种情况,要么平行,要么相交,如图11.9所示。

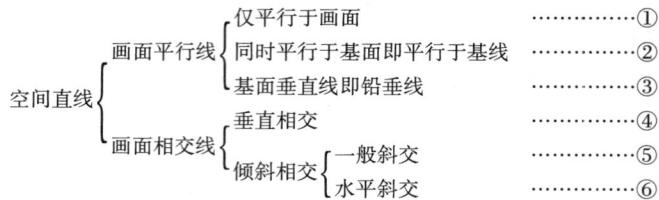

$$\text{空间直线}\begin{cases}\text{画面平行线}\begin{cases}\text{仅平行于画面} & \cdots\cdots\cdots① \\ \text{同时平行于基面即平行于基线} & \cdots\cdots② \\ \text{基面垂直线即铅垂线} & \cdots\cdots\cdots③\end{cases} \\ \text{画面相交线}\begin{cases}\text{垂直相交} & \cdots\cdots\cdots④ \\ \text{倾斜相交}\begin{cases}\text{一般斜交} & \cdots\cdots\cdots⑤ \\ \text{水平斜交} & \cdots\cdots\cdots⑥\end{cases}\end{cases}\end{cases}$$

图11.9 各种位置的直线

规律1:画面平行线的透视与自身平行,其基透视平行于基线或视平线。

画面平行线因平行于画面而无迹点和灭点,如图11.10所示(铅垂线前已述及)。

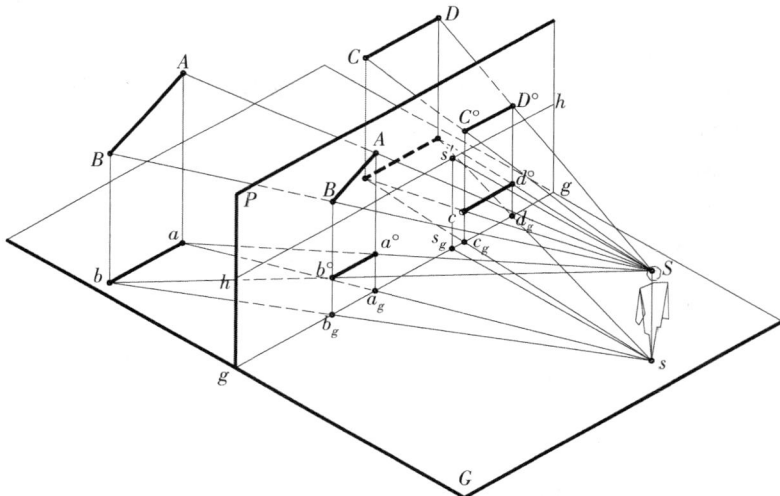

图11.10 画面平行直线的透视

规律2:与画面相交的直线在透视图上是有限的长度,一组平行线共灭点。

由于灭点的定义为直线上离画面无穷远点的透视,因此空间中无限长的直线,当其与画面相交时,透视图上将表现为有限的长度,以灭点为结束端。

同时从图11.8中灭点的作图过程可以看出:对于一组平行直线,从视点S只能作出它们的一条平行线,只会和画面获得一个共同的交点。因此,一组平行直线有一个共同的灭点,同理,其基透视也有一个共同的基灭点。所以,一组平行线的透视及其基透视,分别相交于它们的灭点和基灭点,图11.4中所表现的透视现象即反映出这一规律。

根据直线与画面相交角度的不同,又可以将此规律细化出以下几种不同情况:

①画面垂直线的画面垂足为其迹点,视心s'为其灭点。如图11.11所示。由图可见,画面

垂直线的透视永远位于其迹点 T 与灭点 s' 的连线 Ts' 上；其基透视始终在迹点的基点 t 与灭点 s' 的连线 ts' 上。

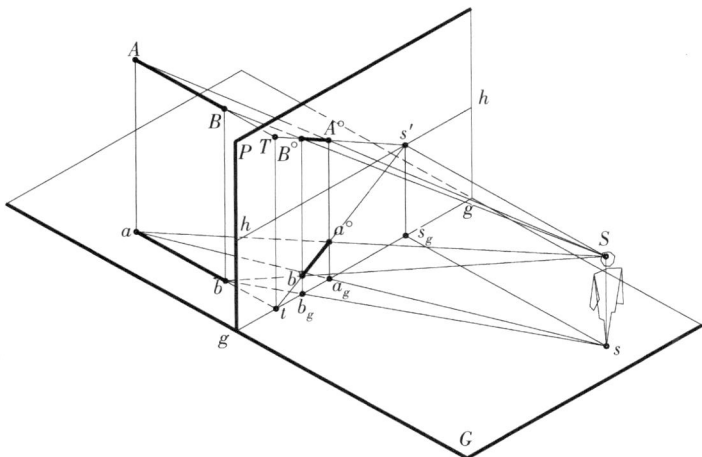

图 11.11　画面垂直线的透视

②画面水平相交线因平行于基面，故其透视与基透视具有共同的灭点（F，f 重合于视平线上）。在图 11.12 中，该灭点在画面的有限轮廓范围之外。

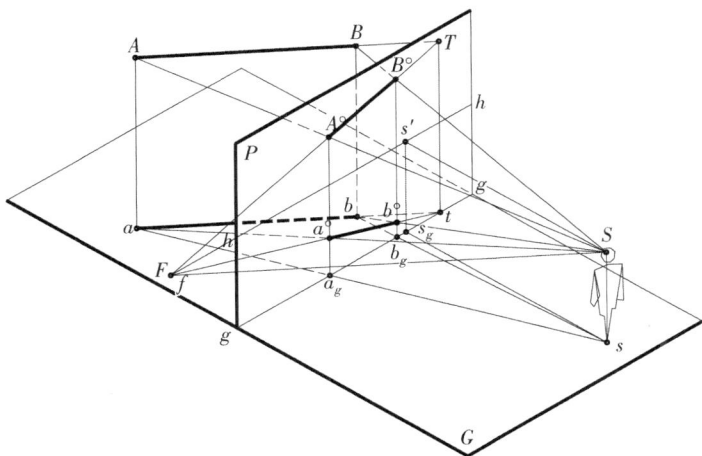

图 11.12　画面水平相交线的透视

③一般位置的画面相交线：一般位置的画面相交线如图 11.13 所示。图中，当 A 点高于 T 点时称为"上行直线"；当 A 点低于 T 点时称为"下行直线"，它们的灭点位于过基灭点的同一铅垂线上。其中，上行直线的灭点在视平线上方，下行直线的灭点则在视平线的下方。在图11.13中，AB 直线的灭点与基灭点也超出了画面 P 的图示有限范围。

规律 3：垂直于基面的直线可以利用透视高度还原出真实高度。

当点位于画面上时，其透视为其自身，直线也相同。因此，当直线位于画面上时，其长度是真实的。这种能反映真实长度的直线中，有一种垂直相交于基线的画面铅垂线，因其反映直线的真实高度而被称为真高线。利用真高线，可以解决空间点的高度问题，也可以还原作出基面垂直线的真实高度。

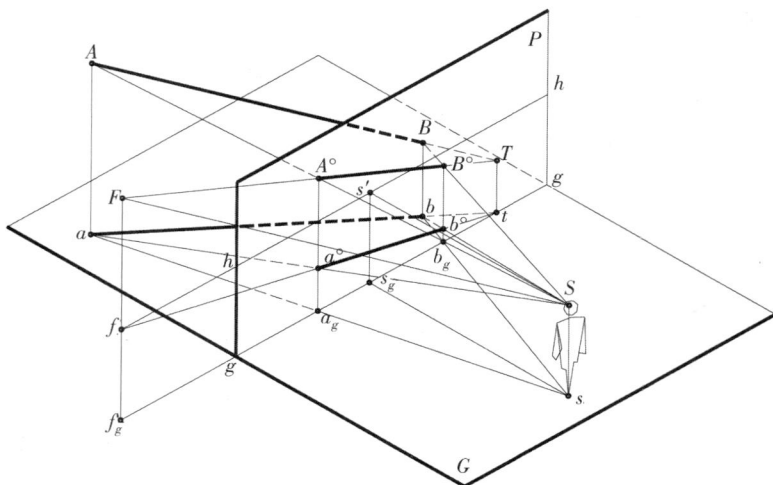

图 11.13 画面一般相交线的透视

在图 11.14(a)中,过 A 点作任意方向的水平线 AB 与画面相交于 T,求出 T 点的基点 t,则 Tt 就是一条能反映 A 点真实高度 Aa 的"真高线"。

为了求出 A 点被透视以后在画面上呈现出的"透视高度"A°a°,可以先求出 AT 及 at 的透视 TF 及 tf。然后在求出 A 点的基透视 a°(在 tf 上)后,过 a°向上作铅垂线与 TF 相交即可得到 A 点的透视高度 A°a°。事实上,"透视高度"的确定意味着 A 点的透视被求出,这也正是"真高线"的意义,作图过程如图 11.14 所示(图中数字为作图步骤)。

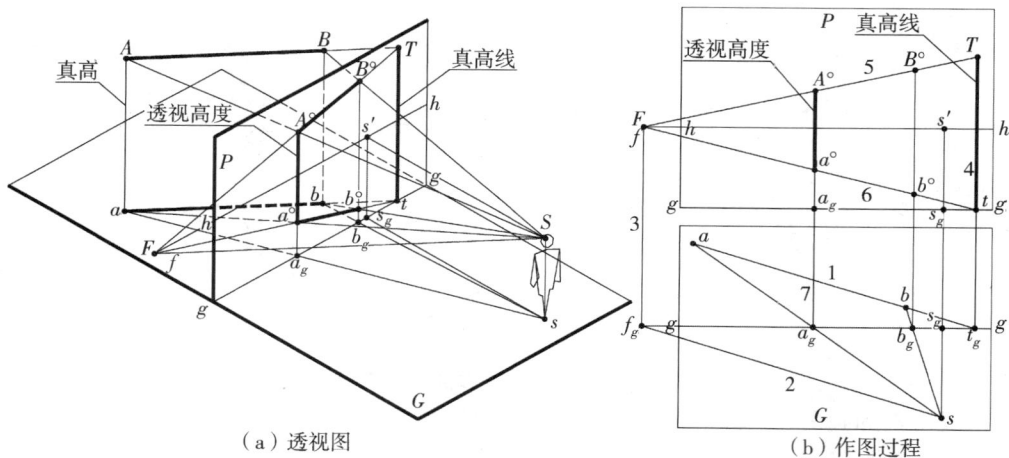

（a）透视图　　　　　　　　　　　（b）作图过程

图 11.14 真高线及求法

按上述作图方法,还可以得出一个结论:求作某点的透视高度必须具备两个条件,一是该点的真高,二是该点的基透视。

作图时需注意:直线 AT 是"任意"的,这种任意的结果是灭点 F 的任意。所以在实际操作时,可在已知或已求出某点的基透视后,任定灭点并连接之。在图 11.15 中,假设 A 点的基透视 a°已求出,A 点的真高等于 H,则求 A°的过程如下:

①在 h-h 线上任定灭点 F;

②连接 $Fa°$ 并延长之，使其与基线 g-g 相交于 t 点；

③过 t 作铅垂线 $tT = H$；

④连接 tF；

⑤过 $a°$ 向上作铅垂线交 TF 于 $A°$。

图中，在视平线上任意选定灭点 F 后，连接 $a°F$ 并延长，使其交基线 g-g 于 t，过 t 即可作真高线。因为 F 的任意性又导致了 t 的任意性，于是，直接在基线上任选 t 点，也可得出与上完全相同的结果。

在图 11.16 中包含 Aa 作矩形 $AaBb$ 平行于画面，并求出该矩形的透视 $A°B°a°b°$，可以看到：$A°B°$ 与 $a°b°$ 均平行于基线 g-g，$A°a°$ 及 $B°b°$ 均垂直于基线 g-g。因此，平行于画面的矩形，其透视仍是矩形。即若 AB 两点的空间高度相等，在与画面的距离也相等的前提下，其透视高度也是相等的。B 点的透视高度可以用为求 A 点的透视高度而作的真高线来量取。通过这一原理，可以只用一条真高线，将空间任意多已知基透视和真高的点的透视高度或透视求出。这样的真高线，称为"集中真高线"。在图 11.16(c)中，Tt 为集中真高线，B、C、D、E 四点虽然具有不同的空间位置与空间高度，但它们的"透视高度"或透视，均是通过 Tt 而求出的。

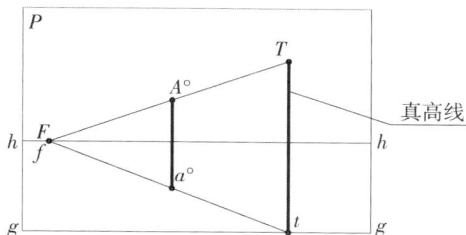

图 11.15　灭点或真高线的任意性

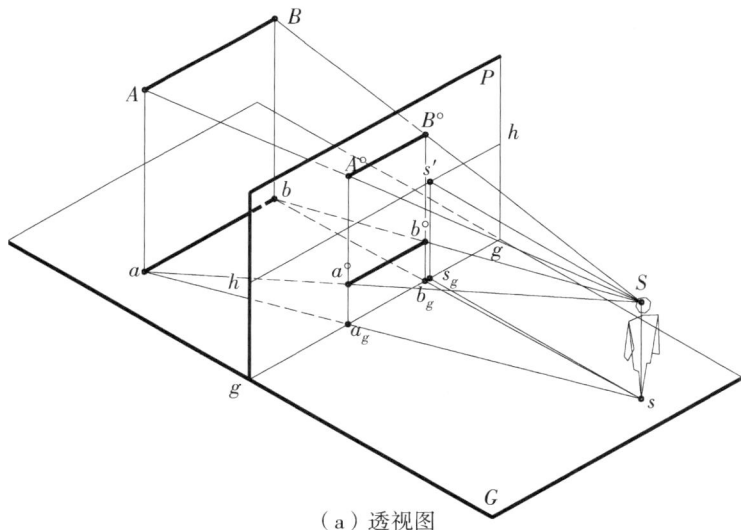

（a）透视图

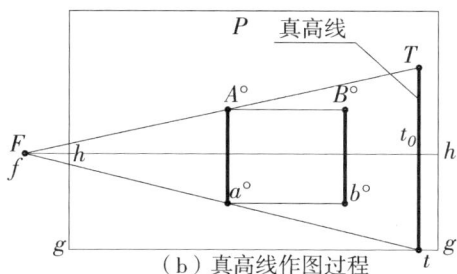

（b）真高线作图过程

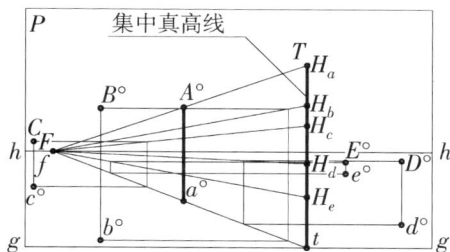

（c）集中真高线作图过程

图 11.16　集中真高线的原理及运用

同理,我们也可以逆向作图,利用辅助灭点,将已经作出的基面垂直线透视高度还原到画面位置上,获得真高线,从而确定该线的真实高度。

同时,垂直于基面的直线在与画面平行的前提下,自身比例不会产生透视变形。因此在图11.16 中,画面结果 T 点到视平线的距离 Tt_0 与 t 点到视平线的距离 tt_0 之比值,恰好等于真实的 T 点和 t 点与视平线高度的比值,其余各点相同。利用这一特性,在已知直线段真实高度和视平线高度的情况下,也可以利用上下高度的比值进行更为简便的高度作图;反之,也可以利用视平线高度作出简便的高度判断,此方法称为视平线定比例分割法。

通过点和直线的透视作图原理,任意"形"或"体"的透视均可求出,因为线由点构成,面由线构成。总之,从几何意义的角度看,通过"点"这一基本构成要素,再结合直线的透视规律,可以增进对各种透视现象与规律的把握,熟悉和深入理解各种作图方法与技巧。

11.3　透视图的分类及常用作图方法

11.3.1　透视图的分类

建筑物是三维空间形体,具有长、宽、高三个方向上的量度,即坐标方向的棱线。随着画面与建筑物相对位置或角度等的变化,这三组主要棱线与画面的相对位置关系就可能出现或平行、或垂直、或倾斜等各种情况。由于建筑的主要棱线与画面的相对位置关系有了这些不同,它们的灭点位置也就各不相同。例如,当主要棱线平行于画面时,画面上将没有它们的灭点;而当主要轮廓线垂直于画面时,这些被称为"主向灭点"的主要棱线的灭点将与视心重合;当水平斜交于画面时,它们的主向灭点将位于视平线上。透视图正是按照画面上主向灭点的多少而分类的。

1) 一点透视

当建筑某主要棱线方向(一般为进深方向)与画面垂直时,该方向将在画面上形成一个与视心重合的主向灭点,其长、高两方向将因同时与画面平行而无灭点。在这种前提下所作的建筑透视,称为一点透视或平行透视(实际上应为与画面平行的两个坐标方向所决定的立面透视),如图 11.17 所示。一点透视多用于表现室内效果或街景等。当需要强调建筑庄重沉稳的形象时,一点透视的表现效果也独具特色。

2) 两点透视

两点透视是建筑透视中应用最多的一种透视类型,它使建筑的高度方向平行于画面(画面与建筑竖向轮廓均处于铅垂位置),而其余(长宽)方向水平地与画面倾斜,客观上使得建筑无竖向灭点而水平方向在视平线 h-h 上同时具有 x、y 两个坐标方向的主向灭点 F_x、F_y。这样形成的透视图因具有两个主向灭点而被称为两点透视,如图 11.18 所示。此外,因为此种情况下画面与建筑主要立面成一定角度,所以也被称为"成角透视"。

3) 三点透视

对于高层(尤其是超高层建筑),按常规视距等方式选择画面与建筑的关系,其结果一般不太符合人们的视觉习惯。于是可以通过模拟人们从近处观察建筑时的"姿势",使画面与基面倾斜一定角度,如图 11.19 所示。此时,建筑的三个主要棱线(坐标)方向均与画面成一定角度,画面上将产生各该方向的三个主向灭点 F_x、F_y、F_z。于是,这样的透视图顺理成章地被称为三点透视。因为画面相对于基面是倾斜的,所以有人更喜欢将其直观地称为"斜透视"。

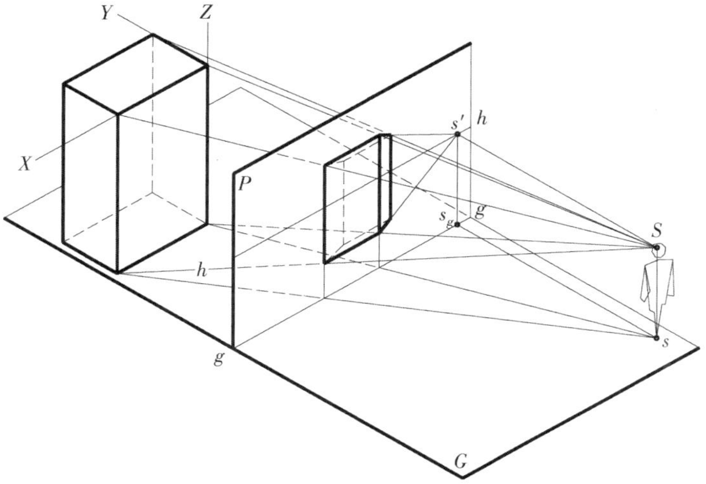

图 11.17 一点透视

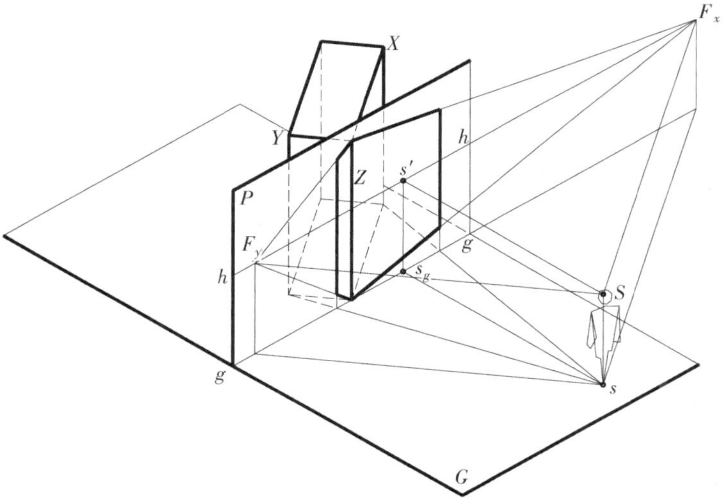

图 11.18 两点透视

实际上,人们观看建筑并不总是从下向上仰望的,也可能有机会(如乘坐飞机)从上向下俯瞰。相应地,三点透视也就不仅仅可以画成"仰望三点透视",自然也可以画成"俯瞰三点透视"。

上述三点透视是建立在假想人与建筑相对较近(视距较小)的基础上的,这样作出的透视图虽然也符合人们的视觉习惯,但是,画面上的建筑失真较大,更主要的是绘图时由于需要同时处理三个主向灭点,而给绘制工作带来了很大的不便。所以工作中,有人宁愿将视距选得稍大一些后,仍采用两点透视的方式来表现高层或超高层建筑,其效果仍然可以令人满意。基于这样的原因,实际工作中愿意采用三点透视作图的比较少见。

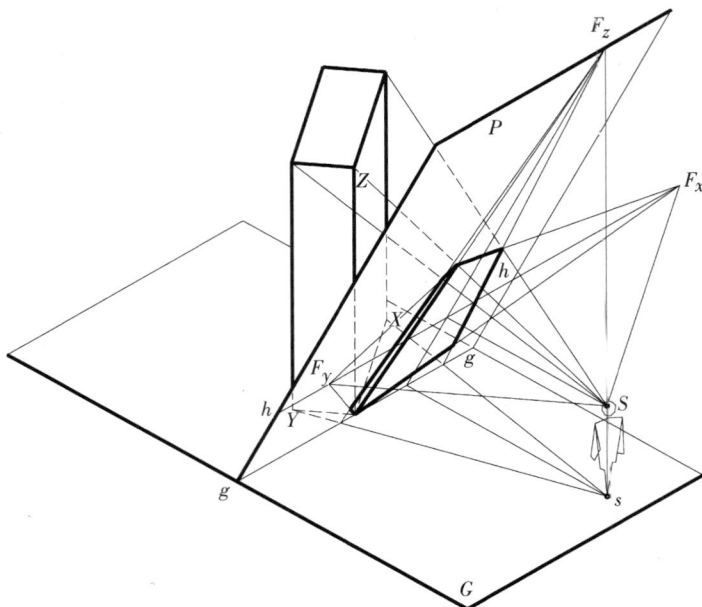

图 11.19   三点透视

11.3.2   透视图的常用作图方法

在讨论基本几何元素的透视问题时,最基本的透视作图法是视线迹点法。只要求出视点 S 与空间点 A 之连线即视线 SA 与画面的交点 $A°$,即为空间 A 点的透视。在具体操作过程中,虽然作图的思路仍如上述,但其过程却并非直接求视线的迹点,而是通过求空间点的基透视及其透视高度,然后达到求出空间点透视的目的。

空间形体透视作图过程基本上是先求其基透视,然后确定出形体各部位真实高度的透视高度。现将常用的作图方法介绍如下。

1)视线法

视线法是最传统的透视作图方法之一,因其曾为广大建筑设计师所普遍采用而被称为"建筑师法"。这种方法的实质仍然是求作视线的迹点。

首先在基面上得出各点的投影并确定出站点、视距等基本条件以后,将基面展开并与画面共面,如图 11.20(a)、(b)所示。具体作图步骤如下:

①在基面上连接站点 s 与各点的水平投影(如 a、b、c 等)得连线 s_a、s_b、$\cdots$,求出所有连线与基线 g-g 的交点(如 a_g、b_g 等)。C 点因位于画面上,其透视就是它自身,故图中直接在画面上作出了 C 点的透视及基透视。从作图过程可以看出,所连之线实质上就是视线的水平投影,这也正是"视线法"名称的由来。

②将基线上各交点 a_g、b_g 等"转移"(投影)到画面上。当受图幅限制而无法将画面与基面绘于同一幅面内时,"转移"的意义十分重要。

③过空间各点作画面的垂线并求出这些垂线的基透视(如 tas'、tbs' 等)。它们分别与②中过基线上 a_g、b_g 各点所作之铅垂线相交,即可得出各点的基透视(如 $a°$、$b°$ 等)。

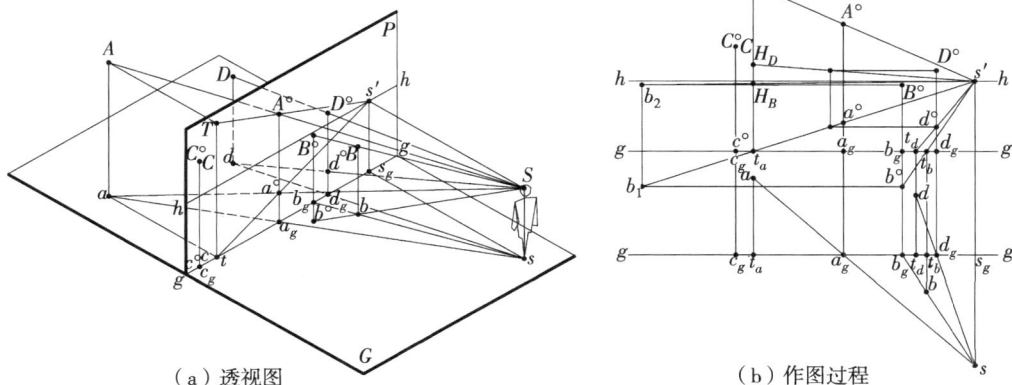

（a）透视图　　　　　　　　　　　　　（b）作图过程

图 11.20　视线法（建筑师法）

④利用"真高线"求出各点的透视高度，即可最终求出各点的透视。本例中，首先求出了过 A 所作画面垂线的垂足 T（过 t_a 向上作铅垂线，取铅垂线长等于 A 点真高即可），然后连接 Ts' 并与 $a_gA°$ 相交于 $A°$ 点，即求出了 A 点的透视 $A°$。在求作 B 点的透视时，又利用了"集中真高线"的概念。因为 B 点位于画面之前，所以它的基透视必然位于基线 $g\text{-}g$ 之下，其透视高度将大于其真高。作图时，首先过 $b°$ 点作水平线向左与 t_as' 连线的延长线相交于 b_1 点。然后在 A 点的真高线上从 t_a 向上量取 B 点的真高得出 H_B 点。连接 H_Bs' 并与过 b_1 所作之铅垂线相交于 b_2，则 B 点的透视高度即求出。最后只需过 b_2 作水平线向右与过 $b°$ 所作铅垂线相交于 $B°$。如此重复若干次，各点的透视即可全部作完毕。

在以上作图过程中，用到了过空间点作辅助线的方法。理论上，这种辅助线可以是任意的画面相交线，但为作图方便并简化作图步骤，最好取画面水平相交线或画面垂直线。本例选用后者，直接利用了视心 s' 而免去了求作辅助线灭点的麻烦。由于辅助线的引入，建筑师法作图的本质为：空间两直线透视的交点就是该两空间直线交点的透视。

掌握了点的透视求作方法以后，对于更复杂的形体，不过是上述过程的重复。

建筑师法既可用于两点透视，也可用于一点透视。当其用于一点透视时，其作图的原理和方法与上述完全相同。

2）量点法

建筑师法作透视图时，必须在基面上过站点引平面图各转折点的连线并与基线相交于若干点，当透视图较大时，平面图与画面无法画在同一张图纸上，此时这些交点向画面"转移"的工作就显得十分麻烦并且很容易出错。

求作透视图的两大关键是求作形体的基透视和确定形体的透视高度。后者一般均用集中真高线的原理与方法加以解决，前者的任务则主要是确定平面图中各可见点和线等的透视位置与透视长度。为了不用建筑师法而达到相同目的，可以用如图 11.20 所示的方法。

为求基面上 AB 直线段的透视，可以先分别求出其迹点 T 和灭点 F，连接 TF 即得到 AB 直线的"全透视"即包括 A、B 两点在内的整条直线的透视，A、B 两点必位于该"全透视" FT 上。接着，只要能确定出 A、B 两点透视后的具体位置，即可求出 AB"线段"的透视，为此，过 A 点作辅助线 AA_1，该辅助线在求作时必须满足的条件是：$AT = A_1T$，即三角形 ATA_1 为一等腰三角形，而 AA_1 为其底边。现在，可以求辅助线 AA_1 的透视了——先求其灭点并用 M 示之，连接 A_1M 则得其全透视,而 A 点的透视必在 A_1M 上,同时 A 点的透视还必然在 FT 上,于是,A_1M 与 FT 二线的交点 $A°$,就成了 A 点透视的唯一解。

按同样的作图原理和方法,又可求出 AB 线段之另一端点 B 的透视。

虽然辅助线 AA_1 及 BB_1 的共同灭点 M 可用求灭点的传统方法获得。但分析三角形 FSM 后可知,其各边与三角形 TAA_1 或三角形 TBB_1 的对应边分别平行。于是,三角形 FSM 也是等腰三角形,SM 为其底边,两腰 FM 与 FS 是相等的。因此,作图时,M 点的位置可通过自 F 点直接"量取"一段长度等于 F 点到 S 点的距离而获得。

以上作图方法,是根据"两直线交点的透视必等于两直线透视的交点"这一实质性理由而得出的。作图过程中,M 点的作用在于确定辅助线的透视,从而"量取"线段透视以后的透视长度。正是基于这样的原因,这种辅助线的灭点 M 才被称为"量点",而这种利用量点直接根据平面图中线段的已知尺寸求作平面图基透视的方法,便被称为量点法。

在正常作图时,因为辅助线 AA_1、BB_1 等的水平投影的意义在于确定其迹点 A_1、B_1 等。而这些点按 $AT = A_1T$、$BT = B_1T$ 这样的关系,也可以直接在画面上自 T 点量得。所以,这些辅助线并不需要直接画出,只要能定出 A_1、B_1 等点就可以了。

利用量点的概念求作直线的基透视时,量点的数量如同灭点的数量一样,与直线的"方向数"是相同的。如建筑平面图中有两个主向灭点,则必然有两个相应的量点,作图时应注意区别对应的关系。另外,量点法是在画面上利用"直线交点"得出点的透视的,两直线相交的角度越接近垂直,交点位置越易明确;反之,若交角越接近平行,则交点的位置越是模糊。如图11.21(b)中,随着 h-h 线的位置降低(视高减小),A_1M 与 FT 二线将逐渐接近平行,这意味着二线交点 $A°$ 的位置将越来越难于用肉眼判定,必将导致最终的作图结果严重失真。因此,在利用量点法(包括以后的距点法)绘制透视图时,若因视高太小而出现上述问题,一般可以采用在画面上"升高基面"或"降下基面"(相当于将画面上 g-g 线人为地向下或向 h-h 线以上"复制一个")的方法,使问题得以缓解。

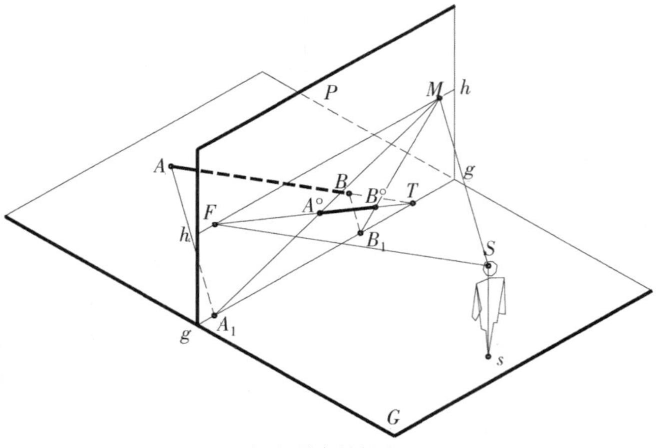

（a）量点的概念 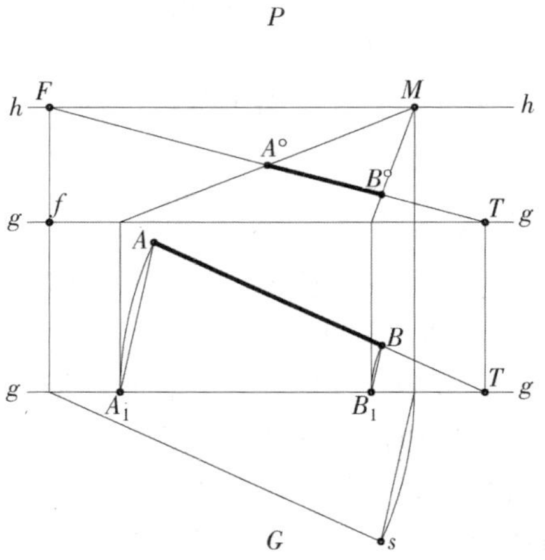　　　　　　　　　（b）量点法作图

图 11.21　量点法

升高基面或降下基面,是基于"点的透视与其基透视始终位于同一铅垂线上"的道理。在降下或升高后的基面上,相对准确地确定出点的基透视位置后,还必须将结果返回到原来的基

面上。如图 11.22 所示,因视高相对较小,A_1M 与 FT 之交点不易确定,于是分别采用了降下基面和升高基面的方法。由图还可以看出:

①无论是降下基面还是升高基面,作图时只是移动了 g-g 线及其上各点(如 A_1、B_1、T 等),视平线并不动,并且移动的"量"完全取决于需要和图纸的大小。

②无论用哪种方式(升高或降低),所得到的结论是一致的。

③升高或降下的基面上的透视 $A_1°$、$B_1°$,$A_2°$、$B_2°$ 等,并不是直线在原视高条件下的透视。因此,必须将其返回到原基面上(图中箭头方向),所得 $A°B°$ 才是所求。

④原始基线位置上的 A_1M、B_1M 等线条在正式作图时无须画出(如图中的 B_1M 便未画),只需将 $A_1°$ 或 $A_2°$ 投影到直线的"全透视"上即可。本图中画出 A_1M 是为了让读者体会其交点位置的不确定程度。

求一条基面上的直线的透视是容易的,但当对象变成建筑物甚至是十分复杂的建筑物时,方法和技巧就显得非常重要了。虽然对于初学者,目前还只能先"会"后"熟",但具备这种意识,从而用心分析和比较作图过程乃至于一个点的透视的各种不同求法,都是十分有意义的。

3)距点法

用量点法求作一点透视时,由于建筑物的三组主向棱线中只有一组与画面相交,故透视图中,建筑只有一个主向灭点,该灭点即视心 s'。求作量点时,灭点 s' 到量点的距离仍然等于视点 S 到灭点 s' 的距离。由于这一距离反映的是"视距",所以,这种特殊情形下的量点改称"距离点"(简称距点),且用 D 表示,如图 11.23 所示。

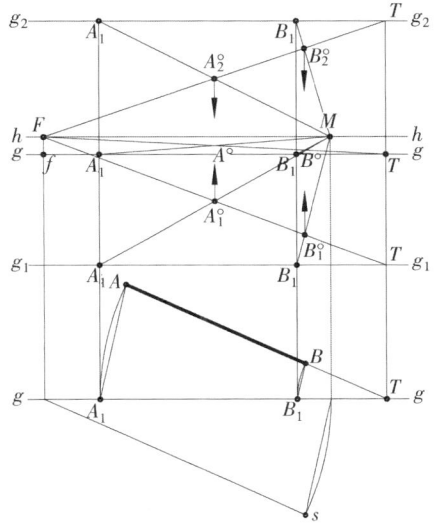

图 11.22　升高或降下基面作图

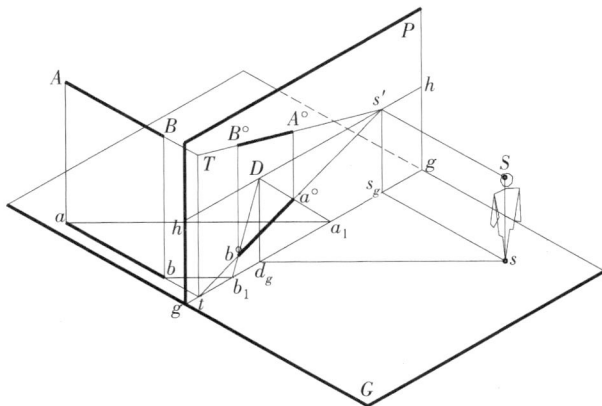

(a)距点的概念

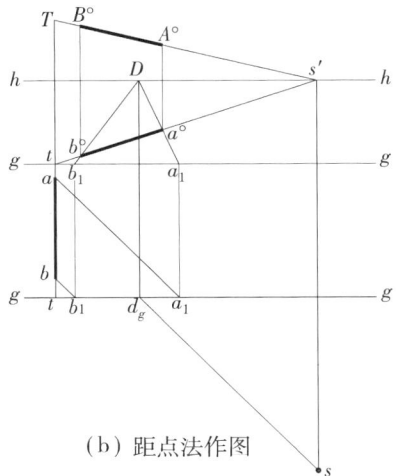

(b)距点法作图

图 11.23　距点法

通过图 11.23 中对距点 D 的分析，它与量点的区别在于：

①距点 D 到视心 s' 的距离反映了视距，而量点无法反映。

②基面上，为求某点的透视而作的辅助线（如 aa_1），由于必须满足 $at = a_1t$ 而使得 aa_1 与 g-g 线成 45°夹角（这种辅助线在实际作图时也不必画出）；在量点法中，类似的夹角完全取决于基面上直线（如 AB）与 g-g 所夹的角度大小，多数情况下 $\neq$ 45°。

③量点法中，正如灭点的位置取决于直线的方向一样，其量点相对于灭点的位置也是固定不变的。但在距点法中，由于上述"辅助线"（如 aa_1 等）既可作在迹点 t 的右边，也可作在 t 的左边，这将导致距点相对于灭点（视心）的左右位置关系的相应改变。作图时，可根据图面的布置情况及个人习惯灵活处理，但一定要注意对应关系。例如，距点在心点 s' 的左边，则 a_1 点必在迹点的右边，但当直线 AB 上的点位于画面以前时，上述对应关系则刚好颠倒。

11.4　透视图的参数选择

11.4.1　透视图的基本参数

无论是摄影家还是画家，他们在表现对象时，对于"角度"的选择是非常用心的。一幢建筑或建筑群，远观与近看，以及从空中俯瞰，绝对不会是同样的效果与感觉。

当然，这种"观察角度"，用透视术语来解释，就是画面、观察者以及被观看对象三者之间的相对位置关系问题。因此，在着手绘图之前，应该充分考虑以下两点：

①透视类型：包括一点、两点、三点及仰望、俯瞰等。

②恰当安排画面、观者、对象三者的位置关系。这从前面的内容中可以体会到，三者相对位置的变化，会直接影响到透视的效果。如果处理不当，会导致建筑在视觉上产生严重变形、失真。例如，在一点透视中，若视点与对象的任一表面共面，则绘出的透视图将不能反映该表面的真实情形。再如，将任意透视图视高取为零，则基面将表现为一条水平线。

11.4.2　透视图基本参数的选择

1）视点的选定

视点 S 的选定意味着站点的位置及视高（视平线的高度）均被确定，因此在确定站点 s 时，应当注意满足视觉的几方面要求。

（1）视野要求

在视觉方面：眼球固定注视一点时所能看见的"空间范围"称为视野，有单眼与双眼之分，我们常说的视野通常指前者。按上述视野的定义，尝试"睁只眼闭只眼"的感觉，会体会到人的视野形如一椭圆锥，称为视锥（图 11.24）。

用水平面沿视锥中轴线剖切视锥，所得素线与中轴线的夹角称为水平视角，其最佳值约为 54°。用铅垂面沿中轴线剖切视锥，所得的视角称为垂直视角，分俯、仰两部分，其大小视观看对象而各不相同。一般地，人们观察建筑群体全景的最佳仰角为 18°，观赏单体建筑的最佳仰角是 27°，观赏建筑局部的最大仰角为 45°。垂直俯角的值比仰角值略大一些，但不宜大于 45°。从事设计与绘制透视图时，必须考虑到对上述视角要求的满足。

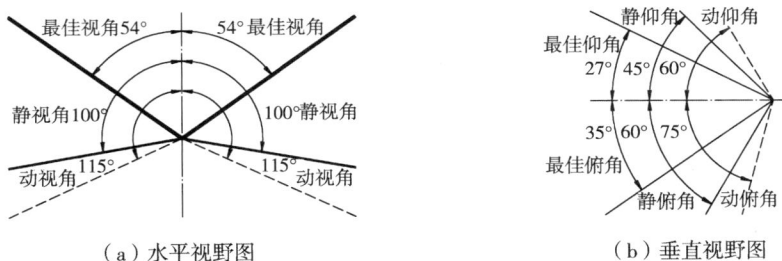

（a）水平视野图　　　（b）垂直视野图

图 11.24　视野图

如图 11.25 所示,在站点 s_2 处,水平视角完全能够满足最佳视角要求,但因垂直视角超过了 27°,两灭点相对于建筑物的高度而言就显得相距太近。于是,在所绘出的透视图中,建筑物水平轮廓线急剧收敛,画面所呈现的视觉效果因畸变而失真。若在满足水平视角要求的同时,也考虑到对垂直视角要求的满足,将站点移至 s_1 处,这样绘出的透视图,其视觉感受会因轮廓较为平缓而显得舒展、自然。

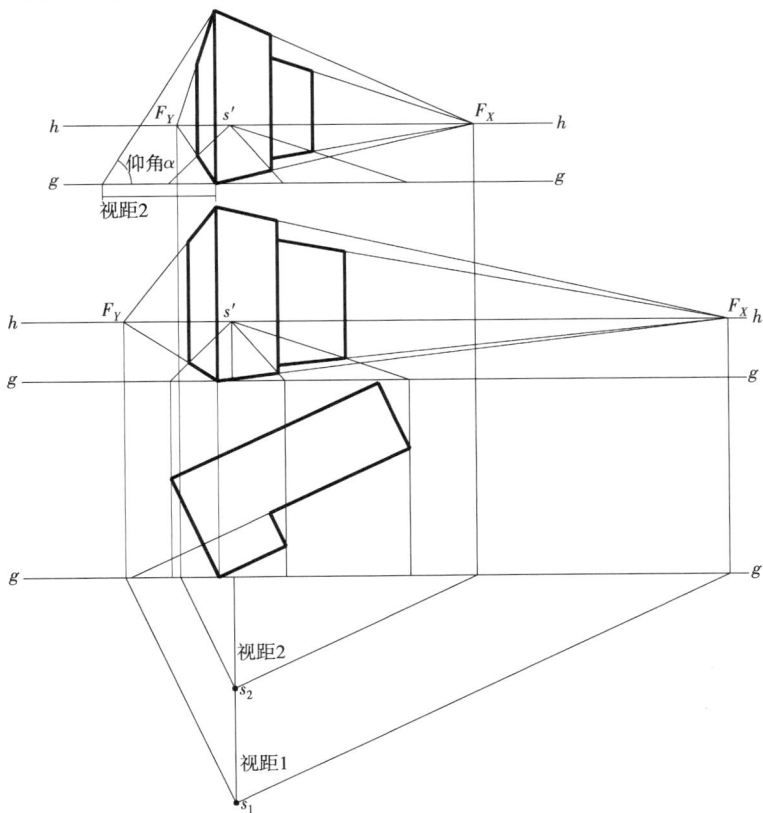

图 11.25　不同视角(距)的效果

以上例子不单是说明视角大小对透视图效果的影响问题,更主要的是两种视角的选择对不同的透视对象而言应有不同的侧重。例如,对现代高层建筑而言,仅仅讨论其水平视角是没有什么意义的,因为当其仰角要求被满足时,其水平视角肯定是满足了的。当然,对于或低矮或扁长的形体,其水平视角则应优先考虑。

（2）全貌要求

站点选择应满足的另一个要求是:所绘出的建筑透视图应能全面反映建筑物的外部形态。如图 11.26 所示的形体,与图 11.25 的完全一致(包括仰角),但若视点位置不当,原本为 L 型的形体完全可能被误认为仅是一长方体,而且长、宽方向的视觉印象也发生了颠倒。

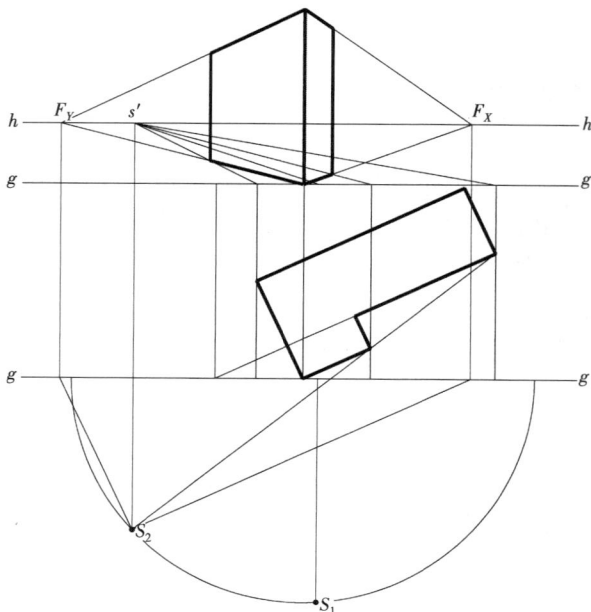

图 11.26　不同站点的效果

此外,在选择站点位置时,还应考虑对客观环境的忠实反映,即使是在后期渲染、配景时,这也是应当重视的问题。

视高是一个与视点位置相关的问题。它是指视点与站点间的高度,在画面上表现为视平线与基线间的距离(三点透视除外)。多数情况下,视高可按人的身高选取。这种视高条件下所形成的透视图接近人的真实视觉感受,画面显得真实、自然。当考虑到对环境的尊重,或设计人员为了强调建筑的个性特征时,视平线可以适当升高或降低。但要注意,视平线的升高意味着视高的增大,而视平线的降低则不一定是指视高的减小。因为降低视平线往往是连同基线一起进行的,其实质是站点或视点的降低。更准确地说,则往往是建筑物的地面与透视图中的基面不再共面。

升高视平线可以使被表现的范围得到扩展,画面显得更开阔,犹如鸟瞰一般。所以,用升高视平线的方式表现建筑群体的透视图又称为鸟瞰图。此外,此法还可用于表现室内、表现场景等。

降低视平线后将使透视图产生仰视的感觉,建筑将因此而显得更高大、雄伟。当然,是否给观看者这种感受还与建筑自身的性格有关,如图 11.27 所示的莱特的流水(考夫曼)别墅,虽然采用了降低视平线的方式去表现,但建筑仍不失为一种与大自然浑然一体并充满着亲切感的田园建筑。

2）画面与建筑物的相对位置

画面与建筑物的相对位置包括角度和距离两个方面。

图 11.27 降低视平线

画面与建筑物的夹角主要指建筑物主要立面与画面的夹角。如图 11.28 中的 α,这些角度的大小将影响建筑立面表达的侧重点。随着 α 角的增大,建筑与画面相邻的两个立面在透视图中所占的比重逐渐变化。与图 11.26 相比较,这种变化与站点从左向右移动所造成的变化具有相似之处。

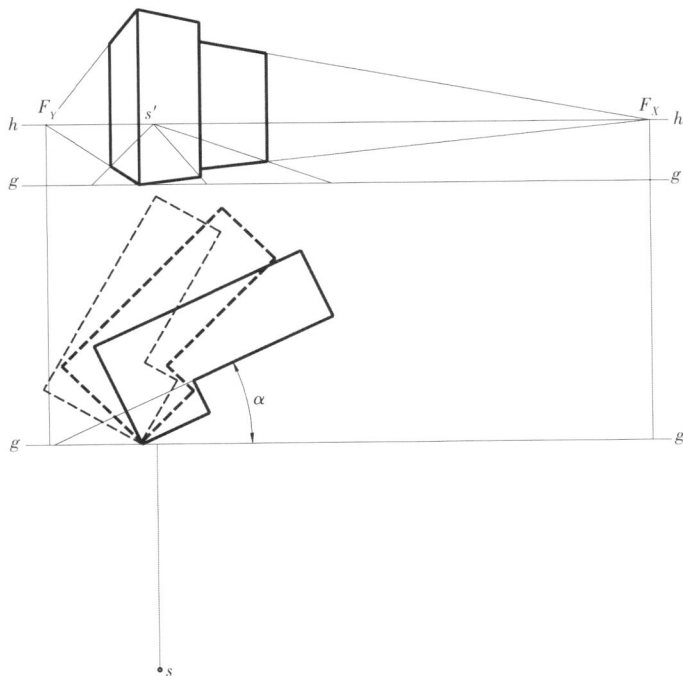

图 11.28 不同角度的影响

在绘制透视图时,上述角度的选择显然不是由单方面因素决定的,既应该考虑对象表现上的需要,又要照顾到作图的方便程度。例如,许多人在绘图时取 α 角等于 $30°$,这个角度一方面使得手工作图较方便(求灭点位置时),另一方面30°角将使建筑的主要立面得到更充分的展示和表现,使得建筑各立面的透视主次分明。如将 α 取为45°,虽然作图方便程度相当,但如暂不考虑站点位置的影响,则相邻立面被表现的机会是均等的。但这就好比用正等测表现正方体一样,图面会显得呆板、没有生气。若 α > 45°,则建筑的长宽方向经透视后会"黑白"颠倒,这在某些表现街景的图中时有所见。

画面与建筑物的距离是指:在夹角不变的情况下,平行地移动画面所造成的距离变化。这种距离的变化也将对透视图产生影响。当画面位置相对于视点平行移动时,所生成的透视图将发生大小变化,但透视图自身各部分的比例关系保持不变。利用这种特性,在实践中往往根据图幅大小的需要来决定画面的具体位置。当需要绘制较大的图形时,可以将画面向远离视点的方向移动;反之,则向靠近视点的方向移动。通过这种方式,理论上可得到任意大小的透视图。但作图时,建议使建筑物上的典型墙角线位于画面上,这样的墙角线将因为反映真高而给绘图带来不少方便。

绘制的透视图是否被放大,取决于对象与画面的前后位置关系。当对象位于画面之后,所绘图形缩小;当对象位于画面之前,所绘图形放大;当对象位于画面上时,所绘图形保持原大不变。可见,画面是放大或缩小图形的分界面。

3)确定视点及画面的方法

在给定建筑平、立面图以后,绘制透视图的第一步工作就是根据表现的需要,以本节介绍过的有关知识为指导,合理选择视点及画面的有关参数。以下介绍较常用的一种方法,如图11.29所示。

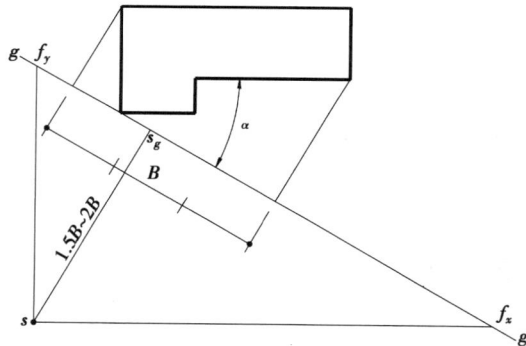

图 11.29 绘图参数的确定

①过平面图某墙角作基线 g-g,二者间夹角 α 视需要而定,一般取30°。

②过建筑最远的转角点或轮廓线(如圆弧墙等)作基线的垂线,由此可得画面图幅的近似宽度 B。

③将近似宽度三等分,在中间一段内根据需要选择视心的基面投影 s_g 的位置,并由 s_g 作 g-g线的垂线 ss_g。

④取 ss_g 的长度为画面近似宽度 B 的1.5～2.0倍,即可确定站点的位置。执行此步骤的结果,将主要影响水平视角与垂直视角的大小,故一定要根据对象的具体情况酌情处理。例如,低矮而偏长的建筑应考虑满足最佳水平视角(≤54°),高大细长的高层或超高层建筑则主要满足垂直视角的要求(≤27°)。

本章小结

（1）了解透视投影的基本原理及形成透视图的几种方法。

（2）熟悉透视图的基本术语及其代号。

（3）掌握点的透视规律及其求作方法。

（4）掌握各种位置直线的透视规律及其求作方法。

（5）掌握各种位置直线的透视规律；迹点、灭点、真高、透视高等相关概念及各种位置直线的透视求作方法。

（6）掌握透视图的分类及常用作图方法。

（7）了解透视图基本参数对成图的影响以及具体选择方法。

复习思考题

11.1　点的透视与其基透视为什么会在同一条铅垂线上？

11.2　如何根据点的基透视确定空间点的位置？

11.3　视线迹点法是用来干什么的？

11.4　直线的透视及其基透视为什么还是直线？例外的情况是什么？

11.5　直线的画面迹点与其灭点有什么关系？

11.6　真高线的意义何在？

11.7　透视图是按什么依据分类的？各自都有什么样的视觉特点？为什么？

11.8　求作透视图的两大关键是什么？

11.9　建筑师法求透视的本质是什么？

11.10　量点法与距点法求作透视的异同是什么？

11.11　影响透视图成图效果的基本参数包括哪些内容？

11.12　简述画面、视点、对象三者的变化对透视成图的影响。

12 建筑施工图

本章导读：

　　本章主要介绍建筑施工图的内容,包括组成建筑施工图的总平面图、各层平面图、立面图、剖面图及详图的形成、用途、比例、线型、图例、尺寸标注等要求和绘图方法。重点应掌握识读和绘制建筑施工图的方法和技巧。

12.1　概述

12.1.1　房屋的组成及房屋施工图的分类

1)房屋的组成

　　虽然各种房屋的使用要求、空间组合、外形处理、结构形式和规模大小等各有不同,但基本上都是由基础、墙、柱、楼面、屋面、门窗、楼梯以及台阶、散水、阳台、走廊、天沟、雨水管、勒脚、踢脚板等组成的,如图 12.1 和图 12.2(一幢三层的小别墅住宅)所示。

　　基础是建筑最下部位的承重构件,承受整个建筑的荷载并将其荷载传递给地基;墙和柱是建筑竖直方向的承重、围护和分隔构件;楼面和地面是建筑水平方向的承重和分层构件;楼梯是楼层建筑垂直交通的主要构件;屋顶是建筑最上部位的承重、围护构件;门则是建筑水平交通的配件;窗是建筑采光和通风的配件。另外,外墙、雨篷等起着隔热、保温、避风遮雨的作用;屋面、天沟、雨水管、散水等起着排水的作用;台阶、门、走廊、楼梯起着沟通房屋内外、上下交通的作用;窗则主要用于采光和通风;墙裙、勒脚、踢脚板等起着保护墙身的作用。

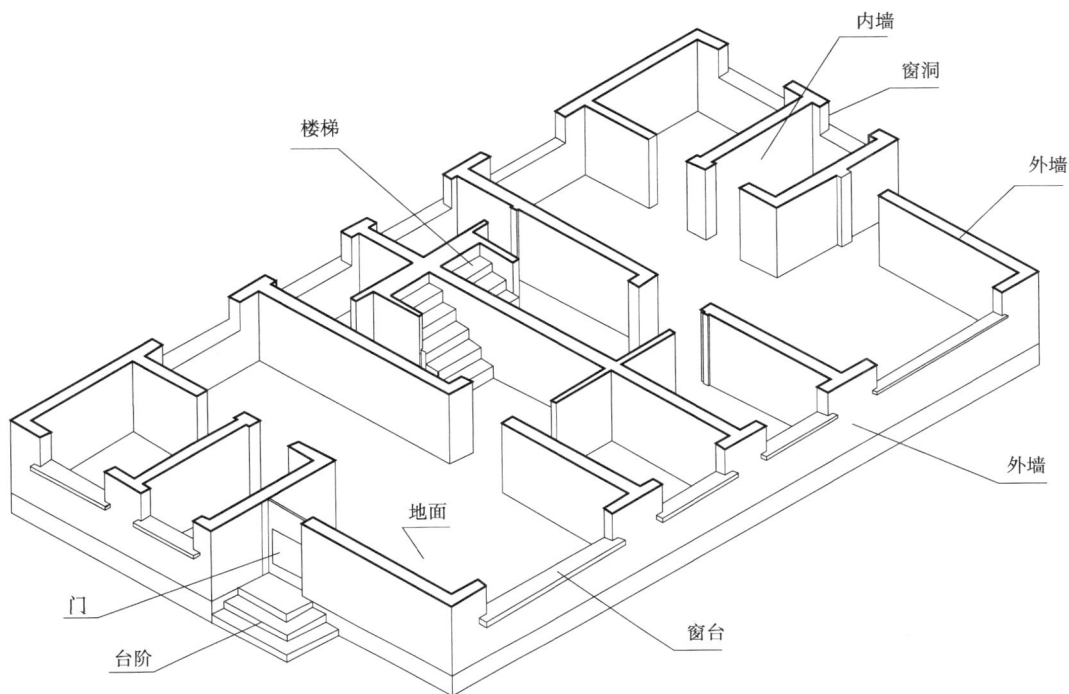

图 12.1　房屋的组成(一)

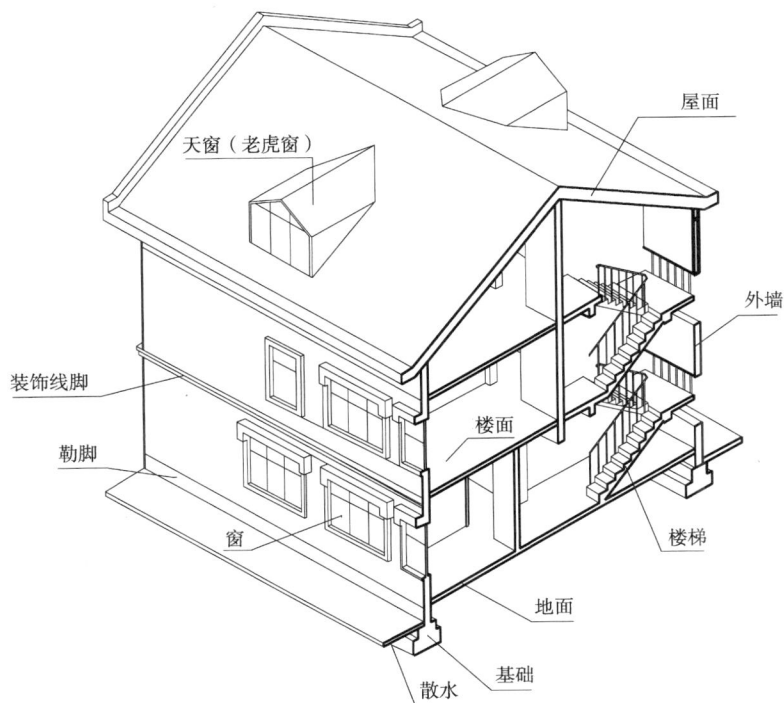

图 12.2　房屋的组成(二)

2）房屋施工图的分类

在工程建设中，首先要进行规划、设计，并绘制成图，然后照图施工。遵照建筑制图标准和建筑专业的习惯画法绘制建筑物的多面正投影图，并注写尺寸和文字说明的图样，称为建筑图。建筑图包括建筑物的方案图、初步设计图（简称初设图）以及施工图。

施工图根据其内容和各工种不同分为：

①建筑施工图（简称建施图）。主要用来表示建筑物的规划位置、外部造型、内部各房间的布置、内外装修、构造及施工要求等。它的内容主要包括施工图首页、总平面图、各层平面图、立面图、剖面图及详图。

②结构施工图（简称结构图）。主要表示建筑物承重结构的结构类型、结构布置、构件种类、数量、大小及作法，内容包括结构设计说明、结构平面布置图及构件详图。

③设备施工图（简称设施图）。主要表达建筑物的给水排水、暖气通风、供电照明、燃气等设备的布置和施工要求等，主要包括各种设备的布置图、系统图和详图等内容。

本章主要讲述建筑施工图的内容。

12.1.2　模数协调

为使建筑物的设计、施工、建材生产以及使用单位和管理机构之间容易协调，用标准化的方法使建筑制品、建筑构配件和组合件实现工厂化规模生产，从而加快设计速度，提高施工质量及效率，改善建筑物的经济效益，进一步提高建筑工业化水平，国家颁布了中华人民共和国国家标准《建筑模数协调标准》（GB/T 50002—2013），以下简称《建筑模数协调标准》。

模数协调使符合模数的构配件、组合件能用于不同地区不同类型的建筑物中，促使不同材料、形式和不同制造方法的建筑构配件、组合件有较大的通用性和互换性。在建筑设计中能简化设计图的绘制，在施工中能使建筑物及其构配件和组合件的放线、定位和组合等更有规律、更趋统一、协调，从而便利施工。

模数是选定的尺寸单位，作为尺度协调的增值单位。模数协调选用的基本尺寸单位，称为基本模数。基本模数的数值为 100 mm，其符号为 M，即 M = 100 mm。整个建筑物和建筑物的一部分以及建筑组合件的模数化尺寸，应是基本模数的倍数。模数协调标准选定的扩大模数和分模数称为导出模数，导出模数是基本模数的整倍数和分数。

扩大模数应符合基数为 2M、3M、6M、12M、⋯ 的规定，其相应的尺寸分别为 200、300、600、1 200、⋯。

分模数应符合基数为 M/10、M/5、M/2 的规定，其相应的尺寸分别为 10、20、50。

建筑物的开间或柱距，进深或跨度，梁、板、隔墙和门窗洞口宽度等部分的截面尺寸，宜采用水平基本模数和水平扩大模数数列，且水平扩大模数数列宜采用 $2nM$、$3nM$（n 为自然数）。

建筑物的高度、层高和门窗洞口高度等宜采用竖向基本模数和竖向扩大模数数列，且竖向扩大模数数列宜采用 nM。

构造节点和分部件的接口尺寸等宜采用分模数数列，且分模数数列宜采用 M/10、M/5、M/2。

12.1.3 砖墙及砖的规格

目前我国房屋建筑中的墙身,如为框架结构,墙体多以加气混凝土砌块和水泥空心砖及页岩空心砖为主,其墙体厚度一般为100、150、200、250、300;如为墙体承重结构,墙体多以砖墙为主,另外有石墙、混凝土墙、砌块墙等。砖墙的尺寸与砖的规格有密切联系。墙体承重结构中墙身采用的砖,不论是黏土砖、页岩砖还是灰砂砖,当其尺寸为240×115×53时,这种砖称为标准砖。采用标准砖砌筑的墙体厚度的标志尺寸为120(半砖墙,实际厚度115)、240(一砖墙,实际厚度240)、370(一砖半墙,实际厚度365)、490(二砖墙,实际厚度490)等。砖的强度等级是根据10块砖抗压强度平均值和标准值划分的,共有5个级别,即MU30、MU25、MU20、MU15、MU10(图12.3)。

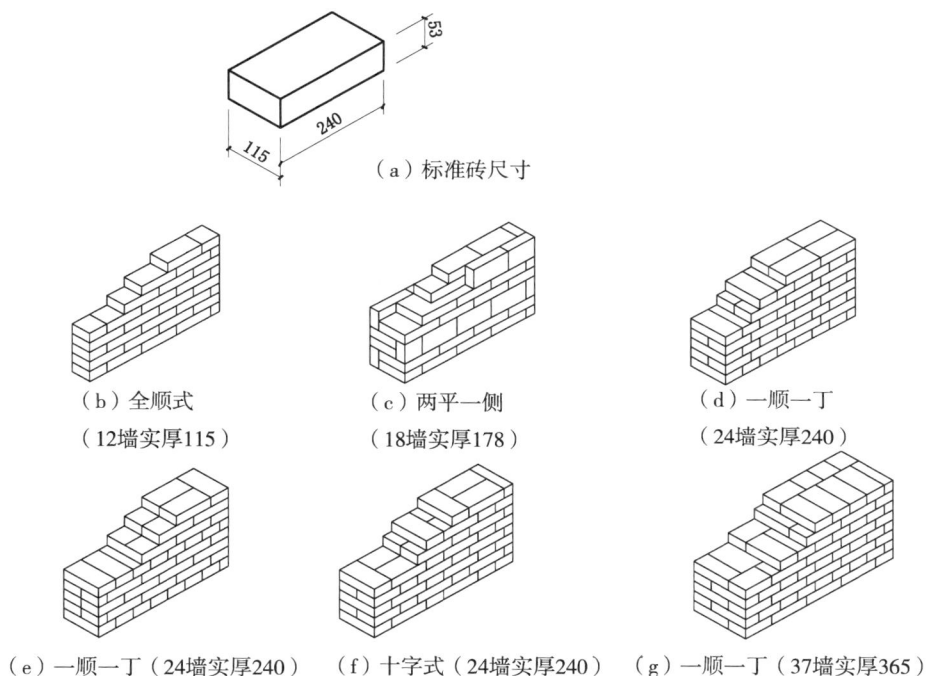

（a）标准砖尺寸

（b）全顺式
（12墙实厚115）

（c）两平一侧
（18墙实厚178）

（d）一顺一丁
（24墙实厚240）

（e）一顺一丁（24墙实厚240）　（f）十字式（24墙实厚240）　（g）一顺一丁（37墙实厚365）

图12.3　标准砖及砖墙厚度

砌筑砖墙的粘结材料为砂浆,根据砂浆的材料不同有石灰砂浆(石灰、砂),混合砂浆(石灰、水泥、砂)、水泥砂浆(水泥、砂)。砂浆的抗压强度等级有M2.5、M5.0、M7.5、M10、M15这5个等级。

在混合结构及钢筋混凝土结构的建筑物中,还常涉及混凝土的抗压强度等级,按照中华人民共和国国家标准《混凝土结构设计规范》(GB 50010—2010)规定,普通混凝土的抗压强度等级分为14级,即C15、C20、C25、C30、C35、C40、C45、C50、C55、C60、C65、C70、C75、C80。

12.1.4　标准图与标准图集

为了加快设计与施工的速度,提高设计与施工的质量,把各种常用的、大量性的房屋建筑及建筑构配件,按"国标"规定的统一模数,根据不同的规格标准,设计编出成套的施工图,以供选用。这种图样,就称为标准图或通用图,将其装订成册即为标准图集。标准图集的使用范围限制在图集批准单位所在的地区。

标准图有两种:一种是整幢房屋的标准设计(定型设计);另一种是目前大量使用的建筑构配件标准图集。建筑标准图集的代号常用"建"或字母"J"表示,如国家建筑标准设计图集《小城镇住宅通用(示范)设计·重庆地区》代号为"05SJ917—8",西南地区(云、贵、川、渝、藏)《刚性、卷材、涂膜防水及隔热屋面构造图集》代号为"西南03J201—1",山东省《06系列山东省建筑标准图集·建筑工程做法》图集编号为"L06J002"。

结构标准图集的代号常用"结"或字母"G"表示,如国家建筑标准设计图集《混凝土结构施工图平面整体表示方法制图规则和构造详图(现浇框架、剪力墙、梁、板)》代号为"11G101—1",四川省《空心板图集》代号为"川G202",福建省建筑标准设计《人工挖孔灌注桩DBJT13—68》代号为"闽2004G107"等。

12.2　建筑总平面图

12.2.1　建筑总平面图的用途

在画有等高线或坐标方格网的地形图上,加画上新设计的乃至将来拟建的房屋、道路、绿化(必要时还可画出各种设备管线布置以及地表水排放情况)并标明建筑基地方位及风向的图样,便是建筑总平面图(以下简称"总平面图"),如图12.4所示。

总平面图被用来表示整个建筑基地的总体布局,包括新建房屋的位置、朝向以及周围环境(如原有建筑物、交通道路、绿化、地形、风向等)的情况。总平面图是新建房屋定位、放线以及布置施工现场的依据。

12.2.2　总平面图的比例

由于总平面图包含的地区较大,中华人民共和国国家标准《总图制图标准》(GB/T 50103—2010,以下简称《总图制图标准》)规定:总平面图的比例应用1:500、1:1 000、1:2 000来绘制。实际工程中,由于国土局以及有关单位提供的地形图常为1:500的比例,因此总平面图常用1:500的比例绘制(图12.4)。

12.2.3　总平面图的图例

由于总平面图的比例较小,因此总平面图上的房屋、道路、桥梁、绿化等都用图例表示。表12.1列出的就是《总图制图标准》规定的总图图例。在较复杂的总平面图中,如果用了一些《总图制图标准》上没有的图例,应在图纸的适当位置加以说明。总平面图常画在有等高线和坐标网格的地形图上,地形图上的坐标称为测量坐标,是用与地形图相同比例画出的 50 m×50 m 或 100 m×100 m 的方格网,此方格网的竖轴用 x,横轴用 y 表示。一般房屋的定位应注其 3 个角的坐标,如建筑物、构筑物的外墙与坐标轴线平行,可标注其对角坐标。

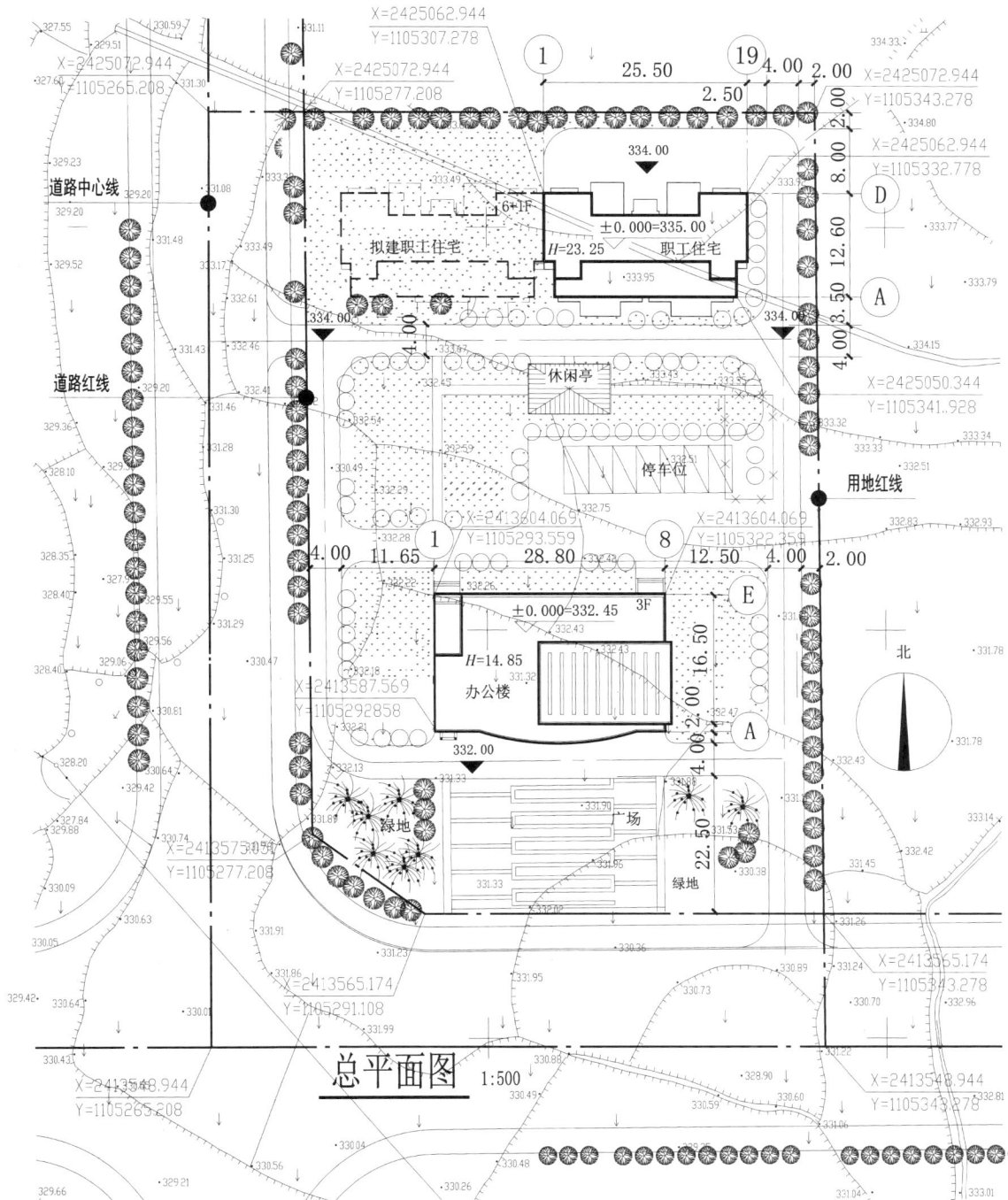

图 12.4 总平面图

表 12.1 总平面图图例(摘自 GB/T 50103—2010)

名称	图例	说明
新建的建筑物	x= y= ① 12F/2D H=59.00m	新建建筑物以粗实线表示与室外地坪相接处±0.00的外墙定位轮廓线; 建筑物一般以±0.00高度处的外墙定位轴线交叉点坐标点定位,轴线用细实线表示,并标明轴线编号; 根据不同设计阶段标注建筑编号,地上、地下层数,建筑高度,建筑出入口位置(两种表示方法均可,但同一图纸应采用一种表示方法); 地下建筑物以粗虚线表示其轮廓; 建筑上部(±0.00以上)外挑建筑以细实线表示; 建筑物上部连廊用细虚线表示并标注位置
原有的建筑物		用细实线表示
计划扩建的预留地或建筑物(拟建的建筑物)		用中粗虚线表示
拆除的建筑物		用细实线表示
建筑物下面的通道		
散状材料露天堆场		需要时可注明材料名称
其他材料露天堆场或露天作业场		
铺砌场地		
烟囱		实线为烟囱下部直径,虚线为基础,必要时可注写烟囱高度和上、下口直径
围墙及大门		

名称	图例	说明
台阶及无障碍坡道	1.　　　2.	1. 表示台阶（级数仅为示意） 2. 表示无障碍坡道
挡土墙	5.00 1.50	挡土墙根据不同设计阶段的需要标注 <u>墙顶标高</u> 墙底标高
挡土墙上设围墙		
坐标	1.　X=105.00 　　Y=425.00 2.　A=105.00 　　B=425.00	1. 表示地形测量坐标系 2. 表示自设坐标系 坐标数字平行于建筑标注
填挖边坡		
雨水口	1.　　2.　　3.	1. 雨水口 2. 原有雨水口 3. 双落式雨水口
消火栓井		
室内标高	151.00 ▽(±0.00)	数字平行于建筑物书写
室外标高	143.00 ▼	室外标高也可采用等高线表示
地下车库入口		机动车停车场

对于新建房屋的朝向(对整个房屋而言,主要出入口所在墙面所面对的方向;对一般房间而言,则指主要开窗面所面对的方向称为朝向)与风向,可在图纸的适当位置绘制指北针或风向频率玫瑰图(简称"风玫瑰")来表示。指北针应按《房屋建筑制图统一标准》规定绘制,如图12.5所示,指针方向为北向,圆用细实线,直径为 24 mm,指针尾部宽度为 3 mm,指针针尖处应注写"北"或"N"字。如需用较大直径绘制指北针时,指针尾部宽度宜为直径的 1/8。

风向频率玫瑰图在 8 个或 16 个方位线上用端点与中心的距离,代表当地这一风向在一年中发生频率,粗实线表示全年风向,细虚线范围表示夏季风向。风向由各方位吹向中心,风向线最长者为主导风向,如图12.6所示。

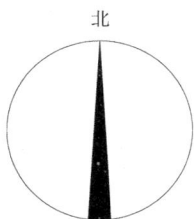

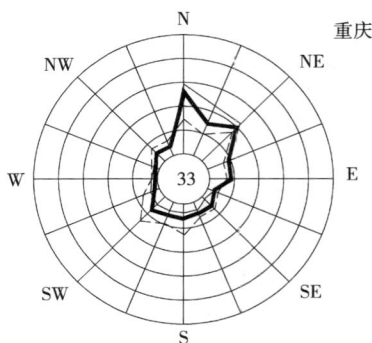

图 12.5　指北针图　　　　图 12.6　风向频率玫瑰图

12.2.4　总平面图的尺寸标注

总平面图上的尺寸应标注新建房屋的总长、总宽以及与周围房屋或道路的间距,尺寸以"米"为单位,标注到小数点后两位。新建房屋的层数在房屋图形右上角上用点数或数字表示。一般低层、多层可用点数或数字表示层数,高层则用数字表示层数,如果为群体建筑,一般统一用数字表示层数。

新建房屋的室内地坪标高为绝对标高,这也是相对标高的零点。标高符号的规格及画法如图1.30所示。室外整平标高采用全部涂黑的等腰三角形"▼"表示,大小形状同标高符号。总平面图上标高单位为"米",标到小数点后两位。

图 12.4 为某县技术质量监督局办公楼及职工住宅所建地的总平面图。从图中可以看出,整个基地平面很规则,南边是规划的城市主干道,西边是规划的城市次干道,东边和北边是其他单位建筑用地。新建办公楼位于整个基地的中部,其建筑的定位已用测量坐标标出了 3 个角点的坐标,其朝向可根据指北针判断为坐北朝南。新建办公楼的南边是入口广场,北边是停车场及学员宿舍,东边和西边都布置有较好的绿地,使整个环境开敞、空透,形成较好的绿化景观。用粗实线画出的新建办公楼共 3 层,总长 28.80 m,总宽 16.50 m,总高 14.85 m,距东边环形通道 12.50 m,距南边环形通道 2.00 m。新建办公楼的室内整平标高为 332.45 m,室外整平标高为 332.00 m。从图中我们还可以看到,紧靠新建办公楼的北偏东方向停车场边有一需拆除的建筑。基地北边用粗实线画出的是即将新建的一个单元的职工住宅,该职工住宅共 6 + 1 层(顶上一户为跃层),总长 25.50 m,总宽 12.60 m,总高 23.65 m,距北边建筑红线 10.00 m, 距东边

建筑红线 8.50 m,距南边小区道路 5.50 m。新建的职工住宅的室内整平标高为 334.15 m,室外整平标高为 334.00 m。在即将新建的职工住宅的西边准备再拼建一个单元的职工住宅,故在此用虚线来表示的(拟建建筑)。

12.3　建筑平面图

12.3.1　建筑平面图的用途

建筑平面图是用以表达房屋建筑的平面形状,房间布置,内外交通联系,以及墙、柱、门窗等构配件的位置、尺寸、材料和做法等内容的图样,简称"平面图"。

平面图是建筑施工图的主要图样之一,是施工过程中房屋的定位放线、砌墙、设备安装、装修及编制概预算、备料等的重要依据。

12.3.2　平面图的形成

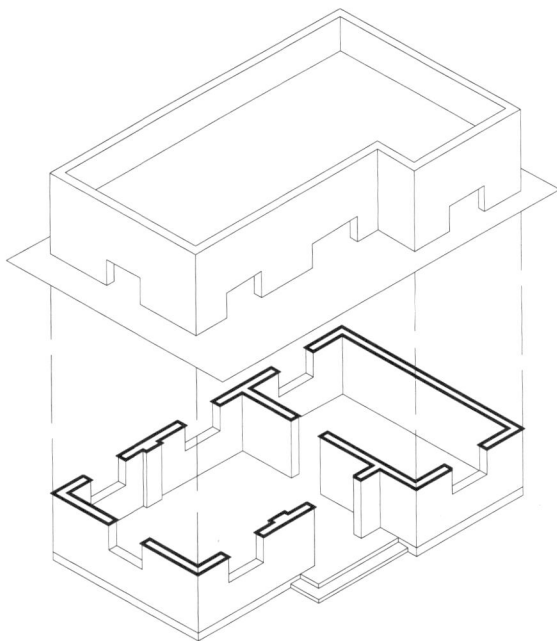

平面图的形成通常是假想用一水平剖切面经过门窗洞口间将房屋剖开,移去剖切平面以上的部分,将余下部分用直接正投影法投影到 H 面上而得到的正投影图。即平面图实际上是剖切位置位于门窗洞口间的水平剖面图,如图 12.7、图 12.8 所示。

平面图的形成

图 12.7　平面图的形成

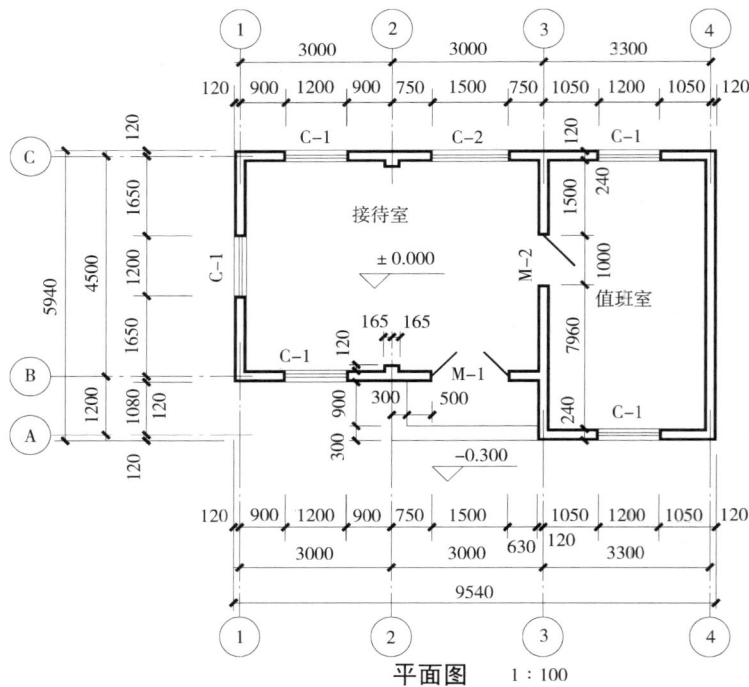

图 12.8　平面图

12.3.3　平面图的比例及图名

1）比例

平面图用 1∶50、1∶100、1∶200 的比例绘制，实际工程中常用 1∶100 的比例绘制。

2）图名

一般情况下，房屋有几层就应画几个平面图，并在图的下方标注相应的图名，如"底层平面图""二层平面图"等。图名下方应加一粗实线，图名右方标注比例。当房屋中间若干层的平面布局、构造情况完全一致时，则可用一个平面图来表达这相同布局的若干层，此平面图称为标准层平面图。底层以下的地下室可用"负一层平面图""负二层平面图"等表示。

12.3.4　平面图的图示内容

底层平面图应画出房屋本层相应的水平投影，以及与本栋房屋有关的台阶、花池、散水等的投影（图 12.8）；二层平面图除画出房屋二层范围的投影内容之外，还应画出在底层平面图上无法表达的雨篷、阳台、窗楣等内容，而对于底层平面图上已表达清楚的台阶、花池、散水等内容就不再画出；三层以上的平面图则只需画出本层的投影内容以及下一层的窗楣、雨篷等这些下一层无法表达的内容。

建筑平面图由于比例小，各层平面图中的卫生间、楼梯间、门窗等投影难以详尽表示，便采用中华人民共和国国家标准《建筑制图标准》（GB/T 50104—2010，以下简称《建筑制图标准》规定的图例来表达，而相应的详尽情况则另用较大比例的详图来表达。具体图例见表 12.2。

表 12.2　构造及配件图例(摘自 GB/T 50104—2010)

序号	名称	图例	说明
1	墙体		1. 上图为外墙,下图为内墙; 2. 外墙细线表示有保温层或有幕墙; 3. 应加注文字或涂色或图案填充表示材料的墙体; 4. 在各层平面图中防火墙应着重以特殊图案填充表示
2	隔断		1. 加注文字或涂色或图案填充,表示材料的轻质隔断; 2. 适用于到顶与不到顶的隔断
3	玻璃幕墙		幕墙龙骨是否表示由项目设计决定
4	栏杆		
5	楼梯	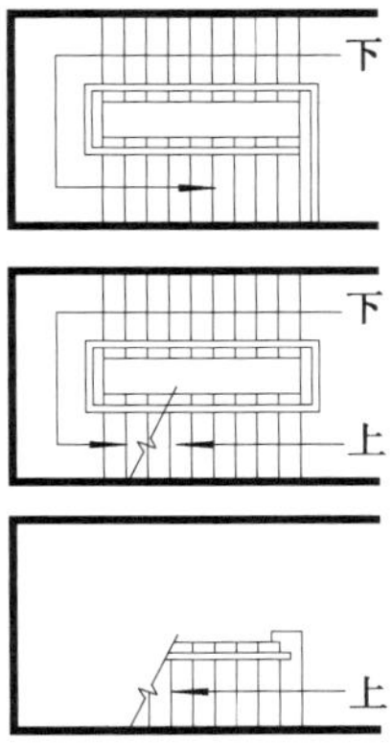	1. 上图为顶层楼梯平面,中图为中间层楼梯平面,下图为底层楼梯平面; 2. 需设置靠墙扶手或中间扶手时,应在图中表示
6	坡道	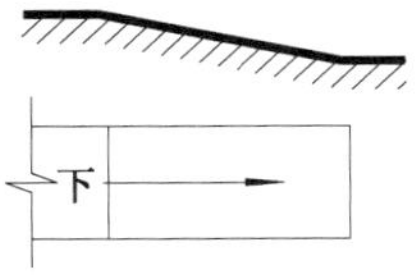	长坡道
		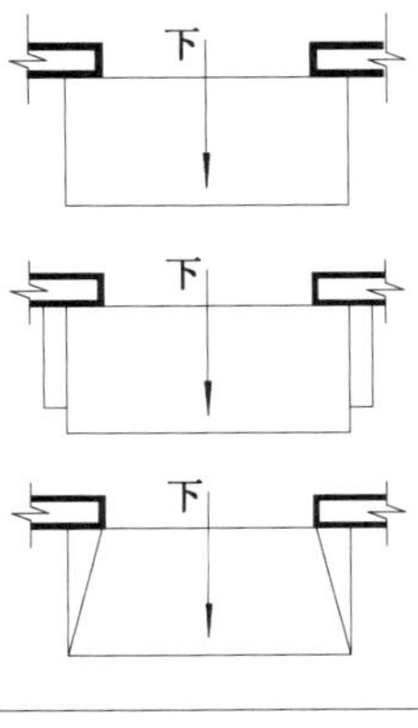	上图为两侧垂直的门口坡道,中图为有挡墙的门口坡道,下图为两侧找坡的门口坡道
7	台阶	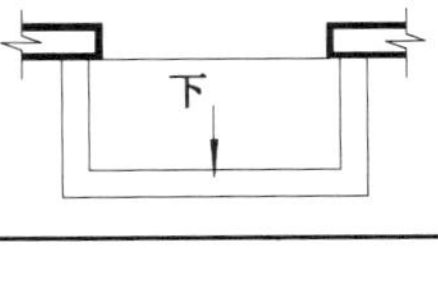	

续表

序号	名称	图例	说明
8	平面高差	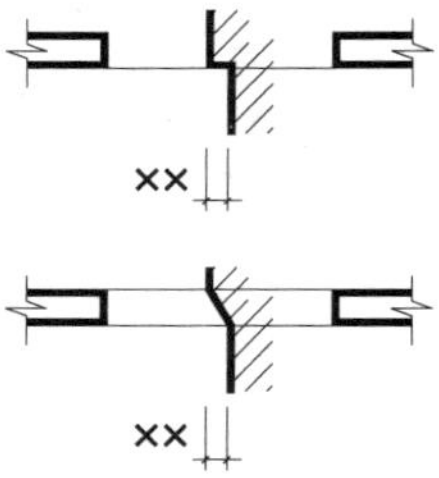	用于高差小的地面或楼面交接处，并应与门的开启方向协调
9	检查孔		左图为可见检查孔，右图为不可见检查孔
10	孔洞		阴影部分也可填充灰度或涂色代替
11	坑槽		
12	墙预留洞	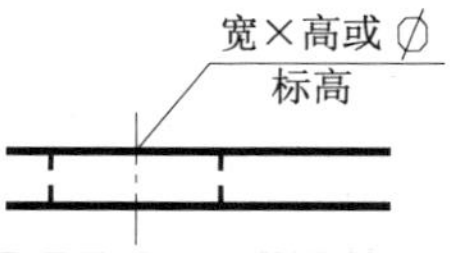 宽×高或 ∅ 标高	1. 上图为预留洞，下图为预留槽； 2. 平面以洞（槽）中心定位； 3. 宜以涂色区别墙体和留洞（槽）
13	墙预留槽	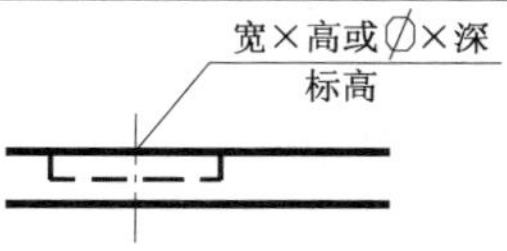 宽×高或 ∅×深 标高	
14	烟道	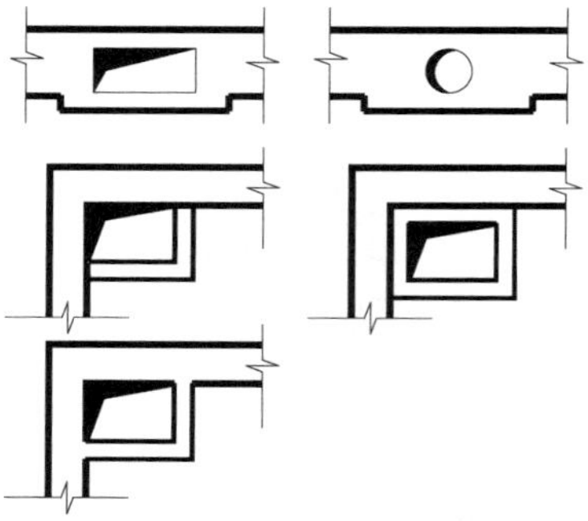	1. 阴影部分可以涂色代替； 2. 烟道与墙体为同一材料，其相接处墙身线应断开
15	风道	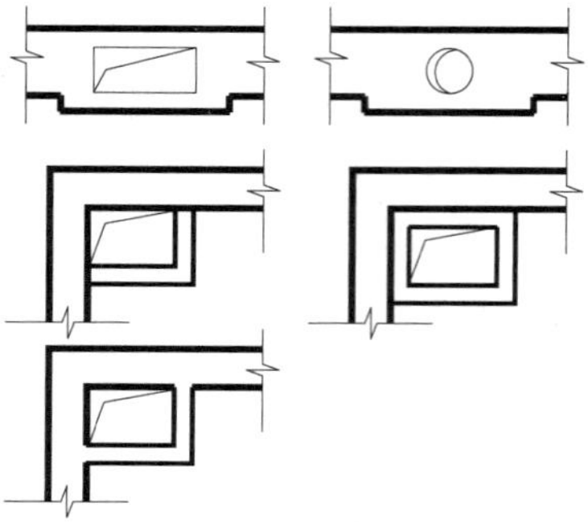	

序号	名称	图例	说明
16	空门洞	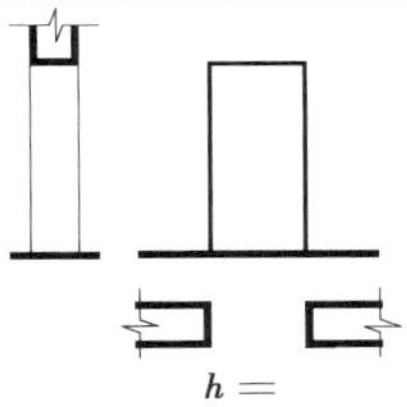	h为门洞高度
17	单扇开启单扇门（包括平开或单面弹簧）	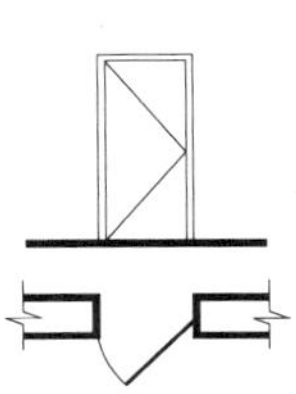	1. 门的名称代号用M表示； 2. 平面图中，下为外、上为内，门开启线交90°、60°或45°，开启弧线宜画出； 3. 立面图中，开启线实线为外开，虚线为内开，开启线交角的一侧为安装合页一侧，开启线在建筑立面图中可以不表示，在立面大样图中可根据需要画出； 4. 剖面图中，左为外、右为内； 5. 附加纱窗应以文字说明，在平、立、剖面图中均不表示； 6. 立面形式应按实际情况绘制
18	双面开启单扇门（包括双面平开或双面弹簧）	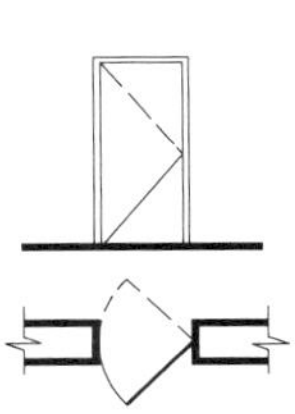	
19	双层单扇平开门	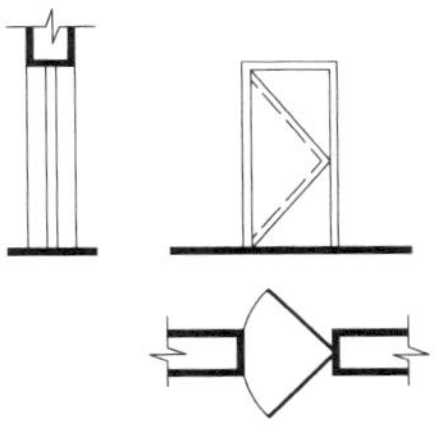	
20	单面开启双扇门（包括平开或单面弹簧）	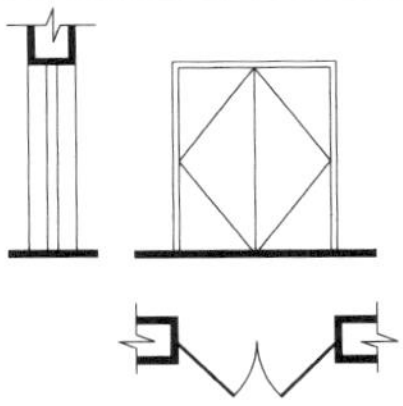	
21	双面开启双扇门（包括双面平开或双面弹簧）	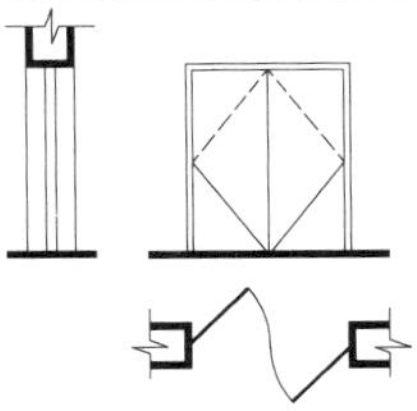	
22	双层双扇平开门	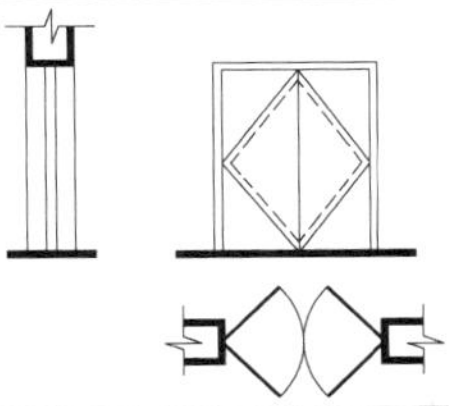	

续表

序号	名称	图例	说明
23	折叠门	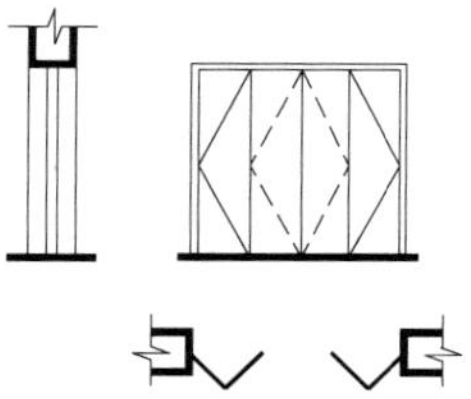	1.门的名称代号用M表示； 2.平面图中，下为外、上为内； 3.立面图中，开启线实线为外开，虚线为内开，开启线交角的一侧为安装合页一侧； 4.剖面图中，左为外、右为内； 5.立面形式应按实际情况绘制
24	墙洞外单扇推拉门	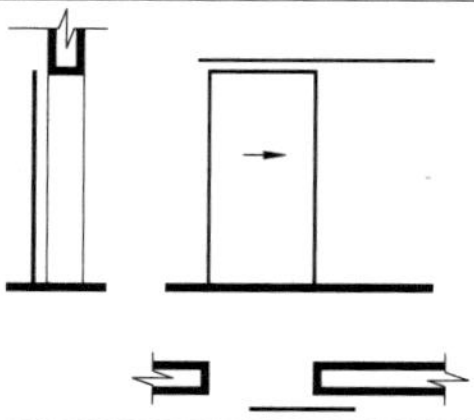	1.门的名称代号用M表示； 2.平面图中，下为外、上为内； 3.剖面图中，左为外、右为内； 4.立面形式应按实际情况绘制
25	墙洞外双扇推拉门	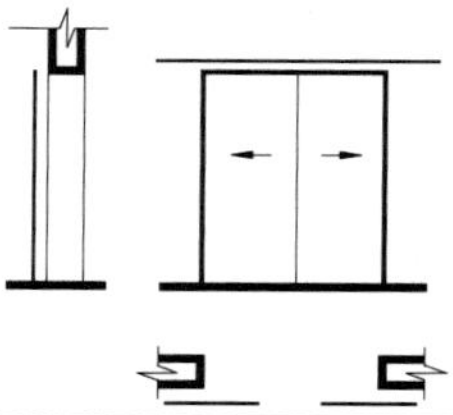	
26	墙中单扇推拉门	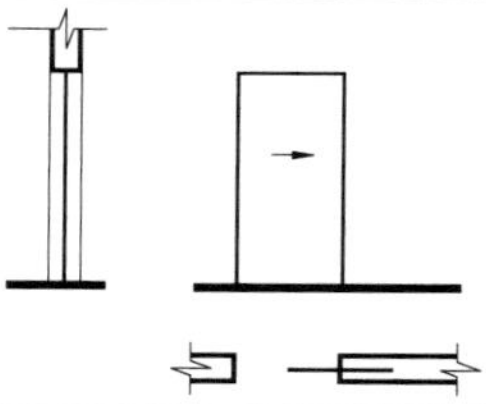	1.门的名称代号用M表示； 2.立面形式应按实际情况绘制
27	墙中双扇推拉门	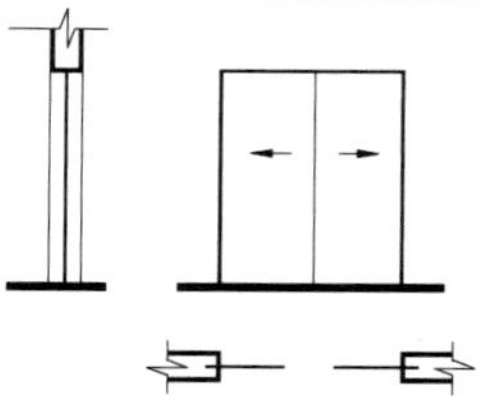	
28	推拉门	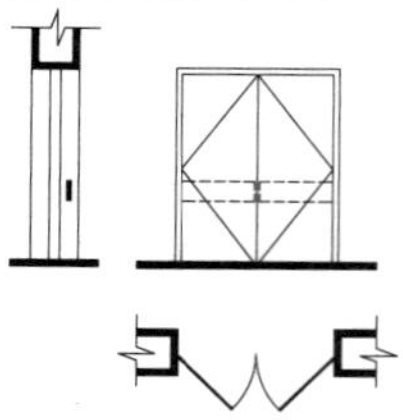	1.门的名称代号用M表示； 2.平面图中，下为外、上为内，门开启线交90°、60°或45°，开启弧线宜画出； 3.立面图中，开启线实线为外开，虚线为内开，开启线交角的一侧为安装合页一侧，开启线在建筑立面图中可以不表示，在立面大样图中可根据需要画出； 4.剖面图中，左为外、右为内； 5.立面形式应按实际情况绘制
29	门连窗	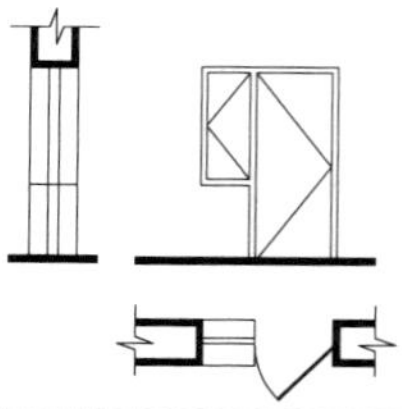	

序号	名称	图例	说明
30	旋转门		1.门的名称代号用M表示； 2.立面形式应按实际情况绘制
31	竖向卷帘门		
32	自动门		

续表

序号	名称	图例	说明
33	固定窗	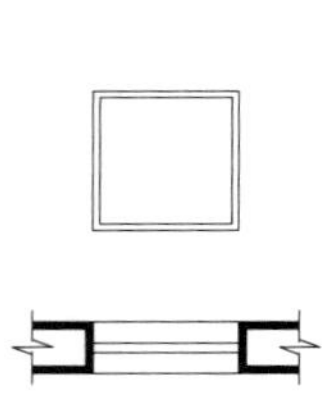	1. 窗的名称代号用C表示; 2. 平面图中, 下为外、上为内; 3. 立面图中, 开启线实线为外开, 虚线为内开, 开启线交角的一侧为安装合叶一侧, 开启线在建筑立面图中可不表示, 在门窗立面大样图中需画出; 4. 剖面图中, 左为外、右为内, 虚线仅表示开启方向, 项目设计时不表示; 5. 附加纱窗应以文字说明, 在平、立、剖面图中均不表示; 6. 立面形式应按实际情况绘制
34	上悬窗	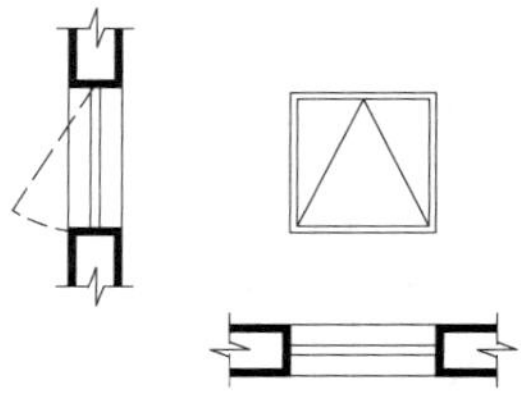	
35	中悬窗	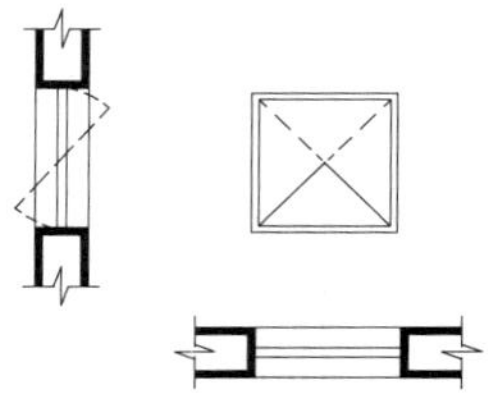	
36	下悬窗	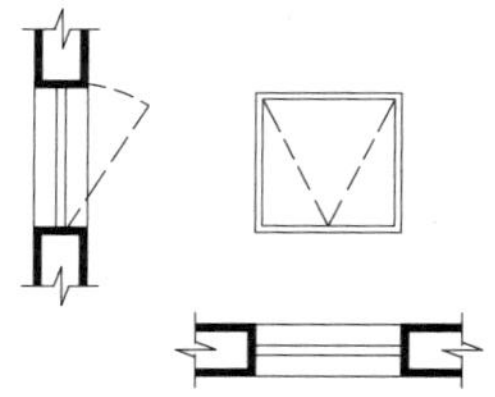	
37	立转窗	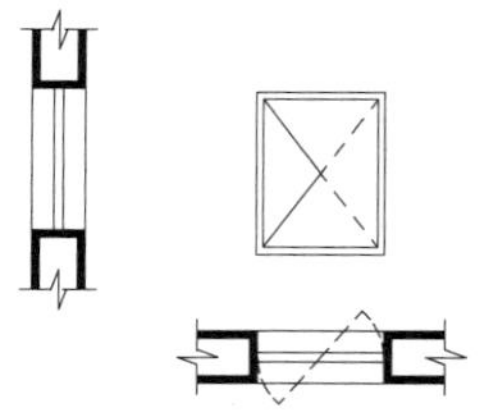	
38	单层外开平开窗	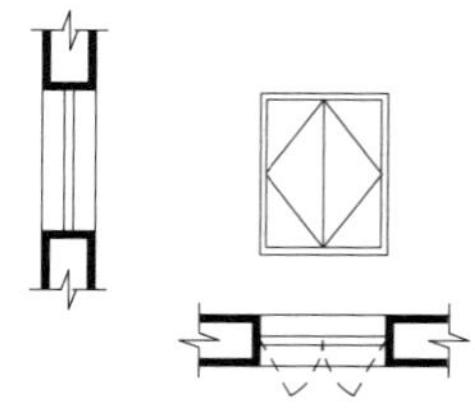	

序号	名称	图例	说明
39	单层内开平开窗	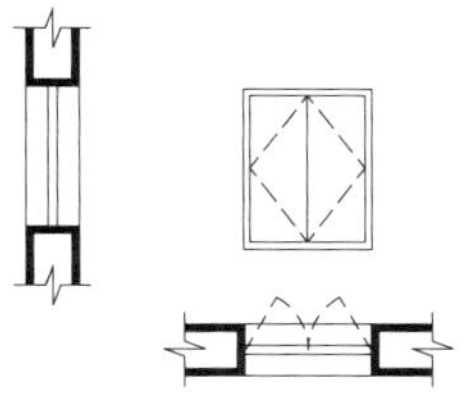	1.窗的名称代号用C表示； 2.平面图中，下为外、上为内； 3.立面图中，开启线实线为外开，虚线为内开，开启线交角的一侧为安装合叶一侧，开启线在建筑立面图中可不表示，在门窗立面大样图中需画出； 4.剖面图中，左为外、右为内，虚线仅表示开启方向，项目设计时不表示； 5.附加纱窗应以文字说明，在平、立、剖面图中均不表示； 6.立面形式应按实际情况绘制
40	双层内外开平开窗	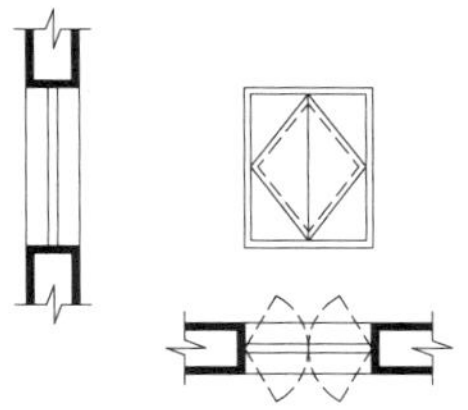	
41	单层推拉窗	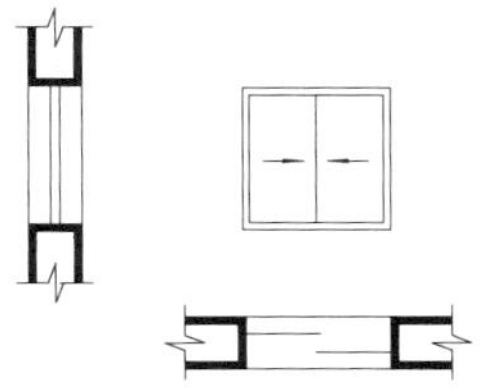	1.窗的名称代号用C表示； 2.立面形式应按实际情况绘制
42	双层推拉窗	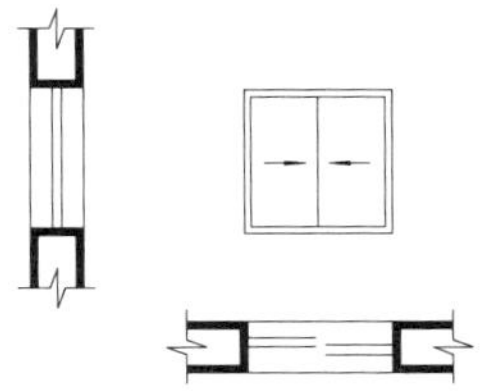	
43	百叶窗	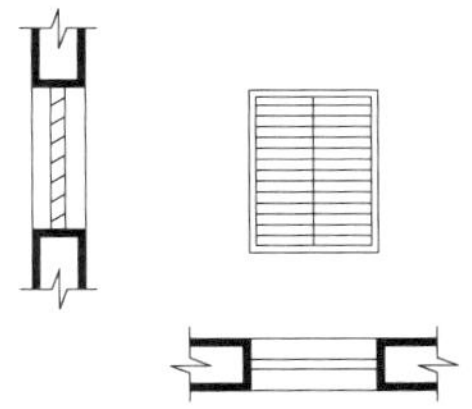	1.窗的名称代号用C表示； 2.立面形式应按实际情况绘制
44	高窗	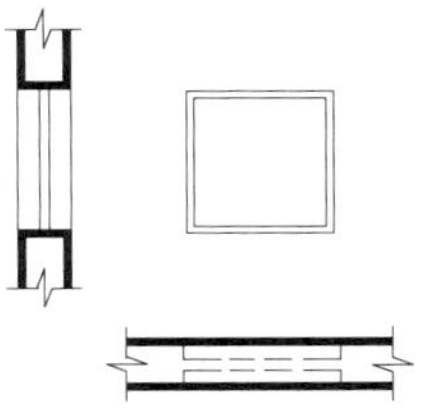 $h =$	1.窗的名称代号用C表示； 2.立面图中，开启线实线为外开，虚线为内开，开启线交角的一侧为安装合叶一侧，开启线在建筑立面图中可不表示，在门窗立面大样图中需画出； 3.剖面图中，左为外、右为内； 4.立面形式应按实际情况绘制； 5.h表示高窗底距本层地面高度； 6.高窗开启方式参考其他窗型

12.3.5 平面图的线型

建筑平面图的线型,按《建筑制图标准》规定,凡是剖到的墙、柱的断面轮廓线,宜用粗实线,门扇的开启示意线用中粗实线表示,其余可见投影线则用细实线表示(图 12.8)。

12.3.6 建筑平面图的轴线编号

为适应建筑产业化,在建筑平面图中,采用轴线网格划分平面,使房屋的平面布置以及构件和配件趋于统一,这些轴线称为定位轴线,它是确定房屋主要承重构件(墙、柱、梁)位置及标注尺寸的基线。《房屋建筑制图统一标准》规定:水平方向的轴线自左至右用阿拉伯数字依次连续编为①、②、③、…;竖直方向自下而上用大写英文字母连续编写Ⓐ、Ⓑ、Ⓒ、…,并除去 I、O、Z 三个字母,以免与阿拉伯数字中 1、0、2 三个数字混淆。如建筑平面形状较特殊,也可以采用分区编号的形式来编注轴线,其方式为"分区号—该区轴线号"(图 12.9)。

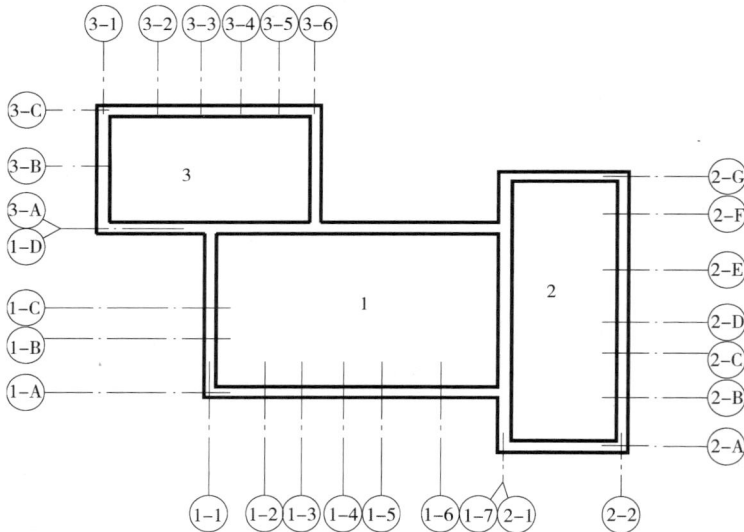

图 12.9 定位轴线分区编号标注方法

如果平面为折线形,定位轴线的编号也可用分区,亦可以自左至右依次编注(图 12.10)。

如为圆形平面,定位轴线则应以圆心为准成放射状依次编注,并以距圆心距离决定其另一方向轴线位置及编号(图 12.11)。

一般承重墙柱及外墙编为主轴线,非承重墙、隔墙等编为附加轴线(又称分轴线)。第一号主轴线①或Ⓐ前的附加轴线编号为①/01或⑥A,如图 12.12 所示。轴线线圈用细实线画出,直径为 8～10 mm。

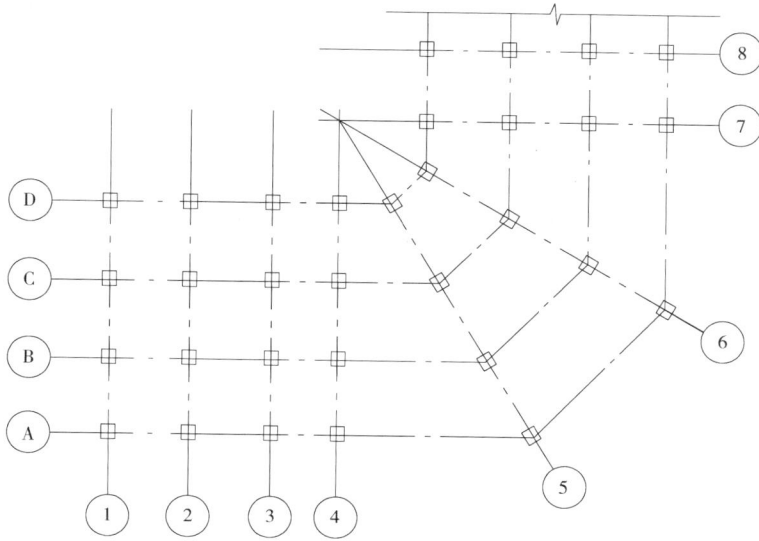

图 12.10　折线形平面定位轴线标注方法

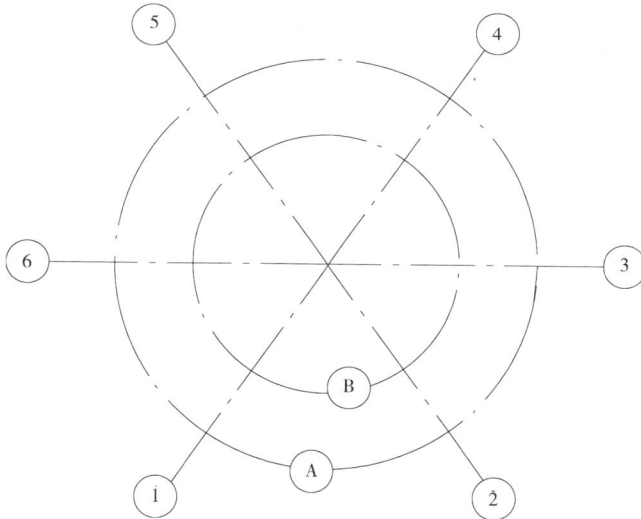

图 12.11　圆形平面定位轴线标注方法

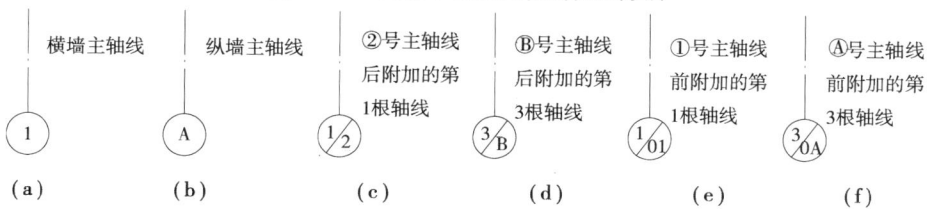

横墙主轴线	纵墙主轴线	②号主轴线 后附加的第 1根轴线	⑧号主轴线 后附加的第 3根轴线	①号主轴线 前附加的第 1根轴线	ⓐ号主轴线 前附加的第 3根轴线
①	Ⓐ	1/2	3/B	1/01	3/0A
（a）	（b）	（c）	（d）	（e）	（f）

图 12.12　轴线编号

12.3.7　建筑平面图的尺寸标注

建筑平面图标注的尺寸有外部尺寸和内部尺寸。

（1）外部尺寸（在水平方向和竖直方向各标注 3 道）

①最外一道尺寸标注房屋水平方向的总长、总宽、称为总尺寸。

②中间一道尺寸标注房屋的开间、进深，称为轴线尺寸（注：一般情况下，两横墙之间的距离称为"开间"，两纵墙之间的距离称为"进深"）。

③最里边一道尺寸标注房屋外墙的墙段及门窗洞口尺寸，称为细部尺寸。

如果建筑平面图图形对称，宜在图形的左边、下边标注尺寸；如果图形不对称，则需在图形的各个方向标注尺寸，或在局部不对称的部分标注尺寸。

（2）内部尺寸

图形内凡是外部无法标注的尺寸可在图形内标注。常标注各房间长、宽方向的净空尺寸，墙厚及轴线的关系、柱子截面、房屋内部门窗洞口、门垛等细部尺寸。

（3）标高、门窗编号

平面图中应标注不同楼地面高度房间及室外地坪等标高。为编制概预算的统计及施工备料，平面图上所有的门窗都应进行编号。门常用"M1""M2"或"M—1""M—2"以及"M1022""M1522"等表示，窗常用"C1""C2"或"C—1""C—2"以及"C1515""C2415"等表示，也可用标准图集上的门窗代号来标注门窗，如"X-0924""B. 1515""SGC. 1615""J. 0921"等。

（4）剖切位置及详图索引

为了表示房屋竖向的内部情况，需要绘制建筑剖面图，其剖切位置应在底层平面图中标出。如剖面图与被剖切图样不在同一张图纸内，可在剖切位置线的另一侧注明其所在图纸号。如图中某个部位需要画出详图，则在该部位要标出详图索引标志，表示另有详图表示。平面图中各房间的用途，宜用文字标出，如"卧室""客厅""厨房"等。

图 12.13 为某县技术质量监督局职工住宅的的一层平面图；图 12.14 为其标准层（二～五层）平面图；图 12.15、图 12.16 为其六层平面图及六加一层平面图；图 12.17 为其屋顶平面图。这些图在正式的施工图中都是按《房屋建筑制图统一标准》及《建筑制图标准》的规定，用 1:100 比例绘制的。

从图 12.13 中可以看出，该职工住宅平面形状为矩形，总长为 25 740，总宽为 16 440。住宅单元的出入口设在建筑的北端⑨—⑪轴线间的①C轴线墙上。通过出入口处门斗下的平台进入楼梯间内，再由楼梯间上至各层住户。楼梯间内地坪标高为 −0.900 m，室外地坪标高为 −1.000 m，故楼梯间室内外高差为 100。一层室内地坪标高设为 ±0.000，与室外地坪的高差为 1 000，是通过楼梯间内 6 级台阶来消化此高差的。剖面图的剖切位置在⑨—⑪轴线之间的楼梯间位置。楼梯间的开间尺寸为 2 700，进深尺寸为 5 700。楼梯间门的宽度为 1 500，高度为 2 100，编号为 M. 1521。由于该单元是一梯两户的平面布置，两户的户型完全一致，因此，我们只要看懂了一户的平面布置即可。

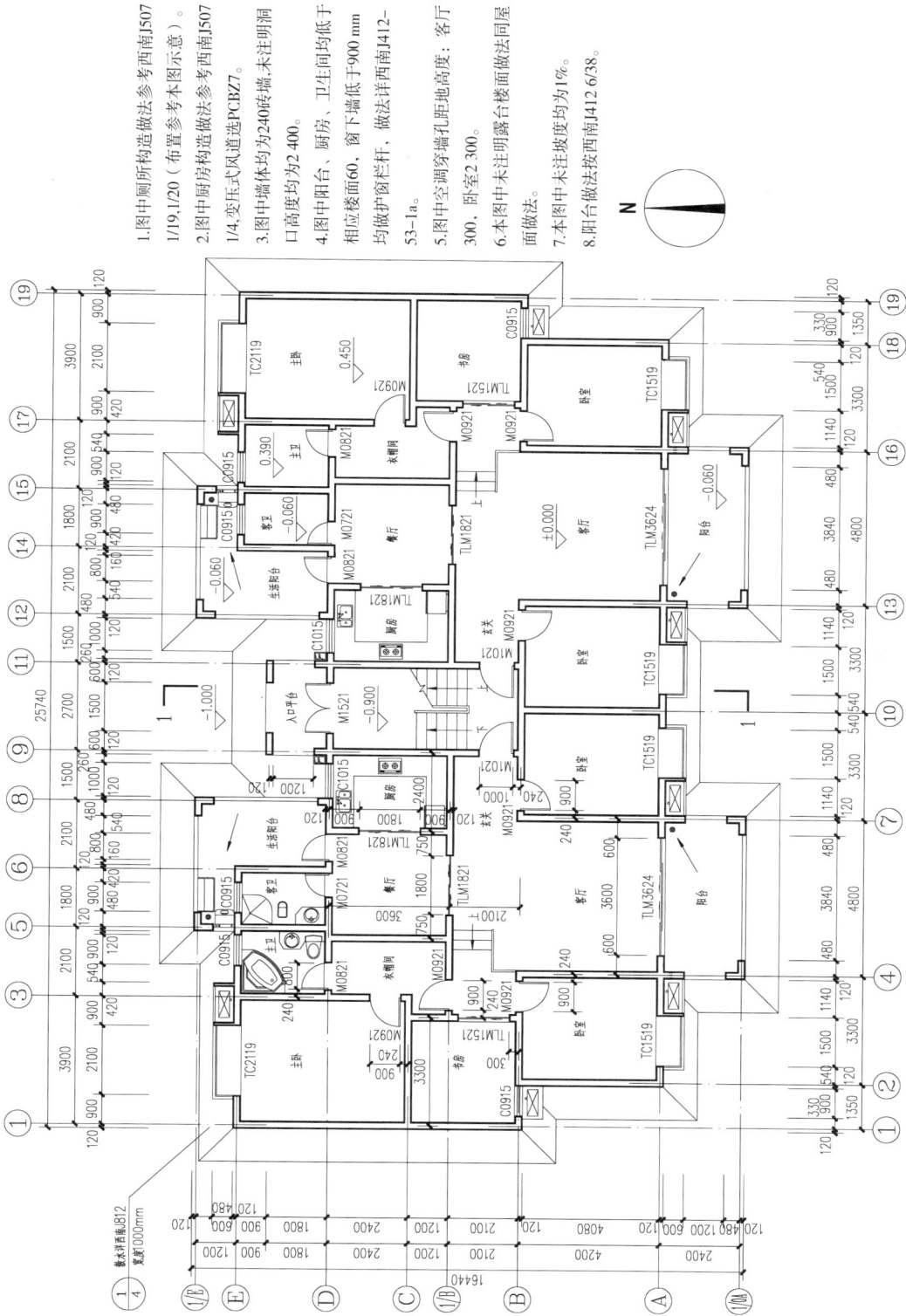

一层平面图 1:100

图12.13 一层平面图

说明：
1. 图中厕所构造做法参考西南J507 1/19,1/20（布置参考本图示意）。
2. 图中厨房构造做法参考西南J507 1/4,变压式风道选PCBZ7。
3. 图中墙体均为240砖墙，未注明洞口高度均为2 400。
4. 图中阳台、厨房、卫生间均低于相应楼面60，窗下墙低于900 mm均做护窗栏杆，做法详西南J412-53-1a。
5. 图中空调穿墙孔距地高度：客厅300，卧室2 300。
6. 本图中未注明露台做法同屋面做法。
7. 本图中未注坡度均为1%。
8. 阳台做法按西南J412 6/38。

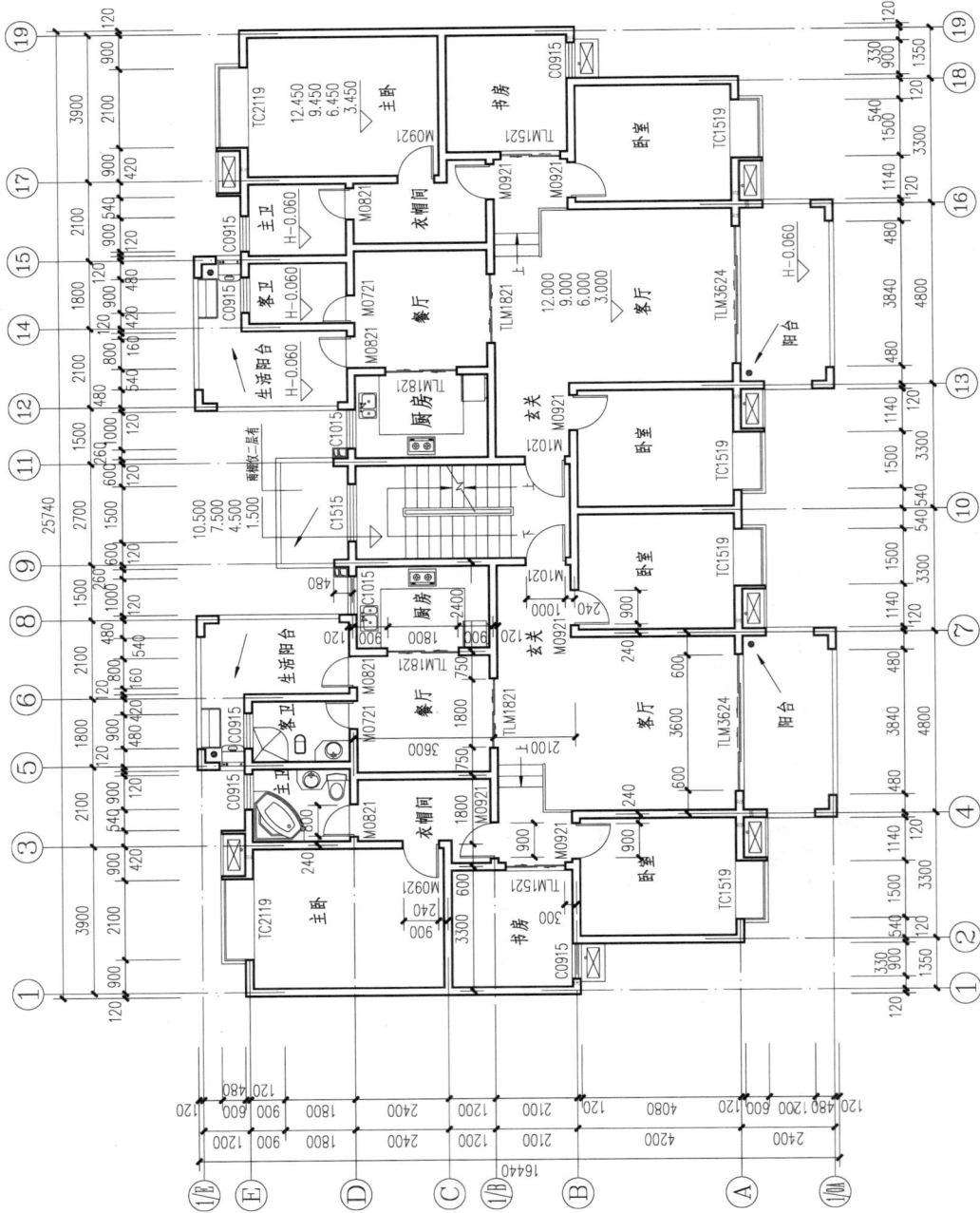

标准层 (二~五层) 平面图 1:100

图 12.14 标准层平面图

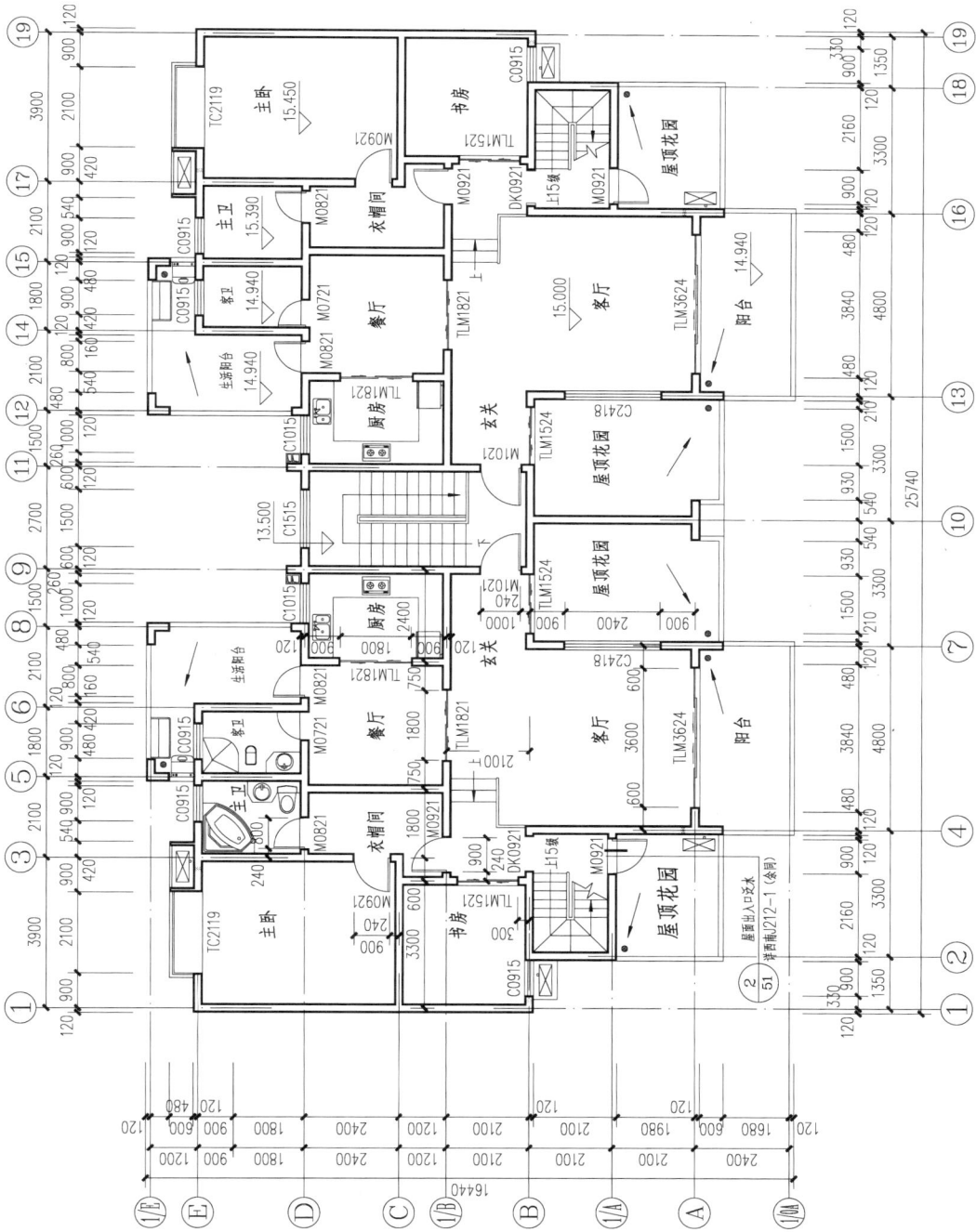

六层平面图 1:100

图12.15 六层平面图

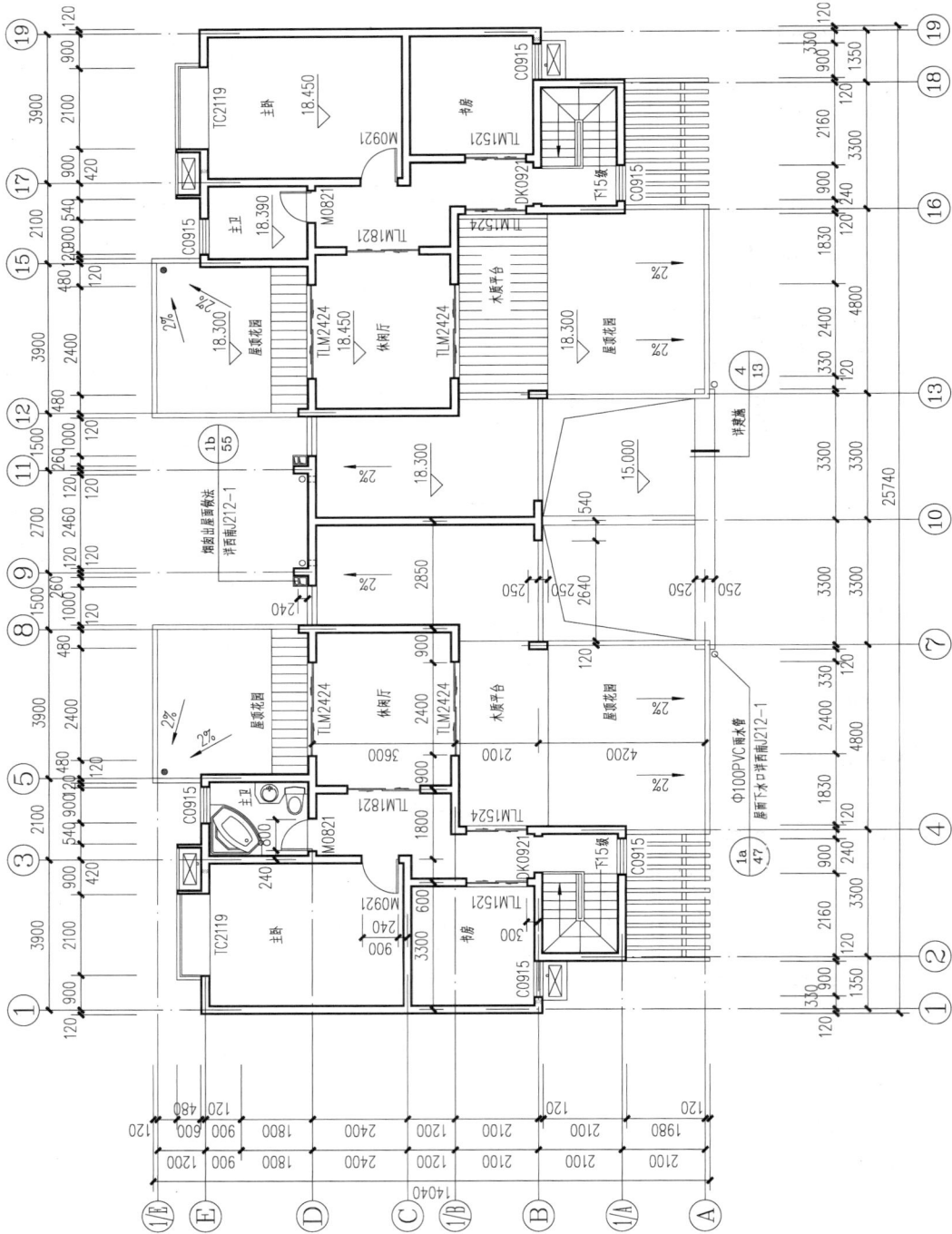

六加一层平面图 1:100

图12.16 六加一层平面图

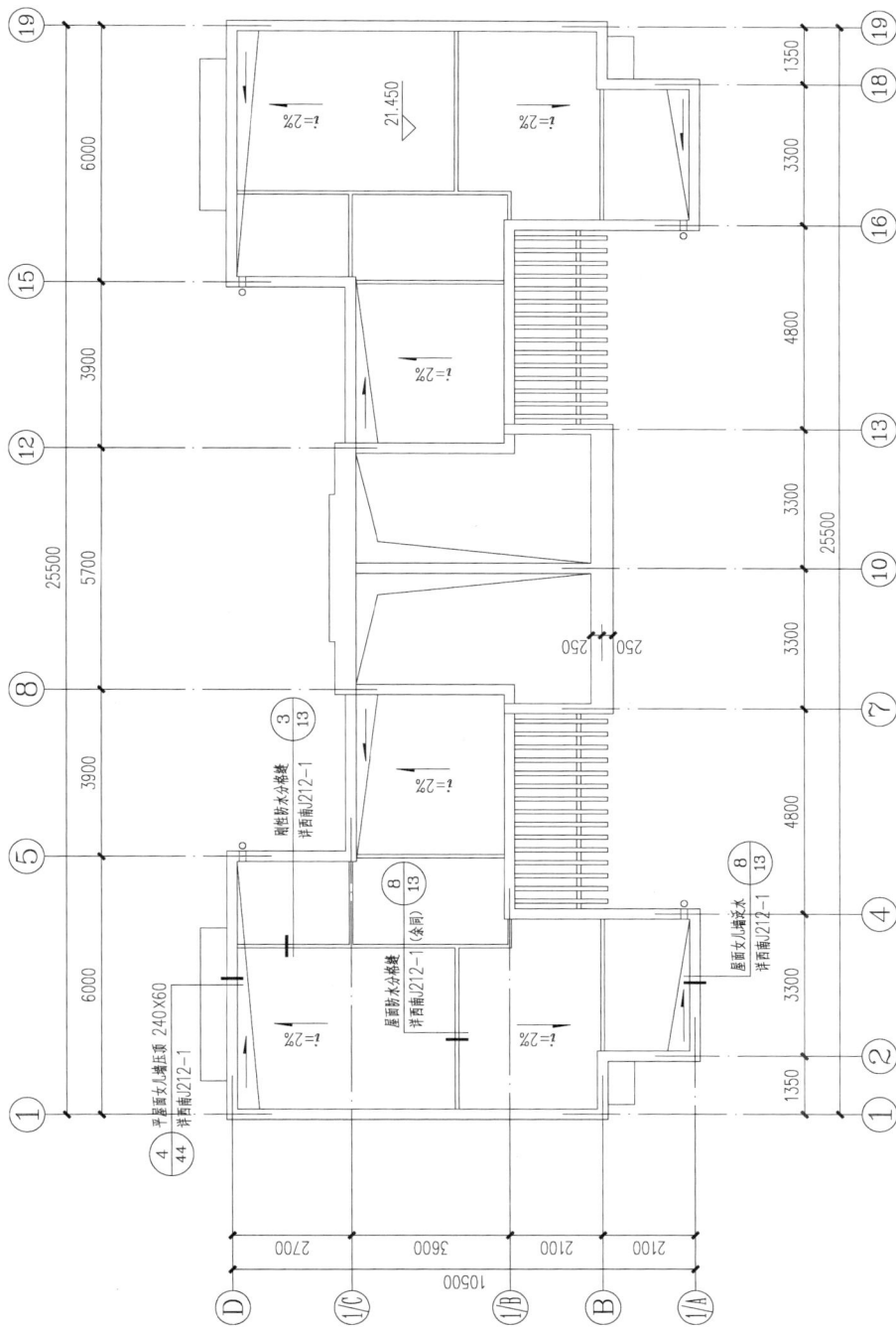

屋顶平面图　1:100

图 12.17　屋顶平面图

　　下面以左边一户为例来进行读图。该户型是从⑨轴线墙上，Ⓑ到①/Ⓑ轴线间的编号为M.1021的门进入户内的玄关。该层的平面布置有客厅、餐厅、厨房、餐厅、一间带有卫生间和衣帽间的主卧室、一间次卧室及一间书房。客厅的开间尺寸为4 800，进深尺寸为6 300；在客厅的Ⓐ轴线墙上开有一个通向阳台的宽3 600、高2 400的推拉门。从客厅与餐厅连接处上3级台阶上到居住区，这里有卧室和书房。主卧室是通过①/Ⓑ轴线上的编号为M0921的门进入到衣帽间，然后再进入主卧室的。主卧室的面积较大，其开间尺寸为3 900，进深尺寸为5 100；主卧室的窗是编号为"TC2119"的阳光窗；窗的旁边是室外空调机的安放位置；主卧室带的卫生间称为主卫，该主卫的开间、进深尺寸为2 100×2 700，并开有一个编号为C0915的窗；主卧室衣帽间的开间、进深尺寸为1 800×3 600。次卧室的门开在Ⓑ轴线墙上，编号为M0921，其开间尺寸为3 300，进深尺寸为4 200，其窗的编号为"TC1519"的阳光窗，窗的旁边也有室外空调机的安放位置。还有一个次卧室紧挨着入口，平面布置与另一次卧室对称。进入餐厅和厨房的门都是推拉门，从餐厅到生活阳台的门编号为"M0924"（门窗编号中的数字，一般表示门窗洞口的宽度和高度，如"TM1821"表示进入餐厅的门洞口的宽度为1 800、高度为2 100，后面不再解释）；餐厅的开间尺寸为3 300，进深尺寸为3 600；厨房的开间、进深尺寸为2 400×3 600（尺寸可从右边户型中读到）。餐厅还有两个门连接公共卫生间及服务阳台，公共卫生间的开间、进深尺寸为1 800×2 700。从图12.13一层平面图中还可以看出，沿该建筑的外墙都设有宽度为1 000的散水。

　　在图12.14标准层（二至五层）平面图中，我们看到的内容除标高及楼梯间表现形式与一层平面图不同外，其余平面布置完全一致，不再赘述，但在楼梯间外由于只有二层有雨篷，故在此部位有一引出线说明："仅二层有"，以区别除此部位外的其他部位在三至五层都相同。由于该图是同时表示二至五层的平面布置，故在右边户型的客厅、主卧室中由下向上分别标注了二至五层该处的标高，同时在楼梯间的中间平台处也由下向上分别标注了二至五层楼梯间的中间平台处的标高。

　　图12.15、图12.16是六层平面图及六加一层平面图，即该户型跃层式户型。从图12.16中可以看到六层该跃层式户型的下层平面图，它是将原一至五层的平面图中的靠主卧室的次卧室一分为二，前半部分做楼梯间，后半部分做室外屋顶花园，而靠入口的次卧室却全改为了室外屋顶花园。图12.17是该跃层式户型的上层平面图。从图中我们可以看到：从该跃层式户型的下层楼梯间上到本层后，右边保留了书房，后边保留了主卧室；原餐厅位置改为休闲厅，原客厅位置和服务阳台以及公卫位置都改为了室外屋顶花园；另外，原公共楼梯间位置及靠入口的次卧室位置就架空了。

　　图12.17为该住宅的屋顶平面图。屋顶平面图是屋顶的 H 面投影，除少数伸出屋面较高的楼梯间、水箱、电梯机房被剖到的墙体轮廓用粗实线表示外，其余可见轮廓线的投影均为细实线表示。

　　屋顶平面图是用来表达房屋屋顶的形状、女儿墙位置、屋面排水方式、坡度、落水管位置等的图形。

　　屋顶平面图的比例常用1∶100，也可用1∶200的比例绘制，平面尺寸可只标轴线尺寸。从图12.17的屋顶平面图可看出，该屋顶为平屋面，雨水顺着屋面从中间分别向前后的Ⓓ、①/Ⓐ轴线方向墙处排，经④、⑤、⑮、⑯轴线墙外的雨水口排入落水管后排出室外。从以上各图中我们还可看出，一层、中间层、顶层平面图中的楼梯表达方式是不同的，要注意区分。

12.3.8　平面图的画图步骤

　　房屋建筑图是施工的依据,图上每一条线、每一个字的错误,都会影响基本建设的速度,甚至给国家带来极大的损失。因此,我们应该采取认真的态度和极端负责的精神来绘制好房屋建筑图,使图纸清晰、正确,尺寸齐全,阅读方便,便于施工。

　　修建一幢房屋需要很多图纸,其中平、立、剖面图是房屋的基本图样。规模较大,层次较多的房屋,常常需要若干平、立、剖面图和构造详图才能表达清楚。对于规模较小、结构简单的房屋,图样的数量自然少些,所以在画图之前,首先要考虑画哪些图,并尽可能以较少量的图样将房屋表达清楚。其次要考虑选择适当的比例,从而决定图幅的大小。在图样的数量和大小确定后,考虑图样的布置。在一张图纸上,图样布局要匀称、合理;布置图样时,应考虑注尺寸的位置。上述三个步骤完成以后便可开始绘图。

　　①画墙柱的定位轴线,如图 12.18(a)所示。

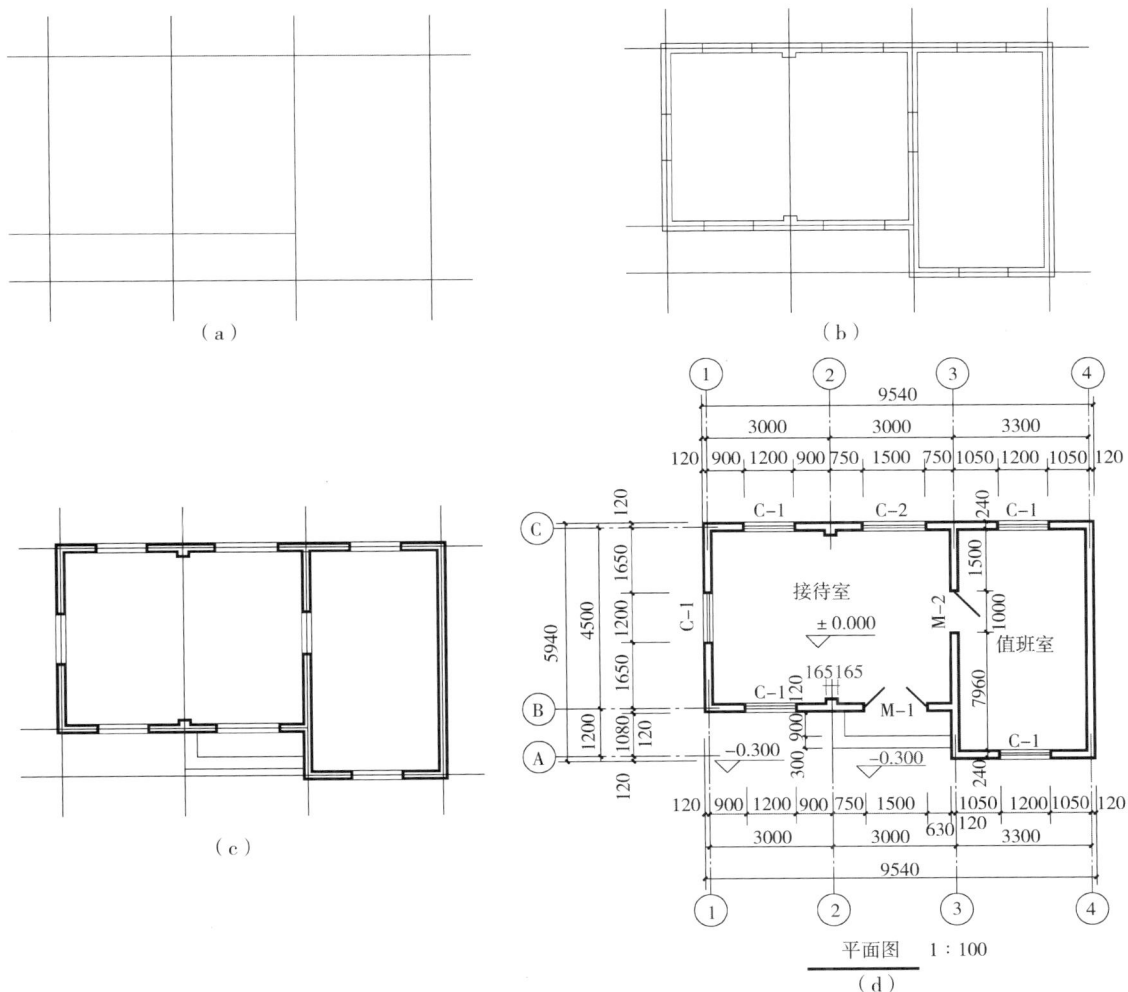

（a）

（b）

（c）

（d）

图 12.18　平面图的画图步骤

②画墙、柱子截面、定门窗位置,如图 12.18(b)所示。

③画台阶、窗台、楼梯(本图无楼梯)等细部位置,如图 12.18(c)所示。

④画尺寸线、标高符号,如图 12.18(d)所示。

⑤检查无误后,按要求加深各种曲线并标注尺寸数字,书写文字说明,如图 12.18(d)所示。

12.4 建筑立面图

12.4.1 建筑立面图的用途

建筑立面图主要用来表达房屋的外部造型、门窗位置及形式,墙面装修、阳台、雨篷等部分的材料和做法,如图 12.19 所示。

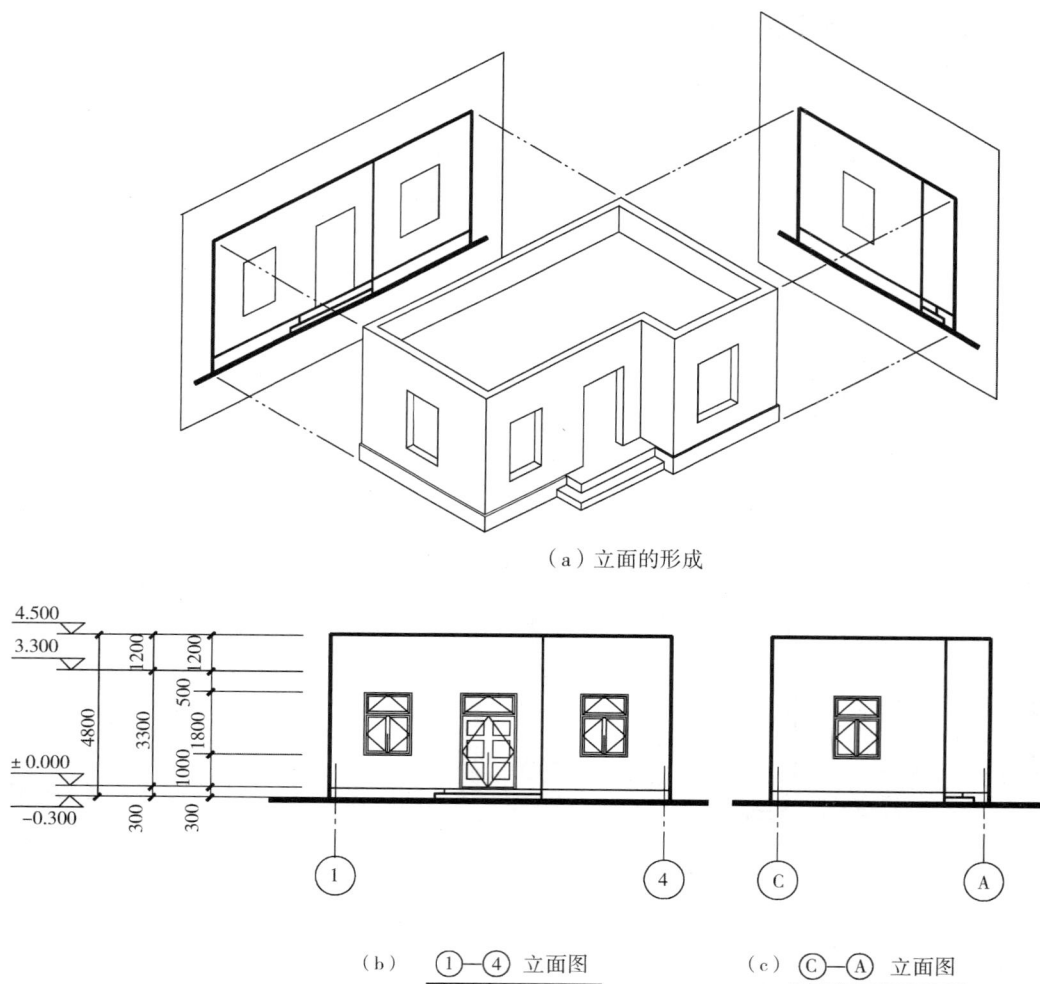

(a)立面的形成

(b) ①—④ 立面图   (c) ⓒ—Ⓐ 立面图

图 12.19 立面图

12.4.2　建筑立面图的形成

立面图是用直接正投影法将建筑各个墙面进行投影所得到的正投影图(图 12.19)。某些平面形状曲折的建筑物,可绘制展开立面图;圆形或多边形平面的建筑物,可分段展开绘制立面图,但均应在图名后加注"展开"二字。

建筑立面图
的形成

12.4.3　建筑立面图的比例及图名

建筑立面图的比例与平面图一致,常用 1∶50、1∶100、1∶200 的比例绘制。

建筑立面图的图名,常用以下三种方式命名:

①以建筑墙面的特征命名,常把建筑主要出入口所在墙面的立面图称为正立面图,其余几个立面相应的称为背立面图、侧立面图。

②以建筑各墙面的朝向来命名,如东立面图、西立面图、南立面图、北立面图。

③以建筑两端定位轴线编号命名,如①—⑲立面图,Ⓓ—Ⓐ立面图等。"国标"规定:有定位轴线的建筑物,宜根据两端轴线号编注立面图的名称(图 12.20、图 12.21)。

12.4.4　建筑立面图的图示内容

立面图应根据正投影原理绘出建筑物外墙面上所有门窗、雨篷、檐口、壁柱、窗台、窗楣及底层入口处的台阶,花池等的投影。由于比例较小,立面图上的门、窗等构件也用图例表示(表12.2)。相同的门窗、阳台、外檐装修、构造作法等,可在局部重点表示,绘出其完整图形,其余部分可只画轮廓线。如立面图中不能表达清楚,则可另用详图表达(图 12.20)。

12.4.5　建筑立面图的线型

为使立面图外形更清晰,通常用粗实线表示立面图的最外轮廓线,而凸出墙面的雨篷、阳台、柱子、窗台、窗楣、台阶、花池等投影线用中粗线画出,地坪线用加粗线(粗于标准粗度的1.5~2 倍)画出,其余如门、窗及墙面分格线、落水管以及材料符号引出线、说明引出线等用细实线画出(图 12.20)。

①—⑲ 立面图 1:100

图 12.20 ①—⑲ 立面图

12.4.6　建筑立面图的尺寸标注

①竖直方向:应标注建筑物的室内外地坪、门窗洞口上下口、台阶顶面、雨篷、房檐下口、屋面、墙顶等处的标高,并应在竖直方向标注三道尺寸。里边一道尺寸标注房屋的室内外高差、门窗洞口高度、垂直方向窗间墙、窗下墙高、檐口高度尺寸;中间一道尺寸标注层高尺寸;外边一道尺寸为总高尺寸。

②水平方向:立面图水平方向一般不注尺寸,但需要标出立面图最外两端墙的轴线及编号,并在图的下方注写图名、比例。

③其他标注:立面图上可在适当位置用文字标出其装修,也可以不注写在立面图中,而在建筑设计总说明中列出外墙面的装修,以保证立面图的完整美观。

图 12.20 至图 12.22 为某县技术质量监督局职工住宅的立面图。从图 12.20 ①—⑲立面图中可看出,该建筑为纯住宅,共 7 层,总高为 23 250。其中一到四层立面造型及装修材料都一致;五层造型与一到四层一致,但装修材料及色彩不同于一到二层;六到七层(六加一层)为跃层式住宅,即每户都拥有两层空间。该住宅各层层高均为 3 000。整个立面明快、大方。排列整齐的窗户反映了住宅建筑的主题;上下贯通的百叶装饰,既是各户室外空调机的统一位置,又与明快的凸出墙面的阳光窗一起,使整个建筑立面充满现代建筑的气息;立面装修中,下面两层主要墙体用暖灰色石材贴面,配上三到顶层的其他颜色外墙乳胶漆的网格线条及防腐木处理形成对比,使整个建筑色彩协调、明快、更加生动。

从图 12.21⑲—①立面图中可看出,住宅入口处楼梯间的门斗以及与各层错开的窗洞高度,反映了楼梯间中间平台的高度位置和特征。从该图左边的尺寸标注中可以看到,楼梯间入口处的室内外高差为 100,左边细部尺寸在一楼地坪标高 ±0.000 以上的 450,在立面上反映出楼梯间左右的房间与两端部房间的地面标高不同,即我们常说的错层式平面布置。

从图 12.22Ⓐ—Ⓓ立面图中还可以看到六到七层(六加一层)跃层式住宅退台的屋顶花园位置。

12.4.7　立面图的画图步骤

①画室外地平线、门窗洞口、檐口、屋脊等高度线,并由平面图定出门窗洞口的位置,画墙(柱)身的轮廓线,如图 12.23(a)所示。

②画勒脚线、台阶、窗台、屋面等各细部,如图 12.23(b)所示。

③画门窗分隔、材料符号,并标注尺寸和轴线编号,如图 12.23(c)所示。

④加深图线,并标注尺寸数字,书写文字说明,如图 12.23(c)所示。

注:侧立面图的画图步骤同正立面图,画图时可同时进行,本图的侧立面图只画了第一步。

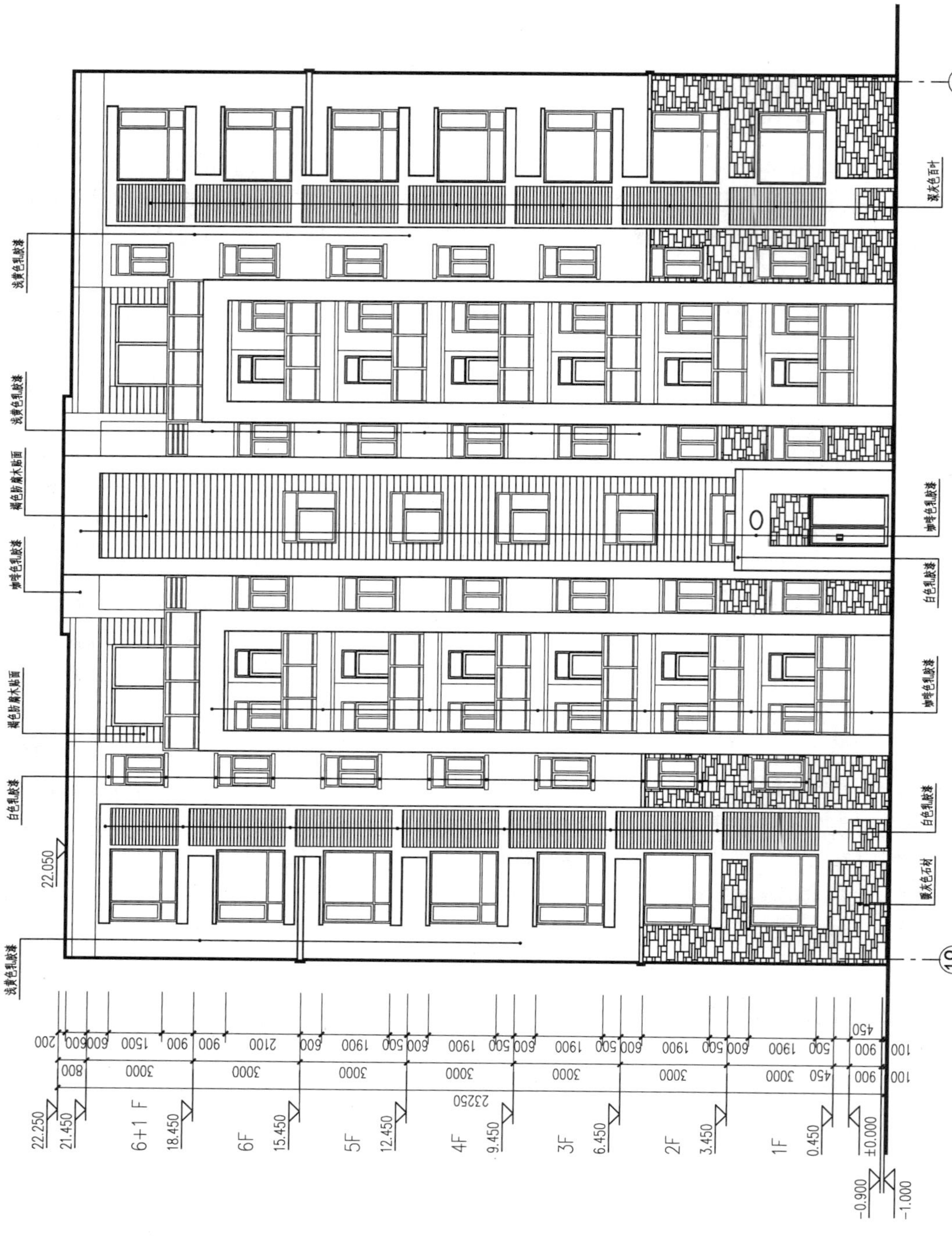

⑲——① **立面图** 1:100

图12.21 ⑲——① 立面图

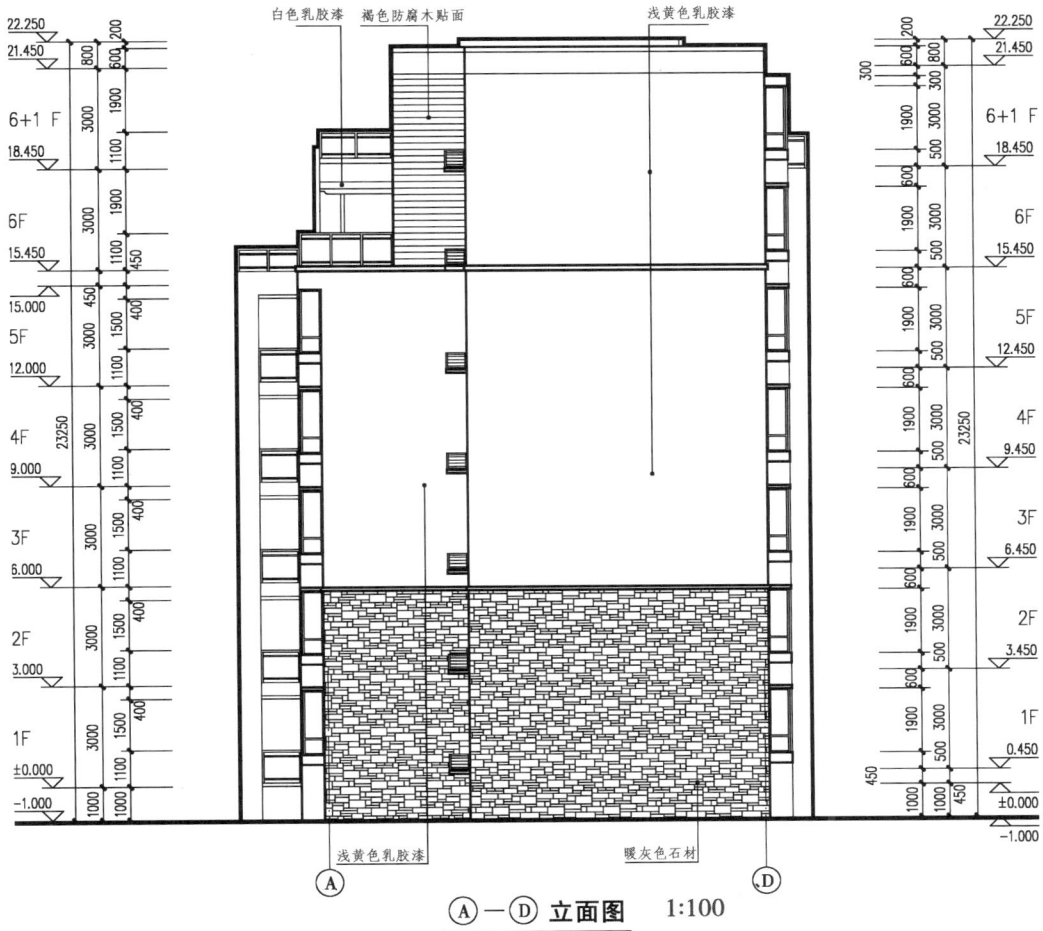

白色乳胶漆 褐色防腐木贴面   浅黄色乳胶漆

浅黄色乳胶漆   暖灰色石材

Ⓐ—Ⓓ 立面图   1:100

图 12.22 Ⓐ—Ⓓ立面图

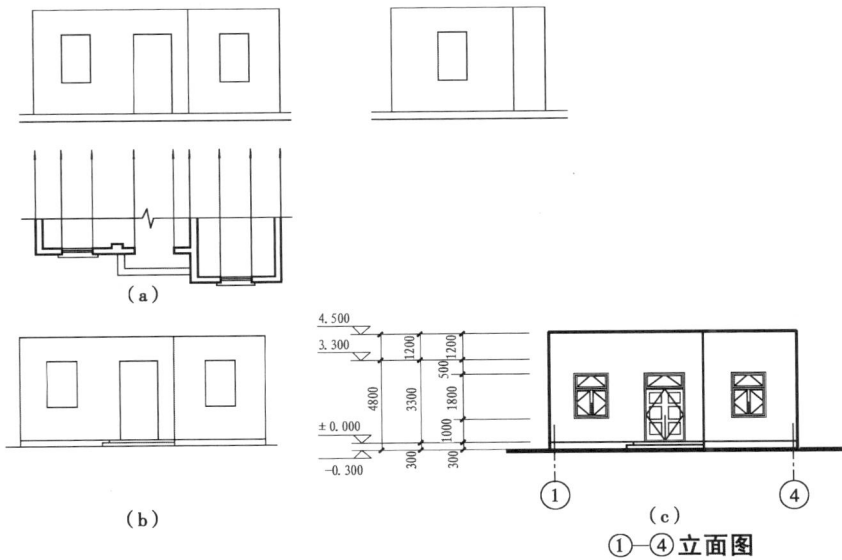

（a）

（b）

（c）

①—④立面图

图 12.23 立面图的画图步骤

12.5 建筑剖面图

12.5.1 建筑剖面图的用途

　　建筑剖面图主要用来表达房屋内部竖直方向的结构形式、沿高度方向分层情况、各层构造做法、门窗洞口高、层高及建筑总高等（图 12.24）。

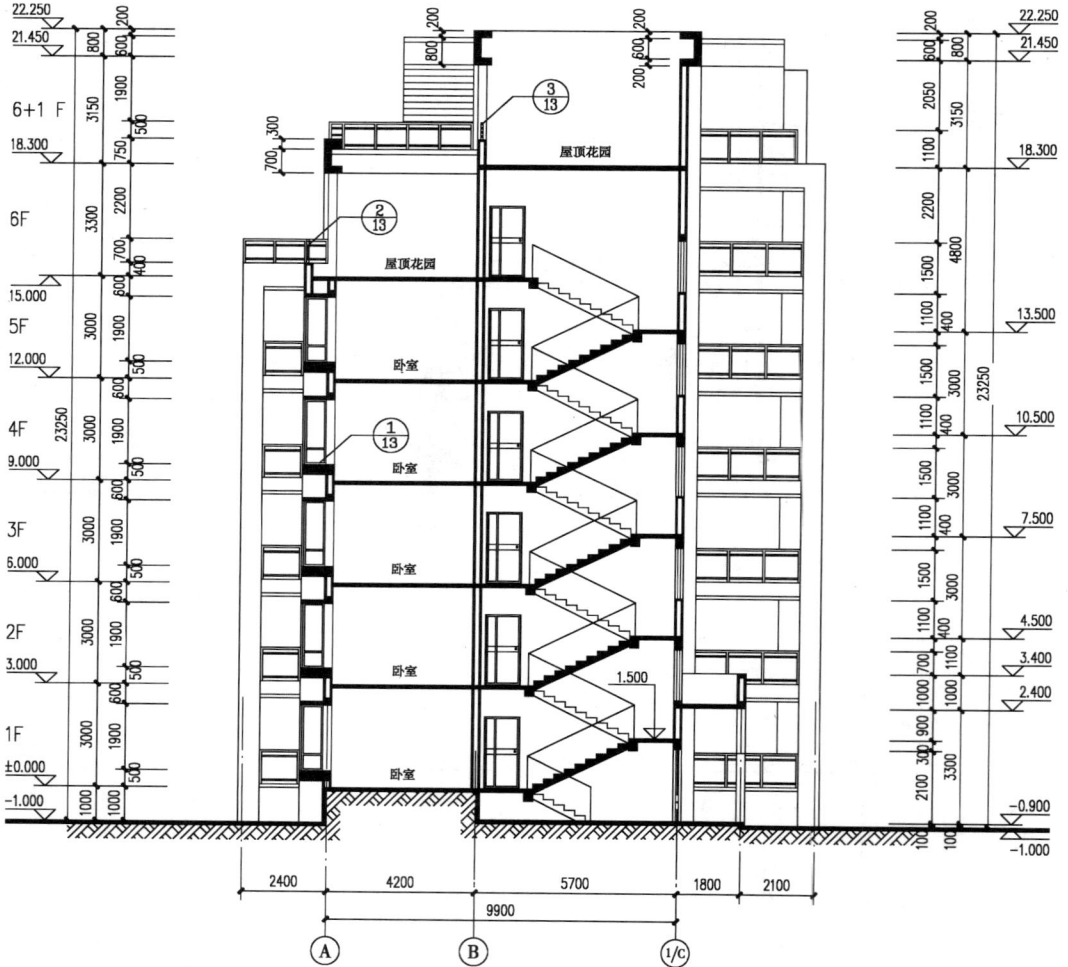

1—1剖面图 1:100

图 12.24 1—1 剖面图

12.5.2 建筑剖面图的形成

　　建筑剖面图（以下简称"剖面图"）是一假想剖切平面，平行于房屋的某一墙

建筑剖面图
的形成

面,将整个房屋从屋顶到基础全部剖切开,把剖切面和剖切面与观察人之间的部分移开,将剩下部分按垂直于剖切平面的方向投影而画成的图样(图 12.25)。建筑剖面图就是一个垂直的剖视图。

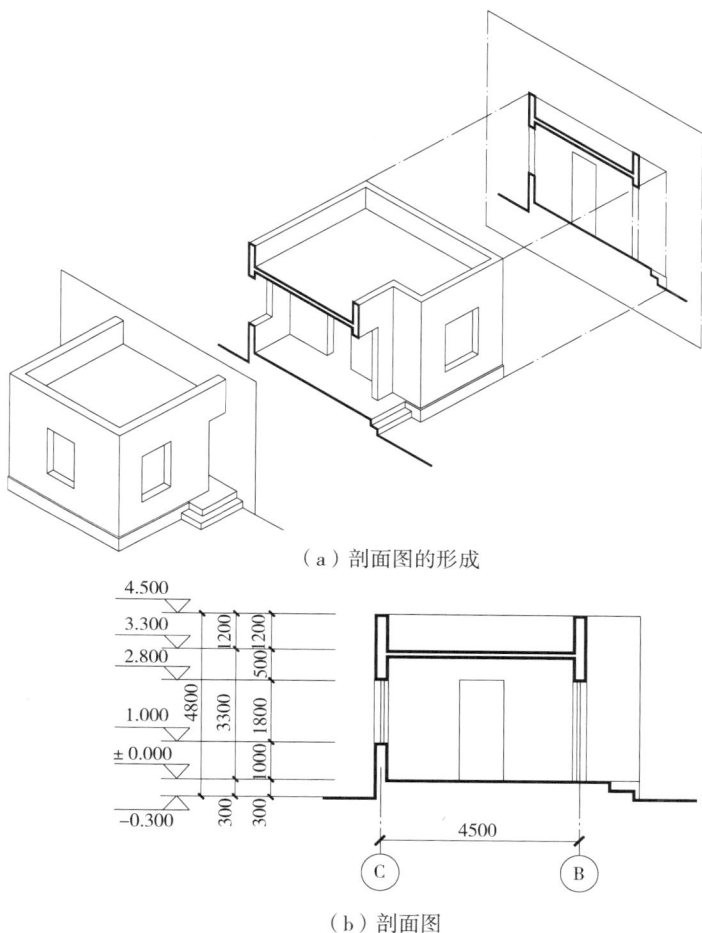

（a）剖面图的形成

（b）剖面图

图 12.25　建筑剖面图的形成

12.5.3　建筑剖面图的剖切位置及剖视方向

1）剖切位置

剖面图的剖切位置是标注在同一建筑物的底层平面图上的,剖面图的剖切位置应根据图纸的用途或设计深度,在平面图上选择能反映建筑物全貌、构造特征以及有代表性的部位剖切。实际工程中,剖切位置常选择在楼梯间并通过需要剖切的门、窗洞口位置(图 12.13)。

2）剖面图的剖视方向

平面图上剖切符号的剖视方向宜向后、向右(与我们习惯的 V、W 投影方向一致),看剖面图应与平面图相结合并对照立面图一起看。

12.5.4　建筑剖面图的比例

剖面图的比例与同一建筑物的平面图、立面图的比例一致,即采用 1∶50、1∶100 和 1∶200 绘制(图 12.25)。由于比例较小,剖面图中的门窗等构件也是采用中华人民共和国国家标准《建筑制图标准》(GB/T 50104—2010)规定的图例来表示,见表 12.2。

为了清楚地表达建筑各部分的材料及构造层次,当剖面图比例大于 1∶50 时,应在剖到的构件断面画出其他材料图例(材料图例见表 10.1)。当剖面图比例小于 1∶50 时,则不画具体材料图例,而用简化的材料图例表示其构件断面的材料,如钢筋混凝土构件可在断面涂黑以区别砖墙和其他材料。

12.5.5　建筑剖面图的线型

剖面图的线型按《房屋建筑制图统一标准》规定,凡是剖到的墙、板、梁等构件的剖切线用粗实线表示;而没剖到的其他构件的投影,则常用细实线表示(图 12.25)。

12.5.6　建筑剖面图的尺寸标注

①剖面图的尺寸标注:在竖直方向上图形外部标注 3 道尺寸及建筑物的室内外地坪、各层楼面、门窗洞口的上下口及墙顶等部位的标高。图形内部的梁等构件的下口标高,也应标注,且楼地面的标高应尽量标注在图形内。外部的 3 道尺寸,最外一道为总高尺寸,从室外地平面起标到墙顶止,标注建筑物的总高度;中间一道尺寸为层高尺寸,标注各层层高(两层之间楼地面的垂直距离称为层高);最里边一道尺寸称为细部尺寸,标注墙段及洞口尺寸。

②水平方向:常标注两道尺寸。里边一道标注剖到的墙、柱及剖面图两端的轴线编号及轴线间距;外边一道标注剖面图两端剖到的墙、柱轴线总尺寸,并在图的下方注写图名和比例。

③其他标注:由于剖面图比例较小,某些部位(如墙脚、窗台、过梁 、墙顶等节点),如不能详细表达,可在剖面图上的该部位处,画上详图索引标志,另用详图来表示其细部构造尺寸。此外,楼地面及墙体的内外装修,可用文字分层标注。

图 12.24 为某县技术质量监督局职工住宅的剖面图。从图中可看出,此建筑物共 7 层,室内外高差为 1 000;各层层高均为 3 000;该建筑总高 23 250。从图 12.24 中右边竖直方向的外部尺寸还可以看出,楼梯间入口处室内外高差为 100,从室外通过标高为 −0.900 的门斗平台再进入楼梯间室内,然后上 6 级台阶上到一层地坪。楼梯间各层中间平台(楼梯间中标高位于楼层之间的平台称为中间平台,又称休息平台)处,外墙窗台距中间平台面的高度均为 1 100,窗洞口高均为 1 500。从图 12.24 中楼梯间Ⓑ轴线墙右边还可以看到,各层楼层平台(楼梯间中标高与楼层一致的平台称为楼层平台)处是住户的入户门。Ⓐ轴线墙上的窗为各层平面图上入户后次卧室中对应的Ⓐ轴线墙上的阳光窗,窗台距楼面的高度为 500,窗洞口高为 1 900。图12.24 中还表达了楼梯间六层Ⓑ轴线墙外为六层住户的屋顶花园露台;楼梯间屋顶也为七层(六加一层)住户的屋顶花园露台。另外,凸窗、阳台栏板、女儿墙的详细做法,有①、②、③号详图详细

表达。由于本剖面图比例为 1∶100,故构件断面除钢筋混凝土梁、板涂黑表示外,墙及其他构件不再加画材料图例。

以上讲述了建筑的总平面图及平面图、立面图和剖面图,这些都是建筑物全局性的图样。在这些图中,图示的准确性是很重要的,我们应贯彻国家制图标准,严格按制图标准规定绘制图样。其次,尺寸标注也是非常重要的,要力求准确、完整、清楚,并弄清各种尺寸的含义。

建筑平面图中总长、总宽尺寸,立面图和剖面图中的总高尺寸为建筑的总尺寸;建筑平面图中的轴线尺寸,立面图、剖面图及下节要介绍的建筑详图中的细部尺寸为建筑的定量尺寸,也称定形尺寸,某些细部尺寸同时也是定位尺寸。

另外,根据《建筑模数协调标准》规定,每一种建筑构配件,都有 3 种尺寸,即标志尺寸、制作尺寸和实际尺寸。

标志尺寸符合模数数列的规定,用以标注建筑物定位线或基准面之间的垂直距离以及建筑部件、建筑分部件、有关设备安装基准面之间的尺寸。

制作尺寸是制作部件或分部件所依据的设计尺寸。由于建筑构配件表面较粗糙,考虑施工时各个构件之间的安装搭接方便,构件在制作时要考虑两构件搭接时的施工缝隙,故制作尺寸 = 标志尺寸 − 缝宽。

实际尺寸是部件、分部件等生产制作后实际测得的尺寸。

由于制作时存在误差,故实际尺寸 = 制作尺寸 ± 允许误差。

12.5.7   剖面图的画图步骤

图 12.26 剖面图的画图步骤如下:

①画室内外地平线、最外墙(柱)身的轴线和各部高度,如图 12.26(a)所示。

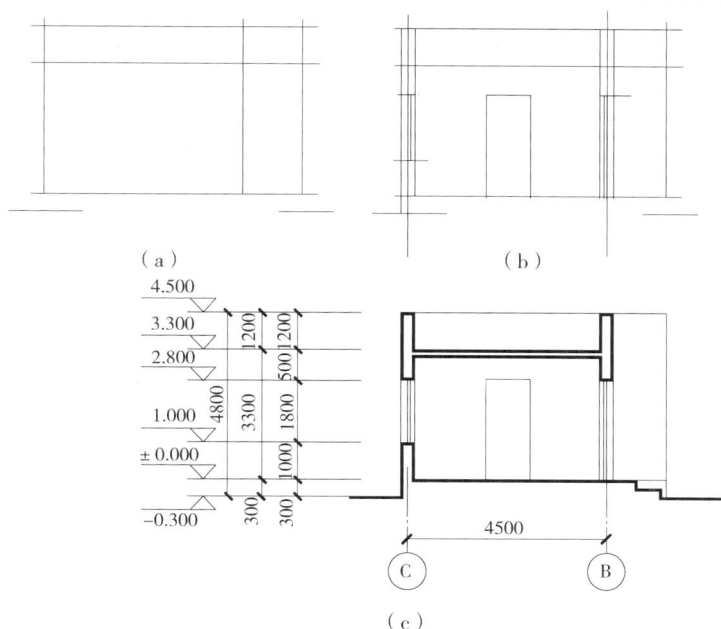

图 12.26   剖面图的画图步骤

②画墙、门窗洞口及可见的主要轮廓线,如图 12.26(b)所示。

③画屋面及踢脚板等细部号,如图 12.26(c)所示。

④加深图线,并标注尺寸数字,书写文字说明,如图 12.26(c)所示。

12.6　建筑详图

12.6.1　建筑详图的用途

房屋建筑平、立、剖面图都是用较小的比例绘制的,主要表达建筑全局性的内容,但对于房屋细部或构、配件的形状、构造关系等,是无法表达清楚的。因此,在实际工作中,为详细表达建筑节点及建筑构、配件的形状、材料、尺寸及作法,而用较大的比例画出的图形,称为建筑详图或大样图。

12.6.2　建筑详图的比例

《房屋建筑制图统一标准》规定:详图的比例宜用 1:1、1:2、1:5、1:10、1:20、1:50 绘制,必要时,也可选用 1:3、1:4、1:25、1:30、1:40 等。

12.6.3　建筑详图标志及详图索引标志

为了便于看图,常采用详图标志和详图索引标志。详图标志(又称详图符号)画在详图的下方,相当于详图的图名;详图索引标志(又称索引符号)则表示建筑平、立、剖面图中某个部位需另画详图表示,故详图索引标志是标注在需要画出详图的位置附近,并用引出线引出的。

图 12.27 为详图索引标志,其水平直径线及符号圆圈均以细实线绘制,圆的直径为 10 mm,水平直径线将圆分为上、下两半,如图 12.27(a)所示;上方注写详图编号,下方注写详图所在图纸编号,如图 12.27(b)所示;如详图绘在本张图纸上,则仅用细实线在索引标志的下半圆内画一段水平细实线即可,如图 12.27(c)所示;如索引的详图是采用标准图,应在索引标志的水平直径的延长线上加注标准图集的编号,如图 12.27(d)所示。索引标志的引出线宜采用水平方向的直线或与水平方向成 30°、45°、60°、90°的直线,以及经上述角度再折为水平方向的折线。文字说明宜注写在引出线横线的上方,引出线应对准索引符号的圆心。

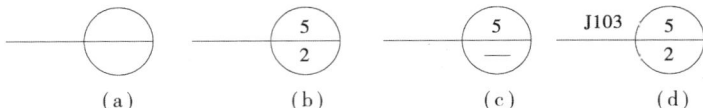

图 12.27　详图索引标志

图 12.28 为用于索引剖面详图的索引标志。应在被剖切的部位绘制剖切位置线,并以引出线引出索引标志,引出线所在的一侧应视为剖视方向,如图 12.28(a)~(d)所示。图中的粗实线为剖切位置线,表示该图为剖面图。

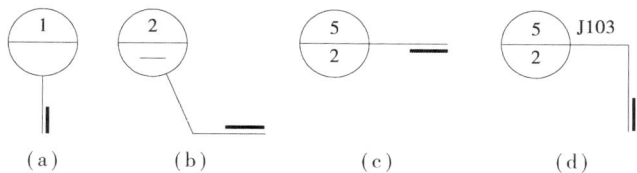

图 12.28　用于索引剖面详图的索引标志

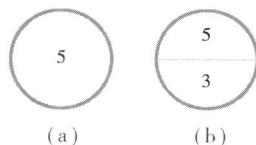

图 12.29　详图标志

　　详图的位置和编号,应以详图符号(详图标志)表示。详图标志应以粗实线绘制,直径为
14 mm。详图与被索引的图样,同在一张图纸内时,应在详图标志内用阿拉伯数字注明详图的编
号,如图 12.29(a)所示。如不在同一张图纸内时,也可以用细实线在详图标志内画一水平直
径,上半圆中注明详图编号,下半圆内注明被索引图纸的图纸编号,如图 12.29(b)所示。

　　屋面、楼面、地面为多层次构造。多层次构造可用分层说明的方法标注其构造作法。多层
次构造的引出线,应通过被引出的各层。文字说明宜用 5 号或 7 号字注写在横线的上方或横线
的端部,说明的顺序由上至下,并应与被说明的层次相互一致。如层次为横向排列,则由上至下
的说明顺序应与由左至右的层次相互一致,如图 12.30 所示。

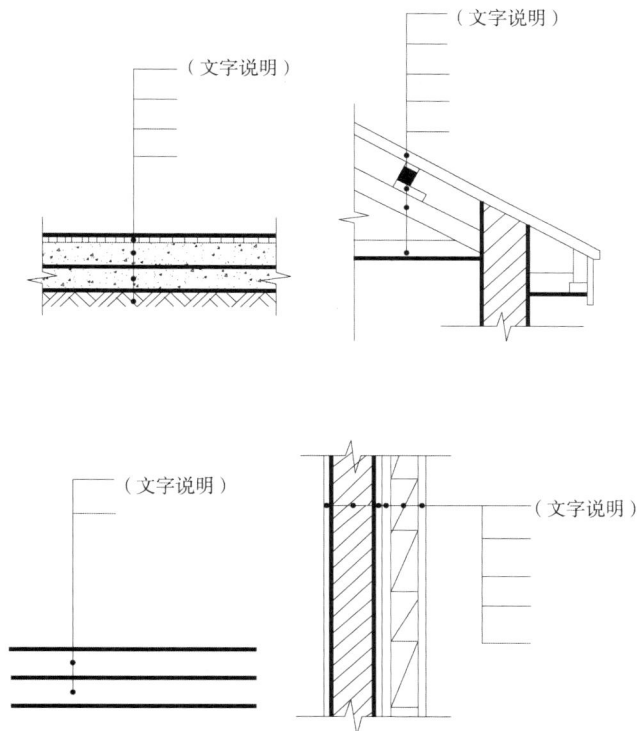

图 12.30　多层次构造的引出线

　　一套施工图中,建筑详图的数量视建筑工程的体量大小及难易程度来决定。常用的详图
有:外墙身详图,楼梯间详图,卫生间,厨房详图,门窗详图,阳台,雨篷等详图。由于各地区都编
有标准图集,故在实际工程中,有的详图可直接查阅标准图集。

12.6.4 楼梯详图

楼梯是楼层垂直交通的必要设施。

楼梯由梯段、平台和栏杆(或栏板)扶手组成,如图 12.31 所示。

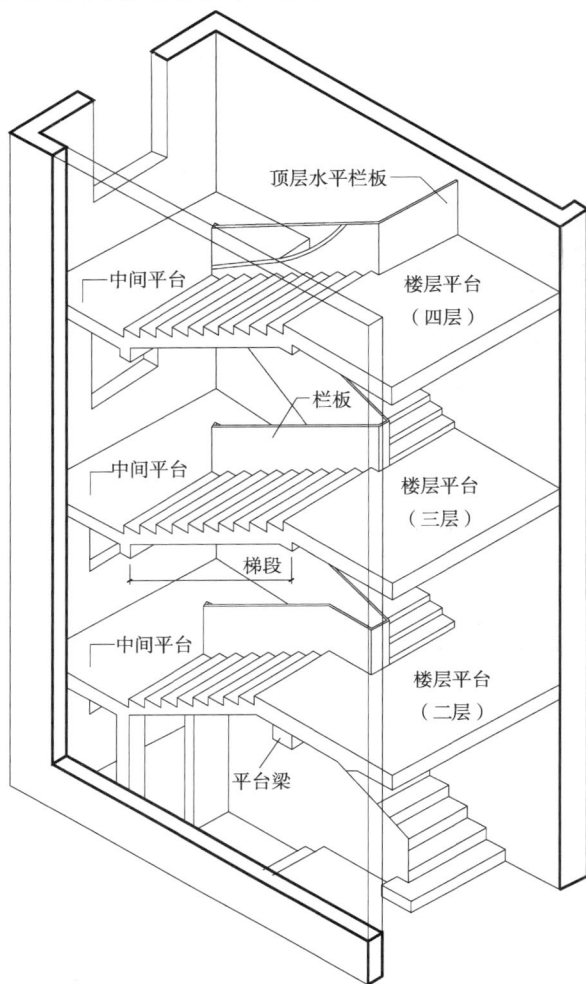

图 12.31 楼梯的组成

常见的楼梯平面形式有:单跑楼梯(上下两层之间只有一个梯段)、双跑楼梯(上下两层之间有两个梯段、一个中间平台)、三跑楼梯(上下两层之间有三个梯段、两个中间平台)等,如图 12.32 所示。

楼梯间详图包括楼梯间平面图、剖面图、踏步栏杆等详图,主要表示楼梯的类型、结构形式、构造和装修等。楼梯间详图应尽量安排在同一张图纸上,以便于阅读。

1) 楼梯平面图

楼梯平面图常用 1∶50 的比例画出。

楼梯平面图的水平剖切位置,除顶层在安全栏板(或栏杆)之上外,其余各层

均在上行第一跑中间,如图 12.33 所示。各层被剖切到的上行第一跑梯段,都在楼梯平面图中画一条与踢面线成 30°的折断线(构成梯段的踏步中与楼地面平行的面称为踏面,与楼地面垂直的面称为踢面),各层下行梯段不予剖切。而楼梯间平面图则为房屋各层水平剖切后的直接正投影,如同建筑平面图。如中间几层构造一致,也可只画一个标准层平面图。故楼梯平面详图常常只画出底层、中间层和顶层 3 个平面图。

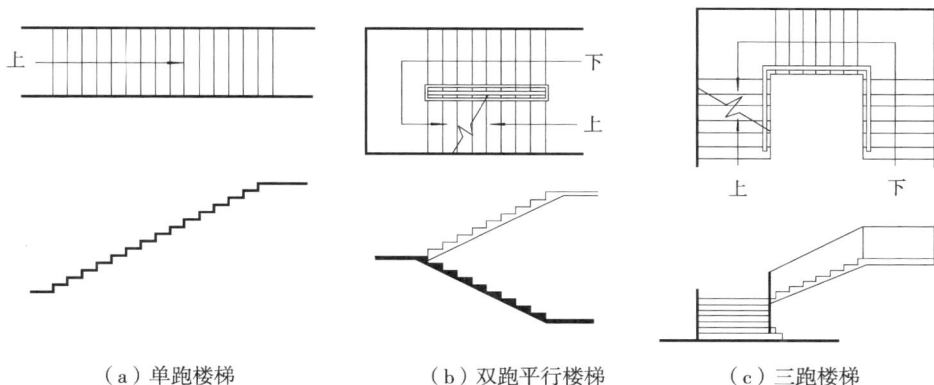

（a）单跑楼梯　　　　　（b）双跑平行楼梯　　　　（c）三跑楼梯

图 12.32　楼梯平面图的形成

各层楼梯平面图宜上下对齐(或左右对齐),这样既便于阅读又便于尺寸标注和省略重复尺寸。平面图上应标注该楼梯间的轴线编号、开间和进深尺寸,楼地面和中间平台的标高,以及梯段长、平台宽等细部尺寸。梯段长度尺寸标为:踏面数 × 踏面宽 = 梯段长。

图 12.34 为某县技术质量监督局职工住宅的楼梯平面图。底层平面图中只有一个被剖到的梯段。从⑨、⑪轴线墙上的入户门出到标高为 ± 0.000 一层楼层平台,再通过 6 级台阶下到楼梯间入口及门斗的标高为 − 0.900 的平台上,从连接室内外的门斗平台处下到室外。

标准层平面图中的上下两个梯段都是画成完整的;上行梯段的中间画有一与踢面线成 30°的折断线。折断线两侧的上下指引线箭头是相对的,在箭尾处分别写有"上 20 级"和"下 20 级",是指从二层上到二层以上的各层及下到一层的踏步级数均为 20 级;说明各层的层高是一致的。由于只有二层平面图上才能看到一层门斗上方的雨篷的投影,故此处用"仅二层有"加以说明。

六层(顶层)平面图的踏面是完整的,只有下行,故梯段上没有折断线。楼面临空的一侧装有水平栏杆。

2）楼梯剖面图

楼梯剖面图常用 1∶50 的比例画出。其剖切位置应选择在通过第一跑梯段及门窗洞口,并向未剖切到的第二跑梯段方向投影(如图 12.34 中的剖切位置)。图 12.35 为按图 12.34 剖切位置绘制的剖面图。

剖到梯段的步级数可直接看到,未剖到梯段的步级数因栏板遮挡或因梯段为暗步梁板式等原因而不可见时,可用虚线表示,也可直接从其高度尺寸上看出该梯段的步级数。

多层或高层建筑的楼梯间剖面图,如中间若干层构造一样,可用一层表示这相同的若干层剖面,从此层的楼面和平台面的标高可看出所代表的若干层情况,也可全部画完整。楼梯间的顶层楼梯栏杆以上部分,由于与楼梯无关,故可用折断线折断不画,如图 12.35 的顶部。

楼梯剖面图
的形成

楼梯剖面图
的画法

⑤ ⑥
1050 1500 1050

E
120 120
1600
4800
10×260=2600
4.950
6.600 下22级
360
120 120
D

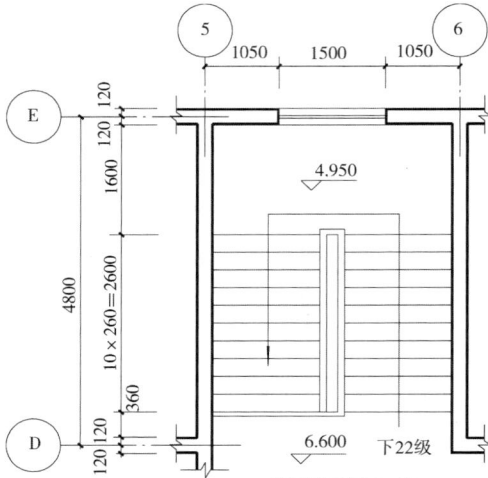

顶层平面图 1:50

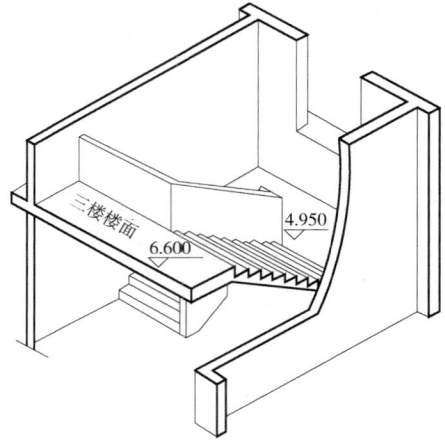

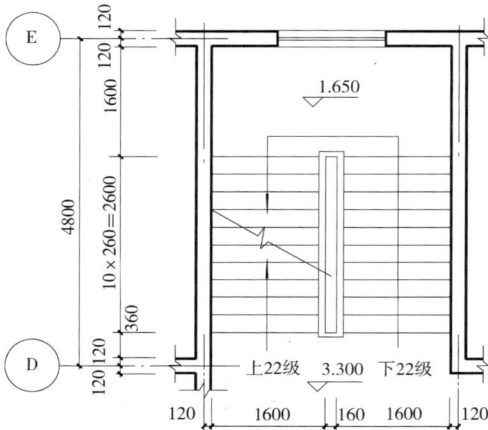

E
120 120
1600
4800
10×260=2600
1.650
上22级 3.300 下22级
360
120 120
D
120 1600 160 1600 120

二层平面图 1:50

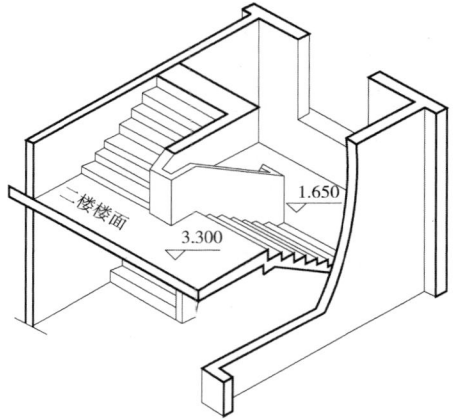

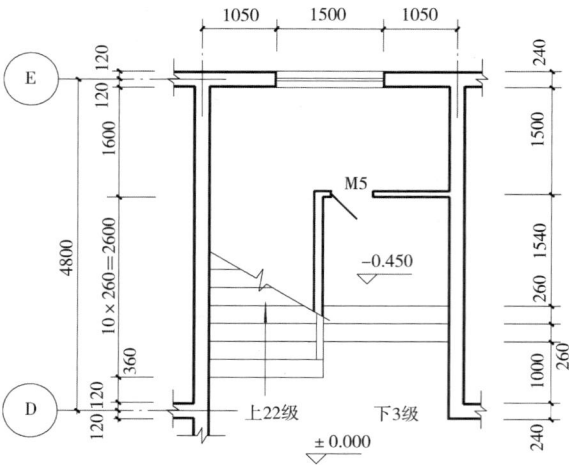

1050 1500 1050

E
120 120
240
1600
1500
4800
10×260=2600
M5
−0.450
260 1540
360
1000 260
120 120
D
上22级 下3级
240
± 0.000

底层平面图 1:50

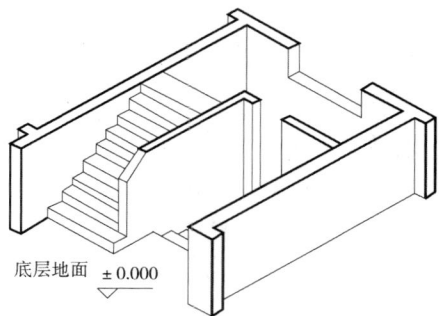

三楼楼面
6.600 4.950

二楼楼面
3.300 1.650

底层地面 ± 0.000

图 12.33 楼梯平面图的形成

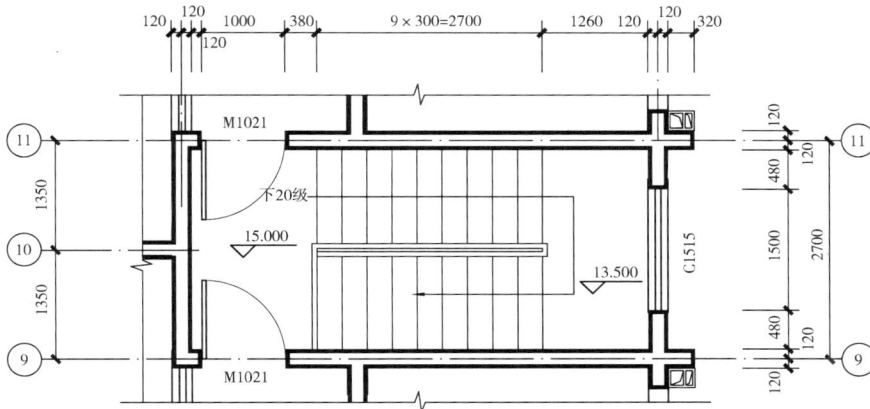

六层平面图 1：50

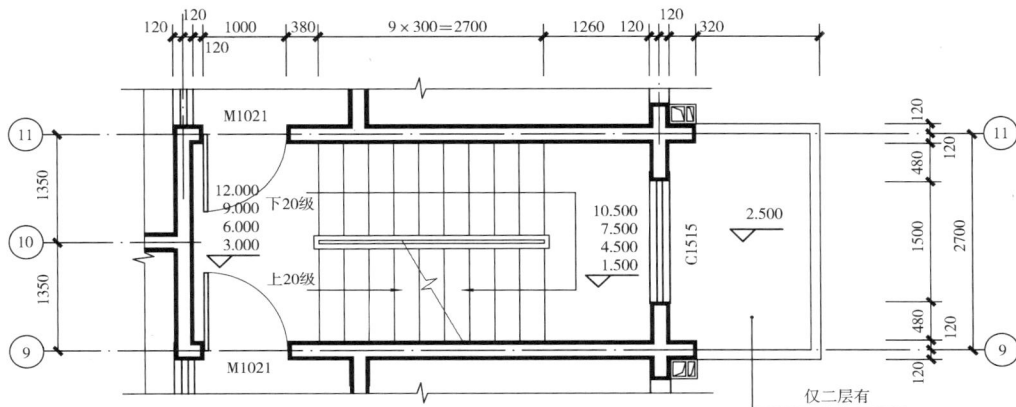

标准层（二~五层）平面图 1：50

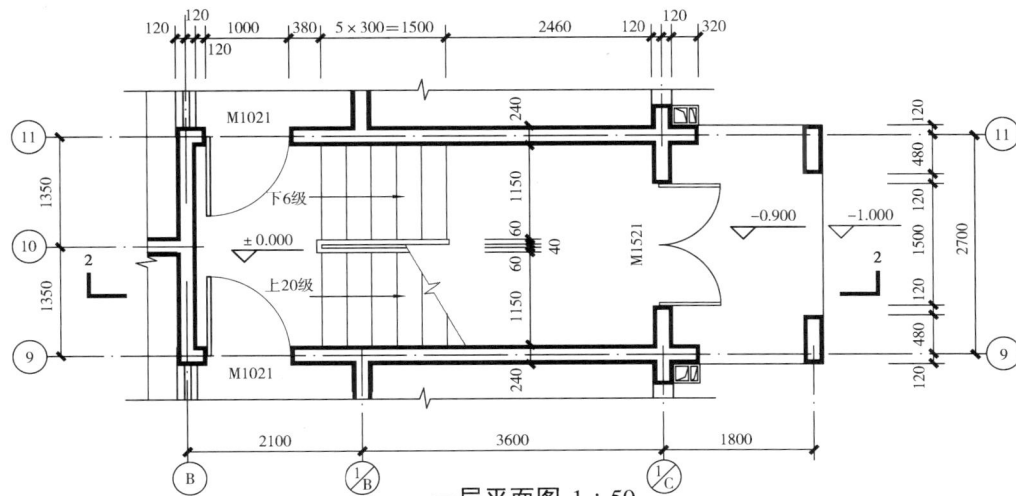

一层平面图 1：50

图 12.34 楼梯平面图

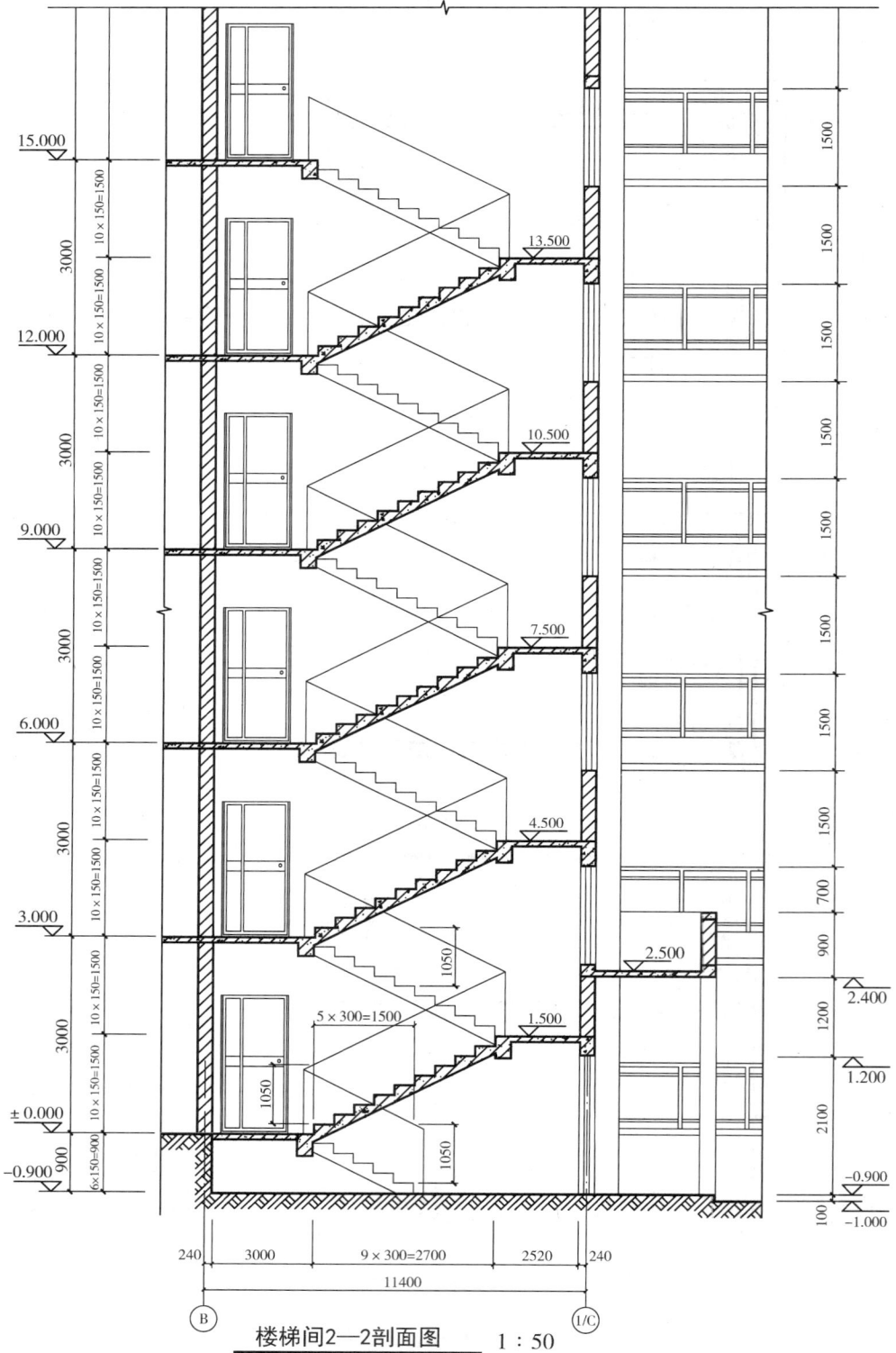

楼梯间2—2剖面图　　1：50

图 12.35　楼梯剖面图

楼梯间剖面图的标注：

①水平方向应标注被剖切墙的轴线编号、轴线尺寸及中间平台宽、梯段长等细部尺寸。

②竖直方向应标注剖到墙的墙段、门窗洞口尺寸及梯段高度、层高尺寸。梯段高度应标成：步级数×踢面高＝梯段高。

③标高及详图索引：楼梯间剖面图上应标出各层楼面、地面、平台面及平台梁下口的标高。如需画出踢步、扶手等的详图，则应标出其详图索引符号和其他尺寸，如栏杆（或栏板）高度。

从图 12.35 中可以看到：从图的右方标高为－1.000 的室外地坪上到标高为－0.900 的连接室内外的门斗内，再进入楼梯间，通过室内 5 级台阶上到标高为±0.000 一层楼层平台。每层都有两个梯段，且每个梯段的级数都是 10 级。楼梯间的顶层楼梯栏杆以上部分以及竖直方向①轴线以左客厅部分，由于与楼梯无关，故都用折断线折断不画。

12.6.5　门窗详图

门在建筑中的主要功能是交通、分隔、防盗，兼作通风、采光之用。

窗的主要作用是通风、采光。

1）木门、窗详图

木门、窗是由门（窗）框、门（窗）扇及五金件等组成的，如图 12.36、图 12.37 所示。

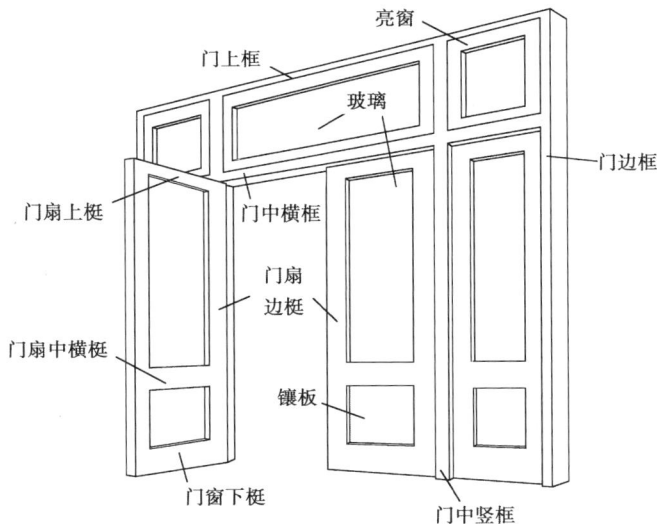

图 12.36　木门的组成

门、窗洞口的基本尺寸，1 000 mm 以下时按 100 mm 为增值单位增加尺寸，1 000 mm 以上时，按 300 mm 为增值单位增加尺寸。

门、窗详图，一般都有分别由各地区建筑主管部门批准发行的各种不同规格的标准图（通用图、利用图），供设计者选用。若采用标准详图，则只需在施工图中说明该详图所在标准图集中的编号即可；如果未采用标准图集，则必须画出门、窗详图。

门、窗详图由立面图、节点图、断面图和门窗扇立面图等组成。

①门、窗立面图，常用 1∶20 的比例绘制，它主要表达门、窗的外形、开启方式和分扇情况，同时还标出门窗的尺寸及需要画出节点图的详图索引符号，如图 12.38 所示。

图 12.37　木窗的组成

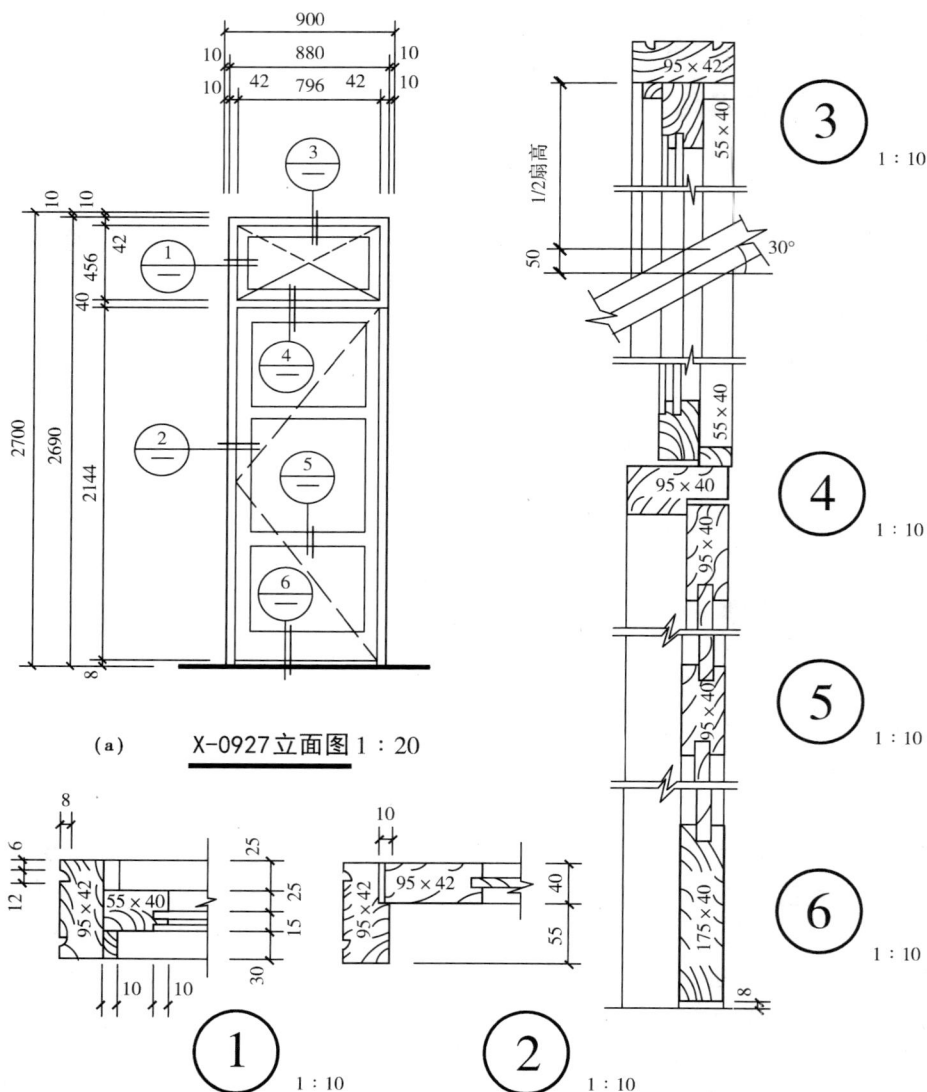

（a）　X-0927立面图 1：20

图 12.38　木门详图

一般以门、窗向着室外的面作为正立面。门、窗扇向室外开者称外开,反之为内开。《建筑制图标准》规定:门、窗立面图上开启方向外开用两条细斜实线表示,如用细斜虚线表示,则为内开。斜线开口端为门、窗扇开启端,斜线相交端为安装铰链端。如图 12.38 所示,中门扇为内开平开门,铰链装在左端,门上亮窗为中悬窗,窗的上半部分转向室内,下半部分转向室外。

门、窗立面图的尺寸一般在竖直和水平方向各标注 3 道;最外一道为洞口尺寸,中间一道为门窗框外包尺寸,里边一道为门窗扇尺寸。

②节点详图:节点详图常用 1∶10 的比例绘制。节点详图主要表达各门窗框、门窗扇的断面形状、构造关系以及门、窗扇与门窗框的连接关系等内容。

习惯上将水平(或竖直)方向上的门、窗节点详图依次排列在一起,分别注明详图编号,并相应地布置在门、窗立面图的附近,如图 12.38 所示。

门、窗节点详图的尺寸主要为门、窗料断面的总长、总宽尺寸。如 95×42、55×40、95×40 等为"X−0927"代号门的门框、亮窗窗扇上下框、门扇上框、中横框及边框的断面尺寸。除此之外,还应标出门、窗扇在门、窗框内的位置尺寸。如图 12.38 所示,②号节点图中,门扇进门框 10 mm。

③窗料断面图:常用 1∶5 的比例绘制,主要用以详细说明各种不同门、窗料的断面形状和尺寸。断面内所注尺寸为净料的总长、总宽尺寸(通常每边要留 2.5 mm 厚的加工裕量),断面图四周的虚线即为毛料的轮廓线,断面外标注的尺寸为决定其断面形状的细部尺寸,如图 12.39 所示。

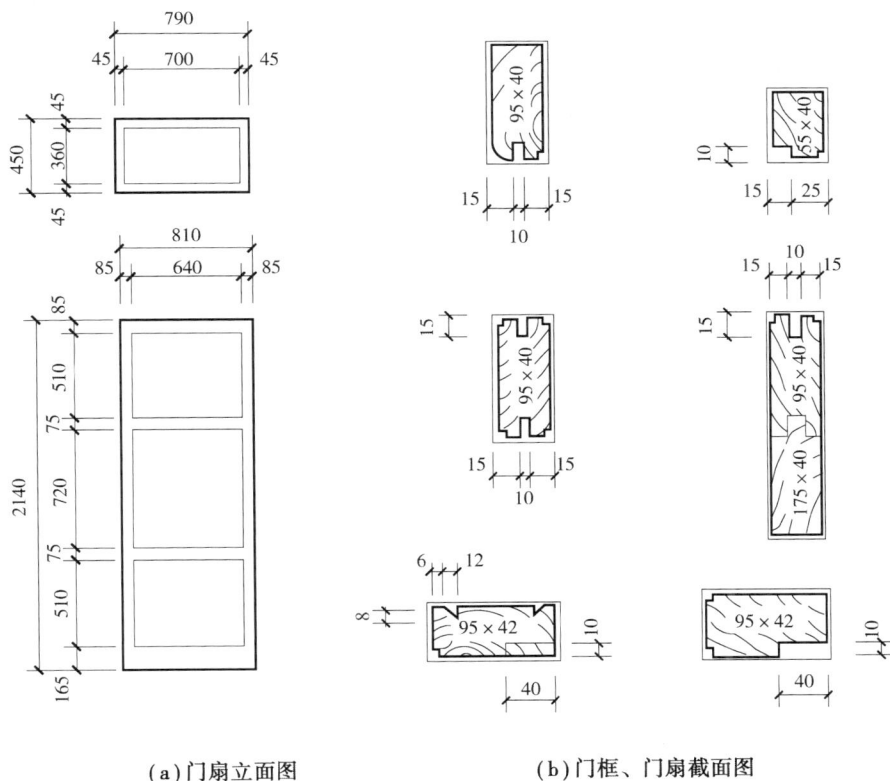

(a)门扇立面图   (b)门框、门扇截面图

图 12.39　木门门扇详图

④门、窗扇立面图:常用 1:20 比例绘制,主要表达门、窗扇形状及边梃、上下梃、中横梃、镶板、纱芯或玻璃板的位置关系,如图 12.39 所示。

门、窗扇立面图在水平和竖直方向各标注两道尺寸,外边一道为门、窗扇的外包尺寸,里边一道为扣除裁口的边梃或各冒头的尺寸,以及镶板、纱芯或玻璃的尺寸(也是边梃或上下梃、中横梃的定位尺寸)。

2)铝合金门、窗及塑钢门、窗详图

铝合金门窗及塑钢门、窗与木制门、窗相比,在坚固、耐久、耐火和密闭等性能上都较优越,而且节约木材,透光面积较大,可适应各种开启方式(如平开、翻转、立转、推拉等),因此已大量用于各种建筑上。铝合金门、窗及塑钢门、窗的立面图表达方式及尺寸标注与木门、窗的立面图表达方式及尺寸标注一致,其门、窗料断面形状与木门、窗料断面形状不同,但图示方法及尺寸标注要求与木门、窗相同。各地区及国家已有相应的标准图集,如"图家建筑标准设计"图集有:铝合金门窗 02J603-1 合订本。

铝合金门、窗的代号与木制门、窗代号稍有不同,如"HPLC"为"滑轴平开铝合金窗","TLC"为"推拉铝合金窗","PLM"为"平开铝合金门","TLM"为"推拉铝合金门"等。

塑钢门、窗的代号与木制门、窗代号也有所不同,如"SGC.0915"为"塑钢单框双玻中空窗","SGTM.1521"为"塑钢单框双玻中空推拉门","SGMC.1224"为"塑钢单框双玻中空带窗门"等。

12.6.6 卫生间、厨房详图

卫生间、厨房详图主要表达卫生间和厨房内各种设备的位置、形状及安装做法等。

卫生间、厨房详图有平面详图、全剖面详图、局部剖面详图、设备详图、断面图等。其中,平面详图是必要的,其他详图根据具体情况选取采用,只要能将所有情况表达清楚即可。

卫生间、厨房平面详图是将建筑平面图中的卫生间、厨房用较大比例(如 1:50、1:40、1:30 等),把卫生设备及厨房的必要设备一并详细地画出的平面图。它表达出各种卫生设备及厨房的设备在卫生间及厨房内的布置、形状和大小。图 12.40 为某县技术质量监督局职工住宅的厨房、卫生间及生活阳台平面详图。

卫生间、厨房的平面详图的线型与建筑平面图相同,各种设备可见的投影线用细实线表示,必要的不可见线用细虚线表示;当比例≤1:50 时,其设备按图例表示;当比例>1:50 时,其设备应按实际情况绘制。如各层的卫生间、厨房布置完全相同,则只画其中一层的卫生间、厨房即可。

平面详图除标注墙身轴线编号、轴线间距和卫生间、厨房的开间、进深尺寸外,还要注出各卫生设备及厨房的必要设备的定量、定位尺寸和其他必要的尺寸,以及各地面的标高等。平面图上还应标注剖切线位置、投影方向及各设备详图的详图索引标志等。

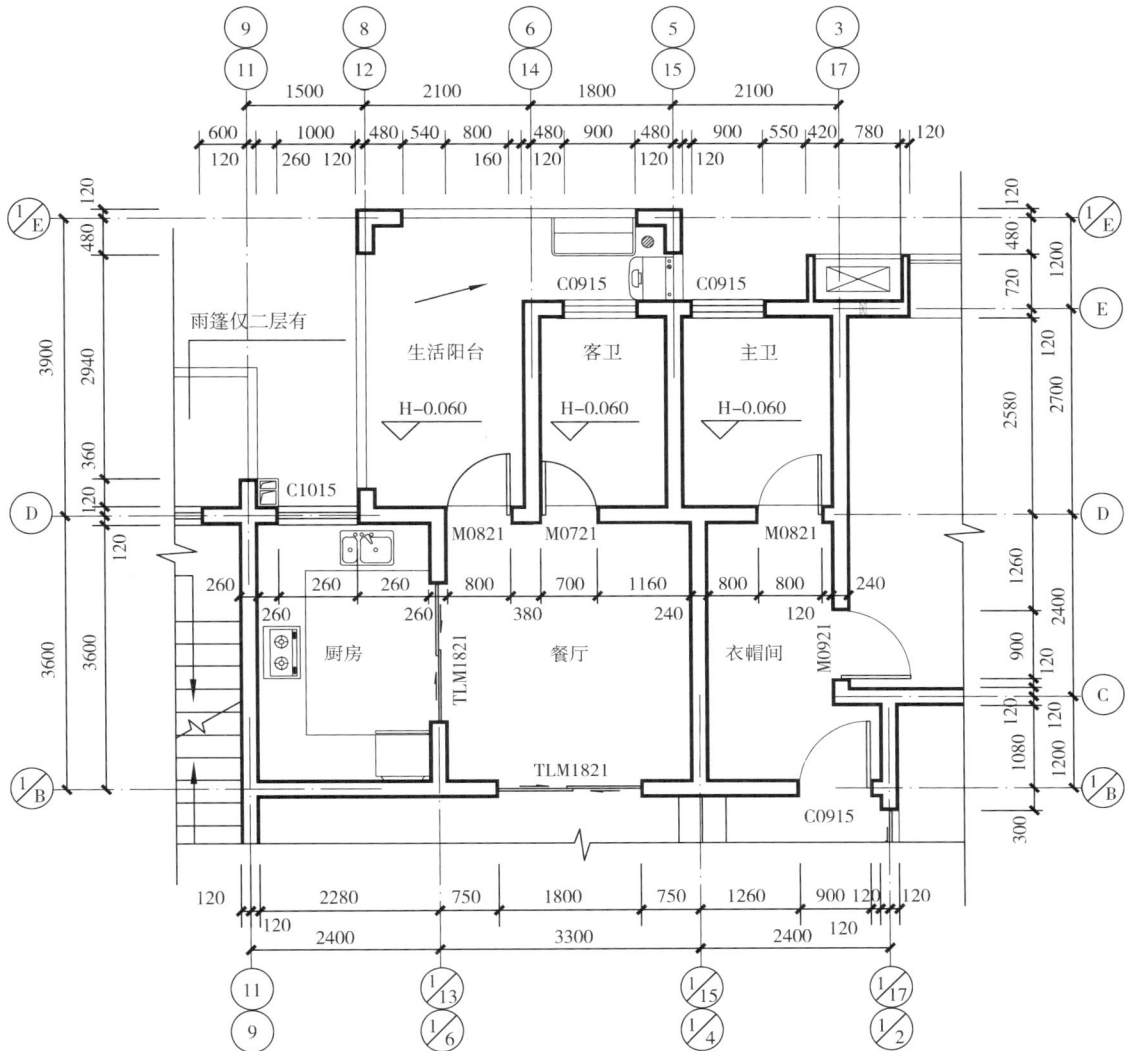

厨房、卫生间及生活阳台平面详图 1：50

图 12.40　厨房、卫生间及生活阳台平面详图

12.6.7　其他详图

根据工程不同需要,还可以加画其他如墙体、凸窗、阳台、阳台栏板、线脚、女儿墙、雨篷等详图,以表达这些部分的材料、位置、形状及安装做法等。如图 12.41 所示为某县技术质量监督局职工住宅的凸窗、阳台栏板及女儿墙栏板的剖面详图,具体表达了凸窗、阳台栏板及女儿墙栏板各部分构造的剖面尺寸及材料和做法。其他详图的表达方式、尺寸标注等,都与前面所述详图大致相同,故不再赘述。

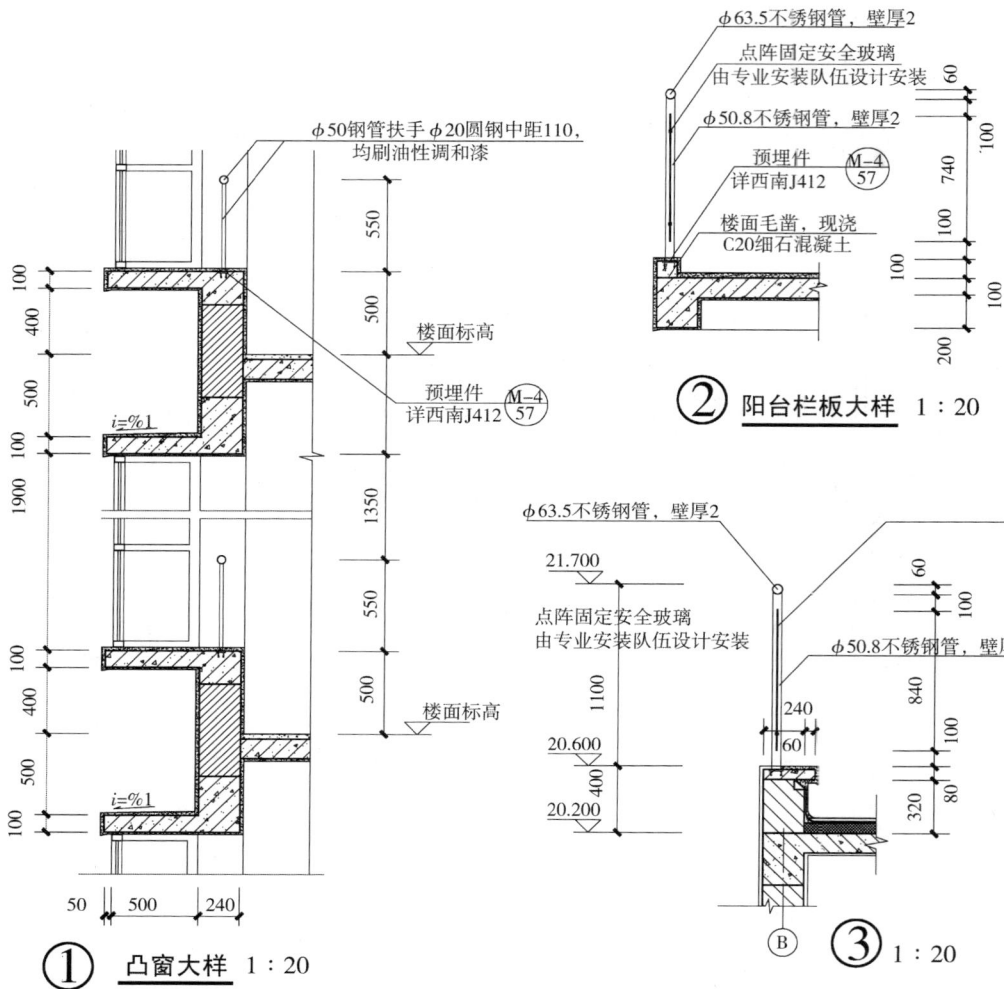

图12.41　凸窗及阳台栏板的剖面详图

本章小结

(1)了解房屋建筑的基本组成部分。

(2)了解建筑施工图的组成及各部分图纸的名称。

(3)熟悉总平面图、各层平面图、立面图、剖面图及详图的形成、用途、比例、线型、图例、尺寸标注等要求。

(4)掌握识读和绘制总平面图、各层平面图、立面图、剖面图及详图的方法和技巧。

复习思考题

12.1　施工图根据其内容和各工种不同可分为哪几种?

12.2　建筑施工图的用途是什么？

12.3　建筑施工图包括哪几种图纸？

12.4　建筑平面图的用途是什么？

12.5　建筑立面图的用途是什么？

12.6　建筑剖面图的用途是什么？

12.7　什么是定位轴线？定位轴线怎样进行编号？

12.8　什么是开间？什么是进深？

12.9　总平面图、各层平面图、立面图、剖面图及详图的常用比例是多少？

12.10　总平面图、各层平面图、立面图、剖面图及详图的尺寸单位是什么？

12.11　总平面图、各层平面图、立面图、剖面图及详图的标高单位是什么？标到小数点后几位？

12.12　各层平面图的外部尺寸一般标注几道？各道尺寸分别标注什么内容？分别称为什么尺寸？

13

结构施工图

本章导读：

通过本章的学习，明确结构施工图的基本概念，熟悉结构施工图的组成、内容和相应制图规范；掌握结构施工图的阅读方法，理解图示内容，能够用尺规及计算机绘制结构施工图；认识结构平法施工图的表达方式，重点掌握梁平法施工图的平面注写方式，并能够读懂施工图实例，写出读图纪要。

13.1 概述

建筑结构是指在建筑物（或构筑物）中，由建筑材料制成用来承受各种荷载或者作用的空间受力体系。组成这个体系的各种构件就称为结构构件，其中一些构件，如基础、承重墙、柱、梁、板等，是建筑物的主要承重构件，它们互相支承并联结成整体，构成了建筑物的承重骨架。

13.1.1 结构施工图的作用

设计一幢房屋，除了进行建筑设计外，还要进行结构设计。结构设计的基本任务，就是根据建筑物的使用要求和作用于建筑物上的荷载，选择合理的结构类型和结构方案；进行结构的平面和竖向布置；经过结构计算，确定各结构构件的几何尺寸、材料等级及内部构造；以最经济的手段，使建筑结构在规定的使用期限内满足安全、适用、耐久的要求。把结构设计的成果绘成图样，以表达各结构构件的形状、尺寸、材料、构造及布置关系，称为结构施工图，简称结施图。它是建筑工程施工放线、基槽（坑）开挖、支模板、钢筋绑扎、浇筑混凝土、结构安装、施工组织、编制预算的重要依据。

13.1.2　常用构件代号

由于结构构件的种类繁多,为了便于读图和绘图,在结构施工图中常用代号来表示构件的名称(代号后面的数字表示构件的型号或者编号)。常用构件的名称、代号见表13.1。

表13.1　常用构件代号(摘自GB/T 50105—2010)

序号	名称	代号	序号	名称	代号	序号	名称	代号	序号	名称	代号
1	板	B	11	框架梁	KL	21	托架	TJ	31	桩	ZH
2	屋面板	WB	12	屋面框架梁	WKL	22	天窗架	CJ	32	梯	T
3	空心板	KB	13	框支梁	KZL	23	框架	KJ	33	雨篷	YP
4	槽形板	CB	14	吊车梁	DL	24	刚架	GJ	34	阳台	YT
5	折板	ZB	15	圈梁	QL	25	支架	ZJ	35	梁垫	LD
6	密肋板	MB	16	过梁	GL	26	柱	Z	36	预埋件	M
7	楼梯板	TB	17	连系梁	LL	27	构造柱	G Z	37	天窗端壁	TD
8	墙板	QB	18	基础梁	JL	28	框架柱	KZ	38	钢筋网	W
9	梁	L	19	楼梯梁	TL	29	基础	J	39	钢筋骨架	G
10	屋面梁	WL	20	屋架	WJ	30	设备基础	SJ	40	挡土墙	DQ

注:预应力钢筋混凝土构件代号,应在构件代号前加注"Y-",如Y-KB表示预应力空心板。

　　本表摘录了常用的部分钢筋混凝土构件代号,其余构件代号请读者根据需要查阅《建筑结构制图标准》(GB/T 50105—2010)。

13.2　混合结构民用建筑结构施工图

混合结构民用建筑的结构施工图一般包括:结构设计说明、基础施工图(基础平面布置图、基础断面详图和文字说明)、楼层结构布置图(楼层结构布置平面图、屋顶结构布置平面图、楼梯间结构布置平面图、圈梁结构布置平面图)、构件详图等。

13.2.1　建筑结构的组成和分类

建筑结构主要由梁、板、墙、柱、楼梯和基础等构件组成,按主要承重构件所采用的材料不同,可分为木结构、砖混结构、钢筋混凝土结构、型钢混凝土结构和钢结构等,如图13.1所示。不同的结构类型,其结构施工图的具体内容及编制方式也各有不同。

13.2.2　钢筋混凝土结构及构件

钢筋混凝土结构是目前应用最广泛的建筑结构类型。混凝土是用水泥作胶凝材料,砂、石作集料,与水(加或不加外加剂和掺合料)按一定比例配合,经搅拌、成型、养护而得的人工石材。混凝土具有较高的抗压强度和良好的耐久性能,但抗拉能力较差,容易因受拉而断裂。中华人民共和国国家标准《混凝土结构设计规范》(GB 50010—2010,2024 年版)规定,普通混凝土的抗压强度等级分为 14 级,即 C15、C20、C25、C30、C35、C40、C45、C50、C55、C60、C65、C70、C75、C80。C 后面的数值越大,表示混凝土的抗压强度越高。

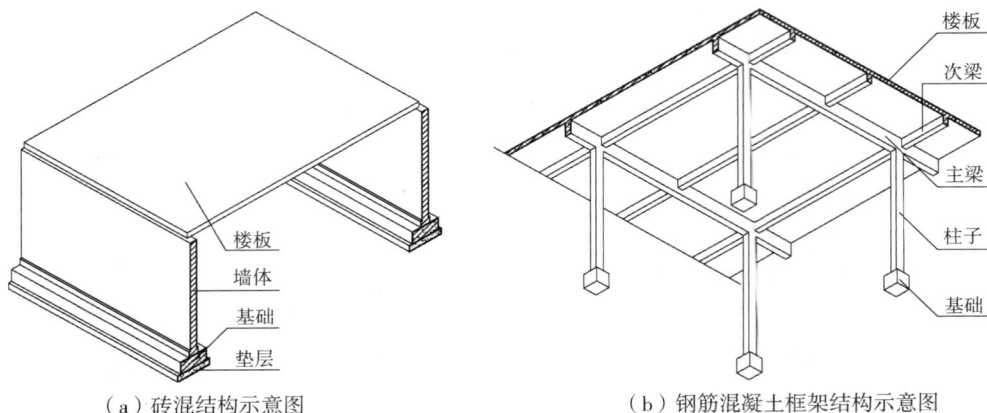

（a）砖混结构示意图　　　　　　　（b）钢筋混凝土框架结构示意图

图 13.1　砖混结构与框架结构示意图

为了增强混凝土的抗拉性能,通常在混凝土构件里面加入一定数量的钢筋。钢筋不但具有良好的抗拉能力,而且与混凝土有良好的黏结能力,它的热膨胀系数与混凝土也很接近,二者结合成整体,共同承受外力。例如,一简支素混凝土梁在荷载作用下将发生弯曲,其中性层以上部分受压,中性层以下部分受拉。由于混凝土抗拉能力较差,在较小荷载作用下,梁的下部就会因拉裂而折断。若在该梁下部受拉区布置适量的钢筋,由钢筋代替混凝土受拉,由混凝土承担受压区的压力(有时也可在受压区布置适量钢筋,以帮助混凝土受压),这就能够有效提高梁的承载能力,如图 13.2 所示。

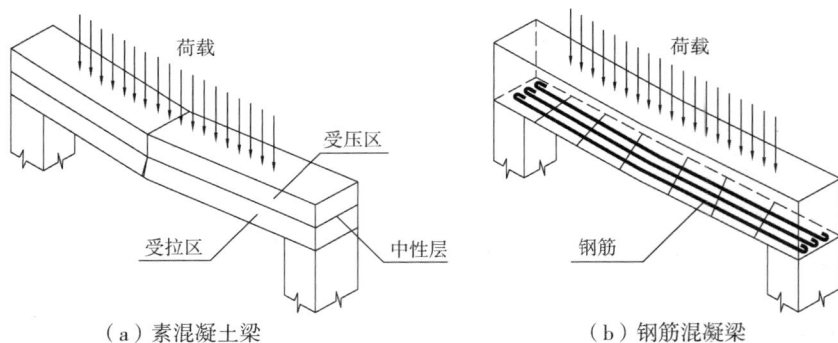

（a）素混凝土梁　　　　　　　　　（b）钢筋混凝梁

图 13.2　混凝土梁受力示意图

配有钢筋的混凝土构件称为钢筋混凝土构件,如钢筋混凝土梁、板、柱等。钢筋混凝土构件按施工方式分为预制钢筋混凝土构件和现浇钢筋混凝土构件。此外,在制作钢筋混凝土构件时,可通过张拉钢筋,对混凝土施加预应力,以提高构件的强度和抗裂性能,这样的构件称为预应力钢筋混凝土构件。

钢筋可按其轧制外形、力学性能、生产工艺等分为不同类型,普通钢筋一般采用热轧钢筋,其表示符号见表13.2。

表 13.2　常用钢筋种类

种类		符号	直径/mm	强度标准值/(N·mm⁻²)
热轧钢筋	HPB235(Q235)	Φ	8~20	235
	HRB400(20MnSiV、20MnSiNb、20MnTi)	⊈	6~50	400
	RRB400(20MnSi)	⊈ᴿ	8~40	400

钢筋混凝土构件的钢筋,按其作用可分为以下几类(图13.3):

①受力筋:也称为主筋,主要承受由荷载引起的拉应力或者压应力,使构件的承载力满足结构功能要求,可分为直筋和弯筋两种。

②箍筋:主要承受一部分剪力,并固定受力筋的位置,多用于梁、柱等构件。

③架立筋:用于固定箍筋位置,将纵向受力筋与箍筋连成钢筋骨架。

④分布筋:用于板内,与板内受力筋垂直布置,其作用是将板承受的荷载均匀地传递给受力筋,并固定受力筋的位置。此外,它还能抵抗因混凝土的收缩和外界温度变化在垂直于板跨方向的变形。

⑤构造筋:由于构件的构造要求和施工安装需要而设置的钢筋,如吊筋、拉结筋、预埋锚固筋等。

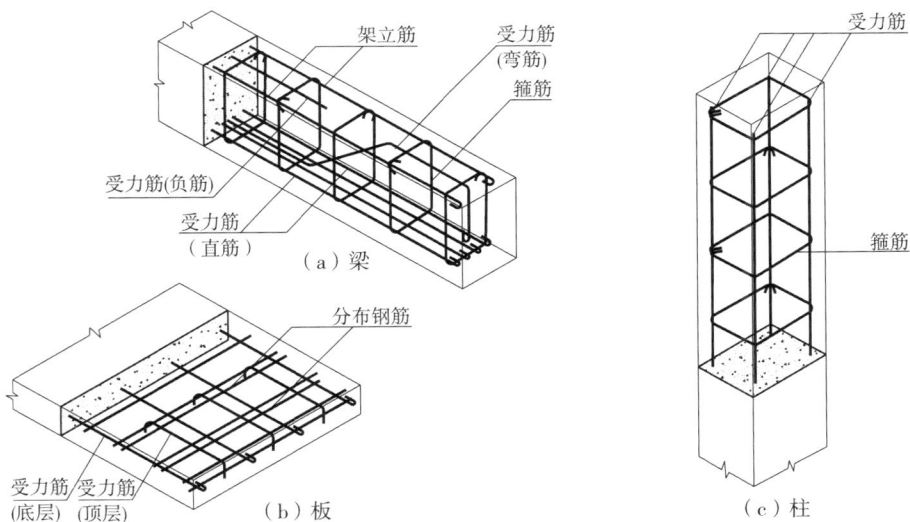

图 13.3　钢筋混凝土构件配筋示意图

13.2.3　结构设计说明

结构设计说明是以文字的形式表示结构设计所遵循的规范、主要设计依据(如地质条件,风、雪荷载,抗震设防要求等)、设计荷载、统一的技术措施、对材料和施工的要求等。其主要内容包括工程概况,结构的安全等级、类型、材料种类,相应的构造要求及施工注意事项等。对于一般的中小型建筑,结构设计说明可以与建筑设计说明合并编写成施工图设计总说明,置于全套施工图的首页。

13.2.4　基础施工图

1)基础的组成

基础是建筑底部与地基接触的承重构件,埋置在地下并承受和传递建筑的全部荷载。地基是建筑下方支撑基础的土体或岩体,分为天然地基和人工地基两类。基础按材料可分为砖基础、毛石基础、素混凝土基础和钢筋混凝土基础等;按其构造方式不同可分为独立基础、墙(柱)下条形基础、桩基础、筏板基础和箱型基础等,如图 13.4 所示。

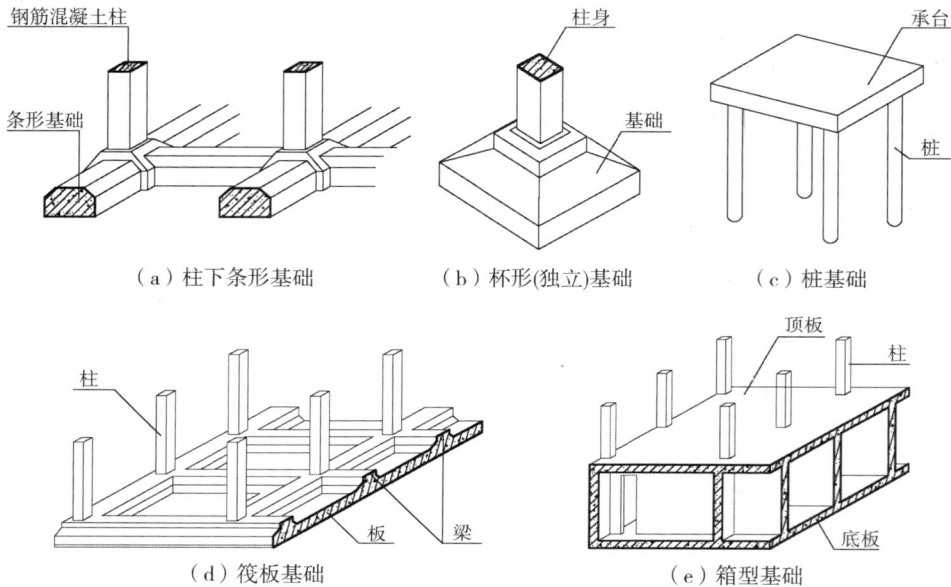

（a）柱下条形基础　　　（b）杯形(独立)基础　　　（c）桩基础

（d）筏板基础　　　　　（e）箱型基础

图 13.4　基础形式示意图

墙下条形基础是砖混结构民用建筑常用的基础形式之一,如图 13.5 所示。其中,基坑(槽)是为进行基础或地下室施工所开挖的临时性坑井(槽),坑底与基础底面或地下室底板相接触。埋入地下的墙体称为基础墙(± 0.000 标高以下)。基础墙下阶梯状的砌体称为大放脚。在基坑和基础底面之间设置的素混凝土层称为垫层。防潮层是为了防止地面以下土壤中的水分进入砖墙而设置的防水材料层。

基础施工图一般包括基础平面图、基础断面详图和文字说明三部分。为了查阅图纸和施工的方便,一般应将这三部分编绘于同一张图纸上。现以某工程墙下(素)混凝土条形基础为例,说明基础图的图示内容及其特点(图 13.6)。

2)基础平面图

基础平面图是假想用一水平剖切面,沿建筑物底层地面将其剖开,移去剖切面以上的建筑物并假想基础未回填土前所作的水平投影。

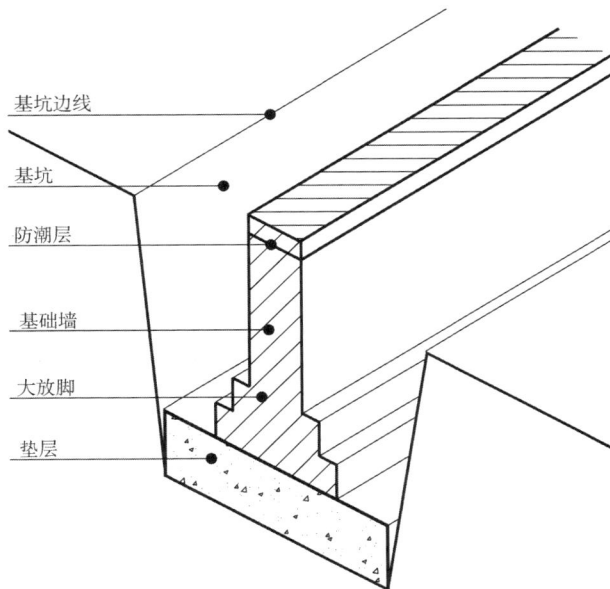

图 13.5　墙下条形基础示意图

（图中标注从上到下：基坑边线、基坑、防潮层、基础墙、大放脚、垫层）

　　基础平面图通常采用与建筑平面图相同的比例,如 1:50、1:100、1:150、1:200 等。其图示内容如下（图 13.6、图 13.7）：

　　①线型：基础、基础墙轮廓线为中粗实线或中实线,基础底面、基础梁轮廓线为细实线,地沟为暗沟时为细虚线,其他线型与建施图一致。

　　②轴线及尺寸：结施图中的轴线编号和轴间尺寸必须与建筑平面图相一致,还应标注基础、基础梁与轴线的关系尺寸。

　　③基础墙：图 13.6 中基底轮廓线内侧的两条中粗实线为基础墙轮廓线,表示条形基础与地面上墙体交接处的宽度（一般与地面上墙体等宽）。

　　④桩基础：图 13.7 中粗实线绘制的线圈即桩基础的轮廓线,代号"WZ"表示人工挖孔桩,线圈内的十字表示桩孔圆心的位置。

　　⑤基础梁：图 13.7 中连接桩基础的两条细实线表示基础梁轮廓线,基础梁承担其上方墙体的荷载,并加强结构的刚度。

　　⑥断面剖切符号：在基础的不同位置,其断面的形状、尺寸、配筋、埋置深度及相对于轴线的位置等都可能不同,需分别画出它们的断面图,并在基础平面图的相应位置画出断面剖切符号,如图 13.6 所示。

　　从图 13.7 可以看出基础的平面布置情况及基础、基础梁相对于轴线的位置关系等。例如,整栋住宅的基础均采用人工挖孔桩,以①轴线为例,在该轴线上编号为 WZ1、WZ2 的桩基础和基础梁的中心都与轴线重合,而⑤轴线上(1/B)、(1/C)轴线间的基础梁就没有居中而是偏心布置,梁中心距轴线为 300 mm。此外,在基础平面布置图中可不画出基础的细部投影,而后在基础详图中将其细部形状反映出来。

3）基础详图（图 13.8）

　　基础详图主要表示基础的断面形状、尺寸、材料及相应的做法。如图 13.8 所示为上述住

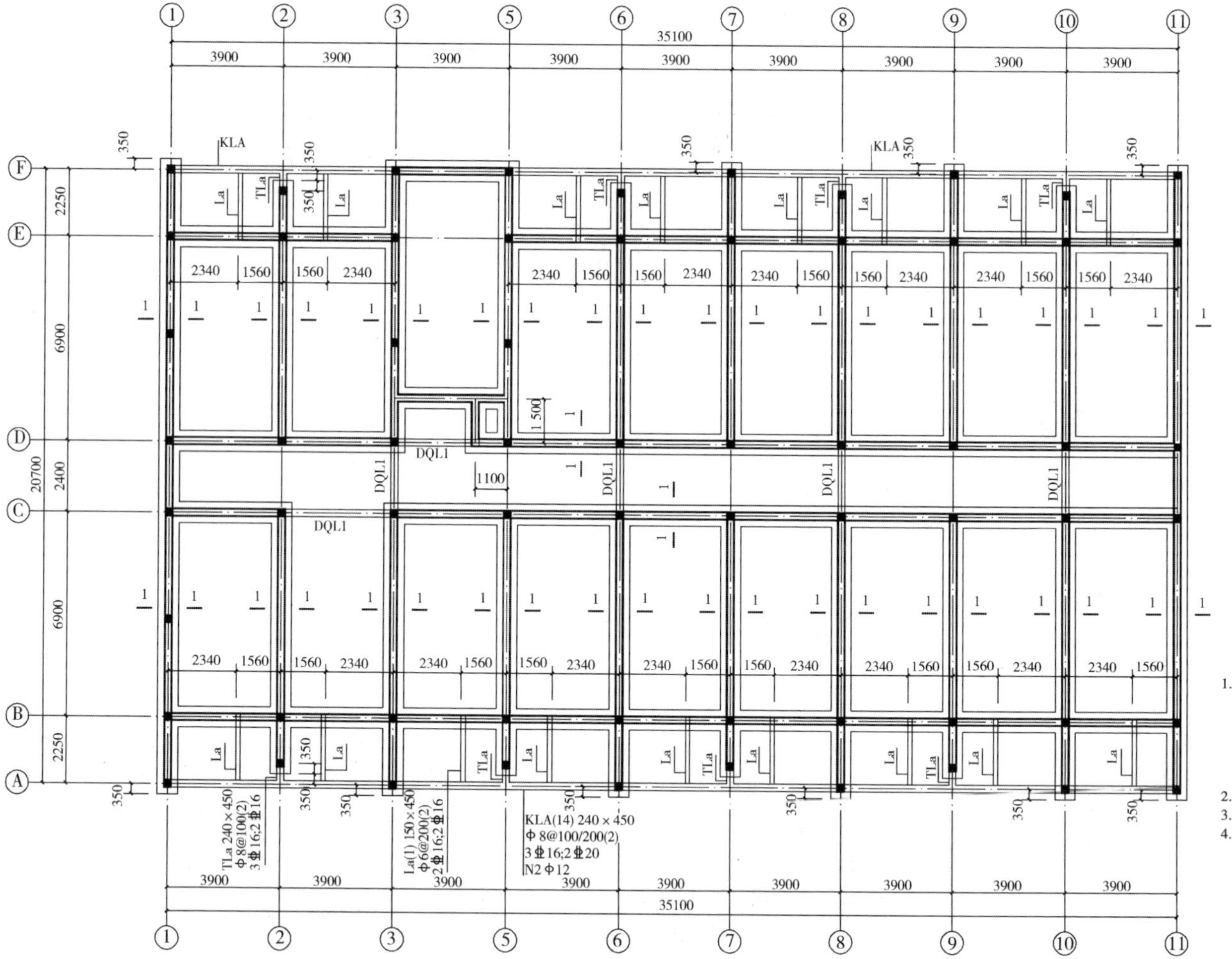

宿舍基础平面图 1:100

图 13.6 某宿舍墙下条形基础平面布置图

基础设计说明

1. 本工程基础采用混凝土条形基础,地基持力层为中风化砂岩,地基基础设计等级为丙级,基础开挖至设计深度经验合格后应立即封底,其封底混凝土强度等级同基础混凝土。根据某勘查设计院提供的地基地质资料,中风化泥岩抗压强度特征值为0.7 MPa。

2. 混凝土强度等级:条形基础采用C30混凝土。

3. 条形基础全部嵌入中风化岩≥0.5 m。

4. ±0.000以下的砌体采用MU10页岩砖, M10水泥砂浆,两侧采用防水砂浆粉面。所有隔墙基础下地基土应分层夯实,压实系数大于0.95,基础持力层承载力应不小于150 kPa。

1—1 1:20

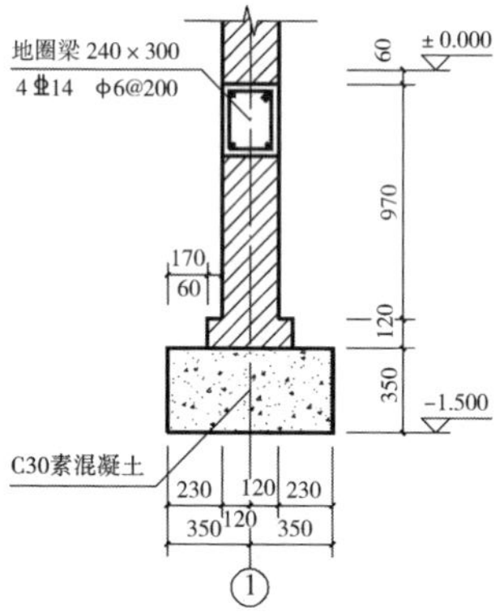

地圈梁 240×300
4Φ14 Φ6@200

C30素混凝土

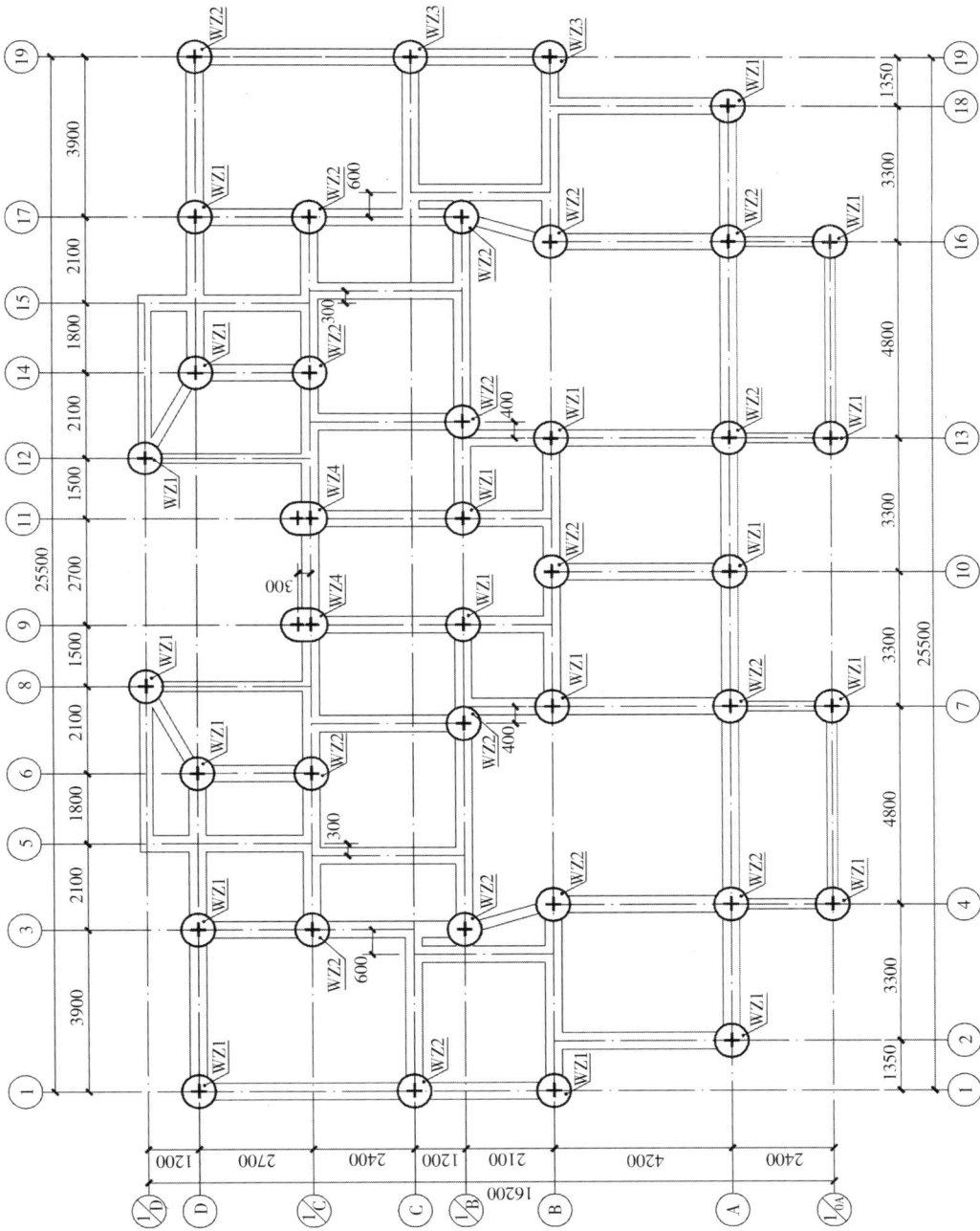

基础平面布置图

图 13.7　某住宅桩基础平面布置图　1:100

宅的桩基础详图,包括基础设计说明、桩身配筋详图、桩护壁配筋详图和桩断面及配筋表。

基础详图的线型表达为:构件轮廓线为细实线,主筋为粗实线,箍筋为中实线。

基础设计说明可以放在基础详图中,也可以放在施工图设计总说明中,其主要内容有:

①基础形式;

②持力层选择;

③地基承载力;

④基础材料及其强度;

⑤基础的构造要求;

⑥防潮层做法及基础施工要求;

⑦基础验收及检验要求。

在桩基础详图中,由于不同编号的桩其尺寸规格和配筋构造大致相同,因此可以用一个桩身详图来统一表示;而对于各桩的特殊尺寸、配筋、承载力等,则应列表注明,即桩断面及配筋表。

如图 13.8 所示,各桩桩顶标高均为 -1.150 m;沿桩身长度方向均配有钢筋规格为 HPB235 级、直径为 8 mm 的螺旋箍筋,距桩顶 1 800 mm 范围内为箍筋加密区,螺旋箍筋的间距为 100 mm,而非加密区螺旋箍筋的间距为 200 mm;此外,沿桩身长度方向还配有钢筋规格为 HRB400、直径为 16 mm、间距为 2 000 mm 的加劲箍筋。各桩的几何尺寸、主筋(纵筋)的配置情况和单桩承载力等则列表注明,如各桩桩径 d 为 800 mm,WZ2、WZ3 为扩底桩(桩底部直径大于上部桩身直径),扩底直径 D 分别为 1 200 mm 和 1 400 mm。而对于桩 WZ4(不做扩底),由于其截面形状与其他各桩不同,所以单独画出其桩身断面图,以表达其截面尺寸和配筋情况。另外,图中还画出了桩身护壁详图,从图中可以详细了解护壁的截面尺寸和配筋情况。

13.2.5 楼层结构布置图

楼层(屋面)结构布置图是假想沿楼面(屋面)将建筑物水平剖切后所得的楼面(屋面)的水平投影,剖切位置在楼板处。它反映出每层楼面(屋面)上板、梁及楼面(屋面)下层的门窗过梁、圈梁等构件的布置情况,以及现浇楼面(屋面)板的构造及配筋情况。绘制楼层结构布置图时采用正投影法。钢筋混凝土楼层结构一般采用预制装配式和现浇整体式两种施工方法。

1)预制装配式楼层结构布置图的内容和画法

预制装配式是指将预制厂加工成型的建筑构件运送到施工现场进行连接安装的施工方法。其楼层结构采用预制钢筋混凝土楼板压住墙、梁。构件一般采用其轮廓线表示:预制板轮廓线用细实线表示,支撑楼板的墙体轮廓线用中虚线表示,而不支撑楼板的墙体轮廓线用中实线表示,梁(单梁、圈梁、过梁)用粗点画线表示,门、窗洞口的位置用细虚线表示。为了便于确定墙、梁、板和其他构件的施工位置,楼层结构布置图画有与建筑施工图完全一致的定位轴线,并标出轴线间尺寸和总尺寸。

预制装配式结构的常用构件(如板、过梁、楼梯、阳台等)多采用国家或各地制定的标准图集,读图时应首先了解其图集规定的构件代号的含义,然后再看结构布置平面图,这样才能完全了解构件的布置情况。例如,国家建筑标准图集(03G322-1)中所给出的钢筋混凝土过梁代号的注写方式,如图 13.9 所示。

基础设计说明

1. 本工程基础采用人工挖孔扩底灌注桩基础,桩端持力层为中风化泥岩,要求桩端进入持力层不小于1倍桩径,桩长根据中风化泥岩深度确定且不小于6 m。根据地勘资料,中风化泥岩层的天然湿度单轴抗压强度标准值取为f_{rc}=4.5 MPa。尚应进行可靠的成桩质量检查和单桩竖向极限承载力标准值检测。

2. 桩身混凝土为C25;混凝土护壁为C20混凝土,进入基岩后可不做桩身护壁。

3. 桩身纵筋保护层厚度: 50 mm;地梁纵筋保护层厚度: 40 mm。

4. 地梁及柱纵筋均须锚入桩内40d,桩间距≤2100 mm时应采用跳挖施工。

5. 各桩未注明定位尺寸时,桩中心与柱中心重合;地梁未注明定中心线均与轴线重合。

6. 挖孔桩施工时必须采取可靠的降排水措施,孔底不得有积水,及时清除护壁上的泥浆和孔底残渣,并及时通知设计及相关人员检验验收,经验收合格成孔后,方可浇筑桩身混凝土。

7. ±0.000以下砌体采用MU10页岩砖,M10水泥砂浆砌筑,两侧采用防水砂浆粉面。

挖孔桩桩身详图

桩身护壁详图

A—A

B—B

桩断面及配筋表

桩基编号	墩几何尺寸			纵筋Ⓐ	螺旋箍筋	单桩竖向承载力极限值(kN)	备注
	d(mm)	D(mm)	h(mm)				
WZ1	800	800		10Φ12	见桩身大样	2500	
WZ2	800	1200	600	12Φ12	见桩身大样	3600	
WZ3	800	1400	900	12Φ14	见桩身大样	4950	

WZ4
不扩底

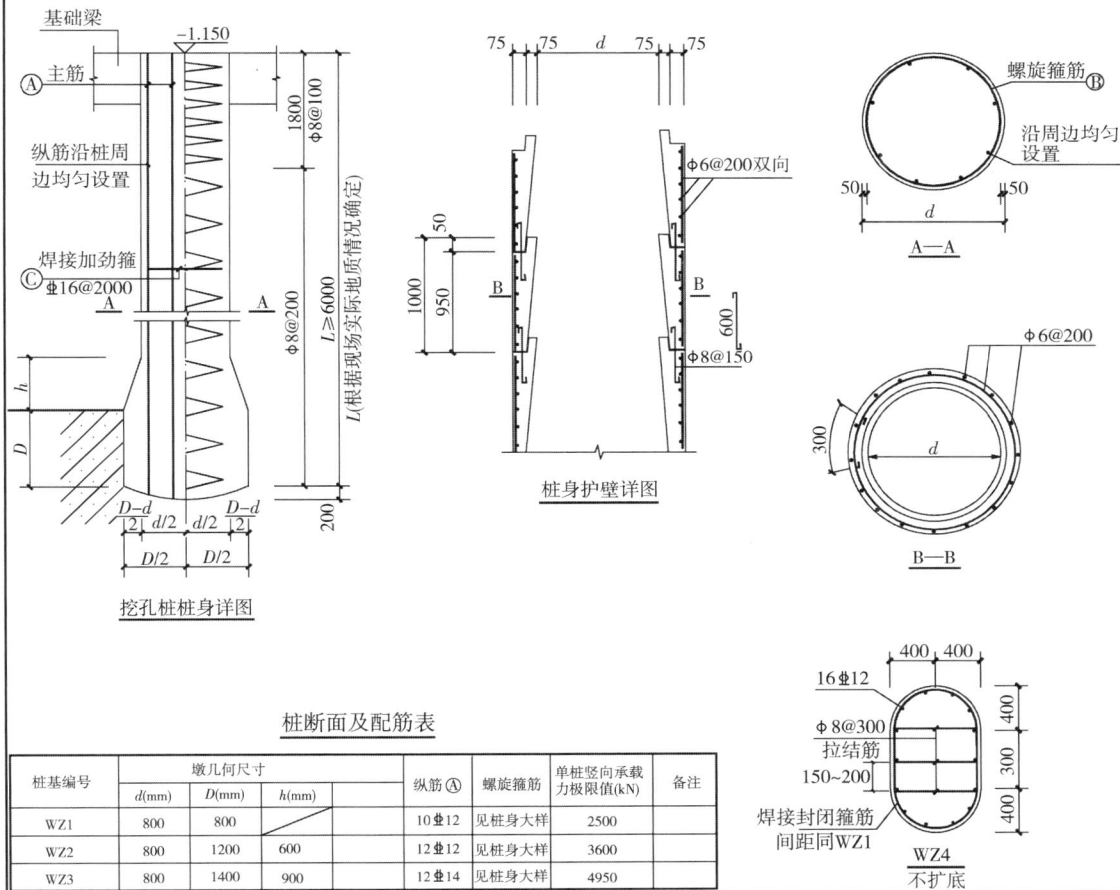

图 13.8　某住宅桩基础详图

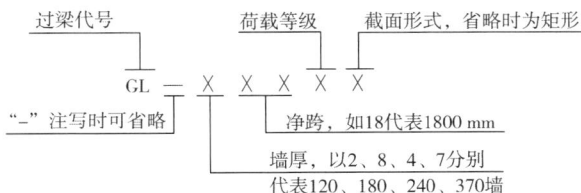

图 13.9　钢筋混凝土过梁代号注写方式

下面以图 13.10 为例,说明预制装配式楼层结构布置图的基本内容。图中Ⓑ轴线上标有"GL—4102"的粗点画线,表示该处门洞口上方有一根过梁,过梁所在的墙厚为 240 mm,净跨度(洞口宽度)为 1 000 mm,荷载等级为 2 级;外墙轴线上的粗点画线表示圈梁,编号为"QL",截面尺寸为 240 mm × 240 mm;细实线绘制的矩形线框表示钢筋混凝土预制板,常见的类型有平板、槽形板和空心板。由于预制楼板大多数是选用标准图集,因此在施工图中应标明预制板的代号、跨度、宽度及所能承受的荷载等级,如图中"3Y—KB395—3"表示 3 块预应力空心板,板跨度为 3 900 mm,宽度为 500 mm(常用板宽为 500 mm、600 mm 和 900 mm 等),荷载等级为 3 级。

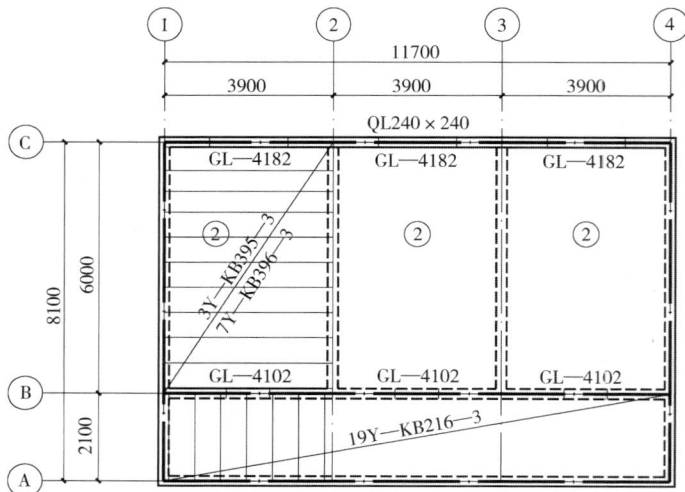

图 13.10　某宿舍楼层预制楼盖结构布置图(局部)

2)现浇整体式楼层结构布置图的内容和画法

现浇整体式钢筋混凝土楼盖由楼板、次梁和主梁构成,三者在施工现场用混凝土整体浇注,结构刚度较好,适应性强,但模板用量较多,现场湿作业量大,施工工期较长,成本比预制装配式楼层要高。

现浇整体式楼层布置图的线型表达为:中实线表示未被楼面构件挡住的墙体,而被楼面构件挡住的墙体则用中虚线表示;孔洞边缘及楼面高差处的梁为细实线,与楼板整浇且两侧楼面无高差、无洞口的梁为细虚线;柱截面按实际尺寸绘制,需要用图例填充,当绘图比例小于 1∶50 时可以直接涂黑;而屋顶柱用中实线绘制,不用涂黑。下层的门窗洞口及雨篷为细实线,现浇楼板有高差时,其交界线为细实线,并以粗实线画出受力钢筋。每种规格的钢筋可只画一根,并应注明其规格、直径、间距和数量等。

楼层结构布置图的读图方法和步骤为:

①看图名、轴线、比例弄清各种文字、字母和符号的含义,了解常用构件的代号。

②弄清各种构件的空间位置,如该楼层中哪个房间有哪些构件,构件数量多少。

③构件数量、构件详图的位置,采用标准图的编号和位置。

④弄清各种构件的关系及相互的连接和构造。

⑤结合设计说明了解设计意图和施工要求。

图 13.11—图 13.15 分别为本书第 12 章中建施图所示住宅的顶板结构平面布置图,下面以其为例介绍现浇整体式楼层结构布置图的基本内容。如图 13.11 所示,本层(一层顶)现浇板

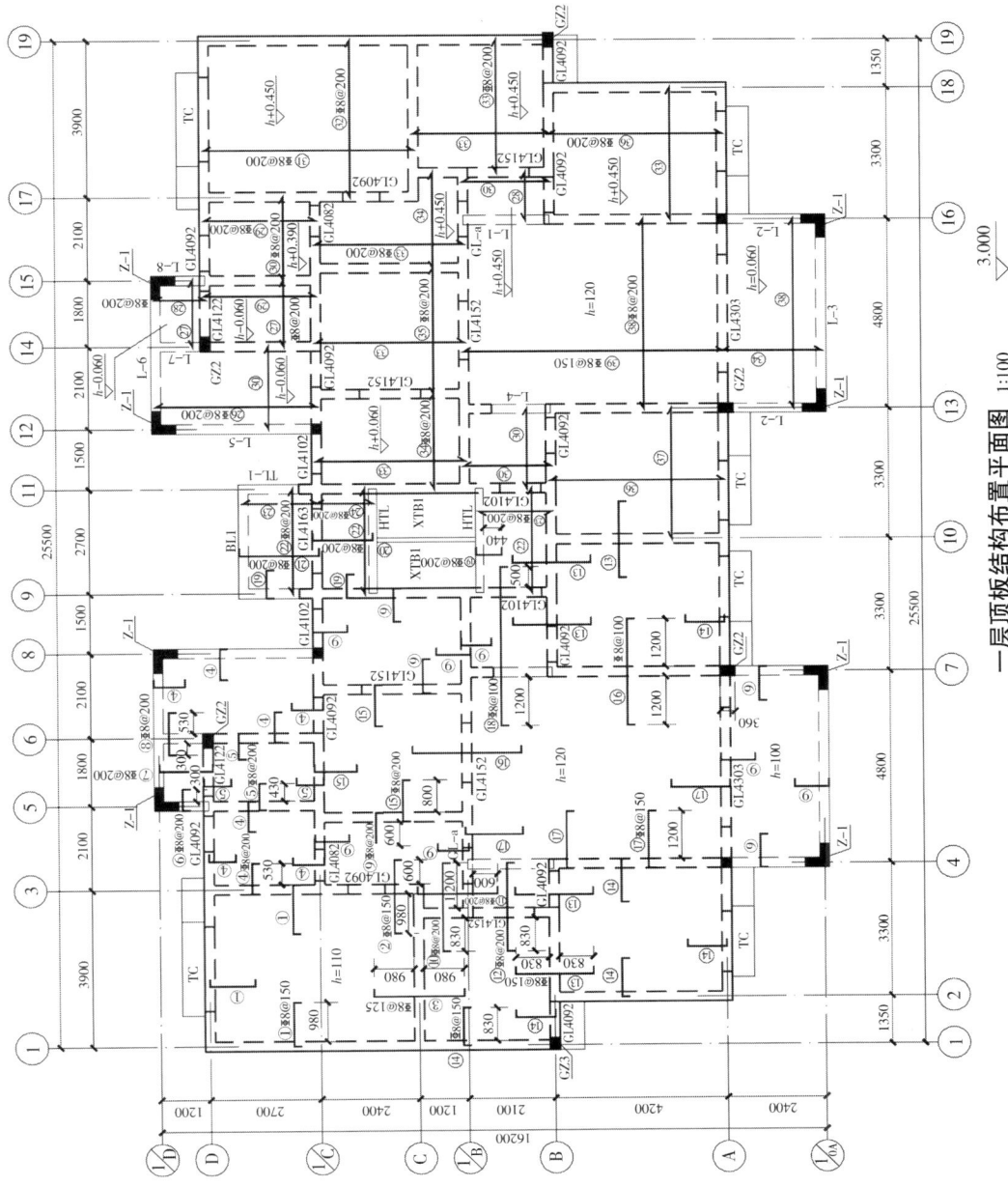

一层顶板结构布置平面图 1:100

图 13.11　某住宅一层楼层结构布置图

说明：

1. 未注明现浇板板厚均为100 mm。
2. 构造柱除标注外均为GZ1。

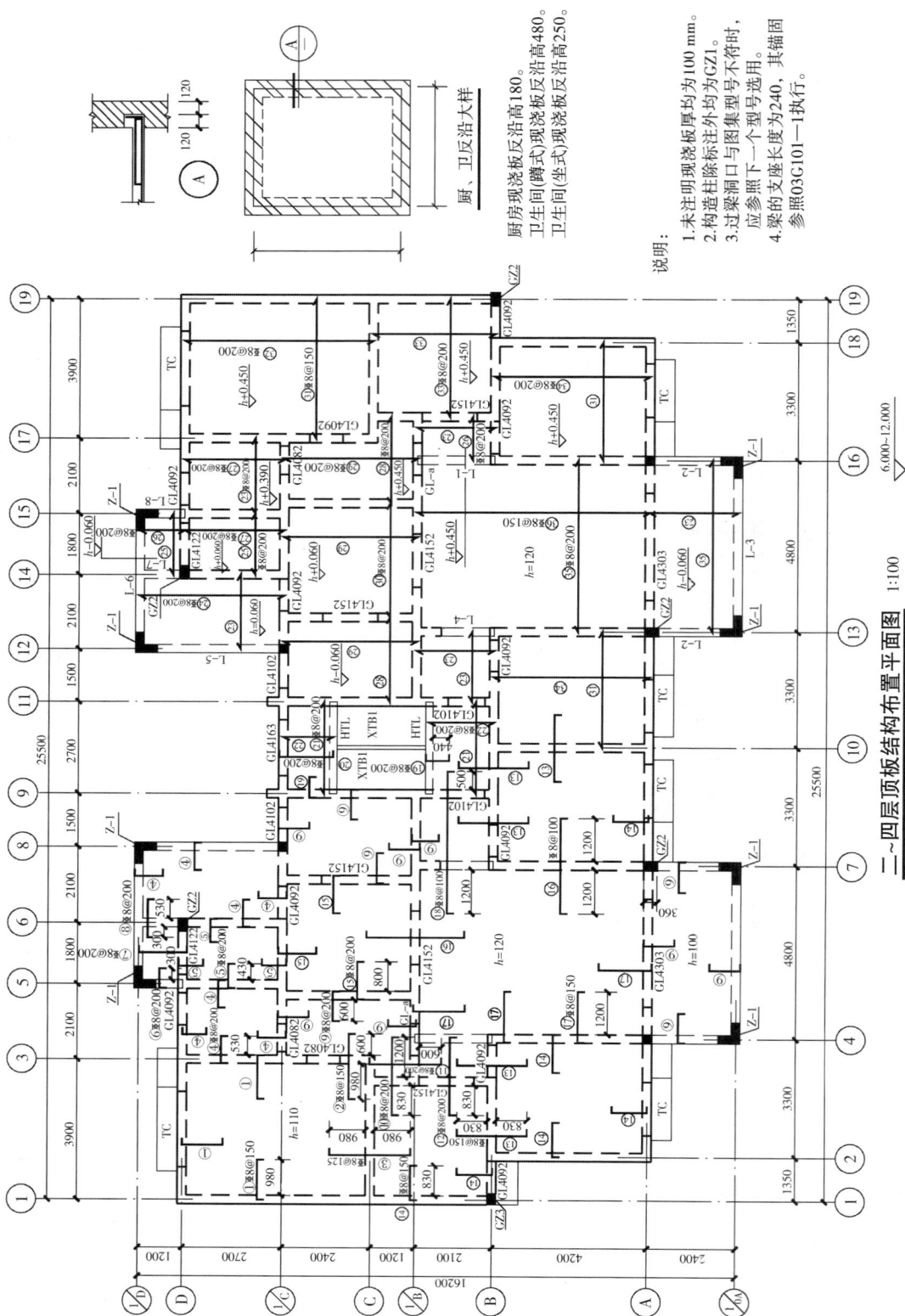

厨、卫反沿大样

厨房现浇板反沿高180。
卫生间(蹲式)现浇板反沿高480。
卫生间(坐式)现浇板反沿高250。

说明：

1. 未注明现浇板厚均为100 mm。
2. 构造柱除标注外均为GZ1。
3. 过梁洞口与图集型号不符时，
   应参照下一个型号选用。
4. 梁的支座长度为240，其锚固
   参照03G101—1执行。

二～四层顶板结构布置平面图 1:100

图13.12 某住宅二～四层楼层结构布置图

322

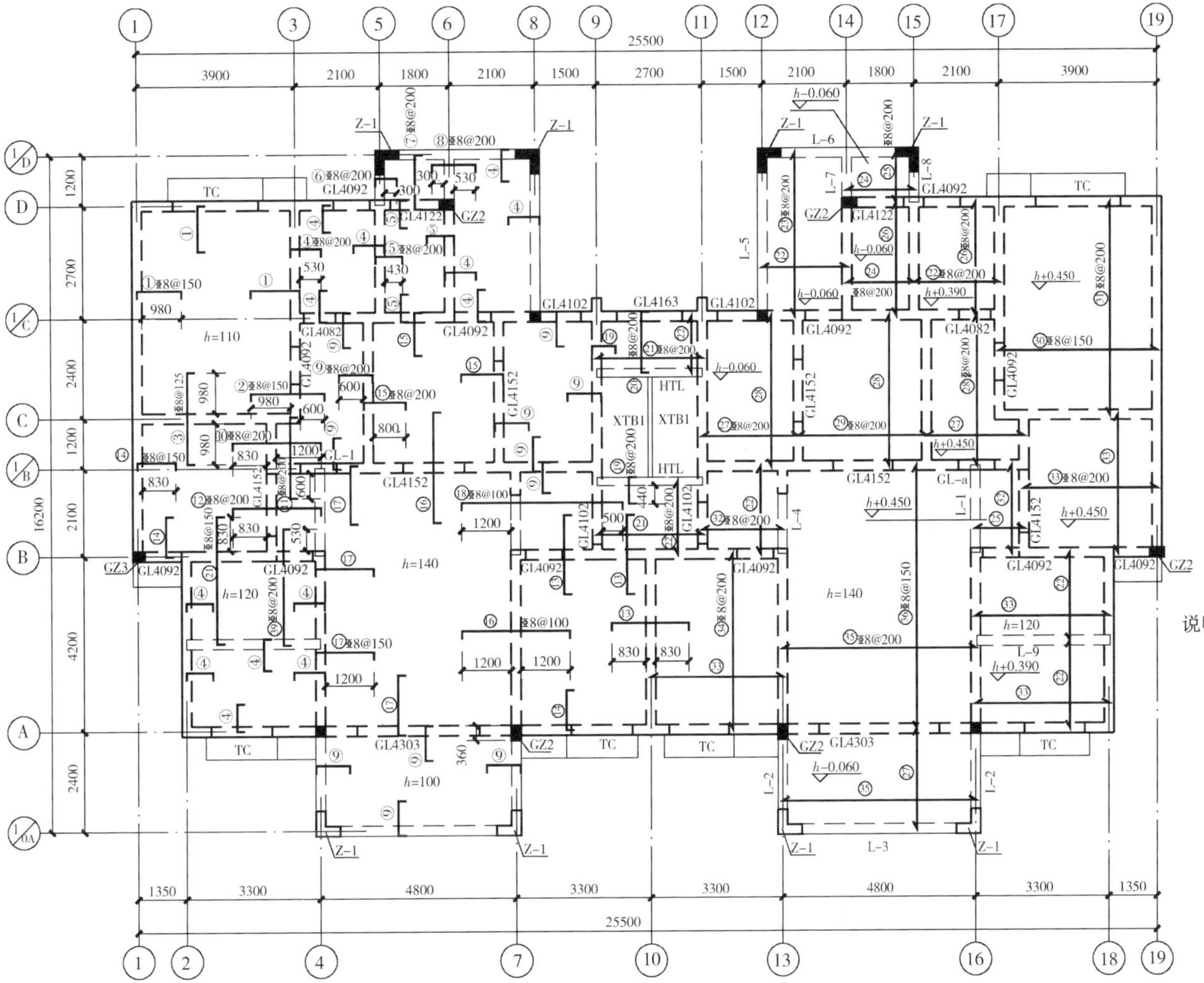

五层顶板结构布置平面图 1:100

图13.13 某住宅五层楼层结构布置图

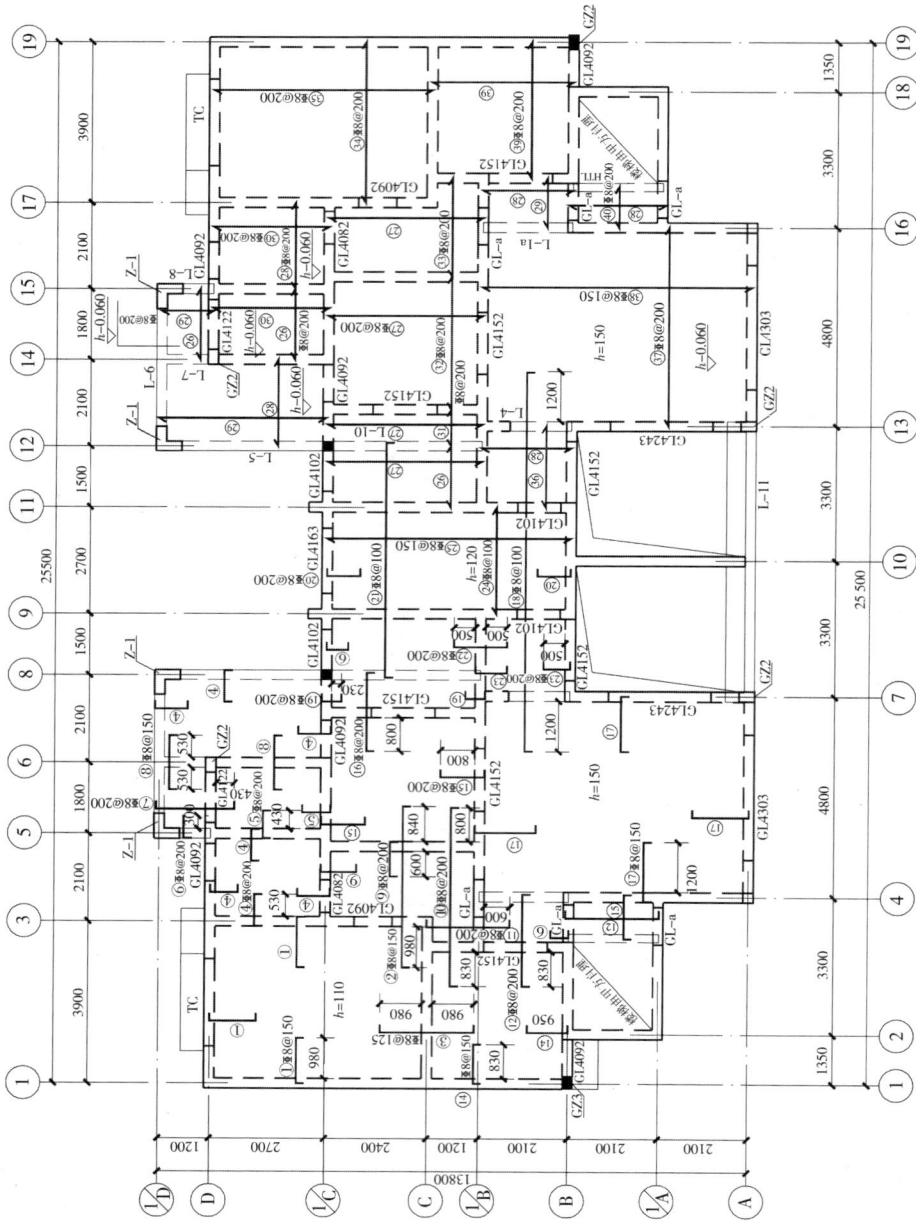

六层顶板结构布置平面图 1:100

某住宅六层楼层结构布置图 18.450

图13.14 某住宅六层楼层结构布置图

说明：

1. 未注明现浇板板厚均为100 mm。

2. 构造柱除标注外均为GZ1。

3. 过梁洞口与图集型号不符时，应参照下一个型号选用。

4. 梁的支座长度为240，其锚固参照03G101—1执行。

5. 屋面现浇板顶跨中设温度分布筋Φ6@150，与受力筋搭接长度1.2La。

6. 从本层升至屋顶的构造柱，锚入本层圈梁内。

说明：
1. 未注明现浇板厚均为100 mm。
2. 构造柱除标注外均为GZ1。
3. 梁的支座长度为240，其锚固参照03G101—1执行。
4. 屋面现浇板顶跨中设温度分布筋重6@150，与受力筋搭接长度1.2L_a。

屋顶板结构布置平面图 1:100

21.450

图13.15 某住宅屋面层结构布置图

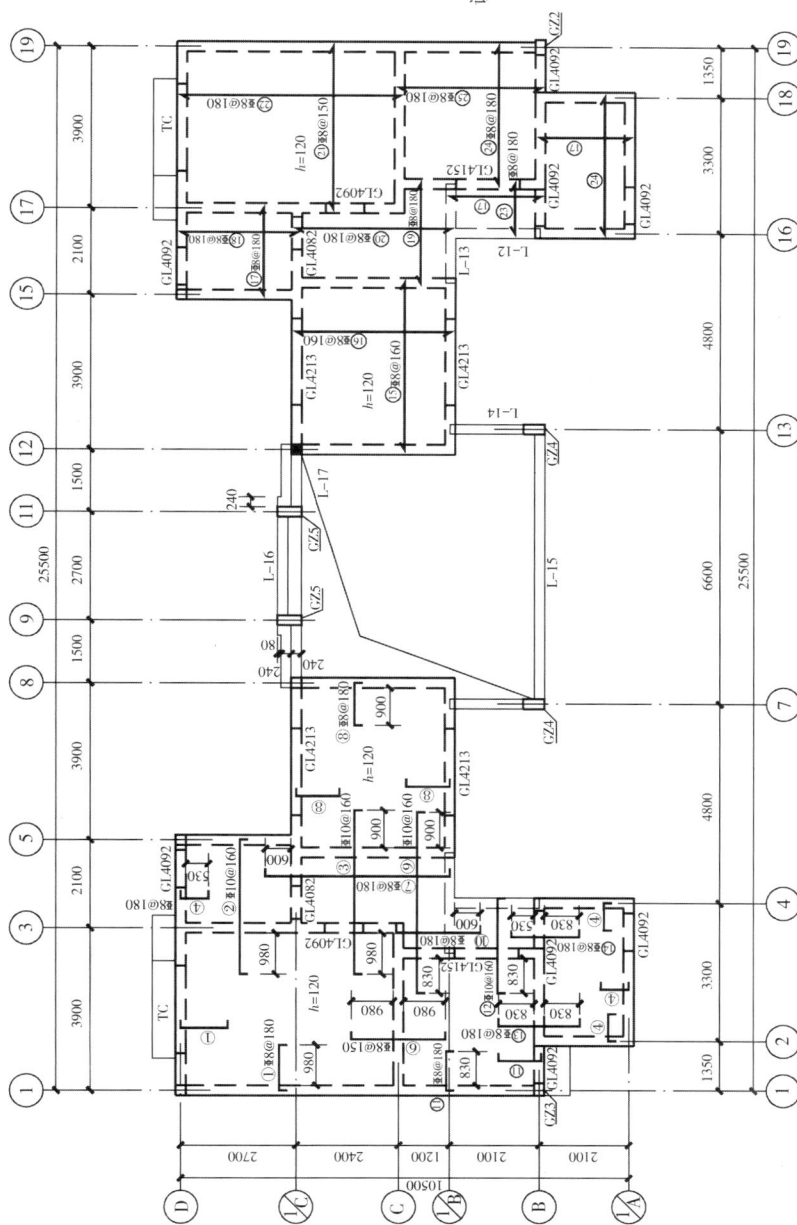

钢筋采用规格为 HRB500 热轧带肋钢筋,板厚为 100 mm。楼层结构布置图中应标注轴线编号、轴间尺寸、轴线总尺寸以及各梁与轴线的关系尺寸,此外,还应标注该层的楼面标高。图中在图名右侧注有一层顶楼面标高为 3.000 m,对于与楼面标高存在高差的房间,应将其高差注写在图中该房间位置。如⑮ ~ ⑰轴线间的卫生间板面标高为 $h - 0.060$ m,表示该房间相对于本层楼面标高降低了 60 mm;又如位于楼层两端的卧室、书房等房间的板面标高为 $h + 0.450$ m,表示这些房间相对于本层楼面抬升了 450 mm。当个别房间的板厚与设计说明中的板厚不同时,应单独将其厚度注写在该房间位置,如图中① ~ ③轴线间的卧室板厚为 110 mm,④ ~ ⑦轴线间的客厅板厚为 120 mm。对与楼层平面中的梁、柱等构件还应进行编号,如图中阳台转角柱 Z—1 等。

由于该住宅单元的两个户型完全相同,结构布置也完全相同,因此左边的户型内仅绘制顶层的钢筋,而在右边的户型内绘制底层的钢筋和标高标注。在楼层结构布置图中表达楼板的双层配筋时,底层钢筋弯钩应向上或向左,如图 13.16(a)所示;顶层钢筋则向下或向右,如图 13.16(b)所示。

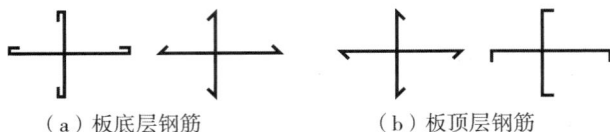

（a）板底层钢筋 　　　　　　　（b）板顶层钢筋

图 13.16　板双层配筋画法

现浇楼板中的钢筋应进行编号。对型号、形状、长度及间距相同的钢筋采用相同的编号,底层钢筋与顶层钢筋应分开编号。图 13.11 中注明了各种钢筋的编号、规格、直径间距等,如 4 亚 8@200(图左上方)表示编号为 4 号的钢筋,直径为 8 mm,规格为 HRB500,间隔 200 mm 布置一根。5 号钢筋与 4 号钢筋在直径、规格、间距等方面都相同,仅长度不同,所以也要分别编号。在布置板钢筋时,还应注明钢筋切断点到梁边或墙边的距离,如 4 号钢筋切断点到墙边的距离为 530 mm。相同编号的钢筋可以仅对其中一根的长度、型号、间距和切断点位置进行标注,其他钢筋注明序号即可。

在结构平面布置图中还应画出过梁的位置。从图 13.11 可以看出,门洞口和一些窗洞口上方均设有过梁,如Ⓑ轴线上的窗洞口过梁 GL4092;Ⓓ轴线上① ~ ③轴线间的 TC 为凸窗梁;⑨ ~ ⑪轴线间有雨篷和楼梯,雨篷顶板由挑梁 TL-1 和边梁 BL1 承担;HTL 为楼梯横梁,XTB1 为 1 号现浇楼梯板。

当若干层楼面结构布置情况完全相同时,这些楼层可用同一结构布置平面图来表示,称为结构标准层,如图 13.12 所示。二至四层的顶板结构布置情况相同,为一个结构标准层,与一层顶板结构布置图相比,结构标准层的区别只是在⑨ ~ ⑪轴间无雨篷,其他大致相同。

图 13.13 为五层顶板结构平面布置图,和结构标准层相比,不同之处在于图中② ~ ④轴交Ⓐ ~ Ⓑ轴线房间内增设由六层通向六加一层的楼梯。由于⑴/ⒶA轴线上的柱 Z - 1 已位于屋顶处,

用中实线绘制,不用涂黑,其他结构布置情况大体相同。

图 13.14 为六层顶板结构布置平面图,其中⑦~⑧轴线交Ⓐ~Ⓑ轴线处为孔洞,孔洞周边的墙可见,画成中粗实线;Ⓐ轴线、①/Ⓓ及Ⓓ轴线上的柱已位于屋顶处,用中实线绘制,不用涂黑。屋顶板结构布置平面图如图 13.15 所示,⑦~⑬轴线间为孔洞,孔洞周边的墙可见,画成中粗实线;屋顶柱用中实线绘制,不用涂黑。

13.2.6   构件详图

钢筋混凝土构件详图是加工钢筋,制作、安装模板,浇筑混凝土的依据。其包括模板图、配筋图、钢筋明细表及文字说明。

(1)模板图:为安装模板、浇筑构件而绘制的图样,主要表示构件的形状、尺寸、预埋件位置及预留洞口的位置和大小等,并详细标注其定位尺寸。对于外形较简单的构件,一般不必单独画模板图,只需在配筋立面图中将构件的外形尺寸表示清楚即可。

(2)配筋图:主要表示构件内部各种钢筋的布置情况,以及各种钢筋的形状、尺寸、数量、规格等。其内容包括配筋立面图、断面图和钢筋详图。具体内容及要求如下:

①梁的可见轮廓线以细实线表示,其不可见轮廓线以细虚线表示。

②图中钢筋一律以粗实线绘制,钢筋断面以小黑圆点表示。箍筋若沿梁全长等距离布置,则在立面图中部画出三四个即可,但应注明其间距。钢筋与构件轮廓线应有适当距离,以表示混凝土保护层厚度(按照规范规定,梁的保护层厚度为 25 mm,板为 15~20 mm)。

③断面图的数量应视钢筋布置的情况而定,以将各种钢筋布置表示清楚为宜。

④尺寸标注:在钢筋立面图中应标注梁的长度和高度,在断面图中应标注梁的宽度和高度。

⑤对于配筋较复杂的构件,应将各种编号的钢筋从构件中分离出来,在立面图下方以与立面图相同的比例画出钢筋详图,并在图中分别标注各种钢筋的编号、根数、直径以及各段的长度(不包括弯钩长度)和总长。

(3)钢筋明细表:为便于预算编制和现场加工钢筋,常用列表的方式表示结构图中的钢筋形式及数量。其内容包括构件名称、构件数量、钢筋图(需画出钢筋形式)、钢筋根数、单根质量、总重等。

(4)文字说明:应以文字形式说明该构件的材料、规格、施工要求、注意事项等。

下面以上述住宅的构件详图为例,说明构件详图的图示内容。

如图 13.19 所示,在楼层结构平面布置图中进行过编号的构件都画出了其相应的构件详图,包括各种构件的断面图,如梁、柱、楼梯板、梁垫、凸窗梁等,以及圈梁的大样图和连接做法等内容。

从断面图中可以详细地看出构件的宽度、高度及配筋情况。例如从梁 L-4(图 13.17)的断面图中可以看出,该梁宽度为 240 mm,高度为 250 mm,梁顶配有两根直径为 12 mm,规格为

HRB400 的纵向钢筋,梁底配有直径为 16 mm,规格为 HRB400 的纵向钢筋,梁沿长度方向通长配有间距 200 mm,直径为 8 mm,规格为 HPB235 的箍筋。

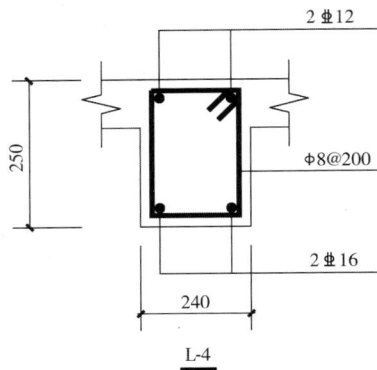

图 13.17　梁 L-4 断面图

又如从楼梯板 XTB1 的配筋断面图(图 13.18)可以看出,梯段长 2 430 mm,梯段高 1 500 mm,踏步宽 270 mm,踢面高 150 mm,梯段板厚 100 mm。梯段板距梯段端部 800 mm 范围内配有板顶钢筋,梯段板下部配有通长的板底钢筋;梯段板所有钢筋直径为 8 mm,钢筋规格为 HRB500 热轧带肋钢筋。其中 1 号板底钢筋沿梯段板长度方向通长布置,间距为 100 mm,2 号钢筋沿梯段宽度方向布置,间距为 200 mm,3 号、4 号钢筋分别位于板下端与上端,沿板长方向布置,钢筋间距均为 100 mm。

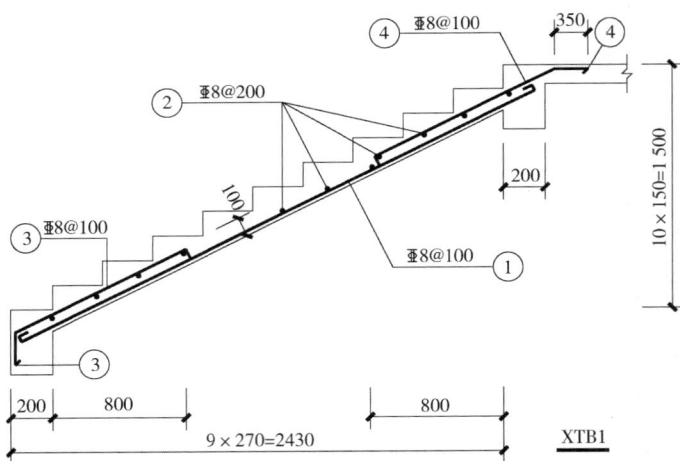

图 13.18　楼梯板 XTB1 的配筋断面图

构件详图中还可以加入必要的文字说明,如图 13.19 所示中说明了梁伸入支座的构造要求,以及空调板的配筋情况。

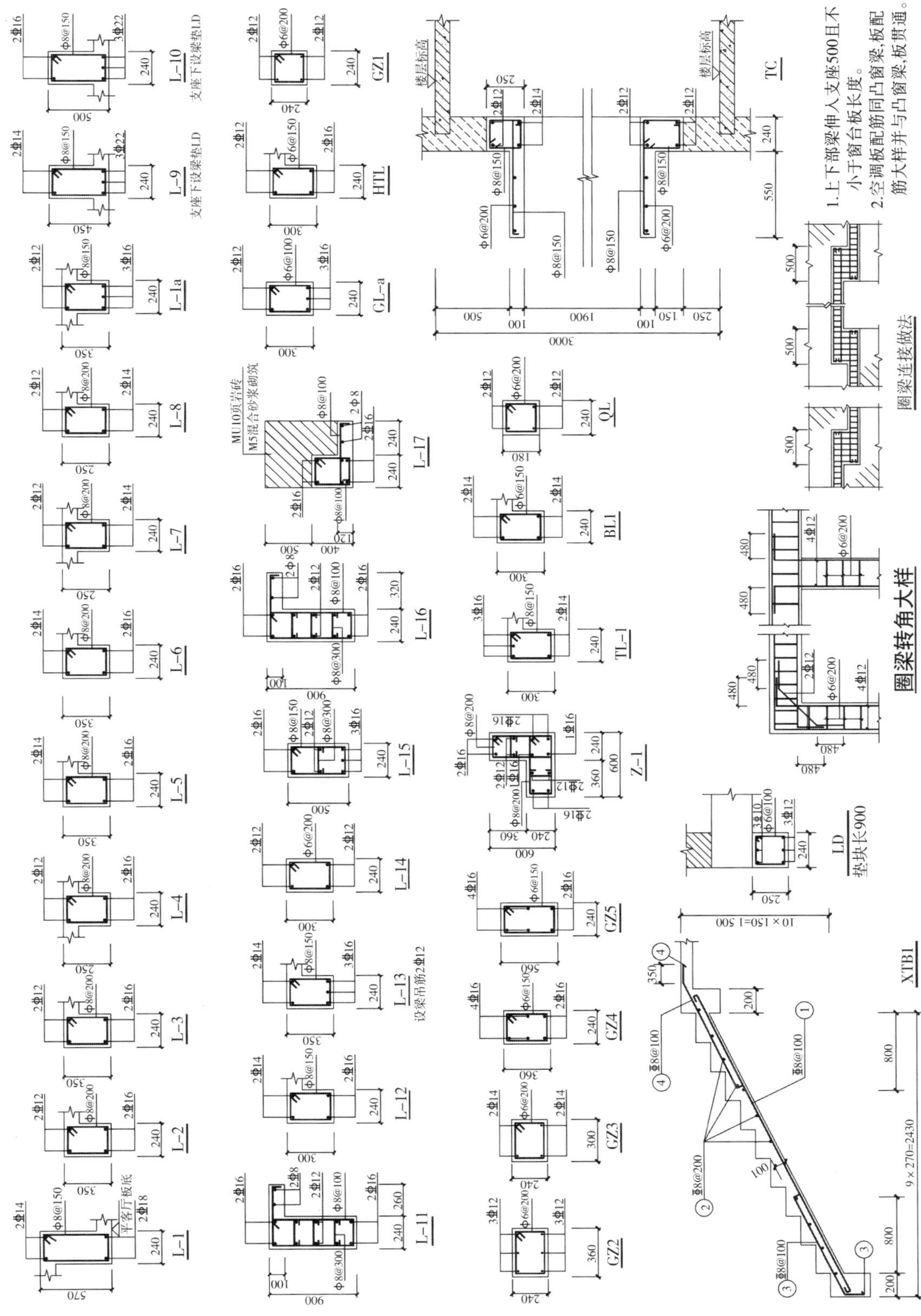

图13.19 某住宅构件详图

13.3　钢筋混凝土结构施工图平面整体表示方法简述

13.3.1　概述

钢筋混凝土结构施工图平面整体表示方法,简称平法,是我国对钢筋混凝土结构施工图设计方法所作的重大改革,也是目前广泛应用的结构施工图画法。它是把结构构件的尺寸、形状和配筋按照平法制图规则直接表达在各类结构构件的平面布置图上,再与标准构件详图结合,构成一套完整的结构设计图。该方法表达清晰、准确,主要用于绘制现浇钢筋混凝土结构的梁、板、柱、剪力墙等构件的配筋图。

平法施工图是根据国家建筑标准设计图集《混凝土结构施工图平面整体表示方法制图规则和构造详图》(22G101-1)中的制图规则绘制的。

13.3.2　梁平法施工图的表示方法

梁平法施工图是在梁平面布置图上采用平面注写方式或截面注写方式表达的梁构件配筋图,钢筋构造要求按图集要求执行,并据此进行施工。

绘制梁平法施工图时,应分别按不同结构层将梁和与其相关的柱、墙、板一起采用适当的比例绘制,并注明各结构层的顶面标高及相应的结构层号。图中梁应进行编号,梁宽根据按实际尺寸按比例绘制,梁平面位置要与轴线定位,对轴线未居中的梁,应标注其偏心定位尺寸,贴柱边的梁可不标注。

梁平法施工图的表示方法分为截面注写方式和平面注写方式。本书主要介绍平面注写方式。

1)截面注写方式

截面注写方式是在分标准层绘制的梁平面布置图上,分别在不同编号的梁中各选择一根梁用剖面号引出配筋图,并在其上注写配筋尺寸和配筋具体数值的方式来表达梁平法施工图。

2)平面注写方式(图13.21)

平面注写方式是在梁平面布置图上,将不同编号的梁各选一根为代表,在其上面注写截面尺寸、配筋情况及标高。平面注写法又分为集中标注与原位标注。集中标注表达梁的通用数值,原位标注表达梁的特殊数值。当集中标注的某项数值不适用于梁的某部位时,则将该数值原位标注,施工时,原位标注取值优先。

梁编号由梁类型、代号、序号、跨数及有无悬挑组成,应符合表13.3的规定。

表13.3　梁编号表

梁类型	代号	序号	跨数及有无悬挑
楼面框架梁	KL	××	(××)、(××A)或(××B)
屋面框架梁	WKL	××	(××)、(××A)或(××B)
框支梁	KZL	××	(××)、(××A)或(××B)
非框架梁	L	××	(××)、(××A)或(××B)
悬挑梁	XL	××	
井字梁	JZL	××	(××)、(××A)或(××B)
基础梁	JL	××	(××)、(××A)或(××B)

注:(××A)为一端悬挑,(××B)为两端悬挑,悬挑不计入跨数。

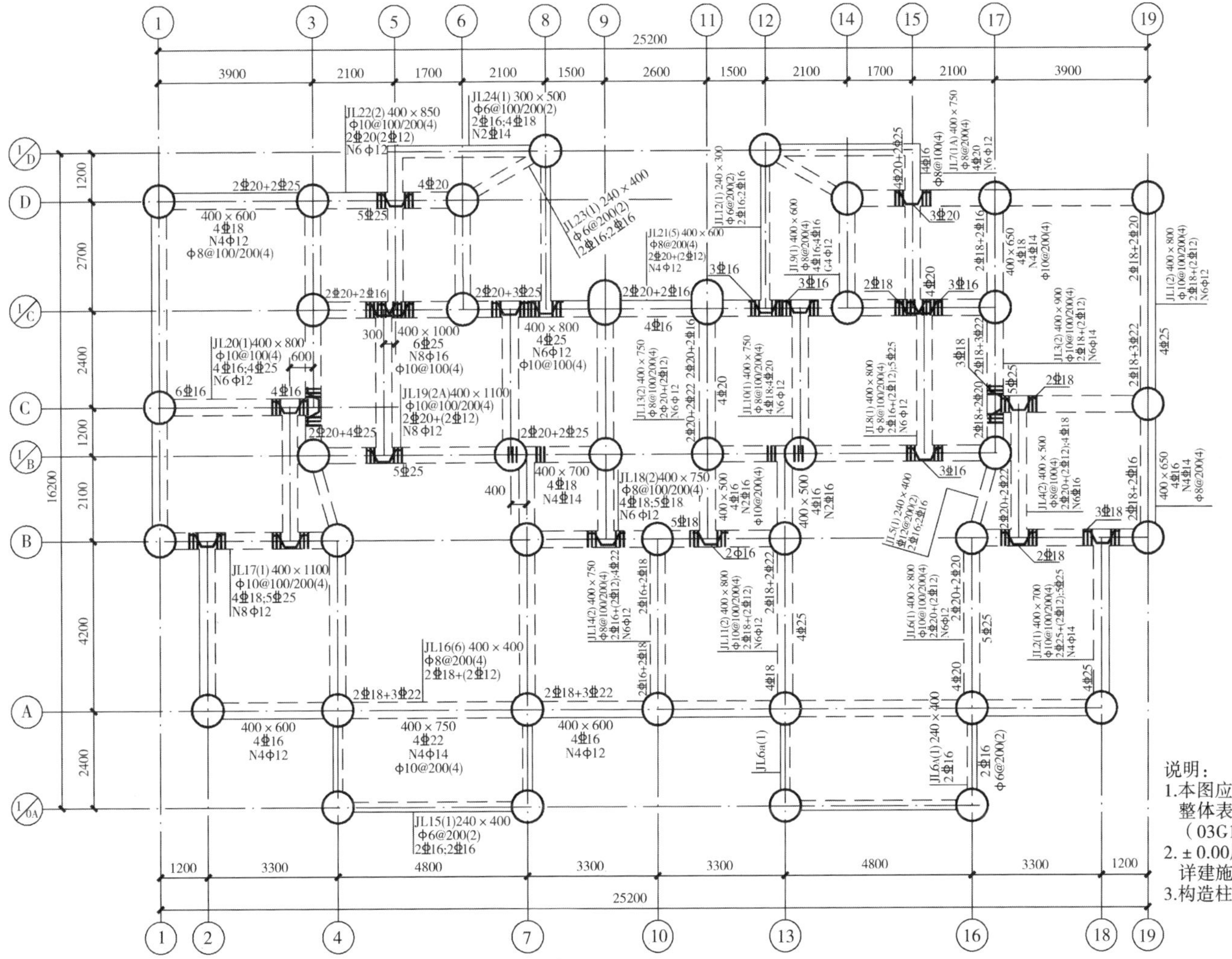

説明：
1. 本图应配合《混凝土结构施工图平面
　整体表示方法制图规则和构造详图》
　（03G101—1）施工。
2. ±0.00 层的阳台板配筋同标准层标高
　详建施。
3. 构造柱锚入梁（桩）内30d。

∇ −1.150

基础梁平法施工图 1:100

基础梁平法施工图　某住宅基础梁平法施工图

图13.20

梁编号　　跨数　　截面尺寸

梁箍筋配置

受扭钢筋配置

JL20(1) 400×800
φ10@100(4)
4⊈16;4⊈25
B6φ12
(-0.050)

通长纵筋配置

支座上部纵筋

6⊈16

4⊈16

4⊈22

梁顶与楼面高差

梁下部纵筋

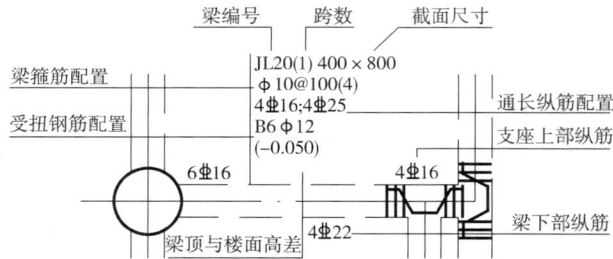

图 13.21　梁平面注写方式示意图

例如,JL19(2A)表示第 19 号基础梁 2 跨,一端悬挑;L9(7B)表示第 9 号非框架梁,7 跨,两端悬挑。

下面以如图 13.20 所示住宅的基础梁平法施工图为例,介绍平面注写方式的主要内容。

①梁集中标注的内容有 5 项必注值及 1 项选注值(集中标注可以从梁的任意一跨引出),其中 5 项必注值及其标注规则如下:

a. 梁的编号:按表 13.3 规定的执行。

b. 梁截面尺寸:等截面梁用 $b \times h$ 表示,b 为梁宽,h 为梁高;加腋梁用 $b \times h$、$YC_1 \times C_2$ 表示,其中 C_1 为腋长,C_2 为腋高;对于悬挑梁,当根部和端部高度不同时,用 $b \times h_1/h_2$ 表示,其中 h_1 为根部截面高度,h_2 为端部截面高度。

c. 梁箍筋:包括钢筋级别、直径、加密区与非加密区间距及肢数。箍筋加密区与非加密区的间距及肢数不同时需要用斜线"/"分隔;当梁箍筋为同一间距及肢数时则不需用斜线;当加密区与非加密区的箍筋肢数相同时,则将肢数注写一次;箍筋肢数应写在括号内。加密区范围见相应抗震等级的标准构造详图。如图 13.22(a)所示中,"φ10@100/200(4)"表示箍筋为 HPB235 钢筋,直径为 φ10,加密区间距为 100,非加密区间距为 150,且均为四肢箍。

d. 梁上部通长钢筋或架立钢筋配置:当同排纵筋中既有通长筋又有架立筋时,应用加号"+"将通长筋和架立筋相连,注写时须将角部纵筋写在加号前面,架立筋写在加号后面的括号内,以示不同直径及与通长筋的区别,当全部采用架立筋时,则将其写入括号内。如图 13.22(a)所示中,"2⊈20+(2⊈12)"表示梁上部配有两根⊈20 通长筋,并配有两根⊈12 架立筋。当梁的上部纵筋和下部纵筋为全跨相同,且多数跨配筋相同时,此项可加注下部纵筋的配筋值,用分号";"将上部与下部纵筋的配筋值分隔开来,少数跨不同者,采用原位标注处理。如图 13.22(b)所示中,"4⊈18;5⊈25"表示梁上部配有 4 根⊈18 通长筋,梁下部配有 5 根⊈25 通长筋。

e. 梁侧面纵向构造钢筋或受扭钢筋配置:梁侧面纵向构造钢筋的注写值以大写字母"G"打头,接续注写配置在梁两个侧面的总配筋值,且对称配置。如图 13.22(c)所示中,"G4φ12"表示梁的两个侧面共配置 4 根 φ12 的纵向构造钢筋,每侧各配置两根。当梁侧面配置有受扭纵向钢筋时,注写值以大写字母"N"打头,接续注写配置在梁两个侧面的总配筋值,且对称配置。受扭纵向钢筋应满足梁侧面纵向构造钢筋的间距要求,且不再重复配置纵向构造钢筋。如图 13.22(b)所示中,"N8φ12"表示梁的两侧共配置 8 根 φ12 的受扭纵向钢筋,每侧各配置 4 根。

梁集中标注中的一项选注值为梁顶面标高与楼面标高的差值,当没有高差时无此项。如图

13.21 所示,(−0.050)表示该梁顶面标高比楼面标高低50 mm。

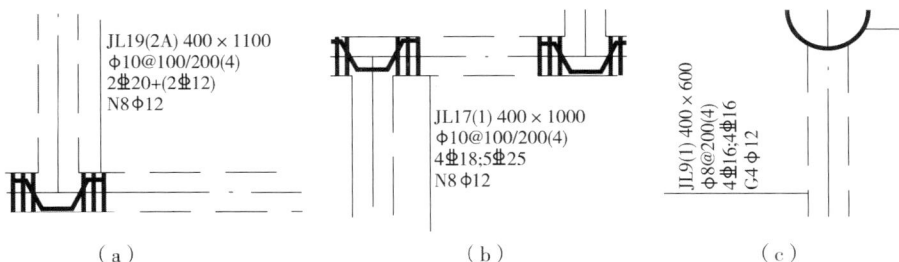

图13.22 梁集中标注示意图(本图从图13.20中截取放大)

②梁原位标注就是在控制截面处标注,其内容规定如下:

A. 梁支座上部纵筋,该部位含通长钢筋在内的所有纵筋:

a. 当上部纵筋多于一排时,用斜线"/"将各排纵筋自上而下分开。如图13.23(a)所示中,梁上部纵筋注写为6Φ16 4/2,则表示上一排纵筋为4Φ16,下一排纵筋为2Φ16。

b. 当同排纵筋有两种直径时,用加号"+"将两种直径的纵筋相连,注写时将角部纵筋写在前面。如图7.23(b)所示中,"2Φ18+3Φ22"表示梁支座上部纵筋为4根,2Φ18放在角部,3Φ22放在中部。

c. 当梁中间支座两边的上部纵筋不同时,须在支座两边分别标注;当梁中间支座两边的上部纵筋相同时,可仅在支座的一边标注钢筋值,另一边省去不注,如图13.23(b)所示。

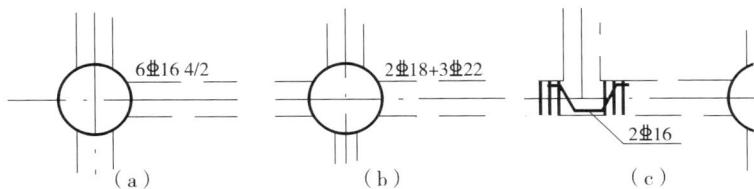

图13.23 梁原位标注示意图(本图是从图13.19中截取放大)

B. 梁下部纵筋:

a. 当梁下部纵筋多于一排时,用斜线"/"将各排纵筋自上而下分开。例如梁下部纵筋注写为6Φ22 2/4,则表示上一排纵筋为2Φ22,下一排纵筋为4Φ22,全部伸入支座。

b. 当同排纵筋有两种直径时,用加号"+"将两种直径的纵筋相连,注写时将角部纵筋写在前面。

c. 当梁下部纵筋不全部伸入支座时,将梁下部纵筋减少的数量写在括号内。例如梁下部纵筋注写为6Φ25 2(−2)/4,则表示上排纵筋为2Φ25,且不伸入支座,下排纵筋为4Φ25,全部伸入支座。

d. 当梁的集中标注中已注写了梁上部和下部均为通长纵筋,且此处的梁下部纵筋与集中标注相同时,则不需在梁下部重复做原位标注。

C. 当在梁上集中标注的内容(即梁截面尺寸、箍筋、上部通长筋或架立筋,梁侧面纵向构造钢筋或受扭纵向钢筋,以及梁顶面标高高差中的某一项或几项数值)不适用于某跨或某悬挑部分时,则将其不同数值原位标注在该跨或该悬挑梁部位,施工时应按原位标注数值取用。

D. 附加箍筋或吊筋,将其直接画在平面图中的主梁上,用引线引注总配筋值(附加箍筋的肢数注写在括号内)。当多数附加箍筋或吊筋相同时,可在梁平法施工图上统一注明,少数与统一注明值不同时,再原位引注,如图 13.23(c)所示。

13.3.3　柱平法施工图的表示方法

柱平法施工图是在柱平面布置图上,采用列表注写方式或截面注写方式表示柱的截面尺寸和配筋情况的结构施工图。柱平面布置图可采用适当比例单独绘制,也可以与剪力墙平面布置图合并绘制。在柱平法施工图中应注明各结构层的楼面标高、结构层高及相应的结构层号。

列表注写方式是在柱的平面布置图上,分别在同一编号的柱中选择一个(有时需选择几个)截面标注几何参数代号:在主表中注写柱号、柱段起止标高、几何尺寸(含柱截面对轴线的偏心情况)与配筋具体数值,并配以各种柱截面形状及其箍筋类型图的方式来表达柱平法施工图,如图 13.24 所示。

截面注写方式是在柱平面布置图的柱截面上,分别在统一编号的柱中选择一个截面,以直接注写截面尺寸和配筋具体数值的方式来表达柱平法施工图,如图 13.25 所示。

关于柱平法施工图的具体绘制要求以及剪力墙平法施工图的内容,请读者根据专业需要查阅国家建筑标准设计图集《混凝土结构施工图平面整体表示法制图规则和构造详图》(16G101—1),本书不再介绍。

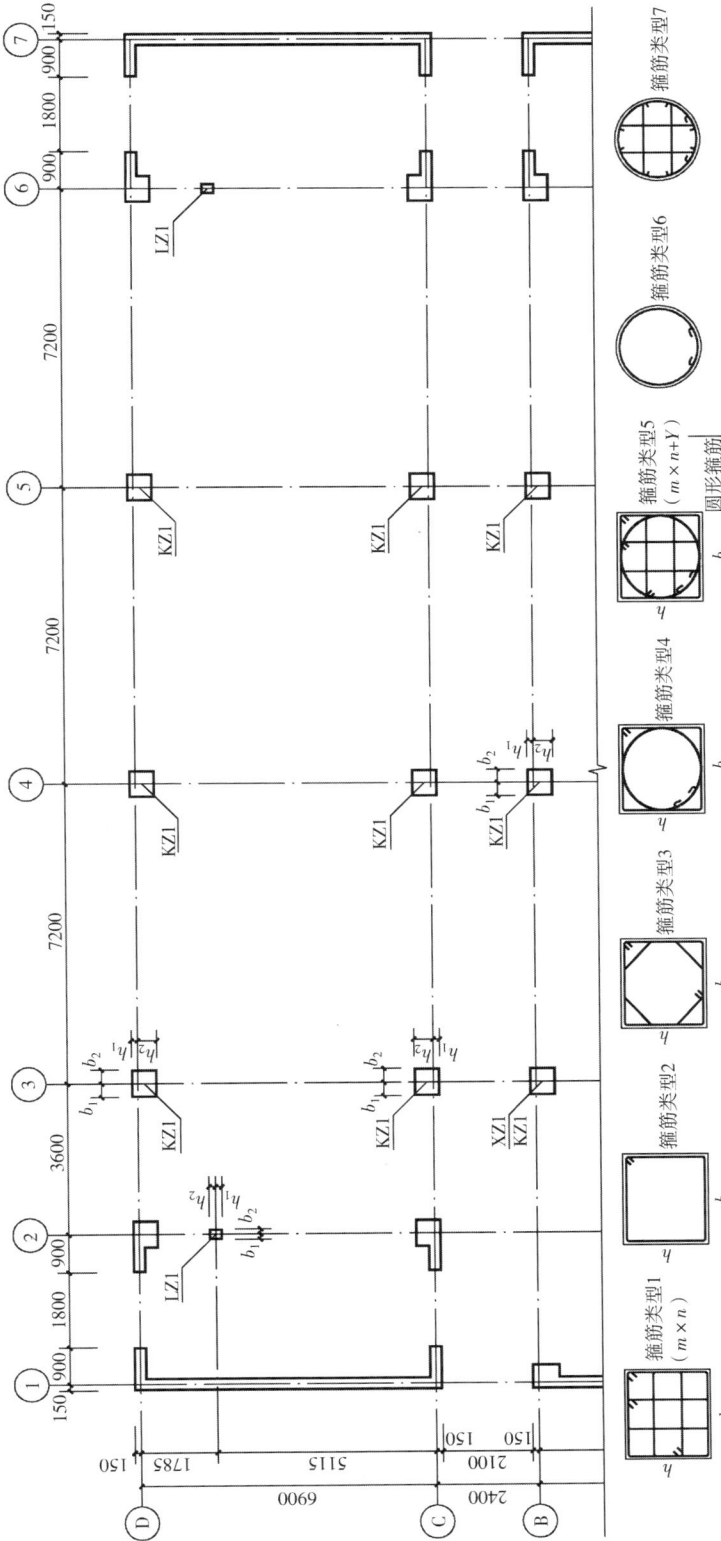

柱 表

柱号	标高	b×h（圆柱直径D）	b₁	b₂	h₁	h₂	全部纵筋	角筋	b边一侧中部钢筋	h边一侧中部钢筋	箍筋类型号	箍筋	备注
KZ1	−0.030~19.470	750×700	375	375	150	550	24Φ25				1(5×4)	ϕ10@100/200	—
	19.470~37.470	650×600	325	325	150	450		4Φ22	5Φ22	4Φ20	1(4×4)	ϕ10@100/200	
	37.470~59.070	550×500	275	275	150	350		4Φ22	5Φ22	4Φ20	1(4×4)	ϕ8@100/200	
XZ1	−0.030~8.670						8Φ25				按标准构造详图	ϕ10@100	③×Ⓑ轴KZ1中设置

-0.030~59.070柱平法施工图（局部）

图13.24 柱平法——列表注写方式

箍筋类型1（5×4）

箍筋类型2

箍筋类型3

箍筋类型4

箍筋类型5（m×n+Y）圆形箍筋

箍筋类型6

箍筋类型7

箍筋类型1（m×n）

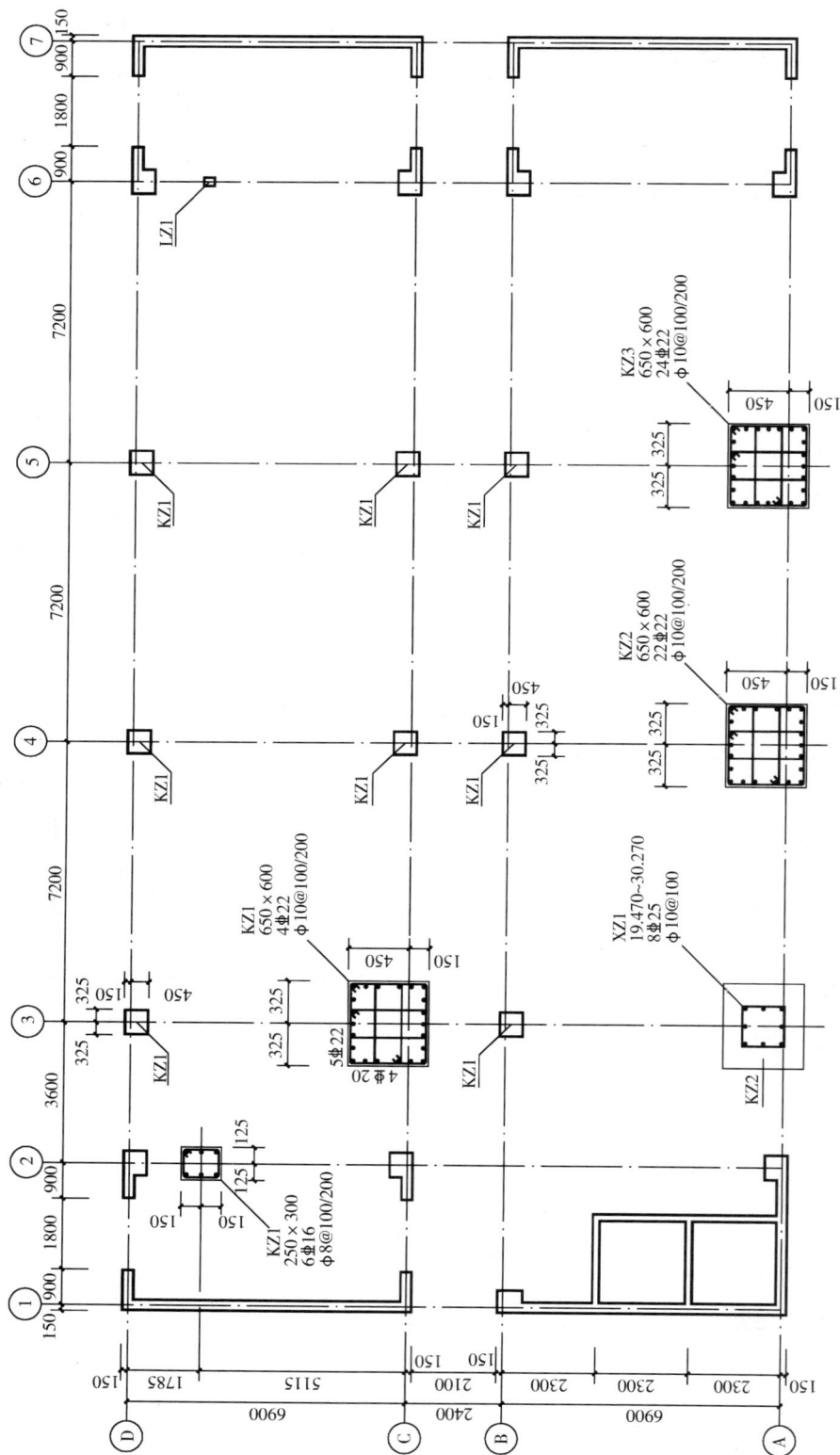

19.470~37.470柱平法施工图

图13.25 柱平法——截面注写方式

本章小结

（1）了解结构施工图的作用。
（2）了解基础施工图、楼层结构施工图、构件详图的组成及各部分图纸的名称。
（3）了解钢筋混凝土结构施工图平面整体表示方法的制图规则和绘图技巧。

复习思考题

13.1　什么是建筑物的结构构件？其中的哪些构件是主要承重构件？

13.2　混合结构民用建筑的结构施工图包括哪些基本内容？

13.3　钢筋混凝土构件的钢筋按其作用可分为哪几类？

13.4　何为基础平面图？其中的桩基础在图中用什么线型绘制？

13.5　在基础详图中，如何进行构件的线型表达？

13.6　在某工程的预制装配式楼层结构布置图中，一门洞口上方标有"GL4303"，在其隔壁房间的中部标有"7Y-KB336-4"，请分别解释这两个代号的含义。

13.7　简述现浇楼板双层配筋的画法，并结合图示表达。

13.8　构件详图包括哪些基本内容？

13.9　构件详图中的钢筋应如何绘制？

13.10　何为结构平法施工图？

13.11　梁平法施工图有哪些表示方法？何为平面注写方式？

13.12　集中标注包含哪些注写项目？其中哪些为必注值，哪些为选注值？

13.13　下图为一钢筋混凝土框架结构的梁平法施工图，请根据框架梁 KL2 的集中标注与原位标注内容，写出该梁的基本情况。

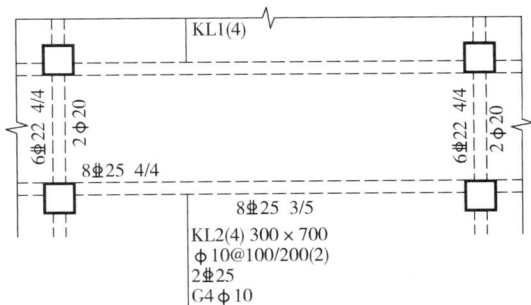

14 建筑给水排水施工图

本章导读:

　　了解建筑给水排水系统的基本构成,主要介绍建筑给水排水施工图的内容:包括组成建筑给水排水施工图的各层平面图、系统图、大样图、总平面图的主要构成、常用比例、线型、图例、标注等要求和绘制方法。重点应掌握识读和绘制建筑给水排水施工图的方法和技巧。

14.1　概述

　　建筑设备是房屋的重要组成部分,包括给水、排水、采暖、通风、空调、燃气、电气、通信及楼宇智能化等系统的管道及设施设备。它们都服务于建筑物,但不属于其土建部分,是一栋房屋能正常使用的必备条件。所以,建筑设备施工图是在已有的建筑施工图基础上来绘制的。

　　建筑设备施工图(无论是给水排水、电气、暖通中的任意哪种专业图),一般都由平面图、系统图、详图及设备材料表、文字说明组成。在图示方法上有两个主要特点:第一,建筑设备的管道或线路是设备施工图的重点,通常用单粗线绘制;第二,建筑设备施工图中的建筑图部分不是为土建施工而绘制的,而是作为建筑设备的定位基准而画出的,一般用细线绘制,不画建筑细部。

　　建筑设备施工图简称"设施图"。其中,为房屋建筑系统地供给生产、生活、消防用水以及排除生活、生产污废水、雨水等而建设的一整套工程设施的图样总称为建筑给水排水施工图,简称"水施图"。它一般由目录、设计说明、材料表、给水排水总平面图、给水排水平面图、给水系统图、排水系统图及必要的详图等组成。本章将介绍建筑给水排水系统的组成、建筑给水排水常用图例、给水排水平面图及系统(原理)图、给水排水总平面图的识读及绘制方法。

14.1.1 建筑给水排水系统组成

1）建筑给水

民用建筑给水通常分生活给水系统和消防给水系统。生活给水系统一般含冷热水系统；消防给水系统一般含消火栓给水系统与自动喷水灭火系统等。现以生活、消防给水为例说明建筑给水的主要组成，如图 14.1 所示。

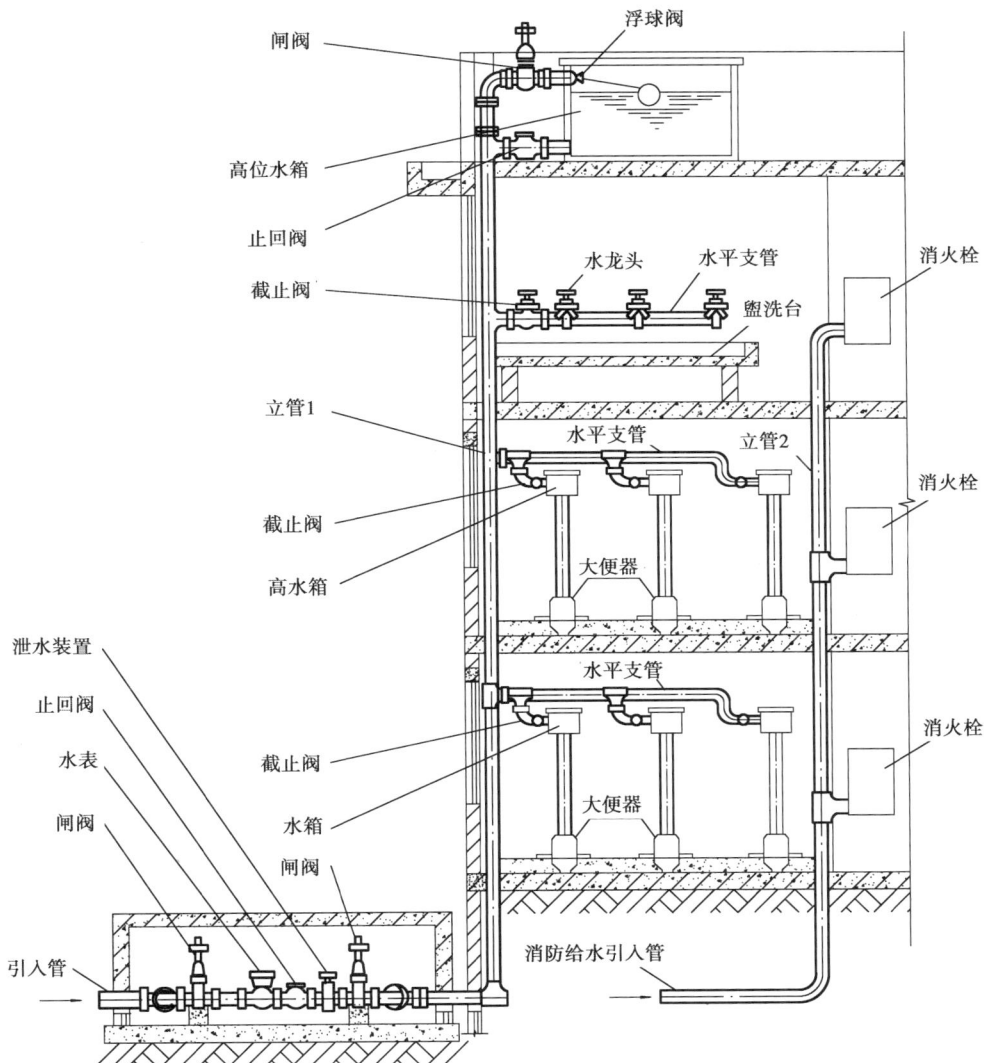

图 14.1　建筑给水系统的组成

（1）引入管

引入管又称进户管，是从室外供水管网接出，一般穿过建筑物基础或外墙，引入建筑物内的给水连接管段。每条引入管应有不小于 3‰的坡度坡向外供水管网，并应安装阀门，必要时还要设泄水装置，以便管网检修时放水用。

（2）给水管网

给水管网是指将引入管送来的给水输送给建筑物内各用水点的管道，包括水平干管、给水立管和支管。

（3）给水器具及附件

给水器具及附件包括给水管网终端用水点上的器具（如给水龙头、淋浴头等）及管道系统中的各种阀门、仪表等。

（4）水池、水箱及加压装置

当外部供水管网的水压、流量经常或间断不足，不能满足建筑给水的水压、水量要求，需设贮水池或高位水箱及水泵等调节增压装置。

（5）水表

水表用于记录用水量。根据具体情况，可在每个用户、每个单元、每幢建筑物或一个居住区内设置水表。需单独计算用水量的建筑物，水表应安装在引入管上，并装设检修阀门、旁通管、泄水装置等。通常把水表及这些设施统称为水表节点。室外水表节点应设置在水表井内。

2）建筑排水

民用建筑排水主要是排出生活污水、屋面雨（雪）水及空调冷凝水等。一般民用建筑物（如住宅、办公楼等）可将生活污（废）水合流排出，雨水管单独设置。现以排除生活污水为例，说明建筑排水系统的主要组成，如图 14.2 所示。

（1）卫生器具及地漏等排水泄水口

卫生器具指的是供水并接受、排出污废水或污物的容器或装置。按其作用分为以下几类：

①便溺用卫生器具：如大便器、小便器等；

②盥洗、淋浴用卫生器具：如洗脸盐、淋浴器等；

③洗涤用卫生器具：如洗涤盆、污水盆等；

④专用卫生器具：如医疗、科学研究实验室等特殊需要的卫生器具。

地漏是地面与排水管道系统连接的排水器具，具有防臭气、防堵塞、防病毒、防返水、防干涸等主要功能。

（2）排水管道及附件

①存水弯。在卫生器具内部或器具排出口上设置的一种内有水封的配件。存水弯内一定高度的水柱称为水封，用以防止排水管系统中气体窜入室内。常用的管式存水弯有 S 形、P 形和 U 形。

②连接管。连接管即连接卫生器具及地漏等排水口与排水横支管的短管（除坐式大便器、直通式地漏外，均包括存水弯），也称卫生器具排水管。

③排水横支管。排水横支管接纳连接管的排水并将排水转送到排水立管，且坡向排水立管。若与大便器连接管相接，排水横支管管径应不小于 100 mm，坡向排水立管的通用坡度为 0.02。

④排水立管。排水立管是接纳排水横支管的排水并转送到排水排出管（有时送到排水横干管）的竖直管段。其管径不应小于 DN50 或所连横支管管径。

⑤排出管。排出管是将排水立管的排水排入室外检查井的横管。其管径应大于或等于排水立管的管径。

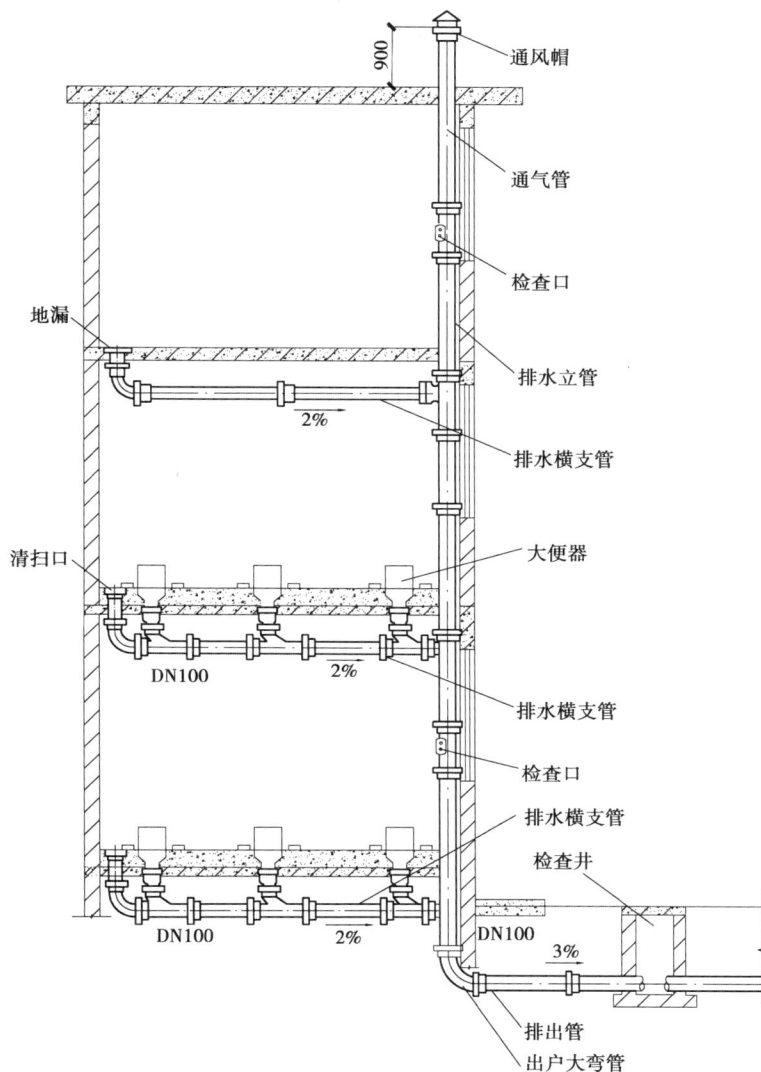

图 14.2　建筑排水系统的组成

⑥出户检查井。室内排水出户管与室外排水管的连接处设置的检查井,用于日常的检修及清通。

⑦伸顶通气管。伸顶通气管是位于顶层检查口以上的立管管段,它排除有害气体,并向排水管补充空气,有利于水流畅通,保护存水弯水封。伸顶通气管的管径一般与排水立管相同。通气管口高出屋面的高度不得小于 0.3 m,且应大于屋面最大积雪厚度。在经常有人停留的平屋面上,通气管口应高出屋面 2 m。

⑧管道检查、清堵装置(如清扫口、检查口)。清扫口可单向清通,常用于排水横管上;检查口则为双向清通的管道维修口。立管上的检查口之间距离不大于 10 m,通常每隔一层设一个检查口(住宅每层设一个检查口),但底层和顶层必须设置检查口。其中心应在相应楼(地)面以上 1.00 m 处,并应高出该层卫生器具上边缘 0.15 m。

14.1.2 建筑给水排水图例

按照中华人民共和国国家标准《建筑给水排水制图标准》(GB/T 50106—2010,以下简称《建筑给水排水制图标准》),建筑给水排水常见线型和图例见表 14.1 和表 14.2。

表 14.1　建筑给水排水常见线型

名称	线型	笔宽	备注
粗实线	——————	b	新设计的各种排水和其他重力流线管
粗虚线	— — — — —	b	新设计的各种排水和其他重力流线管的不可见轮廓线
中粗实线	——————	$0.7b$	新设计的各种排水和其他压力流线管 原有的各种排水管和其他重力流线管
中粗虚线	— — — — —	$0.5b$	新设计的各种排水和其他压力流线管 原有的各种排水管和其他重力流线管的不可见轮廓线管
中实线	——————	$0.5b$	给水排水设备、零(附)件的可见轮廓线;总图中新建的建筑物和构筑物的可见轮廓线;原有的各种给水和其他压力流线管
中虚线	— — — — —	$0.5b$	给水排水设备、零(附)件的不可见轮廓线;总图中新建的建筑物和构筑物的不可见轮廓线;原有的各种给水和其他压力流线管的不可见轮廓线
细实线	——————	$0.25b$	建筑的可见轮廓线;总图中新建的建筑物和构筑物的可见轮廓线;制图中的各种标注线
细虚线	— — — — —	$0.25b$	建筑的不可见轮廓线;总图中的不可见轮廓线
单点长画线	—·—·—	$0.25b$	中心线、定位轴线
折断线	——／——	$0.25b$	断开界线
波浪线	∿∿∿	$0.25b$	平面图中水面线;局部构造层次范围线;保温范围示意线

表 14.2　建筑给水排水图例(摘自 GB/T 50106—2010)

序号	名称	图例	备注
1	给水管	—— J ——	
2	热水给水管	—— RJ ——	
3	通气管	—— T ——	
4	污水管	—— W ——	
5	雨水管	—— Y ——	
6	排水明沟	坡向 ——→	
7	排水暗沟	坡向 — — →	

续表

序号	名称	图例	备注
8	立管检查孔		
9	圆形地漏	平面　　系统	
10	清扫口	平面　　系统	
11	P形存水弯		
12	S形存水弯		
13	通气帽	蘑菇型　　成品	
14	水表		
15	浮球阀	平面　　系统	
16	闸阀		
17	截止阀		
18	放水龙头/感应龙头		
19	淋浴器		
20	脚踏/感应冲洗阀		
21	消防给水管	——XH——	
22	室内单栓消火栓	平面　　系统	系统白色为开启面
23	室内双栓消火栓	平面　　系统	
24	室外消火栓		
25	挂式洗脸盆		
26	台式洗脸盆		
27	厨房洗涤盆		

续表

序号	名称	图例	备注
28	壁挂式小便器		
29	座式大便器	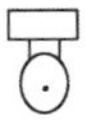	
30	蹲式大便器	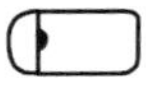	
31	浴盆		
32	矩形化粪池	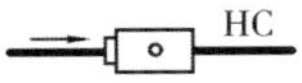 HC	

14.2 建筑给水排水平面图

14.2.1 建筑给水排水平面图的图示特点

为方便读图和画图,把同一建筑相应的给水平面图和排水平面图画在同一张图纸上,称其为建筑给水排水平面图,如图14.3—图14.7所示为某县质量技术监督局职工住宅的建筑给水排水平面图。

建筑给水排水平面图应按直接正投影法绘制,它与相应的建筑平面图、卫生器具以及管道布置等密切相关,具有如下图示特点。

1)比例

常用比例有1∶200、1∶150和1∶100,一般采用与其建筑平面图相同的比例,如1∶100、1∶150。有时可将某些公共建筑、居住建筑的集中用水房间单独抽出,用较其建筑平面图大的比例绘制,如图14.8所示为某县质量技术监督局职工住宅卫生间及厨房给水排水平面详图。详图比例常用1∶50、1∶30、1∶20、1∶10、1∶5等。

2)布图方向

按照中华人民共和国国家标准《房屋建筑制图统一标准》(GB/T 50001—2017)的规定,"不同专业的单体建(构)筑物的平面图,在图纸上的布图方向均应一致"。因此,建筑给水排水平面图在图纸上的布图方向应与相应的建筑平面图一致。

3)平面图的数量

建筑给水排水平面图原则上应分层绘制,并在图下方注写其图名。若各楼层建筑平面、卫生器具和管道布置、数量、规格均相同,可只绘标准层、底层给水排水平面图和屋面给水排水平面图。

底层给水排水平面图一般应画出整幢建筑的底层平面图,其余各层则可以只画出装有给水排水管道及其设备的局部平面图,以便更好地与整幢建筑及其室外给水排水平面图进行对照阅读。标准层给水排水平面图通常也画标准层全部。

4)建筑平面图

绘制与标注建筑物轮廓线、轴线号、房间名称、楼层标高、门、窗、梁柱、平台和绘图比例等,且应与建筑专业一致。但图线应用细实线(0.25b)绘制,不必画建筑细部,不标注门窗代号、编号等,底层平面图一般要画出指北针。

5)卫生器具平面图

卫生器具(如大便器、小便器、洗脸盆等)皆为定型生产产品,而大便槽、小便槽、污水池等多为现场砌筑,其详图由建筑设计提供。所以,卫生器具均不必详细绘制,定型工业产品的卫生器具用细线画其图例(表14.2);需现场砌制的卫生设施依其尺寸,按比例画出其图例,若无标准图例,一般只绘其主要轮廓。

6)给水排水管道平面图

给水排水管道及其附件无论在地面上或地面下,均可视为可见。按其图例绘制(表14.2)位于同一平面位置的两根或两根以上的不同高度的管道时,为图示清楚,习惯画成平行排列的管道。管道无论明装和暗装,平面图中的管道线仅表示其示意安装位置,并不表示其具体平面定位尺寸。但若管道暗装,图上除应有说明外,管道线应画在墙身断面内。

当两根水管交叉时候,位置较高的可通过,位置较低的在交叉投影处断开。

当给水管与排水管交叉时,应该连续画出给水管,断开排水管。

7)标注

(1)尺寸标注

标注建筑平面图的轴线和编号和轴线间尺寸,若图示清楚,可仅在底层给水排水平面图中标注轴线间尺寸,标注与用水设施有关的建筑尺寸(如隔墙尺寸等),标注引入管、排出管的定位尺寸,通常注写其与相邻轴线的距离尺寸。沿墙敷设的卫生器具和管道一般不必标注定位尺寸,若必须标注时,应以轴线和墙(柱)面为基准标注。卫生器具的规格可用文字标注在引出线上,也可在施工说明中或在材料表中注写。管道的长度一般不标注,因为在设计、施工的概算和预算以及施工备料时,一般只需用比例尺从图中近似量取或专业软件导出,在施工安装时则以实测尺寸为依据。平面图中,一般只注立管、引入管、排出管的管径,管径标注的要求见表14.3。除此以外,一般管道的管径、坡度等,习惯标注在其系统图中,常不在平面图中标注。

(2)标高标注

底层给水排水平面图中应标注室内地面标高及室外地面整平标高。标准层、楼层给水排水平面图应标注对应楼层的标高,有时还要标注用水房间附近的楼面标高。所注标高均为相对标高,并应取至小数点后3位。

(3)符号标注

对于建筑物的给水排水进口、出口,宜标注管道类别代号,其代号通常采用管道类别的第一个汉语拼音字母,如"J"即给水,"W"即污水。当建筑物的给水排水进、出口数量多于1个时,宜用阿拉伯数字编号,以便查找和绘制系统图。编号宜按图14.9的方式表示(该图表示1号排出管或1号排出口)。

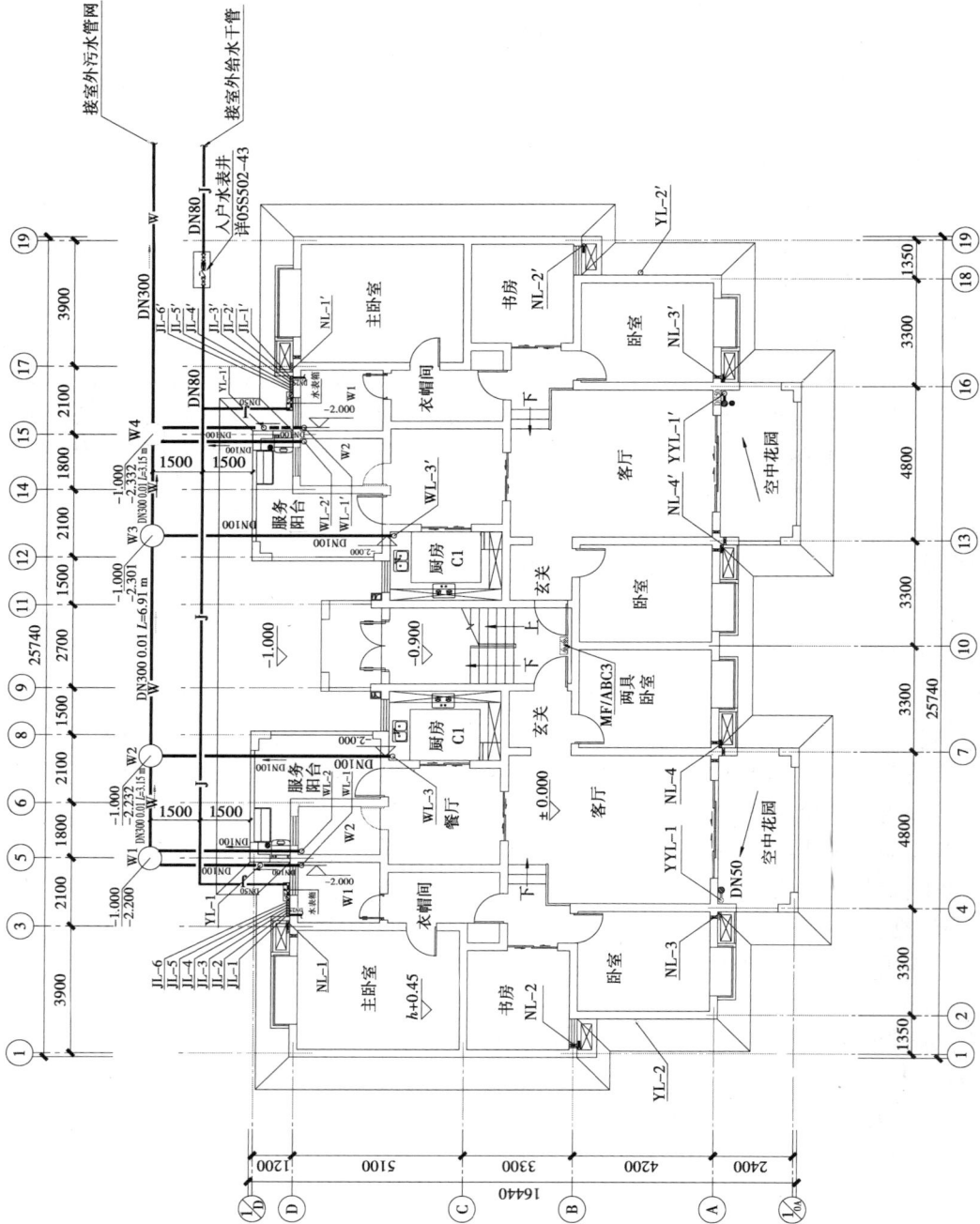

一层给排水平面图 1:100

图 14.3　一层给排水平面图

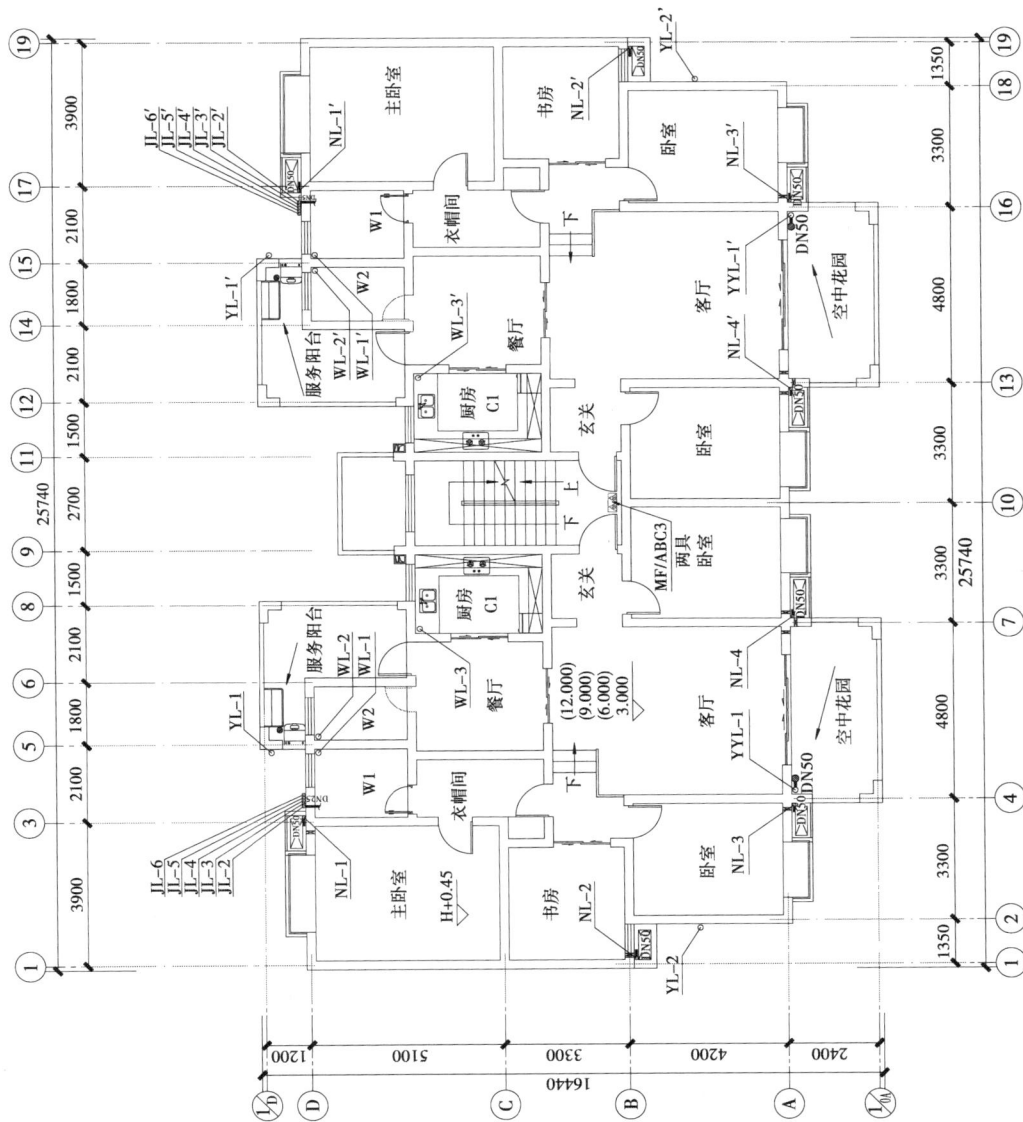

二~五层给排水平面图 1:100

图14.4　二~五层给排水平面图

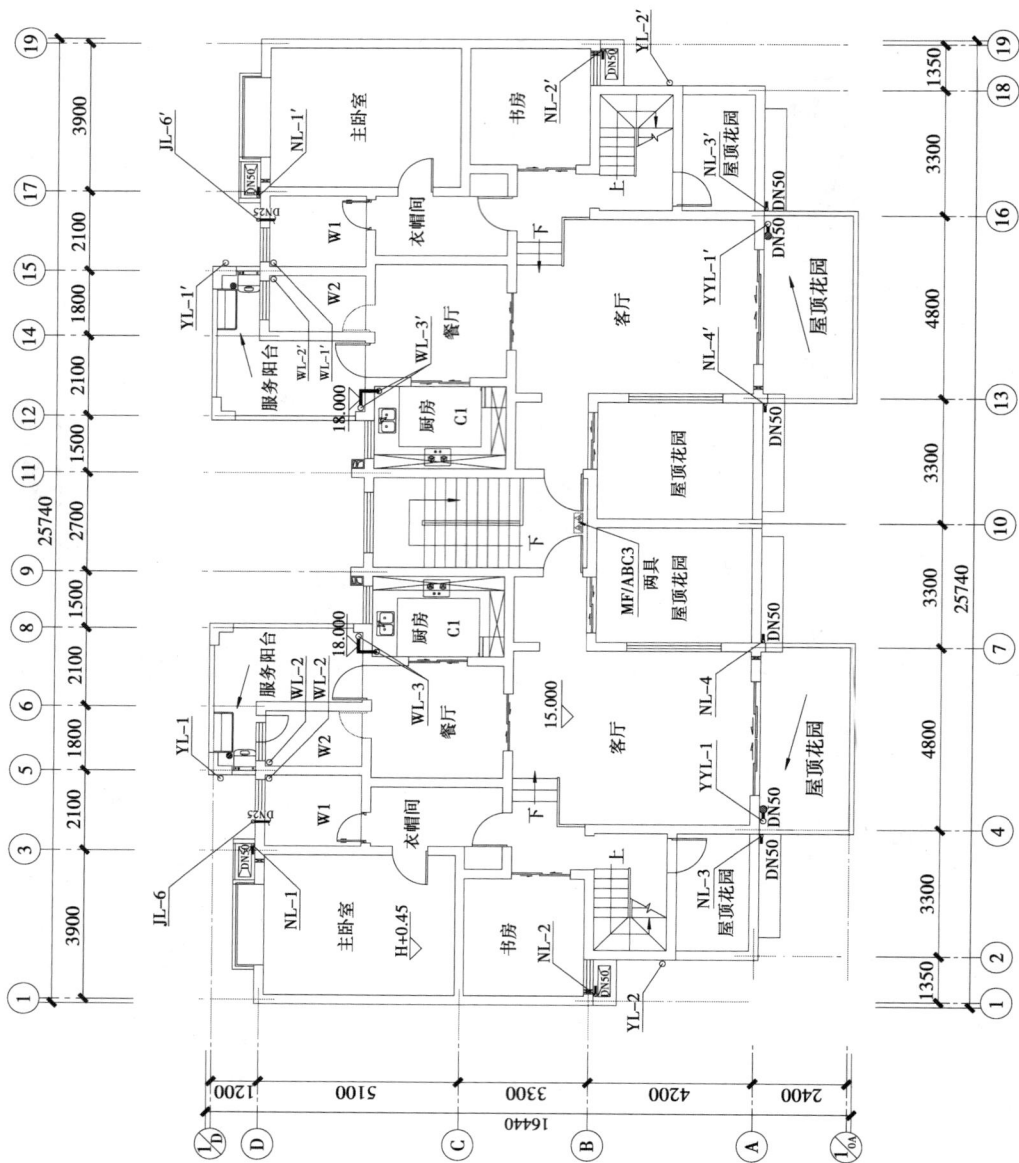

六层给排水平面图 1:100

图14.5 六层给排水平面图

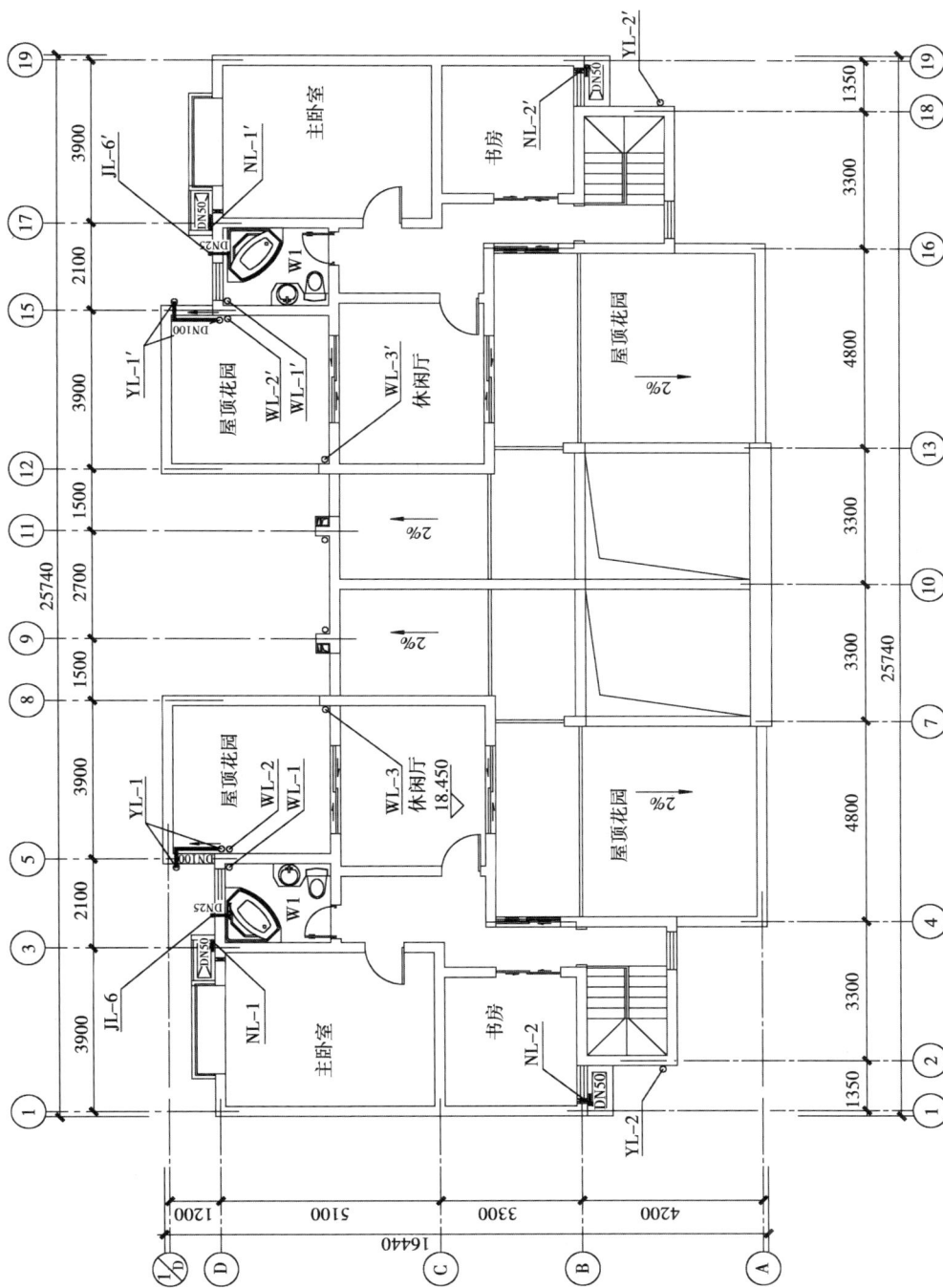

六加一层给排水平面图 1:100

图 14.6 六加一层给排水平面图

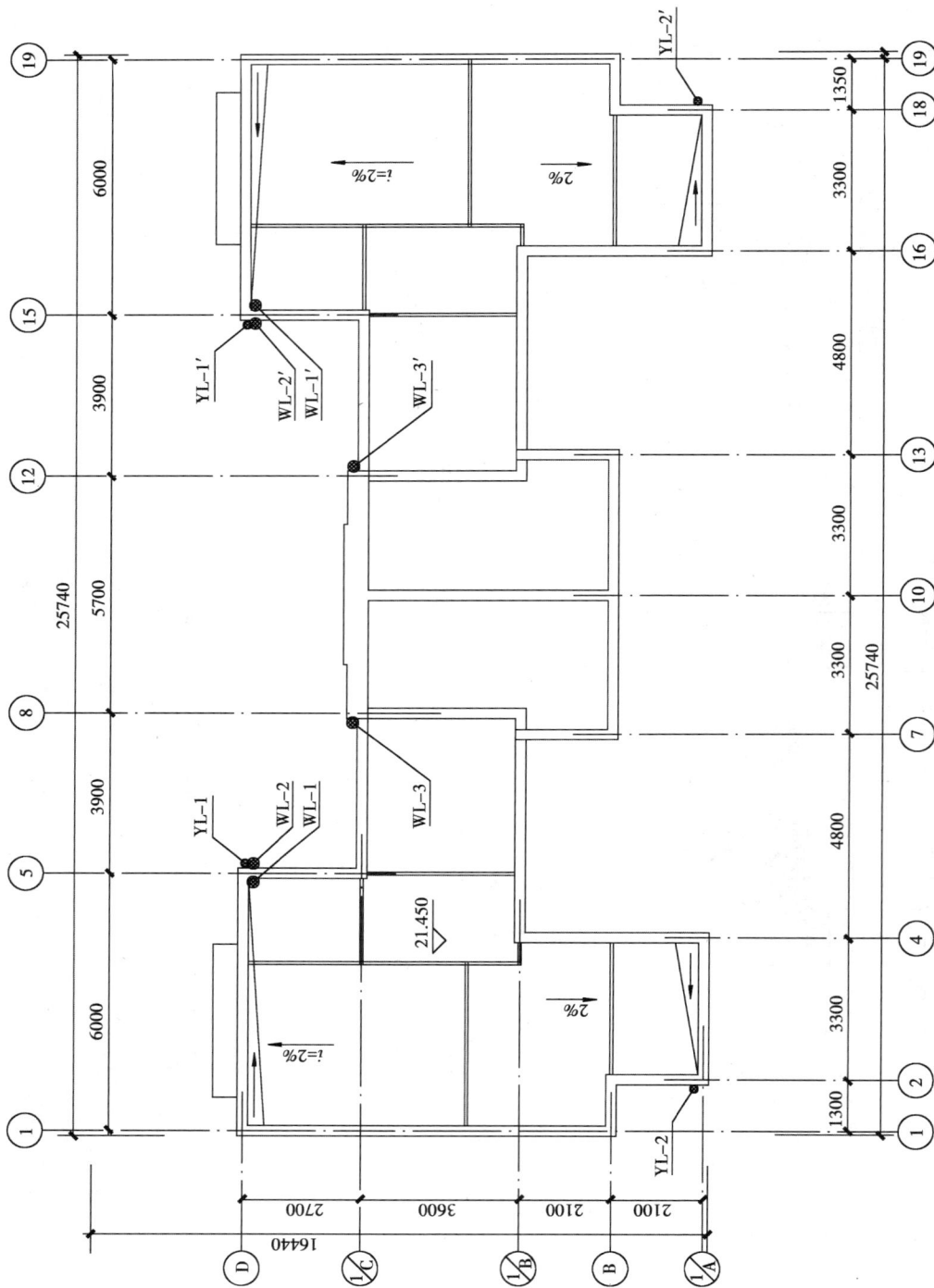

屋顶给水排水平面图 1:100

图 14.7　屋顶给水排水平面图

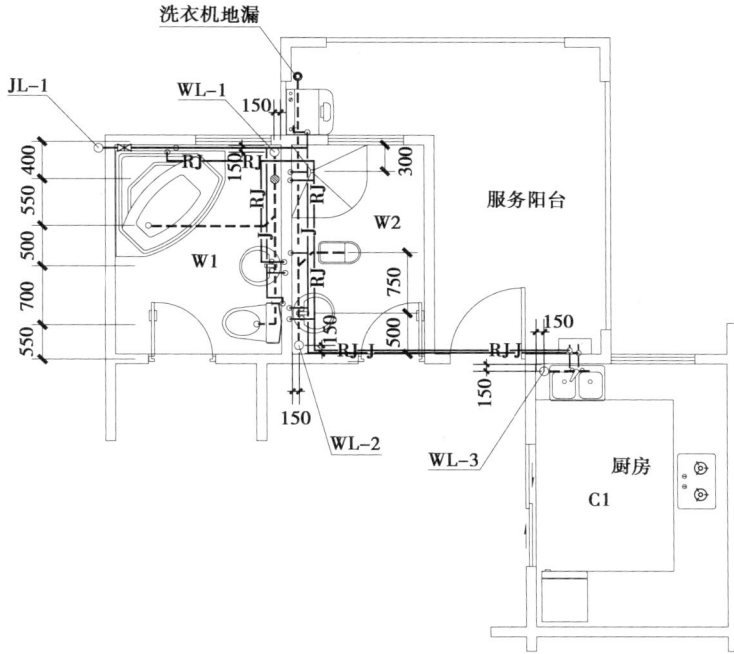

卫生间及厨房给水排水平面详图 1:50

图 14.8　卫生间及厨房给水排水平面详图

表 14.3　管径标注

管径标准	用公称直径①DN 表示	用外径 D × 壁厚 表示	用公称外径 Dw② 表示	用公称外径 dn 表示	用内径 d 表示
适用范围	1.水煤气输送管（镀锌或非镀锌）；2.铸铁管	1.无缝钢管；2.②焊接钢管	1.铜管；2.不锈钢管	排水塑料管	1.耐酸陶瓷管；2.混凝土管；3.钢筋混凝土管；4.陶土管（缸瓦管）
标注举例	DN25	D108 × 4	Dw18	dn110	d300

注：①公称直径是工程界对各种管道及附件大小的公认称谓,对各类管子的准确含义是不同的。如对普通压力铸铁管等,DN 等于内径的真值;而普通压力钢管的 DN 比其内径略小。

②《建筑给水排水制图标准》(GB/T 50106—2010)。

对于建筑物内穿过一层及多于一层楼层的竖管,用小圆圈表示,直径约为 2 mm,称为立管,并在旁边标注立管代号,如"JL""WL"分别表示给水立管、污水立管。当立管数量多于 1 个时,宜用阿拉伯数字编号。编号宜按图 14.10 的方式表示(该图即表示 1 号给水立管)。

(4)文字注写

应注写相应平面的功能及必要的文字说明。

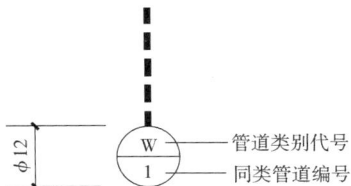

图 14.9　给水排水进出口编号表示法

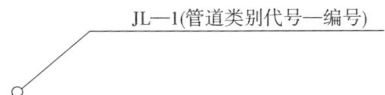

图 14.10　平面图上立管编号表示法

14.2.2　建筑给水排水平面图的绘制

　　绘制建筑给水排水施工图,通常首先绘制给水排水平面图,然后绘其系统图。绘制建筑给水排水平面图时,一般先绘标准层给水排水平面图,再画其余楼层及一层给水排水平面图。绘制给水排水平面图的画图步骤如下:

　　①画建筑平面图。

　　建筑给水排水平面图的建筑轮廓应与建筑专业一致,先画定位轴线,再画墙身和门窗洞,最后画必要的构配件。

　　②画卫生器具平面图。

　　在已完成的建筑平面图中需要用水的房间里相应位置画上卫生器具。

　　③画给水排水设备房平面图。

　　给水排水设备房平面图一般多见于地下层及屋顶层,有些简单建筑没有给水排水设备房。绘制设备房平面图时,宜按实际尺寸在设备房内相应位置画上设备及构筑物。因为设备房在给水排水专业中的重要性,通常在平面图之外还需绘制设备房大样图。

　　④画给水排水管道平面图。

　　画建筑给水排水平面图时,一般先画立管,然后画给水引入管和排水排出管,最后按照水流方向画出各干管、支管及管道附件。

　　⑤绘制应标注的尺寸、标高、编号和必要的文字。

　　⑥画必要的图例。

　　若只用了了《建筑给水排水制图标准》(GB/T 50106—2010)中的标准图例,一般可不另画图例;否则,必须列出图例(可将图例集中画在专门一张图纸里)。

14.3　建筑给水排水系统图

　　建筑给水排水系统图(各个系统单独绘制)反映给水排水管道系统的连接关系,水流的来源、去向;各系统的编号及立管编号;各管段的管径、坡度标高以及管道附件位置;设备的型号参数等。它与建筑给水排水平面图一起表达建筑给水排水工程空间布置情况。系统图一般分为系统轴测图和系统原理(展开)图。

14.3.1　系统轴测图

　　系统轴测图应以45°正面斜轴测的投影规则绘制。图中标明管道走向、管径、仪表及阀门、控制点标高和管道坡度,各系统编号、各楼层卫生设备和工艺用水设备的连接点位置。如某几层卫生设备及用水点接管情况完全相同时,在系统轴测图上可只绘一个有代表性楼层的接管图,其他各层注明同该层即可。在系统轴测图上,应注明建筑楼层标高、层数、室内外建筑平面标高差。卫生间给水排水系统大样图应绘制管道轴测图。

　　下面简要介绍给水排水系统轴测图的绘制。其具有下列主要特点:

1）比例

通常采用与之对应的给水排水平面图相同的比例,常用的有 1∶150、1∶100、1∶50。当局部管道按比例不易表示清楚时,例如在管道和管道附件被遮挡,或者转弯管道变成直线等情况下,这些局部管道可不按比例绘制。

2）布图方向

给水排水系统图的布图方向应该与相应的给水排水平面图一致,如图 14.11 所示。

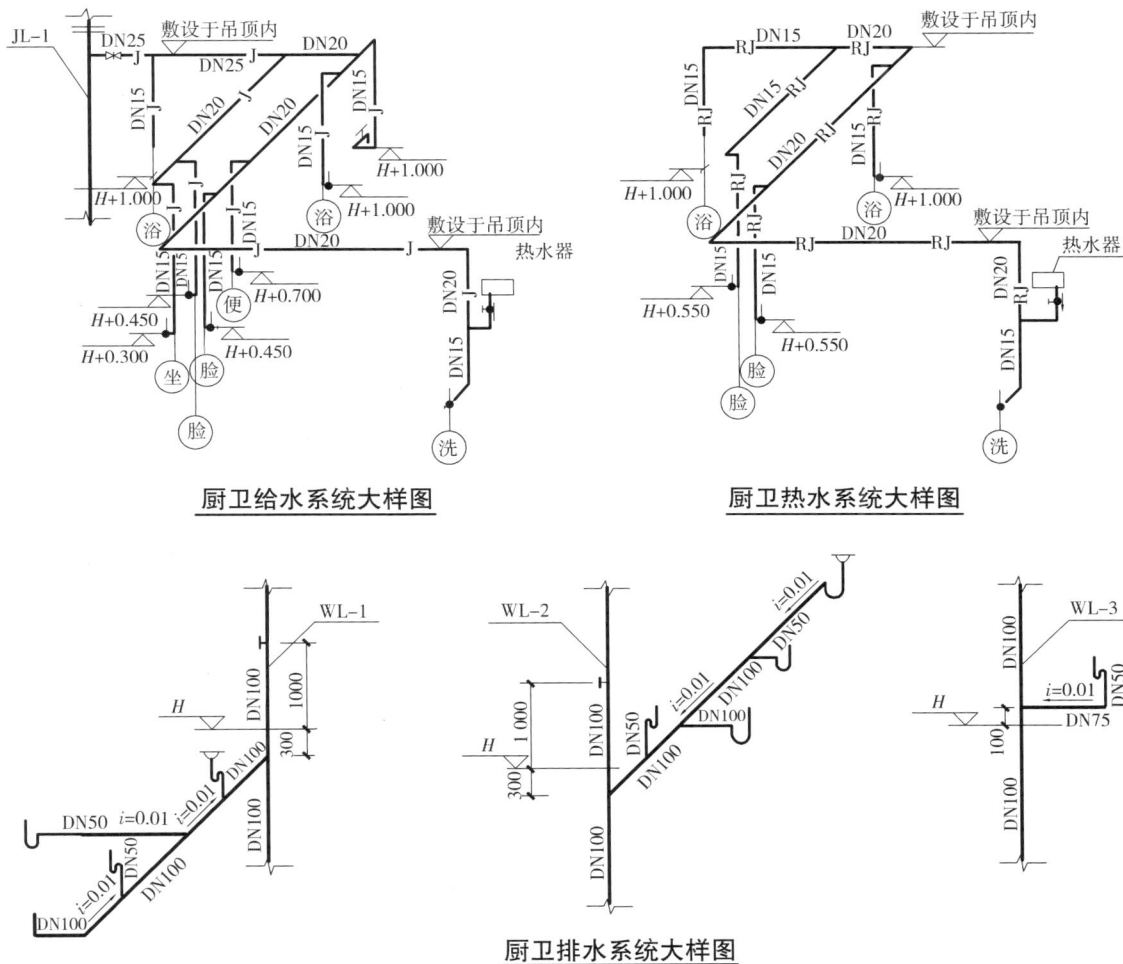

厨卫给水系统大样图　　　厨卫热水系统大样图

厨卫排水系统大样图

图 14.11　厨房卫生间给水排水系统轴测图

3）给水排水管道

给水管道系统图一般按各条给水引入管分组,排水管道系统图一般按各条排水排出管分组。引入管和排出管以及立管的编号均应与其平面图的引入管、排出管及立管对应一致,编号表示法同前。

系统图中,给水排水管道沿 x_1、y_1 向的长度直接从平面图上量取,管道高度一般根据建筑层高、门窗高度、梁的位置以及卫生器具、配水龙头、阀门的安装高度等来决定。例如,洗涤池

（盆）、盥洗槽、洗脸盆、污水池的放水龙头一般离地（楼）面0.80 m,淋浴器喷头的安装高度一般离地（楼）面2.100 m。设计安装高度一般由安装详图查得,亦可根据具体情况自行设计。有坡向的管道按水平管绘制出。管道附件、阀门及附属构筑物等仍以图例表示,见表14.2。

当空间交叉的管道在图中相交时,应判别其可见性。在交叉处,可见管道连续画出,不可见管道线应断开画出。

当管道相对集中,即使局部不按比例也不能清楚地反映管道的空间走向时,可将某部分管道断开,移到图面合适的地方绘制。在两者需连的断开部位,应标注相同的大写拉丁字母表示连接编号,如图14.12所示。

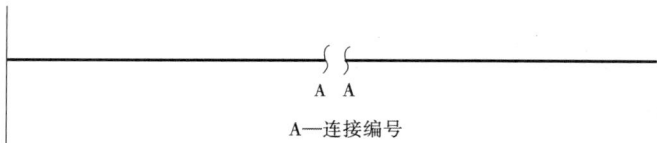

A—连接编号

图14.12　管道连接符号

4）与建筑物位置关系的表示

为反映给水排水管道与相应建筑物的位置关系,系统图中要用细实线（0.25b）画出管道所穿过的地面、楼面、屋面及墙身等建筑构件的示意位置,所用图例见表14.2。

5）标注

（1）管径标注

管径标注的要求见表14.3。可将管径直径注写在管道旁边,如图14.11所示中"DN25""DN100"等。有时连续多段管道具有相同管径时,可只注出始、末段管径,中间管段管径可省略不标注。

（2）标高标注

系统图仍然标注相对标高,并应与建筑图一致。对于建筑物,应标注室内地面、各层楼面及建筑屋面等部位的标高。对于给水管道,标注管道中心标高,通常要标注横管、阀门和放水龙头等部位的标高。对于排水管道,一般要标注立管或通气管的顶部、排出管的起点及检查口等的标高;其他排水横管标高通常由相关的卫生器具和管件尺寸来决定,一般可不标注其标高。必要时,一般标注横管起点的管内底标高。系统图中标高符号画法与建筑图的标高画法相同,但应注意横线要平行于所标注的管线。

14.3.2　系统原理（展开）图

随着经济的迅速发展,建筑项目的功能与体量日趋复杂、庞大,用传统的"系统轴侧图"画法绘制给水排水系统图绘制方法相对烦琐,不同层次的管线相互重叠,图面凌乱,表示起来费时、费力且难以看懂,现已由绘制简单、图面简化的"系统原理图"所取代。原理图不按比例绘制,对轴侧图的画线进行了简化,而在系统的原理及功能表述方面做了加强。系统图原理图反映并规定整个系统的管道及设备连接状况,如立管的管径、各层横管与立管及给水排水点的连接、设备及构筑物（如水池、水泵等）的设计,反映系统的工艺及原理,如图14.13—图14.15所示。

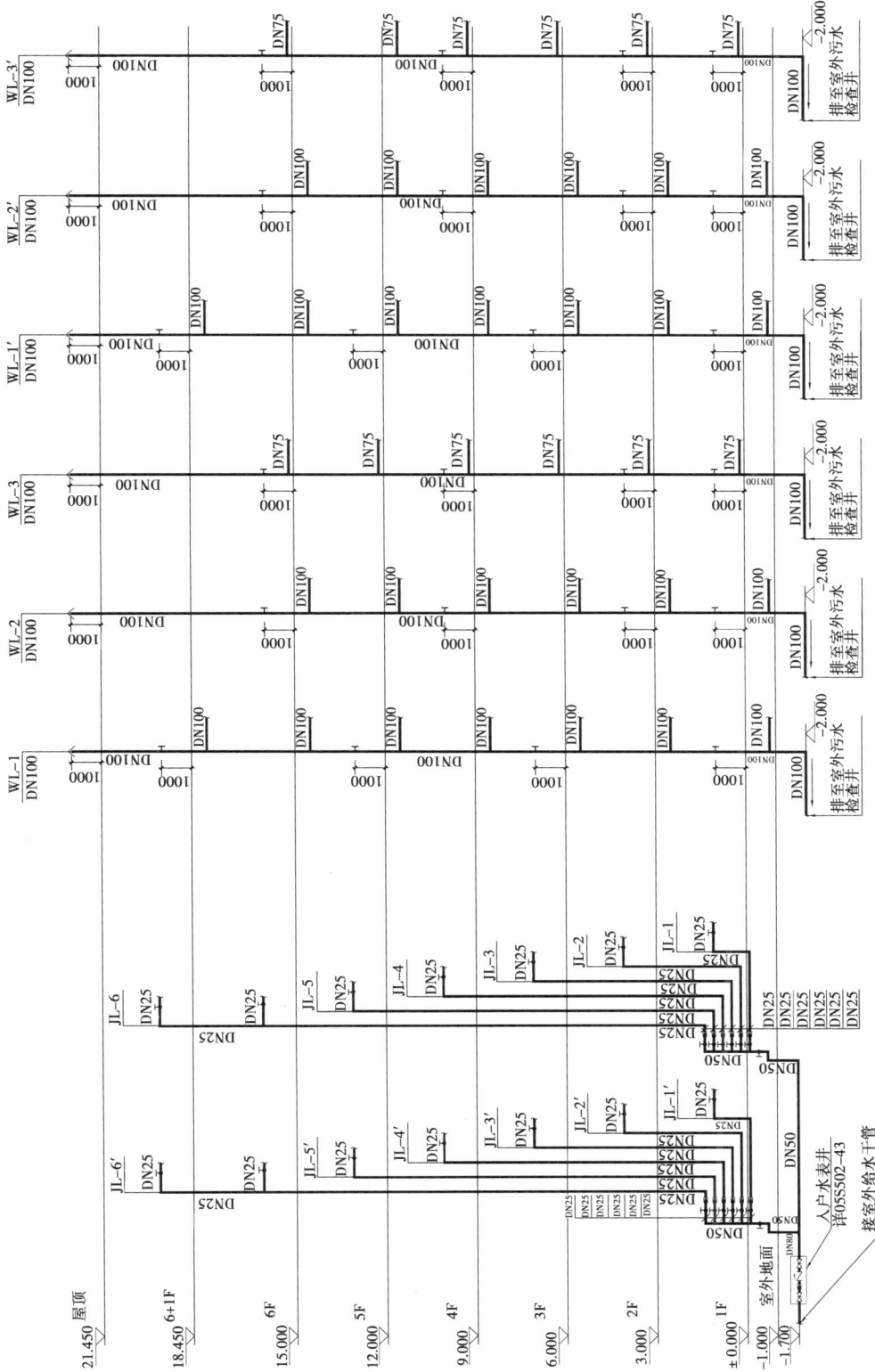

污水排水系统原理图

给水系统原理图

图 14.13 给水、污水排水系统原理图

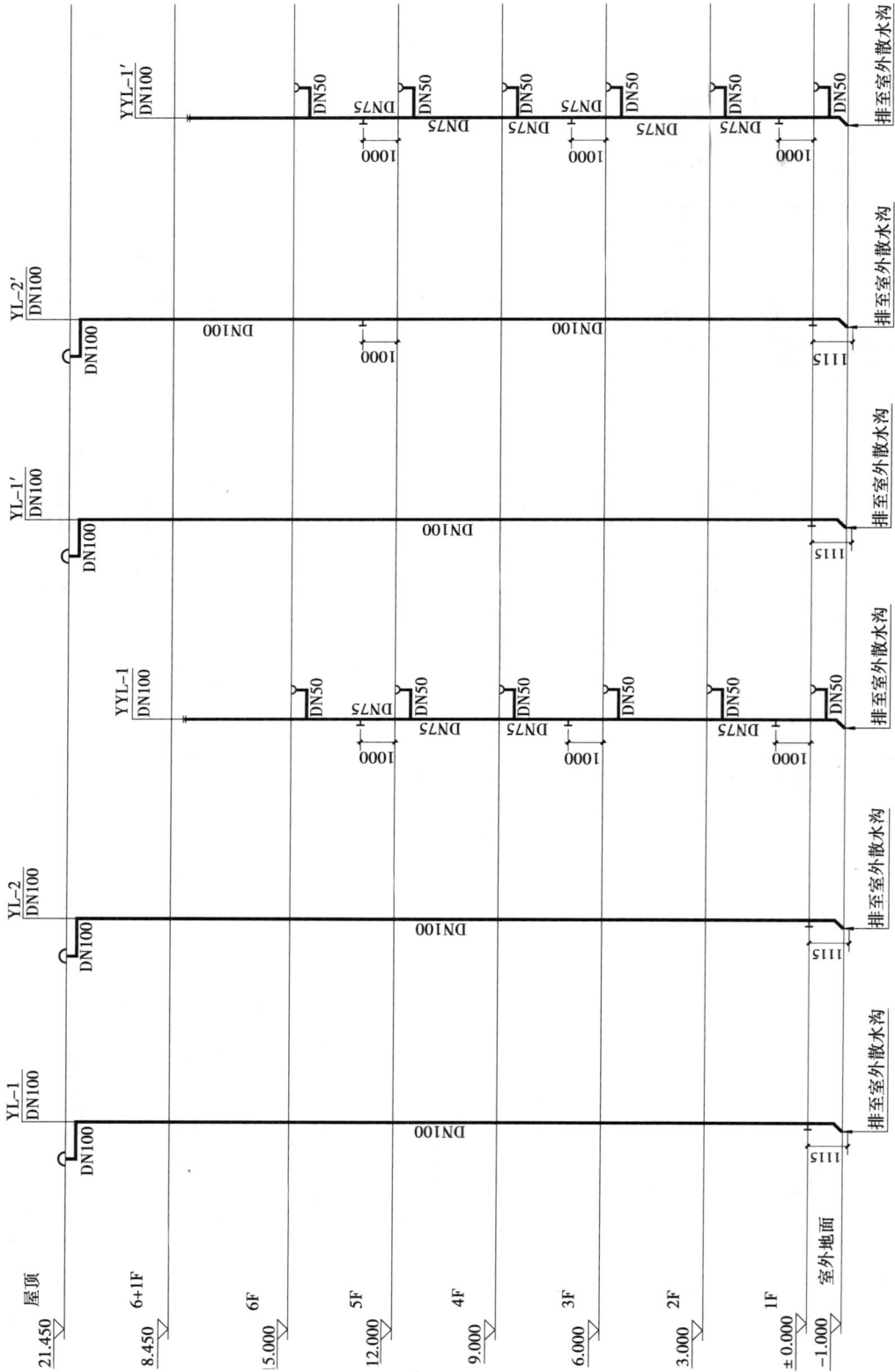

雨水排水系统原理图

图 14.14　雨水排水系统原理图

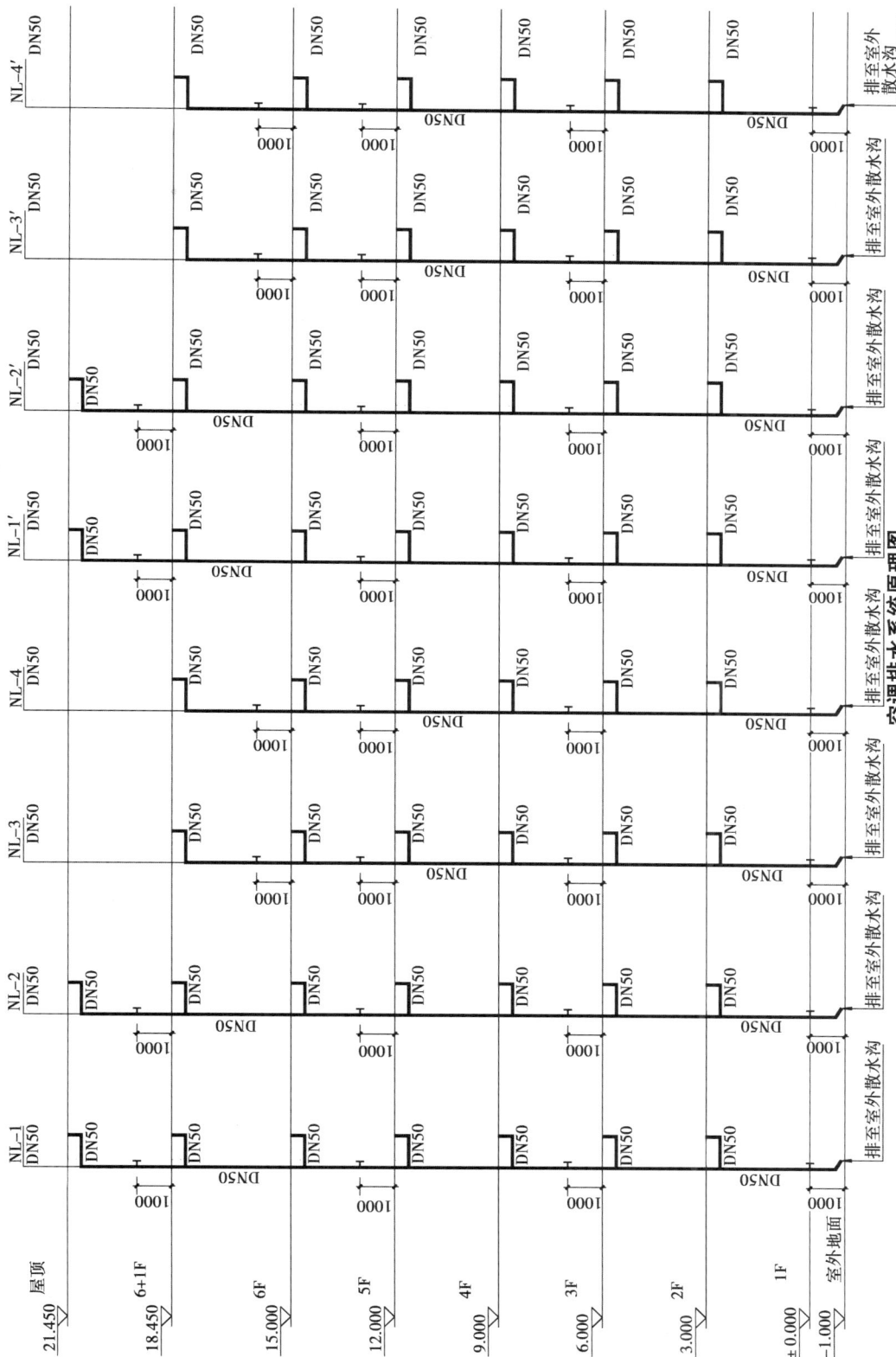

图 14.15　空调排水系统原理图

14.4 建筑给水排水总平面图

在建筑给水排水各阶段图纸设计中,建筑给水排水总平面图是非常重要的一个组成部分。通常情况下,给水、污水、雨水、消防等管道宜绘制在一张图纸内。当管道种类较多,地形复杂,在同一张图纸内将全部管道表达不清楚时,宜按压力流管道、重力流管道等分类进行绘制。

建筑给水排水总平面图的绘制比例一般同建筑图,实际工程中常用比例为 1:500,必要时也可以采用大于建筑总平面图的比例绘制。常用的建筑给水排水总图图例见表 14.4。

表 14.4　建筑给水排水总图图例

序号	名称	图例	备注
1	给水管	—— J ——	
2	室内消火栓给水管	—— X ——	
3	室外消防给水管	—— XH ——	
4	喷淋给水管	—— ZP ——	
5	消防水池至取水口给水管	—— Xq ——	
6	污水管	—— W ——	
7	废水管	—— F ——	
8	雨水管	—— Y ——	
9	阀门井		
10	水表井		
11	管道倒流防止器		
12	室外消火栓		
13	消防水泵接合器		
14	室消防取水口		
15	排气阀井		
16	排泥阀井		
17	室外污水处理设施		
18	隔油池	YC	
19	污水检查井	W	
20	雨水检查井	Y	
21	雨水口		

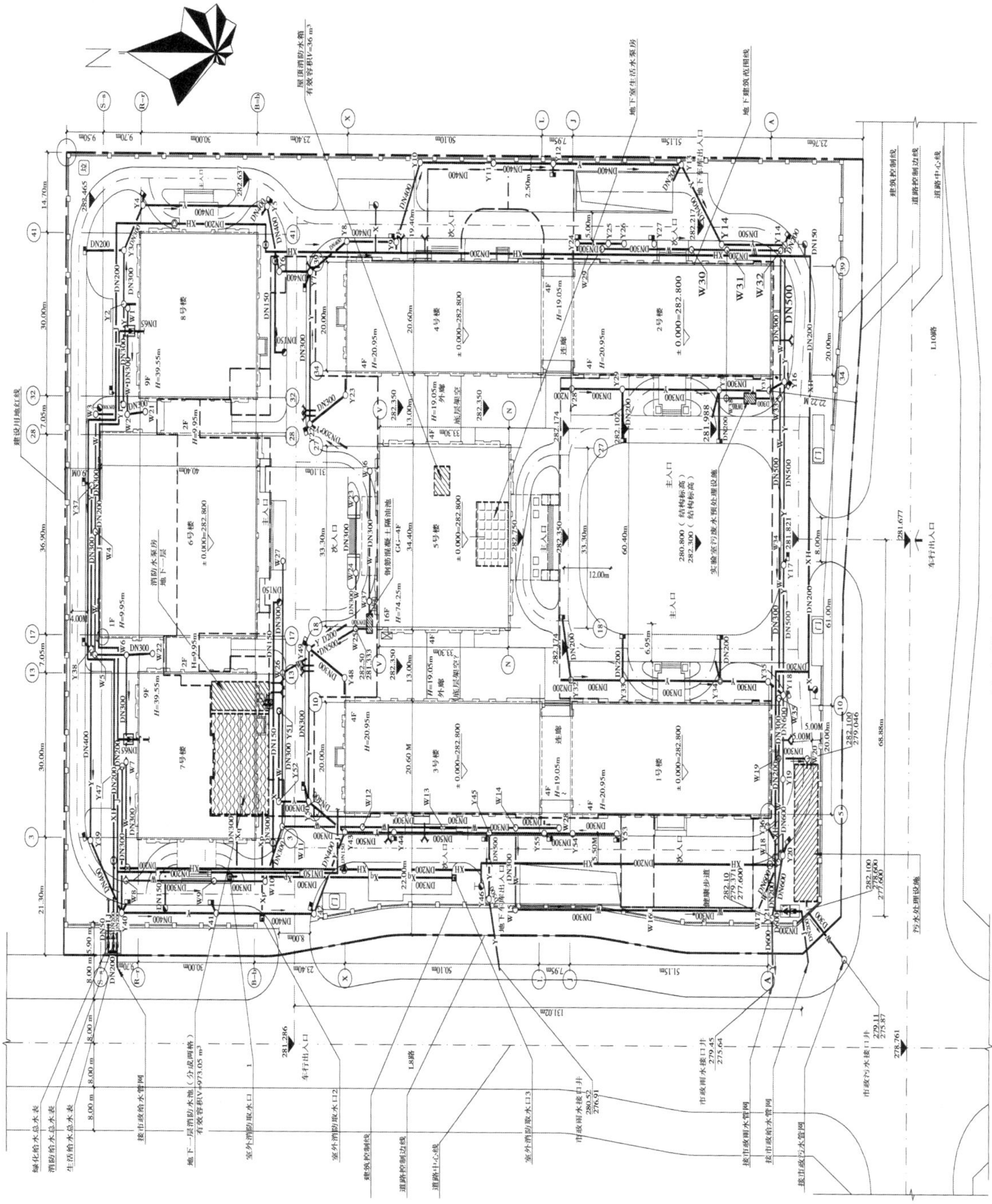

给水排水总平面图 1:500

图 14.16 某项目给水排水总平面图

在给水排水总平面图中,需要重点表达给水排水构筑物(消防水池、水箱、水泵房、污水处理设施等)的位置、设计参数;需要表达室外消火栓、室外消防车取水口、水泵接合器等消防设施的布置情况;需要表达市政给水排水管道与本项目给水排水管道的衔接、红线内各单体建筑间室外给水排水管道的衔接;需要表达场地雨污水的组织排放、雨水口、检查井等的布置情况。

上述管道及构筑物,可以采用标注尺寸、标注管径、标高的方式进行表达,也可以采用标注坐标、列检查井标高、列坐标表、列材料表的方式来表达,如图 14.16 所示。

本章小结

(1)了解建筑给水排水施工图组成及各部分图纸的内容。

(2)了解建筑给水排水系统的组成及常用的图例。

(3)熟悉建筑给水排水平面图、系统图、详图及总平面图的构成、用途、比例、线型、图例、尺寸标注等要求。

(4)掌握识读和绘制建筑给水排水平面图、系统图、详图及总平面图的方法和技巧。

复习思考题

14.1　给水排水施工图制图的现行国家标准是什么?

14.2　一套完整的给水排水施工图主要由哪些图纸组成?

14.3　给水排水平面图的主要内容有哪些?

14.4　给水排水系统的主要内容有哪些? 给水排水系统轴测图是按哪种投影法绘制的?

14.5　给水排水总平面图的主要内容有哪些?

15 附属设施施工图

本章导读：

　　本章主要介绍道路路线工程图、桥梁、涵洞和隧道工程图的内容。道路路线工程图包括公路和城市道路的平面图、横断面和纵断面图。桥梁工程图包括桥位平面图、桥位地质断面图、桥梁总体布置图、构件结构图和大样图。涵洞和隧道工程图包括平面图及立面图。重点应掌握识读和绘制道路路线工程图，桥梁、涵洞和隧道工程图的方法和技巧。

15.1　道路路线工程图

15.1.1　概述

1）道路路线工程图的组成

　　道路是带状工程结构物，供车辆行驶和行人步行，承受移动载荷的反复作用。按道路所处地区可分为公路、城市道路、农村道路、工业区道路等。道路的基本组成包括路线、路基及防护、路面及排水、桥梁、涵洞、隧道、平面及立体交叉、交通工程及沿线设施等。道路工程图包括上述各部分内容。

　　道路修筑在大地上，地形复杂多变，道路路线工程图用来表达道路路线的平面位置和线型状况、沿线地形和地物、标高和坡度、路基宽度和边坡坡度、路面结构和地质状况等。道路路线工程图分为道路路线平面图、纵断面图和横断面图。道路沿长度方向的行车中心线称为道路路线，也称道路中心线。由于受地形、地物和地质条件的限制，当我们分别从两个方向上观察道路路线的线型时，可得到下述结果：俯瞰是由直线和曲线段组成的；纵看是由平坡和上、下坡段及竖曲线组成的。所以,道路路线是一条空间曲线。

2) 道路路线工程图的表达特点

由于道路修筑在大地表面上,道路的平面弯曲和竖向起伏变化都与地面形状紧密相关,所以道路工程图的图示特点为:以地面作为平面图,以纵向展开断面图作为立面图,以横断面作为侧面图,并分别画在单独的图纸上。平面图、立面图、侧面图综合起来表达道路的空间位置,如图 15.1 所示。

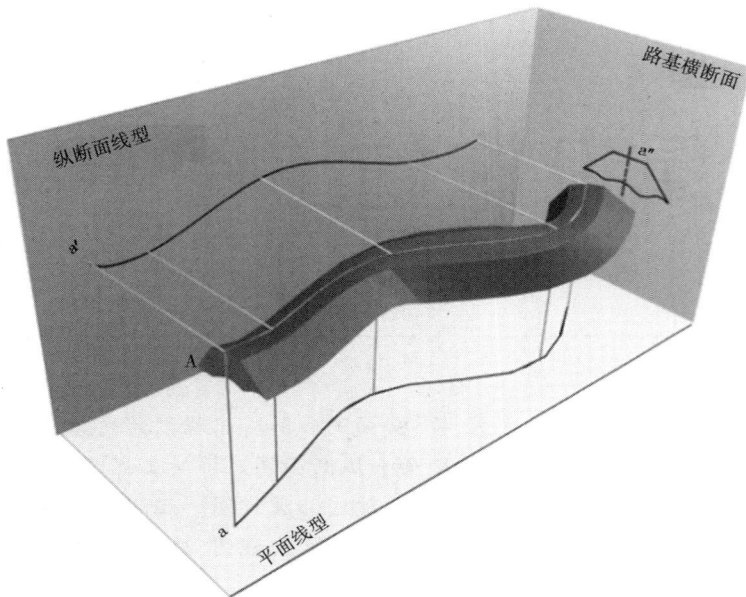

图 15.1　道路路线工程图的图示特点

15.1.2　路线平面图

路线平面图用以表达路线的方向和平面线型(直线和左、右弯道曲线),沿线路两侧一定范围的地形、地物情况。由于公路是修筑在大地表面上,其竖向坡度和平面弯曲情况都与地形紧密联系,因此,路线平面图是在地形图上进行设计和绘制的。现以图 15.2 为例,说明公路路线平面图的读图要点和绘制方法。

1) 地形部分

(1)比例

为了使图样表达清晰合理,不同的地形采用不同的比例。一般在山岭地区采用 1∶2 000,平原地区采用 1∶5 000。本图采用 1∶2 000。

(2)坐标网

为了表示公路所在地区的方位和路线走向,地形图上需要画出坐标网或指北针。图中符号

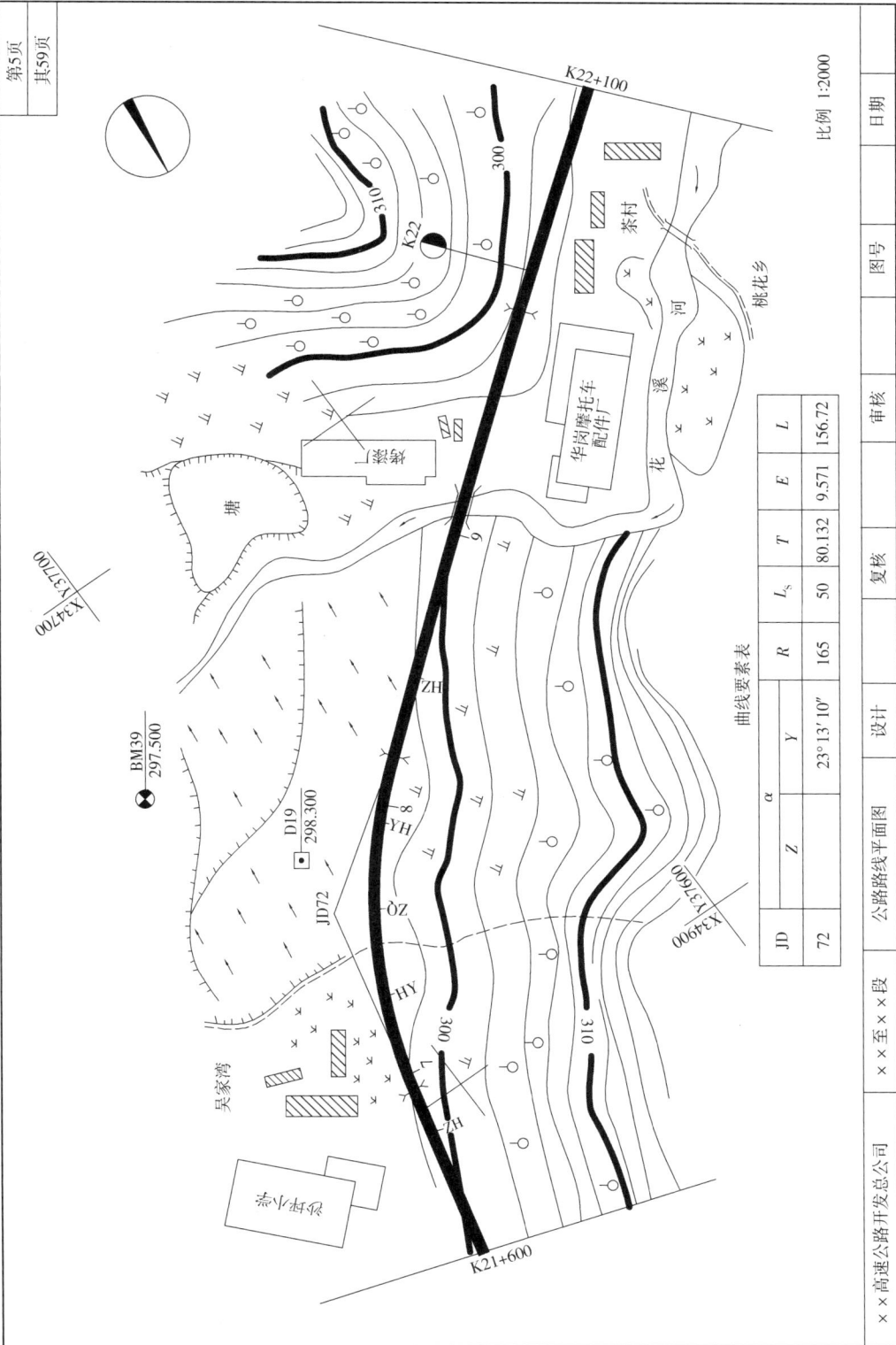

图15.2　公路路线平面图

JD	α	Z	Y	R	L_s	T	E	L
72		23°13′10″		165	50	80.132	9.571	156.72

曲线要素表

比例 1:2000

× × 高速公路开发总公司　× × 至 × × 段　公路路线平面图　设计　复核　复核　审核　图号　日期

"⬤" 表示指北针,符号 "X34700 ⊥ Y37700" 表示两垂直线的交点坐标为距坐标网原点之北

34 700 m,之东 37 700 m。由于公路路线太长,不可能在一张图纸上完成整条路线的全图,总是分段画在若干张图纸上,所以指北针和坐标网是拼接图纸的主要依据。

（3）地形图

从图 15.2 中可看出,等高线的高度差为 2 m。按道路里程增加的方向,西南方路段左侧有一座小山丘,右侧地势较平坦;东北方路段右侧有一座小山丘,左侧地势较平坦。有一条花溪河从西南流向东北。

（4）地物

地物用图例表示,常见的图例见表 15.1。图 5.2 中,两座小山丘上种有果树,靠山脚处有旱地。西南路段右侧有一条大路和小桥连接茶村和桃花乡,河边有些菜地,东北路段左侧有大片稻田。图中还标出了村庄、工厂、学校、小路、水塘的位置。

表 15.1　路线平面图中的常用图例（一）

名称	符号	名称	符号	名称	符号	名称	符号
路线中心线	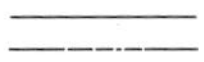 ——	房屋	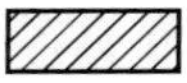 ▨	涵洞	→—←	水稻田	 ↓ ↑ ↓ ↑
水准点	 ◑ BM编号 高程	大车路	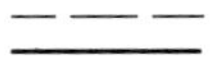 —‡—‡—	样梁	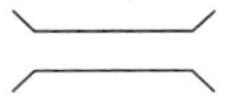 ⤜—⤛	草地	 ‖ ‖ ‖
导线点	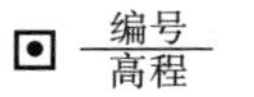 ◉ 编号 高程	小路	 — — —	菜地	 ⸪ ⸪	经济林	 ⸗ ⸗ ⸗
转角点	 ⌃ JD编号	堤坝	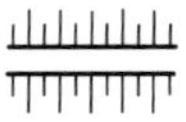 🏔	旱田	 ⊥ ⊥ ⊥	用材林	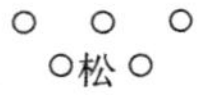 ○ ○ ○ ○松
通信线	 •—•—•—	河流	 ～～	沙滩	 ⬭	人工开挖	 ⬭

2）路线部分

（1）路线

在图 15.2 中,用 2 倍于计曲线(地面上的等高线,每隔 4 根画一条粗实线,该线称为计曲线。计曲线上必须注写标高数值,且字头朝上坡方向。其余等高线用细实线绘制,可注写标高数值,也可不注写)线宽的粗实线沿路线中心绘制了 21 km 600 m 至 22 km 100 m 路段的公路路线平面图。

（2）公里桩

图 15.2 中,右端 22 km 处有用符号 "◑" 表示公里桩。

（3）百米桩

公里桩之间用符号 "｜" 表示百米桩,数字写在短线端部,字头朝上。

（4）平曲线

路线转弯处的平面曲线称为平曲线,用交角点编号表示第几处转弯,如图15.3中 JD1 表示第 1 号交角点。α 为偏角（α_z 为左偏角，α_y 为右偏角），它是沿路线前进方向，向左或向右偏转的角度。还有圆曲线设计半径 R、切线长 T、曲线长 L、外矢距 E 以及设有缓和曲线段路线的缓和曲线长 L_s 都可在路线平面图中的曲线要素表中查得，如图 15.2 中曲线要素表所示。路线平面图中对无缓和曲线的平曲线还需标出曲线起点 ZY（直圆）、中点 QZ（曲中）和曲线终点 YZ（圆直）的位置，对带有缓和曲线的路线则需标注 ZH（直缓）、HY（缓圆）和 YH（圆缓）、HZ（缓直）的位置，如图 15.3 所示。

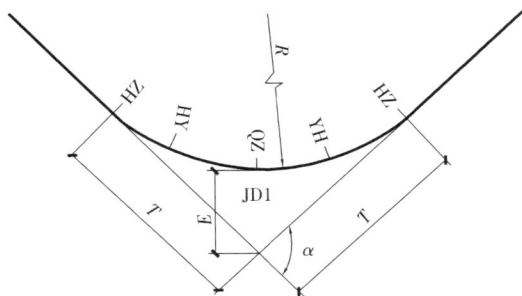

图 15.3　平曲线要素

（5）水准点

用以控制标高的水准点用符号"$\otimes\dfrac{BM39}{297.500}$"表示，图 15.2 中的 BM39 表示第 39 号水准点，标高为 297.500 m。

（6）导线点

用以导线测量的导线点用符号"$\boxdot\dfrac{D19}{298.300}$"表示，图 15.2 中的 D19 表示第 19 号导线点，其标高为 298.300。

15.1.3　公路平面总体设计图

在一级公路和高速公路的总体设计文件中，应绘制公路平面总体设计图。公路平面总体设计图除了包括公路路线平面图的所有内容，还应绘制路基边线、坡脚线或坡顶线、示坡线、排水系统水流方向。在公路平面总体设计图中路线中心线用细点画线绘制。

如图 15.4 所示为某山岭地区的一级公路平面总体设计图，图中用细线绘制了路线中心线，表示了公路的宽度，路基边线和示坡线（靠龙潭水库这边为填方，靠山一侧为挖方），涵洞和排水系统以及排水方向（箭头所示为水流方向），另外还表示了地形和地物。

15.1.4　路线纵断面图

路线纵断面图是通过公路中心线用假想的铅垂面进行剖切展平后获得的，如图 15.5 所示。由于公路中心线是由直线和曲线所组成，因此用于剖切的铅垂面既有平面又有柱面。为了清晰地表达路线纵断面情况，采用展开的方法将断面展开成一平面，然后进行投影，便得到了路线纵断面图。

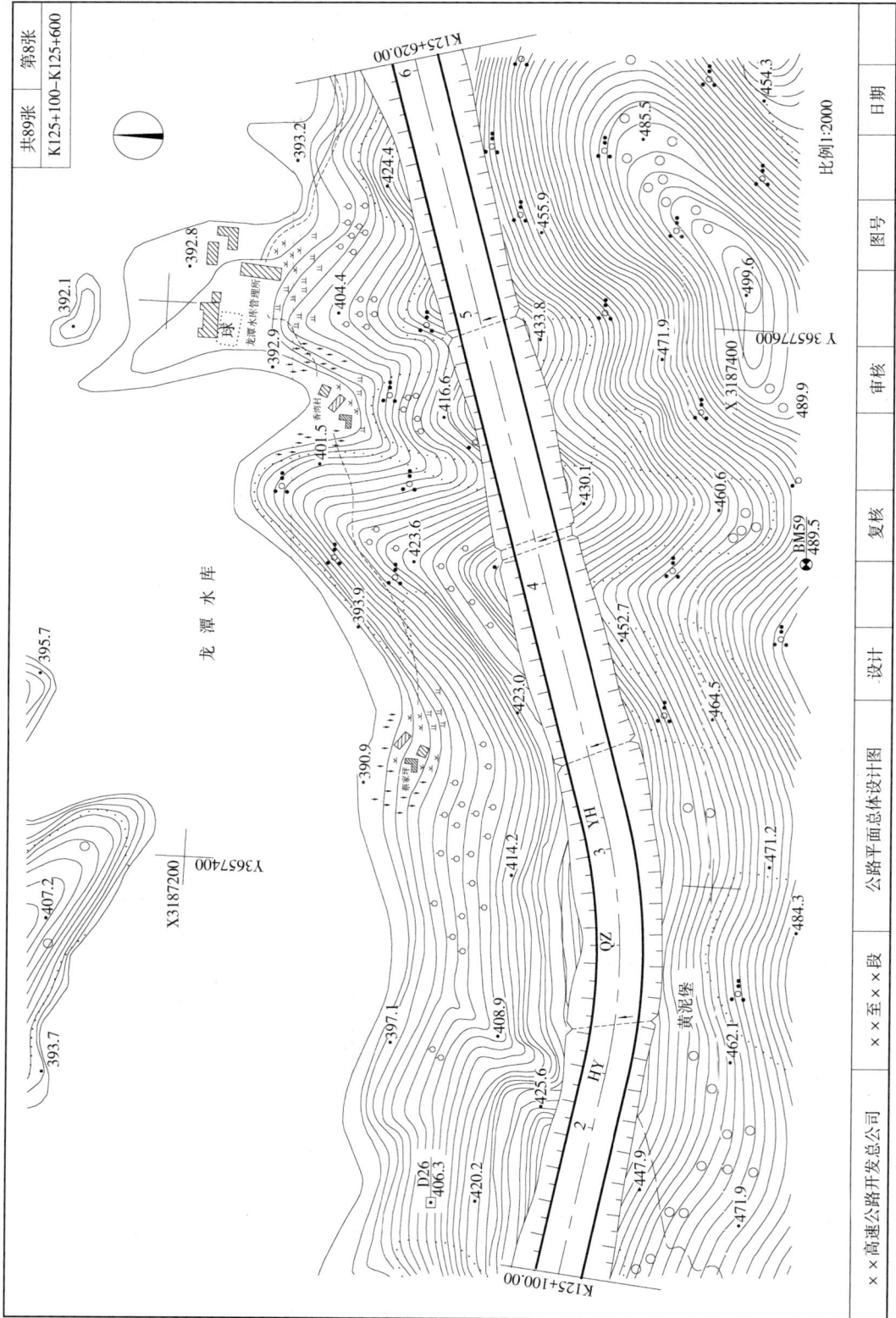

图 15.4　公路平面总体设计图

图 15.5 路线纵断面图的形成示意图

路线纵断面图的作用是表达路线中心纵向线型以及地面起伏、地质和沿线设置构造物的概况。下面以图 15.6 为例,说明公路路线纵断面图的读图要点。

1)图样部分

(1)路线纵向曲线

路线纵断面图是采用沿路线中心线垂直剖切并展开后投影所得到的,故它的长度就表示了路线的长度。图中水平方向表示长度,竖直方向表示高程。

(2)比例

由于路线和地面的高差比路线的长度小得多,为了清晰表达路线与地面垂直方向的高差,图中水平方向的比例为 1 : 2 000,垂直方向的比例为 1 : 200。

(3)纵向地面线

图中不规则的细折线表示设计中心线处的地面线,它是由一系列中心桩的地面高程顺次连接而成的。

(4)纵向设计线

图中用粗实线绘制纵向设计线,它表示路基边缘的设计高程。

(5)填挖高度

比较纵向地面线和设计线的相对高程,可定出填挖地段和填挖高度。

(6)竖曲线

当路线坡度发生变化时,为保证车辆顺利行驶,应按《公路工程技术标准》(JTG B01—2014)的规定,设置竖曲线。竖曲线分为凸曲线和凹曲线,分别用符号"⌐‾‾‾⌐"和"⌐___⌐"表示,并在其上标注曲线的半径 R、切线长 T 和外矢距 E。竖曲线符号一般画在图样的上方。变坡点用直径为 2 mm 的中实线圆表示,变坡点与竖曲线的切线用细虚线绘制。如图 15.6 所示,路线纵断面图在 K22 + 12.00 处设有凸曲线,其 $R = 3\ 000$ m,$T = 40.34$ m,$E = 0.27$ m。

(7)涵洞

为了方便道路两侧的排水,在 K21 + 680.74、K21 + 820.00、K21 + 960.48 处设置了钢筋混凝土盖板涵,在图中用符号"□"表示。如果是圆管涵,则用符号"○"表示。

共59张　第9张
K21+600～K22+090

K22+12.00
300.51
R=3000 T=40.34 E=0.27

K21+960.48
钢筋混凝土盖板涵

K21+915.28
1—25 m钢筋混凝土T梁桥

K21+820.00
钢筋混凝土盖板涵

K21+687.04
钢筋混凝土盖板涵

横向 1:2000
纵向 1:200

310
308
306
304
302
300
298
296
294
292
290

地质概况	表面人工地坪，下为黄色黏土页岩	黄色黏土覆盖层厚0.3～1 m，下为黄色页岩

坡度(%)　1.84%　−0.64%
坡长(m)　412　78

里程桩号	地面高程	设计高程	填挖高度
K21+600	292.43	292.70	+0.27
620.01	292.82	292.97	+0.15
640.00	293.21	293.31	+0.10
660.00	293.21	293.71	+0.50
670.07	293.50	293.91	+0.41
680.00	293.40	294.12	+0.72
K21+700	293.47	294.51	+1.04
720.00	293.47	294.91	+1.44
732.12	293.73	295.15	+1.42
750.00	294.48	295.51	+1.03
770.00	295.64	295.91	+0.27
777.05	295.96	296.05	+0.09
790.00	296.43	296.31	−0.12
K21+800	296.82	296.51	−0.31
820.00	297.36	296.91	−0.45
828.05	297.60	297.05	−0.55
840.00	297.99	297.31	−0.68
855.08	298.20	297.61	−0.59
883.12	298.37	298.17	−0.20
K21+900	298.70	298.51	−0.19
920.00	299.00	298.91	−0.09
933.12	299.03	299.17	+0.14
946.48	299.00	299.44	+0.44
970.00	298.61	299.89	+1.28
980.00	295.91	300.04	+4.13
990.00	294.86	300.16	+5.30
995.50	293.86	300.20	+6.34
K22+000	292.11	300.25	+8.14
002.00	293.39	300.29	+6.90
012.00	297.19	300.30	+3.11
022.00	300.31	300.28	−0.03
032.00	300.04	300.15	+0.11
052.00	303.24	299.98	−3.26
076.34	300.21	299.82	−0.39
090.00	300.08	299.80	−0.28

直线及平曲线　JD72 α=30° R=165

超高　−1.5%　0%　+1.5%

××高速公路开发总公司　××至××段　公路路线纵断面图　设计　复核　审核　图号　日期

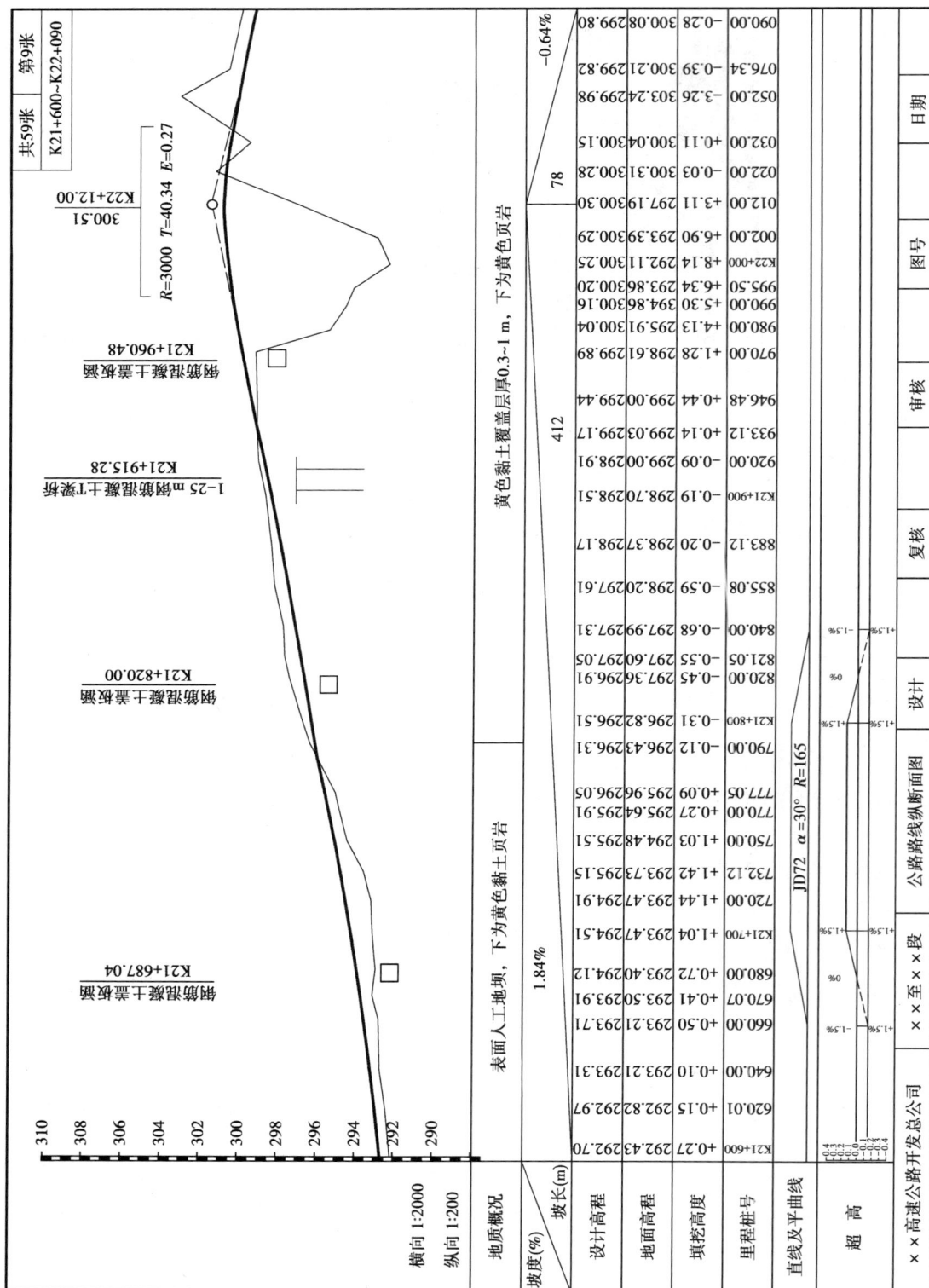

图 15.6 公路路线纵断面图

（8）桥梁

在 K21 +915.28 处设置了宽为 25 m 的钢筋混凝土 T 梁桥。

2）资料部分

（1）布置位置

布置位置反映在资料表中。资料表布置在路线纵断面图下方且对正布置，以方便对照阅读。

（2）里程桩号

里程桩号用以表示里程位置。

（3）直线与平曲线

直线与平曲线表示路段的平面线形。道路工程制图国家标准规定，在测设数据表中的平曲线栏中，道路左、右转弯应分别用凹、凸折线表示。当为直线段时，按图 15.7（a）标注；当不设缓和曲线段时，按图 15.7（b）标注；当设缓和曲线段时，按图 15.7（c）标注。

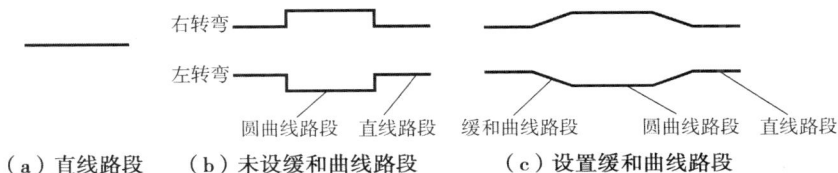

（a）直线路段　（b）未设缓和曲线路段　（c）设置缓和曲线路段

图 15.7　平曲线的标注图

从图 15.6 中的资料表中可知，该路段为右转弯，且设有缓和曲线。

（4）超高

超高为在转弯路段横断面上设置外侧高于内侧的单向横坡，其意义为抵消车辆在弯道上行驶时产生的离心力。横坡向右，坡度表示为正值，横坡向左，坡度表示为负值。在超高栏中用三条线表达：道路中心线（用居中并贯穿全栏的直线表示），左路缘线、右路缘线（在标准路段因左右路缘线高程相同，因此重合为一条）。

从图 15.6 超高一栏中可看到，道路左幅路缘线从 21 km 660 m 处开始变坡，从 −1.5% 变到 0%，再从 0% 变到 +1.5%，此时路面保持 +1.5% 的向右横坡，直到 21 km 800 m 处左幅路缘线再次开始变坡，从 +1.5% 变到 0%，再从 0% 变到 −1.5%。从 21 km 840 m 处开始道路恢复到标准路段。图中虚线表示道路中心线以下的左幅路缘线，沿线路前进方向，站在公路右侧看过去是看不到的。

（5）其他内容

地面高程、设计高程、填挖高度、地质概况各栏分别表示了与里程桩号对应的地面高程、路面设计高程、填挖量、地质情况。

15.1.5　路基横断面图

用一铅垂面在路线中心桩处垂直路线中心线剖切道路，则得到路基横断面图。路基横断面图的作用是表达各中心桩横向地面情况，以及设计路基横断面形状。工程上要求在每一中心桩处，根据测量资料和设计要求依次画出每一个路基横断面图，用来计算公路的土石方量和作为路基施工的依据。

1）路基横断面形式

路基横断面形式有三种:挖方路基(路堑),填方路基(路堤),半填半挖方路基。这三种路基的典型断面图形如图15.8所示。

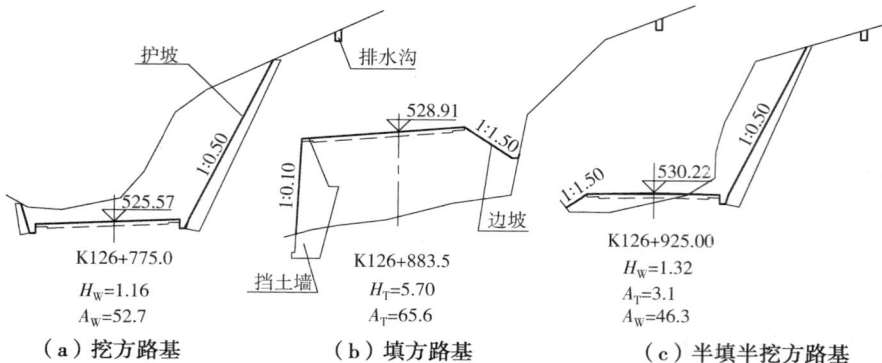

（a）挖方路基　　　　　（b）填方路基　　　　　（c）半填半挖方路基

图15.8　路基横断面的基本形式

2）里程桩号

在断面下方标注里程桩号。

3）填挖高度与面积

在路线中心处,其填、挖方高度分别用 H_T(填方高度)、H_W(挖方高度)表示;填挖方面积分别用 A_T(填面积)、A_W(挖面积)表示。高度单位为 m,面积单位为 m^2。半填半挖方路基是上述两种路基的综合。

15.1.6　路基横断面图

路基横断面图的绘制方法和步骤如下:

①路基横断面图的布置顺序为:按桩号从下到上,从左到右布置,如图15.9所示。

②地面线用细实线绘制,路面线(包括路肩线)、边坡线、护坡线、排水沟等用粗线绘制。

③每张图纸右上应有角标,注明图纸序号、总张数及线路名称或桩号。

④路基横断面图常用透明方格纸绘制,既有利于计算断面的填挖面积,又能给施工放样带来方便。若用计算机绘制则很方便,可不用方格纸。

15.1.7　城市道路路线工程图

城市道路主要包括机动车道、非机动车道、人行道、分隔带(在高速公路上也设有分隔带)、绿化带、交叉口和交通广场以及各种设施等。在交通高度发达的现代化城市,还建有架空高速道路、地下道路等。

城市道路的线形设计结果也是通过横断面图、平面图和纵断面图表达的,它们的图示方法与公路路线工程图完全相同。但是城市道路所处的地形一般比较平坦,并且城市道路的设计是在城市规划与交通规划的基础上实施的,交通性质和组成部分比公路复杂得多,因此体现在横

比例　1:200

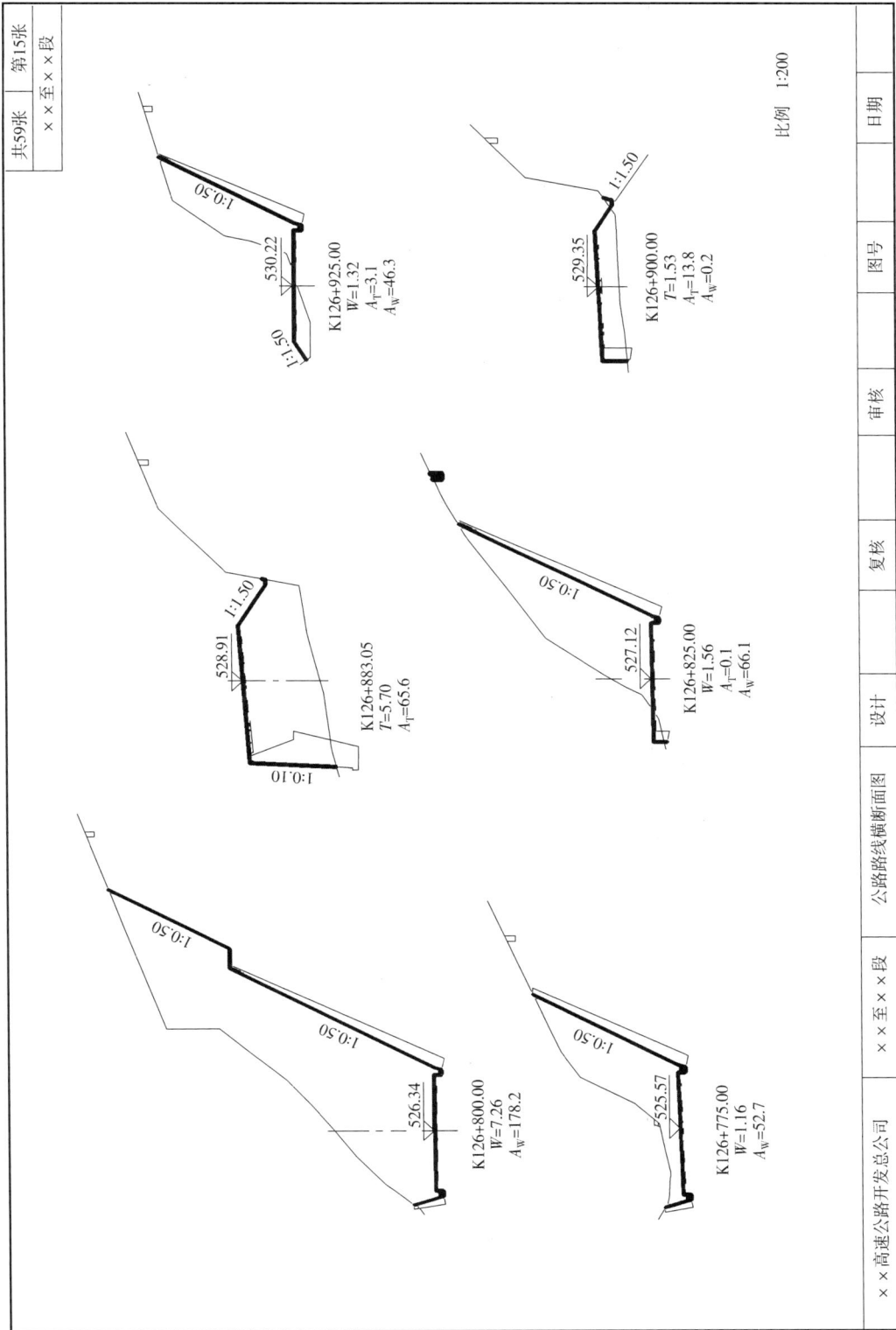

图15.9　公路路线横断面图

K126+925.00
W=1.32
A_T=3.1
A_W=46.3

1:0.50
530.22
1:1.50

K126+900.00
T=1.53
A_T=13.8
A_W=0.2

529.35
1:1.50

K126+883.05
T=5.70
A_T=65.6

528.91
1:1.50
1:0.10

K126+825.00
W=1.56
A_T=0.1
A_W=66.1

527.12
1:0.50

K126+800.00
W=7.26
A_W=178.2

526.34
1:0.50
1:0.50

K126+775.00
W=1.16
A_W=52.7

525.57
1:0.50

日期　图号　审核　复核　设计　公路路线横断面图　×　×　至　×　×　段　×　×高速公路开发总公司

断面图上时,城市道路比公路复杂得多。

1)横断面图

城市道路横断面图是道路中心线法线方向的断面图。城市道路横断面图由车行道、人行道、绿化带和分离带等部分组成。

(1)城市道路横断面布置的基本形式

根据机动车道和非机动车道不同的布置形式,道路横断面的布置有以下四种基本形式:

①"单幅路"。即"一块板"断面,把所有车辆都组织在同一车道上行驶,但规定机动车在中间,非机动车在两侧,如图15.10(a)所示。

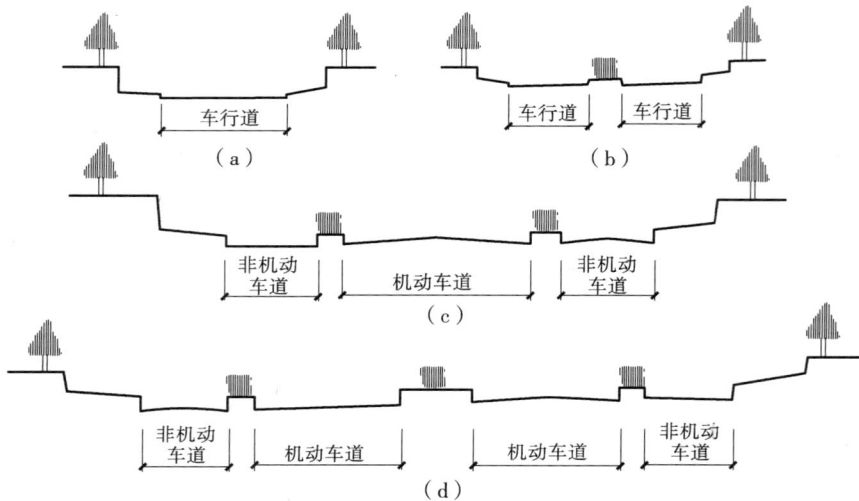

图 15.10　城市道路横断面的基本形式

②"双幅路"。即"两块板"断面,用一条分隔带或分隔墩从中央分开,使往返交通分离,但同向交通仍在一起混合行驶,如图15.10(b)所示。

③"三幅路"。即"三块板"断面,用两条分隔带或分隔墩把机动车与非机动车交通分离,把车行道分隔为三块:中间为双向行驶的机动车道,两侧为方向彼此相反的单向行驶非机动车道,如图15.10(c)所示。

④"四幅路"。即"四块板"断面,在"三块板"的基础上增设一条中央分离带,使机动车分向行驶,如图15.10(d)所示。

(2)横断面的内容

横断面设计的最后结果,用标准横断面设计图表示。图中要表示出横断面各组成部分及其相互关系。图15.11为某段道路的设计断面图,从图中可知,这是单幅路形式的断面。

2)平面图

城市道路平面图与公路路线平面图基本相同,主要用来表示城市道路的方向、平面线形、车行道布置以及沿路两侧一定范围内的地形、地物情况。

现以图15.12为例,按道路情况和地形、地物两部分,分别说明城市道路路线平面图的读图要点和画法。

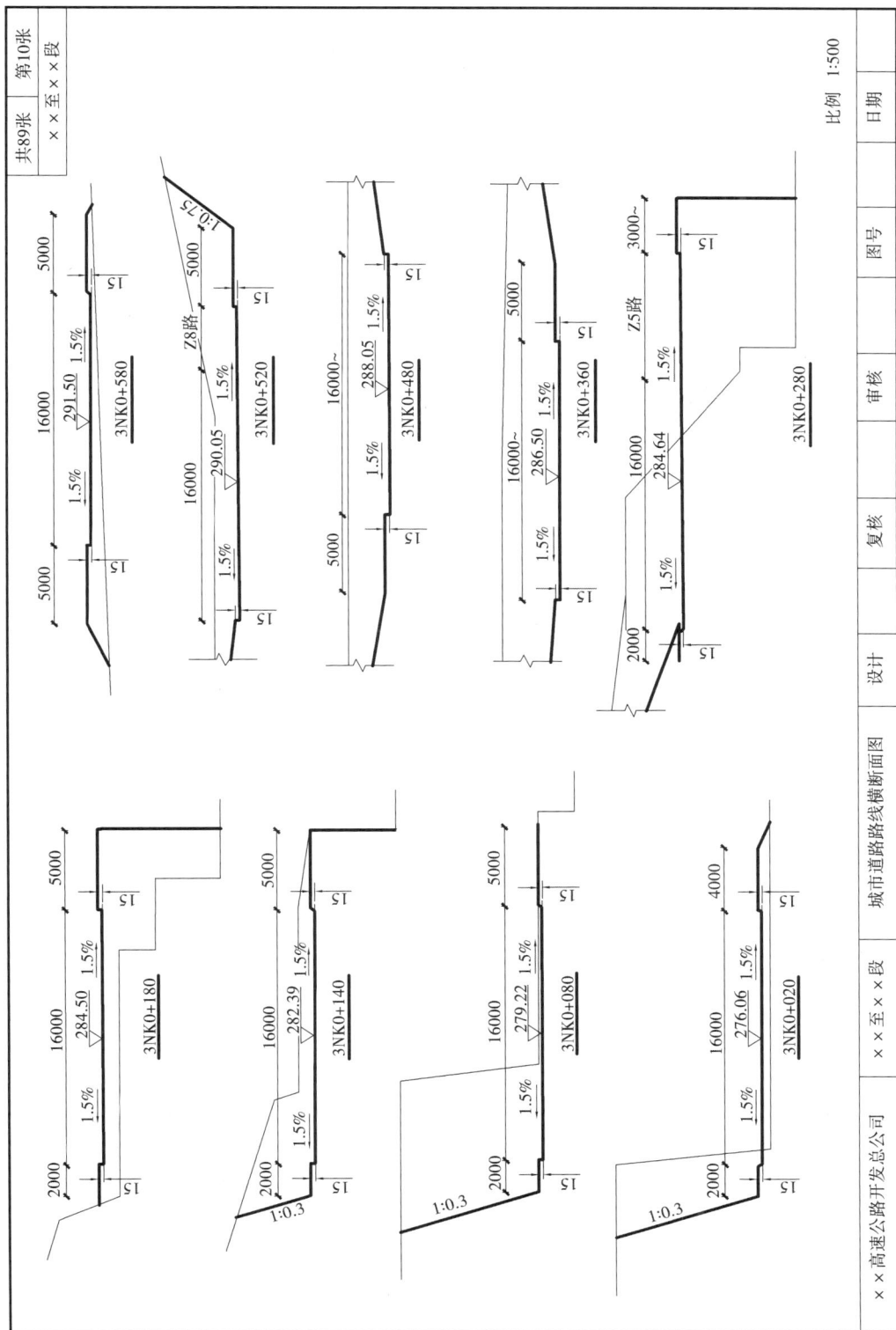

图 15.11 城市道路路线横断面图

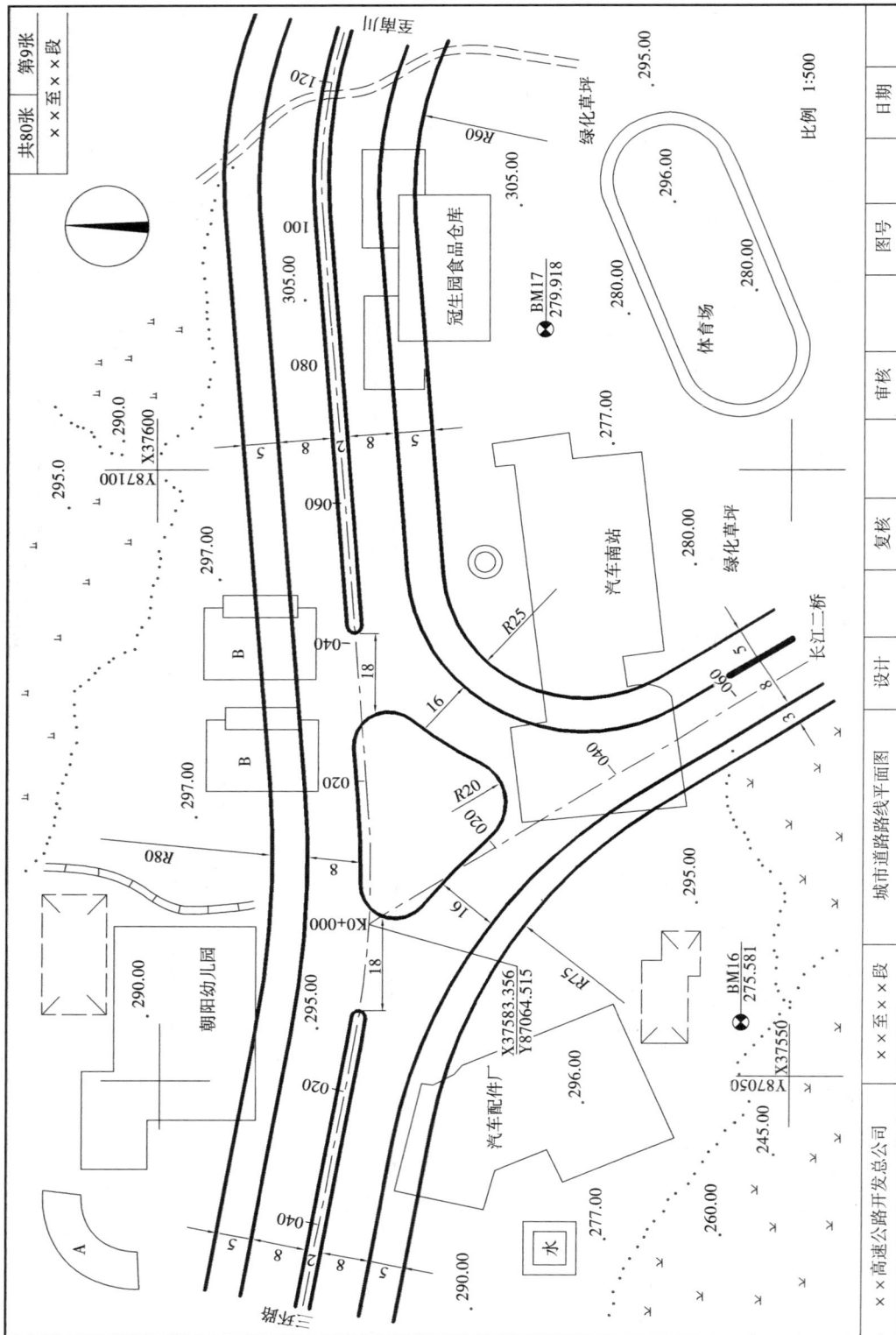

图 15.12　城市道路路线平面图

（1）道路部分

①城市道路平面图的绘图比例较公路路线平面图大,本图采用1：500,所以车行道、人行道、隔离带的分布和宽度均按比例画出。从图中可看出:主干道由西至东,为"双幅路"断面形式。车行道宽8 m,人行道宽5 m。往东南方向的支道为"单幅路"断面形式,车行道宽8 m,其东南侧的人行道宽5 m,但西南侧的人行道是从5 m到3 m的渐变形式。

②城市道路中心线用点画线绘制,在道路中心线标有里程。从图中可看出,东西主干道中心线与支道中心线的交点是里程起点。

③道路的走向用坐标网符号"——┼——"和指北针来确定。

④图中标出了水准点的位置,以控制道路标高。

（2）地形、地物部分

①因为城市道路所在的地势一般较平坦,所以用了大量的地形点表示高程。

②地物等图例可参见表15.2。由于是新建道路所以占用了沿路两侧工厂、汽车站、居民住房、幼儿园用地。

表15.2　路线平面图中的常用图例(二)

名称	符号	名称	符号
只有房盖的简易房	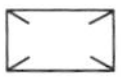 ▱	下水道检查井	◎
砖瓦房	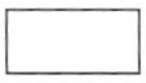 ▭	围墙	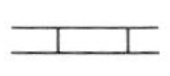 ⊐━┰━
贮水池	 水	非明确路边线	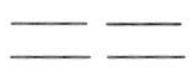 ══ ══

3）纵断面图

城市道路路线纵断面图与公路路线纵断面图一样,也是沿道路中心线剖切展开后得到的,其作用也相同,内容也分为图样和资料表两部分。

（1）图样部分

城市道路路线纵断面图与公路路线纵断面图的表达方法完全相同。在如图15.13所示的城市道路路线纵断面图中,水平方向的比例采用1：500,竖直方向采用1：50,即竖直方向比水平方向放大了10倍。该段道路有4段竖向变坡段,在K0+244.070处有一跨路桥。

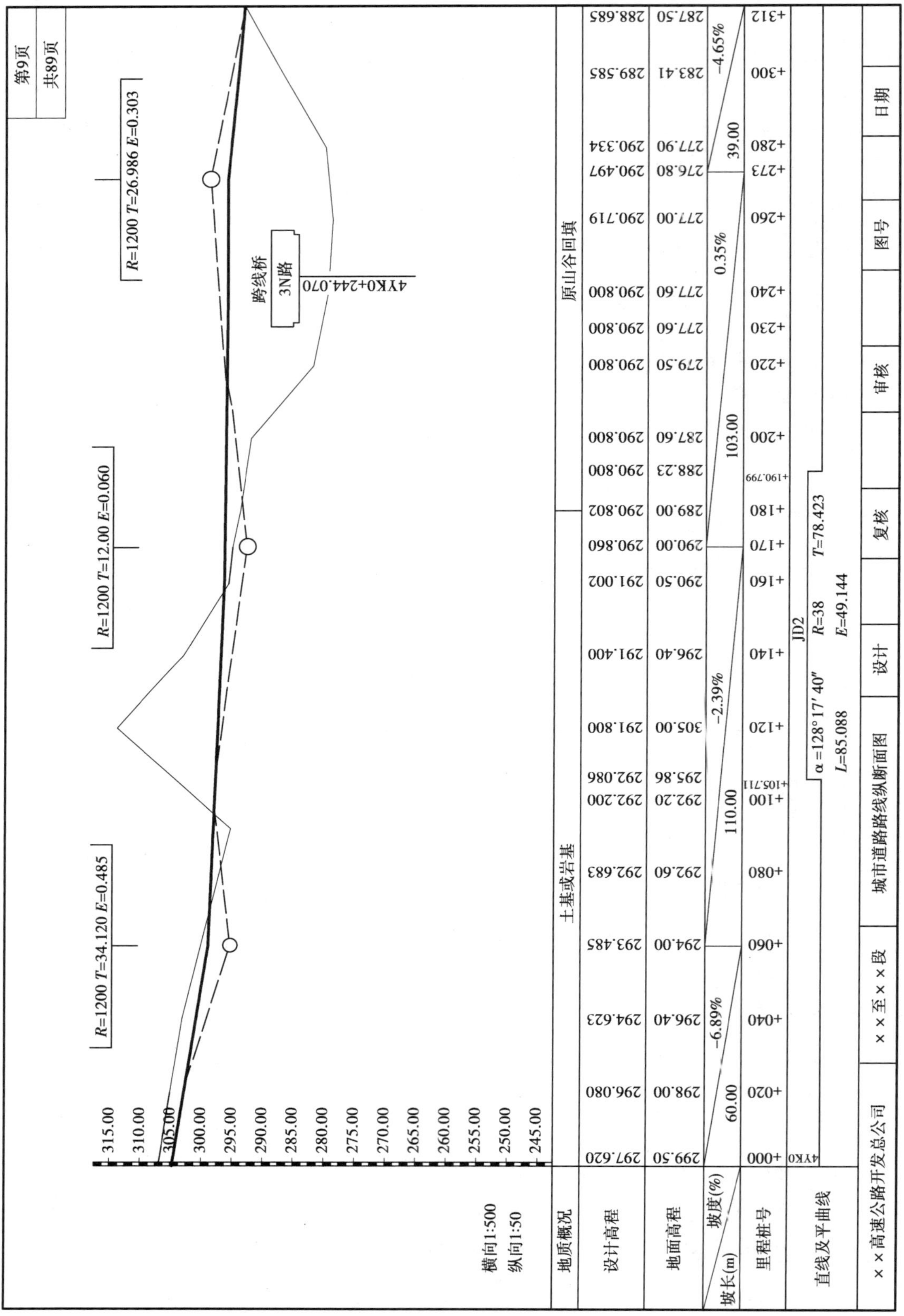

R=1200 T=26.986 E=0.303

R=1200 T=12.00 E=0.060

R=1200 T=34.120 E=0.485

跨线桥 3N路

4YK0+244.070

横向1:500
纵向1:50

315.00
310.00
305.00
300.00
295.00
290.00
285.00
280.00
275.00
270.00
265.00
260.00
255.00
250.00
245.00

原山谷回填

土基或岩基

里程桩号	设计高程	地面高程
+000	299.50	297.620
+020	298.00	296.080
+040	296.40	294.623
+060	294.00	293.485
+080	292.60	292.683
+100	292.20	292.200
+105.711	295.86	292.086
+120	305.00	291.800
+140	296.40	291.400
+160	290.50	291.002
+170	290.00	290.860
+180	289.00	290.802
+190.799	288.23	290.800
+200	287.60	290.800
+220	279.50	290.800
+230	277.60	290.800
+240	277.60	290.800
+260	277.00	290.719
+273	276.80	290.497
+280	277.90	290.334
+300	283.41	289.585
+312	287.50	288.685

坡度(%) / 坡长(m)：
-6.89% / 60.00
-2.39% / 110.00
0.35% / 103.00
-4.65% / 39.00

JD2
α=128°17'40" R=38
L=85.088 T=78.423
E=49.144

地质概况	设计高程	地面高程	坡度(%) 坡长(m)	里程桩号	直线及平曲线

××高速公路开发总公司	××至××段	城市道路路线纵断面图	设计	复核	审核	图号	日期

图 15.13 城市道路路线纵断面图

（2）资料部分

城市道路路线纵断面图资料部分的内容与公路路线纵断面图基本相同。

15.1.8 道路交叉口

道路与道路或道路与铁路相交时所形成的公共空间部分称为交叉口。根据通过交叉口的道路所处的空间位置,可分为平面交叉和立体交叉。

1）平面交叉口

常见平面交叉口的形式有十字形、T字形、Y字形（如图15.14所示）等,具体形式是根据道路系统的规划、交通量和交通组织,以及交叉口周边道路和建筑的分布情况来确定的。

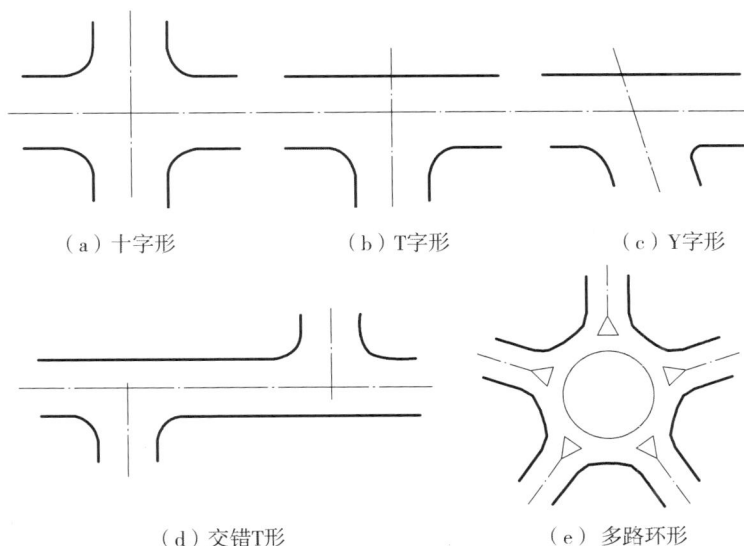

（a）十字形　　（b）T字形　　（c）Y字形

（d）交错T形　　　　　　（e）多路环形

图15.14　平面交叉口的基本形式

平面交叉口除绘制平面设计图外,还需绘制竖向设计图,国家道路工程制图标准规定:简单的交叉口可仅标注控制点的高程、排水方向及坡度;用等高线表示的平面交叉口,等高线宜用细实线绘制,每隔四条绘制一条中粗实线;用网格高程表示的平面交叉口,其高程数值标注在网格交点的右上方,并加括号。若高程相同,可省略标注。小数点前的零也可省略。网格采用平行于设计道路中线的细实线绘制。

图15.15和图15.16分别为平面交叉口的平面设计图和竖向设计图,该竖向设计图是用等高线绘制的,图中单箭头表示排水方向。

2）立体交叉口

平面交叉口的通过能力有限,当无法解决交通要求时,则需要采用立体交叉,以提高交叉口的通过能力和车速。立体交叉在结构形式上按有无匝道将立体交叉分为分离式和互通式两种,图15.17（a）为分离式立体交叉口,即上、下方道路不能互通。

图15.15 道路平面交叉口平面设计图

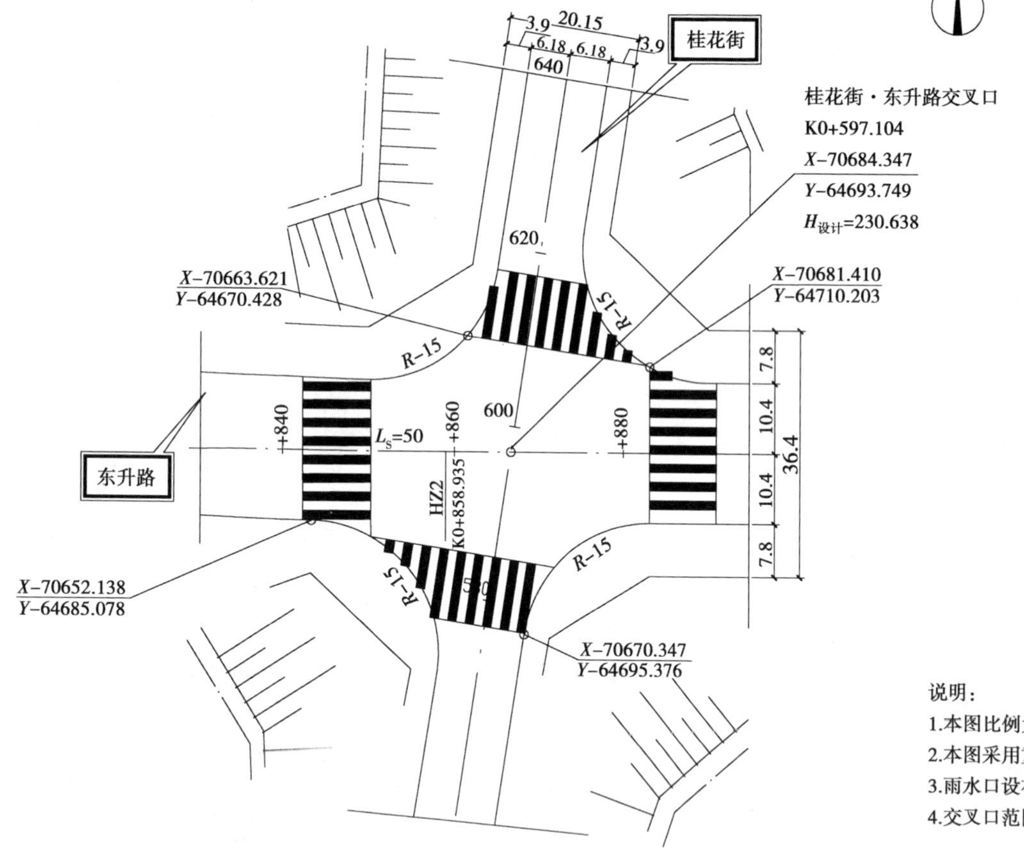

图 15.16 道路平面交叉口竖向设计图

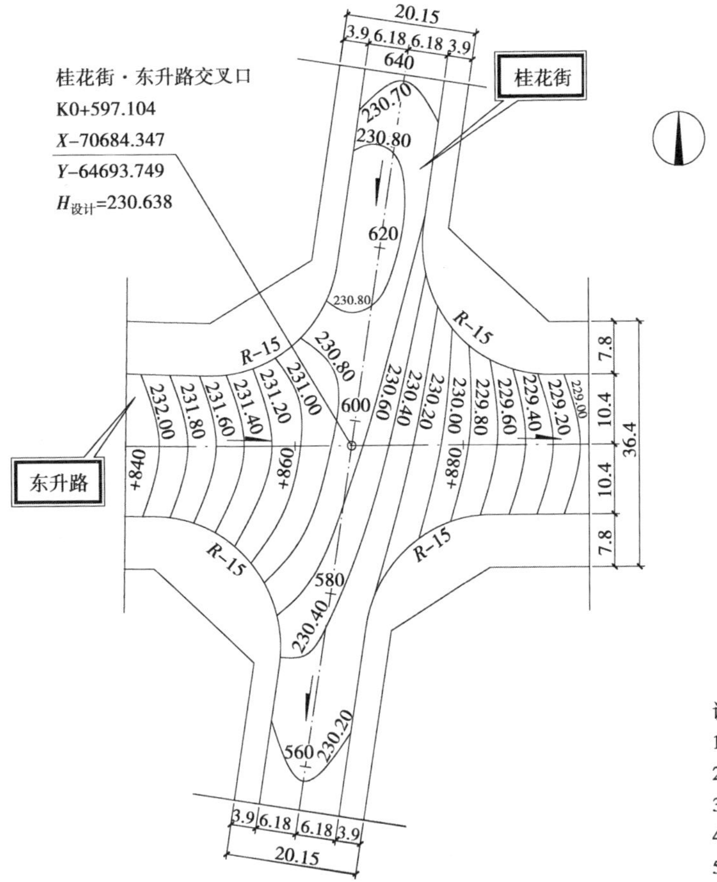

说明：
1. 本图比例为1:500，尺寸单位以米计。
2. 本图采用重庆市独立坐标系，1956年黄海高程。
3. 等高线间距为0.2 m。
4. 雨水口设在交叉口较低处，施工时配合水施进行。
5. 交叉口范围标高控制以竖向设计为准。

桂花街·东升路交叉口
K0+597.104
$X-70684.347$
$Y-64693.749$
$H_{设计}=230.638$

桂花街

东升路

共89张　第18张
桂花东升路口

××高速公路开发总公司	××至××段	桂花东升路口竖向设计图	设计		复核		审核		图号		日期

图 15.17(b)为互通式立体交叉口,互通式立体交叉可利用匝道连接上、下方道路,所以在城市道路中大都采用互通式立体交叉。

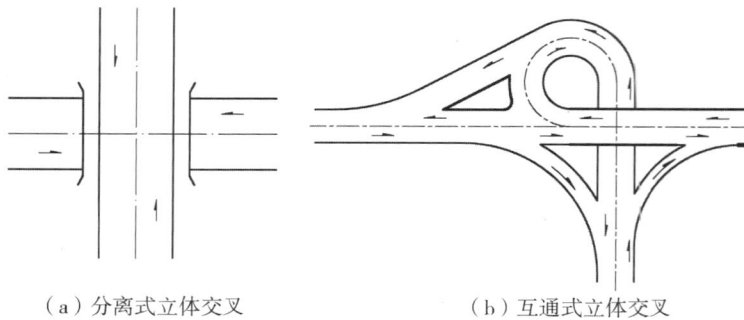

（a）分离式立体交叉   （b）互通式立体交叉

图 15.17　立体交叉口形式

图 15.18 为四路相交二层苜蓿叶型互通式立体交叉,由两条主干道、四条匝道、跨路桥、绿化带和分离带组成。

图 15.18　苜蓿叶型互通式立体交叉

图 15.19 为螺旋互通式立体交叉,有四条干道均可螺旋上升通过桥面。

3) 立体交叉工程图

图 15.20—图 15.22 为某道路互通式立体交叉工程图,主要有:

图 15.19 螺旋型互通式立体交叉

（1）立体交叉平面图

图 15.20 为立体交叉平面图,图中标明了南北干道和东西干道的走向(从图中可以看出,南北干道为上跨路线)以及连接这两条主干道的各条匝道,同时也表示了人行地道的位置。

（2）立体交叉纵断面图

图 15.21 为该立体交叉道路纵断面图,这是南北走向的干道。图中粗实线为路面设计线,②～⑩轴线为 10 跨 30 m 预应力混凝土连续箱梁桥的桥墩位置轴线。在 1 750 m 处有竖向凸曲线,在 1 920 m 处有竖向凹曲线。从资料表的直线及平曲线栏中,可知该桥梁的平面线形为直线。

（3）鸟瞰图

图 15.22 为该立体交叉工程的鸟瞰图,供审查设计方案和方案比较用。

15.1.9 交通工程及沿线设施

1）交通标线

道路交通标线是由标画于路面的各种图线、箭头文字、立面标记、突起路标和路边线轮廓线等所构成的交通安全标识,其作用是管制和引导交通。

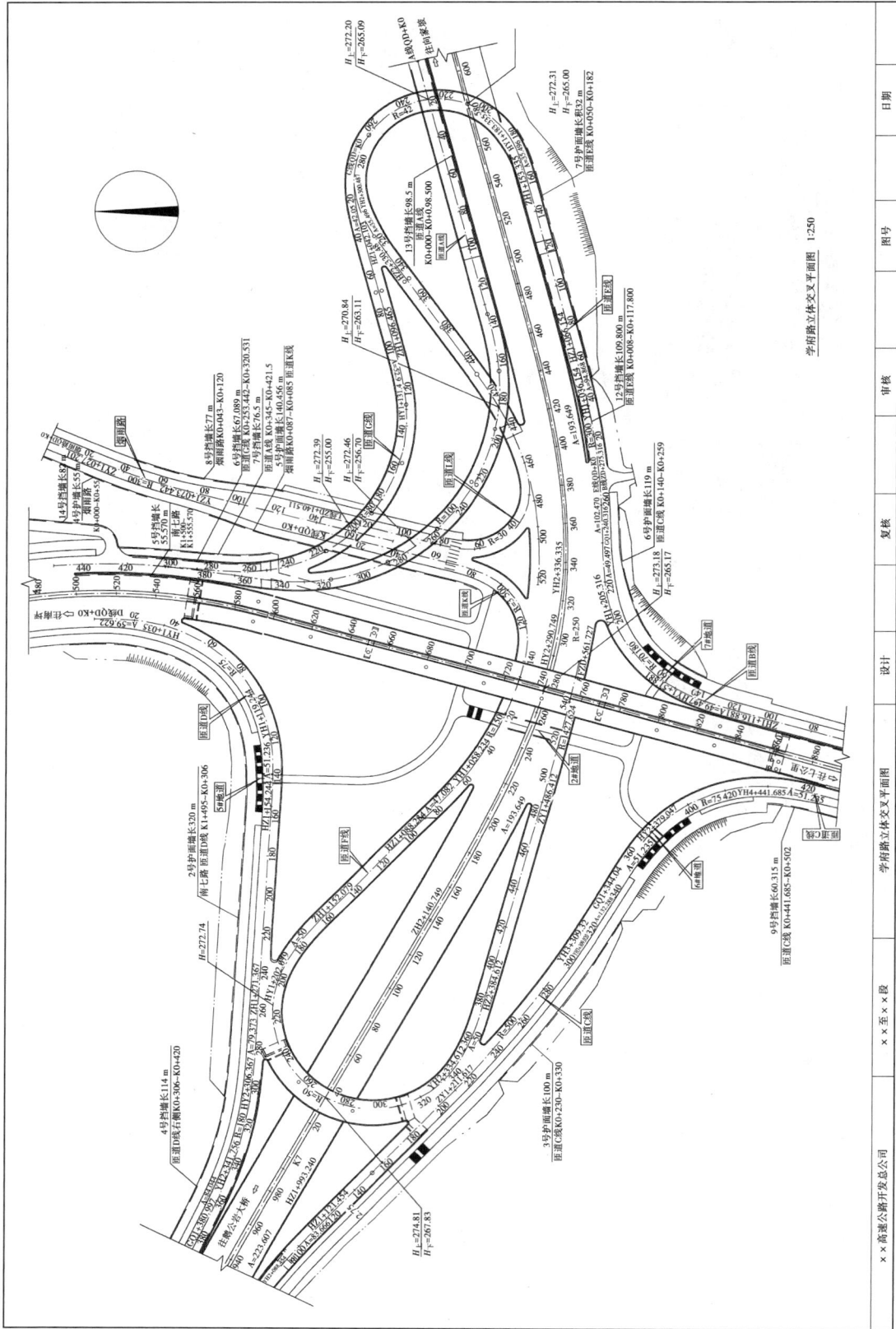

图15.20 城市道路立体交叉平面图

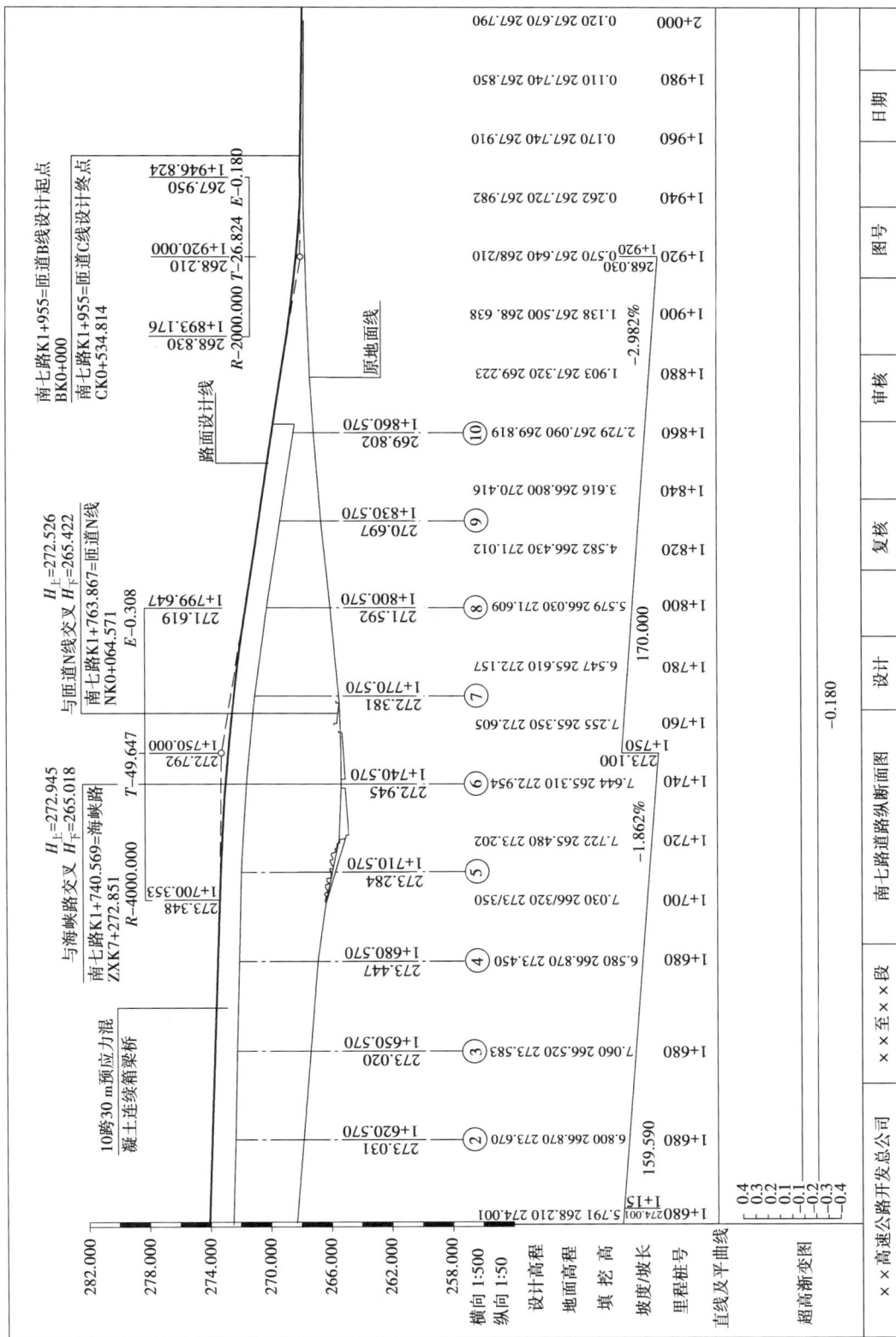

图 15.21 城市道路立体交叉纵断面图

图 15.22 立体交叉工程鸟瞰图

车行道中心线的绘制应符合图 15.23 的规定,其中"1"值可按制图比例取用。中心虚线应采用粗虚线绘制。中心单实线应采用粗实线绘制,中心双实线应采用两条平行的粗实线绘制,两线间净距为 1.5~2 mm。中心虚、实线应采用一条粗实线和一条粗虚线绘制,两线间净距为 1.5~2 mm。车行道分界线应采用粗虚线表示,车行道边缘线应采用粗实线表示。人行横道线应采用数条间隔 1~2 mm 的平行细实线表示。减速让行线应采用两条粗虚线表示,粗虚线间净距宜采用 1.5~2 mm。导流线应采用斑马线绘制,斑马线的线宽及间距宜采用 2~4 mm,斑马线的图案可采用平行式或折线式。停车位标线应由中线与边线组成,中线采用一条粗虚线表示,边线采用两条粗虚线表示。出口标线应采用指向匝道的黑粗双边箭头表示,入口标线应采用指向主干道的黑粗双边箭头表示,斑马线拐角尖的方向应与双边箭头的方向相反。港式停靠站标线应由数条斑马线组成。车流向标线应采用黑粗双边箭头表示。所有线形如图 15.23 所示。

2)交通标志

(1)交通岛

交通岛应采用实线绘制,转角处应采用斑马线表示,如图 15.24 所示。

(2)标志示意图

在路线或交叉口平面图中应标示出交通标志的位置。标志宜采用细实线绘制。标志的图号、图名,应采用现行的国家标准《道交通标志和标线》规定的图号、图名。标志的尺寸及画法应符合表 15.3 的规定。

中心虚线	⌐⌐⌐
中心单实线	——
中心双实线	══
中心虚、实线	══

（a）车行道中心线

（b）车行道分界线

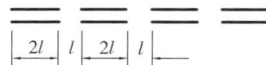

（c）减速让行线

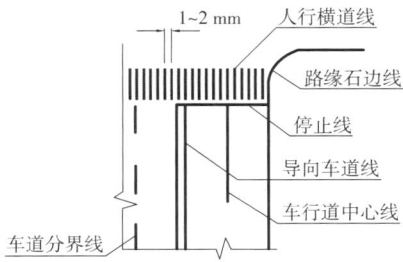

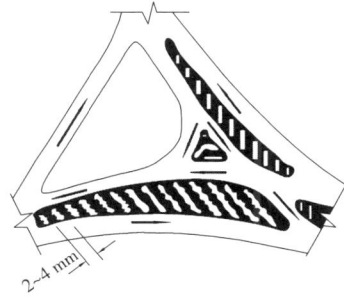

（d）停止线位置

（e）导流线的斑马线

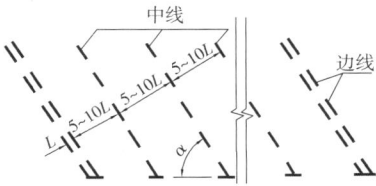

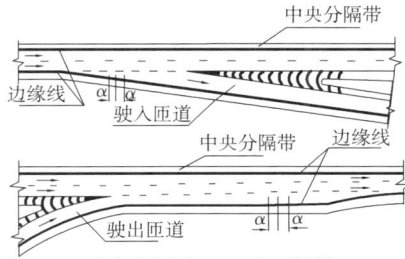

（f）停车位标线

（g）匝道出口、入口标线

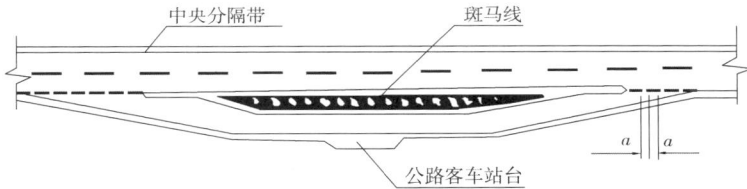

（h）港式停靠站

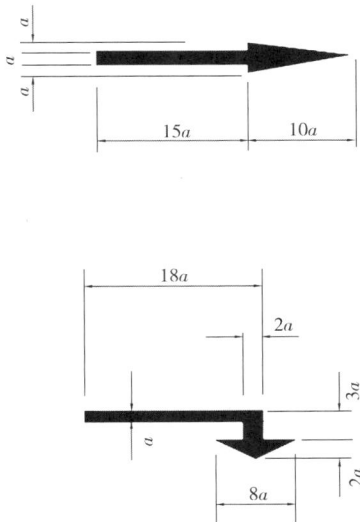

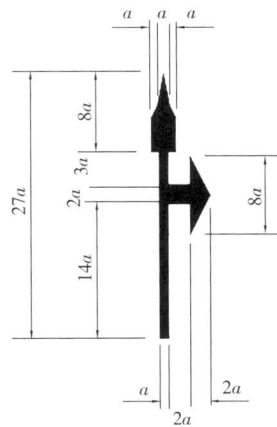

（i）车流向标线

图 15.23　各种标线的绘制

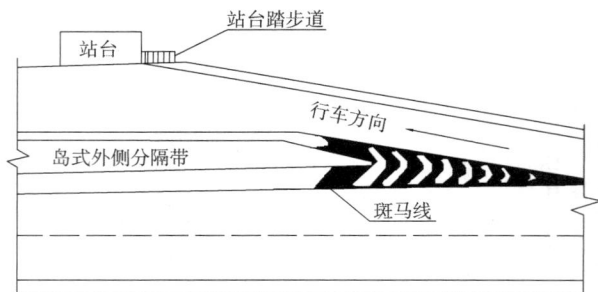

图 15.24　交通岛标志

表 15.3　标志示意图的形式及尺寸

规格种类	形式与尺寸（mm）	画法	规格种类	形式与尺寸（mm）	画法
警告标志	等边三角形 （图号）（图名）15~20	等边三角形采用细实线绘制，顶角向上	指路标志	（图号）（图名）25~50	矩形框采用细实线绘制
禁止标志	（图号）（图名）45° 15~20	圆采用细实线绘制，圆内斜线采用粗实线绘制	高速公路指路标志	××高速（图号）（图名）a	正方形外框采用细实绘制，边长为 30~50 mm，方形内的粗、细实线间距为 1 mm
指示标志	（图号）（图名）15~20	圆采用细实线绘制	辅助标志	（图号）（图名）30~50	长边采用粗实线绘制，短边采用细实线绘制

15.2　桥梁工程图

15.2.1　概述

1) 桥梁的作用及组成

当修筑的道路通过江河、山谷和低洼地带时，需要修筑桥梁，保证车辆的正常行驶和宣泄水流，并考虑船只通航。桥梁由上部结构（主梁或主拱圈和桥面系）、下部结构（基础、桥墩和桥台）、附属结构（栏杆、灯柱、护岸、导流结构物等）三部分组成。桥梁的结构形式主要有梁桥、拱桥、桁架桥、斜拉桥、悬索桥等。

2) 桥梁工程图的表达特点

桥梁工程图是桥梁施工的主要依据，它主要包括桥位平面图、桥位地质断面图、桥梁总体布置图、构件结构图和大样图等。

桥位平面图主要表示桥梁和路线连接的平面位置，以及地形、地物、河流、水准点、地质钻探孔等情况，为桥梁设计、施工定位等提供依据。这种图一般采用较小的比例，如 1∶500、1∶1 000、1∶2 000 等。

桥位地质断面图是根据水文调查和钻探所得的水文资料,绘制的桥位处的地质断面图。它包括河底断面线、最高水位线、常水位线和最低水位线,为设计桥梁、墩台和计算土石方工程数量提供依据。

15.2.2　桥梁总体布置图

桥梁总体布置图主要表明桥梁的形式、跨径、净空高度、孔数、桥墩和桥台的形式、桥梁总体尺寸、各种主要构件的相互位置关系以及各部分的标高等情况,作为施工时确定墩台位置、安装构件和控制标高的依据。

图 15.25 是一座总长为 12 100 cm 预应力混凝土简支 T 形梁桥的总体布置图,它由立面图和横剖面图来表示。立面图比例采用 1∶300,横剖面图采用 1∶100。

1)立面图

立面图主要反映桥梁的特征和桥型。全桥共 4 孔,每孔跨径 2 700 cm,桥台长 650 cm,桥全长 12 100 cm,中心里程桩号为 K0 + 441.260,设有防撞护栏。桥面纵向设有 1.20% 的单向纵坡,上部结构为预应力混凝土等截面连续 T 形梁。下部结构中两岸桥台均为重力式 U 型桥台,河中间采用 3 排每排 4 个八边形桥墩及挖孔灌注桩。

立面图中还表明了河床水文地质状况、墩台地质钻探结果,在图上可用地质柱状图表示地层的土质和深度。立面图中设有高度标尺,供阅读和绘图时参照,由标高尺寸可知墩台的埋深。

2)横剖面布置图

横剖面布置图主要表明桥梁上部结构和墩台形式,及其上部结构与墩台的连接。从图中可看出,上部结构由 14 片 T 梁组成,梁高 170 cm,桥面铺设沥青玛蹄脂碎石,桥面净宽 2 450 cm,人行道包括护栏在内宽 250 cm,桥面总宽 29.0 m。立柱为八边形,桩的直径分别为 180 cm。

3)资料表与附注

在资料表中,表达了设计高程和地面高程,同时也表示了坡度和坡长。

15.2.3　构件结构图

在总体布置图中,因无法将桥梁各构件详细完整地表达出来,不能进行制作和施工,所以必须采用比总体布置图更大的比例,绘出能表达各构件的形状、构造及详细尺寸的图样,这种图样称为构件结构图,简称结构图,如桥墩图、桥台图等。

构件图的常用比例是 1∶10 ~ 1∶50,如构件的某一局部在图中不能清晰完整地表达时,则应采用更大的比例,如 1∶3 ~ 1∶10 绘出详图。

1)桥墩一般构造图

图 15.26 为桥墩构造图,采用八边形立柱,挖孔灌注桩。由盖梁、立柱和混凝土灌注桩组成。盖梁长 2 900 cm,宽 180 cm,高 160 cm。立柱画出了全长,桩采用折断画法,但高度应标注全高。为确保桥墩安装定位,还应标注盖梁顶面、桩顶及桩底的标高。

图中还给出了 p1 ~ p3 号桥墩参数表,以及全桥、墩工程数量表。

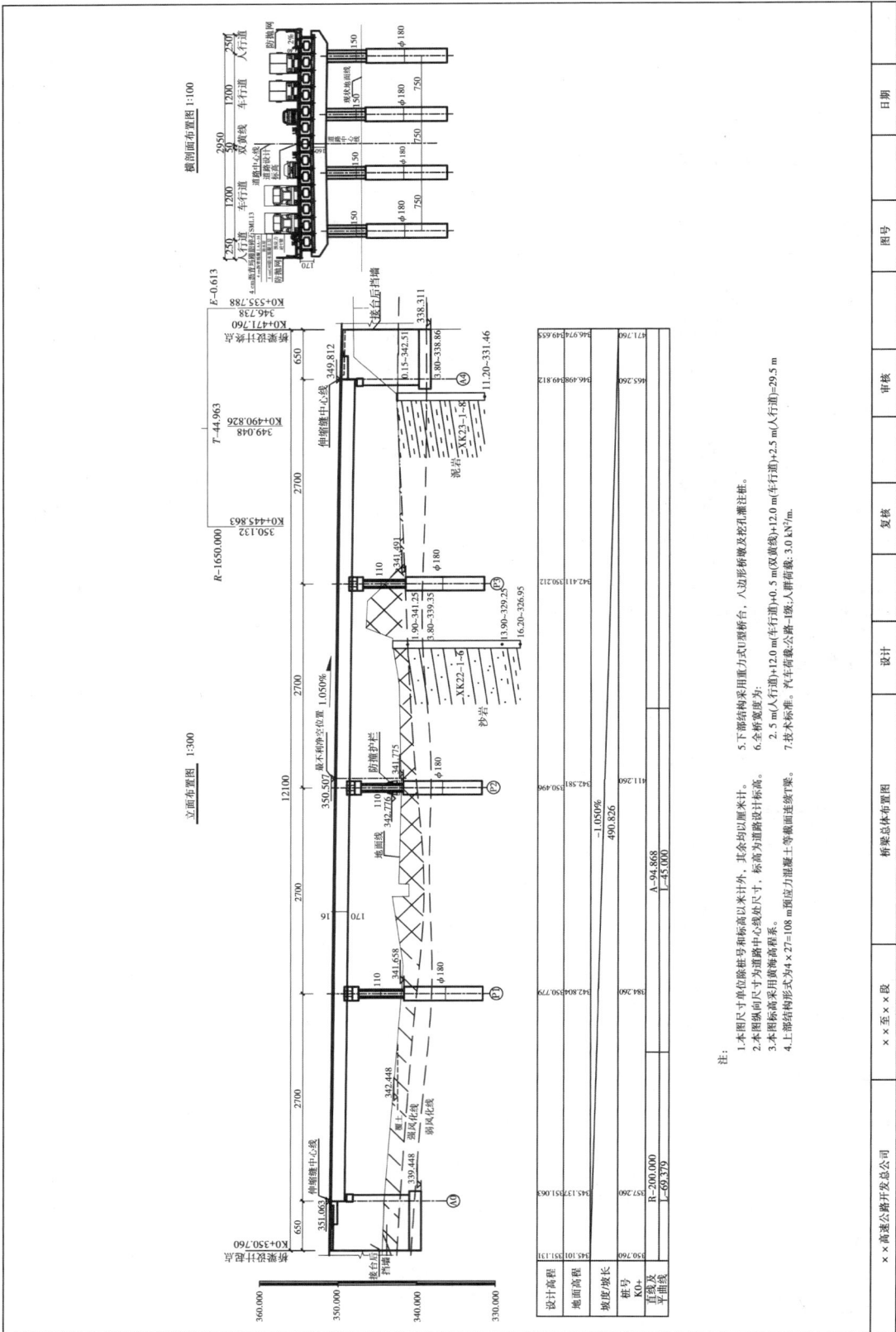

图 15.25 桥梁总体布置图

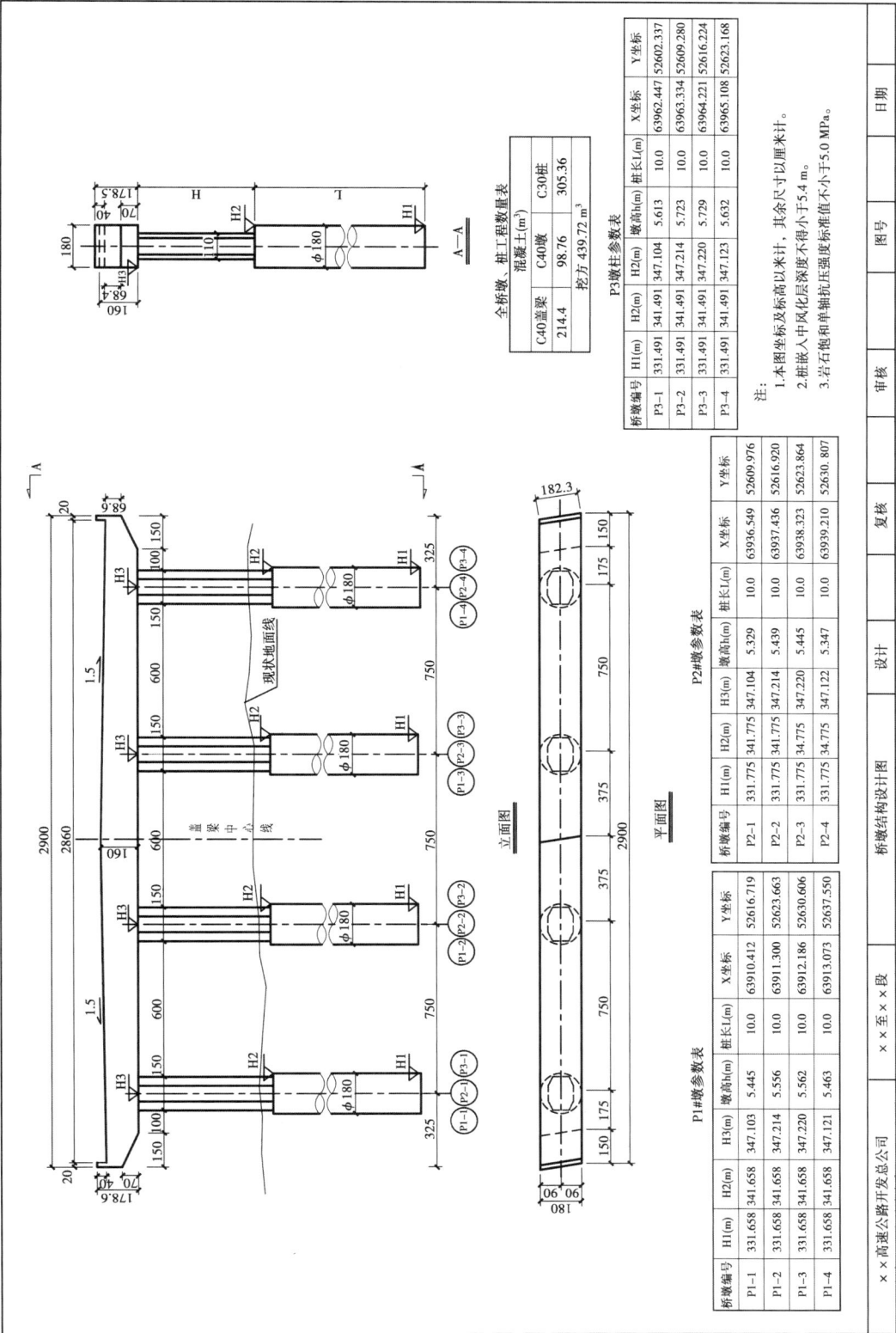

全桥墩、桩工程数量表

混凝土(m³)			挖方 439.72 m³
C40盖梁	C40墩	C30桩	
214.4	98.76	305.36	

P3墩柱参数表

桥墩编号	H1(m)	H2(m)	H3(m)	墩高h(m)	桩长L(m)	X坐标	Y坐标
P3-1	331.491	341.491	347.104	5.613	10.0	63962.447	52602.337
P3-2	331.491	341.491	347.214	5.723	10.0	63963.334	52609.280
P3-3	331.491	341.491	347.220	5.729	10.0	63964.221	52616.224
P3-4	331.491	341.491	347.123	5.632	10.0	63965.108	52623.168

注：
1.本图坐标及标高以米计，其余尺寸以厘米计。
2.桩嵌入中风化层深度不得小于5.4 m。
3.岩石饱和单轴抗压强度标准值不小于5.0 MPa。

A—A

立面图

P2#墩参数表

桥墩编号	H1(m)	H2(m)	H3(m)	墩高h(m)	桩长L(m)	X坐标	Y坐标
P2-1	331.775	341.775	347.104	5.329	10.0	63936.549	52609.976
P2-2	331.775	341.775	347.214	5.439	10.0	63937.436	52616.920
P2-3	331.775	34.775	347.220	5.445	10.0	63938.323	52623.864
P2-4	331.775	34.775	347.122	5.347	10.0	63939.210	52630.807

平面图

P1#墩参数表

桥墩编号	H1(m)	H2(m)	H3(m)	墩高h(m)	桩长L(m)	X坐标	Y坐标
P1-1	331.658	341.658	347.103	5.445	10.0	63910.412	52616.719
P1-2	331.658	341.658	347.214	5.556	10.0	63911.300	52623.663
P1-3	331.658	341.658	347.220	5.562	10.0	63912.186	52630.606
P1-4	331.658	341.658	347.121	5.463	10.0	63913.073	52637.550

| ××高速公路开发总公司 | ××至××段 | 桥梁结构设计图 | 设计 | 复核 | 审核 | 图号 | 日期 |

图15.26 桥墩结构设计图

2）桥台图

桥台通常分为重力式桥台和轻型式桥台两大类。如图 15.27 示出了常见的重力式 U 形桥台,它由台帽、台身和基础三部分组成,台身由前墙和两个侧墙构成 U 字型结构。

立面图是从桥台侧面与线路垂直方向所得到的投影,能较好地表达桥台的外形特征,并能反映路肩、桥台基础标高。从 A 大样图中可知,桥台基础、墙身均采用 30 号砂浆浆砌块石,台帽下方有板式橡胶支座。

平面图是采用掀掉桥台背后回填土而得到的投影图。侧面图主要表示桥台正向和背面的尺寸。

15.2.4　斜拉桥

斜拉桥是我国近年来修建大跨径桥梁采用较多的一种桥型,它是由主梁、索塔和扇状拉索的三种基本构件组成的桥梁结构体系,梁塔是主要承重的构件,借助斜拉索组合成整体结构。斜拉桥外形轻巧,跨度大,造型美观。

图 15.28 为一座双塔单索面钢筋混凝土斜拉桥的总体布置图。

1）立面图

斜拉桥主跨 34 000 cm,左边跨为 10 000 cm,右边跨为 15 000 cm,桥总长 59 000 cm,由于采用 1：2 000 的较小比例,故仅画桥梁的外形而不画剖面,梁高用两条粗实线表示,上加细实线表示桥面(图中缩尺未画出),横隔梁、人行道、护栏等均省略不画。

立面图中还反映了河床断面轮廓、主跨中心梁底、基础、墩台和桥塔的标高尺寸,通航水位及里程桩号。

2）平面图

平面图表达了人行道和桥面的宽度,塔身与基础的位置关系以及桥台的平面布置,从平面图中虚线可知左塔基础为 1 900 × 1 900,右塔基础为 2 400 × 2 400。

3）横剖面图

从横剖面图中可看出桥墩由承台和钻孔灌注桩组成,它与上面的塔柱固结成一整体,将载荷稳妥地传到地基上。左右两个主塔的结构形式相同,但各部分尺寸不同。左塔总高 16 840 cm,右塔总高 20 840 cm。

主梁截面图采用 1：100 的比例绘出,为箱梁结构,表达了整个桥跨结构的断面细部尺寸及相互位置关系。从图中可看出桥面总宽 25 500 cm,两边人行道包括栏杆为 2 000 cm,车行道为 8 000 cm,中央分隔带 5 500 cm。

桥台工程数量表

单位(2个)

部位	项目	C30	15#片石混凝土	7.5#砂浆砌30#块石	合计(m³)
台身		16.8		331.8	C30: 40.5
台帽及挡块		3.45			15#片石混凝土: 187.7
基础			93.83	223.8	7.5#砂浆砌30#块石: 663.6
回填					回填: 447.6
开挖	土方		73		土方: 146
	石方		169		石方: 338

说明:
1. 本图尺寸除标高以米计, 其余均以厘米计。
2. 两岸桥台构造一致, 括号内的数字为1#桥台的标高。
3. 该桥无地质钻探资料, 基底标高可根据开挖后的情况调整。图中的基底标高是根据现场勘测而定, 图中的中风化分界线由估计而画出。
   但基础要求嵌入中等风化层以下0.5 m, 基底允许承载力应大于0.5 MPa。
4. 台身按常规设泄水孔。

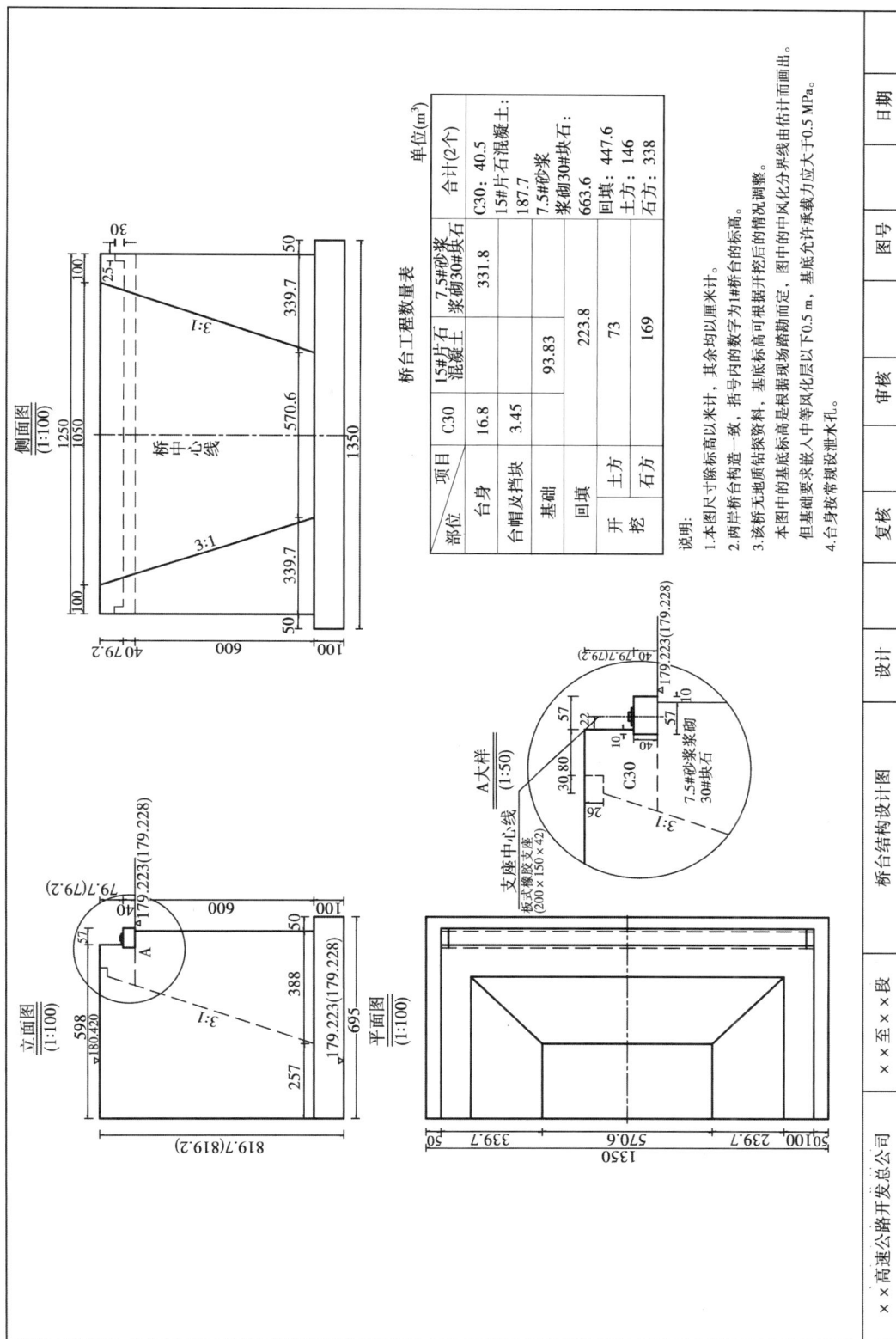

图 15.27　桥台结构设计图

| × × 高速公路开发总公司 | × × 至 × × 段 | 桥台结构设计图 | | 设计 | | 复核 | | 审核 | | 图号 | | 日期 |

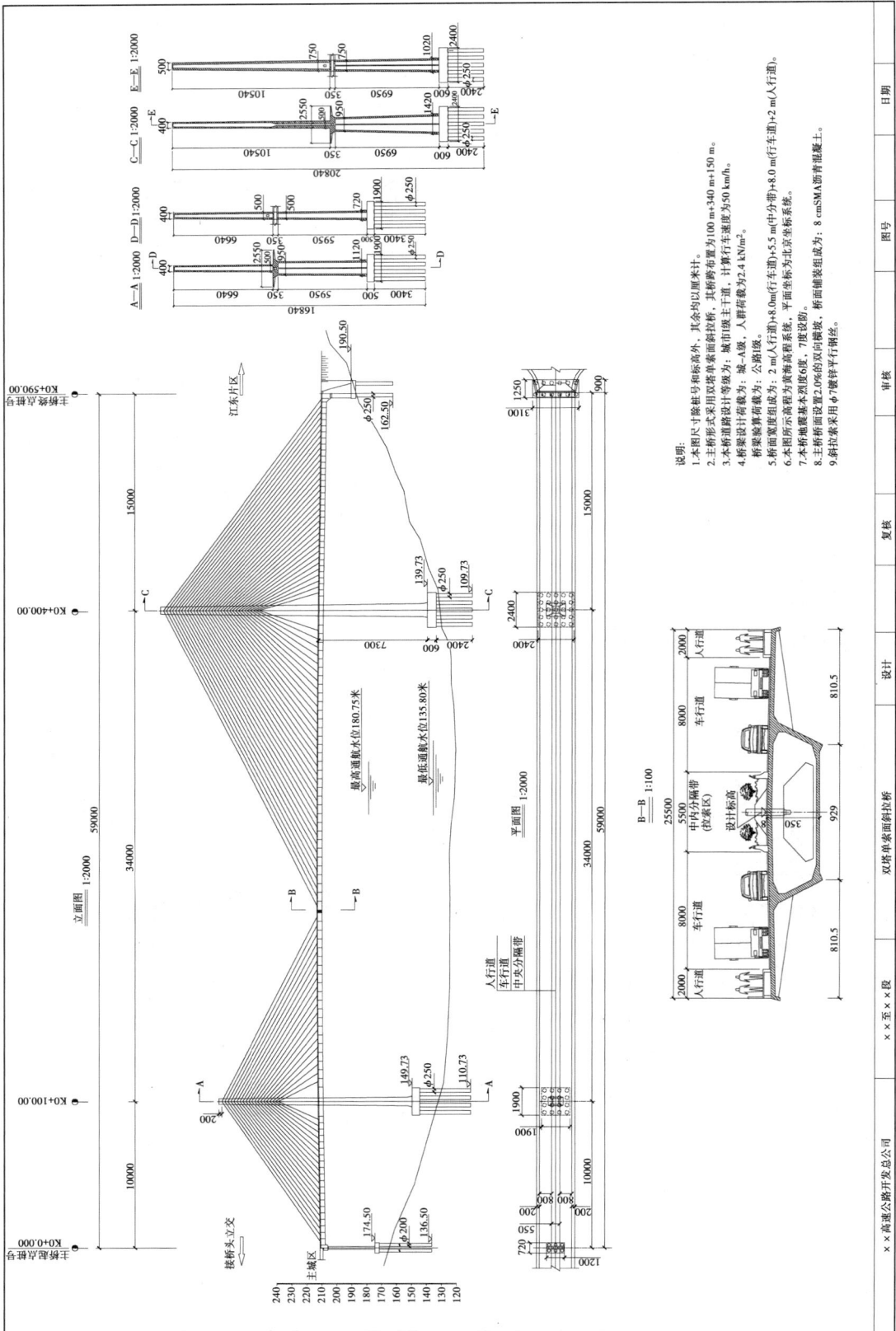

图 15.28 斜拉桥总体布置图

15.3　涵洞工程图

15.3.1　概述

1）涵洞的作用及组成

涵洞是道路排水的主要构造物,由基础、洞身和洞口组成。洞口包括端墙、翼墙或护坡、截水墙和缘石等部分(图 15.29),它是保护涵洞基础和两侧路基免受冲刷、使水流顺畅的构造。其进出水口常采用相同的形式,常用形式有端墙式、翼墙式、锥形护坡等。涵洞根据其自身的结构,可分成盖板涵(图 15.29)和圆管涵(图 15.30)。

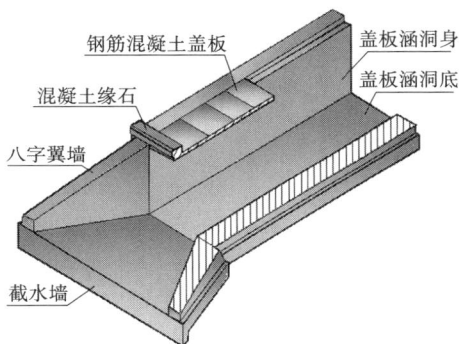

图 15.29　盖板涵

图 15.30　圆管涵

2）涵洞工程图的图示特点

涵洞是狭长的工程构造物,埋置在路基土层中,从路面下方横穿过道路,故以水流方向为纵向,从左向右,以纵剖面图代替立面图。平面图与立面图对应布置,为表达清晰,不考虑洞顶的覆土,只画出路基边缘线及相应的示坡线。平面图和立面图也可用半剖形式表达,水平剖切面通常设在基础顶面。侧面图就是洞口立面图,当洞口形状不同时,可进出水口的侧面图都要画出;也可用点画线分开,采用各画一半合成的进出水口立面图;需要时,也可垂直于纵向剖切,画出横剖面图。除了上述三种投影图,还应按需要画出翼墙断面图和钢筋布置图。

由于涵洞体积比桥梁小得多,故可采用较大比例绘制。

15.3.2　涵洞工程图示例

如图 15.31 所示的钢筋混凝土盖板涵,其进水端是带锥形护坡的一字式洞口,出水端为八字翼墙式洞口。

1）立面图

立面图从左至右,以水流方向为纵向,用纵剖面图表达,表示了洞身、洞口、基础、路基的纵断面形状以及它们之间的连接关系。洞顶以上路基填土厚要求不小于 96 cm,进出水口分别采

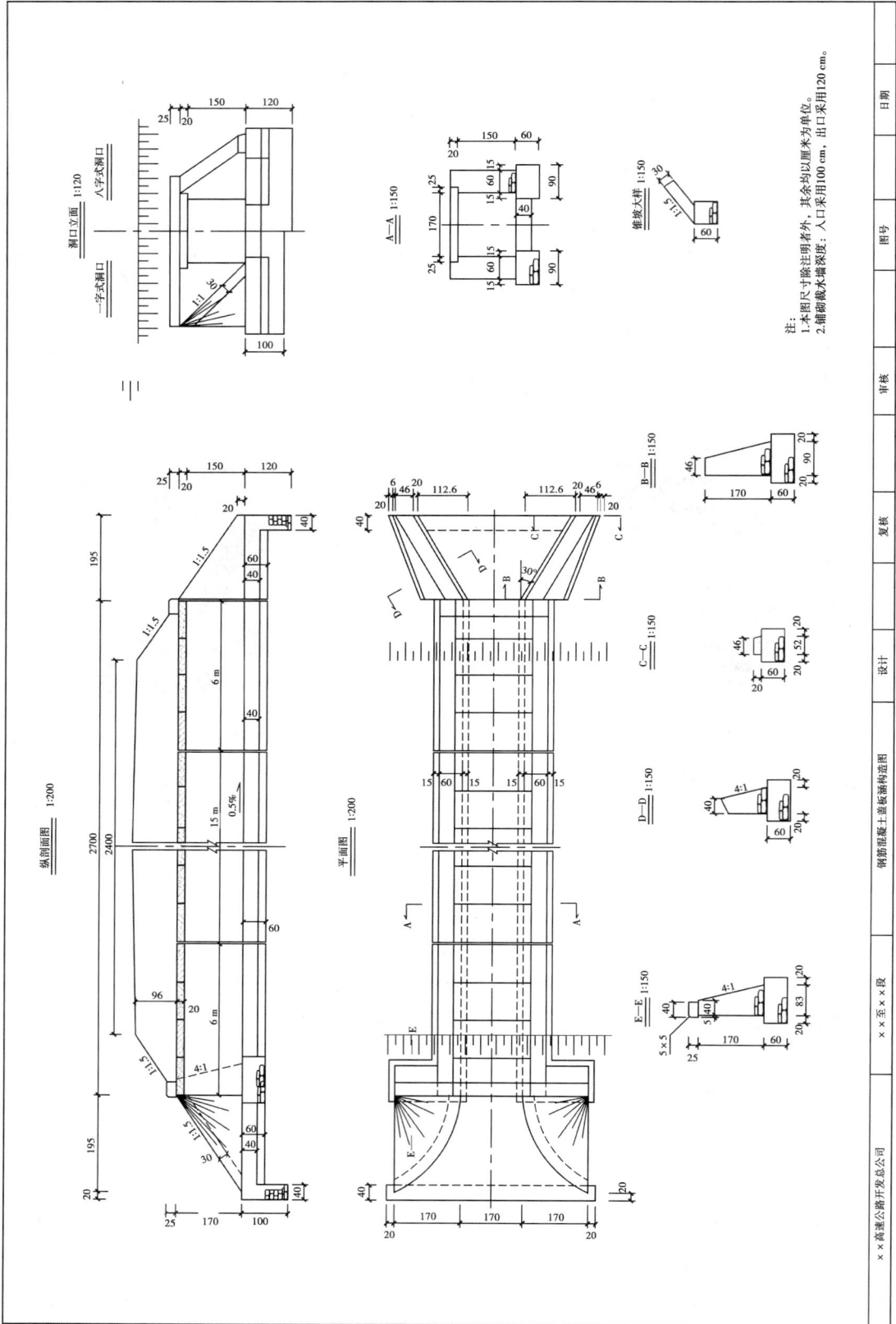

注：
1. 本图尺寸除注明者外，其余均以厘米为单位。
2. 铺砌截水墙深度：入口采用100 cm，出口采用120 cm。

漏口立面 1:120

八字式漏口

一字式漏口

A—A 1:150

锥坡大样 1:150

B—B 1:150

C—C 1:150

D—D 1:150

E—E 1:150

纵剖面图 1:200

平面图 1:200

钢筋混凝土盖板涵构造图

图15.31 钢筋混凝土盖板涵构造图

用端墙式和翼墙式,均按 1 : 1.5 放坡。涵洞净高 150 cm,盖板厚 20 cm,设计流水坡度为 0.5%,截水墙高 120 cm。盖板涵及基础所用材料也在图中表示出来,但图中未示出沉降缝位置。

2) 平面图

平面图表达了进出水口的形式和平面形状、大小,缘石的位置,翼墙角度等。如图 15.31 所示,涵洞轴线与路中心线正交。涵顶覆土虽未考虑,但路基边缘线应画出,并以示坡线表示路基边坡。为了便于施工,翼墙和洞身位置作 A—A、B—B、C—C、D—D 和 E—E 剖切,用放大比例画出断面图,以表示墙身和基础的详细尺寸、墙背坡度以及材料等,洞身横断面图 A—A 表明了涵洞洞身的细部构造及其盖板尺寸。

3) 侧面图

侧面图是涵洞洞口的正面投影图,反映了缘石、盖板、洞口、护坡、截水墙、基础等的侧面形状和相互位置关系。由于进出水洞口形式不同,所以用点画线分开,一字式洞口和八字式洞口正面图各绘一半组合而成。

15.4　隧道工程图

15.4.1　概述

1) 隧道的作用及组成

隧道是道路穿越山岭或通过水底的狭长构筑物,包括主体建筑和附属建筑物两部分。主体建筑由洞门、洞身和基础三部分组成,如图 15.32 所示。在隧道进口或出口处要修筑洞门,两洞门之间的部分就是洞身,如果地基坚固,可用无仰拱的洞身,如果地基松软,则采用有仰拱的洞身。

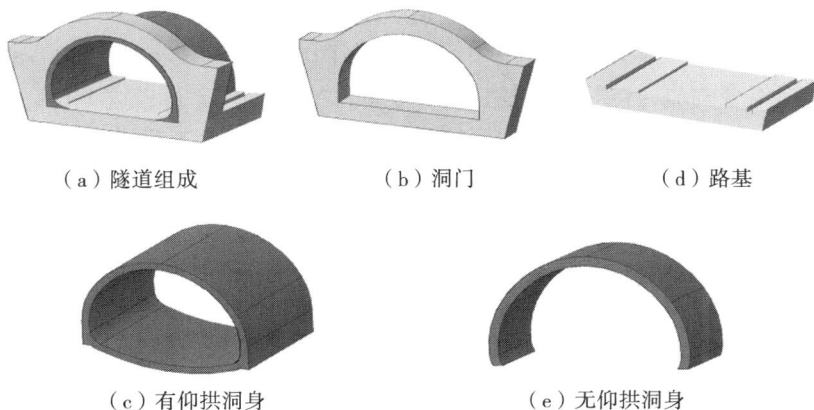

（a）隧道组成　　　（b）洞门　　　（d）路基

（c）有仰拱洞身　　　（e）无仰拱洞身

图 15.32　隧道的组成

附属建筑物公路隧道的附属建筑物包括人行道(或避车洞)和防排水设施,长、特长隧道还有通风道、通风机房、供电、照明、信号、消防、通信、救援及其他量测、监控等附属设施。

2) 隧道工程图的图示特点

隧道虽然很长,但洞身断面形状很少变化,因此,隧道工程图除用平面图表示其地理位置外,还主要有隧道进口洞门图、隧道横断面图,避车洞图以及其他有关交通工程设施的图样。

15.4.2　隧道洞门设计图

如图 15.33 所示,为隧道洞门设计图,由立面图、平面图和左侧立面图构成。

1)立面图

立面图是隧道进口洞门的正立面投影图,表示了洞门形式、洞门墙、洞口衬切曲面的形状和排水沟等结构。无论洞门左右是否对称,洞口两边均应画全。

2)平面图

平面图是隧道进口洞门的水平投影图,只画出洞门暴露在山体外面的部分。它表示出了洞门墙顶端的宽度、洞门处各排水沟的走向及洞顶排水沟等结构,还表示了开挖线(洞顶坡面与地面的交线)、填挖方坡度和洞门桩号。

3)左侧立面图

左侧立面图是用沿隧道轴线的侧平面剖切后,向左投影而获得的剖面图。图中 1—1 剖面图表达了洞口端墙顶部的坡度、厚度和路面坡度等内容。

4)附注

附注中对该隧道有关事项进行了说明。

15.4.3　隧道横断面图

如图 15.34 所示,隧道横断面图是用垂直于隧道轴线的平面剖切后得到的断面图,通常也称建筑限界及净空设计图,包括建筑限界和隧道净空断面两部分。

隧道净空断面表示隧道衬砌形式,图中,其衬砌断面轮廓由一段半径为 800 cm 和两段半径为 600 cm 的圆弧组合构成,隧道两侧设有宽为 80 cm 的人行道,车行道宽 1 154 cm。

建筑限界用虚线表示,在建筑限界内不能设置任何设备,交通工程设施(如消防设施、照明及供电线路等)都必须安装在建筑限界外。

15.4.4　避车洞图

设置避车洞是为了行人和隧道维修人员及维修小车避让来往车辆。避车洞分大小两种,分别沿路线两侧的边墙交错布置,通常小避车洞间隔为 30 m,大避车洞间隔为 150 m,采用平面布置图和详图表达。

图 15.35 为布置图,纵向采用 1∶2 000 的比例,横向采用 1∶200 的比例。

图 15.36 和图 15.37 分别为大避车洞和小避车洞详图。为了排水,洞内底面都有坡度为 1% 的坡度用以排水。1.5% 为人行道的排水坡度。

洞口1—1剖面 1:100

粘土

设计标高

仰拱填充

仰拱

泥岩

砂岩

200

10:1

208

63

929

268

1260

附注：
1. 本图尺寸除桩号与高以米计外，其余均以cm
为单位。
2. 隧道仰坡、边坡采用三维网植草护坡。
3. 洞内水通过洞口管沟排入洞外路基排水系统。

洞口立面面 1:100

隧道轴线

128

358

275

200

430

549

153

760

引水管

洞顶水沟

1:0.75

隧道轴线

01

隧
道
轴
线

2.0%

79 170

R1016

隧道边沟

隧道边沟

1362

1860

R481

45°

路基边沟

2.0%

170 79

1:0.75

122

278

760

127 470 106 418

1121

1:0.75

洞口平面面 1:100

洞顶水沟

147

1:0.25

隧道边沟

路基沟

路基边沟

1:0.25

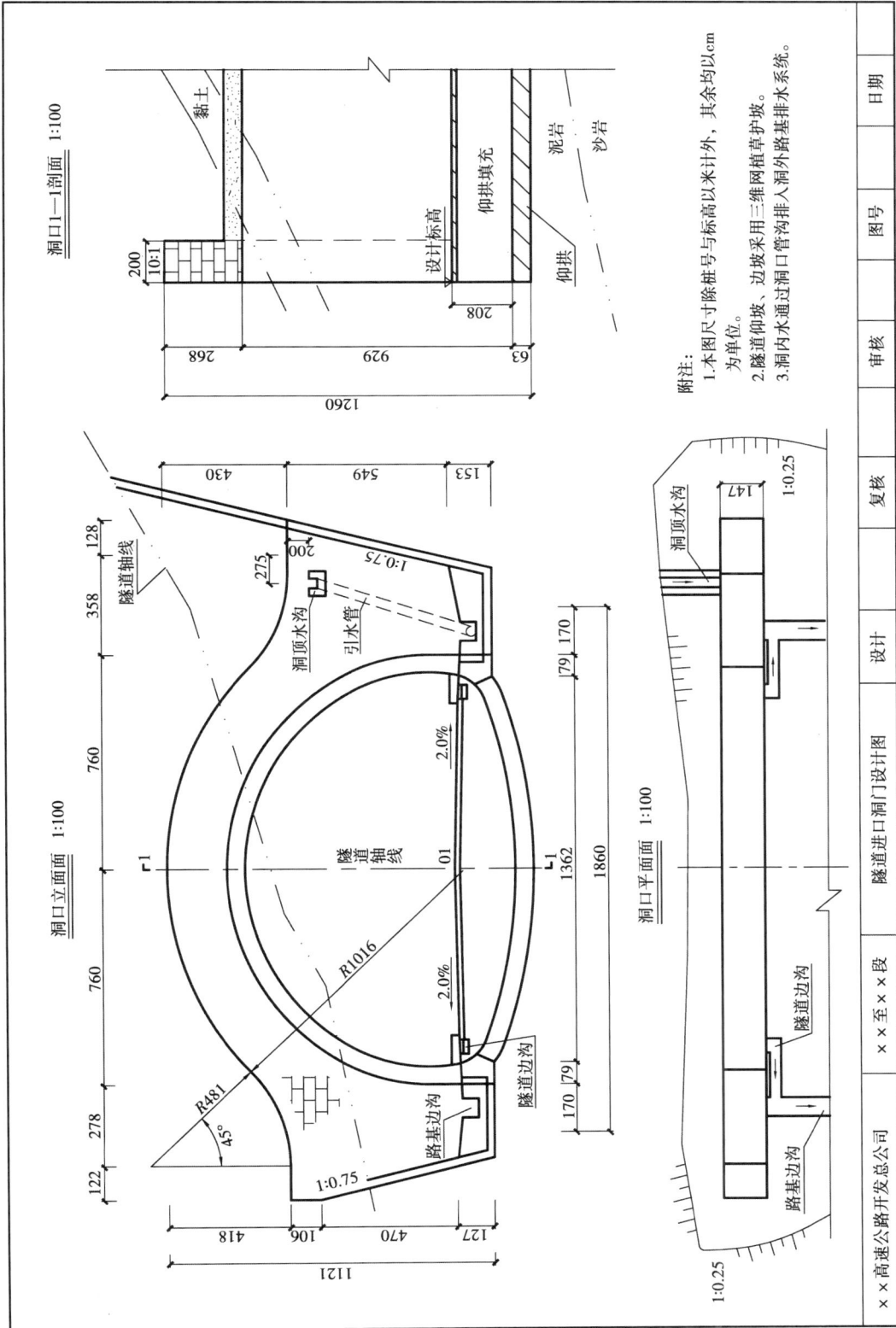

图 15.33　隧道进口洞门设计图

× × 高速公路开发总公司	× × 至 × × 段	隧道进口洞门设计图	设计	复核	审核	图号	日期

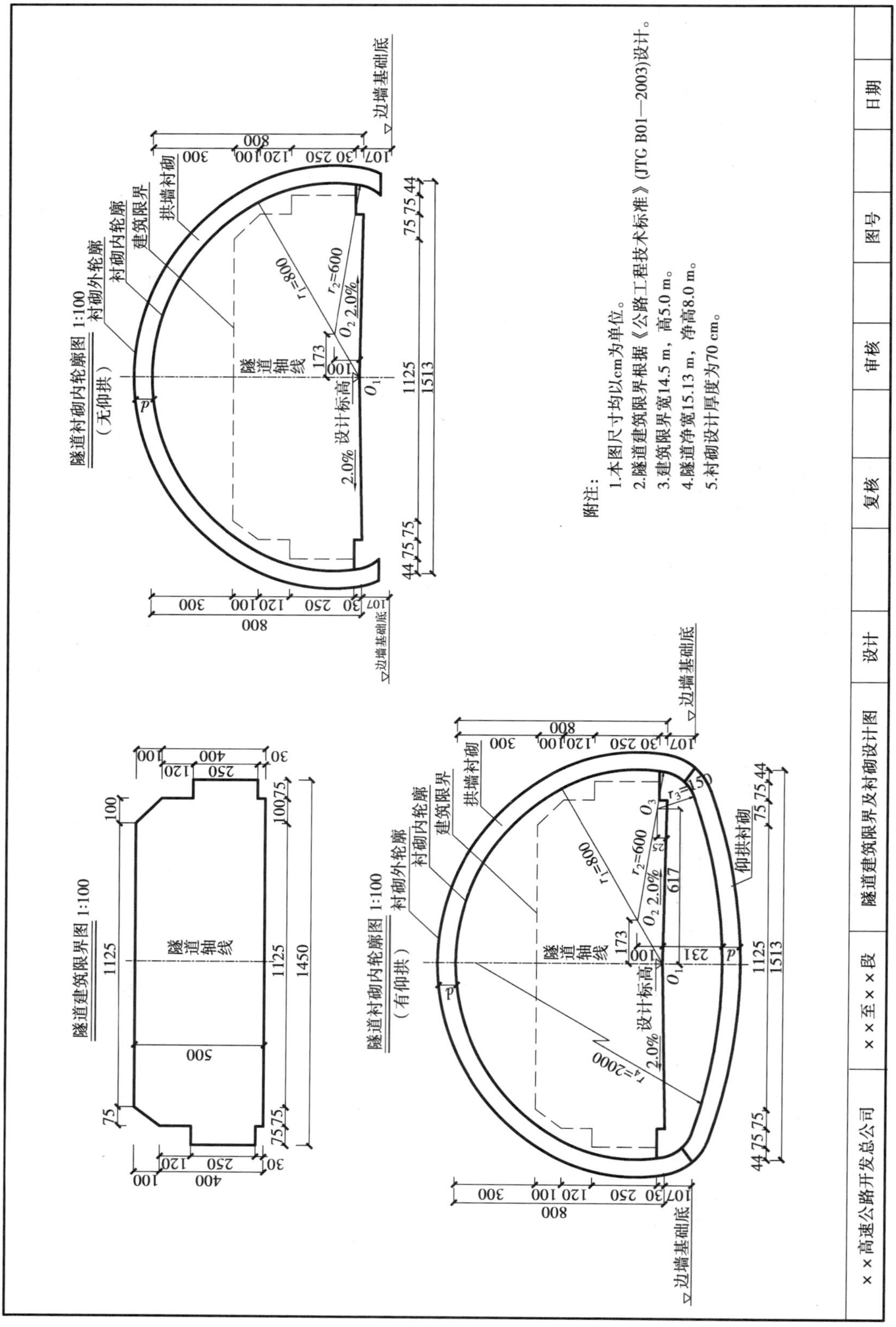

图 15.34　隧道建筑限界及衬砌设计图

纵剖面图

小避车洞

大避车洞

5×60=300

平面图

60　　60　　60　　60　　60

60　　30　30

150　　　　　　　150

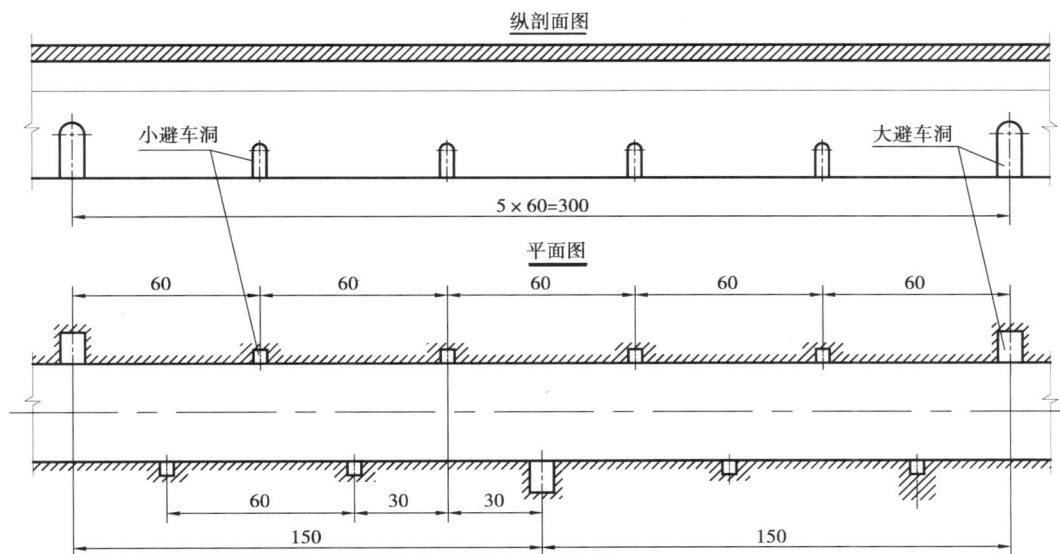

图 15.35　避车洞布置图(单位:m)

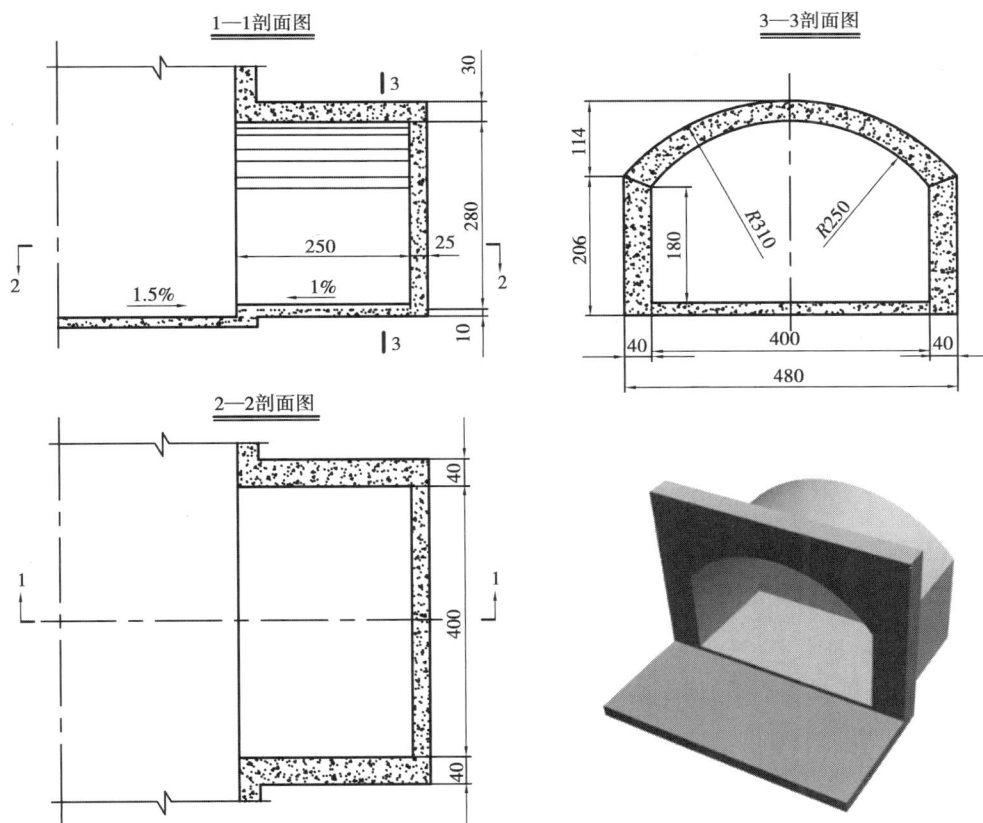

1—1剖面图

30

280

250　　25

10

1.5%　　1%

2—2剖面图

40

400

40

3—3剖面图

114

206

180

R310　R250

40　　400　　40

480

(a)大避车洞详图

(b)大避车洞三维实体图

图 15.36　大避车洞详图

1—1剖面图

3—3断面图

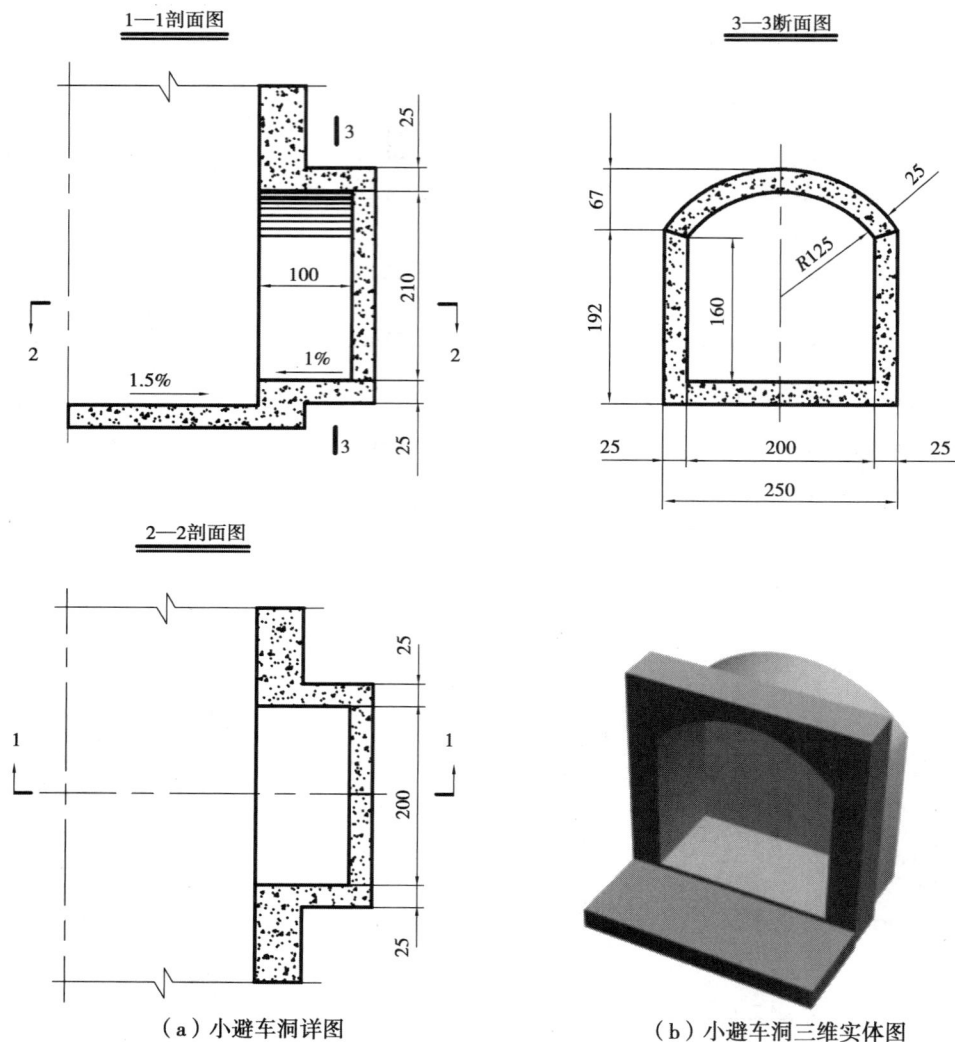

2—2剖面图

（a）小避车洞详图

（b）小避车洞三维实体图

图15.37　小避车洞详图

本章小结

（1）了解道路、桥梁、涵洞和隧道的基本组成。

（2）了解道路路线工程图、桥梁工程图、涵洞工程图和隧道工程图的组成及各部分图样的名称。

（3）熟悉道路、桥梁、涵洞和隧道平面图、立面图、剖面图及详图的形成、用途、比例、线型、图例、尺寸标注等要求。

（4）掌握识读和绘制道路、桥梁、涵洞和隧道平面图、立面图、剖面图及详图的方法和技巧。

复习思考题

15.1 道路工程图包含哪些内容?

15.2 道路路线工程图包含哪些图样? 其作用是什么?

15.3 什么是道路路基横断面图? 道路路基横断面图有几种形式?

15.4 道路路线纵断面图是怎样形成的?

15.5 城市道路排水系统有哪些图样? 其作用是什么?

15.6 道路交叉口工程包括哪些图样? 其作用是什么?

15.7 交通标线及交通标示有哪些内容?

15.8 桥梁的主要结构由哪几部分组成?

15.9 桥梁工程图包括的主要图样有哪些? 各有何图示特点?

15.10 涵洞的作用是什么?

15.11 涵洞工程图包括的主要图样有哪些? 各有何图示特点?

15.12 隧道的作用是什么?

15.13 隧道工程图包括的主要图样有哪些? 各有何图示特点?

16 计算机绘制建筑施工图

本章导读:

　　本章主要介绍 AutoCAD 软件的基本操作方法,并运用 AutoCAD 软件绘制建筑平面图、立面图、剖面图。重点应熟悉 AutoCAD 软件基本命令,掌握运用 AutoCAD 软件绘制建筑施工图的方法和技巧。

16.1　概述

　　目前,计算机绘图已在建筑行业中广泛应用。相对于传统手工绘图而言,计算机绘图具有以下明显的特点和优势:

　　(1)速度快,精度高,便于修改,图面美观

　　传统手工绘图使用三角板、丁字尺、圆规等简单绘图工具,伏案工作,质量差,效率低,周期长,不便于修改,是一项非常烦琐的劳动。而计算机绘图则是一种高效率、高质量的绘图技术,能够准确定位,保证绘图的精度,而且编辑功能强大,能够大幅度减少重复绘制,提高作图效率,且图面清晰美观。

　　(2)便于交流沟通

　　传统的手绘图纸,即使反复晒制出多套,异地沟通也存在较大的问题,难以及时准确地传递各方信息。使用计算机绘制的图样,可以充分利用发达的互联网技术,不受地域和距离的限制,以电子文件的形式进行整体文件的传输、局部截屏讲解等操作,可进行更加直接、有效的沟通,实现信息交流实时化。

　　(3)便于管理保存

　　传统图纸以纸张作为介质,保存并不容易,不但需要专门的地点存放,时间长了纸张还容易受潮或变脆,图样线条也会逐渐变得模糊不清。时间一长,将导致资料逐步遗失,这也是中国古代建筑典籍难以留存下来的原因。

采用计算机绘制的建筑工程图样,可以将图纸信息以多种后缀名的电子文件方式进行方便多样的保存,存放媒介可以为 U 盘、硬盘、光盘、互联网网盘,绘制者可以随身携带,并在需要的时候随时进行打印,保障图纸质量;只要电子文件保存完好,即使存放多年,也不会发生图形信息的丢失。

16.2　AutoCAD 软件基本操作

AutoCAD 软件是由美国 Autodesk 公司出品的一款计算机辅助设计软件,用于二维制图和基本三维设计,现已经成为广为流行的绘图工具,广泛应用于土木建筑、机械制造、服装加工等诸多领域。

16.2.1　AutoCAD 软件介绍

1）AutoCAD 的工作界面

启动 AutoCAD 后进入如图 16.1 所示的工作界面。该工作界面主要包括标题栏、菜单栏、选项板、工具栏、绘图区、命令行窗口、状态栏、十字光标、坐标系图标、滚动条、工作空间设置等。菜单栏、选项板、工具栏都可以根据自己的习惯和需求增减与调整。

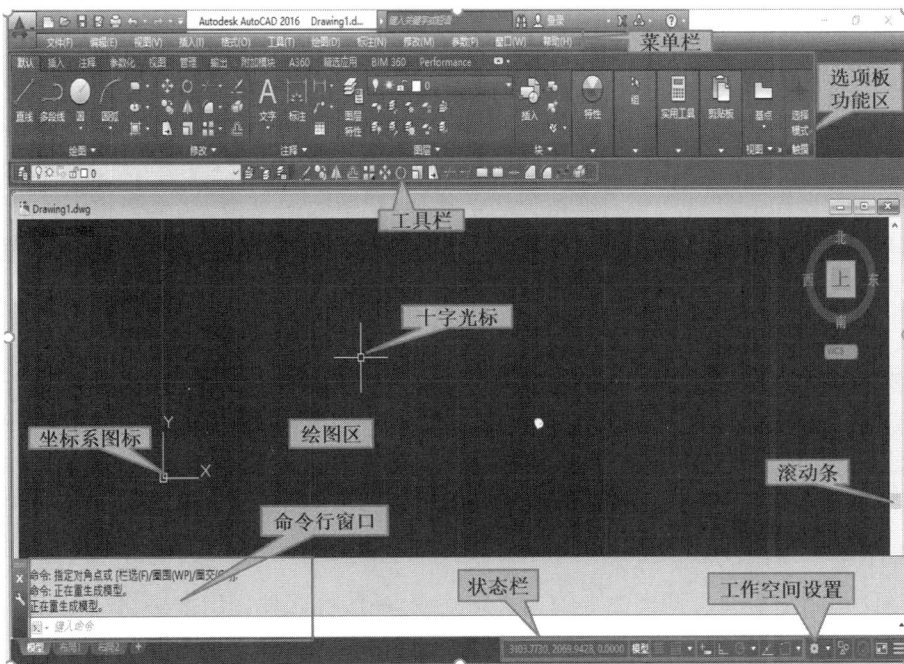

图 16.1　AutoCAD 工作界面

● 标题栏——位于界面的最上部横排。显示软件的名称和正在编辑的文件名称。最右端三个窗口控制按钮分别实现窗口的最小化、还原和最大化。

● 菜单栏——位于标题栏下方,由"文件""编辑""视图""插入""格式""工具""绘图""标注""修改"等多项菜单命令组成。每项菜单命令下均有多个下拉菜单(子菜单,对话窗口、快捷键)。可以通过在命令行窗口键入"menubar",回车后输入 1 或者 0 来控制界面上显示或隐藏菜单栏。

- 选项板——默认情况下,选项板功能区包括"默认""插入"注释""参数化""视图""管理""输出"等选项卡。每个选项卡集成了相关的操作工具,方便使用。可以单击功能区选项后面的按钮,控制功能的展开与收缩。

- 工具栏——多组按钮工具的集合,是快速执行命令的一种方式。在界面任一工具栏上右击,可以得到各种已定义的工具栏。

- 绘图区——显示绘制的图形。默认背景颜色是黑色,可以根据个人习惯更改。方法为:选择菜单栏中的"工具"→"选项",在弹出的"选项"对话框中,单击"窗口元素"区域中的"颜色"按钮,修改"界面元素"下"统一背景"的颜色即可。

坐标系:默认世界坐标系 WCS,可以根据需要设置用户坐标系 UCS。

十字光标:可在绘图区的任意位置移动,十字光标的大小默认为屏幕大小的5%,可以根据习惯和需要更改。选择菜单栏中的"工具"→"选项"命令,弹出"选项"对话框。打开"显示"选项卡,在"十字光标大小"文本框中直接输入数值即可。或者拖动编辑框后的滑块,即可对十字光标的大小进行调整。

滚动条:拖动滚动条,可以进行视图的上下和左右移动,以观察图纸的任意部位。

- 状态栏——位于屏幕的底部,依次有"坐标""模型空间""栅格""捕捉模式""推断约束""动态输入""正交模式""极轴追踪"等多个功能按钮。它是当前十字光标的坐标和辅助绘图工具的切换按钮。各功能的打开或关闭可用单击状态栏按钮的方式实现切换。

- 命令行窗口——输入命令,接受命令,显示提示信息。

- 工作空间设置——由于行业、专业不同,每个人使用的工作空间可能不同。软件定义了三个工作空间供大家选择,分别是"二维草图与注释""三维基础""三维建模"。使用工作空间时,只会显示与任务相关的菜单、工具栏和选项板。例如,在创建三维模型时,可以选择"三维建模"工作空间,界面上仅显示与三维相关的工具栏、菜单和选项板,三维建模不需要的界面项会被隐藏,使得工作屏幕区域最大化。图16.1界面即为"二维草图与注释"工作空间。另外,还可以根据个人的工作习惯修改默认空间创建自己的工作空间。

2)输入设备的使用方法

输入设备包括键盘和鼠标。键盘主要用于命令行输入信息或命令,按回车键或空格键表示确认。鼠标的左键是拾取键;右键功能可以由使用者定义,默认状态下会弹出快捷菜单;设计人员往往习惯于把右键定义为回车键,用作确认命令和重复上次命令,这需要在"选项"对话框中"用户系统配置"选项卡中设置;中间滚轮可操作实时放缩,按下中间滚轮拖动鼠标相当于实时平移。

3)AutoCAD 命令的调用方法

AutoCAD 绘制图形通过调用命令的方式来完成,一般有四种调用方法,分别是菜单栏调用、工具栏调用、选项板调用和命令行窗口输入。前三种的调用方法基本相同,通过移动鼠标在屏幕上找到相应菜单或图标点击即可执行指令;而命令行窗口输入则是通过在命令行直接输入命令名来完成指令。无论采用哪种调用方法,结果都是一样的,本章讲述以命令行窗口输入命令名的方式为主。

4)图形文件管理

图形文件管理一般包括新建图形文件、打开图形文件、关闭图形文件、保存图形文件等,通过命令行窗口分别输入"New,Open,Close,Save(Saveas)"来实现。

5）坐标的输入方法

坐标的输入方法一般有以下几种:

①用鼠标在屏幕上拾取点。移动鼠标,将光标移到所需要的位置上,然后单击鼠标左键。在状态栏中打开坐标显示开关,鼠标移动的时候,可以观察到坐标的变化。

②通过键盘输入点的坐标。点的坐标输入有绝对坐标和相对坐标两种方式:绝对坐标是相对于原点的坐标,直角坐标输入格式为"x 坐标,y 坐标",也可用极坐标输入,格式为"距离 < 角度";相对坐标是相对前一点的坐标,用直角坐标输入格式为"@ x 坐标,y 坐标",也可用极坐标输入,格式为"@ 距离 < 角度"。

③在指定的方向上通过给定距离确定点。当提示输入一个点时,可以通过鼠标将光标移动到希望输入点的方向上,然后再从键盘上输入一个距离值,那么这个在指定的方向上给定距离的点就是输入的点。

6）AutoCAD 常用功能键

AutoCAD 软件使用过程中,有一些常用的功能键,可以帮助我们快速查询某些信息和实现某些功能。

F1——帮助;

F2——文本/图形窗口切换;

F3——打开或关闭对象捕捉(中点、端点等);

F4——打开或关闭三维对象捕捉;

F5——切换等轴测平面;

F6——打开或关闭动态显示坐标;

F7——打开或关闭栅格;

F8——打开或关闭正交模式;

F9——打开或关闭捕捉(与 F7 联用,捕捉栅格点);

F10——极轴追踪;

F11——对象捕捉追踪(F3 与 F10 的综合)。

16.2.2 基本绘图命令

常用的基本绘图命令见表 16.1,各命令详细操作步骤请参见软件说明书。

表 16.1 常用绘图命令

命令	简化命令	作用	命令	简化命令	作用
LINE	L	绘制直线	POINT	PO	绘制点
CIRCLE	C	绘制圆形	DONUT	DO	绘制圆环和填充圆
ARC	A	绘制圆弧	RECTANG	REC	绘制矩形
ELLIPSE	EL	绘制椭圆	POLYGON	POL	绘制正多边形
PLINE	PL	绘制多段线	SOLID	SO	绘制实心多边形
SPLINE	SPL	绘制样条曲线	MLINE	ML	绘制平行线
RAY		绘制射线	XLINE	XL	绘制无限长直线
SKETCH		徒手绘图			

16.2.3 图形编辑命令

1) 编辑对象的选择

在执行编辑命令时,需要选择被编辑的对象。其选择方式有多种,可以使用下列任一种方式来选择,选中的对象将以虚线显示。

①单点选择方式:直接用鼠标点取对象。

②窗口方式:光标从左到右拖动,组成矩形窗口,对象完全位于窗口内,则被选中。

③交叉窗口方式:光标从右到左拖动,组成矩形窗口,对象完全位于窗口内或对象与窗口相交均被选中。

④全部选择方式:输入一条编辑命令后,在命令行窗口输入"ALL",除冻结及锁定层外的所有对象均被选中。

⑤栏选方式:输入一条编辑命令后,通过输入"F"指定栏选点,两个栏选点构成一条栅栏线或者多个栏选点构成栅栏多边形,凡是栅栏线所触及的对象都被选中。

⑥快速选择对象命令"QSELECT"或者下拉菜单"工具"/"快速选择"——快速选中具有相同特征的多个对象,可在对象特性管理器中建立并修改快速选择参数。

2) 常用的编辑命令

常用的编辑命令见表16.2,各命令详细操作步骤请参见软件说明书。

表 16.2　常用编辑命令

命令	简化命令	作用	命令	简化命令	作用
U		撤销最近一次操作	OOPS		恢复最后一次用 ERASE 命令删除的对象
ERASE	E	删除	MOVE	M	移动
COPY	CO	复制	SCALE	SC	缩放
ROTATE	RO	旋转	STRETCH	S	拉伸
TRIM	TR	修剪	FILLET	F	圆角
EXTEND	RC	延伸	ARRAY	AR	阵列
OFFSET	O	偏移	MIRROR	MI	镜像
HATCH	H	填充	BREAK	BR	图线打断
ARRAY	AR	阵列	EXPLODE	X	分解图块、多段线等复合对象
PEDIT	PE	编辑多段线	MLEDIT		编辑多线
CHAMFER	CHA	倒角	JOIN	J	合并
MATCHPROP	MA	特性匹配	PROPERTIES	PR	特性修改

16.2.4　工程图形环境设置

绘图之前,应预先对绘图环境进行设置。

1)图形界限设置

绘图界限的作用是在绘图区域中设置不可见的矩形边界,可以通过命令行窗口输入命令"LIMITS"进行设置。

2)绘图单位的设置

AutoCAD 是一种适用于世界各地各行各业的绘图软件,它对长度和角度的类型和精度提供了多种选择,可以通过命令行窗口输入命令"UNITS"来控制坐标、距离和角度的精度和显示格式。

3)绘图辅助工具

(1)正交模式

绘图时可以通过热键 F8 或者状态栏的正交模式图标来交替打开或者关闭正交功能。正交功能打开时,只能绘制水平线和竖直线。

(2)捕捉与栅格设置

可以通过键盘热键 F7 或者状态栏的显示图形栅格图标来交替打开或者关闭栅格功能。启用栅格后,在绘图区中会显示间隔均匀的网点,其作用类似于坐标纸,仅供定位用,打印时不输出栅格。网点间距可以通过命令窗口输入命令"SE",在打开的"草图设置对话框"里选择"捕捉和栅格"选项卡中输入需要的栅格间距。

捕捉用于设定光标移动的间距,以便准确绘图。如果启用捕捉,光标只能落在预先设置的栅格网点上。可以通过键盘热键 F9 或者状态栏的捕捉图形栅格图标来交替打开或者关闭捕捉功能。

(3)极轴追踪

可以通过键盘热键 F10 或者状态栏的极轴追踪图标来交替打开或者关闭极轴追踪功能。启用极轴追踪后,光标移动将限制在指定的极轴角度上。该角度可以通过在"草图设置对话框"里选择"极轴追踪"选项卡并输入增量角数值来获得。

(4)填充设置

可以通过执行命令"FILL"选择填充功能开或关。填充功能打开时,用"PLINE、SOLID、DONUT"等命令绘制的对象全部填充,关闭时,只绘轮廓线。

16.2.5　图形显示和绘图技巧

1)AutoCAD 图形显示控制

(1)视图缩放命令"ZOOM(Z)"

该命令类似于放大镜,可放大或者缩小屏幕所显示的范围,而对象的实际尺寸并不发生变化。命令行窗口输入 Z 命令之后,会出现多个提示选项,对应不同的显示功能。

(2)平移命令"PAN(P)"

该命令在不改变图形的显示大小的情况下,通过移动图形来观察当前视图中的不同部分。

（3）通过鼠标滚轮实时缩放图形

通过滚动鼠标滚轮，可以对视图进行缩放，十字光标的中点将成为缩放的中点；而按下中间滚轮拖动鼠标，相当于实时平移。

（4）图形重新生成"REDRAW(R)/REGEN"

前者用于快速刷新显示，清除所有绘图痕迹；后者用于重新计算，重新生成整个图形。

2）对象捕捉

用鼠标在屏幕上拾取点的时候，有时候希望能够拾取到某些特殊点（如端点、中点、交点、切点、象限点、圆心点、垂足等），这时候必须使用对象捕捉功能。利用对象捕捉功能，可以无须知道特殊点的坐标而用鼠标精准无误地捕捉到其准确位置，从而迅速地绘出图形。AutoCAD 常用的对象捕捉模式见表 16.3。

表 16.3　对象捕捉模式

模式	关键词	功能
圆心点	CEN	圆或圆弧的圆心
端点	END	线段或圆弧的端点
延长线	EXT	捕捉到圆弧或直线的延长线
插入点	INS	块或文字的插入点
交点	INT	线段、圆弧、圆等对象之间的交点
中点	MID	线段或圆弧上的中点
最近点	NEA	离拾取点最近的线段、圆弧、圆等对象上的点
节点	NOD	用 POINT 命令生成的点
垂足	PER	与一个点的连线垂直的点
象限点	QUA	四分圆点
切点	TAN	与圆或圆弧相切的点
追踪	TK	相对于指定点，沿水平或垂直方向确定另外一点

绘图时，当命令窗口提示输入一点时，可输入相应捕捉模式的关键词，然后按回车键或空格键，根据提示操作即可。

还可以通过命令行窗口输入"SE"或者"OSNAP(OS)"指令，调出"对象捕捉设置"对话框，根据需要选择对象捕捉模式，再选择"启用对象捕捉"框，则绘图时就能自动捕捉到已设捕捉模式的特殊点。如果有多个对象捕捉可用，可以按 TAB 键在它们之间循环选择。

可以通过键盘热键 F3 来打开或关闭对象捕捉功能，也可以通过点取状态栏上的对象捕捉图标打开或关闭对象捕捉功能。

16.2.6　图层管理

AutoCAD 提出了图层的概念。图层是用于绘图的层面，把若干个图层想象为若干张没有厚度的透明纸，各层之间完全对齐。每一图层都分别赋予某种线型、线宽、颜色等特性，绘图时，在各对应的图层上绘图,最后把这些透明纸重叠起来就是一幅完整的图纸。

1)图层的特征

①AutoCAD软件系统初始只有一个图层,其图层名为"0"。但是在绘图中,可以根据使用者需要新建任意数量的图层,每个图层可以按照行规或者习惯来定义图层名,并设置各图层的线型、颜色、线宽等特性。

②各图层具有相同的坐标系、绘图界限、显示时的缩放倍数。

③一幅图中虽然可以有很多个图层,但是当前图层只有一个,可以设置任意图层作为当前层,绘图只能在当前图层上进行。可以根据绘图需要,随时更改当前图层。

④在某个图层上绘制新对象,软件默认该对象的颜色、线型、线宽等特性均为"随层"(bylayer),也即该对象的颜色、线型、线宽都是由该图层的颜色、线型、线宽确定的。当然,可以通过编辑命令"PR"打开特性修改对话框,选择要修改的对象,把对象的颜色、线型等特性修改为除bylayer以外的类型。

⑤可以对位于不同图层上的对象同时进行编辑操作。

⑥图层状态可以为开/关、冻结/解冻、锁定/解锁。可以对各图层进行开(ON)、关(OFF)、冻结(FREEZE)、解冻(THAW)、锁定(LOCK)与解锁(UNLOCK)等操作,决定各层的可见性与可操作性。上述各种操作的含义如下:

A. 开(ON)与关(OFF)图层

如果图层被打开,则该图层上的图形可以在图形显示器上显示或在绘图仪上绘出。被关闭的图层仍然是图的一部分,它们不被显示或绘制出来。可根据需要,随意打开或关闭图层。

B. 冻结(FREEZE)与解冻(THAW)

如果图层被冻结,则该层上的图形实体不能被显示出来或绘制出来,而且也不参加图形之间的运算;被解冻的图层则正好相反。从可见性来说,冻结的层与关闭的层是相同的,冻结的层不参加处理过程中的运算,关闭的图层则要参加运算。所以在复杂的图形中,冻结不需要的层可以大大加快系统重新生成图形时的速度。需注意的是,当前图层不能被冻结。

C. 锁定(LOCK)与解锁(UNLOCK)

锁定并不影响图层上图形对象的显示,即处在锁定层上的图形仍然可以显示出来,也可以在锁定层上使用查询命令和对象捕捉功能,但是不能对锁定层上的对象进行编辑操作。注意,如果锁定层是当前层,可以在该层上绘图。

2)图层的线型和线型比例

绘图时,需要采用不同的线型,如虚线、点画线、中心线等。图层的线型是指在图层上绘图时图形对象采用的线型。不同的图层可以设置成不同的线型,也可以设置成相同的线型。AutoCAD提供了标准的线型库,可以根据需要从中选择线型,也可以自己定义专用的线型。

线型比例被用来控制虚线、点画线等不连续的线型的比例。线型比例的大小必须合适,线型比例数值越小,单位距离内图案重复数目就会越多,短线会显得越碎,如该数值太小或太大的话,都会使得屏幕上显示成为实线。线型比例可以通过命令行窗口输入命令"LTSCALE(LTS)"来调整。

3)图层的颜色

为了区别不同图层,给不同图层都设置不同的颜色。所谓图层的颜色,是指在该图层上绘图时图形对象的颜色。图层的颜色用颜色号表示,颜色号为从 1 至 255 的整数。不同的图层可以设置相同的颜色,也可以设置成不同的颜色。

4)图层的线宽

线宽可以帮助我们表达图形中的对象所要表达的信息,如可以用粗线表示横截面的轮廓线,并用细线表示横截面中的填充图案。AutoCAD 拥有多种有效的线宽值。图层的线宽指该图层上线的宽度。

新建图层、删除图层、指定当前层以及上面所述图层的状态、线型、颜色、线宽均可以通过图层管理对话框进行操作或设置。在命令行窗口输入"LAYER(LA)"或者通过工具栏等,都可以调出图层管理对话框。

16.2.7 文字标注与编辑

在绘图中,除了绘制图形,还需要在图形上标注一些文字符号。文字往往具有一定的样式(包括字体、字高、宽度系数、倾斜角度、颠倒等效果),所以写文字之前要先定义文字样式。

1)文字样式的定义

通过命令窗口栏输入命令"STYLE(ST)",可以调出文字样式对话框。除了软件系统默认的 standard 样式,还可以新建多个文字样式,且每个文字样式都可以自由命名。对每个文字样式,都可以指定文字的字体、文字的大小及效果。开始文字标注以前,应该选择恰当的文字样式,并把它置为当前文字样式。

2)文字的标注

命令窗口栏输入命令"TEXT/DTEXT(DT)/MTEXT(MT)",均可以在指定点使用当前文字样式进行文字标注。大家可以根据提示进行操作。

3)控制码与特殊字符

实际绘图时,有时需要标注一些特殊字符,如希望在一段文字的上方或下方加画线,标注"°"(度)、"±"、"ϕ"等。这些特殊字符不能从键盘上直接输入,所以 AutoCAD 提供了各种控制码,用来实现这些要求。AutoCAD 的控制码由两个百分号(英文输入法%%)以及在后面紧接一个字符构成,用这种方法可以表示特殊字符。表 16.4 列出了常用的控制码。

表 16.4 常用的控制码

符号	功能
%%O	打开或关闭文字上画线
%%U	打开或关闭文字下画线
%%D	标注"度"符号(°)
%%P	标注"正负公差"符号(±)
%%C	标注"直径"符号(ϕ)

注:%%O 或%%U 分别是上画线与下画线的开关,即当第一次出现此符号时,表明打开上画线或下画线,而当第二次出现该符号时,则会关掉上画线或下画线。

4）文字编辑

在命令窗口栏输入命令"TEXTEDIT（DDEDIT）"，可以对文字内容进行修改；也可以在命令窗口栏输入命令"PROPERTIES（PO）"调出特性修改对话框，选择文字对象，利用该对话框对文字内容、文字样式、文字的颜色、图层、大小及其效果等进行修改。

16.2.8　尺寸标注与编辑

尺寸标注是绘图设计中的一项重要内容。图纸上各图形实体的位置、大小都是通过尺寸标注来实现的。一个完整的尺寸标注由尺寸线、尺寸界线、尺寸起止符、尺寸文字四个部分组成。

1）尺寸样式的定义

在命令窗口栏输入命令"DDIM"，打开一个"标注样式管理器"对话框，此对话框可以对尺寸标注的样式进行设置和管理。

与定义文字样式一样，可以新建多个尺寸样式，且每个尺寸样式都可以自由命名。对每个尺寸样式指定符合专业要求和绘图要求的格式，包括设置尺寸线、尺寸界线、尺寸起止符、尺寸数字的字体、单位、位置等内容。在"标注样式管理器"中点取"新建"按钮，打开创建新标注样式对话框，命名后设置如下：

（1）线

在"线"选项卡中，可设置尺寸线和尺寸界线的颜色、线型、线宽。"超出标记"表示尺寸线超出尺寸界线的距离。"基线间距"即采用基线标注时相邻两尺寸线之间的距离。"起点偏移量"即确定尺寸界线的实际起始点相对于指定尺寸界线起始点的偏移量，"隐藏"特性右侧的两个复选框用于确定是否省略尺寸界线。

（2）符号和箭头

在"符号和箭头"选项卡里有多个选项组。其中，在"箭头"选项组中，可设置尺寸起止符的形式和大小，在"圆心标记"选项组中，可设置圆心标记的形式和大小。

（3）文字

在"文字"选项卡中，可设置尺寸文字的外观、位置和对齐等特性。其中：在"文字外观"选项组中，在"文字样式"下拉列表框中可选择尺寸文字的样式；在"文字颜色"下拉列表中，可设置尺寸文字的颜色；在"文字高度"调整框中，可设置尺寸文字的字高；在"分数高度比例"调整框中，可确定分数高度的比例；选中或清除"绘制文字边框"复选框，可确定是否在尺寸文字周围加上边框。

在"文字位置"选项组中，可设置尺寸文字的位置。其中，在"水平"下拉列表框中，可确定尺寸文字的水平位置，包括"居中""第一条尺寸界线""第二条尺寸界线""第一条尺寸界线上方""第二条尺寸界线上方"等。在"从尺寸线偏移"微调框中，可确定尺寸文字距尺寸线的距离。

在"文字对齐"选项中，可确定尺寸文字的对齐方式。其中：选中"水平"单选按钮，则尺寸文字始终沿水平方向放置；选中"与尺寸线对齐"单选按钮，则尺寸文字沿尺寸线的方向放置；选中"ISO 标准"单选按钮，则尺寸文字的放置方向符合 ISO 标准。

（4）调整

在"调整"选项卡中，可调整尺寸文字和尺寸箭头的位置。其中包括"调整选项"选项组、

"文字位置"选项组、"标注特性比例"选项组和"优化"选项组。

在"调整选项"选项组中,主要是考虑尺寸界线之间若没有足够空间同时放置文字和箭头时,应该怎么选择效果。

在"文字位置"选项组中,主要是考虑文字不在缺省位置时,应该放置于何处。

在"标注特征比例"选项组中,可选择"将标注缩放到布局"或者"使用全局比例",全局比例的数值主要控制尺寸数字及箭头符号大小的缩放倍数。

在"优化"选项组中,可设置"标注时手动设置文字"和"始终在尺寸界线之间绘制尺寸线"。

(5)主单位

在"主单位"选项卡的"线性标注"选项组中,可对线性标注的主单位进行设置。其中,"单位格式"用来确定单位格式;"精度"用来确定尺寸的精度;"分数格式"用来设置分数的形式;"小数分隔符"用来设置小数的分隔符;"前缀"用来为尺寸文字设置固定前缀;"后缀"用来为尺寸标注设置固定后缀。

在"测量单位比例"选项组中,其"比例因子"用来设置对象的绘图尺寸与标注尺寸的比例。

在"角度标注"选项组中,可设置角度标注的单位和精度。

在"消零"选项组中,可确定是否省略尺寸标注中的0。比如0.5000,勾选"前导"后,则显示".5000";勾选"后续"后,则显示"0.5"。

(6)换算单位

"显示换算单位"可向标注文字中添加换算测量单位。在"换算单位"选项卡中,可设置换算单位格式、精度、换算单位倍数等选项进行设置。例如,要将mm转换为m,换算单位倍数里就输入0.001。

(7)公差

在机械制图中常需要进行公差标注,此时需要在"公差"选项卡中设置公差标注的格式。在"公差格式"选项组中,可设置公差的方式、公差文字的位置等特性。

2)尺寸标注方法

选择一个定义好的尺寸样式置,就可以使用当前标注样式进行尺寸标注了。

(1)线性标注

线型标注一般用来标注两个点之间的水平距离和垂直距离。命令行窗口输入命令"DIMLINEAR(DLI)",回车后根据提示输入。如图16.2所示,有两种方式,具体如下:

第一种方法:选择两个点标注。

命令:DLI ↵

指定第一条尺寸界线原点或 <选择对象>:(选择P_1点)

指定第二条尺寸界线原点:(选择P_2点)

指定尺寸线位置或[多行文字(M)/文字(T)/角度(A)/水平(H)/垂直(V)/旋转(R)]:(向上拖动鼠标确定尺寸线的位置)

标注的文字 = 1 766

上述最后一步,1 766是软件自动测得的P_1点和P_2点之间的水平距离。

第二种方法:选择一条边标注(选择图16.2中的AB边)。

命令:DLI ↵

指定第一条尺寸界线原点或 ＜选择对象＞：↵

选择标注对象：（选择直线 *AB*）

指定尺寸线位置或［多行文字（M）／文字（T）／角度（A）／水平（H）／垂直（V）／旋转（R）］：（拖动鼠标确定尺寸线的位置）

标注文字 ＝2 687

上述命令最后一步，2 687 是软件自动测得的 *AB* 边的水平长度。

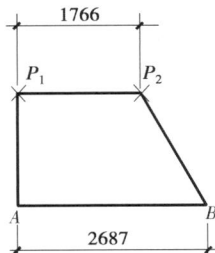

图 16.2　线性标注　　　　　　　　　图 16.3　对齐标注

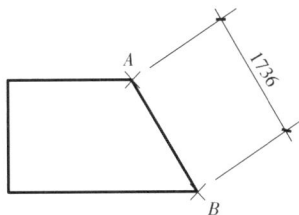

（2）对齐标注

对齐标注用于标注两个点之间的直线距离。命令行窗口输入命令"DIMALIGNED（DAL）"，回车后根据提示输入即可。通常有两种方法，如图 16.3 所示。

第一种方法：选择两个点标注（选择图 16.3 中的 *A* 和 *B* 点）。

命令：DAL ↵

指定第一条尺寸界线原点或 ＜选择对象＞：（选择 *A* 点）

指定第二条尺寸界线原点：（选择 *B* 点）

指定尺寸线位置或

［多行文字（M）／文字（T）／角度（A）］：（选择尺寸线的位置）

标注文字 ＝1 736

第二种方法：选择一个边标注（选择图 16.3 中的 *AB* 边）。

命令：DAL ↵

指定第一条尺寸界线原点或 ＜选择对象＞：↵

选择标注对象：（选择 *AB* 边）

指定尺寸线位置或

［多行文字（M）／文字（T）／角度（A）／水平（H）／垂直（V）／旋转（R）］：（选择尺寸线的位置）

标注文字 ＝1 736

（3）连续标注

连续标注用于标注同一方向上连续的线性标注或角度标注。在命令行窗口输入命令"DIM-CONTINUE（DCO）"，可以进行连续标注。往往先进行对齐标注或者线性标注，然后使用连续标注命令，从前一个标注的尺寸界线开始接着往后点取需要标注的点，使多个标注首尾相连。

（4）基线标注

在命令行窗口输入命令"DIMBASE（DBA）"，可以进行基线标注，通常在对齐标注或者线性标注之后进行。在已有尺寸标注的基础上，以前一道尺寸标注的起点或重新指定标注的起点为基准，再标注与其平行的另一道尺寸，两道平行尺寸之间的间距是由前述标注样式中的基线间距参数来控制的。

（5）角度标注

利用角度标注命令"DIMANGULAR（DIMANG）"，可以标注一段圆弧的中心角、圆上某一段弧的中心角、两条不平行的直线间的夹角，或根据已知的三点来标注角度，如图16.4所示。

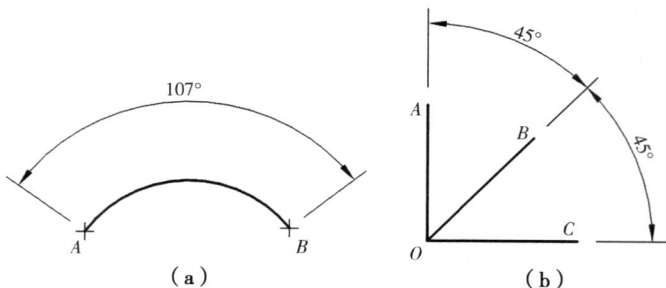

图16.4　角度标注

（6）半径标注和直径标注

利用半径标注命令"DIMRADIUS（DIMRAD）"和直径标注命令"DIMDIAMETER（DIM-DIA）"，可以标注出圆或圆弧的半径和直径。

3）尺寸编辑

对尺寸进行编辑有以下两种方式：

（1）利用特性修改对话框编辑尺寸

调用命令"PROPERTIES（PR）"打开特性修改对话框，选择尺寸标注对象，则可以对尺寸的特性进行修改或调整。通过修改对话框的内容，可以改变尺寸的图层、颜色、线型、尺寸样式、尺寸文字、单位等诸多内容。

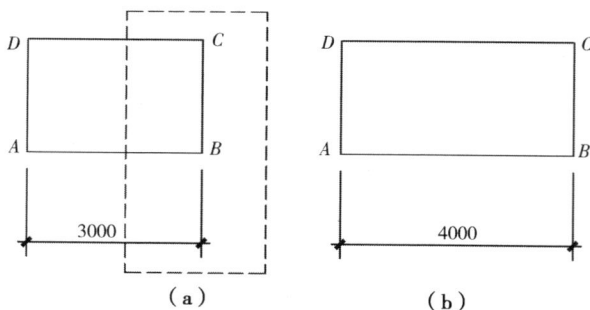

图16.5　用STRETCH编辑尺寸

（2）用修改命令编辑尺寸

运用AutoCAD的一些编辑命令可以对尺寸进行修改，下面简单介绍几种方法。

①用STRETCH（S）命令（拉伸）编辑尺寸

在绘图过程中，我们经常会改变图形的几何尺寸，如果在改变几何尺寸的同时又需要改变尺寸标注，就可以用STRETCH命令来完成这种操作。在"选择对象"的提示下，按图16.5（a）中虚线窗口所示的范围选择对象，选择基点，打开正交开关向右拉伸1 000。执行结果如图16.5（b）所示，四边形 ABCD 的 AB 边和 DC 边由3 000加长到了4 000，尺寸也同时变为4 000。

②用 Trim(T)命令(修剪)编辑尺寸

如图 16.6 所示,若需要将标注 *AC* 点之间的尺寸 3 000 改为标注 *AB* 点之间的尺寸 1 500,我们可以用 TRIM 命令进行修剪。执行该指令,在"选择修剪边"提示下,选择 *BE* 边,在"选择要修剪的对象提示下",选择 *AC* 点之间尺寸线的右端,则尺寸被修剪为 *AB* 点之间的尺寸。

③用 EXTEND 命令(延伸)编辑尺寸

在图 16.6 中,若需要将标注 *AB* 点之间的尺寸 1 500 改为标注 *AC* 点之间的尺寸 3 000,我们可以用 EXTEND 命令进行延伸。执行该命令,在"选择延伸边"提示下,选择 *CF* 边,在"选择要延伸的对象提示下",选择 *AB* 点之间的尺寸的右端,则尺寸被延伸为 *AC* 点之间的尺寸 3 000。

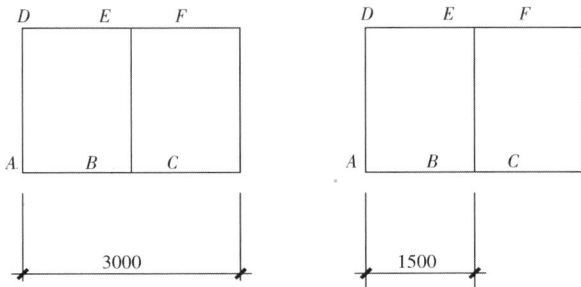

图 16.6　用 Trim、EXTEND 编辑尺寸

④用 DDEDIT 命令修改尺寸文字

如果我们要对尺寸文字内容进行直接修改,可以执行 DDEDIT 命令。选取尺寸,系统会"打开多行文字编辑器"。在编辑栏中可以修改尺寸值,增加前缀或后缀,删除尺寸文字,输入需要修改的尺寸值或文字。最后单击"确定"按钮,尺寸值就被修改。在尺寸文字前输入的文字即为前缀,在其后输入的文字即为后缀。

用 DDEDIT 命令修改过的尺寸不能调整线性比例,也不会随着尺寸的几何尺寸调整而变化。若想恢复真实尺寸,可以采用如下方法:利用特性修改对话框,选取修改过的尺寸,删除对话框中"文字"选项卡中的"文字替代"项的内容,尺寸值就可以恢复为真实尺寸。

16.2.9　查询命令与绘图实用命令

AutoCAD 提供了查询功能,利用该功能,用户可以方便地计算图形对象的面积、两点之间的距离,获取点的坐标值、时间等数据。AutoCAD 中文版将查询命令放在了"工具"下拉菜单的"查询"子菜单中。另外,利用"查询"工具栏也可以实现数据查询。

1)查询命令

调用求距离命令 DIST,可以查询指定的两个点之间的距离以及有关的角度,以当前的绘图单位显示。

调用求面积命令 AREA,可以查询由若干个点所确定区域或由指定对象所围成区域的面积与周长,还可以进行面积的加、减运算。

调用显示对象特性命令 LIST,选定对象后,可以列出描述该对象特征的相关信息。所显示的信息取决于对象的类型,它包括对象的名称、对象在图中的位置、坐标,对象所在图层和对象的颜色等。除了对象的基本参数，由它们导出的扩充数据也会被列出。

2）图案填充

图案填充是指在一个封闭的图形中（或区域）填充预定义的图形。AutoCAD给用户准备了很多这样的图案，图案文件存入ACAD.APT中。图案填充时，先画一个封闭的图形（或者一个封闭的区域），再调用图案填充命令HATCH进行填充。填充什么图案，填充的比例、填充的方式、填充的角度、填充的位置等诸多信息，都需要在对话框"图案填充和渐变色"（图16.7）中进行设置。执行命令HATCH之后，在提示后面输入"T"（设置）即可进入该对话框；对于高版本的软件，在执行命令HATCH之后，上述相关内容可以直接在选项板功能区中设置。

图16.7　"图案填充和渐变色"对话框

3）图块的操作

图块是将一组图形（如点、线、圆、弧、多用线、文字等），集合起来做成一个整体，赋予名称并保存起来，以便在图纸中插入。图块在插入时可以进行放大、缩小、旋转等操作，是进行图形拼装的一个重要操作。

①图块定义

可以通过输入命令"BLOCK（B）"调出"块定义"对话框（图16.8）来进行定义图块。

对话框操作如下：

●名称：输入定义的图块名称，或者点击名称框中的"▼"按钮，下拉出已经定义的图块名，点取之后可以重新定义该图块。

●基点：输入定义图块的基准点，可以修改对话框中基点坐标值X,Y；也可以单击拾取点按钮,返回图形界面并用鼠标点取基点。

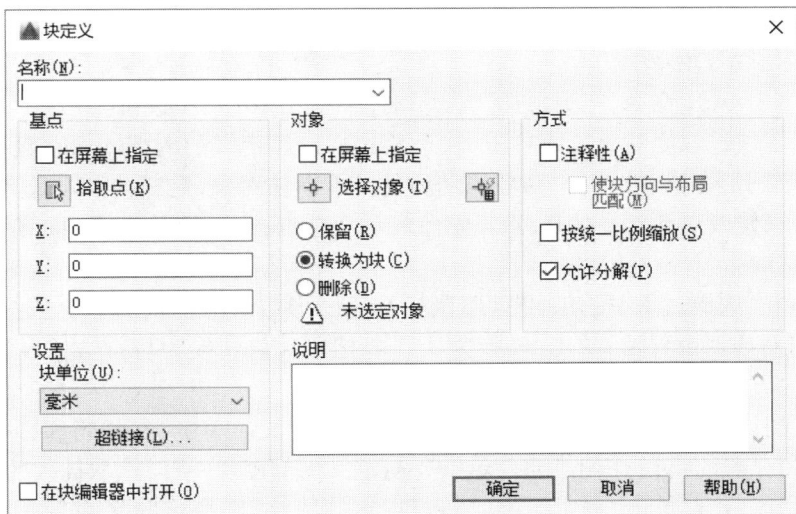

图 16.8　图块定义对话框

● 对象:选取作为图块的对象。单击"选择对象",用鼠标在图形中选取对象。然后或单击"保留",在定义图块以后,将原对象保留,或单击"转换为块",将原来选取的对象转换为块,或单击"删除",在定义图块以后,将原选取对象删除,这三种方式只能选取一种。

● 块单位:单击块单位框的"▼"按钮,将下拉式显示各种图形单位,有元、英寸、英尺、英里、毫米、厘米、米、千米等,从中选取单位(指图块插入的图形单位),一般为毫米。

● 说明:可以输入必要的说明。

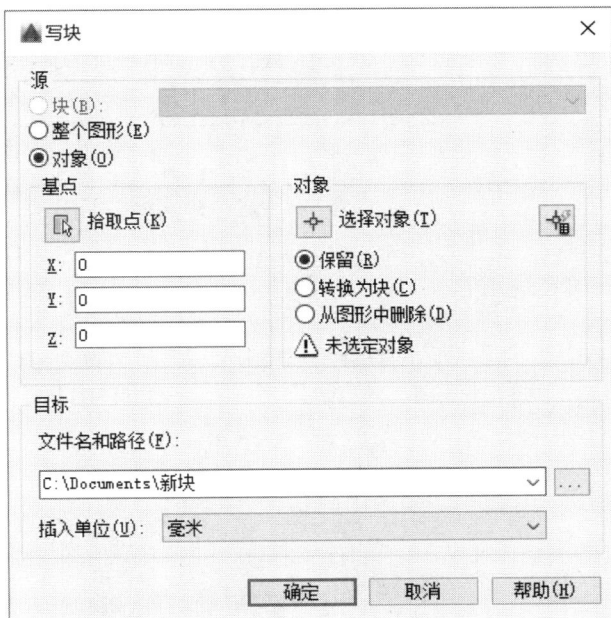

图 16.9　"写块"对话框

最后,单击"确定"按钮,则定义好一个内部图块。

②块存盘

块存盘是指定义图块后,以 DWG 文件方式存盘,作为永久性外部图块文件,该图块文件可以插入到任意图形中。

块存盘用 WBLOCK 命令,在弹出的"写块"对话框(图 16.9)中进行操作:

● 源:包括图块选取源对象。或单击"块",将选取已经定义的内部图块存盘;或单击"整个图形",将把整个图形存盘;或单击"对象",将重新选取图块对象,这三种方式只能选取一种。

● 基点:可以修改对话框中的 X,Y,Z 坐标来定义基点;也可以单击"拾取点"按钮,进入绘图窗口用鼠标选取。

● 对象:单击"选择对象"按钮,可以用鼠标在原图形中选择图块对象。选择图块对象后,单击"保留",将对原对象保留;单击"转换为块",将把原对象转换为块;单击"从图形中删除",将把原对象删除,这三种方式只能选择一种。

● 目标:对图块存盘的文件名、路径、插入单位进行定义。单击"文件名和路径",输入图块文件的文件名和存盘的路径;单击"插入单位",与定义内部图块一样,选取插入的单位。

以上操作完成以后,单击"确定"按钮,将把指定的图块以"指定的文件名.DWG"的图形文件保存。

③图块的插入

图块的插入通过调用命令 INSERT 来实现。使用该命令,可以在当前图形中插入用 BLOCK 定义好的图块,还可以在任意图形中插入 WBLOCK 定义的 dwg 文件或者直接插入 dwg 文件。

调用 INSERT 命令后,将弹出图块插入对话框,如图 16.10 所示。插入对话框的具体操作如下:

● 名称:选取插入图块的名称。对于内部图块,单击名称框内的"▼"按钮,将下拉显示全部内部图块的图块名,用鼠标单击名称即可。对外部图块,单击"浏览"按钮,将弹出文件对话框,可以选取路径、文件名,以确定外部图块。值得注明的是:所有图形文件(＊.DWG)都可以作为外部图块。

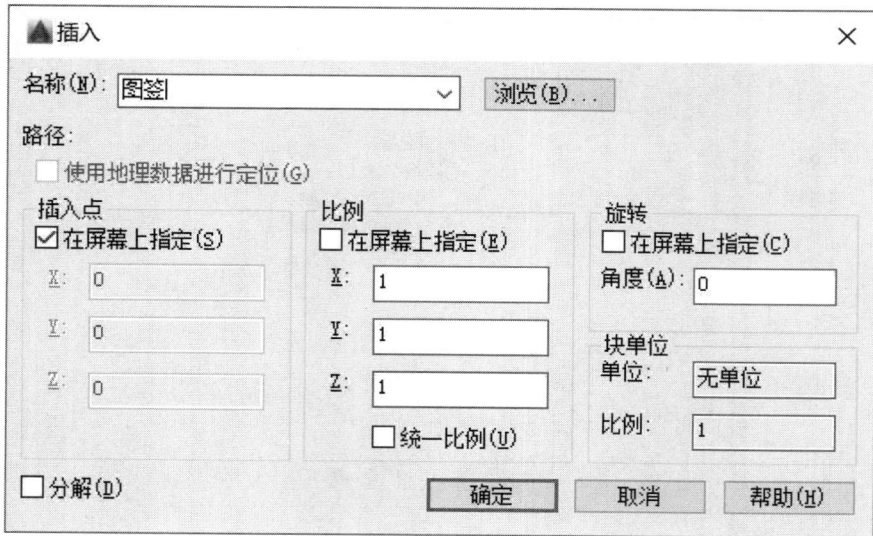

图 16.10　图块插入对话框

● 路径:指插入时的参数选择。"插入点",可以修改该插入点 X、Y、Z 的坐标;也可以单击"由屏幕确定",将在屏幕上由鼠标选定插入点。通过"缩放比"可以修改图块缩放的 X、Y、Z 的比例,默认值为:1,1,1;也可以单击"由屏幕确定",将在屏幕上插入图块时由键盘输入。"旋转角"可用来修改旋转角度的值,默认值为 0;也可以单击"由屏幕确定",将在插入时在屏幕上用鼠标或者从键盘输入角度值。以上操作完成之后,单击"确定"按钮,将进行图块插入(或者进行相关操作之将图块插入)。

4)简化命令

简化命令是在命令提示窗口栏下输入的代替整个命令名的缩写字母。例如,可以输入"C"代替"CIRCLE"来启动画圆命令,输入"L"代替"LINE"来启动画线命令,这样可使输入更方便、快捷。

AutoCAD 提供了部分命令名的默认简化命令,前述所提及的命令名后面括号内的字母就是该命令的简化名。除此之外,还可以根据自己的习惯自行添加或者修改命令名的简化名。鼠标单击"工具"下拉菜单,再单击"自定义"下面的"编辑程序参数(acad. pgp)",程序将自动调用记事本软件打开 acad. pgp 文件,该文件的第二部分专门用于编写命令的简化名,添加或者修改之后存盘退出即可。

5)绘图比例与出图比例

AutoCAD 是没有单位的,但是它又可以代表任意单位,单位在使用者心中。绘制建筑施工图通常默认的单位是 mm,因此,使用 AutoCAD 计算机绘图时,可在打印时设置图上的 1 个单位代表 1 mm。为了方便,计算机绘图中通常采用 1∶1 的绘图比例为 1∶1,也就是按对象的实际尺寸来进行绘制。例如,一扇窗户实际宽度为 1 500 mm,我们在 AutoCAD 绘图时就画窗户宽度为 1 500,如果用 DIST 命令测量距离,测出来的结果就是 1 500。绘图比例就相当于对象的计算机绘图尺寸与对象的实际尺寸的比值。

出图比例是指最后打印出图时,对象在图纸上的尺寸跟绘图尺寸的比值。例如上述窗户,如果采用 1∶1 的绘图比例、1∶10 的出图比例,则打印在图纸上的窗户宽度就为 150 mm;如果采用 1∶1 的绘图比例、1∶100 的出图比例,则打印在图纸上的窗户宽度就为 15 mm。

16.3   计算机绘制建筑平面图

计算机绘制建筑施工图的过程与手工绘图的过程大致相同,也是先平面再立面、剖面,最后详图;先主要轮廓线后次要轮廓线;先绘制图形再标注说明。

建筑平面图绘制的基本顺序:轴线→墙线→柱子→门窗→楼梯→其他细部→尺寸→文字标注。下面以图 12.13 为例,介绍建筑平面图的常用绘制过程。

1)图层设定

良好的图层控制习惯可以帮助操作者更方便地对图纸进行修改编辑。结合《房屋建筑制图统一标准》(GB/T 50001—2017)的要求,建筑平面图中某些内容的常用图层名及规范推荐图层名见表 16.5。

表 16.5　建筑平面图常用图层设置

图层内容	常用图层名	常用颜色	常用线型	国标推荐图层名
轴线	DOTE	1	ACAD_IS004W100	A-ANNO-DOTE
墙线	WALL	255	CONTINUOUS	A-WALL
柱子	COLUMN	255	CONTINUOUS	A-COLU
门窗	WINDOW	4	CONTINUOUS	A-DOOR
楼梯	STAIR	2	CONTINUOUS	A-FLOR-STRS
尺寸	PUB_DIM	3	CONTINUOUS	＊-DIMS
文字	PUB_TEXT	7	CONTINUOUS	A-ANNO-TEXT
填充	HATCH	5	CONTINUOUS	＊-HATCH
图框	PUB_TITLE	4	CONTINUOUS	A-ANNO-TTLB
阳台、雨篷、散水等	OTHER	6	CONTINUOUS	A-FLOR-#
配景（家具、厨卫用具等）	TOTHER	9	CONTINUOUS	A-FLOR-#（厨卫用具类） A-FURN-#（家具类）

注：①本表中"＊"代表尺寸填充等根据所标、所填的内容，在图层名前段作具体对应；
　　②"#"表示根据阳台配景等具体内容，图层名后段有具体对应变化。

从表 16.5 中可以看出，在国标推荐图层名中，图层均以"A-"开头（"A"是建筑专业代码名称，以显示与其他工种的区别），并将各种不同的构件和符号类别全部单独设层（详细的分层方式将有利于与其他工种的图纸配合），而常用图层名则体现出较为简洁的图层控制，单独绘制建筑图纸时能够提高效率。本节为配合初学者的理解和叙述方便，采用常用图层名进行讲解。

2）建立轴网

绘制建筑平面图一般从建立轴网开始，以此作为墙体的定位基准，常用方式是画线偏移法。

选择 DOTE 层为当前图层，使用 LINE 命令绘制一条水平直线和一条铅垂直线，得到红色的单点长画线，线的长度分别以略长于横、竖两个方向总长度为佳。

使用偏移 OFFSET 命令，依照图 12.13 中开间和进深数据画出轴网，调整内部的局部短墙轴线，绘制出轴网。为避免混淆，还可以同时标注出轴线圈及轴线号，如图 16.11 所示。

3）绘制墙体

轴网绘制完成后，就可以在其上进行墙线的绘制，使用 MLINE 指令是比较快速有效的方法。

MLINE 指令有三种对齐方式："上""下"和"无"，分别代表光标位于多线的上方、中央、下方。此处可选"无"，然后直接沿轴线绘制，平行线的宽度应设置为墙的厚度。设置当前层为WALL，开始绘制。

由于剖到的墙体应画为粗线，为了让绘图者更清晰地掌握线宽关系，可以进入粗线层（THICK），使用 PLINE 指令设置好线宽，沿墙线绘制一圈，墙体即可显示为粗线。但要注意的是，在一些比较复杂的建筑图中，图线加粗后会影响屏幕上图线的显示速度和效果，所以实际操作过程中，往往是在打印出图的时候按颜色来设置线宽，以达到输出各种线宽的目的。

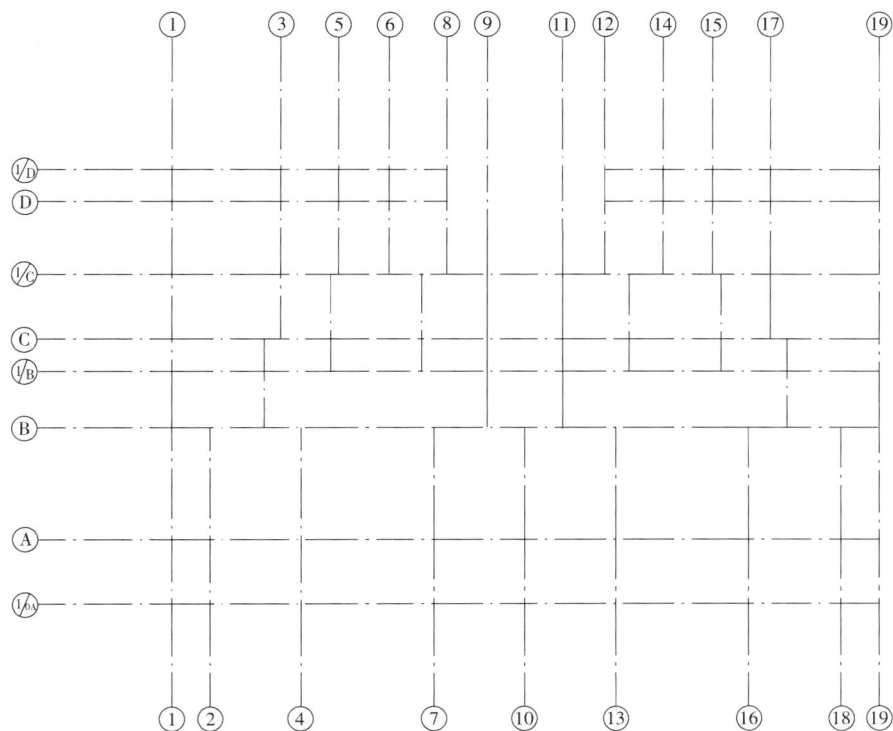

图 16.11 绘制轴网

　　为了减少作图工作量,在平面图左右对称的情况下,一般只画出其中的一半,再使用镜像命令直接生成另外一半。本图的两单元平面布置大体相同,故在本步骤先画出其中的一个单元,待完成其余部分后再进行镜像和复制,如图 16.12 所示。

4) 绘制柱子

　　设置当前层为 COLUMN,开始绘柱。可利用多段线指令 PLINE 按柱子形状尺寸绘出封闭轮廓线,然后设置 HATCH 图层为当前层,调用图案填充命令 HATCH(选择柱轮廓线,内部涂黑或者填充材料图案)。

5) 绘制门窗

　　在已经画好的墙线上加入门窗,绘制窗户主要使用 LINE 指令,绘制门主要用到 LINE 和 ARC 指令。建议使用 BLOCK 指令将不同的门窗分别制作成图块,然后插入到所需的位置,如图 16.13 所示。

6) 绘制楼梯

　　先按照画墙线的方法补出楼梯端部所缺墙段,如有需要还应开启门窗,然后开始楼梯梯段的平面绘制。

　　设置 STAIR 层为当前层,梯段部分可以使用 ARRAY 和 OFFSET 指令进行绘制,在折断线处使用 TRIM 命令修剪,然后作出箭头,完善图形。为避免遗漏,一般在绘制楼梯的同时就应该在箭头尾部标明上、下方向,如图 16.14 所示。设计中如有坡道、电梯等垂直交通部分,通常也在这一步骤完成。

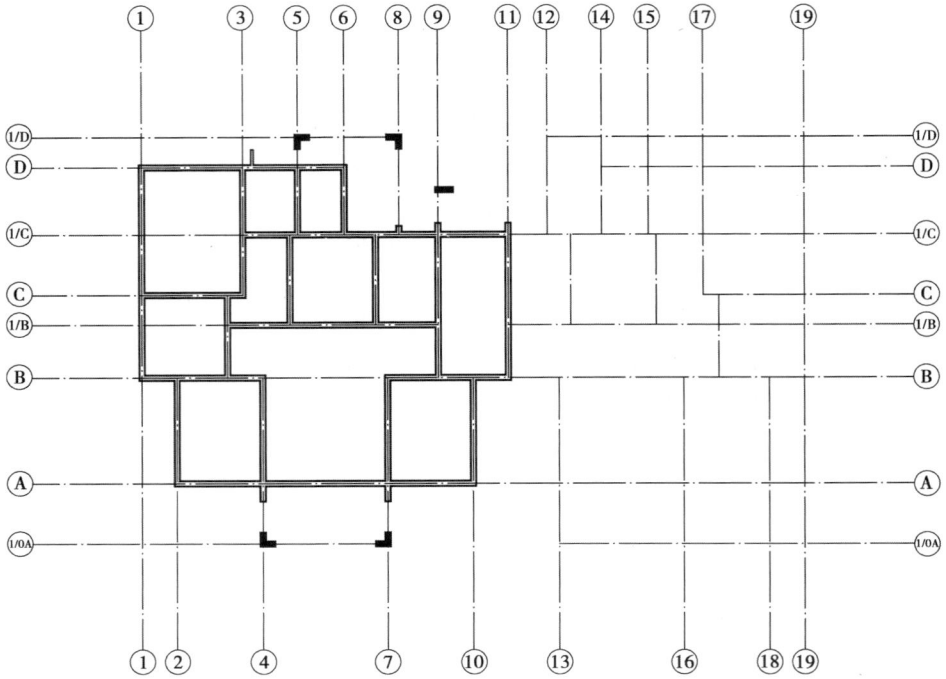

图 16.12　绘制墙体和柱

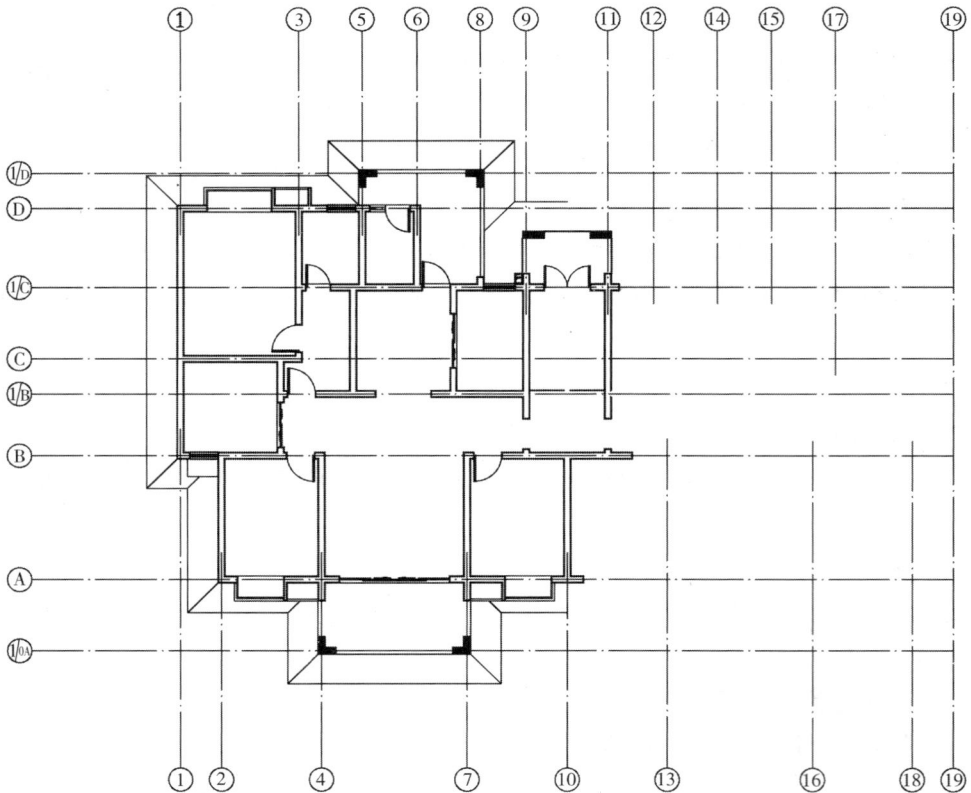

图 16.13　绘制门窗

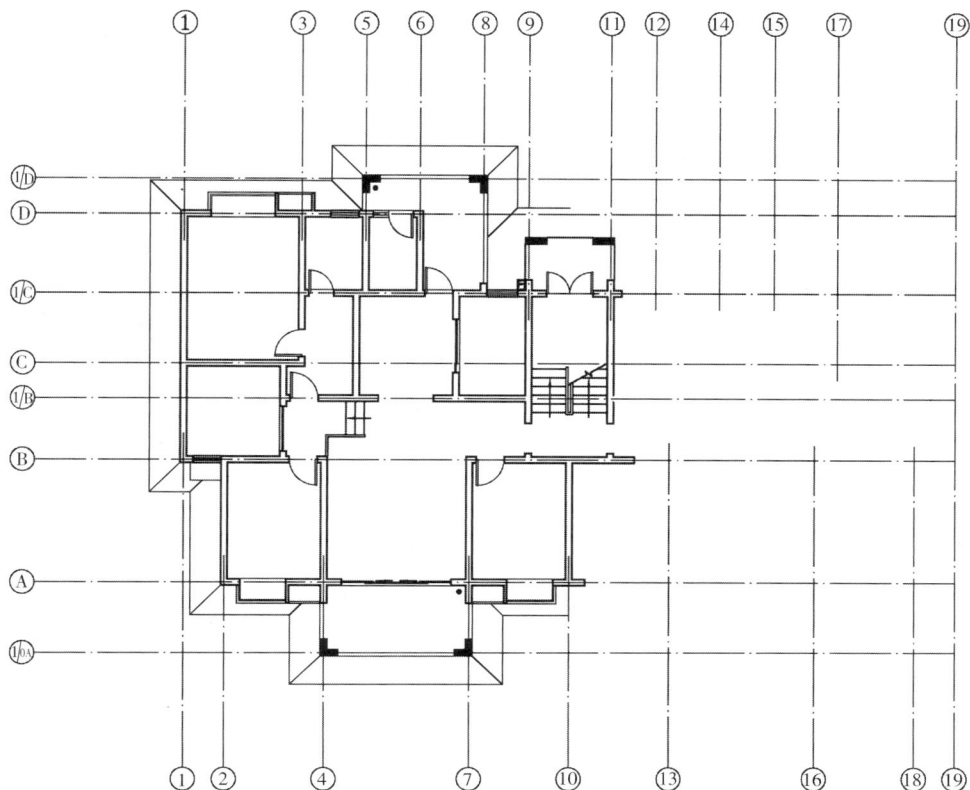

图 16.14　楼梯绘制

7）镜像对称

由于建筑图纸中常有对称形态,因此往往只画出其中的一半,再通过镜像指令作出对称部分来得到完整的图形,且需用 TRIM 和 ERASE 指令修整对称结合处轴线的图形,如图 16.15 所示。

8）配景及家具绘制

本例需要完善的是空调和落水管等细节,同时需要根据图纸的深度要求添加洁具和家具。建议在各次绘图中都建立家具与洁具图块存档,不断完善自己的图库,以利于日后在别的图纸中直接调用,减少重复性工作。完成后的图样如图 16.16 所示。

9）尺寸及标高标注

尺寸标注分为轴线标注和墙段标注两个主要部分,应严格按照制图规范的要求绘制轴线圈,注写轴线编号,同时标注 3 道尺寸,并完成包括详图索引在内的图纸中所需内外直墙段的各种细部标注。然后绘制标高符号,注写本层的标高。

以上操作均在 PUB_DIM 层进行,全部完成后所得结果如图 16.17 所示。

10）文本注写

图纸中的文本填写主要包括两个部分——门窗标注和房间名称等文字填写。

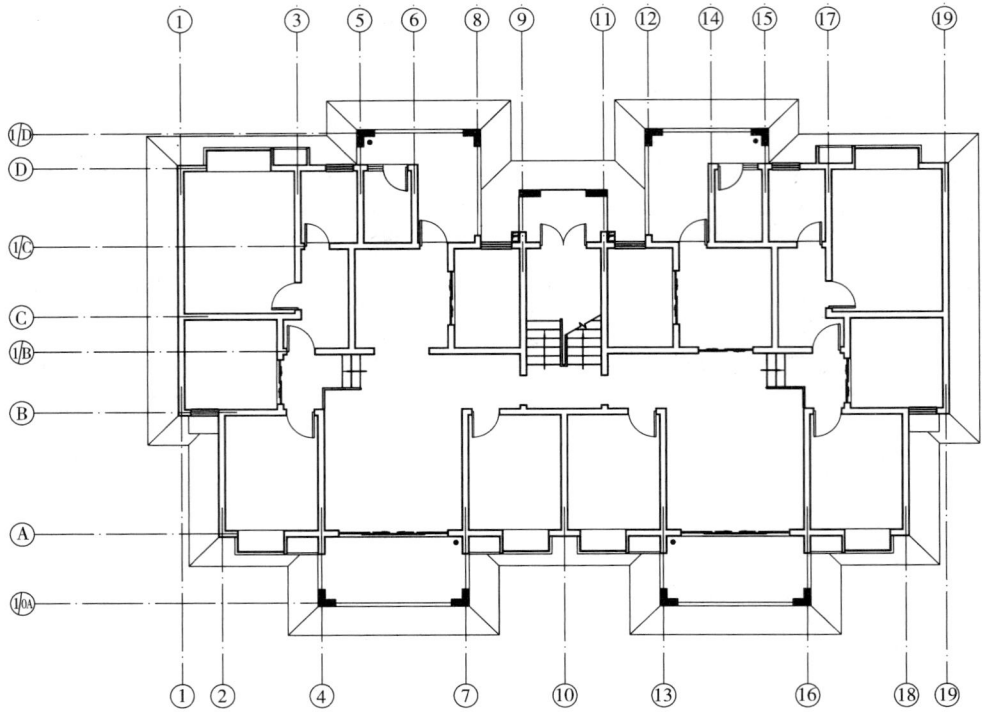

图 16.15　镜像命令完成对称作图

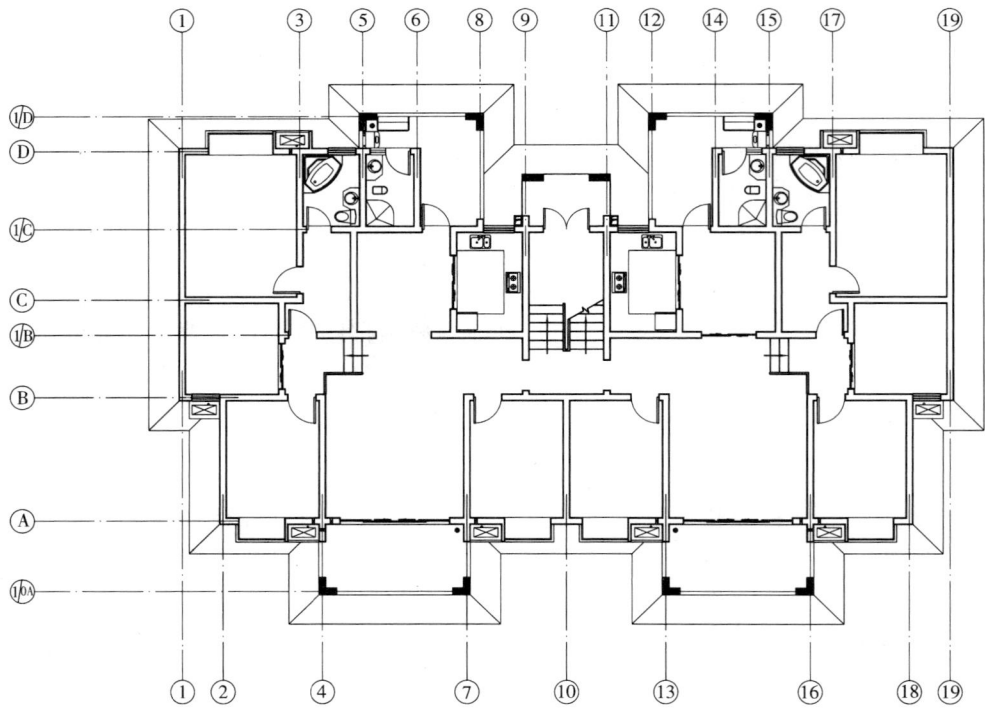

图 16.16　补充配景细节

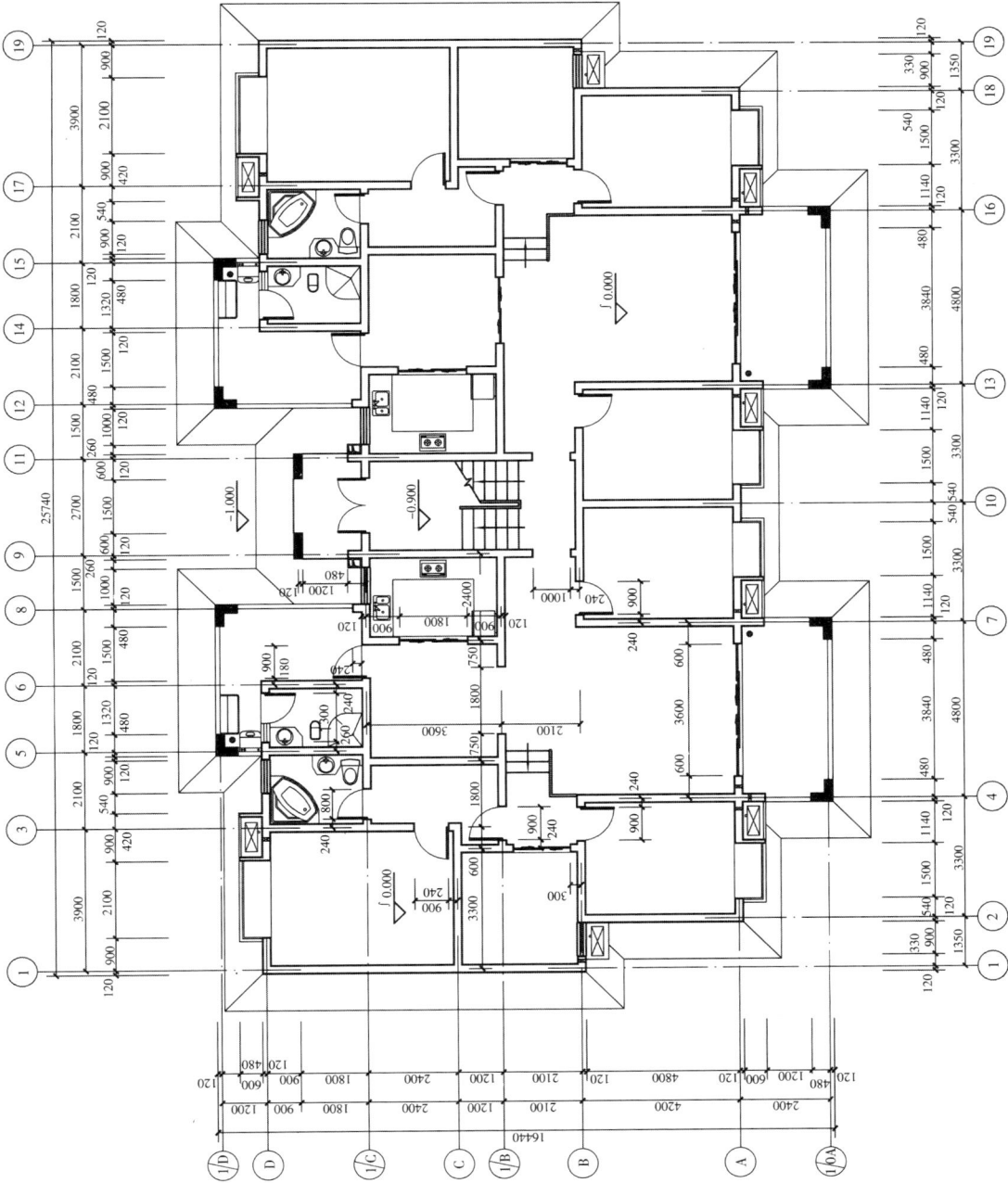

图16.17　尺寸及标高标注

绘制建筑工程施工图常用的文字样式和文字高度可以参照表 16.6 及表 16.7 进行定义。

表 16.6　中文字体参考表（按出图比例 1：100）

文字类型	字体	字高	参考字形文件
说明文字	细线汉字	500～600	HZTXT. SHX，HZTXTW. SHX
平面图名	粗线汉字	800～1 000	STI64S. SHX，宋体，黑体
大样图名	粗线汉字	500～700	STI64S. SHX，宋体，黑体
图签文字	自选	自选	HZTXTW. SHX，宋体，黑体

表 16.7　数字、英文字体参考表（按出图比例 1：100）

文字类型	字体	字高	参考字形文件
说明文字	细线英文	400～500	SI-FS. SHX，SIMPLEX. SHX
平面图名	粗线汉字	800～1 000	COMPLEX. SHX，宋体，黑体
大样图名	粗线汉字	500～700	COMPLEX. SHX，宋体，黑体
图签文字	自选	自选	COMPLEX. SHX，宋体，黑体
尺寸文字	细线英文	300	SIMPLEX. SHX
钢筋文字	细线英文	350	TSSDENG. SHX

建筑施工图中的门窗必须进行编号，为了让对应状态更加清楚，可以在使用 WBLOCK 指令自行制作门窗的图块时将门窗标注的字样直接写进该门窗块中，这样插入门窗块的时候就自带标注，也可以在绘制的最后根据需要逐一填写。后者的好处是可以随时自由移动编号位置，以避免与其他标注相互遮挡，发生冲突。

楼梯的上、下行及步数标注也应在这一步完成。图中汉字使用 TEXT 指令，在 PUB_TEXT 层注写。完成此项操作后即可得到如图 12.13 所示的建筑平面图。

11）**图框插入及布图调整**

图纸绘制基本完成以后就必须插入图框了。首先要确定图幅，根据第 16.2.9 节中所讲到的绘图比例和出图比例的概念，图框的大小需要由出图比例来控制。

本例平面图要求的比例是 1：100，打印 A2 图幅图纸，由于采用的绘图比例为 1：1，则需要在打印时缩小 100 倍，即可确定出图比例为 1：100。A2 图幅图框大小为 594 mm×420 mm，那么在 1：100 出图比例下，AutoCAD 计算机绘制的 A2 图框大小应为长 59 400、宽 42 000。

一定要注意调整尺寸标注参数和文字的大小。例如，在 1：100 的出图比例下，要使打印出来的图纸上文字为 5 号字，则字体的高度应为 500。而前面所进行的尺寸标注等，也需要根据出图比例在尺寸样式中设置比例参数，以满足出图后尺寸正常大小。

进入 PUB_TITLE 层，使用矩形命令 RECTANG 或者直线命令 LINE 画出长 59 400、宽 42 000 的外框，然后绘制内框和图标。实际工程中，各设计单位都有自己固定的图框图标格式，可以调整好比例直接插入调用。

接下来需要完成的工作是对整张图纸的完善修整，包括使用文字标注指令填写图标各项，注写图名，根据需要添加详图索引等。如果是底层平面图，还需要画出剖切符号和指北针等。

所有调整完成、检查无误以后，整张建筑工程平面图便绘制完成，如图 16.18 所示（本例只插入了图框边线，会签栏及图标格式根据各设计单位要求的固定格式自行添加）。

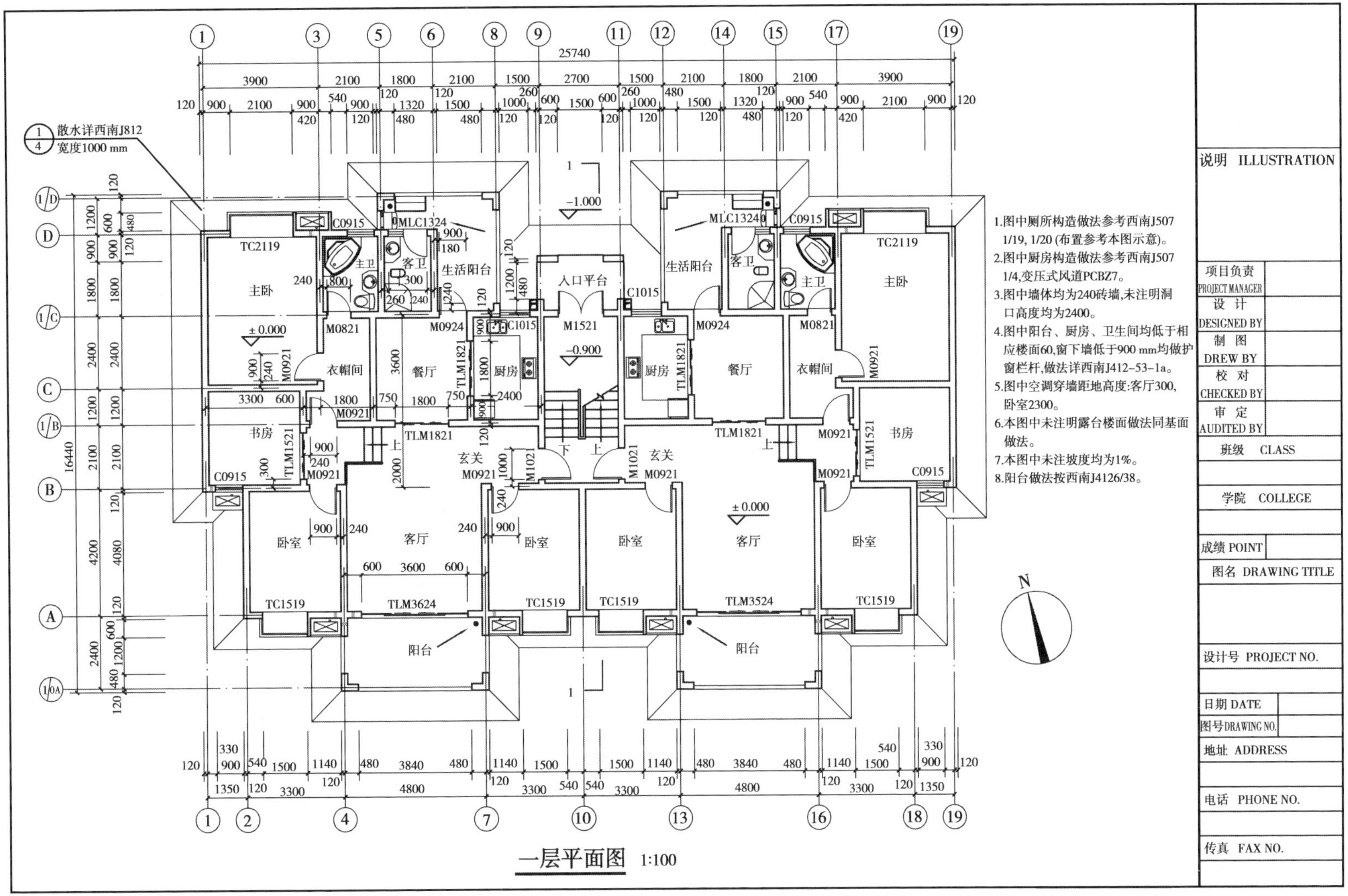

一层平面图 1:100

图 16.18 插入图框完成平面图

16.4 计算机绘制建筑立面图

建筑立面图的绘制,最重要的是先要对图形本身的特征有足够的理解。下面以图 12.20 为例,介绍建筑立面图的常用绘制过程。

1)图层设定

由于立面图的图层设定没有较为统一通用的设置方式,因此立面图的图层可以根据绘制者的习惯进行设置。常见的有两种设定方式:一种是根据线型的粗细区分设置,另一种则是根据立面图中不同的构件来设置不同的图层。建议使用第二种,见表 16.8。

表 16.8　建筑立面图常用图层及属性

构件名	图层名	颜色	线型
外墙轮廓	WALL	255	CONTINUOUS
门窗轮廓、立面装饰	D&W	YELLOW	CONTINUOUS
分格、引条线	DETAIL	WHITE	CONTINUOUS
楼梯	STAIR	YELLOW	CONTINUOUS
尺寸	PUB_DIM	GREEN	CONTINUOUS
文本	PUB_TEXT	WHITE	CONTINUOUS
轴线	DOTE	RED	CENTER2
填充	HATCH	BLUE	CONTINUOUS

2)制作门窗及阳台图块

门窗和阳台的形式常常是建筑设计的亮点,几乎每个建筑的立面图门窗和阳台的形式都有所不同,针对个性化的门窗和阳台设计,应该使用 WBLOCK 指令制作独立的图块并存入指定的目录里。

3)绘制基本关系框架

这一步骤需要画地坪特粗线、立面外形轮廓粗线,重要的立面转折轮廓线、层高及窗高等辅助基准线。其关键在于绘制出立面的基本关系,同时确定窗块和阳台块的插入位置。这一步骤中有大量的辅助基准线,它们并不在最后的成图结果里,应该单独设置图层,以便在后期进行统一删除或隐藏。为了与成图结果线区分,通常会将该图层线型设为 DOTE,并设置特殊的颜色,避免混淆。

遇到具备对称关系的立面图,还应该在这一步骤画出对称轴线,然后重点处理其中一半的图形(另一半在合适的时候通过镜像获得)。本例立面图的基本关系框架完成后得到的结果如图 16.19 所示。

4)插入窗块、阳台,画台阶、栏杆、室外空调机格栅百叶和屋顶构架等建筑细部

设置 STAIR 为当前层,使用 LINE 和 ARRAY 等指令完成台阶绘制。

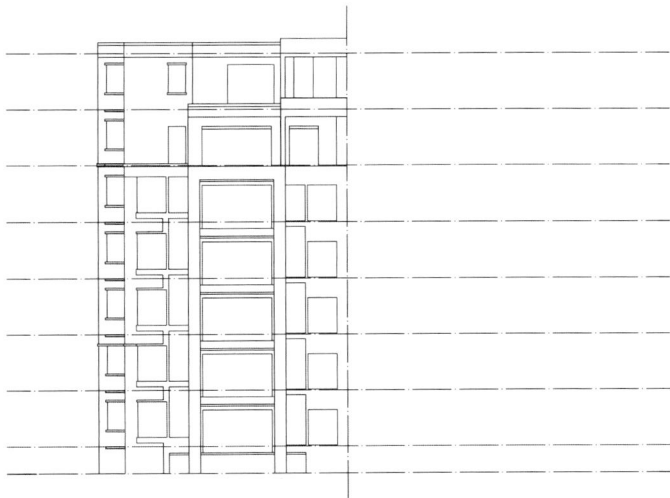

图 16.19　绘制基本关系框架

　　设置 D&W 为当前层,根据先前作出的窗插入基准线,用 INSERT 指令依次插入已定义的窗块。补入阳台的图块,然后用 ERASE 命令擦除所有的基准线。接下来使用 LINE 等指令绘制出立面各种细部和其他所缺部分,必要时可采用 TRIM、OFFSET 等指令来编辑和修改图形。

　　对于有多层窗户完全位置形式都一致的立面,可以先画出其中一层,然后使用 ARRAY 指令完成相同部分,以提高作图效率。

　　继续完善栏杆、室外空调机格栅百叶、屋顶构架等细部,完善之后基准线可以隐去,如图16.20 所示。

图 16.20　补充完善细部

5）镜像对称

使用 MIRROR 指令作出镜像对称图形,使用 ERASE 指令擦除对称轴线,获得的效果如图 16.21 所示。

图 16.21 对称作图

6）标注尺寸、标高、定位轴线、注写文字

此部分与平面图操作类似,使用菜单提供的按钮或者 AutoCAD 的指令都可以依次完成,如图 16.22 所示。

7）填充图形、完善图纸

本例中,墙面砖块图案及百叶需要使用 HATCH 命令填充完成。由于图案的填充会自动亮出填充范围内的文字和尺寸等内容以使图面清晰,因此填充工作常常放在文字标高等注写完毕之后再进行。同时,为了使填充的图线在出图的时候方便使用更细的线型以体现层次,通常把图形填充单独设置一层,选用和其他各层不同的颜色,填充完成后即可获得如图 12.20 所示的建筑立面图。

① —⑲立面图 1:100

图 16.22 各种标注

16.5　计算机绘制建筑剖面图

建筑剖面图的作图过程与立面图类似,均主要以 LINE(直线)、OFFSET(偏移)、TRIM(修剪)、HATCH(填充)等命令进行绘图与编辑。

现以第 9 章建筑物的墙身局部剖面详图(图 12.43)为例,简要说明建筑剖面图的计算机绘图过程。

①仿照平面图、立面图进行初始设置、命名和存盘,并根据图 12.43 的特征建立图层及其属性关系,见表 16.9。

表 16.9　墙身局部剖面图的图层及其属性关系

构件名	图层名	颜色	线型
墙身及其他剖线(粗线)	THICK	255	CONTINUOUS
可视细线	THIN	YELLOW	CONTINUOUS
材料填充	HATCH	GREEN	CONTINUOUS

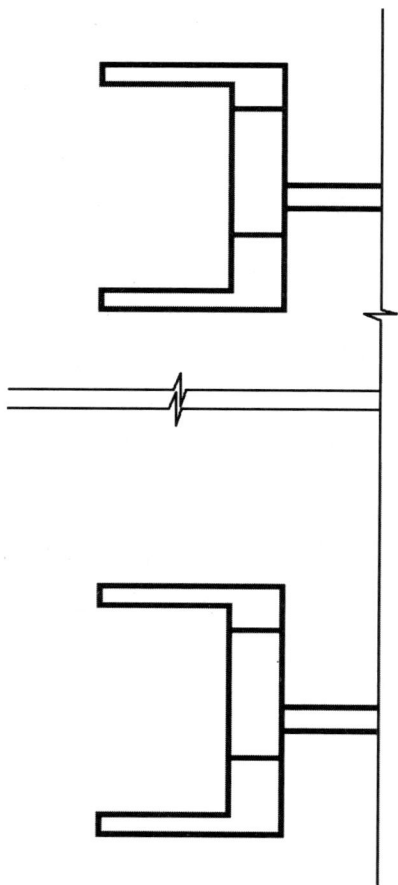

图 16.23　画剖面图中剖切所得粗线

②设置粗线层 THICK 为当前层,用 PLINE 命令按照剖切到的线条位置作出各构件断面图

的组合;也可以用 LINE 命令画线,再用多段线 PEDIT 命令编辑成各自独立的多段线,结果如图16.23 所示。

③用 OFFSET 偏移命令取适当间距偏移拷贝出墙身粉刷的厚度线,并用修改特性指令将其改到细线层上。

将当前层设置成细线层 THIN,使用 LINE 等基本作图指令完成其余可视细线,并完成剖断线作图,如图 16.24 所示。

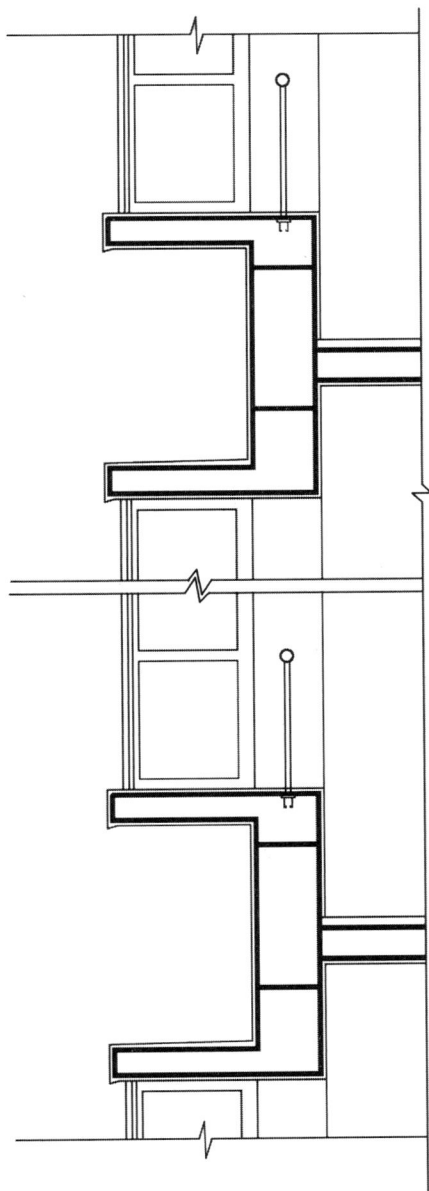

图 16.24　完成可视细线作图

④使用 HATCH 指令填充材料符号,对不同的材料选择对应的图例予以填充。这里需要注意填充的比例,并非所有图例都能用完全相同的比例进行填充。在每次填充时都应先调整其比

例并进行预演观察效果,在确认比例合适之后再单击确定,如图 16.25 所示。

使用 MIRROR 指令作出镜像对称图形,使用 ERASE 指令擦除对称轴线。

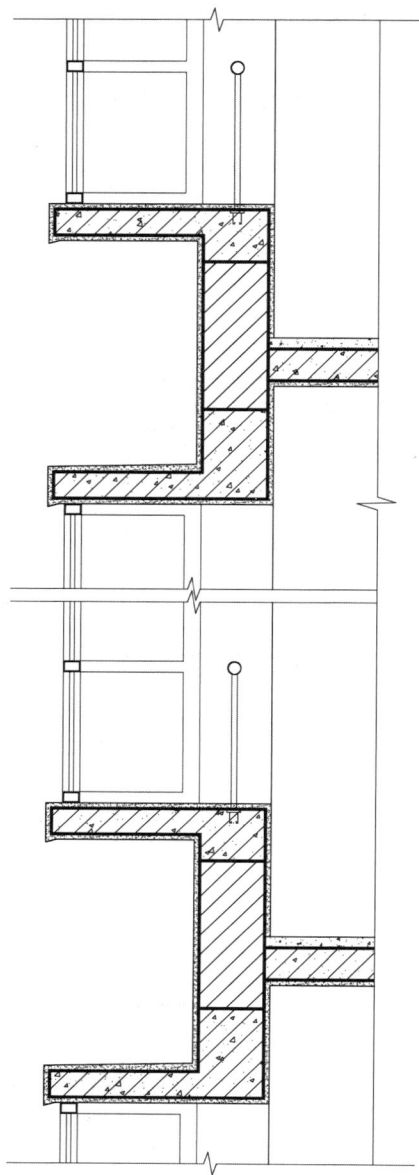

图 16.25　填充材料符号

⑤标注尺寸、标高、定位轴线,画出详图符号,填写文字,完成全图。

为了使绘图更加方便、快捷,一般常将平、立、剖及相关详图选择相同的比例放置进相同的文件,以方便对比;而一些相同的图形和文字,完全可以从一个图形中复制拷贝到另一个图形上,从而提高作图效率。

此外,熟练地掌握绘图、修改、捕捉等基本操作是计算机绘图达到应用水平的基本保证;使用过程中相应功能图标的点击也可以提高作图效率;键盘输入与图标点击的操作配合可以帮助使用者更快捷地完成绘图工作。

本章小结

（1）熟悉 AutoCAD 工作界面、图形文件管理、绘图命令、编辑修改命令、文字输入、尺寸标注、图层管理、查询命令、图案填充、块操作以及软件的常规设置。

（2）掌握利用 AutoCAD 软件绘制各种施工图的方法和技巧。

复习思考题

16.1　计算机绘图有哪些特点和优势？

16.2　AutoCAD 常用的绘图命令有哪些？

16.3　AutoCAD 常用的编辑修改命令有哪些？

16.4　AutoCAD 中如何定义文字样式及标注文字？

16.5　AutoCAD 中如何定义尺寸样式及标注尺寸？

16.6　AutoCAD 中如何建立图层？图层有哪些特性？

16.7　AutoCAD 中如何定义图层的颜色、线型及线宽？

16.8　绘图比例与出图比例有何区别？

16.9　建筑平面图的绘图过程及操作要点有哪些？

16.10　建筑立面图的绘图过程及操作要点有哪些？

16.11　建筑剖面图的绘图过程及操作要点有哪些？

参考文献

［1］高等学校土木工程专业教学指导委员会.高等学校土木工程本科指导性专业规范［M］.北京:中国建筑工业出版社,2011.

［2］中华人民共和国国家标准.房屋建筑制图统一标准:GB/T 50001—2017［S］.北京:中国建筑工业出版社,2018.

［3］中华人民共和国国家标准.建筑模数协调标准:GB/T 50002—2013［S］.北京:中国建筑工业出版社,2013.

［4］何培斌.工程制图与计算机绘图［M］.北京:中国电力出版社,2010.

［5］钱燕.画法几何［M］.北京:中国电力出版社,2011.

［6］黄文华.建筑阴影与透视图学［M］.北京:中国建筑工业出版社,2009.